Best wishes for
the future of
your work with
animation students

Gay Mairs

祝愿动画学生的作品拥有美好的未来！

盖瑞·梅尔斯

盖瑞·梅尔斯（Gary Mairs）

美国籍。美国加州艺术学院电影学院院长、电影导演工作坊创办人之一。在电影界有多年的创作经验。曾导演和监制电影短片《醒梦》(2007)、《说出它》(2008)、《海明威的夜晚》(2009)，担任官方纪录片《出神入化：电影剪辑的魔力》(2004)的艺术指导。在线上专业杂志包括《摄影机的低架》、《烂番茄》。发表多篇专业论文，著作有《被控对称性：詹姆斯·班宁的风景电影》。

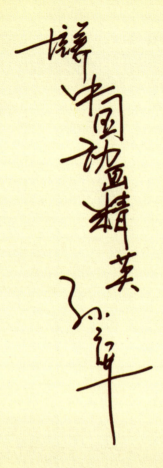

孙立军

北京电影学院动画学院院长、教授。

现任国家扶持动漫产业专家组原创组负责人、中国动画学会副会长、中国电视艺术家协会卡通艺术委员会常务理事、中国成人教育协会培训中心动漫游培训基地专家委员会主任委员、中国软件学会游戏分会副会长、中国东方文化研究会漫画分会理事长、国际动画教育联盟主席、微软亚洲研究院客座研究员、北京电影学院动画艺术研究所所长。

主要作品有：漫画《风》，动画短片《小螺号》、《好邻居》，动画系列片《三只小狐狸》、《越野赛》、《浑元》、《西西瓜瓜历险记》，动画电影《小兵张嘎》、《欢笑满屋》等。

曾担任中国中央电视台少儿频道动画片、"金童奖"、"金鹰奖"、"华表奖"、汉城国际动画电影节、2008奥运吉祥物设计、世界漫画大会"学院奖"等奖项的评委。曾获中国政府华表奖优秀动画片奖、中国电影金鸡奖最佳美术片奖提名等奖项。

with head and
hands ...
all the best to
Animation Students

Keep animating !
Robi Engler

祝愿所有学习动画的学生，用你们的
头脑和双手，创作出优秀的作品！

罗比·恩格勒

瑞士籍。1975年创办"想象动画工作
室"，致力于动画电视与影院长片创作，
并热衷动画教育，十欧、亚、非三洲客
座教学数年。著有《动画电影工作室》
一书，并被翻译成四国语言。

罗比·恩格勒（Robi Engler）

THE FUTURE OF
ANIMATION IN CHINA
IS IN THE HANDS
OF YOUNG TALENT
LIKE YOURSELVES.
TOMORROW'S LEGENDS
ARE BORN TODAY!
CHEERS,

KEVIN GEIGER
WALT DISNEY
ANIMATION

中国动画的未来掌握在年轻人手中，就如同你们自己。今天的你们必将成为明天的传奇！

凯文·盖格

凯文·盖格（Kevin Geiger）

美国籍。现任北京电影学院客座教授。曾担任迪斯尼动画电影公司电脑动画以及技术总监、加州艺术学院电影学院实验动画系副教授。在好莱坞动画和特效产业有将近15年的技术、艺术和组织方面的经验，并担任Animation Options动画专业咨询公司总裁、Simplistic Pictures动画制作公司得奖动画的制片人、非营利组织"Animation Co-op"的导演。

3D 游戏设计大全

（第二版）

［加］肯尼斯·C·芬尼 **著**

李剑平 张 娟 孙曙光 等 **译**

中国科学技术出版社

·北京·

图书在版编目（CIP）数据

3D游戏设计大全／（加）芬尼著；李剑平等译．—2版．—北京：中国科学技术出版社，2011.

书名原文：3D Game Programming All In One

优秀动漫游系列教材

ISBN 978 - 7 - 5046 - 4983 - 6

Ⅰ．①3⋯ Ⅱ．①芬⋯②李⋯ Ⅲ．①三维 - 动画 - 游戏 - 软件开发 - 教材 Ⅳ．①TP311.5

中国版本图书管 CIP 数据核字（2011）第 034120 号

本社图书贴有防伪标志，未贴为盗版

著作权合同登记号：01 - 2009 - 4850

作　者　〔加〕肯尼斯·C·芬尼

译　者　李剑平　张　娟　孙曙光　赵大炜　王晓东

策划编辑　肖　叶

责任编辑　肖　叶　邵　梦

封面设计　阳　光

责任校对　张林娜

责任印制　安利平

法律顾问　宋润君

中国科学技术出版社出版

北京市海淀区中关村南大街 16 号　邮政编码：100081

电话：010 - 62173865　传真：010 - 62179148

http://www.kjpbooks.com.cn

科学普及出版社发行部发行

北京国防印刷厂印刷

*

开本：700 毫米×1000 毫米　1/16　印张：59　彩插：4　字数：1038 千字

2011 年 5 月第 2 版　2011 年 5 月第 1 次印刷

ISBN 978 - 7 - 5046 - 4983 - 6/TP · 379

印数：1—3800 册　定价：179.00 元　配 CD 一张

关于作者

肯尼斯·C·芬尼是多伦多艺术学院游戏艺术与设计专业的领军人物。自1974 年起，肯尼斯·C·芬尼开始从事软件工程师的工作，包括高速贸易系统技术、装甲车辆系统设计、核反应堆安全与测试技术、制药系统，以及 3D游戏引擎技术。凭借在 inScan（高速文件扫描系统）中所作出的卓越贡献，肯尼斯于 1997 年获得享有盛誉的加拿大科技创新（ITX）理事会奖。

新千年到来之际，肯尼斯决定专注于计算机游戏的研究工作，于是开始逐渐退出工商业技术领域，而慢慢进入游戏开发的世界。他是流行的 Tubetti-world "在线运动"模式和"Quickdirty"游戏管理工具（该工具应用于 Nova-Logic 公司出品的三角洲部队游戏系列 2）的创建者。

肯尼斯使用 Torque 游戏引擎开发全新的、独一无二的回归 Tubettiworld 的动作冒险游戏（www. tubettiworld. com）。回归 Tubettiworld 的设计工作包括单人玩家版，多人玩家版，以及可以在游戏世界里和玩家服务器随机分配的网络玩家战斗的网络多人版。

前　言

"嗨！你好，我正在使用你的软件，而且我想知道——你能否告诉我如何设计计算机游戏？我并不富有，但是我想设计一款游戏，譬如说类似射击的 XYZ 游戏，只是我还不知道应该如何进行设计……"

我在设计 Tubettiland "Online Campaign" 软件（即千年虫转换期间），以及回归 Tubettiworld 游戏的几年里，收到了 100 多个来自各个年龄层的人们的询问，他们询问如何设计游戏。询问者的年龄主要在 13 ~ 40 岁之间。大多数电子邮件来自于孩子们，我估计他们在 20 岁左右。

在回复了大概 30 个询问之后，我不再具体地帮助这些人解决问题，而是开始教他们查看可以从中获得所需信息的 Web 站点。最后，我彻底停止回复。但是，这并没有使我不再受到打扰（我一个月中仍然会收到几封这样的电子邮件），因此，我偶尔会使用 Web 链接和一些指示器进行回复。然而，只要回答问题，我通常就需要进行长期的电子邮件交流，可是我并没有这么多时间。最终，我不得不请求结束这种交流，通常的方法是在一段时间内不回复邮件。这又让我感到烦躁。

我将本书作为一种电子邮件，将其介绍给我没有回复的每个人。几年以来，我一直有这种想法，最终决定实现这个想法！

出版第二版主要有两个目的：更新 GarageGames 中最新版本的 Torque，同时为独立游戏制作者提供最棒的实用工具。当然第一版中的错误和遗漏也将得到更正。

如果愿意，你可以带着这本书和一台电脑，来到一个无法联网的房间，在几个星期内构思一个完整的、即时的第一人称射击游戏。然后，可以花费更多的时间设计如何进行游戏的方法，并且把它们添加到游戏中。

你可能认为这是一个大胆的想法，但你可以亲身体验它。查看目录表，或者快速浏览章节内容，全部的内容都在其中。如果坚持到最后并进行相应的练习和实践，你将获得许多实际的经验，而不仅仅是书本上可以学到的内容。

但是请记住：你必须从头开始阅读并贯彻始终。图书的撰写就像盖楼房，后面的内容建立在前面的基础之上。这本书不适合跳跃阅读，至少也要从头到尾仔细阅读一遍。

计算机游戏是一个每年利润为 90 亿美元的行业。该行业的玩家人数每年都在不断增长，在这些增长的玩家人数中，其中一些人并不只是希望玩游戏，而是相信自己可以比游戏伙伴玩得更好。你的问题可能是缺少将梦想变为现实所需的相关训练、经验和工具的正确结合。本书就是帮助你解决这个问题的。

每年，越来越多的大学提供游戏程序开发课程，并且每隔几个月，一个新的在线独立游戏开发人员站点就会出现在 Web 上。对于那些已经付过钱的人，他们并不缺少训练，而对于那些希望创建自己的引擎或者游戏中其他特定部分的人，他们也不会缺少相关的书籍。

缺少的关键元素是一种资源：带着一个富有灵感和有抱负的游戏开发人员，和他一起查看设计完整的特色游戏所需的所有步骤和工具。本书就是这种资源。除了游戏音乐合成外（这本身可能就是一个完整的书籍系列），你还将学习如何创建游戏的每个部分，其方法是使用良好定义的程序工具包、相关的知识、技术和思想。如果你缺少艺术灵感和创造性的才能，本书附带的CD 光盘上提供了供你使用的音效、音乐、美工和代码库。

一、需要掌握的方面

本书假定你熟悉多种计算机游戏，特别是第一人称射击类型的游戏。掌握一些计算机方面的实用知识，添置一个具有适当功能的计算机系统，加上你的期望和热情，你应该可以很好地继续工作！

（一）技术

你可能完全能够处理基于 Microsoft Windows 计算的所有方面问题。你不必是一个程序员，但确实应该意识到：创建计算机游戏时需要一些编程工作。前几章将介绍在阅读本书的过程中会遇到的所有编程概念。我们并不期望你能够深入学习高级的 3D 数学，但你应该学习足够的 3D 知识以实现你的目标。

我将向你介绍如何创建你自己的艺术品，但是，你并不需要成为一个艺术家。本书附带的 CD 光盘提供了你在游戏中可能用到的大量艺术品，你可以在游戏引擎演示和资源目录中找到它们。

（二）系统

所有的开发工具，包括引擎，也包括本书附带的 CD 光盘，这些都不是免费的，因此 CD 光盘中主要提供了共享版本，实际的注册版本价格大概低于 100 美元。

学习本书，需要一个基于 Windows 系统的计算机（下面列出了最低系统需求）。Macintosh 和 Linux 用户也可以使用本书来创建游戏，因为我们使用的游戏引擎——Torque——也适用于这些平台。然而，并不是所有需要的开发工具都可以用于 Mac 和 Linux 上，因此本书主要运行于 Intel 公司所产的 Windows 系统。

（三）系统要求

Windows 98/SE、ME/2000/XP
最小 Pentium III/500，128MB RAM
OpenGL 或者 3D 图形加速显卡，DirectX 声卡

Mac OS X
G4 +，128 MB RAM
OpenGL3D 图形加速显卡

Linux
Pentium 500，128 MB RAM
NVIDIA TNT2 或更好的 3D 图形加速显卡，支持 Linux 的声卡
XFree86 4.0 或更新版 NVIDIA OpenGL 驱动
glibc 2.2 或更新版（例如：Redhat 7. x +，Mandrake 8. x +，Debian 3.0 +）
SDL 1.2 版本或更新版（推荐 1.2.3 版本或最新版）

OpenAL Runtime 或 SDK Installation

Mesa3D 3.4 版或更新版（推荐 3.4.2 版或最新版）

二、本书主要内容

在本书中，我们将介绍游戏开发的所有方面，即经历从最初的原理到最终完成游戏这一旅程。

（一）概念

我们将介绍游戏行业的各个方面，使你有机会了解自己适合哪个方面，并且了解存在哪些机会。我们也将讲述 3D 游戏、游戏设计问题和游戏类型的各种元素。

（二）编程

我们将介绍你在使用本书的过程中需要理解的编程概念。书中介绍了如何结构化程序代码、如何创建循环、如何调用函数以及如何使用全局的和局部的作用域变量。我们将使用面向对象编程语言 Torque Script 的子集，该语言内置于 Torque Engine 中。你可以从本书附带的 CD 光盘上获取可供你实际动手的示例程序。本书也介绍了为了理解一些更为复杂的活动时需要用到的 3D 概念。这将为后面的编程和建模任务打下基础。

（三）Torque

一旦你已经掌握了充足的知识并理解了 3D 游戏开发中的主要概念，就可以使用 Torque Engine。你将学习如何处理客户端/服务器编程，如何控制玩家特征，如何在玩家之间发送消息等等。我们将通过练习和示例程序介绍这些概念，可以在本书附带的 CD 光盘中找到这些练习和示例程序。虽然为了更好地理解这种引擎，我们介绍了 Torque Engine 中一些较为复杂的低层次工作，但需要重点了解的是，作为一个独立的游戏开发人员，你将从掌握利用引擎的高级功能中获得更多的益处，从而可以关注于其他方面——类似于如何设计游戏。如果不具备设计游戏的知识，你将无法设计游戏。

（四）纹理

本书还将介绍你需要了解的、关于游戏纹理方面的所有内容：如何创建它们，如何修改并操作它们，以及如何在游戏中使用它们。包含的内容十分广泛。我们会讨论所有的纹理类型及其用法，如外皮、平铺、地形、天空体、高度贴图、GUI 小配件以及其他更多纹理。我们将指导你通过练习来创建每种纹理类型。本书附带的 CD 光盘包含了相应的纹理库，可以满足你各个方面的需求。

（五）模型

然后，我们开始介绍 3D 游戏的主要内容——模型。在这些章节中，我们将深入研究低面片（low－poly）的建模。书中将讨论在可应用于其他工具（例如昂贵的 3D MAX 或 Maya）的方法中的一般性原理。但是，实际上我们主要使用 MilkShape、UVMapper 和其他廉价工具，本书附带的 CD 光盘包括了这些工具。

本书介绍了各种模型类型，例如多边形渲染的模型或 CSG 模型。你将在练习中创建游戏各个方面的模型：玩家特征、交通工具、武器、电力场、装饰品或雷达、建筑物和结构。如果你愿意，可以在创建不同模型类型中经历每一个步骤，从而可以创建自己独特的游戏外观。本章中的所有模型和其他更多的模型，都可以在本书附带的 CD 光盘中找到，你可以使用它们来充实自己的模型库。

（六）音效和音乐

完成建模后，需要美化游戏：音效和音乐。你将学习如何选择、创建和修改游戏中使用的音效，也能够获得一些关于选择音乐方案以及如何将音乐集成到游戏中的一些建议。

（七）综合

获得必需的编程技术并学习如何使用艺术创作和建模工具后，本书将介绍如何结合所有的部分来创建一个游戏，构建你的游戏世界，然后测试并查找游戏中的故障。最后，介绍如何与充满朝气的 3D 游戏开发新人共享思想、知识、技术和软件工具。

三、本书附带的光盘

本书附带的光盘包含丰富的资源。

（一）源代码

光盘包括了本书所有的 Torque Script 以及所有出现的游戏示例的源代码。这些示例与每一章的练习都有关联。最终完整版的游戏会收录到其目录树中，一旦通过 CD 安装成功，就可以马上开始玩游戏了，所以你可以立刻全方位的欣赏它。

（二）游戏引擎

CD 光盘包含了整个 1.4 版本的 Torque 游戏引擎，包括执行文件，DLLs，以及所有必需的 GUI 和支持文件。该游戏引擎有很多特点，先进的网络功能，混合动画效果，服务器内在的 anticheat 功能，强大完整的面向对象的 C＋＋语言，例如脚本语言，除此之外还有很多高级功能，在此就不一一赘述了。

（三）工具

CD 光盘中包含以下共享软件：

- 可以观看 3D 玩家和项目模型的 Torque ShowTool Pro
- 供 3D 玩家和项目模型使用的 MilkShape 3D
- 建造 3D 内部模型的构造器
- 纹理和图像处理工具 The Gimp 2
- 声音编辑和录制工具 Audacity
- 破解 UV 任务的 UVMapper
- 文本和项目编辑器 UltraEdit－32

（四）好东西

CD 光盘还包括一些本书中没有提到或粗略提到的内容：

- Torque 制作的零售游戏，如 Orbz、ThinkTanks、Marble Blast、Chain Reaction、Tube Twist
- 其他形象和声音资料
- 开放的有用资源源代码

四、开始学习

作为一名独立的开发人员，最重要的资产和成功的关键，就是你的热情。记住使用本书和其他的书籍，并且训练自己获取可以帮助你达成愿望的资源；它们并不能保证你获得成功。你必须在不断的学习中进行工作，并且必须在不断的创造中进行工作。只要你相信自己，你就可以成功！开始学习吧！

目 录

第 1 章

3D 游戏开发简介

在学习游戏开发的要领之前，我们需要先了解一些背景知识，以便能够从同一个起点出发。在本章的第一部分，介绍了与 3D 游戏产业有关的总体背景——开发的游戏种类和游戏开发人员的不同角色。本章的第二部分，我们将介绍 3D 游戏的基本元素以及如何使用它们。

在本书中，你将看到多种不同类型的游戏。这些游戏通常作为最适合表现某个特性的示例，或者作为某个概念首次出现时的示例而提及。本章将讨论最常见的几种 3D 游戏。另外，还将讨论游戏开发中的不同角色，我们将介绍出品人、设计师、程序员、美工和质量保证人员（或者游戏测试人员）的"工作描述"。划分职责的分界线有多种不同的观点，所以此处只作一般的描述。

最后，我们会讨论 3D 游戏引擎的概念。如果说在一本书中总会有一两个地方引起作者和读者的争议，那么本书会引起争议的就是 3D 游戏引擎是由哪几个部分组成的。我会用一个很好的示例来平息争议，即使用 Torgue 游戏引擎作为示例来说明 3D 游戏引擎的组成情况。我们将把它的组织结构作为架构，以便定义 3D 游戏引擎的内部工作分工。

一、计算机游戏产业

计算机游戏产业与其他高科技产业略有不同。它和 Hollywood 的运作模式差不多，而与传统的商业或工业软件开发公司的模式不同；涉及的角色包括所有权持有人、出品人、美工和分销商。这个产业有它自己的领军人物，与其他高科技产业相比，它不是那么的正式和严格，但发展的速度却非常快。在开发队伍中，有独立的游戏开发人员或独立制片人，也有名气很大的工作室，计算机游戏产业确实比较容易激发人们的事业心。

与动画制作行业类似，独立的游戏开发人员不受制于本行业中能控制他们工作方向的公司。大多数情况下，独立开发人员都必须为自己的开发项目提供资金，虽然有时候能够从外面拉到资金，比如风险投资（要运气好才能找到）。独立开发人员之所以独立，关键的一点就是，他们的资金来源不是那些将买断他们产品的行业下游力量，比如某个大型游戏开发工作室、发行商或分销商。

独立开发人员在产品开发完成或差不多完成的时候才把产品卖给分销商或发行商。如果开发人员的工作受到某家公司的控制，那么开发人员就不再独立。

判断一个开发人员是否"独立"，一个很好的方法是回答下面的两个问题：

- 这个开发人员是否能够以他喜欢的风格开发任何他想要开发的游戏？
- 这个开发人员是否能够把他开发的游戏卖给任何他想卖的人？

如果对两个问题的回答都是肯定的，那么这个开发人员就是独立的。

当然，另一个与电影非常相似的地方就是游戏也被划分成不同的类型，前面也曾谈到过这一点。

3D 游戏的类型和风格

游戏开发是一项富于创意的事业。尽管已经存在划分游戏类型的方法，但还是要提醒读者，虽然某些游戏的类型一目了然，但有些却不尽然，这也是创造的特点。开发人员总是不断地提出新想法，他们有时候会为玩家留下后门，以便作弊获胜，有时候却只是添加一些小技巧。有的时候，市场评估部门为了确保能够获得丰厚的投资收益，会将两种流行的类型组合到一起。

创造性设计的首要规则就是没有规则。如果只是添加一些小技巧，那么加油干吧！如果想在游戏世界闯出名堂，那么你至少应该明白自己面对的是一个什么样的竞技舞台。下面介绍时下最流行的 3D 游戏类型和其他一些在游戏发展历程中比较有趣的类型。在决定开发哪种类型的游戏之前，你应该尽量理解这些类型，以便在开发过程中能够以类型为导向，集中精力开发游戏。

有必要说明一下的是，本章所有的屏幕截图都选自独立开发人员开发的游戏中的场景。其中有些游戏现在已经可以在零售商那里买到，而有些还在开发之中。这些游戏几乎都是用本书中介绍的 Torgue 游戏引擎开发的，我们也将用它来开发自己的游戏。

游戏的类型实在是难以一一列举。很多类型并不属于 3D 游戏领域，把各种不同类型的游戏元素结合在一起的方式举不胜举。如果你为自己的独创性感到骄傲，你也许会拒绝把自己的游戏创意归为某一类型，对此也无可厚非。然而，当你试图和大家沟通自己的想法的时候，你会发现将游戏分类非常有用，因为游戏的类型简明扼要地概括了游戏的特性、风格和发展方式。

动作游戏

动作游戏有几种形式。其中最流行的是第一人称视角（1st PPOV）游戏，游戏角色通常都是全副武装，对手的角色也是这样。游戏随着角色的视觉变化而发展。这种类型的游戏通常被称作第一人称射击（FPS）游戏。属于这类的游戏有 Death Match、Capture the Flag、Attack & Defend 以及 King - of - the - Hill。动作游戏通常有多个玩家同时在线，你在游戏中的对手是由真人控制的敌人，而不是由计算机操控的。想在 FPS 游戏中获胜需要快速的反应、良好的手眼协调能力，并且要熟悉游戏中的武器装备。在线 FPS 游戏非常流行，以至于有些游戏干脆不设置单人游戏模式。

有些动作游戏是严格的 3rd PPOV，你可以看见自己的游戏角色（或化身），以及游戏角色所处的虚拟世界的其余部分（见图 1.1）。

现在流行的 FPS 动作游戏有 Half - Life 2、F. E. A. R 和 Doom 3。

图 1.1　Think Tanks——由 BraveTree Productions 公司用 Torgue 游戏引擎制作的一款 3rd PPOV 游戏

冒险游戏

　　冒险游戏大多与探险有关，游戏角色不断地探索、发现难题并解决难题。最初的冒险游戏是基于文字的。你需要输入动作指令，当进入一个新的区域或房间时，游戏会通过简短的文字说明将你的位置告诉你。典型的表达文字如："你现在处于一个错综复杂的迷宫。"优秀的冒险游戏玩起来就像进入互动的书或故事，在某种程度上你可以决定接下来会发生什么。

　　文字冒险游戏后来发展为带有静态图片的基于文字的游戏，加入图片可以让玩家更好的感受自己所处的环境。现在又融入了 3D 建模技术，于是玩家就可以通过第一人称视角或第三人称视角看到游戏角色所处的环境。

　　冒险游戏紧密地依托于故事，而且剧情的发展通常是直线式的。你必须一项接一项地完成任务。随着剧情的发展，你渐渐就能够预料游戏下一步会如何进行。成功与否主要取决于你的预测和作出最佳选择的能力。

众所周知的冒险游戏都是历史悠久的经典游戏：The King's Quest Series 以及最近的 The Longest Journey 和 Syberi 2a。

目前，在线冒险游戏还没有真正流行起来，虽然已经出现了一些可以归为此类的游戏。这些游戏倾向于包含 FPS 动作游戏和角色扮演游戏（Role - Playing Games，RPGs）的元素，因为在在线环境中发展故事情节很困难。玩家进展的速度不一样，所以统一的故事发展速度会让资深玩家感到沉闷。Tubettiworld（见图 1.2）就是一个集动作、冒险、FPS 于一体的游戏，由作者在 Tubetti Enterprises 的团队开发，这个团队的成员全部由志愿者组成。

图 1.2 Tubettiworld——由 Tubetti Enterprises 使用 Torgue 游戏引擎开发的一款动作 - 冒险 FPS 混合游戏

角色扮演游戏

角色扮演游戏（RPG）非常流行，这种流行很可能植根于我们的童年。在六七岁以前，我们经常想象和进行令人兴奋的探险，这些灵感来源于我们自己的行动或者是其他玩具和儿童书。和战略游戏一样，这些游戏也是从文字型游戏发展成现在这种比较成熟的形式的，比如 Dungeons & Dragons。

随着计算机在游戏数据处理方面承担的责任越来越多，这些游戏开始进入计算机领域。在角色扮演游戏中，玩家通常需要负责发展游戏角色的技能，选择角色的形象，培养角色的忠诚度，并发展其他的特点。最终游戏的环境通过令人赞叹的3D技术从玩家的想象中搬到计算机屏幕上，不同的建筑、怪物和各种物体形象的显示效果都能令人满意（见图1.3）。RPG游戏通常以科幻故事或者幻想故事为蓝本，其中有些历史题材的游戏在某些玩家群体中非常流行。

图1.3　Minions of Mirth——由Prairie Games公司开发出售的一款基于Torgue游戏引擎的Dungeons & Dragons类型的角色扮演游戏

迷宫和谜语游戏

迷宫和谜语游戏有些相似。迷宫游戏需要你在一个"真实"的迷宫中找到出路，迷宫里到处都是墙壁和障碍物。早期的迷宫游戏是二维的，玩家从上向下俯视迷宫，很多最近发布的迷宫游戏玩起来更像3D冒险游戏或FPS游戏。

谜语游戏和迷宫游戏很相似，但在找寻出路时不是克服实际的障碍，而是解决各种问题。

迷宫游戏也包括带有拱廊的弹球风格的游戏，比如由 GarageGames 公司开发的 Marble Blast 游戏（见图1.4）。这是一个迷宫和谜语的复合游戏，你需要在尽量短的时间内引导一个玻璃弹球越过不同的障碍物。游戏的谜语成分决定走哪条路最快（不一定是最笔直的那一条）到达终点。

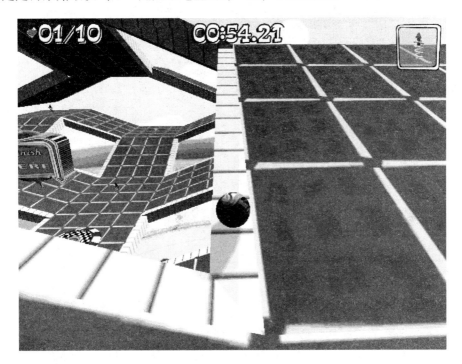

图 1.4　Marble Blast——由 GarageGames 公司使用 Torgue 游戏引擎开发的迷宫和谜语组合游戏

谜语游戏有时会利用猜测游戏的各种变体设置难题，或者设置一些不能直接解决，而必须事先按正确的顺序触发一系列的动作才能解决的难题。很多谜语游戏使用直接解决问题的模式，把谜语直接显示出来。此时需要按正确的顺序操作屏幕上的图标或控件才能解决问题。最精彩的谜语是那些能够通过逻辑推理来解决的谜语。那些需要单纯的反复试验来解决的问题虽然玩起来会比较快，却会让玩家感到很乏味。一个历史悠久的谜语游戏是 Dynamix 公司开发的 The Incredible Machine。最近发布的此类游戏是 21 - 6 Productions 开发的 Tube Twist（见图 1.5）。

Chapter 1　Introduction to 3D Game Development

图 1.5　Tube Twist——由 21 – 6 Productions 使用 Torgue 游戏引擎开发的一款谜语游戏

模拟游戏

模拟游戏的目标是制造一个尽可能真实的世界。对模拟精确性的测量尺度通常称为保真度。大部分模拟器都把重点放在视觉外观、音效和游戏的物理保真度上。

游戏的重点是要使玩家完全沉浸在游戏的环境中以便产生身临其境的感觉。你也许会驾驶着一架喷气式战斗机，或者一辆性能优良的 Grand Prix 赛车。游戏将最大限度地反映出开发人员在现实生活中所感受到的最真切的体验。

模拟器通常需要特殊的输入设备和控制器，例如飞机操作手柄和轮船的方向舵踏板。很多模拟器热衷于建造完整的物理驾驶舱模型，以便玩家能够更好地融入到游戏的环境中。

模拟游戏的示例有：Silent Steel、NASCAR Sim Racing 以及 Air Ace（见图 1.6）。

图 1.6　Air Ace——由独立游戏开发人 Phil Carlisle 使用 Torgue 游戏引擎正在开发的一款飞机格斗模拟游戏

体育游戏

体育游戏是模拟游戏的变种，开发人员的目标是尽可能精确地复制游戏的整体体验，你可以在不同的程度上参与到一场体育游戏中，并在一个真实的 3D 环境中看到游戏中角色的动作（见图 1.7）。

与飞行或驾驶游戏那样的动作游戏不同，体育游戏通常有一个经理人，而比赛的目标可能是要夺取赛季冠军。在玩游戏的同时，你也可以充当教练、老板或者经理人。你可以制订比赛方案、转为球员或者像正规的联盟球赛组织那样推荐新球员。在现代的体育模拟器中，你还可以管理财务预算，设计一年的比赛行程并按照行程进行游戏，而且一个赛季的比赛将在不同的体育场馆进行，如果是赛车，则将在不同的赛道上比赛。

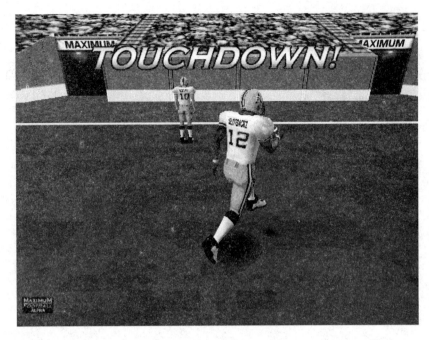

图 1.7 Maximum Football——由独立游戏开发人 David A. Winter 开发的一款
足球游戏，该游戏目前由 MatrixGames 发售

战略游戏

战略游戏类似于战争游戏，在相当长的一段时间内都是用纸和笔来玩的。
随着计算机技术的发展，基于计算机的表格和随机数发生器代替了战略游戏
中传统的查图表和掷骰子的决策方式。

最终，带有纸板标记或以印模压铸的军事微缩模型的桌面战场（或沙箱
中的战场）也被搬到计算机屏幕上。早期的桌面游戏是按顺序进行的：每个
玩家轮流考虑他的选择和需要并向部队发布"命令"，然后通过掷骰子的方式
决定命令的结果。随后玩家将根据得到的结果改变战场上的布置。等各玩家
都发布命令之后，他们将看到战场上新的对阵情况，并决定下一步要进行什
么样的调度，游戏就这样循环进行。

计算机战略游戏的出现将实时（real time）的概念推到了前台。现在由计
算机决定行动和结果，然后相应地改变战场的情况，这一改变通过即时的行

动来反映。这产生了一种游戏类型：实时战略游戏（Real – Time Strategy，RTS）。这种游戏按一定的时间比例完成游戏中的动作。有时计算机会压缩时间比例，而有时计算机会按实际的时间运行游戏，也就是说在游戏中完成某个动作所花费的一分钟的时间，在真实世界中也是一分钟。玩家将向自己的部队发布自己认为必须执行的命令。最近，战略游戏已经发展到 3D 领域。在这种游戏中，玩家在谋划下一步行动之前，可以从不同的角度和方位观察战场上的情况（见图 1.8）。

　　战略游戏并不局限于战争。比如，有些游戏中的战略是商业战略和政治战略。这些游戏发展成为战略模拟游戏，例如众所周知的 SimCity 游戏系列。

图 1.8　Tribal Trouble ——由独立游戏开发人 Oddlabs 开发的一款 3D 游戏

实时多玩家战略游戏，一些市面上流行的 3D 游戏和这些游戏的类型

　　如果对游戏的具体类型还不是很清楚，可以看看表 1.1，表中列出了一些目前很出名游戏的名称（其中一两个还在开发之中）。注意，有时你会在某个网站或某本杂志上看到与这种方法不尽相同的分类方法。这没什么大不了的——不必过于担心。

表 1.1 一些有名的游戏

游戏名称	发行商	游戏类型
Age of Empires	Microsoft	战略游戏
Battlefield 1942	Electronic Arts	FPS 动作游戏
Civilization Ⅲ	MicroProse	战略游戏
Command & Conquer	Electronic Arts	实时战略游戏
Delta Force：Blackhawk Down	Novalogic	FPS 动作游戏
Diablo	Blizzard	角色扮演游戏
Doom Ⅲ	Activision	FPS 动作游戏
Duke Nukem Forever	Gathering of Developers	FPS 动作游戏
Dungeon Siege	Microsoft	RPG 动作游戏
Enter the Matrix	Infogrames	FPS 动作游戏
Everquest	Sony	角色扮演游戏
Grand Theft Auto：Vice City	Rockstar Games	Sim 动作游戏
Half Life 2	Sierra	FPS 动作游戏
Homeworld	Sierra	实时战略游戏
Medal of Honor：Allied Assault	Electronic Arts	Arts FPS 动作游戏
Myst Ⅲ：Exile	UbiSoft	冒险游戏
PlanetSide	Sony	FPS 动作游戏
Rainbow Six 3：Raven Shield	UbiSoft	FPS 动作游戏
Return to Castle Wolfenstein	Activision	FPS 动作游戏
SimCity 4	Electronic Arts	Sim 战略游戏
Star Trek Elite Force 2	Activision	FPS 动作游戏
Star Wars Jedi Knight 3	LucasArts	FPS 动作游戏
Syberia	Microids	冒险游戏
The Longest Journey	Funcom	冒险游戏
Tom Clancy's Splinter Cell	UbiSoft	FPS 动作游戏
Unreal Ⅱ：The Awakening	Infogrames	FPS 动作游戏
Unreal Tournament 2003	Infogrames	FPS 动作游戏
WarCraft Ⅲ：Reign of Chaos	Blizzard	实时战略游戏

游戏平台

本书讨论的是为 PC 机编写计算机游戏。目前有三种主要的操作系统：Microsoft Windows、Linux 和 Mac OS。虽然这些操作系统的风格各不相同，但这些差异在每个系统内部是可以忽略的，或者至少是可以控制的。

另一类常见的游戏平台是家庭游戏机，例如 Sony PlayStation，或者是 Nintendo GameCube。虽然它们在游戏市场上占有很大的比例，但由于其开发工具的封闭性及需要昂贵的开发许可证，以及其一个明显的特性，本书将不对它们进行讨论。

这个特性就是 Xbox 及其最近的技术升级版——Xbox 360。现在可以将 Xbox 作为目标系统，开发以 Torque 为基础的游戏。如果你对此有兴趣，可以直接联系 GarageGames（http://www. garagegames. com）。你的开发计划应该至少包含两个重要阶段：第一，在 PC 上制作游戏；第二，转换到 Xbox。

其他的游戏平台包括 Personal Digital Assistants（PDA），例如掌上电脑和某些带有支持游戏运行的相关协议的手机。不过，它们也不在本书的讨论范围之内。

在明确讨论范围之后，让我们更仔细地考察一下三种游戏平台的特点。有一点非常重要，那就是使用 Torgue 游戏引擎开发的游戏能够不加修改地在三种平台（Windows、Linux 和 Macintosh）上运行！

Windows 平台

Windows 有多个不同的历史版本，但目前流行的是 Windows 2000，Windows XP 和有专业用途的 Windows CE。本书假定你的开发系统是 Windows XP，或者你是为 Windows XP 开发游戏，因为 Microsoft 公司向家庭计算机市场出售的正是这个版本。

在 Windows XP 中，我们将使用 OpenGL 和 Direct3D（DirectX 的成分之一）作为低级别的图形应用编程接口（API）。这些 API 为引擎提供访问计算机的视频适配器的方法。OpenGL 和 Direct3D 提供的服务大致相同，但各有各的优缺点。通过 Torque Engine，可以使用任意一种 API 为终端用户开发游戏。

　　OpenGL 的最大优点在于它可用于不同的操作系统，这一优点带来的一个明显的好处是，开发人员开发的游戏可以在大多数计算机上运行。OpenGL 是一个源代码开放的产品。也就是说，如果需要用到某个 OpenGL 缺少的功能，你可以修改它的代码并重新编译它，以便把需要的功能添加进去。这需要具备必要的技术、时间和开发工具，但确实可以这么做。

　　DirectX 是有产权的——它是 Microsoft 公司的产品，是 Microsoft 公司员工智慧的结晶。它最大的优点是比 OpenGL 支持更多的特性，而且 3D 视频适配器生产商也尽量把他们的硬件设计成能更大程度上地支持 DirectX。使用 DirectX 可以获得更完整、更高级的特性。遗憾的是，使用 DirectX 开发的游戏只能在 Windows 系列的操作系统上运行。

　　Torgue 游戏引擎能够使用两种 API，并且为你使用其中的任意一种创建游戏提供了一套相对简单的技术。这意味着在一个游戏的 Windows 版本中，你可以为用户提供最适合他们的视频适配器的 API。

Linux 平台

　　对于大多数人而言，使用 Linux 最重要的原因是价格——它是免费的。也许你必须到商店中购买一张包含 Linux 的、带有手册的 CD，但你所付的费用只是刻录 CD、编写和印刷手册以及运送它们的费用，操作系统本身是免费的。实际上，你可以从 Internet 上的很多地方下载 Linux。

　　作为游戏开发人员，使用 Linux 主要有三个原因：

- Linux 的市场正在不断发展扩大，而任何一个发展的市场都是一个很好的机会。然而虽然 Linux 的市场在发展，但其市场份额仍然小于 Windows。Linux 的市场份额增长主要集中在大学、学院和继续教育院校——这些地方是游戏玩家最集中的地方。

- Linux 的桌面游戏很少，绝大多数游戏开发人员都把他们的精力放在 Windows 系统的游戏开发上，因为它的市场最大。如果发布一款 Linux 游戏，你获得成功的机会要大得多，这将使你名利双收。这并不是什么会让人嘲笑的事情。

- 对于非专用的 Internet 游戏服务器，Linux 可以提供更好的配置和更安全的环境。Linux 服务器可以在控制台模式下运行，这种模式不需要复杂的图片、按钮或者是骰子。这使得你可以使用内存比较小、速度比较慢的计算机作为服务器，而且能够获得游戏服务器所需要的计算速度。

与其他操作系统不同，Linux 有很多不同的变体，称为分行版。人们一直在讨论各个变体的优缺点。其中比较有名的有 Red Hat、SuSE、Mandrake、Turbolinux、Debian 和 Slackware。虽然在有些情况下，它们的组织方式有所不同，而且各自有其独特的图形界面和外观，但它们都是以相同的内核为基础的。有了这个核心，它们才能称其为 Linux。

Macintosh 平台

Macintosh 主要用在与美术有关的领域以及很多公司的美术部门。虽然从价格的角度看，它没有 Linux（该操作系统和其上的很多软件都是免费的）划算，但是 Macintosh 操作系统对技术功底不是很深厚的用户而言更容易使用。

与 Linux 一样，适用于这个操作系统的游戏也不多。所以在这里取得成功的机会也很大。快来大显身手吧！

注释

　　像 Torque 这样的跨平台软件有一个小小的缺点，那就是在不同的开发平台中要使用不同的习惯名称。在本书中，将尽量在使用到可能发生冲突的名称的时候通过注释说明本书所采用的具体名称。

　　大家很快就会看到的一个很常见的示例，就是 directories 或 folders，它们表达的是同一个概念，即目录。后者比较短，容易输入，所以使用得比较多。为了节约编辑人员的时间，我使用的是 folders。万一你习惯使用 direetories，也请将就一下，好吗？

游戏开发角色

在本书中，我们将从头到尾开发一个游戏。在开发的过程中，你将担任不同的游戏开发角色。不过需要记住的是，各种游戏角色之间的界限并不是

Chapter 1　Introduction to 3D Game Development

非常清晰，有时很难说清楚你当时担任的到底是什么角色。所以干脆一肩挑。很多独立开发人员在一个游戏项目的开发周期中都会担任多个角色，所以见怪不怪，习惯就好了！

出品人

游戏出品人其实就是游戏项目的负责人。出品人将制订并跟踪开发计划，管理其他负责具体开发工作的人员，而且还要管理预算和开销。出品人也许对如何开发游戏的某个部分一无所知，但是他是整个游戏项目中唯一一个知道正在进行的工作和此项工作目的何在的人。

开发人员的监督工作由出品人负责。如果团队中有组员需要某种工具、专业知识或者是资源，出品人必须了解到这些需求并及时作出安排，以便组员能够尽可能早地获得他们需要的东西。

当某个开发人员灰心丧气、自暴自弃的时候，出品人需要多方鼓励他，让他走出自闭的精神状态，恢复工作的活力，以免延误开发计划。

出品人还是开发团队和外界交流的窗口。他负责回答媒体的问题，签订合同和申请许可证，并尽量把外界巨大的干扰阻挡在开发团队之外。

设计师

如果你有兴趣阅读这一小节，我猜你一定想成为一名游戏设计师。为什么不呢？游戏设计师简直就是娱乐工程师——他们从自己丰富的想象中创造娱乐。作为一名游戏设计师，你将全权决定游戏的主题和规则，并主导游戏整体感觉的发展过程。不过要注意——娱乐是游戏的最终目的！

设计师的级别有很多种：总设计师、平面设计师、编剧设计师、人物设计师等。在大型项目中每一个设计角色都会由几个人来负责。比较小的项目中可能只有一个设计师，或者是程序员兼设计师、美工兼设计师，或者同时身兼三职！

设计师必须善于沟通，最优秀的设计师都是很出色的合作者和说服者。他们需要把自己的想法整理出来并灌输给开发团队中的所有人。设计师不仅在总体上设计游戏的概念和感觉，而且要设计各种平面和图形，并帮助程序员把游戏的各个方面整合到一起。

总设计师需要整理出一份安排游戏各个方面的设计文档，其他组员都要以这份文档为向导展开工作。设计文档中包括各种图形、游戏中物体的素描、情节设计、流程图和游戏角色表。设计师通常会编写一份描述性的文字，说明游戏中的各个方面是怎样组织到一起的。一份优秀的描述和详细的游戏设计，将从玩家的角度详尽地描述游戏的方方面面。

与出品人不同的是，设计师需要了解游戏中的技术环节，以及美工和程序员是怎样完成他们的工作的。

程序员

游戏程序员负责编写代码，这些代码将把游戏的想法、美术效果、声音和音乐组合起来形成一个功能完善的游戏。程序员控制游戏的速度和游戏中的美术效果以及声音的编排。他们控制事件的因果关系，通过内部计算把用户的输入转换成各种视觉和听觉体验。

编写代码也有很多专业的划分。在本书中你将编写很多游戏规则、角色控制、事件管理和记分几个方面的代码。使用的语言是 Torque Script。

如果是网络游戏编程，还可以把代码划分为服务器端代码和客户端代码。通常会把指定的角色和玩家的动作作为一个专业划分出来。其他的专业划分包括交通工具的动画、环境和天气的控制以及游戏中各项事物的管理。

在其他项目中，开发人员也许还会编写 3D 游戏引擎的某个部分，或者是与网络和音频有关的代码，以及开发使用引擎的工具等。在本书的特定环境中，这些东西都不需要，因为 Torque 已经把这些事情准备好了。我们只需要把精力集中在游戏的开发上。

视频美工

在开发的设计阶段，游戏美工人员负责绘制各种草图并创作情节串连图板，以便展示和充实设计师的想法。图1.9是由视频美工绘制的概念设计草图，开发人员在构造模型和编程的时候会参考这份草图。然后他们将依照设计文档的要求制作各种模型和纹理，包括角色、建筑物、交通工具和各种图标。

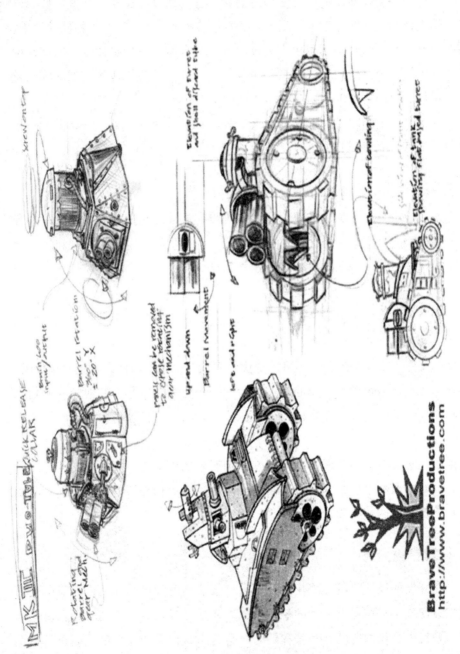

3D GAME PROGRAMMING ALL IN ONE

图1.9 概念设计草图

三种主要的3D技术是模型、动画和纹理，相应的制作人员称为3D建模人员、动画制作员和纹理美工。

- 3D建模人员设计并制作各种玩家角色、动物、交通工具和其他移动的3D物体的模型。为了保证游戏更好的性能，模型美工通常会制作尽量简单而又能够满足要求的模型。可以将3D建模人员看作是使用数字化粘土的雕刻家。

- 动画制作人员使这些模型动起来。通常建模和动画由同一个美工完成。

- 纹理美工负责制作各种附着在由建模人员制作的3D模型表面的图片。纹理美工对不同物体的表面进行摄像或者绘图来制作各种需要的纹理图像，然后在一个被称作纹理贴图的过程中，把这些纹理附着在看起来不够真实的物体表面。纹理美工通过使用设计得非常细致和巧妙的纹理帮助3D建模人员减少模型的复杂性。这样做的目的是引起人眼的错觉，让人眼看到许多其实并不在屏幕上的东西。如果说3D建模人员使用数字化粘土来铸造模型，那么纹理美工则是使用数字化画笔来绘制模型。

音效师

音效师（Audio Artist）负责制作游戏中的音乐和各种音效。优秀的设计者都希望与富有创造灵感的音效师合作，以便创作出能够加强游戏体验的音乐作品。

音效师和设计师的合作非常紧密，他们决定什么地方需要使用音效以及所使用音效的特点。音效师通常会花大量的时间来试验各种不同的音效来源，以便找到制作最适合音效的方法。如果去观摩一个正在工作的音效师，你可能会看到他在一个麦克风前面拍打直尺和摔打纸盒。在获得最基本的音响元素之后，音效师将使用音效编辑工具修改这些声音，包括改变声调、加快或者减慢声音的播放速度、删除不需要的杂音等等。这是一个比较有难度的过程，需要协调各种真实的音效，从而满足适当夸大某些特征的需要，以便在游戏中产生最佳的效果。

质量保证人员

质量保证（Quality Assurance，QA）比测试听起来要更专业一些。的确，QA 包含的总体范围要广阔得多，但是在游戏行业中，游戏测试人员承担了 QA 的大部分任务。测试的目的是确保一个制作完成的游戏确实完成了，在人力所能及的范围内包含最少的漏洞。QA 测试则需要专业的质量保证人员，或者游戏测试人员，针对游戏的每一个部分进行实测，力图消除游戏中所有细微的缺陷和漏洞。

QA 测试中发现的大多数问题都是视觉上或者动作上的问题：在屏幕边缘没有正确换行的文字，不能正确跳跃的角色，或者是建筑发生错位的平面。测试能够发现游戏运行中的问题，这些问题通常与设计的关系比较大，而与编写的代码没有太多的关系。例如，一个玩家奔跑的速度不够快，无法逃避某个特殊的敌人，其实玩家的速度应该能够逃避这个敌人。

QA 专业人员为了提高发现漏洞的机率，需要使用某些系统的方法。这也许意味着他们必须反复地测试游戏的某一个部分，直到彻底感到厌倦为止。为了编写有用且有意义的 bug 报告，QA 专业人员必须具备良好的沟通能力。

发布游戏

你可以自己发布游戏，这当然没问题。创建一个网站，添加一个购物车系统，把网站挂到不同的搜索引擎上，然后靠在椅子上等着财源滚滚而来，这样好吗？也许会有用。

然而，如果你确实觉得自己的游戏将成为下一个热点并希望卖得好，那么你需要和专门做这种事情的人取得联系，这种人就是发行商。如果你是一个独立游戏开发人员，你很可能难以吸引知名发行商的注意。他们通常知道自己在找寻什么，而且只对那些有良好销售记录的开发人员感兴趣，说不定他们早已敲定了开发人选。

但这并不意味着没有其他机会——独立开发人员仍然有其他的机会。我向大家推荐 GarageGames(http://www. garagegames. com)。除了为独立开发人员提供具有竞争力的发布条款以外，GarageGames 还开发了 Torgue 游戏引擎。非常流行同时也非常成功的 Tribes 系列游戏底层使用的技术就是 Torque Engine。我将帮助你在创建游戏时使用 Torque 的强大功能。

不过请稍等——还有一些事情需要告诉你！如果确实需要，你可以向 GarageGames 公司购买一个 Torgue 游戏引擎的许可证，在许可证允许的范围内，你将得到引擎的源代码，这样你就可以实现梦想中的任何游戏——而这一切只需要 100 美元！这 100 美元使你可以详细地查看一个获得 AAA 认证的 3D 游戏引擎的内部工作情况。正如 Neo 所说："太不可思议了！"

我强烈建议你去 GarageGames 公司的网站看看。他们是 Tribes 游戏的幕后英雄，这款游戏现在由 Sierra 所拥有。他们精通本行，但是他们并不是不知名的大公司个体。实际上，他们是一群在计算机游戏行业中有所成就的年轻人，现在他们正力图帮助世界上的其他独立游戏开发人员取得自己的成就。

还有就是，本书与他们没有任何商业合作！

二、3D 游戏的元素

现代 3D 游戏在体系结构上包含了几个互不相关的元素：引擎、脚本、GUI、模型、纹理、音频和支持底层结构。我们将在本书中详细地讨论所有这些元素。在本小节中，我将简要地向你介绍一下各个元素，以便你能够了解我们以后将讨论的内容。

游戏引擎

游戏引擎提供了游戏开发环境中的大多数重要功能，例如 3D 场景渲染、网络连接、制图以及脚本编程。图 1.10 中的块状图描述了几个主要的特征。

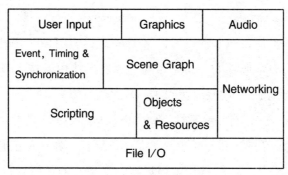

图 1.10　游戏引擎的元素

游戏引擎还允许渲染复杂的游戏环境。每个游戏使用不同的系统来组织游戏的视觉建模方式。随着游戏变得越来越重视 3D 环境、丰富的纹理、外形以及游戏的整体真实感，这变得越来越重要。在 FPS 游戏中，纹理处理过的多边形是用于渲染图形的一种最常用的方式。市场上的 FPS 游戏大多都强调其视觉效果。

通过创建连续的图片环境并把各种遵循物理规则和要求的物体搬移到环境中去，游戏引擎使游戏能够按照合乎情理的情节不断发展。游戏角色受到各种规则的约束，这些规则都是以现实作为基础的，而这些现实基础将增加玩家对游戏的信任和投入程度。

引入物理公式后，游戏就能够按照真实世界中的情况控制人物的移动，物体的下落以及碎片的坠落。FPS 游戏，比如 Tribes 2、Quake 3、Half – Life 2 或者 Unreal II 就是通过这种方法允许角色在虚拟的游戏世界中跑动、跳跃和跌倒。游戏引擎涵盖了真实世界的各种特征，比如时间、运动、重力作用和其他自然物理规则等。这使得开发人员能够以近乎直接的方式与制作出来的游戏世界互动，从而制作出更加引人入胜的游戏环境。

前面已经提到，本书将使用由 GarageGames 公司（http://www.GarageGames.com）开发的 Torgue 游戏引擎。后面我们将详细讨论 Torque——届时你就会明白我们为什么会选择 Torque。

脚本

如你刚才所见，引擎提供的代码可完成所有艰难工作、图形渲染、网络连接等。我们通过脚本把所有这些功能组合到一起。如果不使用脚本的编程功能，那么将很难创建复杂且富有特点的游戏。

脚本把引擎的各个部分组合起来，使游戏具有可玩性，并使游戏遵循一定的规则。本书中将使用脚本完成的工作，包括记分、管理玩家、定义玩家和移动交通工具，以及控制 GUI 界面。

下面是 Torque 脚本代码片断的示例：

```
// Beer::RechargeCompleteCB
// args：%this    - the current Beer object instance
//        %user    - the player connection user by id
//
// description：
//   Callback function invoked when the energy recharge
//   the player gets from drinking beer is finished.
//   Note：%this is not used.
function Beer::RechargeCompleteCB（%this,%user）
{
    // fetch this player's regular recharge rate
    // and use it to restore his current recharge rate
    // back to normal
    %user.setRechargeRate（%user.getDataBlock（）.rechargeRate）;
}
// Beer::OnUse
// args：%this    - the current Beer object instance
//        %user    - the player connection user by id
//
// description：
//   Callback function invoked when the energy recharge
//   the player gets from drinking beer is finished.
//
function Beer::OnUse（%this,%user）
{
    // if the player's current energy level
    // is zero, he can't be recharged, because
    // he is dying
    if（%user.getEnergyLevel（）!=0）
    {
        // figure out how much the player imbibed
        // by tracking the portion of the beer used.
```

Chapter 1 Introduction to 3D Game Development

```
%this. portionUsed  + = %this. portion;
// check if we have used up all portions
if (%this. portionUsed  > = %this. portionCount)
{
    // if portions used up, then remove this Beer from the
    // player's inventory and reset the portion
    %this. portionUsed  =0;
    %user. decInventory (%this, 1);
}
// get the user's current recharge rate
// and use it to set the temporary recharge rate
%currentRate  = %user. getRechargeRate ();
%user. setRechargeRate (%currentRate  + %this. portionCount);

// then schedule a callback to restore the recharge rate
// back to normal in 5 seconds. Save the index into the schedule
// list in the Beer object in case we need to cancel the
// callback later before it gets called
%this. staminaSchedule = %this. schedule (5000, "RechargeCompleteCB", %user);

// if the user player hasn't just disconnected on us, and
// is not a' bot.
if (%user. client)
{
    // Play the 2D sound effect signifying relief ( "ahhhhh")
    %user. client. play2D (Relief);
    // send the appropriate message to the client system message
    // window depending on whether the Beer has been finished,
    // or not. Note that whenever we get here portionUsed will be
    // non – zero as long as there is beer left in the tankard.
    if (%this. portionUsed  = =0)
        messageClient (%user. client, 'MsgBeerUsed', '\ c2Tankard polished off');
    else
        messageClient (%user. client, 'MsgBeerUsed', '\ c2Beer swigged');
}
}
}
```

　　这段示例代码为玩家喝啤酒的动作建立了几条规则。最基本的一条规则就是跟踪啤酒的消耗量，并在玩家每次满满地喝完一口酒之后，给玩家增加能够跳动 5 秒钟的能量。代码将向客户机屏幕发送消息，告诉玩家他所做的事情——吮了一小口或者是几大口全部喝完。在角色有明显的叹气动作和心满意足地品尝每一口啤酒的时候，代码负责播放相应的声音效果。

图形用户界面

图形用户界面（GUI）一般是指各种图像和控制游戏视觉外观并接受用户控制输入的代码的组合。玩家的飞行仪表盘（HUD）也是 GUI 的一部分，在这里显示角色的生命力情况和玩家的分数。另外，游戏的主菜单、设置或选项菜单、对话框以及各种游戏进行中的消息系统也属于 GUI 的范围。

图 1.11 显示了 Tubettiworld 游戏的主菜单画面。位于屏幕左上角的文字"Client 1.62"就是一个 GUI 文本控件的示例。在左半边，从屏幕的中间到底部有 4 个排列整齐的 GUI 按钮控件。右下角由类似于冰棒棍的细棒组成的按钮和图片上部正中央的 Tubettiworld 标志，都是放置在另一个位图控件（指背景图片）之上的位图控件。注意，这幅图片中最上面的那个按钮（Connect 按钮）是高亮显示的，此时鼠标正放在它的上面。这个功能是 Torgue 游戏引擎为按钮控件的定义提供的功能中的一部分。

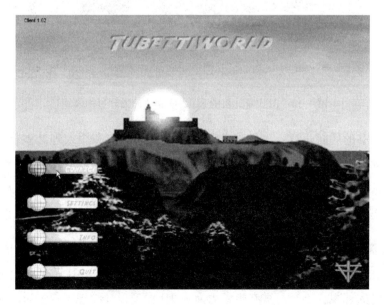

图 1.11　一个 GUI 主菜单的示例

Chapter 1　Introduction to 3D Game Development

在本书的后面几章，我们将介绍构思、设计和实现我们制作游戏的 GUI。

模型

3D 模型（见图 1.12）是 3D 游戏的灵魂。除一两种情况以外，游戏画面上任何不属于 GUI 的可视物体都是某种类型的模型。玩家的游戏角色是一个模型，角色双脚之下的世界是被称为地形（Terrain）的特殊模型，游戏中所有的建筑、树木、街灯柱和交通工具都是模型。

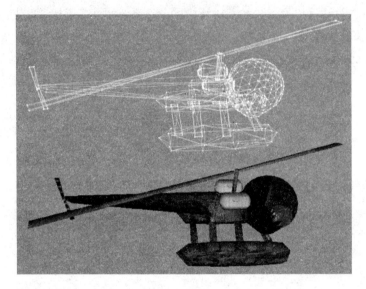

图 1.12　旧式直升机的 3D 线框和纹理处理过的模型

在本书的后面几章，我们将花费大量的时间制作和用纹理处理模型，为它们添加动画效果，然后把它们添加到游戏中。

纹理

3D 游戏中，在 3D 的场景中渲染模型时，纹理是非常重要的一个部分。纹理（在某些情况下被称作蒙皮——见图 1.13）确定了 3D 游戏中所有模型在渲染时的外观。恰当而富有想象力地为 3D 模型设计纹理不仅能够增强模型的视觉效果，而且能够降低模型的复杂度。这允许我们能够在一段给定的时间内画出更多的模型，从而增强游戏的效果。

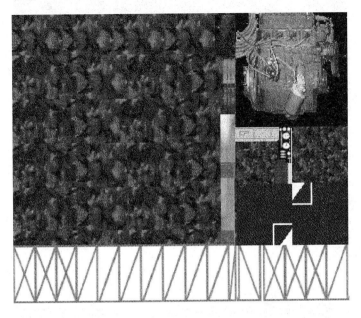

图 1.13　用于制作旧式直升机蒙皮的纹理

声音

声音在 3D 游戏中能产生前后联系的作用，通过声音能够向玩家提供事件的发生、背景等变化时的听觉提示，同时伴以 3D 位置的移动。巧妙地使用恰当的声音效果对制作一个优秀的 3D 游戏是非常必要的。图 1.14 显示了一个由波形编辑程序操作的声音效果波形图。

音乐

有些游戏，特别是多玩家游戏，很少使用音乐。而对于其他游戏，比如单个玩家的冒险游戏，音乐是渲染故事情节和给玩家提供前后联系的线索的基本工具。

为游戏制作音乐的有关内容不在本书的讨论范围之内。不过，在后续章节中，我们将指出在什么地方使用音乐可能会有用。音乐可以使玩家把注意

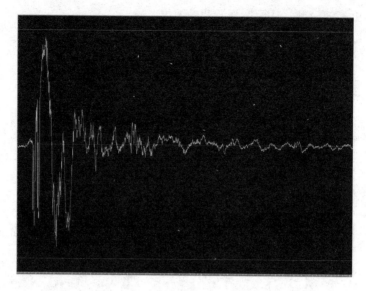

图 1.14　枪击声音效果的波形图

力放在游戏的发展和希望产生的某种情绪上。添加恰当的音乐片断也许正是产生你所期望的情绪所需要的。

支持底层结构

这对于持续在线的多玩家游戏比对单玩家游戏更加重要。当提到游戏底层结构的时候，我们所涉及的内容包括玩家记分和性能的数据库、自动更新工具、Web 站点、支持论坛以及游戏管理和玩家管理工具。

下面将要讨论的底层结构的内容并不在本书的讨论范围之内，但我在这里还是把它们提出来，以便让你明白还有哪些事情需要花时间去做。

Web 站点

Web 站点是非常必要的，它是人们了解你的游戏，发现重要的或者有趣的信息以及下载游戏补丁的地方。

Web 站点全力关注于你的游戏，就像一个销售专柜。如果希望游戏畅销，那么一个设计精美的 Web 站点是必不可少的。

自动更新

在玩家的系统上，一直有一个自动更新程序伴随着你的游戏。更新程序在游戏启动之前通过 Internet 连接到指定的网站，并在网站内寻找更新了的文件、游戏补丁或者是用户上次退出游戏之后更新过的文件。在启动游戏之前，它将下载恰当的文件并使用更新了的信息来启动游戏。

许多游戏，如 Delta Force：Blackhawk Down、World War II Online 以及 Everquest 都带有自动更新功能。例如 Steam from Valve 这样以网络为基础的发行系统也有这个功能。在登录游戏之后，服务器将检查安装的游戏是否有某些部分需要更新，如果有，它将自动把文件传送到客户机上。某些自动更新程序会下载一个本地安装程序并在客户机上运行，从而确保安装了最新的文件。

支持论坛

社区论坛或者 BBS 是开发人员为用户提供的一个很有价值的工具。论坛是一个充满活力的社区，玩家可以在这里讨论游戏、游戏的特点以及他们之间玩游戏的比赛情况。你还可以把论坛当作是用户支持的一个反馈机制。

管理工具

如果你正在开发一个持续在线的游戏，那么获得一个基于 Wed 的工具是非常重要的事情。这个工具用于创建或删除用户账号、修改密码和管理其他可能遇到的情况。你需要某种能够使用基于 CGI、Perl 或者 PHP 的交互式窗体或页面的主机 Web 服务。虽然并非必须拥有这种服务，但是的确应该为数据库配置一个管理工具。

数据库

如果希望自己的游戏具有持续性，使玩家的积分、技艺和各种设置能够保存下来，以及防止玩家在他自己的计算机上进行非法操作，那么一般情况下，需要在服务器端建立并管理一个数据库。通常情况下，刚才提到的管理工具用于在数据库中创建玩家的记录，而游戏服务器将通过与数据库的通信对用户进行认证、获取并保存积分，以及保存或恢复游戏设置和配置。

通常使用的数据库有 MySQL、PostgreSQL 或其他类似的产品。再次强调，你很可能需要订购一个提供数据库的主机 Web 服务。

三、Torgue 游戏引擎

到目前为止已经多次提到了 Torgue 游戏引擎。现在是更仔细地介绍该引擎以及如何使用它的时候了。

描述

下面的描述并不十分全面，一杯咖啡的功夫就差不多能够看完这一小节。要不去泡咖啡吧——我在这里等你！我要黑咖啡，加两块糖，呵呵！

继续阅读本书，你就会注意到增加这一小节的主要原因是为了让你能够对该引擎在后台完成了多少工作有个正确的认识。

基本的控制流

Torgue 游戏引擎初始化库和游戏中的函数，然后在游戏的主循环体中循环直到游戏结束。主循环通常会调用平台库中的函数来产生平台事件，这些事件将驱动游戏的发展。

Torgue 负责处理如下一些基本的事件：

- 显示鼠标在 GUI 上的移动事件
- 处理其他与输入有关的事件
- 依据设定的时间模拟比例计算经过的时间
- 管理服务器对象的处理时间
- 检测服务器网络数据包的传输
- 增长模拟事件的时间
- 处理客户端对象的时间

- 检测客户机网络数据包的传输
- 渲染当前帧
- 检测网络连接是否超时

平台层

平台层向该引擎提供了一个跨平台体系结构接口。平台层负责处理文件、网络操作、图片初始化、用户输入以及各种事件。

控制台

控制台库为以 Torque Engine 为基础的游戏提供一些基本功能。控制台上同时具有编译器和解释器。所有的 GUI、游戏对象、游戏中的逻辑以及接口都是通过控制台进行处理的。控制台语言被称作 Torque Script，与 C＋＋语言类似，但具有一些利于游戏开发的特性。可以使用命令从控制台窗口载入控制台脚本，也可以从文件中自动载入。

输入模型

输入事件经由平台层解释器，然后递交到游戏。默认情况下，游戏按照一张全局动作映射表检查输入事件，这张表取代所有其他的动作处理程序。如果在表中找不到指定事件的动作，则事件将被传递给 GUI 系统。如果 GUI 没有处理输入事件，它将被传递到当前活动（但非全局）的动作映射堆栈中。

各个平台的相关代码会把 Win32，Xwindows 或 Mac 系统上发生的事件翻译成统一的 Torque 输入事件。这些事件被发送到主应用程序事件队列中。

动作映射表把平台层的输入事件翻译成控制台命令。任何平台输入事件都能够被绑定到一种通用的处理方法上——所以理论上，游戏并不需要知道事件是来自键盘、鼠标、操纵杆还是其他输入设备。这使游戏玩家可以按照自己的喜好设置操作方式。

仿真

来自平台库的事件流驱动着游戏的发展，这些事件包括：InputEvent、

MouseMoveEvent、PacketReceive－Event、TimeEvent、QuitEvent、ConsoleEvent、ConnectedReceive－Event、ConnectedAcceptEvent 和 ConnectedNotifyEvent。通过记录平台库的事件流，游戏的仿真会话（Simulation Session）部分就能够根据调试的需要重复游戏的某个片断。

对象的仿真基本上是由游戏的引擎部分完成的。有时间限制的对象可以根据它是服务器对象还是客户端对象添加到以下两个处理列表中的某一个上：全局服务器队列或全局客户机队列。

服务器端的对象只在某些特定的时间进行仿真，但对于客户端对象，为了在帧速率很高的时候能够产生平滑的视觉效果，必须在每一个时间事件后重新仿真。

有一个专用的 Simulator 类，它管理着所有需要仿真的对象和事件。这些对象分为不同层级的 Simulator 类，可以通过名称或对象 ID 引用它们。

资源管理器

Torque Engine 会使用到为数众多的资源。地形文件、位图、形状、材质清单、字体以及内景都是游戏资源的例子。Torque 有一个资源管理器，这个管理器用于管理各种游戏资源并提供一个加载和保存资源的通用接口。Torque 的资源管理器支持每次只加载一种资源的一个实例。

图形

Torque 本身没有图形生成功能。取而代之的是，它使用 OpenGL 的图形 API。Torque 有一个实用工具库，这个库用于扩展 OpenGL 以支持更高层次的图元和资源。

Torque 有一个实用函数集，该函数集能够更好地支持复杂的图元和资源，而且为较容易管理的纹理和 2D 图形添加了一些简单的功能。

Torque 有一个纹理管理器，该管理器负责游戏中纹理的加载和卸载。在一个给定的时间内只能加载某个纹理的一个实例，在加载完成后纹理由 Open-GL 处理。当游戏切换图形模式或视频设备时，纹理管理器会透明地重新加载或是卸载游戏的纹理。

Torque 支持多种位图文件类型：PNG、JPEG、GIF、BMP，以及用户自定义的 BM8 格式，这是一种用于最小化纹理内存开销的颜色为 8 位的纹理格式。

GUI 库管理 Torque 游戏的用户界面。它是专门为游戏界面开发而设计的。Canvas 对象是当前 GUI 层级的根对象。它负责发送鼠标和键盘事件，管理更新区域和光标，并在绘制下一帧的时候调用恰当的渲染方法。Canvas 会跟踪内容控制，这种控制从下到上分层地控制内容的渲染，主要用于控制在屏幕上显示任意数量的浮动窗口或对话框。

Profile 类负责维护一组控件之间的实例数据。字体、颜色、位图和声音数据等信息都保存在 Profile 类的实例中，所以并不需要对每一个控件都复制一个 Profile 类的实例。

Control 类是系统中所有 GUI 控件的根类。一个控件可以容纳任意数量的子控件。每个控件都以父控件的边框为坐标系，在父控件内部占用一块矩形区域。Control 类负责处理控件的输入、渲染，同时负责接受鼠标焦点和按坐标自动调节控件的大小。

3D 渲染

Torque 库有一个模块化的、可扩展的 3D 渲染系统。游戏子类首先定义成像方位和视觉范围，然后调用 OpenGL 的画图命令画出 3D 场景。类负责确定视口，以及模型的观察角度和投影矩阵。函数将返回当前受控对象（玩家当前正在控制的模拟对象）的成像角度，然后引擎将调用客户端场景图形对象渲染游戏环境。

在客户端，场景图形库负责监控整个游戏场景，并根据当前的成像角度决定应该渲染哪些对象。而在服务器端，它负责根据玩家在游戏中的视觉角度决定应该把哪些物体发送到客户端。整个场景被分为多个区域，每个区域由多个实心部分和入口组成。场景以外是一个单独的区域，内部对象可以有多个内部区域。引擎负责找出一个给定 3D 点在哪个区域以及拥有该区域的对象。然后引擎就能够决定哪个或哪些区域包含一个对象实例。在渲染的时候，整个场景将从包含摄像机的区域开始，按照在它之前的区域中设置的视觉入口剪辑每个区域中的对象。引擎还负责确定网络对象的处理范围，决定一个给定对象是否需要由客户端处理。

场景中的每个能够渲染的对象都是从一个基类派生出来的。在刷新场景的时候，所有可见的对象都需要准备一幅或多幅用于渲染的图像，这些图像随后将被插入到当前场景中。图像先按透明性排列，然后渲染。这种方法允许在渲染带有多个半透明窗口的楼房时先渲染楼房，然后渲染其他对象，接着再渲染楼房的窗口。对象可以插入多张用于渲染的图像。

地形

地形库负责处理渲染外部场景模型的对象。它包含了 Sky 对象，这个对象渲染外围的天空和有层次感的云层，并在渲染整个场景的时候通过设置明显的和模糊的距离使环境变得错落有致。Sky 对象还将产生模糊的垂直层次并将其发送给 SceneGraph 对象，以便渲染。TerrainBlock 类提供了无限多个大小为 256×256 的区域，这些区域在一个水平面上展开。每个区域上的数据都由资源管理器负责保存和加载，这样单个地形数据文件就可以在服务器和客户机之间共享了。

对地形的纹理处理是通过代码把基本的材质纹理和新的材质纹理混和到一起，然后按照矩形区域的距离远近投影到连续的矩形上。Blender 类负责混和不同的地形纹理并转换成特定的版本，以便在 x86 体系结构的机器上运行时能够加快速度。

游戏中的水按照距离的远近自动渲染，近处的水比远处的水波纹更多，颜色更深。水的覆盖范围可以按如下方法圈定，在画面上设置一个点，然后以这个点为中心形成一个湖泊，并且不会有水从边角泄漏出去。

内景

内景库负责渲染图像，管理冲突，并为内部对象，比如各种建筑物，提供磁盘文件服务。内部资源类管理与单个内部对象定义有关的数据，任何时候系统中都可能存在多个资源类实例。内景库管理用于渲染场景图像的区域，而且还可能拥有渲染镜像视图的子类。光源管理器类为当前已经加载了的对象产生光照贴图。只要有可能，实例就会共享光照贴图。内部资源通过一个内部导入实用程序构造和加亮。源文件是 Quake 风格的 .map 文件，该文件与凸面物理结构的实心"画笔"列表并无差别。这种画笔用来定义内部实心区域。某些特殊的画笔定义了区域的边界和类似于光源这样的对象。

形状和动画

这个库负责管理各种形状模型的显示和动画。库的形状资源类可以在多个形状实例之间共享。形状类管理形状的所有静态数据：网格数据、动画关键帧、素材列表、纹理信息、触发器和详细的层级。实例类管理形状实例的动画、渲染以及细节的选择。实例类使用线程类管理多个同时运行的对象的动画，这些类和对象一一对应。每个线程都能够各自及时地运行，或者在其他线程运行的时候按照另一个不同的时间比例运行。线程还可以在不同的动画顺序之间切换。

动画的顺序可由节点/骨骼（Node/Bone）动画（例如，爆炸的各个环节）、素材动画（爆炸中的纹理动画）和网格动画（如一个形状变化的水滴，注意大多数网格动画都可以通过节点级的动画和旋转动画来完成）组成。动画还包括是否渲染图形以便图形的网格只有在动画开始之后才能看到。

网络连接

Torque 设计的基础是要提供强大的客户机/服务器网络模拟支持。Torque 网络设计的目标是能够在 Internet 上获得良好的网络性能。Torque 处理了三个基本的实时网络编程问题：受限带宽、数据包丢失和延迟。如果想要获得关于 Torque 网络体系结构的更为详细的资料，可以参考 GarageGames 网站（http://www.garagegames.com）上的文章"The Tribes II Engine Networking Model"，不过这篇文章中的内容可能稍微有些过时了。Torque 游戏的实例可以在专用的服务器、客户机上安装，或者同时在服务器和客户机上安装。如果游戏有客户端和服务器端，则运行游戏时客户端将连接到服务器端，不过在同一个游戏实例中的网络代码之间有捷径相连，而且没有数据会超出网络的范围。

带宽是一个棘手的问题，因为 Torque 支持广阔、开放的地形环境，而且要处理为数众多的客户端对象——每台服务器最多可以连接 128 台客户机，这意味着很可能会有多个对象同时需要移动和更新。Torque 使用很多策略来最大化可用带宽。

- 它以比较高的频率向客户机发送对于客户机而言最为重要的更新数据，而对于其他不是最重要的更新数据，发送的频率要低一些。
- 对一段数据，只发送所需的最少比特位。
- 只发送已发生变化的对象的状态。
- 缓存普通的字符串和数据，以便一次传送所有数据。

数据包丢失也会产生问题，因为在丢失的数据包中包含的信息必须以某种方式重传，然而在大多数情况下，如果直接重传丢失的数据包，那么这些数据包中的信息在到达客户端时已经变得很陈旧了。

延迟在模拟时也是一个问题，因为网络数据传输的延迟会使客户端的视觉效果与服务器端无法同步。快速移动风格的 FPS 游戏需要对操作控制在瞬间之内作出响应，以便让玩家感受到游戏的风驰电掣，这也是 Torque 设计的初衷。另外，延迟很大的玩家无法击中高速运动的物体。为了解决这些问题，Torque 采用了以下策略：

- 插补（Interpolation）：把物体从客户端指定的地点平滑地移动到服务器指定的地点。
- 推断（Extrapolation）：根据物体的状态和移动的规则猜测物体的移动方向。
- 预测（Prediction）：根据移动规则和客户端输入对物体的移动方向作出准确的猜测。

网络体系结构分为以下几个层次：最底层是 OS/平台层，上面是通知协议层，再上面是 NetConnection 对象和事件管理层。

本书使用的 Torque

你已经看到，Torque 游戏引擎功能强大、丰富，使用灵活而且易于控制。在本书中，我们将要做的事情是制作游戏开发中需要的各种素材，然后编写游戏控制脚本，把这些素材联系成一个整体。

所有需要的程序代码、美术作品、声音素材以及制作和编辑这些东西所需要的工具都包含在本书附带的 CD 光盘上。

乍一看这也许并不是什么艰难的事情。不过请记住，我们将担任不同的游戏开发角色。所以必须自行制作各种模型（角色、建筑、装饰和地形），录制各种声音特效，把这些东西安排进我们编造的虚拟世界中，然后设计游戏规则并编写脚本实现这些规则。

是不是有点难？

不会的。因为我们有 Torque！

安装 Torque

CD 光盘中包含了所有本书需要用的资料：Torque 执行软件、Torgue 游戏引擎演示以及辅助基础，所有需要的美工和脚本资源，还有一些有用的工具。所有你需要的东西都在一个叫 \ 3D2E 的目录里。

一些 \ 3D2E \ TOOLS 目录里的工具在使用前是需要安装的。本书内容不要求你使用所有提供的工具。一些光盘提供的工具可供你在完成某项任务时找不到合适的工具，而可能作为替代品时使用的。

如果本书中要求你使用每个工具来完成某个程序，会告诉你需要使用那个工具，甚至详细地告知你在哪儿能找到这个工具并如何安装。

阅读本书需要安装 Torque，将附带的光盘放入光驱，然后按照屏幕显示的说明操作。完成后，硬盘驱动的布局会和光盘的布局一致，无论你在哪儿看到 \ 3D2E 目录或者它的子目录，你都能在硬盘驱动或者光盘中找到它。光盘中的 \ EXTRAS 目录的内容不是本书内容所必需的。

致 Macintosh 和 Linux 用户

对于使用非 Windows 操作系统的用户来说，附带 CD 光盘的安装程序对你不适用。而 \ 3D2E 目录中的 Torque 示例游戏对你也不适用。不过，只要你在你的操作系统上正确安装了 \ EXTRAS 目录中的示例游戏，书中所举示例的脚本和美工也可以适用于 Macintosh 和 Linux 系统。

当你按照如下安装说明操作时，请确认你的安装保存目录或目录是/3D2E，而不是默认路径。

这是为了确保你的安装路径与书中的路径一致。可能你在开始安装前需要手动建立一个/3D2E目录。

进行以下操作，请首先查看光盘中的/EXTRAS目录，然后在你的操作系统上安装设置示例游戏：

对于 Macintosh 系统，请使用/EXTRAS/Macintosh/TorqueGameEngineDemo_1_4.dmg；

对于 Linux 系统，请使用/EXTRAS/Linux/TorqueGameEngineDemo‑1.4.bin。

在你的系统上安装好合适的 Torque 示例游戏以后，你需要将光盘中的/3D2E目录复制到你的系统里为了安装 Torque 示例游戏而新建的新的/3D2E目录下。

然后，如果你愿意，你就可以删除新的/3D2E目录中所有后缀为 demo.exe、getdxver.exe、glu2d3d.dll、OpenAL32.dll 和 opengl2d3d.dll 的文件了，因为它们都是 Windows 文件，你根本无法使用。

你有时会在本书中看到全路径的目录（例如 \ 3D2E \ demo \ client \ init.cs, for example 等），有时也会看到部分路径名称（例如 RESOURCES \ ch2）。驱动名称永远不会出现在路径里，这表示路径适用于任何你安装的硬盘驱动。部分路径名明显的指示了目录的位置。资源是 \ 3D2E 的子目录，例如 TOOLS、EXTRAS、示例游戏、普通版本、创建者和显示目录。

备注

本书会出现 fps 的示例游戏和赛车的示例游戏。它们都是靠 Torgue 游戏引擎的示例游戏程序来运行的。

双击 \ 3D2E 目录的 demo.exe 来运行 fps 示例游戏。当屏幕不再闪烁时，请在主菜单点击示例：中心附近的 FPS 多玩家按钮。下一幕确保检查了 Create Server 箱，然后点击屏幕左下方的右向箭头按钮。

除了第一人称 fps 射击示例游戏外，还有一个赛车游戏供你选择。在示例游戏的主目录页面点击示例：多万家赛车按钮（最下面的按钮）。当屏幕变化时检查 Create Server 箱，最后点击最下面的右向箭头。

四、本章小结

终于到这了。现在你已经安装了基本的 Torgue 游戏引擎和一个示例游戏。值得庆祝哦!

当然,如果继续学习本书中的游戏开发过程,你将会返回到本书附带 CD 光盘并安装一些在开发中需要用到的工具。

在本章中,我们从不同的角度——游戏产业、游戏类型和不同的游戏开发角色——考察了计算机游戏,并初步探索了游戏引擎的组成部分以及这些部分是如何相互联系在一起的。

在第 2 章将开始研究基本的编程技术。我们将使用 Torque Engine 运行示例程序。在后面的章节中,当深入研究实际的游戏编程脚本时,这些开发技巧会很有用。

Chapter 1 Introduction to 3D Game Development

第 2 章

初识编程

本章将帮助你理解一些编程概念和技术，以后将以这些概念和技术为基础学习更高级的技术。学习完本章之后，你将能够熟练地使用一个功能强大的编辑器；理解如何创建、编译和运行自己编写的程序；领悟一套解决问题的方法；并逐渐熟悉具有参考价值的调试提示信息和各种调试技术。

一、UltraEdit－32

为了编写程序，需要使用文本编辑器，或者程序编辑器。这种编辑器和 Word 文字处理器有所不同，大多数人使用 Word 只是用于编写文档、书籍、备忘录等。

一个优秀的程序编辑器具有如下功能：

- 具有管理资源文件的项目功能
- 具有完备的 grep 功能（查找、搜索、替换）
- 语法高亮显示
- 函数查找或引用
- 宏功能
- 书签
- 文字平衡或匹配

在此使用一款名为 UltraEdit – 32 的共享编辑器，其作者是 Ian D. Meade，在本书合作站点 http://www.tupwk.com.cn 上有这款软件。该软件还有很多其他有用的功能，在本章我们会为你逐一演示。

grep？这个名称是什么意思？

grep 这个名称源于 UNIX 系统。在 UNIX 系统中，像这样让人感到奇怪却又非常巧妙的名称和简称比比皆是。grep 是由 UNIX 系统上最初出现的行文本编辑器命令"g/re/p"演化而来的。"g"代表 global，"re"代表 regular expression，而"p"代表 print，也就是在屏幕上打印出来的意思。如果在编辑器的命令行输入这个命令，则表示要进行全局搜索，搜索时使用正则表达式进行匹配，并把搜索的结果打印到屏幕上——而正则表达式将跟在搜索结果的后面。最终这个命令从编辑器程序中移除，然后加入到 UNIX 的 shell 命令中，用于指定在搜索包含特定字符串的文件时，怎样查看以及查看什么内容。随着时间的流逝，grep 慢慢成了搜索包含某个字符串的文件的意思，并成为编程中常常使用的一个术语，即使在非 UNIX 环境中也是这样。现在它常用作动词，意思是"在文件中查找文字"。

程序安装和配置

如果你还没有按照第 1 章结尾部分的操作说明安装附带的 CD 光盘的内容，你最好翻回去复习那个部分。简单地说就是：将光盘放入电脑光驱后，使用浏览器浏览 CD 并找到 3D2E 目录。将此目录从光盘中拖到硬盘上，比如说 C 盘上，不过你可以拖到你想放入的硬盘中。只要确保你有 500MB 的硬盘可用空间，以便有足够的空间存放你复制的光盘内容以及安装各种学习本书需要使用的软件工具。复制完毕后，你就可以取出光盘并妥善保管了。我是不是有点啰嗦……

现在浏览你自己硬盘上的新的 \ 3D2E 目录，找到一个叫做 TOOLS 的目录，这个目录里有一个叫做 ULTRAEDIT – 32 的目录。在这个目录里有压缩文件 uedit32.zip，解压后双击 uesetup.exe 安装程序，然后根据屏幕上的安装提示进行操作。最后，也是在 TOOLS 目录里，有一个 UESAMPLEPROJECT 目录，把它拖到 \ 3D2E 目录里。

创建项目和文件

和其他任何正式的编辑环境一样，UltraEdit－32 允许我们以项目的概念来管理需要用到的文件。在 UltraEdit－32 中，可以创建虚拟目录并把文件的链接保存到这些目录中。通过这种方式，你就可以通过一种快捷的通道访问存放在任何位置（包括网络上某个位置）上的文件！不过，创建项目稍微有点繁琐，可以根据需要决定是否进行创建。现在让我们从头开始手动创建一个项目吧。

配置 UltraEdit

请按如下步骤配置 UltraEdit：

（1）选择菜单 Start→Program→UltraEdit→UltraEdit－32 Text Editor，启动 UltraEdit。

（2）选择菜单 Window→Close All Files，关闭所有已打开的文件或在 Ultra-Edit 中包含的窗口。

（3）在 UltraEdit 中选择菜单 View→Views→Lists→File Tree View。在窗体的左边将弹出一个停靠的窗体（见图 2.1）。这个窗体是 File Tree View，也叫 File View。

图 2.1 File View 窗体

（4）在 File View 窗体中有三个模式，供我们选择使用哪种方式浏览文件。一般我们使用 Project Files，所以请单击名为 Project 的模式，这样 Project 模式就会出现在 File View 窗体的最前面（见图2.2）。

图2.2　Project 模式

（5）如果 File View 是自由浮动的（也就是非停靠的），那么请把鼠标放在"File View"窗体最上端的蓝色标题栏，并按住鼠标将其拖到 UltraEdit 窗体的左边，此时，蓝色标题栏仍处在深灰色的区域，而左边的窗体则会消失。你会看到整个窗体的边框也由原来比较厚重的样式变得很薄。松开鼠标，我们就能看到停靠在左边的窗体了。

（6）选择菜单项 Project→New Project→Workspace。此时会弹出一个 Specify Project File 的对话框，浏览到 \ 3D2E 文件夹。在文件名文本框中输入项目名称（myscripts），然后确认保存类型下拉框中的内容是 Project Files。单击保存按钮，将弹出 Project Settings 对话框。如果系统警告文件已经存在，并询问是否需要替换，请单击 Yes 按钮。

（7）如果在底部的 Folder Options 区域内的文件夹复选框中，子文件夹未被选中，请单击选中。

（8）单击 Add Folder 按钮，选择 Group 复选框。

（9）单击右边空白文本框内的 ... 省略号图标。

（10）指定包含所有项目所需文件的文件夹路径——在本书中，即硬盘上

的 \ 3D2E 文件夹。在文本框内选择该文件夹，然后单击 OK。

（11）回到 New Folder 对话框，再次单击 OK。

（12）回到 Folder Options 区域，在文本框过滤器中输入以下内容：*. cs；
. gui；. txt；*. log；*. mis；*. hfl；*. dml；*. ifl。这些是
通过后缀区别的不同的文件类型。这样做是为了只允许上述类型的
文件出现在我们的项目中。现在不用担心它们的意义，在后面的章
节中我们会深入探讨。你的 Project 对话框应该与图 2.3 相同。

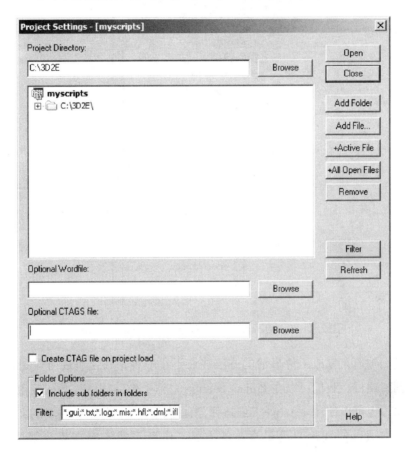

图 2.3 含有文件夹的 Project 对话框

（13）单击 Close 按钮。

（14）观察 File View 窗体的 Project 模式，单击文件夹（如果一切按步骤

操作，应该是 \ 3D2E 文件夹）左边的加号图标（即扩张符号）。

现在你应该看到一个显示 \ 3D2E 文件夹内容的 Project 模式，包含以下子目录：公用库、创建器、示例，以及 main. cs 文件（你可能还会看到 console. log 和 README. txt 文件，如果没有也没关系）。

你的 File View 窗体中的 Project 模式应该与图 2.4 所示相似。为了得到和图中所示的对话框一样的效果，你可以单击文件夹前面的加号图标。

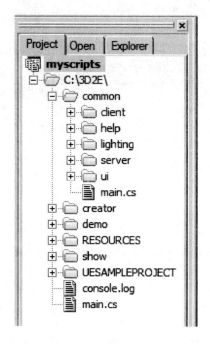

图 2.4　File View 窗体中的 Project 模式下的 myscaripts

我们知道，完成一件事情的方法往往不止一种，在这里还可以通过其他方式创建项目。我们可以在 Project Settings 对话框中使用 Add File 按钮完成以上操作，也可以使用 + Active File 按钮添加当前在 UltraEdit 中编辑的文件。可以不断尝试以便找出自己最喜欢的方式。作者习惯于根据需要使用 + All Open Files 按钮和 + Active File 按钮。

现在自己动手打开一些文件，然后再关闭它们，看看 File View 窗体的 Project 模式到底是如何操作的。

创建项目后，退出 UltraEdit。这样是为了确保项目设置都妥善保存了。然

后我们可以双击 \ 3D2E 文件夹中的 myscripts. prj 重新打开项目。如果没有进行关闭再打开 UltraEdit 的操作，你可能会发现设置没有保存，一些功能可能无法实现。在关闭和重新打开项目之前，可能你无法在项目文件中正确地搜索某些文字。

查找和替换

UltraEdit 的查找功能非常广泛和全面。我将着重介绍几种最重要的功能：查找指定的文本、查找指定的文本并进行替换、根据行号跳到某一行，以及使用通配符和模式进行高级查找。为了实践各种功能，请打开 UESAM-PLEPROJECT 目录，并打开名为 sample_ file_ 1. txt 的文件。请浏览 Project 模式进行上述操作。sample_ file_ 1. txt 文件中有些文本是从第 1 章的早期版本中提取出来的，我们可以删除掉。

查找

选择 Search→Find 菜单项，系统将弹出 Find 对话框（见图 2.5）。注意，确保对话框上复选框的勾选情况和图 2.5 所示一致。现在，在文本框中输入需要查找的单词，然后单击 Find Next 按钮。Find 对话框将隐藏起来，而输入焦点将跳到第一个找到的单词处，并且以高亮显示该单词。试着查找一下"indie"（独立开发人）。看到了什么？

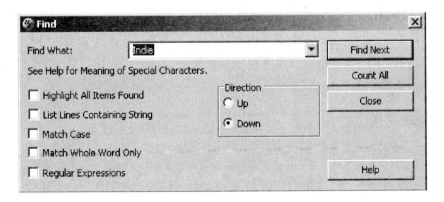

图 2.5　设置基本查找的 Find 对话框

Chapter 2 Introduction to Programming

现在重新打开 Find 对话框并尝试使用各种选项。注意查找只是针对当前在编辑器中打开的文件进行的。查看各种选项，比如向下（Down）搜索文件，然后再向上（Up）搜索文件。把要搜索的单词变成"INDIE"（全是大写字母），然后再试着查找一下。注意此时仍然能够找到这个单词。但是，如果选中 Match Case 复选框再进行查找，那么系统将提示错误消息：Search String Not Found！

在查找的时候，很可能会在多个地方查找到匹配的单词。如果没有使用 List Lines 选项，那就需要重复使用 Find Next 按钮，在文本中查找下一个匹配的单词直到到达文件末尾（向下查找），或者使用 Find Prev 按钮查找上一个匹配的单词直到到达文件开始（向上查找）。不过，你应该尽可能早一些熟悉使用键盘上的快捷键 F3（Find Next）和 Ctrl + F3（Find Prev）。

提示

> 一种快捷的查找当前打开窗口中的文字的方式是：首先在当前打开的文件中双击要查找的单词，使它呈高亮显示，然后使用快捷键 Ctrl + F（打开 Find 对话框），然后按下 Enter 键，光标将跳到单词出现的下一个地方。如果要继续查找，只需要不断按下 F3 键就可以了。F3 键会不停地从头开始找出所有单词出现的地方，直到你感到无聊为止。

作者认为 Find 对话框特别有用的一个功能是 List Lines Containing String 选项。如果选择了这个选项，那么含有所要查找的单词的所有行都会在一个单独的窗口中完整地列出来。试着用这种方式查找"action"，查找时不要选中 Match Case 复选框。查询的结果窗体中列出了所有包含"action"的文本行。每行文本中至少包含了一个需要查找的单词。如果双击查询结果窗体中的某一行，可以看到在编辑窗口中光标将跳到被双击的那一行上，而且这一行将呈高亮显示。

查找特殊字符

> 有时候我们希望查找某些非常规字母字符或标点符号，例如，行结束符。
>
> 可以通过使用转义符和其他字符的组合来表示这些特殊字符。转义符就是脱字符号（"^"；按住 Shift 键再按数字 6 就可以输出这个字符），需要把它和某个特定的普通字符组合在一起使用。若在字符前看到这个脱字符号，就说明程序是在查找特殊字符了。

当然，第一个特殊字符就是脱字符号本身，否则就无法在文件中查找它了。下面的表格中列出了最常见的几个特殊字符的表示组合。

　　查找特殊字符时并不需要选中 Find 对话框中的 Regular Expressions 复选框，虽然这些特殊字符的表示方式确实和有些正则表达式是一样的。

用于基本查找功能的特殊字符

特殊符号	程序查找的内容
^^	脱字符号（"^"，有时也称为 Up Arrow）
^s	高亮显示的文本（只有在宏运行时）
^c	剪切板中的内容（只有在宏运行时）
^b	分页符
^p	换行符（回车键和行起始标志）（Windows/DOS 中的文件）
^r	换行符（回车键）（Macintosh 中的文件）
^n	换行符（只用行起始标志）（UNIX 中的文件）
^t	制表符

替换

　　选择 Search→Replace 菜单项，系统就会弹出 Replace 对话框（见图 2.6）。这个对话框和 Find 对话框有点相似，但包含更多的选项和一个输入替换文本的文本框。

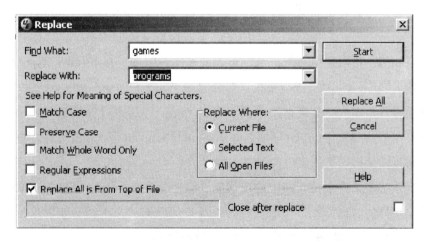

图 2.6　用于基本查找和替换操作的 Replace 对话框设置

Chapter 2　Introduction to Programming

在文件中查找

Find in Files 在文件中查找功能是 UltraEdit 提供的与 grep 最接近的功能，在前面已经提到过 grep。这个功能允许指定要在哪些文件中搜索哪些需要查找的单词或短语，而不是仅仅在正在编辑的文件（当前文件）中搜索。图 2.7 显示了 Find in Files 对话框。你可以指定 3 组文件中的 1 组为搜索范围。

Find In Files		
Find: psi		Find
In Files/Types: *.cs		Cancel
Directory: C:\3DGPAi1		Browse
☐ Match Case		
☐ Match Whole Word Only	Search In:	
☐ Regular Expressions	● Files Listed	
☑ Search Sub Directories	○ Open Files	Help
☐ Results to Edit Window	○ Project Files	
☐ Unicode Search		

图 2.7　Find in Files 对话框

首先，可以搜索列出（Listed）文件。这意味着可以指定一个带有扩展名的文件名搜索模式并指定要搜索的文件夹。这与 Windows 系统自带的搜索功能非常相似。可以使用通配符限制查找的范围。例如，在 In Files/Types 文本框中输入"new * . txt"进行查找，则名如 newfile. txt、new_ data. txt 的文件都包含在查找范围内。如果把模式设置为" * . * "，那么查找的范围将是指定文件夹中的所有文件。如果同时选中了 Search Sub Directories 复选框，查找的范围将延伸到指定文件夹中的所有文件。

当在某个文件中找到匹配的单词时，程序会在 UltraEdit 窗口的下面逐一列举出文件的名称，并打印出包含需要查找的单词的文本行。如果双击列表中的某一行，UltraEdit 将打开对应的文件并把光标放到该文本行上。

其次，可以只在打开的文件（Open Files）中搜索——也就是所有当前在编辑器中处于打开状态的文件。如果在 Search In 分组框中选择 Open Files 单选按钮，那么只需要输入待查找的单词，而不用指定文件名和文件夹。

最后，也是作者用得最多的一种搜索方法：在项目文件（Project Files）中进行搜索。如果选择了这个选项，程序将在当前打开的项目的所有文件中搜索——也只在这些文件中搜索。至于文件是否打开并不重要。

grep

UltraEdit 的 grep 功能是在文件中查找和替换文本的高级方式。在前面讨论过的与搜索有关的对话框中，你可以通过选中 Regular Expressions 复选框的方式在有关搜索的部分使用，查找过程会以 UNIX 的 grep 或者比较早的 Ultra-Edit 风格的 grep 的方式进行。

你可以在设定菜单中设置 UltraEdit 来使用它本身的 grep 语句或者 UNIX 风格的语句。选择 Advanced→Configuration 选项，然后选择 Find 模式。可以根据你的习惯将复选框中的 UNIX 风格改为正则表达式。

UltraEdit 风格的 grep 语法

表 2.1 显示了 UltraEdit 风格的 grep 语法，下面实际进行几次 grep 查询以便看看它是怎样工作的。使用 UESAMPLEPROJECT 项目中的文件 sample_ file 1. txt。我们需要确认将 UltraEdit 关闭 UNIX 风格的正则表达式。假设我们想在示例游戏的文件中查找与 dungeon（地牢）有关的内容。我们将 grep（注意这里将名词动词化了！）术语 "game * dungeon"。

按下 Ctrl + F，打开 Find 对话框，然后确保选中 Regular Expressions 复选框。在文本框中输入 game * dungeon，然后单击 Find Next 按钮。查找的字符串以 "game" 开始，以 "dungeon" 结束。至于两者之间出现什么样的内容并不重要，因为星号意味着查找会匹配 "game" 和 "dungeon" 之间的任意长度的字符串，只要 "game" 和 "dungeon" 都在同一行上。使用 "computer * game" 再查找一次，看看会找到什么。记住可以使用 F3 作为 Find Next 按钮的快捷键。

表 2.1　UltraEdit 风格的 grep 语法

符号	作　用
%	匹配行起始符。表示所查找的字符串必须位于行的起始位置上，而且查找到的字符串不包含任何行结束符
$	匹配行结束符。表示所查找的字符串必须位于行的结束位置上，而且查找到的字符串不包含任何行结束符
?	匹配除换行符外的所有单个字符
*	匹配除换行符外的在同一行的任意个字符
+	匹配该符号前的字符的一个或多个实例，至少要有一个字符实例。有换行符则不能匹配
+ +	匹配前面的字符/表达式零次或多次。有换行符则不能匹配
^b	匹配分页符
^p	匹配换行符（CR/LF）（Windows/DOS 文件）
^r	匹配换行符（CR）（Mac 文件）
^n	匹配换行符（LF）（UNIX 文件）
^t	匹配制表符
[ ]	匹配方括号中的任何单个字符或其中的范围
^{A^}^{B^}	匹配表达式 A 或者 B
^	重写跟在后面的正则表达式中的字符
^（…^）	用括号或制表符包含一个在替换时要用到的表达式。一个正则表达式中最多可有 9 个这样的表达式，编号按其出现的顺序进行。相应的替换表达式是^x，其中 x 的范围是 1－9。例如：用 If^（h * o^）^（f * s^）匹配"hello folks"，则^2^1 将替换成"folks hello"

　　与星号作用相似的符号是问号"?"。不过它不能匹配任意长的字符串，而是匹配任意一个字符。例如，"s n"可以匹配"sun"、"son"和"sin"，但是不能匹配"sign"或者"soon"。

　　下面给出几个匹配规则的示例：

Be + st	可以匹配"best"、"beest"、"beeeest"等，但是不能匹配"bst"
[aeiou]	匹配每一个小写的元音字母
[, . ?]	匹配"，"、"。"或"?"中的一个
[0－9a－z]	匹配任何数字和小写字母
[~0－9]	匹配任何非数字字符（波浪号 ["~"] 的意思是不包含跟在它后面的字符）

UNIX 风格的语法

UNIX 风格的语法和 UltraEdit 风格的语法虽然使用方式一样，但是在其他很多方面都不同。使用 UNIX 风格的语法有如下几个优点：

- 这是相当标准的语法，你可能在别的地方已经有所了解。
- 它的功能比 UltraEdit 语法功能更加强大。
- 如果 UltraEdit 的作者哪天突然决定不再支持 UltraEdit 风格的 grep 语法，那么这种语法将成为 UltraEdit 唯一支持的语法。

可以查看表 2.2，比较两种语法之间的不同之处。第一个明显的区别是转义符由原来的星号变成下斜线。搜索示例将有所变化；星号不再匹配任意字符串，而是匹配出现在它前面的字符 0 次到多次。另外，现在使用英文句号"."而不是问号匹配单个字符。

在继续学习后面的内容之前，请务必通过选择 Advanced→Configuration 菜单，在弹出的对话框的 Find 选项卡上选择 UNIX 风格的语法。

现在如果重新查询前面的例子，那么在 UNIX 风格的 grep 语法下，单词组合将变成"game. * dungeon"。

把下面的例子和 UltraEdit 语法下的例子进行比较：

be + st	匹配"best"、"beest"、"beeeeest"等，但是不匹配"bst"。
be * st	匹配"best"、"beest"、"beeeeest"等，同时也匹配"bst"。
[aeiou]	匹配所有小写的元音字母
[. , ?]	匹配"."、","或"?"
[0 – 9a – z]	匹配任意的数字或小写字母
[^0 – 9]	匹配任何非数字字符（"^"的意思是不包含跟在它后面的字符）

书签

作者用得非常多的功能是书签（Bookmark）功能。它的目的是帮助你在一个很大的文件中快速找到标记好的内容。如果在处理文档的某个部分时觉

Chapter 2 Introduction to Programming

得有可能后面需要返回到这里,只需要在此设置一个书签,然后当处理文档的其他部分时,可以使用 Goto Bookmark 命令在已经设置了的书签的内容之间跳动,直到发现要找的内容为止。这显然比在打开的文件中慢慢滚动去找某个曾经处理过的地方要容易得多!

表2.2　Unix 风格的 grep 语法

符号	作　用
\	表示后面的字符有特定的意思。"n" 匹配字符 "n" 本身,但是 "\n" 匹配换行符。类似的例子有 \d、\f、\n
^	匹配或锚定行起始符
$	匹配或锚定行结束符
*	匹配该符号前的字符 0 次或多次
+	匹配该符号前的字符的 1 次或多次。不匹配重复的换行符
.	匹配除换行符外的任意单个字符。不匹配重复的换行符
(expression)	标记一个用于替换的表达式。一个正则表达式中最多可有 9 个这样的表达式,编号按其出现的顺序进行。相应的替换表达式是 \x,其中 x 的范围是 1~9。例如,用 If (h.*o) (f.*s) 匹配 "hello folks",则 \2\1 将替换成 "folks hello"
[xyz]	一个字符集。匹配方括号中的任意字符
[^xyz]	否定字符集。匹配任何不在方括号中的字符
\d	匹配一个数字字符。和 [0-9] 一样
\D	匹配一个非数字字符。和 [^0-9] 一样
\f	匹配一个换页符
\n	匹配一个换行符
\r	匹配一个回车符
\s	匹配任何空白字符,包括空格、制表符、换页符等,但不能匹配换行符
\S	匹配任何除换行符外的非空白字符
\t	匹配制表符
\v	匹配一个垂直制表符
\w	匹配任何单词字符,包括下划线
\W	匹配任何非单词字符
\p	匹配 CR/LF (和 \r\n 一样),这是 DOS 文件中的行结束符

要在某行文本上设置书签，只需要把鼠标放在该行文本上然后右击，选择 Search→Toggle Bookmark 就可以了。设置了书签的文本行左边将出现浅色的方形框（见图2.8），使用者可以自己设置标示框的样式。在图中，第11行和第13行就是设置了书签的文本行。

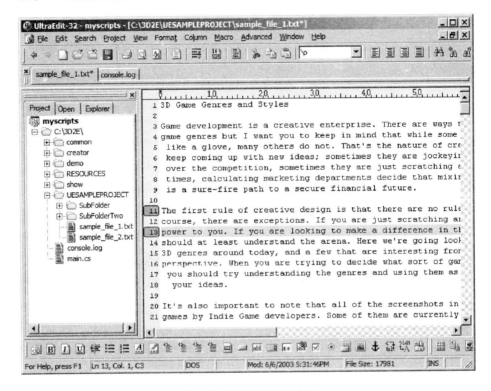

图2.8　设置书签的文本行

要删除书签，只需要在相应的文本行上右击鼠标，然后再次选择Search→ToggleBookmark 就可以了。这将删除该行上的书签。

如果要删除所有的书签，选择 Search→Clear All Bookmarks，前面设置的所有书签都将消失。

提示

如果使用了 Project 模式，在关闭文档的时候，所有已设置的书签将被保存起来，下次打开文件的时候仍然可以看到。但对于和 Project 模式没有关系的文件，则不能把书签保存下来。

为了在书签间导航，选择 Search→Next Bookmark，光标将跳到下一个书签所在的文本行。也可以选择 Search→Previous Bookmark，使光标跳到前一个书签所在的文本行上。

提示

菜单上可用的大多数命令都有相应的快捷键。与其一一列举出所有快捷键，不如告诉你怎样找到快捷键。如果一个菜单项有快捷键，那么将显示在菜单的选项旁边。有些菜单项没有快捷键，比如 Clear All Bookmarks 选项，但不用着急，可以选择 Advanced→Configuration 菜单，在弹出的对话框上选择 Key Mapping 选项卡，并按提示为菜单设置快捷键。注意，列表中的命令名是以主菜单的名称作为其开始部分。Clear All Bookmarks 命令在列表中的名称是 SearchClearBookmarks。命令按字母排序。

宏

宏命令类似于快捷键。可以把一连串单调的编辑操作编成一个组，这个组被称为宏。建立宏之后，可以通过键盘、菜单或工具栏上的按钮激活。

UltraEdit 有两种形式的宏——标准宏和 Quick Record 宏。本书将分别讨论这两种宏，先介绍 Quick Record 宏。

Quick Record 宏

Quick Record 宏其实就是一个 bare – bones 宏函数。

（1）选择 Macro→Quick Record 菜单项（或者按下 Shift + Ctrl + R）。

（2）开始进行所有需要记录下来的编辑操作。这里只要在某处输入文本 blah blah blah。

（3）选择 Macro→Stop Quick Recording 菜单项（或者再次按下快捷键 Shift + Ctrl + R）。

现在就可以通过把光标放到文本中合适的位置上，然后按下 Ctrl + M，或者选择 Macro→Play Again 菜单项来重复宏中记录的操作。

在同一时刻只能有一个 Quick Record 宏——每次记录宏时都将覆盖原有的宏。

标准宏

标准宏要复杂一些。宏的编写过程和 Quick Record 宏的相似，但是可以把宏赋给自定义的快捷键、菜单项，甚至是工具栏按钮。这种用法比 Quick Record 宏要灵活很多，但是在安装宏时显然要费事一些。

让我们一起编写几个标准宏。其中一个将会插入字符串"This is cool"，而另一个会跳到光标所在的文本行，然后使第一个字母变成大写，接着在文本行结尾处加上一个句号，再在句号之后插入短语"Capital Idea!"。

（1）把光标放到某个空行上。

（2）选择 Macro→Record 菜单项。

（3）在 Macro Name 文本框中输入宏的名称，比如"InsertCool"。

（4）把光标放到 HotKey 编辑框中，在编辑框的右边有说明文字"Press New Key"，按下 Alt + Ctrl + I。

（5）单击 OK 按钮。

（6）在编辑器中输入"This is cool"。

（7）选择 Macro→Stop Recording。

（8）把光标放到包含短语"This is cool"的文本行的结尾。

（9）选择 Macro→Record 菜单项。

（10）在 Macro Name 文本框中输入宏的名称，比如"MakeCapital"。

（11）把光标放到 HotKey 编辑框中，在编辑框的右边有说明文字"Press New Key"，按下 Shift + Ctrl + M。

（12）单击 OK 按钮。

（13）按照下面的键盘顺序输入，一次输入一个按键（不要输入括号里的内容）：

Home

Shift + Ctrl + Right Arrow

F5

End

. （这是一个句点）

空格键

（14）现在输入短语"Capital Idea!"

（15）选择 Macro→Stop Recording。

到此为止，宏就编写好了。让我们来测试一下吧。

首先，找到或者创建一个空行，并把光标放到该行上，然后按下 Shift + Ctrl + I。看到插入的文本了吗？现在把光标放到这行新文本上，至于放到什么位置都没有关系，然后按下 Shift + Ctrl + M。最后，应该得到连大写字母都一样的文本行"This is cool. Capital Idea!"。宏确实很酷！

回顾 UltraEdit

现在，你已经学会了 UltraEdit 最重要的功能——grep（查找和替换）、宏和书签，而且你也看到 UltraEdit 能够以项目管理的方式使文件的使用变得很方便。

UltraEdit 的帮助文档非常全面，建议有问题时可以参考它。

记住，UltraEdit 是一个编辑器，而不是一个文字处理器，所以这个软件没有很多的排版功能，因为我们是用它来编写代码，而不是编写文档或书。重点是牛排，而不是烤牛排的咝咝声！

提到牛排，现在是本章的用餐时间了。接下来就是！

二、用程序控制计算机

编写计算机程序其实就是编写一组指令，精确而完整地告诉计算机要做些什么。在你跳到我面前向我嚷道"不用你说，谁都知道编程就是告诉计算机要做什么"之前，我希望你再仔细地看看前面的第一句话。它不是比喻，也不是模糊而不切实际的、包罗万象的托词。

计算机在任何时候做的每件事情都是由至少一个程序员决定的。在各种不同的情况下，计算机的指令——包含在程序中的——都是成千上百的程序员的工作成果。计算机所使用的程序有不同的组织和分类方法。程序的组织可以帮助我们了解它们正在做什么、我们为什么需要它们、怎样把一个程序和另一个程序联系起来，以及其他一些有用的事情。计算机操作系统是一个巨大的程序集，它用于和其他程序协同工作，或者在其他程序产生的环境中单独工作。

当我们坐在计算机前编程时，其实是在其他程序员工作成果的基础上再作补充。在众多的补充中，最富于成果的就是编程语言的产生。用于操作不同计算机的语言是不一样的，这种语言称为机器代码。机器代码用于直接操作计算机中的电子设备——也就是硬件。机器代码对人类非常不友好。

为了让你认识到这一点，我们将使用 Intel 80386 芯片的机器代码来实现把两个数相加并保存结果的操作。操作的内容是把变量 A 和变量 B 的内容相加并保存到变量 C 中。我们设定，变量 A 为 4，变量 B 为 6。

其公式是一个简单的数学题：

A = 4

B = 6

C = A + B

计算机的机器代码看起来如下：

11000111000001010000000000000000000000000000010000000000000000000000000011000111000

00101000000000000000000000000011000000000000000000000001010000100000000000000

000000000000001100000101000000000000000000000001010001100000000000000000

000000000000000

请仔细看看这段代码并如实地回答，你是否能使用这样的机器代码操作计算机一段时间，比如说 12 分钟！我的最高记录是 30 秒钟左右，但这只是我的记录！这里使用的计数系统是二进制系统。

每一个 1 和 0 都称为一个 bit（位），它们对计算机都有精确的含义。这就是计算机实际能够理解的一切——1、0；它们的位置和组织方式；在什么时间以什么方式使用它们。为了让人们在阅读机器代码的时候能够容易一些，通常使用另一种计数系统来组织机器代码，这种系统称为十六进制（hex）。该系统的基数包含 16 个数字（而不像我们日常使用的十进制那样包含 10 个基数）。每 4 个位组成一个十六进制数，这些位由数字 0 – 9 和字母 A – F 组成。我们使用两个十六进制数来包含机器代码中由 8 个位所包含的信息。这使信息更加可读，而且数据量也比较小。下面是用十六进制的机器代码编写的相同的计算公式：

C7 05 00 00 00 00 04 00 00 00 C7 05 00 00 00 00 06 00 00 00 A1 00 00 00 00 03

05 00 00 00 00 A3 00 00 00 00

这样看起来就容易多了！许多经常和计算机硬件打交道的人对十六进制数都比较熟悉，但它仍然很晦涩。幸运的是，对每一种微处理器或者计算机都有一种人类可以阅读的机器语言，通常人们把它称作汇编语言。用汇编语言编程时，程序员可以使用有意义的字母和符号的组合表示各种事物。使用汇编程序（assemblers）把汇编语言转换成我们前面看到的机器代码。下面是用 Intel 80386 Assembler 版本的汇编语言编写的与前面同样的数学表达式：

```
mov     DWORD PTR a, 4;    (1)
mov     DWORD PTR b, 6;    (2)
mov     eax, DWORD PTR a;  (3)
add     eax, DWORD PTR b;  (4)
mov     DWORD PTR c, eax;  (5)
```

现在我们逐行分析前面的代码。第一行和第二行把数值 4 和 6 保存到内存中的两个地方，这两个地方分别由符号 a 和 b 表示。第三行把 a 中的数值（4）取出来放到临时内存中。第四行取出 b 中的数值（6），把它和临时内存中的 4 相加，并把结果保存在临时内存中。最后一行把结果移到由符号 c 代表的内存中。分号告诉 assembler 工具忽略其后面的内容，我们可以在分号后为程序添加评论和注释。在这段代码中仅添加了行号作为注释，以便引用代码行。

朋友们，这就是一个程序了！虽然短小简单，但是它清楚直接，而且完全由计算机控制。

虽然汇编语言编写的代码很有用，但它仍然不是很好理解。很重要的一点是要知道虽然大型而复杂的项目也有用汇编语言编写的，但是现在很少这样做了。汇编语言是人们在使用计算机硬件时所愿意接受的底线。使用高级语言会更方便。下一版的数学表达式将用高级语言编写，这种语言被称为 C

语言。千真万确！这是语言的名称。用 C 语言编写的数学表达式如下：

```
a = 4;        // (1)
b = 6;        // (2)
c = a + b;    // (3)
```

如果我没有猜错的话，你现在应该在想："哇！这段代码和原来的数学表达式真像！"你知道吗，对此我完全同意。这也是我们绕了这么一大圈后想要介绍的重点：在编写程序时，我们希望使用一种最能够代表要解决问题的元素的编程语言。还有一点是计算机在后台为程序员处理了很多事情——这些事情都是相当复杂的。此外，应该认识到在机器代码之后还有一个复杂的层次，也就是电子设备层。我们的讨论不会这么深入。软件的复杂性是软件的固有属性，但是意识到同样隐藏着的复杂性有时会帮助要解决的问题。不过这不是魔术——而是软件。

你刚才看到的 C 语言称作过程语言。它被设计成允许程序员通过在描述问题的解决过程和定义过程中需要用到的元素的方式来解决问题。随着编程技术的发展，程序员们试图找到更有效的描述问题的方法，其中一种就是面向对象编程（OOP）。

OOP 编程最大的好处是程序员可以把代码和被称为对象的变量紧密地联系在一起。C 语言最终演化出一个非常流行的变体：C＋＋。在 C＋＋中，不但可以使用 C 原来的面向过程编程技术，而且可以使用面向对象的编程技术。所以我们通常称之为 C/C＋＋，表示并存着两种编程技术。从现在开始，本书中将使用 C/C＋＋表示这种编程语言的名称，除非在讨论到细节问题时，需要特别指定是哪种语言。

三、编程概念

在本章的剩余部分，我们将讨论基本的编程技术。所有示例代码都使用 Torque Script 编写，并在 Torque Engine 上运行以显示代码的行为。

现在，再次以前面那个简单的数学表达式为例。前面已经展示了这个表

Chapter 2 Introduction to Programming

达式的二进制机器代码、十六进制机器代码、汇编语言和 C/C++ 代码的版本。这里是另一个版本——Torque Script：

%a = 4；   // (1)

%b = 6；   // (2)

%c = %a + %b；   // (3)

和 C/C++ 代码是不是很像？甚至注释的方式都是一样的！

正如所见，Torque Script 和 C/C++ 非常相似。但也有不同的地方，最明显的一点就是 Torque Script 是没有类型的，而且变量不需要前置声明（forward declaration）。另外，在前面的代码中可以看到，在 Torque Script 中的变量名前需要添加一个前缀（百分号%）。

没有类型？没有前置声明？是吗？

在很多语言中，变量都有一个特征叫做类型。最简单的形式就是，一种类型指定存储这种类型的变量需要多少内存空间。Torque Script 不需要指定变量的类型。实际上，根本没法这样做！

前置声明是指程序员在使用一个变量之前必须先指定这个变量是什么及其类型，声明的位置通常是文件或者子代码块的开始位置。在 Torque Script 中不需要这么做，而且也没有提供使用前置声明的机制。

因此既然知道什么是类型和前置声明，就可以忘记它们！

学习完本章后，你应该能够编写简单的代码来解决一些问题，并充分理解编程技术以便能够正确地决定应该采取什么样的方法来解决问题。

如何创建和运行示例程序

有一种古老而且大家都接受的编程周期称为编辑—编译—链接—运行周期。Torque 也使用同样的周期，不过没有链接这一步。所以对我们而言，编程周期变成了编辑—编译—运行周期。更新的事实是，如果源文件没有二进制文件，或者在上次编译成二进制文件之后源文件有所改变，Torque 将自动把源文件（就是以 .cs 结尾的程序文件）编译成二进制文件（以 .cs.dso 结尾的文件）。

所以，我想说的重点是现在编程周期变成了编辑—运行周期。

- 把所有的用户程序文件都以文件名 . cs 的格式放到 \ 3D2E \ demo 文件夹下。至于"文件名"是什么可以自己任意命名，或者采用我在本书中建议的名称。举例来说，下一段的第一个简单的程序就将保存为 \ 3D2E \ demo \ HelloWorld. cs。

- 双击 \ 3D2E \ demo. exe，运行示例程序。

Hello World

我们的第一个程序是传统的 Hello World 程序，它能够帮助 Gentle Reader（如果你正在读这本书的话，那么你就是 Gentle Reader）树立信心并检查是否所有的编辑、编译和运行工具都已成功安装。

假设你已经在硬盘上粘贴了从光盘里复制的 3D2E 文件夹，并且安装好了 UltraEdit，现在就可以使用刚刚学到的 UltraEdit 编辑技巧来创建一个名为 HelloWorld. cs 的文件，并把它保存到文件夹 \ 3D2E \ demo 下。在该文件中输入如下代码行：

```
// ============================================================
//   HelloWorld. cs
//
//   This module is a program that prints a simple greeting on the screen.
//
// ============================================================

function runHelloWorld ()
// ------------------------------------------------------------
//   Entry point for the program.
// ------------------------------------------------------------
{
   echo ("Hello World");
}
```

保存文件。现在，按照如下步骤运行程序：

（1）使用浏览器（不是 UltraEdit – 32！）打开硬盘上的 \ 3D2E 文件夹。

（2）找到 Torgue 游戏引擎执行程序 demo. exe，如果你找不到 demo. exe 的文件，请参考本步骤后面的重要提示。

（3）双击 demo. exe，启动 Torque 默认的示例程序。

（4）屏幕上闪烁的光标消失后，你会看到示例程序的菜单。不要点击任何按钮，只需按下 Tilde（"～"）键。这个键通常在 1 的左边（或者上档键"！"）、Tab 键的上边。在键盘上，Tilde 键和 Grave（"、"）键是一个键。现在就去体验一下这个键吧——这是一个控制键。

（5）屏幕上会出现一个控制板，如图 2.9 所示。

（6）在控制板窗口键入以下内容：

exec（"demo/helloworld. cs"）；

在控制串口会看到如下内容（输出内容）：

Compiling demo/helloworld. cs...

Loading compiled script demo/helloworld. cs.

3D GAME PROGRAMMING ALL IN ONE

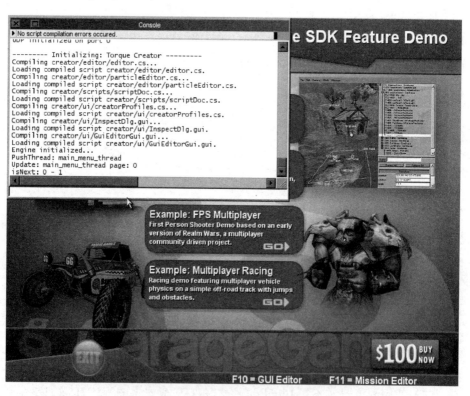

图 2.9　Hello World 程序的输出

(7) 现在键入以下内容：

runhelloworld（）；

会看到以下输出内容：

Hello World！

提示

如果显示屏上没有显示希望得到的结果，可以查看控制板。如果程序中有错误，诊断信息就会存放在那里。也许只是发生了类似于文件名不对这样简单的错误。大多数的错误会以红色显示。

控制板的内容会记录在文件 console. log 里，当你退出 Torque 后会看到这个文件。

如果你看到和以下内容有关的错误，可以忽略它们，例如，有关"onNeedRelight"的错误、有关未来的错误、缺少 PageGui、缺少"检查"目标、缺少"其他许可"，或者是"SM_ missionList"和一个防御边界框，或者是失败的预载（哇!）。这些错误不是你的错，而且是很小的错误，在这里是无关紧要的。

重要事项!

如果你使用的是 Windows XP 的默认界面并且设置了默认文件夹，你可能在找这些文件时会遇到一些问题。这是因为 Windows XP 的默认设置会隐藏文件的扩展名。但是你确实需要激活显示扩展名的功能（不仅是本书的要求，使用 Windows XP 时也需要激活这个功能）。激活显示文件拓展名的方法如下：打开电脑的任意窗口（双击桌面上"我的电脑"图标是最快的方法），选择工具菜单，然后选择文件夹选项。

打开文件夹选项对话框后，选择视图。在高级设置区域，找到隐藏文件类型扩展名的复选框，去掉选择的对勾即可。对隐藏保护操作系统文件夹做同样的操作。现在关闭文件夹选项对话框，就可以继续使用了!

下面仔细看看代码。你看到的第一段内容是：

```
// ==========================================================
// HelloWorld. cs
//
// This module is a program that prints a simple greeting on the screen.
//
// ==========================================================
```

这是模块头部。它不是可执行代码——我们把这样的代码称作注释。双斜线操作符（"//"）告诉 Torque Engine 忽略它后面的所有内容。

Chapter 2 Introduction to Programming

既然引擎会忽略这些内容，那么它们有什么用处呢？把这些注释放在文件中的目的是为了记录文件的作用，当以后我们完全忘记文件的具体内容时可以通过这些注释迅速回想起来。此外，注释有助于后来的程序员理解文件的内容，以便他们能够添加新的功能或者修改 bug。

提示

无论我什么时候告诉你打开控制面板，你都要立即停下手里的操作按住 Tilde 键（"~"）。就是想再次确认你是不是知道了……现在继续我们的操作。

模块头部的格式并没有什么统一的规则可以遵循，但是大多数程序员或者工作室都有自己特定的模板。头部应该至少包含以下信息：模块名、版权信息和代码功能的概括性描述。有时候需要包含其他详细的信息，以便别人能够理解这个模块的用法。

以下是这个部分的内容：

```
function runHelloWorld ( )
```

这是一行可执行代码，它是称为 runHelloWorld 的函数块声明，这是控制面板里的功能。在这行代码后面的内容是：

```
// ----------------------------------------
//    Entry point for the program.
// ----------------------------------------
```

这是函数头。函数头用于对函数进行描述——它的功能是什么，怎样实现这些功能等。这个例子中的函数头非常简单，然而它可以是内容详实的描述，后面你会看到这样的例子。函数头同样是不可执行的代码（注意到双斜线符号），它对程序的运行不起任何作用。函数头第一行和最后一行的双斜线后面可以是一连串的星号或者等号，或者什么都没有。用函数头描述函数的作用是非常好的编程习惯。

最后一部分代码是：

```
{
  echo ( "Hello World");
}
```

这是函数体——函数具体执行各种工作的地方。函数体有时候也称为函数块，而另一种更常见的称呼是代码块（本书后面的部分会经常使用这个称呼）。

请注意函数块的编写方式。函数块总是以关键字 function 开始，后面跟一个或多个空格，然后是某个你所希望的函数名。函数名的后面是参数列表。在这个例子中没有任何参数。接下来是左花括号（或大括号），其后是函数体，最后以右花括号结束。

所有函数的结构都是这样的。有些函数可能会长达几页，虽然这个结构不能一目了然，但是并没有改变。

在这个例子中，实际上只有一行代码做了点有趣的事情。现在你已经知道，这行简单的代码在 Torque 窗口中打印文本"Hello World"。

表达式

在写程序代码时，创建的大多数代码行或者语句都是可以计算的。一条语句可以是以分号结尾的任何单行 Torque Script，或者是由一组在左右括号内的语句组成的复合语句，这组语句和单条语句的行为一样。分号不跟在右括号的后面。下面是一条语句的例子：

```
echo（"Hi there!"）；
```

另一个例子是：

```
if（%tooBig == true）echo（"It's TOO BIG!"）；
```

有效语句的最后一个例子是：

```
{
    echo（"Nah! It's only a little motocyle."）；
}
```

可以进行计算的语句称为表达式。一个表达式可以是一行单独的代码，也可以是一行代码的一部分，重点是它是有值的。在 Torque 中，变量的值要么是数值，要么是文本（字符串）——两者的区别在于它们的使用方式不同。下一小节将讨论变量，但是为了演示表达式，将给出一些变量的例子。

下面是一个表达式：

```
5 + 1
```

表达式的计算结果是6，也就是1和5相加的值。

下面是另一个表达式：

```
%a = 67；
```

这是一个赋值语句，但现在更重要的是，它是一个值为67的表达式。

再来一个：

```
%isOpen = true；
```

这个表达式的计算结果是1。为什么会这样呢？因为在 Torque 中 true 等于1。对了，目前为止还没有说过这件事情——对不起。另外，false 等于0。我们一般会说语句的计算结果是 true 或 false，而很少说是1或0。这取决于在具体的应用环境中怎样表达比较好。注意，语句的计算结果是由表达式中等号右边的部分决定的。每个表达式都是这样，没有例外。

考虑下面的代码片断：

```
%a = 5；
if（ %a > 1 ）
```

如果%a已经被赋值为5，那么（%a > 1）的计算结果是什么？对了，结果是 true。这行代码读做"如果%a大于1"。如果语句变成（%a > 10），结果将变成 false，因为5没有10大。

第2行语句的另一种写法是：

```
if（（ %a > 1 ） = = true）
```

此时读作"如果语句%a大于1为真"。然而，Department of Redundancy Department 可能已经编写过这样的代码。我列举出来的第一种方式更简便一些。

顺便说一下，在前面的代码中，%a、%isOpen 都是变量。关于变量的内容将在下一节讨论。

变量

变量是保存数据的内存块。假设一个程序接收一组数字并把它们加起来，那么程序对输入的每个数字都会用一个变量来代表，并用另一个变量代表这些数字的和。我们为这些内存区域赋予不同的名称，以便能够保存和检索存放在其中的数据。这就像高中数学，老师会这样教我们"假设 v 代表弹球的速度"等。这里 v 就是变量的标识符（或名称）。Torque Script 中的标识符需要遵循如下规则：

- 不能是 Torque Script 关键字。
- 必须以字母开头。
- 只能由字母、数字和下划线（_）组成。

关键字是 Torque 中有特殊含义的合法标识符。表 2.3 给出了关键字列表。出于 Torque 标识符的考虑，下划线被当作是一个字母数字字符。下面是几个有效的变量标识符：

isOpen Today X the_ result item_ 234 NOW

下面的标识符是不合法的：

5input miles – per – hour function true + level

表 2.3　Torque Script 关键字

关键字	说　明
break	中断循环的执行
case	在 switch 块中表示一种选择
continue	使循环从头开始继续执行
default	在 switch 块中表示没有任何选择可以匹配的情况
do	表示 do – while 类型循环块的开始
else	表示 if 语句的另一个执行路径
false	其值为 0，是 true 的相对值
for	表示 for 循环的开始
function	表示其后的代码块是一个可随时调用的函数
if	表示一个条件（比较）语句的开始
new	创建一个新的对象数据块
return	表示从一个函数返回
switch	表示 switch 选择语句的开始
true	其值为 1，是 false 的相对值
while	表示 while 循环的开始

选择使用什么样的标识符是由程序员决定的。应该使标识符对程序有意义而且能够表明程序正在执行的任务是什么。尽量使用有意义的标识符。另外要注意，Torque 并不区分大小写，由相同字符组成的小写变量和大写变量在 Torque 中是一样的。

通过赋值语句为变量赋值：

```
$ bananaCost = 1.15;

$ appleCost = 0.55;

$ numApples = 3;

$ numBananas = 1;
```

注意，每个变量的前面都有一个美元符号（$）前缀。这是作用域前缀，表明变量具有全局作用域——可以在程序的任何位置访问它，比如在所有的函数内部，甚至是所有函数的外部和别的程序文件中。

Torque 中还有另一个作用域前缀——百分号（%）。带有这个前缀的变量是局部的。这意味着由这类变量代表的数据只能在一个函数内部访问，而且是只能在指定它们的函数中使用。我们将在后面详细讨论变量的作用域问题。

在水果的例子中，可以通过如下表达式计算水果的数量：

```
$ numFruit = $ numBananas + $ numApples;
```

而计算水果的总花费可以通过如下表达式：

```
$ numPrice = ( $ numBananas * $ bananaCost ) + ( $ numApples * $ appleCost );
```

下面是完整的程序，可以自己运行一下。

```
// ==========================================================
// Fruit. cs
//
// This module is a program that prints a simple greeting on the screen.
// This program adds up the costs and quantities of selected fruit types
// and outputs the results to the display
// ==========================================================
function main ( )
// ----------------------------------------------------------
//    Entry point for the program.
// ----------------------------------------------------------
{
```

```
$ bananaCost = 1.15;  // initialize the value of our variables
$ appleCost = 0.55;   // (we don't need to repeat the above
$ numApples = 3;      //   comment for each initialization, just
$ numBananas = 1;     //   group the init statements together.)

$ numFruit = 0;       // always a good idea to initialize *all* variables!
$ total = 0;          // (even if we know we are going to change them later)

print ("Cost of Bananas (ea.): $" @ $ bananaCost);
                // the value of $ bananaCost gets concatenated to the end
                // of the "Cost of Bananas:" string. Then the
                // full string gets printed. same goes for the next 3 lines
print ("Cost of Apples (ea.): $" @ $ appleCost);
print ("Number of Bananas:" @ $ numBananas);
print ("Number of Apples:" @ $ numApples);
$ numFruit = $ numBananas + $ numApples;  // add up the total number of fruits
$ total = ($ numBananas * $ bananaCost) +
                ($ numApples * $ appleCost);  // calculate the total cost
            // (notice that statements can extend beyond a single line)
print ("Total amount of Fruit:" @ $ numFruit);  //output the results
print ("Total Price of Fruit: $" @ $ total@ "0");  //add a zero to the end
                // to make it look better on the screen
}
```

把这个程序按照保存 Hello World 程序的方法保存。把文件命名为 fruit. cs 并运行该程序以查看结果。请注意，星号（*）表示乘法，而加号（+）表示加法。这些运算符——以及用于表示计算优先级的圆括号——将在本章的后面讨论。

数组

在运行 Fruit 程序的时候，表达式中的变量是通过相应的变量标识符来访问的。有时候需要使用很长序列的数据，有一种变量能够满足这种需要，我们把它称作数组。这里的思路是仅使用单个标识符来表示整个数据序列，通过一种特殊的机制指定需要访问的值——或称为元素，而用于指定被访问元素的数字称为索引。

假设有一系列的数值而且希望对其求和，同前面的例子类似。如果只有为数不多的几个数值（比如两个或者三个），那么可以为每个数值指定一个标识符，就像 Fruit 程序中那样。

但是，如果数值的个数很多——远远多于两到三个——那么代码将变得很繁杂而难以维护。我们可以使用循环，通过索引遍历数值序列中的每一个数据。本章的后面将详细讨论与循环有关的内容。下面是 Fruit 程序的另一个版本，这个版本可以处理更多种类的水果。在完成同样的操作的时候程序有几个明显的变化。乍一看，可能会觉得程序比以前更加复杂了，但如果仔细阅读代码，特别是计算部分的代码，就会发现程序变得更加有效了。

```
// ==========================================================
// FruitLoopy. cs
//
// This module is a program that prints a simple greeting on the screen.
// This program adds up the costs and quantities of selected fruit types
// and outputs the results to the display. This module is a variation
// of the Fruit. cs module
// ==========================================================

function main ( )
// - - - - - - - - - - - - - - - - - - - - - - - - - - - - - - - - -
//    Entry point for the program.
// - - - - - - - - - - - - - - - - - - - - - - - - - - - - - - - - -
{
   //
   // - - - - - - - - - - - - - -Initialization - - - - - - - - - - - - - - - - - -
   //
   % numFruitTypes = 5; // so we know how many types are in our arrays
   % bananaIdx = 0;     // initialize the values of our index variables
   % appleIdx = 1;
   % orangeIdx = 2;
   % mangoIdx = 3;
   % pearIdx = 4;
   % names [ % bananaIdx ] = "bananas"; // initialize the fruit name values
   % names [ % appleIdx ]  = "apples";
   % names [ % orangeIdx ] = "oranges";
   % names [ % mangoIdx ]  = "mangos";
   % names [ % pearIdx ]   = "pears";
```

```
%cost[%bananaIdx] = 1.15; // initialize the price values
%cost[%appleIdx] = 0.55;
%cost[%orangeIdx] = 0.55;
%cost[%mangoIdx] = 1.90;
%cost[%pearIdx] = 0.68;
%quantity[%bananaIdx] == 1; // initialize the quantity values
%quantity[%appleIdx] == 3;
%quantity[%orangeIdx] == 4;
%quantity[%mangoIdx] == 1;
%quantity[%pearIdx] == 2;
%numFruit = 0;        // always a good idea to initialize *all* variables!
%totalCost = 0;       // (even if we know we are going to change them later)
//
// ---------------Computation --------------------
//
// Display the known statistics of the fruit collection
for (%index =0;%index < %numFruitTypes;%index ++)
{
   print ("Cost of " @ %names[%index] @ ": $" @ %cost[%index]);
   print ("Number of " @ %names[%index] @ ":" @ %quantity[%index]);
}

// count up all the pieces of fruit, and display that result
for (%index =0;%index <= %numFruitTypes;%index ++)
{
  %numFruit = %numFruit + %quantity[%index];
}
print ("Total pieces of Fruit:" @ %numFruit);
// now calculate the total cost
for (%index =0;%index <= %numFruitTypes;%index ++)
{
  %totalCost = %totalCost + (%quantity[%index] * %cost[%index]);
}
print ("Total Price of Fruit: $" @ %totalCost);
}
```

输入这段程序，并保存为 \ 3D2E \ demo \ FruitLoopy.cs，然后运行该

Chapter 2 Introduction to Programming

程序。

当然，你很快就会发现这儿利用注释把代码分成两个区段：初始化区和计算区。这完全是任意的——但是最好以这种方式把代码分成不同的区段，这样可以给代码添加类似路标的东西。另外，还应该注意到程序中的所有变量都是局部变量，而不是全局变量。这样安排对程序的特点来说是很合理的，因为程序中只有一个函数，而函数包含了所有的变量，故而所有变量的作用域都是相同的。

接下来你将看到我们实际创建了三个数组：name、cost 和 quantity。每个数组被设计成包含同样多的元素。另外，对每一种水果类型的索引值都设计了有意义的变量名称。这样做的好处是在通过名称、价格和数量初始化程序的时候，不需要刻意记住哪个索引对应哪种水果。

接下来是通过循环完成需要进行的操作。

很完美，不是吗?! 其实可以将上面的程序写得更好些。看看是否能使计算区中的代码更加简洁，并编写出自己的版本来。作者编写了一个更小的版本，可以在 \ 3D2E \ RESOURCES \ CH2 文件夹中找到这个程序，文件名是 ParedFruit. cs。

提示

> 如果你还没有注意到，现在是时候考虑这个问题了，当我们在 Windows 中表示路径的时候，我们使用反斜线符号（"\"），比如 C：\ 3D2E \ demo。但是在 Torque-Script（以及 Linux and the Macintosh OS）中，我们使用斜线符号（"/"）表示路径，比如 demo/client/scripts。之后你会碰到很多这样的表示方法。如果遇到了路径方面的问题可以用这个方法来分辨。

如果想进一步练习编写代码，可以这样做：重写 FruitLoopy. cs 以完成同样的操作，但是不能使用数组。花一点时间，亲自动手尝试一下。程序编写好后，可以和我们的版本比较一下，我们编写的程序放在 \ 3D2E \ RE-SOURCES \ CH2 文件夹中，文件名是 FermentedFruit. cs。

最后的练习完全取决于你和你的想象力：假设水果的种类是 33 种而不是 5 种。你愿意修改哪个程序，是 ParedFruit. cs 还是 FermentedFruit. cs? 现在能够明白数组的优点了吗？

另一点需要指出的是，初始化区中的代码很可能从数据库或者外部文件中读入各种数值。在读取这些初始化数据（名称、价格和数量）时，程序中应该使用一个循环。这样代码就会简短很多！

回顾一下，数组是这样一种数据结构，它允许一组类型相同的元素由一个集合名称来表示。数组中的元素由唯一的索引（或者 subscript）标识。

可以把一个数组想象成一组编了号的盒子，每个盒子里存放着一个数据项。盒子的编号就是其数据项的索引。为了访问某个数据项，可以把与这个数据项有关的盒子的编号作为索引。索引必须是整数并指示元素在数组中的位置。

字符串

在前面的示例程序中我们已经遇到过字符串。在有些语言中字符串是一种特殊类型的数组，比如是单个字符的数组，其处理方法也和数组的处理方法类似。在 Torque 中，字符串其实是唯一的变量类型。数字和文本都是以字符串的形式保存的。在处理时，它们是被当作数字还是文本取决于程序中使用的是什么样的运算符。

正如我们看到的一样，与字符串有关的两种基本操作是赋值和连接，示例如下：

```
% myFirstName = "Ken";

% myFullName = % myFirstName @ " Finney";
```

在第一行代码中，字符串"ken"被赋值给变量% myFirstName，接着字符串" Finney"被连接（或者说添加）到变量% myFirstName 的后面，而结果被赋值给变量% myFullName。对这些东西都很熟悉，是吗？好，再看看下面的代码：

```
% myAge = 30;              // (actually it isn't you know!)

% myAge = % myAge + 12;    //getting warmer!
```

此时，变量% myAge 的值是 42，也就是 30 和 12 的和。再看看下面这行带有迷惑性的代码：

Chapter 2 Introduction to Programming

%aboutMe = "My name is " @ %myFullName @ " and I am " @ %myAge @ " years old. ";

你肯定能够计算出变量%aboutMe 的内容。没错，这个值是一个长字符串 "My name is Ken Finney and I am 42 years old. "其中，数值作为文本而不是数字插入。当然，这不是我的真实年龄，但是是谁计算出来的呢？

实际发生的情况是，Torque Engine 根据代码的内容判断你希望进行的操作，在把数字添加到字符串中时会把它们转换成字符串值。

还有一种类型的字符串变量称为标记字符串（tagged string）。这是 Torque 为减少客户端和服务器之间的带宽需求而使用的一种特殊格式的字符串。我们将在后面的一章中详细讨论标记字符串。

运算符

表2.4 列出了所有的运算符。在以后的学习中，此表将是一个非常好的参考资料。

表2.4　Torque 脚本运算符

符号	意　义
+	加
–	减
*	乘
/	除
%	取模
+ +	增1运算
– –	减1运算
+ =	连加
– =	连减
* =	连乘
/ =	连除
% =	连取模
@	字符串连接
( )	圆括号——运算符优先级提示
[ ]	方括号——数组索引定界符

续表

符号	意 义
{}	花括号——表示代码块的开始和结束
SPC	添加空格的宏（和@" "@的作用一样）
TAB	添加制表符的宏（和@"\t"@的作用一样）
NL	添加换行符的宏（和@"\n"@的作用一样）
~	（位非）反转0、1位
|	（位或）两个操作位中只要有一个为1就返回1
&	（位与）两个操作位同时为1才返回1
^	（位异或）两个操作位中一个为1，另一个为0时返回1
<<	（左移）把操作数的二进制表示向左移位，移动的次数由第二个操作数指定；右边以0补足
>>	（符号位右移）把操作数的二进制表示向右移位，移动的次数由第二个操作数指定，右边以符号位补足；丢弃移出的位
|=	两个操作数做位或运算并把结果赋值给左边的操作数
&=	两个操作数做位与运算并把结果赋值给左边的操作数
^=	两个操作数做位异或运算并把结果赋值给左边的操作数
<<=	左移并把结果赋值给左边的操作数
>>=	右移并把结果赋值给左边的操作数
!	计算操作数的相反数
&&	两个操作数都为true时才为true，否则为false
||	两个操作数中只要有一个为true就为true
==	左操作数等于右操作数
!=	左操作数不等于右操作数
<	左操作数小于右操作数
>	左操作数大于右操作数
<=	左操作数小于或等于右操作数
>=	左操作数大于或等于右操作数
$=	左字符串等于右字符串
!$=	左字符串不等于右字符串
//	注释符——忽略其后直到行结束的所有文本
;	语句结束符
.	对象/数据块方法或属性定界符

Chapter 2 Introduction to Programming

运算符之间的功能差异很大。大家最熟悉的有加号（＋）和减号（－）。稍微陌生一点的是小学高年级数学中讲授的、但在编程语言中出现时间比较短的乘法符号——星号（＊）。除法符号与手写的符号不同，是一个斜线（／）。功能强大的符号，如垂直管道"｜"符号，用于执行变量二进制形式的或（OR）计算。

有些运算符具有自描述性，或者表中的说明就足以让人完全理解它们。其他符号则需要解释一下，我们将在本章后面的几节中讨论。

作者曾经说过字符串和数字的存储方式是一样的，你应该还记得吧。但是，有一种例外情况，就是在比较字符或者数字的时候，两种比较使用的运算符是不同的。对于数字比较，使用的符号是＝＝（这可不是什么印刷错误——而是位于一行上的两个等号，读作"等于"）；对于字符串比较，使用的符号是＄＝（读作"字符串等于"）。我们将在"条件表达式"和"分支"两个小节中更详细地讨论这两个运算符。

运算符优先级

与求值表达式有关的一个问题是计算的顺序。例如，对于表达式%a ＋ %b ＊ %c，是先计算乘法还是先计算加法呢？也就是说，这个表达式是转换成%a ＋（%b ＊ %c）还是（%a ＋ %b）＊ %c？

Torque 和其他语言（例如 C/C＋＋）是通过给运算符赋以不同的优先级来解决这个问题的，优先级高的运算符将先于优先级低的运算符进行计算。优先级相同的运算符则按照从左到右的顺序计算。到目前为止，使用过的运算符按优先级从高到低的排列顺序如下：

（）
＊ / %
＋? －
＝

因此，表达式%a ＋ %b ＊ %c 在计算时可以转换成%a ＋（%b ＊ %c），因为乘法（＊）的优先级比加法（＋）的优先级高。如果希望先计算加法，则可使用圆括号把原来的表达式转换成（%a ＋ %b）＊ %c。

如果对运算符的优先级不是很确定，那么可以使用圆括号来指定计算的顺序。注意，两个算术运算符不能并列写在一起。

递增/递减运算符

因为在赋值语句中有些操作出现的频率非常高，所以 Torque 为这类操作提供了简洁的书写方法。一种比较普遍的情况是增加或减少一个整型变量。例如：

```
%n = %n + 1 ; // increment by one
%n = %n - 1 ; // decrement by one
```

Torque 有一个增 1 运算符（＋＋）和减 1 运算符（－－）。所以第一条语句可以改写成：

```
%n + + ;
```

用于增 1 运算。

而第二条语句可以改写成：

```
%n - - ;
```

用于减 1 运算。

如果 ＋＋ 和 －－ 运算符被放置在变量的后面，则分别把它们称作后置增 1 运算符和后置减 1 运算符。Torque 没有前置增 1 运算符和前置减 1 运算符（这两个运算符写在变量的前面），这与 C/C ＋＋ 不同。

累加器

累加器是递增、递减操作的变体。使用累加器时可以任意增减变量的值，而不是每次只增减 1。例如，一种常见的赋值语句是：

```
% total  =  % total  +  % more ;
```

在这个语句中，变量的值增加某个数额，而结果就保存在原始变量中。这种类型的赋值在 Torque 中可以表示为：

```
% total  + =  % more ;
```

这种表示方式也可以用于其他的算术运算符（ ＋ 、 － 、 ＊ 、/和%），例如：

```
% prod  =  % prod  ∗  10;
```

这条语句可以改写成：

```
% prod  ∗ =  10;
```

在复合赋值语句中也可以使用累加器。例如：

```
%x = %x / (%y + 1);
```

可以改写成：

```
%x /= %y + 1;
```

而

```
%n = %n % 2;
```

可以改写成：

```
%n %= 2;
```

对后一种情况要格外小心！数字 2 前的百分号是取模符号，而不是作用域前缀。这可以由百分号和 2 之间的空格断定——或者在使用累加器的情况下，由于百分号位于等号之前，所以也能判断出它不是作用域前缀。这些差别都比较细微，在代码中遇到这种情况时需要格外小心。

在各种情况下，你必须注意所有的累加器都只能用于数字操作，而不能进行字符串操作——这没有任何意义！

循环

循环用于执行重复的任务。在 FruitLoopy 示例程序中有一个循环示例。这个循环在所有可选的水果类型中执行操作。它通过指定的起点和终点执行次数有限的循环，这是 for 循环结构的特点之一。另一类要讨论的循环是 while 循环。

while 循环

下面的代码片断演示了 Torque Script 的一个 while 循环。它从 Torque Engine 随机获取一个 0 到 10 之间的数字并输出。

```
// ===========================================================
// WhilingAway. cs
//
// This module is a program that demonstrates while loops. It prints
// random values on the screen as long as a condition is satisfied.
//
// ===========================================================
function runWhilingAway ( )
// -------------------------------------------------------------
//    Entry point for the program.
```

```
// -------------------------------------------
{
  % value  = 0;              // initialize % value
  while ( % value  < 7)      // stop looping if % n exceeds 7
  {
    % value  = GetRandom（10）;      // get a random number between 0 and 10
    print（"value = "@ % value）;   // print the result
  }                                  // now back to the top of the loop
                                     // ie. do it all again
}
```

    将程序保存为 \ 3D2E \ demo \ WhilingAway. cs 并运行。注意观察程序输出的结果。再次运行程序并观察输出——可以发现两次运行的结果并不一样。这是由于使用随机数而造成的。但是我们现在真正感兴趣的是只要变量% value 的值小于 7，程序就会一直运行下去。

    while 语句的一般形式如下：

while （condition ）

       statement

    只要括号中的条件为 true，语句就会不断地重复执行。条件的每一次满足和语句的每一次执行称为一次迭代。语句可以是以逗号结束的单条语句，也可以是由花括号包含着的多条语句组成的代码块。下面几点需要注意：在进入 while 循环之前，程序必须能对条件的真假进行求值，否则条件永远不会满足，而循环中的代码也永远不会执行。这就意味着在程序执行到 while 循环之前，条件中的所有变量都必须被赋值。在前面的例子中，变量% value 的初始值是 0（程序在循环前为其初始化的值），在每一次迭代中，它被赋予一个 0 到 10 之间的值。

    另一点是必须确保在组成循环体的语句中，至少改变了一个包含在条件中的变量。否则将陷入无限循环。在前面的例子中，通过在 0 到 10 之间随机选择变量% value 的值可以确保条件最终会不满足（10 比 7 大），所以就可以确保程序终将在某个点上结束。实际上，代码中会返回 7、8、9 或 10 中的某个数字，而其中任何一个都会使循环终止。

    关于 while 循环有一点需要强调：条件在循环体语句执行之间进行求值。如果条件第一次计算结果为 false，那么循环体将不会被执行。在前面的例子中，如果变量% value 的初始值为 10，那么 while 循环的循环体根本就不会执行。

请完成一个小小的练习。编写一个程序，把它保存为 \ 3D2E \ demo \ LoopPrint. cs。程序的功能是打印从 0 到 250 之间的所有整数。数字还是很多！使用一个 while 循环实现这个功能。

for 循环

编程时，经常需要按预先确定的次数重复执行语句。观察下面的 while 循环，它输出 1 到 10 之间的整数。在这里变量 count 用于控制循环执行的次数。

```
% count  = 1;
while (% count < = 10)
{
    echo ("count = "@ % count);
    % count + +;
}
```

这里包含 3 个独立的步骤：

- 初始化。把控制变量% count 初始化为 1。
- 计算条件。计算表达式（% count < =10）的结果。
- 更新。在重新执行循环之前通过语句% count + +更新控制变量的值。

for 循环就是专门为这种情况设计的——循环从某个初值开始执行并不断重复直到满足某个条件为止，在每一次重复中都会更新控制变量的值。while 循环中的 3 个步骤被放到 for 循环的首条语句中。这是一种瑞士军刀式的循环语句。

for 语句的一般形式如下：

```
for (initialize; evaluate; update)
    statement
```

当程序遇到 for 语句时首先会执行初始化操作。然后求值操作在测试表达式上执行，如果值为 true，则循环语句执行一次迭代，之后是更新操作。测试、迭代和更新条件的周期将不断反复直到测试表达式的结果为 false，随后程序将退出循环并执行其后的语句。

函数

函数可以减少工作量。一旦编写出解决某个问题的代码，就可以把这些代码放到一个函数中，以便再次遇到这个问题的时候可以使用函数解决它。函数能以不同的起始参数运行，函数要么执行某些操作，要么向调用它的代码返回一个值。

在解决很复杂的问题时，我们通常使用先分步后解决的方法，有时候也称作问题分解。把一个很大的问题分解成一些较小的、较容易解决的问题。这通常称为自顶向下的方法。不断分解问题直到一个人就可以解决它们为止。如果工作需要由一个团队的程序员来分担，那么这种自顶向下的方法是非常重要的，每个程序员都会以一个函数（或者一组函数）的形式解决这个大问题中的某个小部分。程序员可以把精力集中在解决一个具体的问题上，这样出错的几率会小很多。然后可以根据函数的设计细则测试它的正确性。

有许多专业问题，不是每个程序员都能精通。很多编写科学计算应用程序的程序员会频繁地使用到正弦和余弦这样的数学函数，但他们并不知道怎样编写代码实现这样的函数。同样，一个编写商业应用程序的程序员也许会知道一点儿关于如何编写一个高效的排序程序。然而，可以由编程专家来创建这样的程序并把它们放到一个公用的函数库中，这样所有的程序员都可以通过使用这些高效可靠的专业程序并从中受益。

在本章前面的"数组"小节中，我们通过 FruitLoopy 程序计算了几种类型水果的总价格和总量。下面通过使用函数修改这个程序（是的，很大程度的修改）。现在可以看到函数头变得非常短小，而大多数代码都包含在 3 个新加入的函数中。

```
// ==========================================================
// TwotyFruity. cs
//
// This program adds up the costs and quantities of selected fruit types
// and outputs the results to the display. This module is a variation
// of the FruitLoopy. cs module designed to demonstrate how to use
// functions.
// ==========================================================

function InitializeFruit
// ------------------------------------------------
//    Set the starting values for our fruit arrays, and the type
//    indices
//
```

Chapter 2 Introduction to Programming

```
//   RETURNS: number of different types of fruit
//
// -------------------------------------------------
{
    $ numTypes = 5;  //so we know how many types are in our arrays
    $ bananaIdx = 0;     //initialize the values of our index variables
    $ appleIdx = 1;
    $ orangeIdx = 2;
    $ mangoIdx = 3;
    $ pearIdx = 4;

    $ names [ $ bananaIdx ] = = "bananas"; // initialize the fruit name values
    $ names [ $ appleIdx ] = = "apples";
    $ names [ $ orangeIdx ] = = "oranges";
    $ names [ $ mangoIdx ] = = "mangos";
    $ names [ $ pearIdx ] = = "pears";

    $ cost [ $ bananaIdx ] = = 1. 15; // initialize the price values
    $ cost [ $ appleIdx ] = = 0. 55;
    $ cost [ $ orangeIdx ] = = 0. 55;
    $ cost [ $ mangoIdx ] = = 1. 90;
    $ cost [ $ pearIdx ] = = 0. 68;

    $ quantity [ $ bananaIdx ] = = 1; // initialize the quantity values
    $ quantity [ $ appleIdx ] = = 3;
    $ quantity [ $ orangeIdx ] = = 4;
    $ quantity [ $ mangoIdx ] = = 1;
    $ quantity [ $ pearIdx ] = = 2;

    return ( $ numTypes);
}

function addEmUp ( $ numFruitTypes)
// -------------------------------------------------
//   Add all prices of different fruit types to get a full total cost
//
// PARAMETERS:% numTypes - the number of different fruit that are tracked
//
//   RETURNS: total cost of all fruit
//
// -------------------------------------------------
{
    % total = 0;
```

```
for ( % index = 0 ; % index < = $ numFruitTypes ; % index + + )
{
% total = % total + ( $ quantity [ % index ] * $ cost [ % index ] ) ;
}
return % total ;
}

// - - - - - - - - - - - - - - - - - - - - - - - - - - - - - - - - - - - - - - - -
// countEm
//
//    Add all quantities of different fruit types to get a full total
//
// PARAMETERS : % numTypes - the number of different fruit that are tracked
//
//    RETURNS : total of all fruit types
//
// - - - - - - - - - - - - - - - - - - - - - - - - - - - - - - - - - - - - - - - -
function countEm ( $ numFruitTypes)
{
   % total = 0 ;
   for ( % index = 0 ; % index < = $ numFruitTypes ; % index + + )
   {
      % total = % total + $ quantity [ % index ] ;
   }
   return % total ;
}

function runTwotyFruit ( )
// - - - - - - - - - - - - - - - - - - - - - - - - - - - - - - - - - - - - - - - -
//    Entry point for program. This program adds up the costs
//    and quantities of selected fruit types and outputs the results to
//    the display. This program is a variation of the program FruitLoopy
//
// - - - - - - - - - - - - - - - - - - - - - - - - - - - - - - - - - - - - - - - -
{
   //
   // - - - - - - - - - - - - - - -Initialization - - - - - - - - - - - - - - - - - -
   //
   $ numFruitTypes = InitializeFruit ( ) ; // set up fruit arrays and variables
   % numFruit = 0 ; // always a good idea to initialize * all * variables !
   % totalCost = 0 ; // ( even if we know we are going to change them later)
```

```
//
// ----------------- Computation -------------------
//

// Display the known statistics of the fruit collection
for (% index = 0; % index < % numFruitTypes; % index ++)
{
print ("Cost of " @ $ names [% index] @@ ": $" @ $ cost [% index]);
print ("Number of " @ $ names [% index] @@ ":" @ $ quantity [% index]);
}

// count up all the pieces of fruit, and display that result
% numFruit = countEm (% numFruitTypes);
print ("Total pieces of Fruit:" @ % numFruit);

// now calculate the total cost
% totalCost = addEmUp (% numFruitTypes);
print ("Total Price of Fruit: $" @ % totalCost);
}
```

将程序保存为 \ 3D2E \ demo \ TwotyFruity. cs 并照常运行。接下来运行
FruitLoopy 程序，比较两个程序的运行结果。不出意外的话，应该可以看到完
全相同的结果。

在这个新版的程序中，数组的初始化从函数 runFruitLoopy 中移出来，放
到了新加入的 InitializeFruit 函数中。注意，已经把数组改为了全局变量。这样
做的原因是 Torque 不能以一种优雅的方式向函数传递作为参数的数组。实际
上是可以这样做的，但是需要使用 ScriptObjects，而这方面的内容要在后面的
章节中才能讲到，为了不使问题变得过于复杂，只是简单地把数组变成全局变
量。而且这也可以让读者更好地体会到全局变量和局部变量的差别，所以，
何乐而不为呢？

全局数组可以在文件中的任何函数中访问。而局部数组（以百分号作为
前缀的数组）只能在声明它们的函数中访问。这可以明显地从 addEmUp 函数
和 countEm 函数中看出来。注意这两个函数都使用了名为 % total 的变量。但
是它们实际上是两个完全不同的变量，它们的作用域都局限在声明它们的那
个函数中。所以，千万别弄混淆了！

说到 addEmUp 函数和 countEm 函数，它们还有一个组成部分，称作参数，

有时也称作自变数（argument），为了表示友好，我们还是叫它参数吧。

不带参数的函数

函数 main 没有参数，这表明函数不一定非得有参数不可。因为数组是全局的，它们可以在任何函数中进行访问，所以不需要传递数据。

带有参数但没有返回值的函数

参数用于向函数传入信息，addEmUp 函数和 countEm 函数就是这样做的。这两个函数都传递一个参数，该参数表示需要处理的水果种类的数量。

函数声明如下：

function addEmUp（% numTypes）

在实际使用这个函数的时候可以这样做：

% totalCost ＝ addEmUp（$ numFruitTypes）;

变量 $ numFruitTypes 表示水果种类的数量——这里是 5。这称为对函数 addEmUp 的一次调用。也可以把上面的调用改写为：

% totalCost ＝ addEmUp（5）;

但这样做就失去了程序原有的灵活性，而用变量保存水果种类的数量就不会这样。

这个动作称为参数传递。如果在调用函数时传递了一个参数，那么这个参数的值将被赋给在函数声明中指定的变量。其效果相当于语句% numTypes ＝ $ numFruitTypes，但实际上并不存在这样的代码，而会通过其他机制产生同样的效果。因此,% numTypes（函数内部变量）接收了 $ numFruitTypes（函数外部变量）的值。

提示

参数也称为自变数。

有返回值的函数

函数 InitializeFruit 通过下面的代码返回水果的种类数量：

```
return （% numTypes）;
```

而函数 addEmUp 和 countEm 都包含了下面的代码：

```
return % total;
```

注意在上面的两行代码中，第 1 个示例用括号把变量括起来，而第 2 个示例则没有这样做。两种方式都是有效的。

当 Torque 在程序中遇到 return 语句时，它会收集 return 语句中的值，退出函数并在调用函数的地方恢复执行。函数不一定会包含 return 语句，所以遇到没有 return 语句的函数也不必感到奇怪。对于函数 InitializeFruit，在函数 runT-wotyFruity 的一开始有如下语句：

```
$ numFruitTypes = InitializeFruit （）; //set up fruit arrays and variables
```

如果函数调用是赋值语句的一部分，如上所示，那么函数通过 return 语句返回的值将被赋给赋值语句的变量。或者换一种说法，函数计算其内部 return 语句的值。

然而，return 语句也可以不计算任何值。它可以用于结束函数的运行并向调用函数的代码返回一个值，同时返回控制权。函数的返回值既可以是数字，也可以是字符串。

条件表达式

条件表达式或者称作逻辑表达式的计算结果只可能是两个值之一：true 或者 false。一种简单的逻辑表达式是一个条件表达式，该表达式针对某个给定的条件使用关系运算符组成一个语句。下面就是一个条件表达式的例子：

```
%x < %y
```

读作 %x 小于 %y，如果变量 %x 的值小于变量 %y 的值，那么这个表达式的值就为 true。条件表达式的一般形式是：

```
operandA relational_ operator operandB
```

两个操作数可以是变量，也可以是表达式。如果某个操作数是表达式，那么 Torque 会计算该表达式的值并把它的值当作一个操作数。表 2.5 给出了在 Torque 中可以使用的关系运算符。

表2.5　关系运算符

符　号	意　义
<	小于
>	大于
< =	小于或者等于
> =	大于或者等于
= =	等于
! =	不等于
$ =	字符串等于
! $ =	字符串不等于

注释

对于只包含 true 和 false 的逻辑又称作布尔逻辑。

注意，判断两个操作数相等所使用的符号是"= ="，因为符号"="已经被用于为变量赋值。如果两个操作数满足运算符的关系，那么表达式的值就为 true，否则为 false。

下面是几个例子：

%i < 10

% voltage > = 0. 0

% total < 1000. 0

% count ! = % n

%x * %x + %y * %y < %r * %r

对于变量的不同值，上面的表达式可以为 true，也可以为 false。如果变量%x 的值是 3,%y 的值是 6，而%r 的值是 10，那么最后一个表达式的值将为 true。但是如果变量%x 的值为 7，而%y 的值为 8，那么表达式的值就变为 false。

逻辑表达式的值可以保存在变量中以便以后使用。任何数值表达式都可以作为条件的值，0 表示 false，1 表示 true。

这意味着逻辑表达式的值可以用于算术运算中。程序员经常这样做，但作者并不推荐这种方式。这会使代码很晦涩，从而使程序变得难以理解。

逻辑表达式

我们可以创建更复杂的条件，这些条件比只使用关系运算符编写的条件复杂得多。我们有专用于组合 true 和 false 的逻辑运算符。

最简单的逻辑运算符是 NOT（非），在 Torque 中使用惊叹号（!）表示。它是单操作数运算符，如果操作数为 true，它返回 false；如果操作数为 false，它返回 true。

运算符 AND（与）用 "&&" 表示，它有两个操作数。只有当两个操作数都为 true 时它才返回 true，否则返回 false。

最后一个运算符是 OR（或），用两个垂直的管道符号（∣∣）表示。如果两个操作数任意一个为 true，就返回 true。只有当两个操作数都是 false 时才返回 false.

逻辑运算符可以由表 2.6 中的真值表来定义。表中的字符 "F" 表示 false，而字符 "T" 表示 true。

表 2.6　逻辑运算符真值表

NOT（!）		
A	**! A**	
F	T	
T	T	
OR（∣∣）		
A	**B**	**A OR B**
T	T	T
T	F	T
F	T	T
F	F	F
AND（&&）		
A	**B**	**A AND B**
T	T	T
T	F	F
F	T	F
F	F	F

以上图表表明 NOT 反转操作数 A 的逻辑值；AND 只有在两个操作数都为 true 的情况下才会返回 true；OR 在有一个或两个操作数为 true 时返回 true。现在我们就可以编写相当复杂的逻辑操作了。

如果%i 的值为 15,%j 的值为 10，那么对于表达式（%i ＞ 10）&&（%j ＞ 0），Torque 会先计算（%i ＞ 10）的值（为 true），然后计算（%j ＞ 0）的值（也为 true），所以该表达式的值就为 true。如果%j 的值为 - 1，那么第二个关系的值将变成 false，所以整个表达式的值也将变成 false。如果%i 的值变为 5，那么第一个关系的值将变成 false，整个表达式的值将变成 false，而此时不用考虑第二个关系的值。这种情况下 Torque 没有计算第二个关系的值。与此类似，如果 OR（｜｜）表达式中的第一个关系的值为 true，那么第二个关系的值也不用再计算。这种缩短计算范围的方式使很多逻辑表达式能够迅速地得出结果。

使用逻辑运算符的例子

注意在下面最后一个例子中，一个具体的值（0 或者是 false）被用做 && 运算符的一个操作数。这意味着无论%i 的值是什么，这个逻辑表达式的值都为 false。在这些例子中，括号用于标明运算符应用的先后顺序。

(%i < 10) && (%j > 0)

((%x + %y) < = 15) ｜｜ (%i = = 5)

! ((%i > = 10) ｜｜ (%j < = 0))

(%i < 10) && 0

注意，千万别把赋值运算符"＝"和逻辑相等运算符"＝＝"两者相混淆。对于表达式

x + y < 10 && x / y = = 3 ｜｜ z ! = 10

由表 2.6 可知运算符的计算顺序是/、＋、＜、＝＝、! ＝、&& 和｜｜。这和下面使用圆括号的表达式是一样的：((((x ＋ y) ＜ 10) && ((x / y) = = 3))｜｜ (z ! = 10))

类似地，上面给出的几个表达式把括号去掉以后可以写成：

%i < 10 && %j > 0

%x + %y < = 15 ｜｜ %i = = 5

Chapter 2 Introduction to Programming

! (%i > = 10 | | %j < = 0)

%i < 10 && 0

到此为止，我们已经讨论了 Torque 中的逻辑表达式（或条件），下面继续讨论 Torque 中的条件控制机制。

分支

术语分支的意思是说代码可以根据不同的条件执行不同的路径。至于根据什么条件执行不同的路径要看具体情况。具体来讲，程序会根据它正在做的事情和你希望它所做的事情来执行不同的路径。比如，你在一条路上驾车行驶到一个 T 形路口，指向左边的指示牌上写着"多伦多 50 km"，而指向右边的指示牌上写着"多伦多（观光线路）150 km"，走哪条路，左边还是右边？这要取决于具体情况。明白了吗？到多伦多最快的路是向左走，但是如果并不急着赶路——也许你会对观光线路感兴趣。就像在前面的循环中看到的那样，代码会根据不同的条件选择不同的路径。

在多条可选路径中选择其中一条的动作称为分支。分支开始于某种做出决定的测试。除了前面讨论过的两个循环语句——在这两个循环中都使用了分支——还有两个分支特有的语句：if 语句和 switch 语句。

if 语句

在程序中，基于条件选择下一步要做什么，最简单的方式是使用 if 语句。看看下面的语句：

```
if (%n > 0)
    echo ("n is a positive number");
```

只有当%n 是正数的时候，这条语句才会打印出 n is a positive number。if 语句的一般形式是：

```
if (condition)
    statement
```

其中 condition 可以是任何有效的逻辑表达式，在前面的小节中也称为条件表达式。

下面的 if 语句把%something 加到变量%sum 中，如果%something 为正数：

```
if ( % something  >  0 )

   % sum  + = % something ;
```

如果%something 不为正，那么程序将不会执行累加操作，所以%something 的值也就没有加到%sum 中。

下面的代码片断也是把%something 加到%sum，但它同时还递增一个名为%count 的正值计数器：

```
if ( % something  >  0 )
{
   % sum  + = % something ;
   % counter + + ;
}
```

注意在第 2 个例子中是怎样在条件为 true 时执行多条语句的。如果把它改成：

```
if ( % something  >  0 )
   % sum  + = % something ;
   % counter + + ;
```

那么当%something 大于 0 时，会执行下一条语句，也就是说,%sum 会由%something 的值递增。但是递增%counter 的值的语句现在被视为程序中的下一条语句，而不是 if 语句的一部分。程序的执行在这里不会产生任何分支。这样编写代码的效果是无论%something 是正数还是负数，每次遇到这条语句时,%counter 的值就会递增。

复合语句中的语句可以是 Torque 中的任何语句。实际上，可以包含其他的 if 语句。例如，在下面的代码中，如果数量为负数，程序就会打印一条消息；如果未达到最大透支额，程序就会再打印一条消息：

```
if ( % balance  < 0 )
{
   print ( "Your account is overdrawn. Balance is:" @ % balance ) ;
   if ( % overdraft  < = 0 )
      echo ( "You have exceeded your overdraft limit") ;
}
```

也可以使用两条 if 语句和更复杂的条件完成同样的操作：

```
if ( % balance  < 0 )
    echo ( "Your account is overdrawn. Balance is:" @ % balance ) ;
if ( % balance  < 0 && % overdraft  < = 0 )
    echo ( "You have exceeded your overdraft limit" ) ;
```

应当注意，这两个版本中有一个版本的代码在处理未透支的账目时要比另一个版本快。在本章稍后将会指出来。不过在此之前看看你是否能自己想出来。

if – else 语句

一条简单的 if 语句在条件为真时，只能产生一个分支去执行简单语句或复合语句。有时候，需要在两条路径中选择其一，在条件为真时执行一部分代码，在条件为假时执行另一部分代码。这种情况可以用如下代码表示：

```
if ( % coffeeholic  = =  true )
    echo ( "I like coffee." ) ;
if ( % coffeeholic  = =  false )
    echo ( "I don't like coffee." ) ;
```

如果在进行第一次条件计算之后执行的代码不会改变条件原来的结果，那么这种技术是行的通的。Torque 提供了一种直接表示此类选择的方式。if – else 语句可以在一条 if 语句中指定逻辑条件分取两种值时需要执行的语句。下面的示例使用 if – else 语句根据 % coffeeholic 的正负情况打印不同的消息：

```
if ( % coffeeholic  = =  true )
    echo ( "I like coffee." ) ;
else
    echo ( "I don't like coffee." ) ;
```

if – else 语句的一般形式如下：

```
if ( condition )
    statementA
else
    statementB
```

如果条件为 true，程序将执行 statementA 语句；否则执行 statementB 语句。statementA 和 statementB 都可以是简单语句或复合语句。

下面的 if – else 语句计算水果是否新鲜，如果新鲜，就递增新鲜水果的计数器。如果不新鲜，就递增腐烂水果的计数器。我要给我的冰箱水果保鲜盒编写一个程序计算上述问题，并通过互联网向我发送报告。哦，我希望能实现这个功能，可以吗？

```
if ( % fruitState $ = "fresh" )
{
    % freshFruitCounter + + ;
}
else
{
    % rottenFruitCounter + + ;
}
```

下面编写另一个示例程序。输入下面的程序并把它保存为 \ 3D2E \ demo \ Geometry. cs，然后运行。

```
// ===========================================================
// Geometry. cs
//
// This program calculates the distance around the perimeter of
// a quadrilateral as well as the arca of the quadrilateral and outputs the
// values. It computes whether the quadrilateral is a square or a rectangle and
// modifies its output accordingly. Program assumes that all angles in the
// quadrilateral are equal. Demonstrates the if – else statement.
// ===========================================================

function calcAndPrint ( % theWidth , % theHeight )
// -------------------------------------------------
//    This function does the shape analysis and prints the result.
//
//    PARAMETERS ; % theWidth  – horizontal dimension
//                 % theHeight – vertical dimension
//
//    RETURNS : none
// -------------------------------------------------
{
    // calculate perimeter
    % perimeter = 2  *  ( % theWidth + % theHeight ) ;
    // calculate area
    % area = % theWidth * % theHeight ;
```

Chapter 2 Introduction to Programming

```
// first, set up the dimension output string
% prompt = "For a " @ % theWidth @ " by " @
            % theHeight @ "quadrilateral, area and perimeter of ";
// analyze the shape's dimensions and select different
//descriptors based on the shape's dimensions
if ( % theWidth = = % theHeight)        // if true, then it's a square
  % prompt = % prompt @ "square:";
else                                    // otherwise it's a rectangle
  % prompt = % prompt @ "rectangle:";

  // always output the analysis
  print ( % prompt @ % area @ "" @ % perimeter);
}

function runGeometry ( )
// - - - - - - - - - - - - - - - - - - - - - - - - - - - - - - - - - - - - - -
//   Entry point for the program.
// - - - - - - - - - - - - - - - - - - - - - - - - - - - - - - - - - - - - - -
{

  // calculate and output the results for three
  // known dimension sets
  calcAndPrint (22, 26); // rectangle
  calcAndPrint (31, 31); // square
  calcAndPrint (47, 98); // rectangle
}
```

这个程序的功能是分析一个图形。除了打印计算出来的图形的值，我们还会根据对图形的（简单）分析修改输出的字符串内容，分析的内容决定图形是正方形还是长方形。我认为正方形也是一个长方形，可是我们就不要那么挑剔了，好吗？至少现在不用那么较真，呵呵。

嵌套 if 语句

在前面的"if 语句"小节中你看到了一个 if 语句是如何包含另一个 if 语句的，这称为嵌套 if 语句。理论上对嵌套的层次并没有限制，但是应该只有在功能上需要如此时才进行嵌套。如果这么做是想提高效率，这个完全没问题。

顺便说一下，我在前面曾经问过两个例子哪个执行得更快，还记得吧？

答案是在未透支的情况下，嵌套语句的执行速度比较快。这是因为只需要测试一个条件，所以计算机要做的事情就比较少。而两个 if 语句并列的版本总是会测试两个条件，无论银行的收支是否平衡。

　　if 语句和 if – else 语句允许在两个分支中作出选择。然而有时候我们需要在更多的分支中作出选择。例如，下面的 sign 函数在参数小于 0 时返回 – 1，大于 0 时返回 +1，等于 0 时返回 0。

```
function sign ( % value )
//    determines the arithmetic sign of a value
//
//    PARAMETERS：% value  –  the value to be analyzed
//
//    RETURNS： – 1   – if value is negative
//                0   – if value is zero
//                1   – if value is positive
{
  if ( % value  < 0 ) // is it negative
  {
    return  – 1;
  }
  else            // nope, not negative
  {
    if ( % value  = =0) // is it zero?
    {
      return 0;
    }
    else         // nope, then it must be positive
    {
      return 1;
    }
  }
}
```

　　没错。函数中有一条 if – else 语句，而这条语句的 else 部分又是一条 if – else 语句。如果% value 小于 0，那么 sign 返回 – 1，但是如果它不小于 0，程序将执行第一个 else 后面的语句。此时如果% value 的值是 0，那么 sign 就返回 0；否则返回 1。这里故意使用复合语句的形式是为了更好地表示嵌套。也可以按如下方式编写嵌套语句：

```
if (% value <0) // is it negative
    return  -1;
else            // nope, not negative
  if (% value  = = 0) // is it zero
      return 0;
    else            // nope, then it must be positive
      return 1;
```

这样代码会紧凑一些，但是有时候，在执行嵌套语句时很难分清楚，而且比较容易犯错误。使用复合语句的形式使嵌套更正式，而且我个人认为代码这样更容易阅读。

程序新手有时候在应该使用嵌套的 if - else 语句时会使用一系列的 if 语句作为替代。他们会按如下方式编写 sign 函数的主体：

```
if (% value <0)
  % result  =  -1;
if (% value  = =0)
  % result  =  0;
if (% value  > 0)
  % result  =  1;
return % result;
```

这样编写的代码也能工作，而且阅读起来也比较容易，但是由于需要测试 3 个条件，所以其执行效率不高。

如果嵌套的层数太深而代码的缩进又不一致，那么嵌套层数比较深的 if 语句或者 if - else 语句会变得难以阅读和理解。有一点需要注意，else 总是属于离它最近而又没有 else 的 if。

switch 语句

我们刚刚讨论了如果通过使用嵌套的 if - else 语句在多个分支中进行选择。实际上有一种适合于多重选择的、更规则而且更易于阅读的语句——switch 语句。例如，下面的 switch 语句将根据一个与武器类型有关的数字变量的值来设置游戏里面武器的标签：

```
switch (% weaponType)
{
```

```
case 1： % weaponName  =  "knife";
case 2： % weaponName  =  "pistol";
case 3： % weaponName  =  "shotgun";
case 4： % weaponName  =  "bfg1000";
default： % weaponName  =  "fist";
}
```

如果使用 if – else 语句，代码会变成：

```
if ( % weaponType  = = 1 )
    % weaponName  =  "knife";
else if ( % weaponType  = = 2 )
    % weaponName  =  "pistol";
else if ( % weaponType  = = 3 )
    % weaponName  =  "shotgun";
else if ( % weaponType  = = 4 )
    % weaponName  =  "bfg1000";
else
    % weaponName  =  "fist";
```

这个简单的例子足以证明 switch 语句非常有用。

switch 语句的一般形式如下：

```
switch ( selection – variable )
{
    case label1 :
                statement1 ;
    case label2 :
                statement2 ;
        . . .
    case labeln :
                statementn ;
    default :
                statementd ;
}
```

语句中的 selection – variable 可以是一个数字或一个字符串，也可以是一个表达式，该表达式的值是数字或者字符串。程序首先计算出 selection – variable 的值，然后和每一个 case 标签比较。所有的 case 标签之间必须互不相同。如果在 selection – variable 和某个 case 标签之间找到一个匹配，那么程序将执行从这个 case 标签到下一个 case 标签之间的所有语句。如果 selection – variable 的值和所有 case 标签都不匹配，那么程序将执行 default 标签下的语句。default 分支并不是必须的，但是，应该只有在确定 selection – variable 的值一定会和某个 case 标签的值匹配的情况下才能省略。

下面给出一个例子，在这个例子中，代码会根据数字变量 % day 的值打印出对应的一天是星期几。

```
switch (% day)
{
    case 1 :
            echo ("Sunday");
    case 2 :
            echo ("Monday");
    case 3 :
            echo ("Tuesday");
    case 4 :
            echo ("Wednesday");
    case 5 :
            echo ("Thursday");
    case 6 :
            echo ("Friday");
    case 7 :
            echo ("Saturday");
    default :
            echo ("Not a valid day number");
}
```

调试并解决问题

在运行程序时，Torque Engine 会自动编译程序并在需要时生成新的 .cs. dso文件。因此，Geometry.cs（源文件）会被变成 Geometry. cs. dso（编译好的文件）。但是有一种特殊情况：如果脚本编译器检测到代码中有错误，它将终止编译，但并不会停止程序的执行——实际上，如果存在这样的文件，它会使用已经编译好的版本。有一点很重要，必须记住。如果正在修改代码，而程序的行为没有任何改变，那么应该检查一下日志文件 console. log，看看是否有什么编译错误。

日志记录非常详细，可以引导你迅速发现问题。它把出现问题的代码片断打印出来，然后在编译器认为有错的代码行的前面或者后面插入一对井号（##）。

修改好第一个问题之后并不能假设一切都准备就绪了。通常，修改好一个问题后，编译器会在向下编译代码时发现其他问题。编译器总是在发现第一个问题的时候放弃编译。

编译器能够捕获和识别的程序错误很多，下面列举出几种常见的情况：

- 在语句的末尾缺少分号。
- 在双斜杠注释符中遗漏了一条斜杠。
- 在变量名的前面没有%或 $ （作用域前缀）。
- 使用未经初始化的变量。
- 混淆全局作用域前缀和局部作用域前缀。
- 圆括号或花括号不匹配。

在后面的章节中，我们将讨论在 Torque 中如何使用控制台模式。在这种模式下，我们可以访问 3 个内置的 Torque 函数——echo、warn 和 error，它们在调试时非常有用。

如果不使用这 3 个函数，那么调试程序的最好工具是 echo 语句。可以在代码中打印出变量的中间值，从而判断程序的执行情况。

下面是 TwotyFruity 程序的另一个版本。输入该程序并把它保存为 \ 3D2E \ demo \ WormyFruit. cs。在这个版本中设置了 5 个 bug。看看你能不能发现它们（还有那些由于输入错误引起的 bug）。

```
// ===========================================================
// WormyFruit. cs
//
// Buggy version of TwotyFruity. It has five known bugs in it.
// This program adds up the costs and quantities of selected fruit types
// and outputs the results to the display. This module is a variation
// of the FruitLoopy. cs module designed to demonstrate how to use
// functions.
// ===========================================================
function InitializeFruit ( )
// -----------------------------------------------------------
//   Set the starting values for our fruit arrays, and the type
```

```
//    indices
//
//    RETURNS: number of different types of fruit
//
// -----------------------------------------------------------------
{
    $ numTypes = 5; // so we know how many types are in our arrays
    $ bananaIdx = 0; // initialize the values of our index variables
    $ appleIdx = 1;
    $ orangeIdx = 2;
    $ mangoIdx = 3;
    $ pearIdx = 3;
    $ names [ $ bananaIdx ] = "bananas"; // initialize the fruit name values
    $ names [ $ appleIdx ] = "apples";
    $ names [ $ orangeIdx ] = "oranges";
    $ names [ $ mangoIdx ] = "mangos";
    $ names [ $ pearIdx ] = "pears";
    $ cost [ $ bananaIdx ] = 1.15; // initialize the price values
    $ cost [ $ appleIdx ] = 0.55;
    $ cost [ $ orangeIdx ] = 0.55;
    $ cost [ $ mangoIdx ] = 1.90;
    $ cost [ $ pearIdx ] = 0.68;
    $ quantity [ $ bananaIdx ] = 1; // initialize the quantity values
    $ quantity [ $ appleIdx ] = 3;
    $ quantity [ $ orangeIdx ] = 4;
    $ quantity [ $ mangoIdx ] = 1;
    $ quantity [ $ pearIdx ] = 2;
    return (% numTypes);
}

function addEmUp (% numFruitTypes)
// -----------------------------------------------------------------
//    Add all prices of different fruit types to get a full total cost
//
// PARAMETERS:% numTypes - the number of different fruit that are tracked
//
//    RETURNS: total cost of all fruit
//
// -----------------------------------------------------------------
```

```
{
    % total = 0;
    for ( % index = 0; % index < = $ numFruitTypes; % index + + )
    {
        % total = % total + ( $ quantity [ % index ]  * $ cost [ % index ] );
    }
    return $ total;
}
// ----------------------------------------------------------------
// countEm
//
//    Add all quantities of different fruit types to get a full total
//
// PARAMETERS: % numTypes - the number of different fruit that are tracked
//
//    RETURNS: total of all fruit types
//
// ----------------------------------------------------------------
function countEm ( $ numFruitTypes)
{
    % total = 0;
    for ( % index = 0; % index < = $ numFruitTypes; % index + + )
    {
        % total = % total + $ quantity [ % index ];
    }
}

function main ( )
// ----------------------------------------------------------------
//    Entry point for program. This program adds up the costs
//    and quantities of selected fruit types and outputs the results to
//    the display. This program is a variation of the program FruitLoopy
//
// ----------------------------------------------------------------
{
    //
    // ---------------- Initialization -----------------
    //
    $ numFruitTypes = InitializeFruit ( ); // set up fruit arrays and variables
    % numFruit = 0         // always a good idea to initialize * all * variables!
    % totalCost = 0;        // ( even if we know we are going to change them later)
```

```
//
// ------------------Computation --------------------
//

// Display the known statistics of the fruit collection
for ( % index = 0 ; % index < $ numFruitTypes ; % index + + )
{
print ( "Cost of " @ $ names [ % index ] @ @ " : $ " @ $ cost [ % index ] ) ;
print ( "Number of " @ $ names [ % index ] @ @ " : " @ $ quantity [ % index ] ) ;
}

// count up all the pieces of fruit, and display that result
% numFruit = countEm ( $ numFruitTypes ) ) ;
print ( "Total pieces of Fruit : " @ % numFruit ) ;

// now calculate the total cost
% totalCost = addEmUp ( $ n5umFruitTypes ) ;
print ( "Total Price of Fruit : $ " @ % totalCost ) ;
}
```

运行程序，并以原始版本的 TwotyFruity 程序的输出作为标准，检查这段程序的运行是否正确。

最佳的实践方式

编程和其他艺术有许多相似的地方。程序员之间经常会激烈地讨论哪种方法才是解决某件事情的最好方法。然而在某些实践方面，大家还是达成了共识。

可以把下面列举出来的经验作为指南，并形成适合自己的编程风格。

- 使用模块头和函数头为代码添加注释。
- 在代码中插入必要的注释，并确保这些注释明确地说明了代码的作用。
- 不要注释很明显的代码，把精力放到重要的地方。
- 使用空白（空行和空格）增强程序的可读性。
- 合理使用缩进，以增强程序的可读性。
- 把复杂的问题分解成多个小问题，然后用函数解决这些小问题。
- 把代码组织成几个独立的模块，并确保模块的文件名和其中的内容相符，反过来也一样。

- 限制放到一个模块中的代码的行数。选择一个适合自己的数字——1000 行左右作为上限比较合适。
- 使用具有描述性的有意义的变量名。
- 在保证变量名的描述性的同时，记住不能使名字过于冗长。
- 不要在代码中使用制表符——用空格代替。在以后查看代码的时候，制表符的设置可能不一样，这会使程序难以阅读。使用空格可以确保代码的视觉效果是一致的。一般使用 3 个空格作为缩进。
- 采用前后一致的编程风格。
- 注意积累能提高效率的编程技巧，并尽量使用它们。
- 记录程序的变更日志，以便能够跟踪程序的进展。
- 使用修订控制软件来管理程序的版本。

四、本章小结

这一章的内容很多。你学习了使用一个新的工具——实际上，是一"种"新的工具——程序员专用的编辑器。在介绍了 UltraEdit – 32 的使用方法后，分析了软件是如何完成它的功能的，它通过编程语言把人和计算机硬件联系到一起。

然后我们开始使用被称为 Torque Script 的编程语言，用计算机编写了很多浅显易懂的示例程序。

接下来，我们将转入 3D 编程世界，详细讨论 3D 对象的基础，以及如何使用 Torque Script 来操作这些对象。

第3章

3D 编程概念

在这一章中，我们将讨论如何在不同的 3D 坐标系统中以三维的方式描述对象，并且还要讨论如何对这些三维对象进行转换使它们能够在计算机所显示的 2D 坐标系统中得到应用。这里将涉及一些数学问题，但是不用担心，我会将难点一一化解。

此外，我们还将讨论渲染管道的发展过程和组成部件，渲染管道是将对象的抽象数学模型转化成可在屏幕上显示的精美图片时所使用的一种概念。

一、3D 概念

在身边的现实世界中，我们感知对象时可以在 3 个方向（或者维度）上进行度量。我们说它们具有高度、宽度和深度。当我们将对象在计算机屏幕上表现出来时，我们必须了解这样一个事实，即人们感知对象的维度其实只有两个：从屏幕顶部到底部的高度以及从屏幕左边到右边的宽度。

注释

请记住，在创建本书中的游戏时，大部分的渲染工作都是使用 Torgue 游戏引擎来完成的。但是，如果能对这一部分所描述的技术有个充分的理解，这会对你以后在设计和构建自己的模型或编写代码来实时操纵模型而需要作出一些决定时起到一个引导的作用。

因此，有必要将第三维——深度模拟到屏幕中去。我们把这种对真实的（或者想象出来的）对象在屏幕上的三维（3D）模拟称为三维模型。为了使这些模型在视觉上更具真实性，我们会增加一些视觉特征，比如着色、阴影和纹理。计算 3D 模型外观的整个过程——将 3D 模型转化成可以在二维屏幕上描绘出来的实体，然后实际显示结果图像，这称为渲染。

坐标系统

当说到对象在各个维度上的量度时，我们使用被称为坐标的数字分组来标志对象的各个顶点（角点）。我们通常用变量名 X、Y 和 Z 来代表各个坐标组（或者三元组）中的 3 个维度。组织坐标的方式很多，这些方法称为坐标系统。

我们必须确定让哪一个变量来代表哪一个维度——高度、宽度或深度，以及以何种顺序引用这 3 个维度。然后我们还需要确定这些维度的原点在哪里，以及原点与对象的对应关系。一旦准备好这些事情，我们的坐标系统也就定义好了。

我们在考虑 3D 对象时，每一个方向用一个坐标轴表示。坐标轴具有无穷长度且通过原点的直线。宽度（或者从左到右）通常是 X 轴，高度（或者从上到下）通常是 Y 轴，还有深度（或者从近到远）通常是 Z 轴。使用这种结构，我们就可以得到一个如图 3.1 所示的规则的 XYZ - 轴坐标系统。

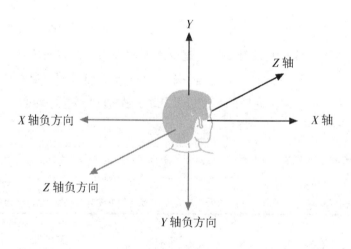

图 3.1　XYZ - 轴坐标

现在，当我们讨论一个孤立的对象时，它所占据的3D空间被称为对象空间。在对象空间中，X、Y、Z坐标全为0的点就是对象的几何中心。对象的几何中心通常是位于对象的内部。如果X轴的正向在右边、Y轴的正向在上边、Z轴的正向背离你指向远处，这样就可以看到图3.2中的坐标系统，它被称为左手坐标系统。

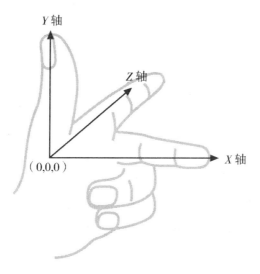

图3.2　Y轴垂直的左手坐标系统

Torgue游戏引擎使用了一种略有不同的坐标系统——右手系统。在这种系统中，Y轴和Z轴的方向和我们在左手系统中看到的一样，而X轴的方向相反。在被有些人称为Computer Graphics Aerobics的系统中，我们可以用拇指、食指和中指非常容易地表示出所使用的右手系统（见图3.3）。记住，使用这种技术时，拇指总是代表Y轴，食指代表Z轴，而中指则代表X轴。

在Torque中，我们也会用另一种略微不同的方式来规定系统的方向：Z轴是上下方向，X轴差不多是从左到右，而Y轴差不多是从近到远（见图3.4）。其实，"差不多"表示的意思是以从上向下看地图的方式来指定左边和右边。这时地图的上方指向北，左边和右边（X轴正向和X轴负向）分别指向东和西。这样就可以知道Y轴正向指向北，Y轴负向指向南。不要忘记了，Z轴正向是指向上面，而Z轴负向是指向下面的。这种右手系统是使用地图从上向下观察地形时指定坐标轴方向的。将3个坐标轴的原点指定到地图上的

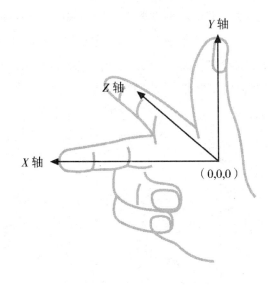

图 3.3 *Y* 轴垂直的右手坐标系统

一个特殊位置，再用刚才描述的方法为坐标系统规定方向，这样，我们就定义好了整个场景空间（world space）。

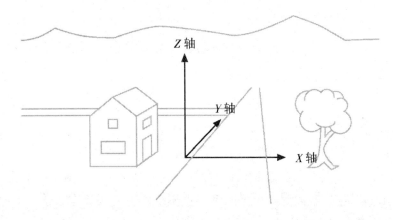

图 3.4 *Z* 轴垂直的右手坐标系统

既然有了坐标系统，我们就可以使用坐标三元组来指定对象上或者空间中的任何一个位置了，比如（5，－3，－2）（见图 3.5）。转换一下后，这可以解释为 $X=5$，$Y=-3$，$Z=-2$。3D 坐标的三元组总是以 *XYZ* 的格式来指定的。

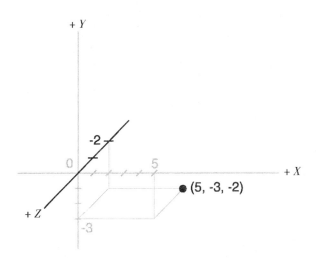

图3.5 一个由 *XYZ* 坐标三元组指定的点

再看一下图3.5，注意到什么了吗？对了，*Y* 轴垂直向上，并且其正值在原点的上面，而 *Z* 轴的正向是指向我们的。这仍然是一个右手坐标系统。这种 *Y* 轴向上的右手系统经常被用来对孤立的对象进行建模。当然，我们也就像前面描述的那样把这个坐标系称为对象空间。稍后，我们将会用到这种确定方向的方法以及与它相对应的坐标系统。

3D 模型

可以通过根据对象的重要顶点定义形状的方法来模拟对象，或者说是建模，前面我已经简单地提到过这个思想。再来仔细看一看，我们就从图3.6中描述的简单3D形状——基本的立方体开始。

这个立方体的大小是两个单位的宽、两个单位的深和两个单位的高，即 $2 \times 2 \times 2$。在这幅图所显示的对象空间中，几何中心偏移到了立方体外面的一个点上。尽管我前面说过几何中心经常位于对象的内部，但这里这么做是为了让图中的东西看起来更加清楚。有时候，例外不仅仅是有可能出现，而且是很有必要出现，正如这种情况一样。

仔细分析一下这幅图，我们可以很清楚地看到对象的形状和大小。立方体前端的左下角位于 $X=0$、$Y=1$、$Z=-2$ 的位置。作为练习，可以花一些时

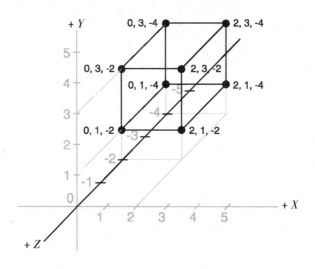

图 3.6　显示在标准 XYZ 轴坐标中的简单立方体

间找出立方体其他所有顶点（角点）的位置，并且标出它们的坐标。

　　也许你自己还没有注意到这幅图中有一些信息实际上是不需要的。你明白我们是怎样使用辅助线来找出顶点在坐标轴上的位置并标出坐标的吗？我们在图中也可以看到顶点的坐标已经被标了出来。这两件事用不着我们都去做。带有刻度标志和对应数值的坐标轴的确会使图形变得有些散乱，因此，在电脑绘图时不需再为刻度而费神的想法已经在一定程度被人们接受。相反，我们会尽量用最少的必需的信息来完整地描述对象。

　　其实，我们只需要说明对象是在对象空间里还是世界坐标空间里，并表示出各个顶点的大概坐标，同时还应该再用线段将顶点连接起来，以便渲染出对象的轮廓。

　　图 3.7 跟图 3.6 比较，你就会知道获得形状的抽象意义是多么容易的事情。我们用缩小了的"XYZ – 轴"坐标来表示所使用的空间。不同的坐标轴使用不同的颜色，而且坐标轴只画了正值方向。不同的建模工具使用不同的颜色来区分坐标轴。本书中，暗黄色（显示为浅灰色）表示 X 轴，深的蓝绿色（中灰）表示 Y 轴，暗的紫红色（深灰）表示 Z 轴。另一种比较常见的做法是将 XYZ – 轴心放在了模型的几何中心。

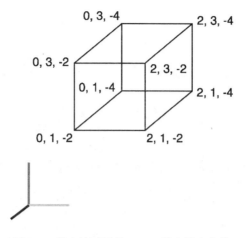

图 3.7　带有缩减了的 XYZ – 轴心的立方体

　　在处理对象空间中的对象时，比较合理的做法是将模型的几何中心放置在 XYZ – 轴心上。图 3.8 所示的立方体就是这样的。

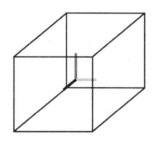

图 3.8　轴心在其几何中心的立方体

　　现在看一下图 3.9，与简单的立方体相比，它明显复杂了很多。但是你现在已经了解了看明白这幅图所需要的所有知识。图 3.9 是由流行的共享建模工具软件 MilkShape 3D 创建的一个四视图屏幕截图，这里面构造了一个足球模型。

　　在图中，顶点用红色点标记（显示为黑色），边用浅灰色直线标出。我们可以看到轴心。然而，在其他视图中它们很少会被看到，因为它们经常会被边线遮住。注意一下那些网格线，它们是用来对模型进行布局的。前 3 个带灰色背景和网格线的视图是 2D 的结构视图，而右下方的第四个视图是对象的一个 3D 投影图。左上方的视图是从上往下观察得到的，它的 Y 轴是垂直的，

Chapter 3　3D Programming Concepts

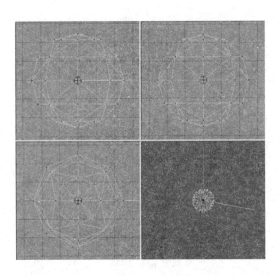

图 3.9　球模型的屏幕截图

X 轴是水平的，而 Z 轴看不到。右上方视图是从对象前方观察到的，它的 Y 轴是垂直的，Z 轴是水平的，没有 X 轴。在左下方的视图中，Z 轴是垂直的，X 轴是水平的，没有 Y 轴。在右下方的视图中，坐标轴从模型中延伸出来，轴心非常明显。

3D 形体

我们已经接触了一些 3D 模型的组成部分，现在该是来总体介绍这些知识的时候了。

正如我们所见，顶点定义了 3D 模型的形状。连接顶点的线段被称为边。如果我们用边连接 3 个或者 3 个以上的顶点构成一个封闭的图形，这样就形成了一个多边形。最简单的多边形就是三角形。在现代的 3D 图形加速适配器中，硬件可以在每秒内操纵并显示数百万个三角形。由于适配器的这种功能，我们在构造模型时通常采用三角形，而不采用其他复杂的多边形，比如矩形或者五边形（见图 3.10）。

幸运的是，三角形的作用不仅仅可以对复杂的 3D 图形进行建模。任何复杂的多边形都能分解成三角形的集合，通常称这些三角形为网格（mesh）（见图 3.11）。

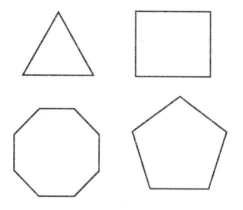

图 3.10 不同复杂度的多边形

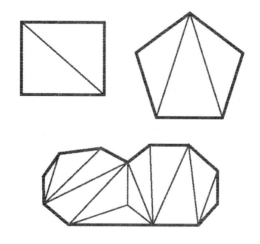

图 3.11 分解成三角形网格的多边形

模型的区域称为表面。多边形的表面称为"小平面（facet）"——这至少是一个传统的称呼。现在它们更多的是被称为面。有时候，表面只能在一个方向上看到，因此当你从看不到它的那一面观看对象时，它就被称为隐藏表面或者隐藏面。一个双向面可以在两个方向上看到。隐藏了的表面的边称为隐藏线。大多数模型在背部都有面，这些远离我们的面被称为背面（图 3.12示）。前面说过，当我们在讨论游戏开发中的面的时候，大部分时间谈论的是三角形。有时三角形可缩写成"tris"。

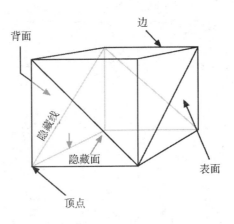

图 3.12　3D 形体的各个部分

二、3D 模型显示

在定义好感兴趣的 3D 对象模型之后，我们就会希望把它的某个视图渲染出来。模型是在对象空间中构造的，但是为了在 3D 环境中展示出来，我们要将这些模型转换到世界空间坐标系中。这就要求除了在对象空间中生成实际的模型之外，还需要三个转换步骤：

（1）转换到世界空间坐标系统。

（2）转换到视图坐标。

（3）转换到屏幕坐标。

这种转换中的每一步都要对对象顶点进行一定的数学操作。

第 1 步转换过程称为变换；第 2 步便是我们所说的 3D 渲染；第 3 步描述了所谓的 2D 渲染。在深入琐碎的细节之前，我们首先要考察一下每个步骤到底是做了哪些事情。

变换

转换到世界空间坐标系的第 1 步转换是必需的，因为我们总得将对象放到某个位置上！这个转换称为变换。我们将会清楚地说明在什么时候需要对对象进行变换操作：缩放（用来控制对象的大小）、旋转（用来控制对象的方向）和平移（用来设定对象的位置）。

世界空间坐标系中的变换假定对象进行了（1.0，1.0，1.0）的缩放、（0，0，0）的旋转和（0，0，0）的平移操作。

在3D世界中，每个对象都有自己的3D变换值，通常简称为变换。当3D场景已经为渲染做好准备时，就会使用到这些值。

提示

在世界空间坐标系中，这类XYZ坐标还有其他的术语，比如笛卡儿坐标和矩形坐标。

缩放

我们是基于比例因子的三元组来对对象进行缩放的。比例因子三元组中的1.0表示变换比例是1∶1。

缩放操作的表示方式和用于指示变换的XYZ坐标很相似，不同点在于缩放操作说明的是对象的大小怎样变化。比例因子的值大于1.0表示对象将被放大，小于1.0（但是大于0）表示对象将被缩小。

例如，2.0就是将一个给定的大小扩大到原来的2倍；0.5则表示缩小到原来的一半；1.0表示大小不变化。图3.13显示了在对象空间内对对象进行的缩放操作，最初的缩放值是（1.0，1.0，1.0）。在进行了缩放操作之后，立方体在各维上的大小都变为原来的1.6倍，现在的缩放值变成了（1.6，1.6，1.6）。

旋转

旋转三元组的表示方式和用于指示变换的XYZ坐标一样，不同点在于旋转三元组说明的是对象围绕三个坐标轴分别旋转了多少。本书中，旋转的度量单位由一个度数三元组来指定。在其他书籍中也可能用弧度来作为度量单位。在更复杂的情况下，还有其他的方法用于表示旋转。图3.14中描述了一个立方体在它的对象空间中绕Y轴旋转了30°的情形。

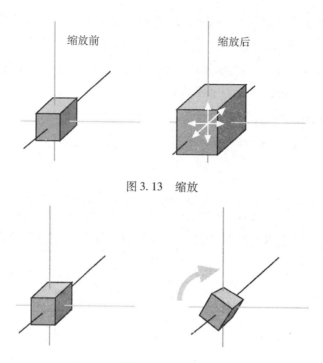

图 3.13　缩放

图 3.14　旋转

对象在各个坐标轴上进行旋转操作的顺序很关键，明白这一点是非常重要的。我们习惯使用的是滚转—倾斜—偏航 roll - pitch - yaw 的方法，这种方法是从航天界中继承过来的。在旋转对象时，我们首先让它绕纵向轴（Z 轴）滚转，然后绕横向轴（X 轴）倾斜，最后再绕竖直轴（Y 轴）偏航。对象的旋转是在对象空间中完成的。

如果我们用不同的顺序进行旋转，尽管是旋转了相同的度数，对象最后的方向仍会大不相同。

平移

平移是一种最简单的变换，在从对象空间向世界坐标空间变换时，平移是对对象进行的最后一步变换。图 3.15 显示了对对象进行平移的操作过程。注意，这里的垂直方向的坐标轴颜色是深灰色，和本书前面说过的一样，深灰色表示 Z 轴。想想看，我们在这里使用的是哪一种坐标系统？我们会在本章的后面给出答案。为了对一个对象进行平移，我们使用一个向量来对对象的位置坐标进行变换。指定向量的方法有好几种，但是我们将要使用的是一个和 *XYZ* 坐标三元组相同的三元组，称为向量三元组。在图 3.15 中显示的平移操作所需的向量三元组是（3，9，7）。它表示对象沿着 *X* 轴的正方向移动了 3 个单位，沿着 *Y* 轴的正方向移动 9 个单位，再沿 *Z* 轴的正方向移动 7 个单位。务必记住：平移是在世界坐标空间中进行的。因此这时的 *X* 轴应该是向东，*Z* 轴应该向下（向着地面）。平移之后，对象的方向和大小都不发生变化。

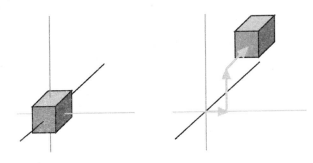

图 3.15 平移

完全变换

现在，我们将所有的操作都放到一起。我们希望通过特定的方式定位一个立方体，同时确定立方体的大小。变换过程是先进行（s）=（1.6，1.6，1.6）的缩放，然后进行（r）=（0，30，0）的旋转，最后再做（t）=（3，9，7）的平移。图 3.16 显示了整个变换过程。

注释

变换所用的顺序是非常重要的。大多数情况下，正确的顺序是先做缩放，再做旋转，最后进行平移。因为不同的顺序会产生不同的结果。

你应该记得对象是在对象空间中产生的，然后被转移到世界坐标空间中。对象的原点被放在世界坐标空间的原点位置上。在旋转对象时，我们让对象在原点（0，0，0）绕适当的轴旋转，然后将它移到一个新位置。

如果先对对象平移，然后再将它旋转（仍然是绕点（0，0，0）），对象将会跑到一个完全不同的位置，这在图 3.17 中可以看到。

3D游戏设计大全

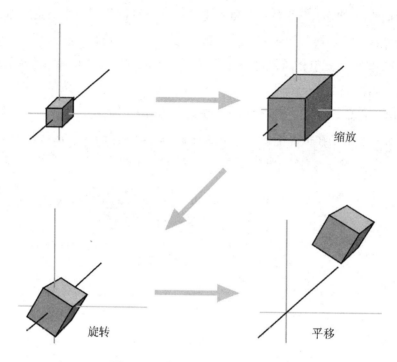

缩放

旋转   平移

图 3.16   对立方体进行完整的变换

旋转后平移

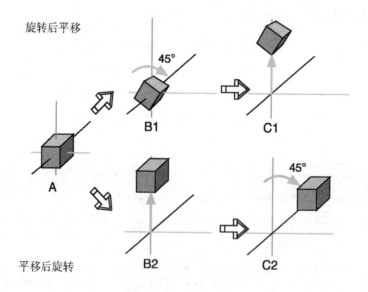

平移后旋转

图 3.17   改变变换顺序

3D GAME PROGRAMMING ALL IN ONE

渲染

渲染是将对象的 3D 数学模型变换成可以在屏幕上显示的 2D 图像的过程。在渲染对象时，我们的主要任务就是计算对象各个不同面的外观，再将这些面转换成 2D 形式，然后将结果送到显卡。显卡将负责完成在显示器上显示对象所需的所有步骤。

我们将考察几种在电子游戏引擎或者 3D 显卡中常用的不同的渲染技术。还有其他一些技术，比如光线投射（ray - casting），除了特殊情况外，这在电脑游戏中是很少用到的。因此在这里就不作讨论了。

在前面的小节中，我们的立方体模型的面都是有颜色的。要是你没注意到这些（但是我敢肯定你已经注意到了）也没关系，我们还没有完整地讨论与面有关的问题，只是简单地提了一下。

一个面，本质上是由一个或者多个在同一平面内相邻的三角形集合组成的。也就是说，当作为一个整体时，这些三角形形成了一个单独的平整表面。如果再回到图 3.12，你会看到立方体的每个面由两个三角形组成。当然，这些面都是透明的，这是为了观察立方体的其他部分。

平面着色

图 3.18 给出的例子是一个有多个面的形状不规则的对象。各个面的颜色都不相同（图中能看到的只是不同的阴影）。带标志 A 的所有三角形是同一个面上的；带 D 标志的三角形也是这样；带 B、C 标志的三角形分别独自直接形成一个面。

当我们要显示 3D 对象时，经常使用一些技术给各个面着色。最简单的方法是图 3.18 中所使用的平面着色。一种颜色或者阴影加在一个面上，相邻的面使用不同的颜色或者阴影。这样用户就能将它们区分开来。在这种情况下，选择阴影的唯一标准就是能将各个面相互区分开来。

平面着色有一种特殊变种，被称为 Z - 平面着色。其基本思想就是让距离观察者较远的面的颜色较淡或者较深些。

3D GAME PROGRAMMING ALL IN ONE

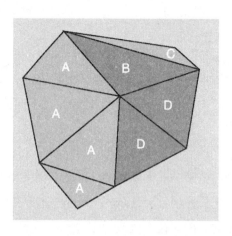

图 3.18　形状不规则的对象的面

Lambert 着色

运用颜色和阴影时经常会用到一种方法，这种方法可以营造出深度和空间被照亮的感觉。一个或者几个面的阴影较亮，说明它们面对的方向有光源。而在对象的背面，阴影加得比较深一些，这表示没有光或者只有很少的光照到那些面上去。对处于较亮面和较暗面之间的那些面使用中等深度的阴影，结果是加了阴影的对象可以给人一种处于 3D 场景中的感觉，增强了视觉的幻觉。这便是一种被称为 Lambert 着色的平面着色（见图 3.19）。

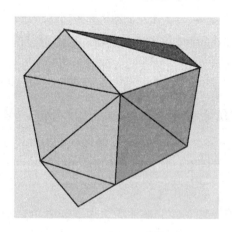

图 3.19　Lambert 着色的对象

Gouraud 着色

Gouraud 着色是一种更有用的给对象加颜色或阴影的方法。如图 3.20 所示，左边的球体（A）用平面着色处理，右边的球体（B）用 Gouraud 着色。Gouraud 着色通过平均化表面顶点的法线（表示表面朝向哪一个方向的向量），使得面的颜色比较流畅。法线用于修改一个面上的所有像素的颜色值。每个像素的颜色值都会依据这个像素在面中的位置进行修改。Gouraud 着色为对象制作了一个看上去更加自然的外表，难道不是这样吗？Gouraud 着色通常不仅应用于软件渲染系统，而且还应用于硬件渲染系统。

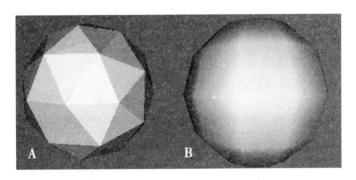

图 3.20　球体 A 用平面着色处理的球体，球体 B 用 Gouraud 着色处理的球体

Phong 着色

Phong 着色是一种用于渲染 3D 对象的技术，它的计算密度很高而且非常复杂。像 Gouraud 着色一样，它要计算每个像素的颜色值或者阴影值。和 Gouraud 着色只用顶点的法线来计算平均像素值）不同的是，Phong 着色计算的是各顶点之间像素的法线，并由此得出新的颜色值。Phong 着色的效果比其他技术要好得多（见图 3.21），但是它的开销相当的大。

对一个简单的场景进行 Phong 着色也需要做大量的处理。这就是为什么在帧速性能很重要的实时 3D 游戏，中不使用这种处理方式的原因。然而，有一些游戏的帧速不是大问题，这时就可以看到游戏中使用了 Phong 着色。

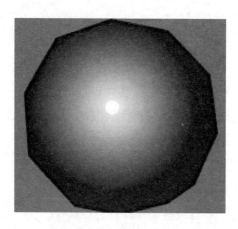

图 3.21　用 Phong 着色处理的球体

Fake Phong 着色

有一种渲染技术，效果看起来几乎和 Phong 着色一样好，但它却支持非常快的帧速，它被称为 Fake Phong 着色，有时也叫快速 Phong 着色，甚至还叫近似 Phong 着色。不管名字叫什么，它并不是真正的 Phong 着色，但是却很有用，性能也非常好。

Fake Phong 着色主要是使用了一张位图贴图，该位图贴图名称很多，比如 Phong 贴图、高光贴图、阴影贴图或者光照贴图。我敢肯定还有其他的名称。不管怎样，该位图仅仅是一个用来表示各个面应该如何被照亮的通用模板（见图 3.22）。

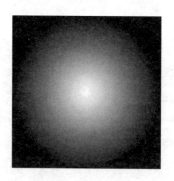

图 3.22　Fake Phong 高光贴图的一个例子

从术语的角度看,人们对 Fake Phong 着色这个名称并没有达成共识。另外,不同的人使用的运算法则也不尽相同。这种多元性无疑造成了许多相互独立的人,以差不多一样的速度到达相同的研究水平——而他们的目标都是要找到高品质、高性能的着色方法。

纹理贴图

第 8 章、第 9 章将详细地讨论纹理贴图。出于完整性,我在这里仅仅提一下,给对象添加纹理就像给房间贴壁纸。一幅 2D 位图"附着"在对象上,从而显示出对象的各种细微之处和纹理,如图 3.23 所示。

纹理贴图总是与本章介绍的着色方法之一结合使用。

图 3.23　由 Gouraud 着色处理过的、添加了纹理的立方体

着色器

当单独使用着色器这个词时,它是指由软件图像引擎传送给视频硬件的着色器程序。这些程序根据所使用的着色器的种类告诉显卡操纵顶点和像素所用的详细步骤。

在传统情况中,程序员对顶点和像素在硬件中所发生的事情只能是进行有限的控制。但是着色器的使用可以让他们可以做到完全的控制。

由于操作起来比较容易,因此顶点着色器(Vertex shaders)很快脱颖而出。显卡上的着色器程序通过对对象顶点进行数学操作来操纵 3D 平面上顶点的数据值。这样的操作对颜色、纹理坐标、基于标高的雾浓度、点的大小以及空间的方位都有影响。

像素着色器（Pixel shaders）与顶点着色器是一对概念。但是这两个着色器分别对各自离散的可见像素进行操作。像素着色器是告诉显卡如何操纵像素值的小程序。它们依靠来自顶点着色器（引擎特有的自定义的着色器或默认的显卡着色器功能）的数据，向显卡提供了三角形、光线和视图法线的信息。

着色器是附加在其他渲染操作中的，比如附加在纹理贴图中。

凹凸贴图

凹凸贴图和纹理贴图很相似，纹理贴图加强了形状的细节效果，而凹凸贴图则使这些细节变得更生动。凹凸贴图的每个像素包含了对象对应于点的物理形状的描述信息。我们使用一个含义更丰富的词——texel 来描述这种情形，texel 这个名字来源于 texture pixel。

凹凸贴图会使人产生凸起、缺口、划痕、刻度以及其他小的不规则的表面的幻觉。想象一堵砖墙，纹理贴图可以显示出砖头的形状、颜色和隐约的粗糙感，凹凸贴图则呈现了砖块、灰泥和其他细节的具体的粗糙感。

因此，凹凸贴图增强了靠近对象时才有的那种感觉，而纹理贴图增强了对象是在远处时的那种感觉。

凹凸贴图一般是和其他大多数渲染技术结合使用的。

环境贴图

环境贴图和纹理贴图非常相似，不同点在于环境贴图用于描述环境特征反应在对象表面上的效果。像轿车表面和玻璃上的铬保险杆，以及其他对象的发光表面等，是进行环境贴图的主要选择对象。

贴图解析度

将一幅图像精确地附着到一个多边形上时，需要大量的计算。贴图解析度就是一种可以减少这类计算的方法。它是一种调整对象视觉外观的渲染技术。它通过使用多种不同的纹理对对象进行纹理贴图来实现。对任何表面的处理至少会用到两种分辨率不一样的纹理，而大多数的时候会用到 4 种纹理（见图 3.24）。显卡或游戏引擎根据表面相对于屏幕的距离和方位从纹理中提取像素。

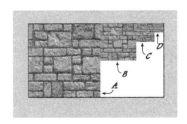

图 3.24　添加贴图解析度纹理的石头表面

在一个伸展到远处的平整表面上，对于较近的表面部分使用分辨率很高的纹理（见图 3.25）。中等距离的部分使用中等分辨率的纹理。最后对远处的表面使用低分辨率的纹理。

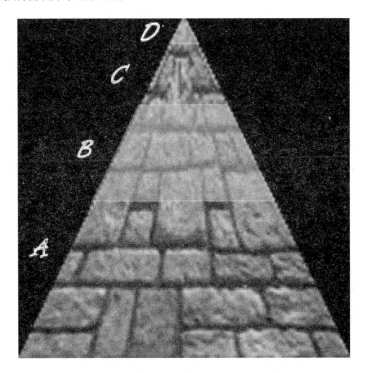

图 3.25　添加贴图解析度纹理的延伸到远处的石头表面

提示

抗锯齿处理（Anti-aliasing）是一种用在图像显示系统中的软件技术。它可以使弯曲的和有斜纹的线条看起来连续而且平滑。在电脑显示器上，像素本身并不是弯曲的，但像素聚集起来可以表示曲线。在多边形中，使用像素来模拟曲线可以使对象的边缘变成锯齿状。抗锯齿处理技术可以使这些锯齿变得平滑。通常的做法是沿着曲线的边缘插入一些中等颜色的像素。有趣的是这可以产生一种看似矛盾的效果，它会让文字更模糊却更易于阅读。不信自己试试看！

法向量映射

法向量映射可以进一步加强凹凸贴图效果。我们现在实行的法向量贴图其实就是利用位图梯度将高模转换为低模。这使我们能呈现出一种具有快速渲染速度的细节感。

基本步骤是这样的，首先创建一个高模对象。我说的非常高，其实是指：400万或500万个多边形。没错，5000000就是这么多。然后我们在模型工具里在对象上方做一个渲染灯光并且保持对象的正常着色，我们可以通过与贴图纹理位图相似的位图来实现。因为我们保持的基本上就是高模中所有多边形的法线的图形，我们保存的数据称为法线贴图。

然后我们再创建一个低模（在不超过2000个多边形的范围内，可以选择500或者1000个多边形），并且将法线贴图应用于新的模型上。法线贴图的像素值表示纹理贴图的亮度像素值，有时候效果和写实照片一样好。

视差映射

从发展的角度看，视差映射是凹凸贴图的又一个发展阶段。

通过视差映射，我们可以不用多边形就能在平面上创造洞口和突起。视差贴图和凹凸贴图的图像是一样的，但是它的渲染方式更加戏剧化。

做下面的实验。在桌子上放一个喝水的玻璃杯或者普通杯子，然后站在旁边，眼睛正好和杯子垂直，看下面的杯子。你可以明显的看到杯子的环形。实际上，你可能看到的是很多的同心圆：杯口边缘的里面和外面，杯底的里面和外面等，背景是桌子的表面。然后把你的头转向一边，眼睛还是看向杯子。虽然杯子没有移动，但是形状发生了变化。背景仍然是桌子。其实，当你的头远离杯子的时候，桌子就不再是背景了，而是杯子上面的一部分了。桌子的边缘沿着杯子移向杯底。当你把头移向桌子面时会发现这种变化也加快了。

现在把这些同心圆环想象成位图上的像素，这些像素值表示和多边形（即桌子）平面的距离。视差映射软件可以计算出你的头移向一边时需要渲染的像素值，同时重新创建变化的玻璃3D视图。这样就不需要引入其他的多边形了！这是视差效应的模拟，从不同的地点看对象在空间中的位置变化，尽管对象本身并没有移动。只有在静背景下观察对象才能看到明显的变化。我让你做的小实验中（你已经做了，对吗?），桌子就是一种静背景。

把头向桌子的一边再移近一些，或者离杯子远一些，你会看到杯子在桌子上突起。通过视差映射和渲染的杯子，你会看到渲染的杯子的像素不断降低，但是永远不会超过被映射的多边形的范围。因为它们不能－它们也是多边形的一部分！当你和电子角色争夺空间时，你根本不会注意到这些现象，但是只有在这种情况下才能看到这些现象。

当视差映射的对象恰好在观察者的视野范围之内时，这种效果是最好的，比如当你的游戏角色走过一面布满子弹孔或者弹坑的墙时。装满管道、机器、阀门和杂物的工厂可以用这种方式进行渲染，而且还不需要浪费多边形的预算。其实，使用这种技术可以减少大量的多边形预算！这些曾经用来创造管道和电缆迷宫的多边形可以用来创建更多的电子角色以丰富场景。

场景图

除了要知道如何构建和渲染3D对象以外，3D引擎还需要知道对象在虚拟世界中是如何放置的，以及如何跟踪模型状态的变化、位置和其他的动态信息。这些由一种被称为场景图的机制来完成。场景图是一种特殊形式的有向图，它可以维护虚拟世界中所有被称为节点的实体的结构中所含的信息。3D引擎遍历该图，每次一个地分析每个节点，以确定在该场景中如何渲染每个实体。图 3.26 展示了一幅简单的海边风景的场景图。用椭圆标志的节点叫做组节点，它们包含了自身的信息并指向其他节点。用矩形标志的节点叫做叶节点，这种节点只包含自身的信息。

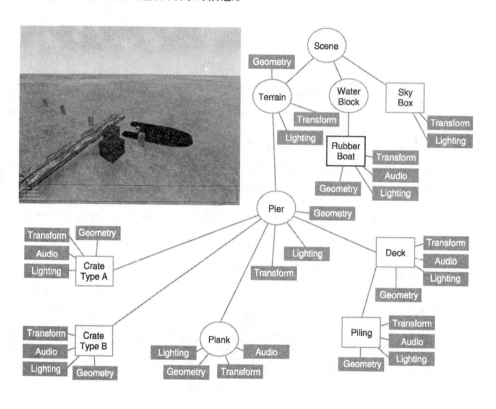

图 3.26　简单的场景图

注意，在这幅海边风景场景图中，并不是所有的节点都包含了其他节点拥有的关于他们自身的全部信息。

场景中的许多实体甚至根本用不着渲染。在场景图中，一个节点可以是任何一样东西。最普通的实体类型是 3D 形体、声音、光亮（或者光照信息）、雾和其他的环境效果、视点以及事件触发器。

到了要渲染场景的时候，Torque Engine 将遍历场景图节点树中的所有节点，对各个节点运行指定的函数，然后依靠节点指针转到下一个要渲染的节点。

3D 音频

音频和声音效果可以用来增强游戏的真实感。当产生声音时，使用位置信息可以使幻觉效果大大增强。一个简单的例子就是在附近射击所产生的声音。通过计算幅度（基于射击的距离和方向），游戏软件可以通过让玩家得到一种强烈的射击发生位置感的方式向电脑的扬声器提供声音。如果玩家带上双耳式耳机，那效果会更好。这样一来玩家就可以对附近任何构成威胁的事物有个较好的感觉，并做出相应的反应——通常是猛烈地还击。

跟踪和管理游戏声音发生位置的方式和处理其他实体一样，也是通过场景图来完成。

一旦游戏引擎确认声音已经被引发，引擎就将声音的位置和距离信息转换到声音的立体"图像"中，为左声道或者右声道保持适当的音量和平衡。完成这些计算所用的方法和渲染 3D 对象时所用的方法非常相似。

音频还有另外一套复杂的因素，比如衰退、骤减和中断。

三、3D 编程

在 Torque Engine 中，大多数真正麻烦的底层功能早已经为你做好了。你只需要通过使用建模工具（将在以后的章节中讨论）生成对象，并用几行脚本代码将对象插入在场景图中就可以了，不用编写程序来构造 3D 对象了。你甚至用不着考虑把对象放在场景图中的什么位置，Torque 使用你为对象定义的数据块中的信息，就能够处理这些事情。

甚至连对象在空间移动的功能也是由 Torque 为我们完成的。而我们只需简单地将对象定义为某一类，再将它们放到适当的位置就可以了。

我们通常使用的这类对象称为形状（shapes）。总的来说，Torque 中的形状在运行时可以看成是移动的或者可以被引擎控制的动态对象。

有很多种类的形状，有的相当具体明确，比如交通工具、游戏角色、武器和射出的子弹。有的则具有通用性，比如物品（item）和静态形状。许多类知道它们的对象对游戏的触发该做出怎样的反应，并且还能够在游戏中做出其他的反应动作，这些动作是由对象类的定义决定。

通常，由游戏引擎来决定3D对象在游戏世界中的低级机械移动。但有时会希望对象以不规则的方式运动，而这些方式在对象的类中并未定义。由于有了Torque，这可以很容易做到。

由程序控制的转变

当一个对象在3D世界坐标空间里移动时，它的位置不断发生转变。这种变动位置的方式和前面讨论的变换差不多。

然而，你完全不需要使用内建的类来控制游戏世界中的形状。比如，你可以编写代码来载入一个内景（Interior）（为建筑物之类的结构编写的类）或者一个物品（这个对象类在游戏世界中用于那些较少移动的或静止的物品，如标志符号、木箱以及powerups）。然后，你就可以在游戏世界中随心所欲地移动那个对象了。

也可以编写程序来监视游戏世界中运动着的动态形状，探测它们何时到达某个特定的位置，然后将这些对象任意移动或者远程输送到其他位置。

简单直接的移动

我们下面要做的是在Torque的一幅3D场景图中选择一个对象，然后在游戏控制台中直接输入脚本指令来把它从一个位置移动到另一个位置。第一步是识别对象。

（1）与做第2章的练习时一样，双击demo.exe文件夹（Torque演示执行程序）运行Torque演示程序，当出现GarageGames的光标时点击鼠标。

（2）出现菜单选项时，按下示例键：FPS Multiplayer按钮。也就是从下往上第二个。

（3）在下一个屏幕上（开始演示游戏），确认创建服务器的复选框已经勾选。也可以在玩家姓名栏内为自己的角色起个名字，但这不是必须的。

（4）按下屏幕左下方的右箭头键。这样就开始运行演示程序了。注意：按下左箭头键可以回到主菜单。

提示

你一定要记住"简单直接的移动"部分的第1～4的步骤。这些步骤描述了如何运行Torqur演示程序。你会在本书后面的章节中看到"运行Torqur演示程序"的步骤，也介绍了我想让你记住的4个步骤。

（5）进入游戏后，跑到可以看到大礼堂建筑的地方（见图3.27）。表3.1将指导你如何在程序中控制行动。

图3.27 找到金字塔对象的实例ID

表 3.1　Torque 演示游戏移动和动作键

键	作　用
W	向前跑
s	向后跑
a	向左跑（射击）
d	向右跑（射击）
空格键	跳
F11	打开任务栏
Tilde	打开控制板

（6）如果必要的话，使用鼠标把游戏角色向左或向右拖动一点，这样你可以清楚地看到大礼堂。

（7）按下 F11。打开 Torque 的内键世界编辑器。当光标从大礼堂上移过之后，你会发现指针变成了一只手的图标。

（8）点击大礼堂上的手图标选择它。

（9）将光标移到右边，在靠近文字"Mission Group – Sim Group"左边的加号图标上单击一下。你会看到有列表展开，你会看到其中的一个叫做 Buildings—SimGroup 的文件夹显示出来，打开文件夹，你会看到第一个条目，也就是 InteriorInstance 类型会被高亮显示，左边有一个绿色的挂锁标志。记下挂锁左右边的数字，它是对象的实例 ID。如果需要，可以查看图 3.28 以便获取帮助。我从图中得到的数字是1643，就在图标区域的左下方，也是列表中第一个高亮显示的项目，你的结果应该跟我的一样。

（10）看到右上方高亮显示的大礼堂入口后，注意右下方，那里是大礼堂的属性。向下滚动控制板，找到"动态场"区域。这里你可以找到已经选定"锁定"状态的属性栏。属性的左边是一个小垃圾罐，单击一下，锁定的属性就会消失。我们现在就可以使用大礼堂了。

（11）按下颚化符号"～"键，将会弹出控制台。控制台界面允许我们直接输入程序代码，并且可以立即得到结果。

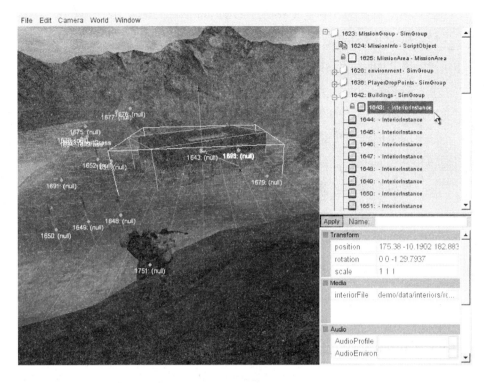

图 3.28

（12）在控制台窗口中输入 echo（1643 . get – Transform（）），再按回车键。不要忘记在按回车键之前，在语句的最后加上";"。你应该会得到一个像 175. 38 – 10. 1902 182. 883 0 0 – 1 0. 519998 这样的结果，它是大礼堂的变换。前 3 个数字是大礼堂几何中心的 *XYZ* 坐标。接下来的 3 个数字是坐标轴的法线，在这里它说明了 *Z* 轴是竖直向上的。最后的数值表明金字塔绕坐标轴旋转了多少，后面将详细地讨论旋转。这里的旋转量（以度数计算）仅仅用在 *Z* 轴上。

提示

你要知道在 World Editor Inspector 中读到对象的旋转角时，旋转的值是以度为单位的。不过，当你使用 getTransform 对象进行旋转时，旋转的值是以弧度为单位的。两者的转换，1 弧度等于 57. 2957795 度，1 度等于 0. 017453293 弧度。

（13）在控制台窗口中输入 1643. setTransform （"200 0 200 1 0 0 0"），然后按下 Enter 键。

（14）按下 Tilde 键关闭控制台窗口，再看一看，你会注意到大礼堂已经移动了。

（15）下面花几分钟的时间练习一下不同的变换。试一试让大礼堂绕不同的坐标轴旋转或者同时绕多个坐标轴旋转。

（16）完成练习之后，按 "～" 键退出控制台窗口，再按 Escape 键退出 World Editor，然后再按一次 Escape 键退出游戏。

提示

在 "简单直接的移动" 一节的练习中，你看到了像 echo（1643. getTransform（））；这样的命令，其中的数字 1643 是对象的 ID，getTransform（）是对象的一个方法。方法是一个属于具体对象类的函数。我们将在后面的章节中详细地讨论这些内容。

由程序控制的移动

现在，我们来探讨一下在 3D 世界中如何使用程序来移动对象。我们将使用 StaticShape 类来创造一个基于固定格式的心形模型的对象，并将它插入到游戏场景中，让它慢慢地运动，然后穿过一块区域——这些都是用 Torque Script 完成的。

好了，现在来看看程序。在文件中输入以下的编码并将它保存为 \ 3D2E \ demo \ moveshape. cs。

```
// ============================================================
// moveshape. cs
//
// This module contains a function for moving a specified shape.
// ============================================================
function MoveShape （% shape, % dist）
// --------------------------------------------
//    moves the % shape by % dist amount
// --------------------------------------------
{
```

```
echo（"MoveShape：shape id："，% shape）；
echo（"MoveShape：distance："，% dist）；
% xfrm = % shape. getTransform（）；
% lx = getword（% xfrm，0）；// get the current transform values
% ly = getword（% xfrm，1）；
% lz = getword（% xfrm，2）；
% lx + = % dist；    // adjust the x axis position
% shape. setTransform（% lx SPC % ly SPC % lz SPC "0 0 1 0"）；
echo（"MoveShape：done。"）；
}
```

在这个模块中，有一个函数做了所有的工作。函数 MoveShape 接受了一个形状句柄（或者 ID 号）和一个距离来作为参数，可以通过它们来移动句柄所代表的任何形状。

首先，用两个 echo 语句将形状的句柄和它移动的距离打印到控制台上。

其次，它用 Item 类的 % shape. getTransform（） 方法得到形状的当前位置。

接着，程序用 getword（） 函数提取变换字符串中的相应部分，并将它们存储到局部变量中。之所以这样做是因为在本程序中我们是想让对象沿 X 轴移动。因此就将 3 个坐标轴都去掉了，再给 X 的值加上应该要移动的距离。然后我们将所有 3 个轴的值预先计划到一个假想的旋转上，并将该物品的变换设置为新的字符串值。最后一些工作由 % shape. setTransform（） 语句来完成。

最后，另外一个 echo 语句将模块生成的信息的基本二进制位显示到控制台上。

函数 MoveShape（） 就像一个将其他程序都包在其中的包装盒。很明显，当我们在不同的时间要移动不同数量的形状时，这个函数可以使我们不用一遍一遍的输入相同的语句。

按照如下步骤使用这个程序：

（1）确认已经将文件保存为 \ 3D2E \ demo \ moveshape. cs。

（2）运行 Torque FPS 示例程序。

（3）打开控制台输入以下内容，并且确保在分号后按下回车键。

```
exec（"demo/moveshape. cs"）；
```

你应该在控制台上看到类似于以下的响应：

Compiling demo/moveshape. cs. . .

Loading compiled script demo/moveshape. cs.

这说明 Torque Engine 已经开始编译你的程序，并将程序载入内存中了。现在你定义的函数已经保存到内存中，等待你的下一次调用。

提示

你可能已经注意到，在写文件的名称和路径时用到了反斜杠"\"，而在控制台窗口中输入同样的路径时却用了斜杠"/"，这并没有弄错。Torque 是一个跨平台的软件，在 Macintosh、Linux 和 Windows 上都可以使用。只有在基于 Windows 的系统中才使用"\"，其他系统都用"/"。

因此，基于 Windows 的路径中的反斜杠在这里是一个异常。如果你的脑子里还没有这个概念，我就在这里再次说明一下。

（4）接下来，确定场景中的对象大礼堂处于解锁状态。如果必要的话，回到"简单直接的移动"部分复习一下锁定和解锁形状的步骤。你还需要再次用到大礼堂的实例 ID——也可以在"简单直接的移动"部分找到。

现在你应该熟悉打开关闭控制台窗口的步骤了，我就不再重复说明指令序列的内容了。

（5）在控制台窗口输入以下代码：

$ gh = nnnn;

nnnn 就是大礼堂的实例 ID 号。这个语句会将实例 ID 存在全球变量 $ gh 中，这样你就不用记住号码了。记住只有当引擎运行时才能储存变量。一旦退出 Torque，就会丢失变量值。

（6）在控制台窗口输入下列代码：

MoveShape（$ gh, 50）;

（7）关闭控制台窗口。你会看到大礼堂向着原始位置的"东边"（Y 轴）移动。

再练习练习这个程序。试试让物品一次沿多个坐标轴运动，或者改变移动的距离。也可以用你的新软件武器攻击场景中的其他物品。

由程序控制的旋转

你可能已经想到，我们可以计划性地（或直接地）使用用于平移对象的 setTransform（）方法来旋转对象。

输入下面的程序，把它保存为 \ 3D2E \ demo \ turnshape. cs。

```
// ==========================================================
// turnshape. cs
//
// This module contains the definition of a test shape.
// ==========================================================

function TurnShape（% shape,% angle）
// - - - - - - - - - - - - - - - - - - - - - - - - - - - - - -
//      turns the % shape by % angle amount.
// - - - - - - - - - - - - - - - - - - - - - - - - - - - - - -
{
    echo（"；TurnShape：shape id:",% shape）;
    echo（" TurnShape：angle:",% angle）;
    % xfrm = % shape. getTransform（）;
    % lx = getword（% xfrm，0）; //first, get the current transform values
    % ly = getword（% xfrm，1）;
    % lz = getword（% xfrm，2）;
    % rx = getword（% xfrm，3）;
    % ry = getword（% xfrm，4）;
    % rz = getword（% xfrm，5）;
    % angle + = 1. 0;        //increment the anglc（ie. rotate it a bit）
    % rd = % angle;           //Set the rotation angle
    % shape. setTransform（% ly SPC % lz SPC % rx SPC % ry SPC % rz SPC % rd）;
    echo（" TurnShape：done. "）;
}
```

这个程序和我们刚才编写的 moveshapes. cs 程序非常相似。几乎可以用同样的方法加载和运行这个程序，有点不同的是要用 TurnShape（）而不是 Do-MoveTest（）和 MoveShape（）。

函数 TurnShape（）中的变量% rx、% ry、% rz 和% rd 都比较有趣，有必要来探讨一下。试一试对这些变量作些变动，然后看看这些变动对物品会有什么影响。

由程序控制的缩放

我们用程序代码同样可以非常容易地改变对象的大小。

输入下面的程序，把它保存为 \ 3D2E \ demo \ sizeshape. cs。

```
// ==============================================================
// sizeshape. cs
//
// This module contains a function for scaling a specified shape.
// ==============================================================

function SizeShape（% shape，% scale）
// -------------------------------------------
//    moves the % shape by % scale amount
// ------------------------------------------- {

    echo（"SizeShape：shape id："，% shape）；

    echo（"SizeShape：angle："，% scale）；

    % shape. setScale（% scale SPC % scale SPC % scale）；

    echo（"SizeShape：done."）；

}
```

哈哈！你一定认为内存中存了大量的输入内容，对吗？这段程序很明显与程序 moveshape. cs、turnshape. cs 非常相似。除了缺少了位以外，几乎可以用同样的方法加载和运行这个程序，有点不同的是要用 SizeShape（） 代替 MoveShape（） 和 TurnShape（）。

为什么要把一个实际上只有短短一句的语句（如果你不考虑 echo 语句的话）写出所有的代码呢？当然是为了练习了！

你会注意到我们没有调用对象的% shape. getScale（） 函数（确实有这样一个函数），因为在这个情况中，我们不需要这么做。你还会看到调用% shape. getScale（） 函数时，3 个参数使用了相同的值。这是为了让对象在各维上以相同的比例进行缩放。试试改变这些数字，看看对物品会有什么影响。

另一个练习是修改函数 SizeShape（），让（X，Y，Z）的每一维接受一个不同的参数。这样你就可以在 3 个维度上同时以不同的比例进行缩放。

由程序控制的动画

通过将平移、旋转和缩放 3 个操作连贯起来，放到一个连续不断的循环中，你就可以使对象活动起来。Torque 中的大多数动画，比如平移，都可以由对象类的方法完成。然而，通过使用函数 schedule（），你可以非常容易地生成自创的、非常特别的动画。

输入下面的程序，把它保存为 \ 3D2E \ demo \ animshape. cs。

```
// ============================================================
// animshape. cs
//
// This module contains functions for animating a shape using
// a recurring scheduled function call.
// ============================================================
function AnimShape（% shape，% dist，% angle，% scale）
// ----------------------------------------
//   moves the % shape by % dist amount，and then
//   schedules itself to be called again in 1/5
//   of a second.
// ----------------------------------------
{
  echo（"AnimShape：shape："，% shape，" dist："，
        % dist，" angle："，% angle，" scale："，% scale）；
  if（% shape  $ = ""｜｜
    % dist  $ = ""｜｜
    % angle  $ = ""｜｜
    % scale  $ = ""）
  {
  error（"AnimShape needs 4 parameters. syntax："）；
  error（"AnimShape（id，moveDist，turnAng，scaleVal）；"）；
  return；
}
% xfrm  = % shape. getTransform（）；
% lx  = getword（% xfrm，0）；// first，get the current
% ly  = getword（% xfrm，1）；         // transform values
% lz  = getword（% xfrm，2）；
% rx  = getword（% xfrm，3）；
% ry  = getword（% xfrm，4）；
% rz  = getword（% xfrm，5）；
```

```
% lx + = % dist;                    // set the new x position
% angle + = 1.0;
% rd = % angle;                     // Set the rotation angle
if ( $ grow)         // if the shape is growing larger
{
  if (% scale < 5.0)         // and hasn't gotten too big
    % scale + = 0.3;         // make it bigger
  else
    $ grow = false; // if it's too big, then
                            // don't let it grow more
else                       // if it's shrinking
{
  if (% scale > 3.0)    // and isn't too small
    % scale - = 0.3;   // then make it smaller
  else
    $ grow = true;    // if it's too small,
                      // don't let it grow smaller
}
% shape. setScale (% scale SPC % scale SPC % scale);
% shape. setTransform (% lx SPC % ly SPC % lz SPC
                       % rx SPC % ry SPC % rz SPC % rd);
schedule (200, 0, AnimShape, % shape, % dist, % angle, % scale);
}

function DoAnimTest (% shape)
{
  if (% shape $ = "" && isObject (% shape))
  {
    error ( "DoAnimTest requires 1 parameter. ");
    error ( "DoAnimTest syntax: DoAnimTest (shapeID);");
    return;
  }
  $ grow = true;
  AnimShape (% shape, 0.2, 1, 2);
}
```

这个模块包含了前面三个模块中的所有代码，并且将它们通过特殊的方式联系起来，使我们看到一个疯狂的大礼堂在乡村里不停地旋转跳跃。

函数 AnimShape 接受一个形状句柄参数% shape，一个步长函数% dist，一个角度值参数% angle 和一个比例参数% scale，然后通过这些参数对由% shape 句柄所指代的形状进行变换。

在开始之前，函数自检以确保每个变量都被赋予了值。

首先，它使用 Item 类的% shape. getTransform（）方法来获得形状的当前位置。

和前面的函数 MoveShape（）一样，函数 AnimShape（）取得形状的变换，并更新一个坐标值。

然后再更新存放% rd 的旋转值。

接下来，通过判断形状是正在变大还是变小来调整缩放值。依据尺寸变化的方向来递增比例值，只要比例值位于最大比例和最小比例之间。如果超过最大值或低于最小值，缩放就会反转方向。

接下来，调用形状的方法% shape. setScale（）将形状的尺寸修改为一个新值。

最后，这个函数将物品的变换设定为% shape. setTransform（）语句中的新变换值。

函数 DoAnimTest（）首先接收一个对象的句柄并检查它是否有效，如果没有有效的对象 ID，函数将通过返回语句的方式发出错误信息。

接着全球变量 $ grow 将被设置为真。这个变量将决定是否对形状进行缩放。之后这个函数调用函数 AnimShape（），指明让哪一个形状活动起来。形状句柄是第 1 个参数，同时通过第 2 个参数指定离散的移动步长，通过第 3 个参数指定离散的旋转角度，通过第 4 个参数指定离散的比例大小变换值。

按照如下步骤使用这个程序：

（1）确保已经将文件保存为 \ 3D2E \ demo \ animshape. cs。

（2）运行 Torque FPS 实例程序。

（3）启动后，将路径指向靠近大礼堂的码头。

（4）打开控制台窗口。

（5）输入如下代码，在";"后面按下 Enter 键：

```
exec（"demo/animshape. cs"）;
```

你应该看到在控制台窗口中会有类似于下面的响应：

```
Compiling demo/animshape. cs....

Loading compiled script demo/animshape. cs.
```

这说明 Torque Engine 已经编译了你的程序，并将它加载到内存中了。

数据块定义以及 3 个函数已经被加载到内存中等待调用。

（6）向控制台中输入如下语句，然后迅速关闭控制台：

```
DoAnimTest（$ gh）;
```

记住 $ gh 是控制大礼堂实例句柄的变量。可能你需要给这个变量指定右值——如果需要的话，可以回到"程序控制的移动"部分快速复习一下相关内容。

你现在应该会看到大礼堂开始一会变大，一会变小，同时旋转着向内陆移动。

再练习练习这个程序。试着让 Item 一次沿多个轴移动，或者再试试改变一下它的移动步长。我不会在 animtest 模块中加入任何代码来停止动画。复习一下第 2 章和本章上一部分的内容，看看你是否能加入语句使动画能在符合某种条件时自动停止。

3D 音频

带有 3D 成分的环境声音可以提供位置线索，这是在模拟真实生活中声音的发生方法。它对于游戏产生的那种让人沉浸于其中的感觉帮助极大。

我们可以用非常类似于控制 3D 可视对象的方法来控制场景中的 3D 音频。

输入下面的程序，并把它保存为 \ 3D2E \ demo \ animaudio. cs。

```
// ============================================================
// animaudio. cs
//
// This module contains the definition of an audio emitter, which uses
// a synthetic water drop sound. It also contains functions for placing
// the test emitter in the game world and moving the emitter.
// ============================================================

datablock AudioProfile（TestSound）
// ------------------------------------------------------------
//      Definition of the audio profile
// ------------------------------------------------------------
{
    filename = " ~/data/sound/testing. ogg"; // wave file to use for the sound
    description = "AudioDefaultLooping3d"; // monophonic sound that repeats
    preload = false; // Engine will only load sound if it encounters it
```

```
                    // in the mission
};

function InsertTestEmitter ( )
// ---------------------------------------------------------------
//      Instantiates the test sound, then inserts it
//      into the game world to the right and offset somewhat
//      from the player's default spawn location.
// ---------------------------------------------------------------
{
    // An example function which creates a new TestSound object
    %emtr = new AudioEmitter ( ) {
        position = "0 0 0";
        rotation = "1 0 0 0";
        scale = "1 1 1";
        profile = "TestSound"; // Use the profile in the datablock above
        useProfileDescription = "1";
        type = "2";
        volume = "1";
        outsideAmbient = "1";
        referenceDistance = "1";
        maxDistance = "100";
        isLooping = "1";
        is3D = "1";
        loopCount = "-1";
        minLoopGap = "0";
        maxLoopGap = "0";
        coneInsideAngle = "360";
        coneOutsideAngle = "360";
        coneOutsideVolume = "1";
        coneVector = "0 0 1";
        minDistance = "20.0";
    };
    MissionCleanup. add ( %emtr );

    // Player setup -
    %emtr. setTransform ( "200 -52 200 0 0 1 0"); // starting location
    echo ( "Inserting Audio Emitter " @ %emtr);
    return %emtr;
}

function AnimSound (%snd, %dist)
// ---------------------------------------------------------------
//      moves the %snd by %dist amount each time
// ---------------------------------------------------------------
```

Chapter 3 3D Programming Concepts

```
    {
        % xfrm = % snd. getTransform ( ) ;
        % lx = getword (% xfrm, 0) ; // first, get the current transform values
        % ly = getword (% xfrm, 1) ;
        % lz = getword (% xfrm, 2) ;
        % rx = getword (% xfrm, 3) ;
        % ry = getword (% xfrm, 4) ;
        % rz = getword (% xfrm, 5) ;
        % lx t = % dist ;        // set the new x position
        % snd. setTransform (% lx SPC % ly SPC % lz SPC % rx SPC % ry SPC % rz SPC % rd) ;
        schedule (200, 0, AnimSound, % snd, % dist) ;
    }

function DoAudioMoveTest ( )
// ------------------------------------------------------------
//      a function to tie together the instantiation
//      and the movement in one easy to type function
//      call.
// ------------------------------------------------------------
    {
        % ms = InsertTestEmitter ( ) ;
        AnimSound (% ms, 1) ;
    }

DoAudioMoveTest ( ) ; // by putting this here, we cause the test to start
                      // as soon as this module has been loaded into memory
```

在这个程序中也有一个数据块，这个数据块定义了一个音频配置文件。它里面含有 ogg（声音文件）的名称，这个文件中包含了用于播放的声音。数据块中还有一个描述器和一个标志符。描述器告诉 Torque 如何处理声音，标识符说明了引擎是应该自动加载声音还是一直等到需要时再加载。这里的情况引擎会一直等待，直到需要这个文件时再加载。

注意

　　Torque 支持 wave (.wav) 和 Ogg Vorbis (.ogg) 两种音频文件格式。如果在指定的数据块或者音频对象中的音频文件名中没有扩展名，Torque 会自动在文件名称后添加 .wav 的扩展名，然后寻找音频文件。如果 Torque 使用 .wav 扩展名没有找到匹配的文件，它会添加 .ogg 扩展名继续寻找匹配的文件。

　　如果你的文件名称中包含了扩展名（.wav 或 .ogg），Torqure 会按照指定的文件名和扩展名寻找文件，如果没有找到匹配的文件，会自动停止。

InsertTestEmitter 函数通过调用 new AudioEmitter 来生成一个音频对象，还有就是要设定几个属性。这些属性将在第 20 章中得到详细的讲解。

另一个要说明的且与前面创建的模块不同的是，在最后一行调用了 DoAudioMoveTest，这样我们就可以使用 exec 调用来同时加载和运行程序。在编译完程序之后，Torque Engine 将程序加载到内存中，然后运行整个程序。在前面的程序中，比如 AnimShape 模块中，Torque 也会遇到数据块和函数的定义。定义只加载到内存中，而不会被执行——它们只是被加载到内存中。但是这里的最后一行不是一个定义，而是一个调用函数的语句。因此当 Torque 遇到它时，便检查所调用的函数是否已经在内存中，如果在内存中，就根据语句的语法来执行这个函数。Scrip 模块中的语句不是函数定义或者数据块定义的一部分，它们有时被称为裸语句，或者更通用的说法是行内语句。因为一旦（在一行内）遇到就会被执行，所以被称为"行内"，不会在使用前就存在于内存中。

按如下步骤使用这个程序：

（1）确保已经将文件保存为 \ 3D2E \ demo \ animaudio. cs。

（2）运行 Torque FPS 示例程序。

（3）进入游戏界面后，跑到码头上，然后转身面向内陆。

（4）按下 F11 键进入任务编辑器，然后打开控制台窗口。

（5）输入如下代码，在";"后按下 Enter 键：

```
exec （"demo/animaudio. cs"）;
```

在控制台窗口中会得到类似于下面的响应：

```
Compiling demo/animaudio. cs. . .

Loading compiled script demo/animaudio. cs.
```

你也应该会听到有水滴声传向左手这一边。如果一点儿也没有移动你的角色，甚至也没有使用鼠标去转动它的头部，就这样一直等待着，你会注意到声音从左边慢慢靠近你，然后在你的前面传到了右边，最后在离左边有一定距离处停止。相当清晰，是吧？

你还会发现，在任务编辑器里有一个大黑球从左滚向右。这是用来显示音频发射器的状态和属性的。

四、本章小结

我们现在已经知道如何从顶点和面或多边形开始来构造 3D 对象了。本章探讨了如何将这些对象安装进虚拟的游戏世界中，这是通过变换来实现的。变换操作要以特定顺序进行——先是缩放，然后是旋转，最后是平移。本章还介绍了怎样用不同的渲染技术来加强 3D 模型的外观效果。

然后，我们使用程序代码，学习了实际运用这些概念的方法。这些程序代码是用 Torque Script 编写的，并用 Torgue 游戏引擎进行了测试。

在下一章中，我们将深入学习如何使用 Torque Script。

第 4 章

游戏编程

在前两章已经介绍了一些新的概念：编程、3D 图形、3D 对象的操作以及一些相关内容。其中的大部分内容都相当广泛，旨在让你了解通过程序能够做些什么。

接下来的几章将专注于这些概念。我们将亲手检验和创建各种物体，并使游戏中的各种事情发生。

在本章中，我们将首先讨论 Torque Script 语言，编写用于游戏开发的实际代码。我们将详细讨论代码的运行机制，以便获得对 Torque Script 运行机制的深刻理解。我们将创建的游戏的名字没有什么新意——Emaga，它实际上只是把 agame 倒过来拼写。第 4 章的游戏版本就称为 Emaga4。当然，你可以——也可能有必要——将 Emaga 替换成其他任何自己喜欢的名字！

一、Torque Script

前面已经说过，Torque Script 和 C/ ++ 语言非常相似，但是两者之间也存在一些差别。Torque Script 中不存在类型（唯 的例外是在考虑数字和字符串的时候），而且也不必在声明变量的时候为变量预分配存储空间。

使用 Torque Script 可以控制游戏中的每个环节，从游戏规则和非玩家特征行为到玩家得分统计和车辆运动的模拟，等等。脚本包括语句、函数声明和包声明。

在 Torgue 游戏引擎（TGE）的脚本语言中，很多语法与 C/C++ 类似，二者之间的关键词集非常相似。然而，和大多数的脚本语言一样，变量不被强制定义类型，而且在使用变量之前也不必预先声明。如果你在对变量赋值之前读取这个变量的值，得到的将是一个空字符串或者是零，具体情况要看是把这个变量用作字符串变量还是数字变量。

引擎的规则负责在各种值的脚本表示和引擎的内部表示之间进行转换。大多数情况下，一个值的正确脚本格式是显而易见的。数字是数字，字符串是字符串，标记值 true 和 flase 分别用于代表 1 和 0，以便增强代码的可读性。更复杂的数据类型将包含在字符串中，使用这些字符串的函数必须知道如何解释这些字符串中的数据。

字符串

字符串常量由单引号或双引号包含。单引号包含的字符串表示标记（tagged）字符串——这是一种需要通过网络连接进行传输的特殊字符串类型。在最开始，计算机会一次发送整个字符串，接下来，无论任何时候需要再次使用这个字符串，计算机所发送的内容仅仅是用于标志这个字符串的标记（tag）。这样就可大大减少游戏对带宽的消耗。

双引号（或标准）字符串没有加标记，因而，无论何时，对用到字符串的任何操作都必须为包含在字符串中的所有字符分配存储空间。如果通过连接传送一个标准字符串，那么每一次都必须传送字符串中的所有字符。消息字符串是被作为标准字符串进行传送的，因为它们在每次传送时都发生了改变，所以为对话消息创建标记 ID 号就显得用处不大了。

字符串中可以包含格式化代码，如表 4.1 所示。

表 4.1 Torque Script 字符串格式化代码

代 码	说 明
\ r	嵌入一个回车符
\ n	嵌入一个新行符

续表

代 码	说 明
\ t	嵌入一个制表符
\ xhh	在 x 之后嵌入表示十六进制数（hh）的 ASCII 字符
\ c	为在屏幕上显示的字符串嵌入一个色彩代码
\ cr	恢复显示的色彩的默认值
\ cp	把当前显示的颜色压入堆栈
\ co	把当前显示的颜色弹出堆栈
\ cn	用 n 作为索引引用由 GUIContrlProfile. fontColors 定义的颜色表中的颜色

对象

对象是对象类的实例，它是一组属性和方法的集合体，这些属性和方法定义了对象的行为和特征。Torque 中的对象是对象类的实例。在创建后，Torque 中的对象具有一个唯一数字标识，称为句柄。如果 2 个句柄变量具有相同的数字值，则表明它们指向的是同一个对象。对象的实例在某种程度上可以被认为是这个对象的一个副本。

当存在对象于一个含有单个服务器和多个客户机的多玩家游戏的环境中时，服务器和每个客户机都要为对象在内存中的存储空间分配自己的句柄。注意数据块（datablock）（一种特殊的对象）的处理方式不同——本章后面将会详细讨论这一点。

注释

方法是通过对象来访问的函数。不同的对象类可以有公共的方法，并且也有自己特有的方法。实际上，不同的类可以具有名称相同的方法，但是如果使用的对象不一样，方法的行为也会完全不同。

属性是属于特定对象的变量，并且像方法一样，可以通过对象对其进行访问。

创建对象

在创建一个对象的新实例时，可以在 new 语句代码块中初始化对象的各项属性，如下所示：

Chapter 4 Game Programming

```
% handle  =  new InteriorInstance ( )
{
    position  =  "0 0 0";
    rotation  =  "0 0 0";
    interiorFile  =  % name;
};
```

当对象创建时，新创建的 InteriorInstance 对象的句柄被赋值给了% handle 变量。当然，也可以使用任何喜欢的变量名，只要这个名字是合法的，而且还没有被用到，比如% obj、% disTing 等。注意在前面的例子中，% handle 是个局部变量，因此它仅在有限的范围内——即函数内部——是有效的。一旦内存被分配给了新的对象实例，引擎就会按照嵌入在 new 代码块中的语句初始化对象的各项属性。一旦拥有了对象唯一的句柄——就像上面的例子中赋给% handle 变量的值一样——就可以使用这个对象了。

使用对象

要使用或控制对象，可以通过对象的句柄访问它的属性和函数。如果对象的句柄包含在局部变量% handle 中，那么可以使用下面的这种方式来访问对象的属性：

```
% handle. aproperty  =  42;
```

句柄并不是用于访问对象的唯一方式。如果没有现成的句柄，可以通过为对象赋予一个名称来访问它。对象可以用字符串、标识符以及包含字符串或标识符的变量来命名。例如，如果需要使用的对象被命名为 MyObject，那么下列 4 个代码段（A、B、C、D）的功能是完全一样的。

A
```
  MyObject. aproperty = 42;
```
B
```
  "MyObject" . aproperty = 42;
```
C
```
  % objname  =  MyObject;
  % objname. aproperty = 42;
```
D
```
  % objname  =  "MyObject";
  % objname. aproperty = 42;
```

这些例子给出了访问对象属性的各种方法，你可以按照同样的方式来调用对象的方法（函数）。注意这个对象的名称——MyObject——是一个字符串，而不是变量。在这个标识符的前面并没有%或$前缀。与你在关于MyObject的例子B和D中看到的一样，字符串是嵌在代码中的字符。

对象函数

你可以这样调用一个通过对象引用的函数：

```
% handle. afunction（42，"arg1"，"arg2"）；
```

注意函数afunction也可以作为%handle所指的对象方法来引用。在前面的例子中，名为afunction的函数将被执行。在脚本语言中，可以有多个被命名为afunction的函数实例存在，但是每个函数必须属于不同的命名空间（namepace）。要执行的afunction函数的具体实例将按照对象的命名空间和命名空间层次结构进行选择。要了解命名空间的更多情况，请参看下面的补充说明。

命名空间

命名空间是定义变量的正式上下文的一种方式。运用命名空间允许我们使用名称相同的不同变量，而不会使游戏引擎或者我们自身产生混淆。

如果你回忆第2章中关于变量作用域的讨论，你会记得有两个作用域：全局作用域和局部作用域。全局作用域的变量带有前缀"$"，而局部作用域的变量带有前缀"%"。使用这种符号，程序中可以存在2个变量（比如，$ maxplayer 和% maxplayer）并能同时使用，但是它们的用法和意义是完全相互独立的。% maxplayer 只能在特定的函数中使用，而$ maxplayer 可以在程序中的任何地方使用。这种独立性就像拥有两个命名空间。

实际上，% maxplayer 在不同的函数中可以反复使用，但它所保存的值仅能在特定的函数中使用。此时，每个函数都相当于它自己的命名空间。

我们可以通过类似下面的特定前缀把变量分配到任意的命名空间中：

$ Game :: maxplayers

$ Server :: maxplayers

我们也可以拥有属于同一命名空间的其他变量：

$ Game :: maxplayers

$ Game :: timelimit

$ Game :: maxscores

位于 "$" 和 "::" 之间的标识符可以是任意的——实际上它是一个限定符。通过限定随后的变量，它为变量设置了一个有意义的上下文。

正如函数拥有事实上的命名空间（局部作用域）一样，对象也有它们自己的命名空间。对象的方法和属性有时候被称为成员函数和成员变量。"成员"表示它们是对象的组成部分。成员关系定义了方法和属性（成员函数和成员变量）的上下文，同时也定义了它们的命名空间。

于是，不同的对象类可以具有相同名称的属性，当然它们仅仅属于该类下的对象。也可以生成一个对象的多个不相同的实例，每个实例的方法和属性只属于这个实例。

在下面的例子中：

$ myObject. maxSize

$ explosion. maxSize

$ beast. maxSize

maxSize 属性具有三种完全不同的意义。对 $ myObject 来说，maxSize 也许意味着它可以运送的物体的最大数量；对 $ explosion 来说，它也许意味着爆炸半径有多大；对 $ beast 来说，它也许意味着这个动物有多高。

当对象的函数被调用的时候，传递的第一个参数是指向包含此函数的对象的句柄。因而，在前面的例子中，afunction 函数的定义在参数列表中实际上有四个参数，其中的第一个是 % this 参数。注意当调用 afunction 方法时，仅仅用到这四个参数中后面的三个。实际上当调用函数时，与 % this 参数相对应的第一个参数值会被引擎自动插入。你也许比较熟悉 C/C ++ 中 this 令牌的用法，然而，在 Torque 中，它没有任何特别的地方。按照以前的惯例，这个变量名通常用于在函数中表示包含该函数的对象的句柄，但是实际上可以为这个参数任意指定名称。

如果想访问对象的某项属性，必须使用对象的句柄或者对象名，并在后面加上一个点号和属性的名称。就像前面的 A、B、C 和 D 代码段一样。唯一的例外是当使用 new 语句创建一个新对象时，初始化对象的属性不用这样做。

数据块

数据块是一种特殊的对象，这个对象包含一组特征，这些特征用于描述另一个对象的属性。数据块对象同时存在于服务器以及和它相连接的客户机上。

无论是在服务器还是客户机上，每个特定的数据块副本都使用同样的句柄。

按照习惯，数据块通常使用 NameData 这种命名方式。VehicleData、PlayerData 和 ItemData 都是以这种方式命名数据块的例子。尽管数据块的确是对象，但在提到它们的时候，我们通常不明确地称它们为对象，这是为了避免在语义上和普通的对象相混淆。

一个 VehicleData 数据块包含着许多用于描述速度、质量和其他能够用于 Vehicle 对象的特征。在创建 Vehicle 对象的时候，这个对象会引用一个已经存在的 VehicleData 数据块来进行初始化，这个数据块将告诉 Vehicle 对象如何做出各种动作。大多数对象在整个游戏过程中都会先被创建然后被删除，但是数据块一旦创建，就不会被删除。数据块有着自己特有的创建语法。

```
datablock ClassIdentifier ( NameIdentifier )
{
    InitializationStatements
};
```

这条语句的值是创建出来的数据块的句柄。

ClassIdentifier 是一个已经存在的数据块类的名称，类似于 PlayerData。NameIdentifier 是所选择的数据块的名称。上面两种情况都必须使用有效的标识符。InitializationStatements 是一个赋值语句序列。

这些赋值语句将为数据块域标识符赋值。这些域的内容既可以被脚本代码访问，又可以被引擎代码访问——实际上这种情况很常见。当然，在这种情况下，必须为各个域分配合理的值，这个值对于它所保存的信息的类型必须是有意义的。

你不必严格要求自己仅初始化那些可以被引擎代码访问的（或随后将使用）域。对象可以同时拥有其他的域，这些域可以不被引擎代码访问，但是可以被脚本代码访问。

最后，注意有一种创建数据块语法的变体：

```
datablock ClassIdentifier ( NameIdentifier , CopySourceIdentifier )
{
    InitializationStatements
};
```

CopySourceIdentifier 指定了其他某个数据块的名称，所创建的数据块将在执行 IntializationStatements 之前从这个数据块中复制域值。由 CopySourceIdentifier 指定的数据块必须和所创建的数据块属于同一个类，或者是它的超类（superclass）。如果想创建一个和某个预先创建的数据块几乎一样的数据块（仅有很小的变化），或者想在一个数据块中集中定义一些特征，以便其他数据块可以反复复制其中的值，那么这种方法是有实用价值的。

二、游戏结构

当创建游戏时，你可以灵活应用各种自己喜欢的组织结构。游戏将包含脚本程序模块、图形文件集、3D 模型、音频文件以及其他大量的数据定义模块。

对如何组织游戏文件夹结构的唯一限制是必须将根主模块（root main module）和 Torque Engine 的可执行文件存放于同一个文件夹中，并且这个文件夹将会被作为游戏根文件夹（game root folder）。

在组织游戏文件夹的时候，最起码要明确地组织一个用于包含公共代码的游戏文件夹子树，这些代码对于不同的游戏类型和变体在本质上是相同的，而另一个子树则用于包含控制代码和其他适用于某个游戏、某种游戏类型或游戏变体的特殊资源。GarageGames 在它的样板游戏中使用了这两个基本的子树，即公共子树和控制子树，尽管该公司对不同的控制子树使用了不同的名称（例如 fps、rw、racing 以及 show）。图 4.1 给出了一个简单的细目分类图。

在我们创建的游戏中，控制子树被命名为 control。

Torque Script 源文件的扩展名是 .cs。在源文件被编译后，其扩展名变为 .cs.dso。一个 .cs.dso 文件无法再转变回 .cs 文件，所以你必须把握好你的原始源文件并且有规律地对它们进行备份。

当启动 TGE 时，它将会寻找和它位于同一个文件夹（即游戏根文件夹，如下所示，本书中 Emaga 系列的游戏都采用这种常规树结构）下面的 main.cs 模块作为 TGE 的执行文件。在本章中，我们使用了这种树结构的简化版本。在本书附带的 CD 中，TGE 可执行文件的名称是 tge.exe。位于同一个游戏根文件夹中的 main.cs 文件可以被看作是根主模块（root main module）。这种命

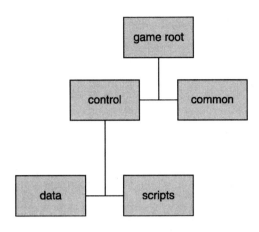

图 4.1   常规游戏文件夹树

名方式有利于把 main. cs 模块从其他的具有相同名称但不在游戏根文件夹下的
模块区分出来。

```
emaga（game root folder）
    common
        client
            debugger
            editor
            help
            lighting
            server
            ui
                cache
    control
        client
            misc
            interfaces
        data
            maps
            models
                avatars
                items
                markers
                weapons
            particles
```

```
sound
structures
        docks
        hovels
        towers
server
        misc
        players
        vehicles
        weapons
```

其他的 main. cs 模块是游戏中其他包的根模块。尽管没有明确地指明，实际上根主模块的作用就相当于游戏中的根包。

很重要的一点是要意识到上面给出的文件夹结构并不是一成不变的。注意，尽管与 Torque 示例游戏中使用的格式类似，但仍然不完全相同。只要根主模块和 tge. exe 可执行文件处于同一个文件夹中，你可以使用任何需要的文件夹结构。当然，你要确保所有在源模块中硬编码的路径都能对应到自己定义的文件夹结构上来。

包，插件（Add – ons），Mods 和模块

如果你对这些术语很迷惑，不要着急——它们乍一看上去并不直观。

首先，理解 Mod 这个单词是 modification 的简写，或者缩写。Mods 是人们对已存在的游戏做的修改，定制游戏以使其看上去或玩起来不同。这个术语经常在独立游戏开发环境中使用。Mod 这个单词通常以大写字母开头。

我们在创建 Emaga 游戏时所做的事情在很多方面都和创建一个 Mod 所做的事情类似——就像是创建某种被称为整体转化的 Mod。然而，Torque 不是一个游戏，它仅仅是引擎。因此，我们实际上并不是修改一个已存在的游戏，相反，我们是在创建自己的游戏。

这里也有一些另外的小革新：当我们创建自己的游戏时，我们将提供一些特性，使其他人可以修改我们的游戏！为了避免混淆，我们把这种功能称作插件（add – on）功能，而不是 Mod 功能。同时，我们将把其他人为我们的游戏开发的新模块或者说成附加模块称为插件。

模块本质上是由文本形式的程序源文件和它被编译好的二进制文件组成的一个整体。虽然我们通常提到的是源代码的版本，但是源文件的版本和编译好的文件（对象代码，或在 Torque 中的实例，也被称为字节代码）的版本实际上只是同一个模块的版本的不同形式而已。

包是 Torque 中的一种结构，它封装了一系列的函数，这些函数会在游戏的运行期间动态地被加载和卸载。脚本经常使用包去加载和卸载不同游戏类型和相关的函数。通过在包内的函数中使用 parent :: function 脚本机制，可以利用包动态地重写函数。这种方式可用于编写需要与其他脚本一起运行的代码，而不用知道那些脚本包含的任何内容。

例如，为了替换 Torque 示例游戏中的图形帮助功能，你可以创建一个或多个源代码模块，这些模块定义了新的帮助功能，它们能够把 Mod 组合到图形帮助包中，同时也可以被当作整个 Torque 示例游戏的一个 Mod。

清楚以上概念了吗？

图 4.2 显示了我们将用于本章示例游戏 Emaga4 的简化了的文件夹树结构。方框表示文件夹，其中的文字代表了文件夹的名称，底部呈波浪线的方框是源文件，长椭圆形框代表的是二进制文件。图中没有表示成灰色的框代表的文件就是我们在本章中需要实现的文件。

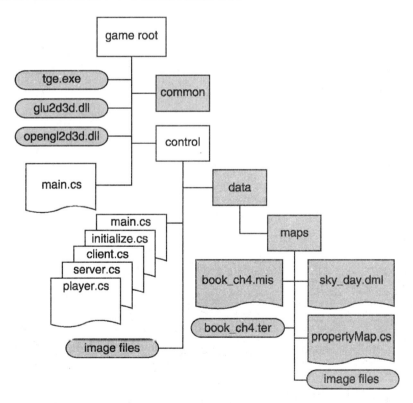

图 4.2　Emaga4 的文件夹树

三、服务器和客户机设计问题

Torque Engine 提供了内建的客户机/服务器处理能力。实际上，这个引擎在设计和实现时都是依照客户机/服务器模型来进行的，即使只是用它创建一个单玩家游戏，在代码中还是会存在客户机端和服务器端。

一个设计良好的多玩家联网游戏会尽可能地把决策活动放到服务器进行。这可以大大减少不诚实的玩家通过它们的客户机欺骗或者凌驾于其他诚实的玩家之上的可能性。

反过来说，一个设计良好的多玩家联网游戏仅仅使用客户机来管理游戏和玩家的接口——接受输入、显示或产生输出以及提供安装和游戏导航工具。

对服务器端的决策活动的强调很可能会迅速地消耗掉大量带宽。这将导致出现延迟，即玩家的行为在服务器不能得到及时反映的情况。Torque 具有高度优化的网络系统，可以很好地解决这种问题。举例来说，许多字符串数据仅仅在客户机和游戏服务器之间传送一次。当需要再次传送字符串时，实际上传送的只是字符串的标记。标记只是一个用来标识被使用的字符串的数字，因此整个字符串就不必被再次传送。另一种途径是一个更新掩蔽（masking）系统，这种系统允许引擎仅提供从服务器到它连接的客户机的更新数据，这些数据在上一次更新之后发生过变化。

在设计示例游戏时，我们将遵循这些指导方针。

四、公共功能

公共子树包含了用于下列功能的代码和资源：

- 公共服务器功能和实用工具，例如认证
- 公共客户机功能和实用工具，例如通信
- 游戏中的世界编辑器
- 在线调试器

- 亮度管理和亮度缓冲控制代码
- 帮助功能和内容文件
- 用户界面定义、窗口组件定义、轮廓以及图像

在本章的代码中，我们不会涉及到上述所有功能，但是到这本书的最后，我们将会用到所有这些功能。

五、准备工作

在本章中我们将把精力集中在控制子树上的控制脚本，如图4.2所示。准备工作需要建立开发树，如下所述：

(1) 在 3D2E \ RESOURCES \ CH4 文件夹中，找到 EMAGA4 文件（不是 EMAGA4 BOOK CODE 文件）。

(2) 将 EMAGA4 文件复制到硬盘上的根文件夹中，生成新的文件路径 \ EMAGA4（你可以使用任何你想用的硬盘，我不会特定硬盘的路径）。

所使用的磁盘空间可能不会超过 15MB，但是你应该考虑保留更多磁盘空间，用于备份或者存放临时文件，以及诸如此类的情况。

你将注意到存放 tge. exe 的文件夹中没有 main. cs 文件。这是有意安排的，因为它其实是一个需要你自行创建的文件。同时也要注意，在 control 文件夹都没有后缀名为 . cs 的文件。同样，这些都是有意安排的——你必须在本章的学习中自己创建它们。

从游戏控制代码的角度看，Emaga4 的代码是一个最小代码集。在后面的章节中，我们将这个骨架进行扩展，使游戏越来越生动。

六、根主模块

一旦找到根主模块，Torque 就会把其编译成特殊的由字节代码组成的二进制文件，这种格式适于机器阅读。游戏引擎随后将按模块中的指令执行。根包可以包含任何功能，但是根据建立在 GarageGame 代码之上的惯例，根包

具有如下的功能：

- 执行通用初始化
- 执行命令行参数解析和分派
- 定义命令行帮助包
- 调用包和插件（Mods）

下面是 main. cs 根模块。把它输入电脑并且保存为 Emaga4 \ main. cs。如果你愿意，可以跳过注释部分，以减少输入量。

```
// -------------------------------------------------------------
// ./main. cs
//
// root main module for 3D2E emaga4 tutorial game
//
// Copyright (c) 2003, 2006 by Kenneth C. Finney.
// -------------------------------------------------------------

// =============================================================
// ===================== Initializations =======================
// =============================================================

$ usageFlag = false;    //help won't be displayed unless the command line
                        //switch (-h) is used

$ logModeEnabled = true; //track the logging state we set in the next line.
SetLogMode (2);    // overwrites existing log file &closes log file at exit.

// =============================================================
// ===================== Function Definitions ==================
// =============================================================

function OnExit ()
// -------------------------------------------------------------
// This is called from the common code modules. Any last gasp exit
// activities we might want to perform can be put in this function.
// We need to provide a stub to prevent warnings in the log file.
// -------------------------------------------------------------
{
}

function OnStart ()
// -------------------------------------------------------------
// This is called from the common code modules.
// We need to provide a stub to prevent warnings in the log file.
```

```
// --------------------------------------------------------------
|
}

function ParseArgs ( )
// --------------------------------------------------------------
// handle the command line arguments
//
// this function is called from the common code
//
// --------------------------------------------------------------
{

  for ( %i = 1;%i < $ Game :: argc ;%i ++ ) //loop thru all command line args
  {
    $ currentarg = $ Game :: argv [ %i ]; // get current arg from the list
    $ nextArgument = $ Game :: argv [ %i + 1 ] ; // get arg after the current one
    $ nextArgExists = $ Game :: argc - %i > 1 ; // if there * is * a next arg, note that
    $ logModeEnabled = false;    // turn this off; let the args dictate
                         // if logging should be enabled.
    switch $ ( $ currentarg)
    {
      case " - ?" ; // the user wants command line help, so this causes the
        $ usageFlag = true;    // Usage function to be run, instead of the game
        $ argumentFlag [ %i ] = true;       // adjust the argument count
      case " - h" ;      // exactly the same as " - ?"
        $ usageFlag = true;
        $ argumentFlag [ %i ] = true;
    }
  }
}

function Usage ( )
// --------------------------------------------------------------
// Display the command line usage help
// --------------------------------------------------------------
{
// NOTE: any logging entries are written to the file ' console. log'
  Echo ( " \ n\ nemaga4 command line options: \ n \ n" @
              " - h, - ?        display this message \ n" );
}

function LoadAddOns ( %list)
// --------------------------------------------------------------
// Exec each of the startup scripts for add - ons.
```

```
// - - - - - - - - - - - - - - - - - - - - - - - - - - - - - - - - - - - - - - - - - - - - - - - - -
{
  if ( % list  $  =  " " )
    return ;
  % list  =  NextToken ( % list, token, " ; ") ;
  LoadAddOns ( % list) ;
  Exec ( % token @  "/main. cs") ;
}


// ==========================================================
// =============== Module Body - Inline Statements =====================
// ==========================================================
// Parse the command line arguments
ParseArgs ( ) ;

// Either display the help message or start the program.
if ( $ usageFlag)
{
  EnableWinConsole ( true) ; // send logging output to a Windows console window
  Usage ( ) ;
  EnableWinConsole ( false) ;
  Quit ( ) ;
}
else
{

// scan argument list, and log an Error message for each unused argument
for ( $ i = 1;  $ i < $ Game :: argc;  $ i ++ )
{
  if ( !  $ argumentFlag [ $ i ])
    Error ( "Error: Unknown command line argument: " @ $ Game :: argv [ $ i ]) ;
}

if ( !  $ logModeEnabled)
{
  SetLogMode ( 6) ;    // Default to a new log file each session.
}
// Set the add - on path list to specify the folders that will be
// available to the scripts and engine. Note that * all * required
// folder trees are included: common and control as well as the
// user add - ons.
 $ pathList = $ addonList ! $ = " " ? $ addonList@ " ; control; common" : "control; common" ;
SetModPaths ( $ pathList) ;

  // Execute startup script for the common code modules
```

```
Exec（"common/main. cs"）;
// Execute startup script for the control specific code modules
Exec（"control/main. cs"）;
// Execute startup scripts for all user add-ons
Echo（"– – – – – – – – –Loading Add-ons – – – – – – – –"）;
LoadAddOns（$ addonList）;
Echo（"Engine initialization complete. "）;
OnStart（）;
}
```

这是一个相当稳健的根主模块代码。让我们仔细地分析一下。

在初始化部分，$ usageFlag 变量用于为 tge. exe 的命令行触发一个简单的帮助界面。它在这里被设置成 false；如果用户在命令行环境下键入"–"或者"–h"标记，那么这个标记将被设置成 true。

在用法标志之后，我们设置了日志模式并允许进行日志记录。日志允许我们跟踪代码中发生的事情。当我们使用 Echo（）、Warn（）或者 Error（）函数时，它们的输出结果都会被送到游戏根文件夹下面的 console. log 文件中。

接下来是存根例程 OnExit（）和 OnStart（）。存根例程（stub routine）是一个被定义但是实际上不作任何事情的函数。公共代码模块对这个存根例程有一次调用，但是我们没有让它做任何事情。我们只是让它放在那里，但是一个好的策略是提供一个空存根以避免在我们的日志文件中出现警告信息——当 Torque Engine 试图调用一个不存在的函数时，将会产生一个警告。

然后是 ParseArgs（）函数。它的工作是逐个检查命令行参数，并根据用户提供的参数执行任何你想要完成的任务。在这里，我们仅仅包括提供基本的用法或帮助、显示的代码。

下面是起实际作用的 Usage（）函数，此函数用于显示 Help 信息。

紧跟着的是 LoadAddOns（）函数。它的作用是遍历用户在命令行中指定的插件列表，并加载每个插件的代码。在 Emaga4 中，用户无法指定插件或者说是 Mods，但是（你是不是已经猜出来这里会有一个"但是"?）我们仍然需要这个函数，因为我们把公共和控制模块也看作是插件。它们总是以一种最先被加载的方式加入列表中。因此这个函数在这里负责加载这两个模块。

在定义了以上函数之后，我们加入了在线程序代码语句。这些语句将在

加载的时候被执行——即当模块通过 Exec（）语句加载到内存时。当 Torque
运行时，在引擎启动完成之后，它将通过 Exec（）语句载入根主模块（也就
是这个模块），其他所有的脚本模块将作为这个模块运行的结果被加载。

最先发生的事情是调用 ParseArgs（）函数，前面我们已经见过该函数。
你应该记得，它的作用是设置 $ usageFlag 变量。

接下来的代码块分析 $ usageFlag 并决定需要做什么：是显示用法 Help 信
息还是继续运行游戏程序。如果我们不显示用法信息，我们将跳到 else 语句
之后的代码块中去。

我们在这里做的第一件事情是检查命令行里是否有未被使用的参数。如
果有，那就意味着程序不能理解这些参数，肯定存在某种错误，这些错误由
Error（）函数和一条有用的提示信息来表示。

之后如果已经可以记录日志，我们将设置日志模式。

接着，我们构造了插件列表以帮助 Torque 找到插件。我们通过将插件列
表作为一个参数传递给 SetModPaths（）函数，以便让 Torque 获知所需的文
件夹路径。

然后我们将调用公共代码部分的主模块。这会将所有需要的公共模块加
载到内存中，初始化公共函数，并使游戏基本上运行起来。我们将在后面的
章节中讨论这些公共代码模块。

随后，我们对控制代码模块采取了同样的操作，相关的细节将在本章后
面部分讨论。

然后我们开始利用先前定义的 LoadAddOns（）函数实际载入插件。

最后，我们调用 OnStart（）函数。这将调用出现在插件包中的 OnStart
（）函数的所有版本，调用的顺序与它们在 $ addonList 中出现的顺序一致，
首先是公共版本，然后是控制版本，最后是这个根主模块。如果在公共版本
中定义了 OnStart（），那么它将得到调用。然后是控制版本中的 OnStart（），
依此类推。

当我们到达模块的结束部分时，由 OnStart（）函数初始化的各个线程已
经开始各行其责，执行自己的任务去了。

现在该做什么？我们的下一个关注点是 control/main. cs 模块，这个模块

将在载入插件之前通过 Exec（ ）函数来调用。

七、控制主模块

我们下面将围绕着控制代码中的 main. cs 模块进行讨论。在 Emaga4 中，它的主要目的是定义控制包并且调用控制代码的初始化函数（ 在后面的章节中我们将扩展这个模块的角色）。下面就是 control/main. cs 模块，将代码输入并保存为 Emaga4 \ control \ main. cs。

```
// ------------------------------------------------------------
// control/main. cs
// main control module for 3D2E emaga4 tutorial game
//
// Copyright（c）2003，2006 by Kenneth C. Finney.
// ------------------------------------------------------------
//
// ------------------------------------------------------------
// Load up defaults console values.
// Defaults console values
// ------------------------------------------------------------
// Package overrides to initialize the mod.
package control {

function OnStart（）
// ------------------------------------------------------------
// Called by root main when package is loaded
// ------------------------------------------------------------
{
    Parent :: OnStart（）;
    Echo（" \ n - - - - - - - - Initializing control module - - - - - - - - -"）;

    // The following scripts contain the preparation code for
    // both the client and server code. A client can also host
    // games, so they need to be able to act as servers if the
    // user wants to host a game. That means we always prepare
    // to be a server at anytime, unless we are launched as a
    // dedicated server.
```

```
    Exec（"./initialize.cs"）;
    InitializeServer（）; // Prepare the server – specific aspects
    InitializeClient（）; // Prepare the client – specific aspects
}

function OnExit（）
// ------------------------------------------------------------
// Called by root main when package is unloaded
// ------------------------------------------------------------
{

    Parent∷onExit（）;
}

}; // Client package
ActivatePackage（control）; // Tell TGE to make the client package active
```

目前，这里所做的事情并不多，但它是一个必须的模块，因为它定义了我们的控制包。

首先，调用 parentOnStart（）函数。它将是驻留在根主模块中的版本，我们会发现它没有任何事情要做。

然后是加载 initialize.cs 模块，加载完成后程序调用了 2 个初始化函数。

最后，是 OnExit（）函数，它只是将数据块传递给根主模块中的 OnExit（）函数。

综上所述，control/main.cs 模块尽管很重要，却是相当懒惰的小模块。

使用 trace（）函数调试脚本

引擎在日志文件中添加了额外的注释。最有用的是那些告诉你引擎在什么时候开始执行某个特定的函数或者正准备退出一个特定的函数的信息。由 trace（）函数产生的跟踪信息会包含进入函数时用到的所有参数和离开函数时的返回值。

下面的片断显示了跟踪输出是什么样子的：

```
Entering GameConnection∷InitialControlSet（1207）
Setting Initial Control Object
    Entering Editor∷checkActiveLoadDone（）
    Leaving Editor∷checkActiveLoadDone – return 0
    Entering GuiCanvas∷setContent（Canvas，PlayGui）
        Entering PlayGui∷onWake（1195）
    Activating DirectInput...
```

keyboard0 input device acquired.

  Leaving PlayGui∷onWake – return

   Entering GuiCanvas∷checkCursor（Canvas）

    Entering（null）∷cursorOff（）

    Leaving（null）∷cursorOff – return

   Leaving GuiCanvas∷checkCursor – return

  Leaving GuiCanvas∷setContent – return

Leaving GameConnection∷InitialControlSet – return

Entering（null）∷DoYaw（–9）

Leaving（null）∷DoYaw – return –0.18

Entering（null）∷DoPitch（7）

Leaving（null）∷DoPitch – return 0.14

Entering（null）∷DoYaw（–6）

把下面的语句添加到根文件夹下 main. cs 文件的第一行，就可以启动 trace 函数：

trace（true）；

把下面的语句插入任何你想关闭跟踪功能的代码段之后，就可以关闭 trace 函数：

Trace（false）；

八、初始化

control/initialize. cs 模块将在后面的章节变成两个不同的模块——一个针对服务器代码，另一个则针对客户机代码。目前，我们要做的工作非常有限，因此我们把这两个端的初始化函数放在同一个模块中。下面就是 control/initialize. cs 模块。把它输入并保存为 Emaga4 \ control \ initialize. cs。

```
// ==========================================================
// control/initialize. cs
//
// control initialization module for 3D2E emaga4 tutorial game
//
// Copyright（c）2003，2006 by Kenneth C. Finney.
// ==========================================================

function InitializeServer（）
// ----------------------------------------------------------
// Prepare some global server information & load the game – specific module
```

```
// ----------------------------------------------------------
{
    Echo ( " \ n - - - - - - - Initializing module：emaga server - - - - - - - -" );

    // Specify where the mission files are.
    $ Server∷MissionFileSpec = " * /missions/ * . mis";

    InitBaseServer ( ); // basic server features defined in the common modules

    // Load up game server support script
    Exec ( "./server. cs");

    createServer ( "SinglePlayer", "control/data/maps/book_ ch4. mis");
}

function InitializeClient ( )
// ----------------------------------------------------------
// Prepare some global client information, fire up the graphics engine,
// and then connect to the server code that is already running in another
// thread.
// ----------------------------------------------------------
{
    Echo ( " \ n - - - - - - - - Initializing module：emaga client - - - - - - - -" );

    InitBaseClient ( ); // basic client features defined in the common modules

    // these are necessary graphics settings
    $ pref∷Video∷allowOpenGL = true;
    $ pref∷Video∷displayDevice = "OpenGL";

    // Make sure a canvas has been built before any gui scripts are
    // executed because many of the controls depend on the canvas to
    // already exist when they are loaded.

    InitCanvas ( "Egama4 - 3D2E Sample Game"); //Start the graphics system.

    Exec ( "./client. cs");

    % conn = new GameConnection ( ServerConnection );
    % conn. connectLocal ( );
}
```

　　首先是 InitializeServer ( ) 函数。在这个函数中，我们将设立一个全局变量，这个全局变量的作用是告诉游戏引擎文件夹树中的映射（也称为 misson）文件存放在什么地方。

　　接下来，我们通过使用 InitBaseServer ( ) 函数来执行公共代码初始化以

准备服务器的运行。这将使我们获得完全运行的服务器代码，可以通过调用
createServer（）来实现。我们告诉该函数这将是一个单玩家游戏，并且正在
准备加载映射 control/data/maps/book_ ch4. mis。

在这之后，我们加载包括游戏代码的模块，它是服务器端的代码模块。

然后我们在 InitializeClient（）函数中对客户机进行初始化，这有点繁琐。
在用 InitBaseClient（）执行完公共代码初始化后，我们设置了一些全局变量，
以便引擎准备图形系统来启动。

这是调用 InitCanvas（）函数时发生的。我们传递给这个函数的参数是一
个字符串，这个字符串指定了运行游戏的窗口名称。

然后我们加载了 contol/client. cs 模块，我们将在本章的后面讨论这个模
块。我们已经开始热身了哦！

紧接着，我们将使用 GameConnection（）函数创建一个连接对象，以后
我们提到连接时使用的都是这个对象。

现在，我们可以使用这个连接对象通过本地连接连接到服务器。我们实
际上并没有使用任何网络或者网络端口。

九、客户机

control/client. cs 模块塞满了好东西。这是另外一个需要分割的模块，它
在后面的章节中会越来越大。在这个模块进行的主要活动有：

- 通过键绑定创建一个键映射
- 定义一个回调函数来使其在 Torque 生成 3D 视图的时候被调用
- 定义一个控制 3D 视图的接口
- 定义一系列的函数实现玩家化身动作的关键命令
- 一系列的存根例程

下面就是 contol/client. cs 模块，把它输入并保存为 Emaga4 \ control \ client. cs。

```
// ==========================================================
// control/client. cs
```

```
//
// This module contains client specific code for handling
// the setup and operation of the player's in - game interface.
//
// 3D2E emaga4 tutorial game
//
// Copyright (c) 2003, 2006 by Kenneth C. Finney.
// ==============================================================

if (IsObject (playerKeymap))     // If we already have a player key map,
    playerKeymap. delete ();     // delete it so that we can make a new one
new ActionMap (playerKeymap);
$ movementSpeed = 1;            // m/s for use by movement functions

// ---------------------------------------------------------------
// The player sees the game via this control
// ---------------------------------------------------------------
new GameTSCtrl (PlayerInterface) {
    profile = "GuiContentProfile";
    noCursor = "1";
};

function PlayerInterface :: onWake (% this)
// ---------------------------------------------------------------
// When PlayerInterface is activated, this function is called.
// ---------------------------------------------------------------
{
    $ enableDirectInput = "1";
    activateDirectInput ();
    // restore the player's key mappings
    playerKeymap. push ();
}

function GameConnection :: InitialControlSet (% this)
// ---------------------------------------------------------------
// This callback is called directly from inside the Torque Engine
// during server initialization.
// ---------------------------------------------------------------
{
    Echo ( "Setting Initial Control Object");
    // The first control object has been set by the server
```

```
    // and we are now ready to go.

    Canvas. SetContent (PlayerInterface);
}
// ===========================================================
// Motion Functions
// ===========================================================
function GoLeft (% val)
// ----------------------------------------------------------
// "strafing"
// ----------------------------------------------------------
{
    $ mvLeftAction = % val;
}

function GoRight (% val)
// ----------------------------------------------------------
// "strafing"
// ----------------------------------------------------------
{
    $ mvRightAction = % val;
}

function GoAhead (% val)
// ----------------------------------------------------------
// running forward
// ----------------------------------------------------------
{
    $ mvForwardAction = % val;
}

function BackUp (% val)
// ----------------------------------------------------------
// running backwards
// ----------------------------------------------------------
{
    $ mvBackwardAction = % val;
}

function DoYaw (% val)
// ----------------------------------------------------------
// looking, spinning or aiming horizontally by mouse or joystick control
```

```
// ---------------------------------------------------------------
{
    $ mvYaw + = % val * ( $ cameraFov /90) * 0. 02;
}

function DoPitch (% val)
// ---------------------------------------------------------------
// looking vertically by mouse or joystick control
// ---------------------------------------------------------------
{
    $ mvPitch + = % val * ( $ cameraFov /90) * 0. 02;
}

function DoJump (% val)
// ---------------------------------------------------------------
// momentary upward movement, with character animation
// ---------------------------------------------------------------
{
    $ mvTriggerCount2 + + ;
}

// ===============================================================
// View Functions
// ===============================================================

function Toggle3 rdPPOVLook (% val )
// ---------------------------------------------------------------
// Enable the "free look" feature. As long as the mapped key is pressed,
// the player can view his avatar by moving the mouse around.
// ---------------------------------------------------------------
{
  if (% val )
     $ mvFreeLook = true;
  else
     $ mvFreeLook = false;
}

function Toggle1 stPPOV (% val )
// ---------------------------------------------------------------
// switch between 1st and 3rd person point - of - views.
// ---------------------------------------------------------------
{
```

```
  if ( % val )
    {
      $ firstPerson = ! $ firstPerson;
    }
}

// ===========================================================
// keyboard control mappings
// ===========================================================
// these ones available when player is in game
playerKeymap. Bind ( keyboard, w, GoAhead ) ;
playerKeymap. Bind ( keyboard, s, BackUp ) ;
playerKeymap. Bind ( keyboard, a, GoLeft ) ;
playerKeymap. Bind ( keyboard, d, GoRight ) ;
playerKeymap. Bind ( keyboard, space, DoJump ) ;
playerKeymap. Bind ( mouse, xaxis, DoYaw ) ;
playerKeymap. Bind ( mouse, yaxis, DoPitch ) ;

// these ones are always available
GlobalActionMap. BindCmd ( keyboard, escape, "", "quit ( );" ) ;
GlobalActionMap. Bind ( keyboard, tilde, ToggleConsole ) ;

// ===========================================================
// The following functions are called from the client common code modules.
// These stubs are added here to prevent warning messages from cluttering
// up the log file.
// ===========================================================
function onServerMessage ( )
{
}
function onMissionDownloadPhase1 ( )
{
}
function onPhase1 Progress ( )
{
}
function onPhase1 Complete ( )
{
}
function onMissionDownloadPhase2 ( )
{
```

```
}

function onPhase2Progress ( )
{
}

function onPhase2Complete ( )
{
}

function onPhase3Complete ( )
{
}

function onMissionDownloadComplete ( )
{
}
```

程序一开始就创建了一个名为 playerKeymap 的新 ActionMap 对象。这是一种保存按键命令和相应的执行函数之间的映射关系的结构—— 这种机制通常称为键绑定或者键映射。我们创建新 ActionMap 对象的目的是在该模块后面的代码中使用它。

随后我们定义了 3D 控制（TS 或 ThreeSpace），并把它命名为 PlayerInterface（因为这实际上就是它本身的含义），它将控制我们在 3D 世界中的视图。它的定义并不复杂，它基本上是使用一个在公共代码中定义的轮廓—— 我们将在后续章节中讨论。如果我们想使用鼠标操作视图，就必须把这个控件的 noCursor 属性设置为 1 或者 true。

然后我们为 PlayerInterface 控件定义了一个方法，这个方法描述了当控制激活（唤醒）时会做些什么。它做的工作不是太多，但是它负责激活 DirectInput 以便捕获任何用户通过键盘或者鼠标发出的输入，并且随后激活 player-Keymap 绑定。

接下来，我们为 GameConnection 对象（我们在 control/main. cs 中创建了这个对象）定义一个回调函数。当服务器建立好连接并准备把控制权交给我们时，引擎会在内部调用这个方法。在这个方法中，我们把玩家界面控制指派给 Canvas 对象，该对象是我们之前在 control/initilize. cs 模块的 Initial-izeClient ( ) 函数中创建的。

以上工作完成后，我们定义一列 motion 函数，在后面的键绑定中将会用到这些函数。注意这些函数使用的都是全局变量，例如 $ mvLeftAction。这个变量和其他变量一样，都是以 $ mv 起头，由引擎在内部发现和使用。

随后是一列键绑定。注意有几种不同的 Bind 调用。首先绑定到 playerKey-map，然后绑定到 GlobalActionMap。当程序运行时这些绑定一直都是可用的，而不仅仅在实际游戏模拟时才可以使用，只有在正规动作映射的情况下才是这样。

最后，是一个存根例程列表。所有的这些例程都是在公共代码包中被调用的。我们现在还不需要它们做任何事情，但是就像前面讲到的一样，为了最小化日志文件中的警告，我们为这些函数创建了存根例程。

十、服务器

control/server.cs 模块是存放游戏特有的服务器代码的地方。该模块执行的大多数功能都是以 GameConnection 类的方法的形式出现。下面就是 control/server.cs 模块，把它输入并保存为 Emaga4 \ control \ server.cs。

```
// ==========================================================
// control/server.cs
//
// server - side game specific module for 3D2E emaga4 tutorial game
// provides client connection management and player/avatar spawning
//
// Copyright (c) 2003, 2006 by Kenneth C. Finney.
// ==========================================================
function OnServerCreated ()
// ----------------------------------------------------------
// Once the engine has fired up the server, this function is called
// ----------------------------------------------------------
{
   Exec ("./player.cs"); // Load the player datablocks and methods
}
// ==========================================================
// GameConnection Methods
// Extensions to the GameConnection class. Here we add some methods
```

```
// to handle player spawning and creation.
// ================================================================

function GameConnection :: OnClientEnterGame ( % this )
// ---------------------------------------------------------------
// Called when the client has been accepted into the game by the server.
// ---------------------------------------------------------------
{
   //Create a player object.
   % this. spawnPlayer ( ) ;
}

function GameConnection :: SpawnPlayer ( % this )
// ---------------------------------------------------------------
// This is where we place the player spawn decision code.
// It might also call a function that would figure out the spawn
// point transforms by looking up spawn markers.
// Once we know where the player will spawn, then we create the avatar.
// ---------------------------------------------------------------
{
   % this. createPlayer (  "0 0 220 1 0 0 0" ) ;
}

function GameConnection :: CreatePlayer ( % this, % spawnPoint )
// ---------------------------------------------------------------
// Create the player's avatar object, set it up, and give the player control
// of it.
// ---------------------------------------------------------------
{
   if ( % this. player > 0 ) //The player should NOT already have an avatar object.
   {                      // If he does, that's a Bad Thing.
      Error (  "Attempting to create an angus ghost!" ) ;
   }

   // Create the player object
   % player = new Player ( ) {
      dataBlock = HumanMaleAvatar;      // defined in player. cs
      client = % this;                  // the avatar will have a pointer to its
   };                                   // owner's connection
   // Player setup. . .
   % player. setTransform ( % spawnPoint ) ; // where to put it
```

```
    // Give the client control of the player
    % this. player  =  % player;
    % this. setControlObject（% player）;
}
// ============================================================
// The following functions are called from the server common code modules.
// These stubs are added here to prevent warning messages from cluttering
// up the log file.
// ============================================================
function ClearCenterPrintAll（）
{
}
function ClearBottomPrintAll（）
{
}
```

第一个函数是 OnServerCreated，它负责管理服务器启动并运行之后发生的所有事情。在我们的例子中，程序需要载入玩家化身（player‒avatar）的数据块和方法以便把它们传送给客户机。

然后我们定义了一些 GameConnection 方法。其中第一个是 OnClientEnter-Game，它只是简单地调用 SpawnPlayer 方法，而 SpawnPlayer 使用硬编码的转换方式调用 GreatePlayer 方法。

接下来，CreatePlayer 使用在 control/player. cs（我们马上就会再次看到此模块）中定义的玩家数据块创建了一个新的玩家对象，然后它将转变（我们前面手动创建的）应用到玩家的化身上并把控制权交给玩家。

最后，是几个存根例程。模块就是以它们作为结束的—— 至少目前是这样——我敢肯定！

十一、玩家

control/player. cs 模块定义了玩家数据块和由这个数据块使用的函数，很多对象在使用数据块时，数据块都会调用这些函数。这个数据块将使用标准的男性模型，该男性化身在 Emaga4 游戏世界中被命名为 player. dts。图 4. 3 显

Chapter 4 Game Programming

示了 Emaga4 游戏中的标准男性化身的样子。

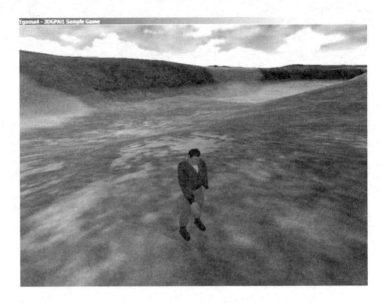

图 4.3   Emaga4 游戏中的玩家化身

下面就是 control/player. cs 模块，把它输入并保存为 Emaga4 \ control \ player. cs。

```
// ------------------------------------------------------------
// control/player. cs
//
// player definition module for 3D2E emaga4 tutorial game
//
// Copyright (c) 2003, 2006 by Kenneth C. Finney.
// ------------------------------------------------------------
datablock PlayerData (MaleAvatar)
{
    className = Avatar;
    shapeFile = " ~/player. dts";
    emap = true;
    renderFirstPerson = false;
    cameraMaxDist = 4;
    mass = 100;
    density = 10;
    drag = 0. 1;
```

```
        maxdrag = 0. 5;
        maxEnergy = 100;
        maxDamage = 100;
        maxForwardSpeed = 15;
        maxBackwardSpeed = 10;
        maxSideSpeed = 12;
        minJumpSpeed = 20;
        maxJumpSpeed = 30;
        runForce = 4000;
        jumpForce = 1000;
        runSurfaceAngle = 70;
        jumpSurfaceAngle = 80;
};

// ------------------------------------------------------------
// Avatar Datablock methods
// ------------------------------------------------------------

// ------------------------------------------------------------

function Avatar :: onAdd (% this,% obj)
{
}

function Avatar :: onRemove (% this,% obj)
{
    if (% obj. client. player = = % obj)
        % obj. client. player = 0;
}
```

所使用的数据块是 PlayerData 类, 它和其他材料一起组成船缘。表4.2 对每个属性进行了描述。

还有许多可用于该化身的属性, 但是我们现在还没有使用。我们也可以为数据块定义自己的属性, 并可以在脚本中的任何位置通过这个数据块的实例对象来访问它们。

最后的并不是最不重要的, 程序为数据块定义了两个方法。这两个方法分别定义了添加和移除数据块的时候会发生的事情。我们将在稍后的章节遇到许多这样的情况。

表4.2　Emaga4 化身属性

属　性	描　述
className	定义任意一个可以包含化身的类
shapeFile	指定包含化身的 3D 模型的文件
emap	允许把化身模型映射到环境上
renderFirstPerson	如果为 true，则使在第一人称视角模式时化身模型可见
cameraMaxDist	在第三人称视角模式下照像机离化身的最大距离
mass	化身在游戏世界中的质量
density	任意定义的密度
drag	通过模拟摩擦力降低化身的速度
maxdrag	允许的最大拖力
maxEnergy	允许的最大能量
maxDamage	在化身被杀死之前能够承受的最大伤害点数
maxForwardSpeed	前进时允许的最大速度
maxBackwardSpeed	后退时允许的最大速度
maxSideSpeed	向两旁移动时允许的最大时速
minJumpSpeed	低于此速度，不能让化身起跳
maxJumpSpeed	高于此速度，不能让化身起跳
jumpForce	起跳时的力和相应的加速度
runForce	开始跑动时的力和相应的加速度
runSurfaceAngle	化身能够在其上跑动的斜坡的最大度数（以度为单位）
jumpSurfaceAngle	化身能够在其上跳动的斜坡的最大度数，通常略低于 runSurfaceAngle 的值

十二、运行 Emaga4

一旦把所有的模块都输入到电脑，你就可以很方便地测试 Emaga4 了。Emaga4 是一个简化了的程序。在启动 tag. exe 时，你将被直接导入到游戏中。一旦进入此游戏，就可以通过一组为数不多的键盘命令来控制化身，如表4.3 所示。

表 4.3 Emaga4 导航按键

按 键	说 明
w	向前跑
s	向后跑
a	向左跑
d	向右跑
空格键	跳跃
Esc 键	退出游戏
~	打开控制台窗口

在创建了所有模块后，可以简单地通过双击 Emaga4 \ tge. exe 来运行 Emaga4。你将"进入"游戏世界中，站在游戏世界里的地面上，然后躺下去。当你落地时，你的视野将随着冲击而颤动。如果移动鼠标让你的化身环顾四方，你将看到如图 4.4 所示的景象。

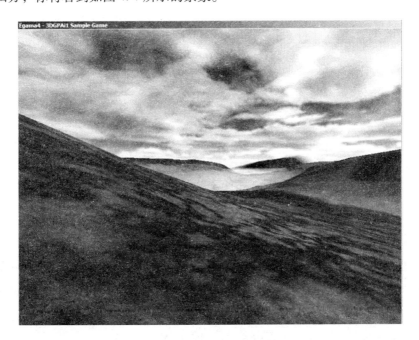

图 4.4 在 Emaga4 游戏世界中环顾四方

在进入游戏后，你可以控制化身在郊区跑动或跳跃，游览周围的环境。

注释

如果你正在检查日志或者 console. log，你可能会发现有一行内容说 default. cs 文件夹丢失——别担心，Emaga4（或者任何你会遇到的示例程序）中没有使用这个文件。它是由公共模板调用，我不会修改这部分内容，因为我想保持它的"原貌"——与 GarageGames 提供的示例游戏显示的内容一模一样。

你进入公共模块，找到试图加载不存在文件夹的语句并且随意地删除它或者更改它。日志文件里有足够的线索可以指导你。这是一个很好的练习！

十三、本章小结

你现在应该拥有一个相当简单的游戏了。我将第一个承认在该游戏中的确做不了什么事情，但那不是重点。通过剥离出代码组的骨架，我们清晰地看到了在我们的脚本语言模块中发生的所有事情。

通过输入本章中给出的代码，你应该在 emaga4 的文件夹中添加了以下文件：

\ EMAGA4 \ main. cs

\ EMAGA4 \ control \ main. cs

\ EMAGA4 \ control \ client. cs

\ EMAGA4 \ control \ server. cs

\ EMAGA4 \ control \ initialize. cs

\ EMAGA4 \ control \ player. cs

这个程序可以作为一个很好的骨架程序，在此骨架程序上，你可以按照你的希望创建游戏。

通过创建它，你应该已经明白游戏中客户机和服务器的职责是如何划分的。

你也了解到你的玩家化身在游戏中应能通过程序来控制其表现形式，这种表现形式描述了化身的特点以及它是如何做事情的。

在下一章中我们将通过同时在客户机端和服务器端添加游戏操作代码来扩展游戏。

 第 5 章

运行游戏

在第 4 章中，我们创建了一个小游戏 Emaga4。其实它还不是真正的游戏——只是一个简单的虚拟现实模拟器。我们创建的一些重要模块使游戏可以运行起来。

在这一章中，我们将以此为基础进行开发并在游戏中加入一些难度，游戏的名称变为 Emaga5。游戏中引入了一些需要完成的任务（目标）以及使这些任务变得更有难度（戏剧性）的东西。

为了实现这些效果，必须添加几个新的控制模块，同时修改已经存在的模块，并重新组织一下文件夹树。我们将按照相反的顺序做这些事情，首先组织文件夹树。

一、修改

你应该还记得在文件夹树中有两个关键的分支：公共分支和控制分支。和前面一样，我们不用担心公共分支。

文件夹

控制分支包含了我们在第 4 章中输入的所有代码。本章将使用一种更加复杂的结构。熟悉这个文件夹树很重要，请先仔细查看图 5.1 给出的结构。

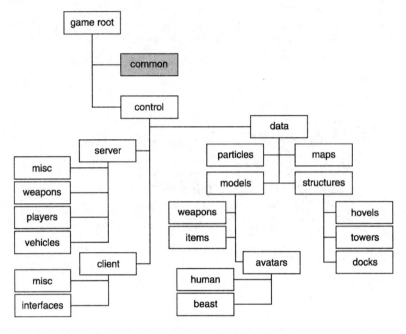

图 5.1　Emaga5 的文件夹树

模块

你不需重新输入根主模块，因为这次修改并不涉及到它。你可以继续使用创建 Emaga4 时的根主模块。

在控制分支中，第一个主要的差异在于 initialize. cs 模块被一分为二，其中一个是客户机版本，另一个是服务器版本。这两个模块现在分别存放在控制/客户机和控制/服务器分支下。它们执行的功能和原来一样，但是完成初始化的功能被分割开并放置在它们永久的主根文件夹下，从而为以后的各种组织需要作准备。

还有两个模块：control/server. cs 和 control/client. cs。我们现在将扩展它们并把它们分别重新保存为 control/server/server. cs 和 control/ client /client. cs。

第 4 章中的最后一个模块是 player. cs。我们将对它做出很大的修改并把它保存为 control/ server/players/ player. cs。

另外，我们还将添加用于处理游戏中的各种特性的新模块。在讨论到这些文件的时候我会逐一介绍。

确保在继续操作之前已经从 RESOURCES \ CH5 文件夹中将 Emaga5 文件复制到硬盘根文件夹里，因为它会为我们创建文件夹树。

二、控制模块

和前一章一样，控制模块仍然是我们关注得最多的地方。在根控制文件夹下包含着控制主模块。其他的代码模块在客户机分支和服务器分支之间分配。数据分支中存放的是我们的艺术品和数据定义资源文件。

control/main. cs

输入下面的代码并把它保存为 \ Emaga5 \ control \ main. cs，它是控制主模块。为了节省空间，这段代码比在后一章中的注释少了很多。

```
// -------------------------------------------------------
// control/main. cs
// Copyright (c) 2003, 2006 by Kenneth C. Finney.
// -------------------------------------------------------
Exec ("./client/presets. cs");
Exec ("./server/presets. cs");

package control {
function OnStart ()
{
  Parent :: OnStart ();
  Echo ("\ n + + + + + + + + + + +Initializing control module + + + + + + + + + + +");
  Exec ("./client/initialize. cs");
  Exec ("./server/initialize. cs");
  InitializeServer (); // Prepare the server – specific aspects
  InitializeClient (); // Prepare the client – specific aspects
}
function OnExit ()
{
  Parent :: onExit ();
}
}; // Client package
ActivatePackage (control); // Tell TGE to make the client package active
```

Chapter 5 Game Play

一眼就能看出文件中新增了代码。在起始处的两条 Exec 语句载入两个包含预设置（presets）的文件，它们是脚本变量赋值语句。在这里赋值是为了指定标准的或者默认的设置。这两个文件中的变量有些用于图片设置，其他的用于指定输入模式或者类似的设置。

下面是控制包，它的 OnStart（）函数发生了一点变化。我们在这个函数中载入两个新的初始化模块，然后调用服务器和客户机的初始化函数。

三、客户机控制模块

游戏中只对客户机端产生作用的代码都放在控制/客户机文件夹树中。客户机代码的行为包括处理界面窗口和显示、用户输入以及协同服务器端代码开始游戏等功能。

control/client/client. cs

很多放在 client. cs 文件中的功能现在都被放到其他模块中去了。原来放在该模块中的键映射代码和界面窗口代码被放到它们的根文件夹中，后面你将会看到这一点。输入下面的代码并把它保存为 \ Emaga5 \ control \ client \ client. cs。

```
// ============================================================
// control/client/client. cs
// Copyright (c) 2003, 2006 by Kenneth C. Finney.
// ============================================================
function LaunchGame ()
{
    createServer ("SinglePlayer", "control/data/maps/book_ ch5. mis");
    % conn = new GameConnection (ServerConnection);
    % conn. setConnectArgs ("Reader");
    % conn. connectLocal ();
}
function ShowMenuScreen ()
{
    // Start up the client with the menu...
    Canvas. setContent (MenuScreen);
```

```
    Canvas. setCursor（"DefaultCursor"）;
  }
function SplashScreenInputCtrl∷onInputEvent（%this,%dev,%evt,%make）
  {
    if（%make）
    {
      ShowMenuScreen（）;
    }
  }
// ========================================================
// stubs
// ========================================================
function onServerMessage（）
  {
  }
function onMissionDownloadPhase1（）
  {
  }
function onPhase1Progress（）
  {
  }
function onPhase1Complete（）
  {
  }
function onMissionDownloadPhase2（）
  {
  }
function onPhase2Progress（）
  {
  }
function onPhase2Complete（）
  {
  }
function onPhase3Complete（）
  {
  }
function onMissionDownloadComplete（）
  {
  }
```

　　我们添加了三个新函数，第一个是 LaunchGame（）。该函数中的代码和
Emaga4 中的代码很相似。当用户单击游戏前台菜单屏幕上的 Start Game 按钮

时，这个函数将被执行（在前台窗口上还有两个按钮——Setup 和 Quit）。

第二个是 ShowMenuScreen（）函数，当用户坐着观看游戏的闪屏时，单击鼠标或者按下某个按键就会触发这个函数。其中的代码和 Emaga4 中的代码也很相似。

第三个函数，SplashScreenInputCtrl∷onInputEvent（），是由某个 GuiInput-Control 使用的回调方法（在这里是 SplashScreenInputCtrl），该函数被绑定到闪屏仅仅是用于等待用户的输入，并且当有用户输入时关闭闪屏。代码通过参数%make 获取用户的输入值。图 5.2 显示了闪屏的图片。

图 5.2　Emaga5 的闪屏

其余的函数是至今仍很著名的存根例程。它们大多数用于客户机/服务器任务（映射）的载入和数据同步，后面的章节会详细讨论这些内容。可以随意省去这些存根例程，但是如果这样做，在日志文件中会产生一大堆警告消息。

control/client/interfaces/menuscreen. gui

所有的用户界面代码和显示窗现在都有了它们自己的模块，位于客户机树的界面分支中。请注意这些模块的扩展名是 . gui。从功能上看，. gui 文件和 . cs 文件都是源代码文件，编译成二进制文件之后都变成 . dso 文件。输入下面的代码并把它保存为 \ Emaga5 \ control \ client \ inter faces \ menu-screen. gui。

```
new GuiChunkedBitmapCtrl（MenuScreen）{
```

```
profile = "GuiContentProfile";
horizSizing = "width";
vertSizing = "height";
position = " 0 0";
extent = " 640 480";
minExtent = "8 8";
visible = "1";
helpTag = "0";
bitmap = "./interfaces/emaga_ background";
useVariable = "0";
tile = "0";
new GuiButtonCtrl ( ) {
    profile = "GuiButtonProfile";
    horizSizing = "right";
    vertSizing = "top";
    position = "29 300";
    extent = "110 20";
    minExtent = "8 8";
    visible = "1";
    command = "LaunchGame ( );";
    helpTag = "0";
    text = "Start Game";
    groupNum = " -1";
    buttonType = "PushButton";
};
new GuiButtonCtrl ( ) {
    profile = "GuiButtonProfile";
    horizSizing = "right";
    vertSizing = "top";
    position = "29 400";
    extent = "110 20";
    minExtent = "8 8";
    visible = "1";
    command = "Quit ( );";
    helpTag = "0";
    text = "Quit";
    groupNum = " -1";
    buttonType = "PushButton";
};
};
```

该文件定义了一组嵌套的带有层级的对象。包含其他对象的外层对象是

MenuScreen 对象本身，该对象被定义为 GuiChunkedBitmapCtrl。很多视频卡都有纹理尺寸大小的限制，有些视频卡不能显示任何大于 512×512 像素的图片。ChunkedBitmap 用于把大的图片分割成几个小的图片以避免这样的限制。这种方法通常用于处理 640×480 或 800×600 的背景图片。

MenuScreen 对象的轮廓属性被指定为 GuiContentProfile，这是一个标准的 Torque 轮廓，该文件用于包含其他控件的大型控件。轮廓是一组属性集合，这些属性可以大量用于界面（或图形）对象。轮廓和样式表（如果用 HTML 编程会对它很熟悉）相似，但它使用的是 Torque 脚本的语法。

GuiContentProfile 的定义相当简单：

```
if（！IsObject（GuiContentProfile））new GuiControlProfile（GuiContentProfile）
{
    opaque  = true;
    fillColor  = "255 255 255";
};
```

基本上，这个对象是不透明的（不允许把它设置成透明的，即使在该对象的源位图图像中有 alpha 通道）。如果这个对象不能占满整个屏幕，那么没有用到的屏幕空间会被填充成黑色（RGB = 255 255 255）。

在轮廓之后是与尺寸和位置信息有关的属性。想了解更多相关内容，请查看名为"轮廓尺寸设置：水平尺寸和竖直尺寸"的补充说明。

extent 属性定义了 MenuScreen 在水平方向和垂直方向上的维数。minExtent 属性指定了这个对象的最小尺寸。

visible 属性指明该对象在屏幕上是否可见。"1"表示可见；"0"表示不可见。

最后一个重要的属性是 bitmap 属性——它指定使用哪个位图图像作为对象的背景图片。

在 MenuScreen 对象中包含了两个 GuiButtonCtrl 对象。这些对象的大多数属性和 GuiChunkedBitmapCtrl 的属性都是一样的。但也有几个不一样，而且是很重要的。

第一个是 command 属性。当用户单击按钮控件时，程序将执行由这个属性指定的函数。

helpTag 属性是用来跟踪用户之前是否遇到过这个对象的，设置为 0，表示之前没有为这个对象显示过帮助信息。如果决定显示帮助，请将 helpTag 设置为非 0 的数值，这样你就可以选择是否显示帮助信息。

下一个是 text 属性，该属性的值将显示在按钮上。

groupNum 属性用来说明按钮是属于哪个组的。多数情况下适用于音频按钮。

最后一个是 buttonType，这个属性指定了按钮的特定显示风格。

图 5.3 显示了完整的 MenuScreen。

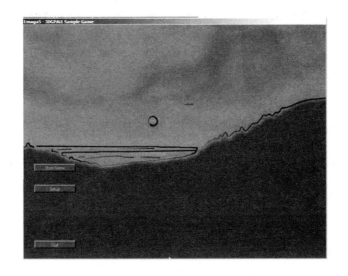

图 5.3 Emaga5 的 MenuScreen

轮廓尺寸设置：水平尺寸和垂直尺寸

这些设置用于定义当一个对象的容器尺寸发生变化时，怎样重新确定对象的大小和位置。最外层的容器是 Canvas 对象，它的初始尺寸是 640×480 像素。Canvas 对象和所有被它包含的对象都将根据这个初始尺寸重新确定大小和位置。

在重新设置容器尺寸的时候，容器中的所有子对象都会根据它们的 horizSizing 属性和 vertSizing 属性被重新确定大小和位置。重新确定大小的动作在对象树中以一种级联的方式进行。

下面是一些可选的属性值：

Center   对象被放置于容器的中心位置。

Relative	重新设置大小和位置后，对象与容器的相对位置和大小保持不变。如果父尺寸加倍，那么对象的尺寸也加倍。
Left	当容器的大小或位置发生改变时，这个变化将体现在对象和屏幕左边界的距离上。
Right	当容器的大小或位置发生改变时，这个变化将体现在对象和屏幕右边界的距离上。
Top	当容器的大小或位置发生改变时，这个变化将体现在对象和屏幕上边界的距离上。
Bottom	当容器的大小或位置发生改变时，这个变化将体现在对象和屏幕下边界的距离上。
Width	当容器的大小或位置发生改变时，这个变化将体现在对象的宽度上。
Height	当容器的大小或位置发生改变时，这个变化将体现在对象自身的高度上。

control/client/interfaces/playerinterface. gui

PlayerInterface 控件是用于显示游戏实时信息的界面。Canvas 对象是 PlayerInerface 的容器。输入下面的代码并把它保存为 \ Emaga5 \ control \ client \ interfaces \ playerinterface. gui。

```
new GameTSCtrl (PlayerInterface) {
  profile = "GuiContentProfile";
  horizSizing = "right";
  vertSizing = "bottom";
  position = "0 0";
  extent = "640 480";
  minExtent = "8 8";
  visible = "1";
  helpTag = "0";
    noCursor = "1";
new GuiCrossHairHud () {
  profile = "GuiDefaultProfile";
  horizSizing = "center";
  vertSizing = "center";
  position = "304 224";
  extent = "32 32";
  minExtent = "8 8";
```

```
        visible = "1";
        helpTag = "0";
        bitmap = "./interfaces/emaga_ gunsight";
        wrap = "0";
        damageFillColor = "0.000000 1.000000 0.000000 1.000000";
        damageFrameColor = "1.000000 0.600000 0.000000 1.000000";
        damageRect = "50 4";
        damageOffset = "0 10";
    };
    new GuiHealthBarHud () {
        profile = "GuiDefaultProfile";
        horizSizing = "right";
        vertSizing = "top";
        position = "14 315";
        extent = "26 138";
        minExtent = "8 8";
        visible = "1";
        helpTag = "0";
        showFill = "1";
        displayEnergy = "0";
        showFrame = "1";
        fillColor = "0.000000 0.000000 0.000000 0.500000";
        frameColor = "0.000000 1.000000 0.000000 0.000000";
        damageFillColor = "0.800000 0.000000 0.000000 1.000000";
        pulseRate = "1000";
        pulseThreshold = "0.5";
            value = "1";
    };
    new GuiBitmapCtrl () {
        profile = "GuiDefaultProfile";
        horizSizing = "right";
        vertSizing = "top";
        position = "11 299";
        extent = "32 172";
        minExtent = "8 8";
        visible = "1";
        helpTag = "0";
        bitmap = "./interfaces/emaga_ healthwidget";
        wrap = "0";
    };
    new GuiHealthBarHud () {
```

Chapter 5　Game Play

```
    profile = "GuiDefaultProfile";
    horizSizing = "right";
    vertSizing = "top";
    position = "53 315";
    extent = "26 138";
    minExtent = "8 8";
    visible = "1";
    helpTag = "0";
    showFill = "1";
    displayEnergy = "0";
    showFrame = "1";
    fillColor = "0. 000000 0. 000000 0. 000000 0. 500000";
    frameColor = "0. 000000 1. 000000 0. 000000 0. 000000";
    damageFillColor = "0. 000000 0. 000000 0. 800000 1. 000000";
    pulseRate = "1000";
    pulseThreshold = "0. 5";
        value = "1";
  };
new GuiBitmapCtrl ( ) {
    profile = "GuiDefaultProfile";
    horizSizing = "right";
    vertSizing = "top";
    position = "50 299";
    extent = "32 172";
    minExtent = "8 8";
    visible = "1";
    helpTag = "0";
    bitmap = "./interfaces/emaga_ healthwidget";
    wrap = "0";
  };
new GuiTextCtrl (scorelabel) {
    profile = "ScoreTextProfile";
    horizSizing = "right";
    vertSizing = "bottom";
    position = "10 3";
    extent = "50 20";
    minExtent = "8 8";
    visible = "1";
    helpTag = "0";
    text = "Score";
    maxLength = "255";
```

```
|;
new GuiTextCtrl（Scorebox）|
  profile = "ScoreTextProfile";
  horizSizing = "right";
  vertSizing = "bottom";
  position = "50 3";
  extent = "100 20";
  minExtent = "8 8";
  visible = "1";
  helpTag = "0";
  text = "0";
  maxLength = "255";
 |;
|;
```

　　PlayerInterface 控件是主要的 TSControl 控件，通过这种控件可观察游戏，它还包含 HUD 控件。

　　GuiCrossHairHud 对象是瞄准器。使用它来瞄准你的武器。

　　两个 GuiHealthBarHud 对象，一个用于显示生命，另一个用于显示能量。用竖线显示玩家的生命和能量是很重要的。每一个 GuiHealthBarHud 对象都有一个与之相对应的 GuiBitmapCtrl 对象，这个对象是一个位图，通过修改它在 GuiHealthBarHud 对象上的覆盖范围来显示玩家的生命和能量。

注释

　　HUD 是 Heads Up Display 的 TLA（Three Letter Acronym，这种表示方式在高尖端军事航空领域广泛使用。HUD 由各种信息和图形数据组成，这些信息和图形数据会被投影到飞行前面的顶棚或视平线上的一块小屏幕上。这使飞行员一方面可以保持对外部威胁的观察，另一方面可以及时看到对飞行或任务非常重要的信息。在游戏图形中，术语 HUD 表示以反映真实世界情况的方式出现在游戏中的可视化显示。

　　程序中有两个 GuiTextCtrl 对象，一个用于玩家分数统计（scorebox，积分区），另一个用于显示积分区的标签（scorelabel，积分区标签）。我们将在另一个模块的控件源代码中修改这 text 的属性值。

control/client/interfaces/splashscreen. gui

　　在 Windows 中启动游戏时，SplashScreen 控件负责显示一个提示画面（图

5.2 中给出的画面)。单击鼠标或按下任何键都会使这个画面消失。输入下面的代码并把它保存为 \ Emaga5 \ control \ client \ interfaces \ splashscreen. gui。

```
new GuiChunkedBitmapCtrl (SplashScreen) {
    profile = "GuiDefaultProfile";
    horizSizing = "width";
    vertSizing = "height";
    position = "0 0";
    extent = "640 480";
    minExtent = "8 8";
    visible = "1";
    helpTag = "0";
    bitmap = "./interfaces/emaga_ splash";
    useVariable = "0";
    tile = "0";
    noCursor = 1;
    new GuiInputCtrl (SplashScreenInputCtrl) {
        profile = "GuiInputCtrlProfile";
        position = "0 0";
        extent = "10 10";
    };
};
```

这个模块中唯一特别的东西是出现一个新的 GuiInputCtrl 控件。这个控件用于接收用户的输入：单击鼠标、按下键盘等。定义了这个控件之后就可以为这个控件的对象定义自己的处理器方法，因此就可以对输入做出响应。在这里我们定义的处理器方法是 SplashScreenInputCtrl :: onInputEvent；它包含在我们前面讨论过的客户机模块中。

control/client/misc/screens. cs

所有受程序控制的控件和管理活动的代码都位于 screen. cs 模块中。输入下面的代码并把它保存为 \ Emaga5 \ control \ client \ misc \ screens. cs。

```
// ==========================================================
// control/client/misc/screens. cs
//
// Copyright (c) 2003, 2006 Kenneth C. Finney
// ==========================================================
function PlayerInterface :: onWake (% this)
```

```
}
    $ enableDirectInput = "1";
    activateDirectInput ( );
    // just update the key map here
    playerKeymap. push ( );
}
function PlayerInterface :: onSleep ( % this)
{
    playerKeymap. pop ( );
}
function refreshBottomTextCtrl ( )
{
    BottomPrintText. position = "0 0";
}
function refreshCenterTextCtrl ( )
{
    CenterPrintText. position = "0 0";
}
function LoadScreen :: onAdd ( % this)
{
    % this. qLineCount = 0;
}
function LoadScreen :: onWake ( % this)
{
    CloseMessagePopup ( );
}
function LoadScreen :: onSleep ( % this)
{
    // Clear the load info:
    if ( % this. qLineCount ! $ = "")
      {
        for ( % line = 0; % line < % this. qLineCount; % line + + )
          % this. qLine [ % line ] = "";
      }
    % this. qLineCount = 0;
    LOAD_ MapName. setText ( "");
    LOAD_ MapDescription. setText ( "");
    LoadingProgress. setValue ( 0 );
    LoadingProgressTxt. setValue ( "WAITING FOR SERVER");
}
```

　　这个模块中的方法是典型的可用于界面控件的方法。在界面脚本中可能会频繁地使用到 OnWake 和 OnSleep 这样的函数。

OnWake 函数在显示界面对象时会被调用，调用它的方法是 Canvas 对象的 SetContent 方法或 PushDialog 方法。

无论何时，只要 PushDialog 方法删除某个屏幕对象，或者 SetContent 方法指定另一个对象时，都会调用 OnSleep 函数。

使用 PushDialog 方法时，可以把当前显示的界面看作是一个模式对话框——所有的输入事件都被传递到这个对话框中。

还有两个用于其他对象的界面显示的方法，这两个方法的名称是 Push 和 Pop。它们以一种非模式的方式显示界面，所以其他控件或对象仍然可以接收到它们感兴趣的事件。

PlayerInterface∷onWake 方法使程序可以使用 DirectInput 对象捕获鼠标和键盘的输入，然后它调用 Push 方法激活 PlayerKeymap 键绑定。当从屏幕中移除 PlayerInterface 时，它的 OnSleep 方法将会自动移除 PlayerKeymap 键绑定。必须确保为用户定义了可以在全局范围内使用的绑定，当不再使用 PlayerKeymap 时，这些绑定将接管 PlayerKeymap。

RefreshButtomTextCtrl 和 RefreshCenterTextCtrl 只是在你玩得很投入时，把它们移动到其他位置的情况下，重新定位它们的输出控件在屏幕上的默认位置。

还有一种叫做 LoadScreen∷OnAdd 的方法。当屏幕或另一个对象添加对象时，将调用 OnAdd 方法。这种方法一般被用来初始化与默认属性值不同的对象的属性。

当我们希望显示任务的载入进度时，程序将调用 Loadscreen∷OnWake 函数。如果消息界面是打开的，它会关闭这个界面。Loadscreen 的内容在任务装载过程中在别处进行修改，我们将在第 6 章对它进行详细的讨论。

当调用 Loadscreen∷OnSleep 函数时，它会清除所有的文本缓冲，然后输出一个消息，表示我们所需要的数据正在由服务器传送过来。

control/client/misc/presetkeys. cs

键绑定是指键盘上的按键和鼠标的按钮与特定函数和命令之间的映射关

系。在一个功能完善的游戏中，我们应该为用户提供一个用于修改键绑定的图形界面。目前我们只要为用户创建一组键绑定就好了，在以后扩张游戏的时候，可以把这一组键作为游戏的默认设置。

输入下面的代码并把它保存为 \ Emaga5 \ control \ client \ misc \ preset-key. cs。

```
// ============================================================
// control/client/misc/presetkeys. cs
// Copyright (c) 2003, 2006 Kenneth C. Finney
// ============================================================
if (IsObject (PlayerKeymap)) // If we already have a player key map,
   PlayerKeymap. delete ();      // delete it so that we can make a new one
new ActionMap (PlayerKeymap);

function DoExitGame ()
{
   MessageBoxYesNo ("Quit Mission", "Exit from this Mission?", "Quit ();", "");
}
// ============================================================
// Motion Functions
// ============================================================
function GoLeft (% val)
{
   $ mvLeftAction = % val;
}
function GoRight (% val)
{
   $ mvRightAction = % val;
}
function GoAhead (% val)
{
   $ mvForwardAction = % val;
}
function BackUp (% val)
{
   $ mvBackwardAction = % val;
}
function DoYaw (% val)
{
   $ mvYaw += % val * ($ cameraFov /90) * 0. 02;
}
function DoPitch (% val)
{
```

```
    $ mvPitch + = % val * ( $ cameraFov /90) * 0.02;
}
function DoJump ( % val )
{
    $ mvTriggerCount2 + + ;
}
// =========================================================
// View Functions
// =========================================================
function Toggle3rdPPOVLook ( % val )
{
    if ( % val )            $ mvFreeLook = true;
    else                    $ mvFreeLook = false;
}
function MouseAction ( % val )
{
    $ mvTriggerCount0 + + ;
}
 $ firstPerson = true;
function Toggle1stPPOV ( % val )
// =========================================================
// switch between 1st and 3rd person point - of - view.
// =========================================================
{
    if ( % val )
     {
       $ firstPerson = ! $ firstPerson;
       ServerConnection. setFirstPerson ( $ firstPerson) ;
     }
} function dropCameraAtPlayer ( % val )
{
    if ( % val )
      commandToServer ( 'dropCameraAtPlayer' ) ;
}
function dropPlayerAtCamera ( % val )
{
    if ( % val )
      commandToServer ( 'DropPlayerAtCamera' ) ;
}
function toggleCamera ( % val )
{
    if ( % val )
      commandToServer ( 'ToggleCamera' ) ;
}
```

```
// ==========================================================
// keyboard control mappings
// ==========================================================
// available when player is in game
PlayerKeymap. Bind (mouse, button0, MouseAction); //left mouse button
PlayerKeymap. Bind (keyboard, w, GoAhead);
PlayerKeymap. Bind (keyboard, s, BackUp);
PlayerKeymap. Bind (keyboard, a, GoLeft);
PlayerKeymap. Bind (keyboard, d, GoRight);
PlayerKeymap. Bind (keyboard, spaee, DoJump);
PlayerKeymap. Bind (keyboard, z, Toggle3rdPPOVLook);
PlayerKeymap. Bind (keyboard, tab, Toggle1stPPOV);
PlayerKeymap. Bind (mouse, xaxis, DoYaw);
PlayerKeymap. Bind (mouse, yaxis, DoPitch); //Talaways available
GlobalActionMap. Bind (keyboard, escape, DoExitGame);
GlobalActionMap. Bind (keyboard, tilde, ToggleConsole);
```

模块中的前 3 条语句在准备 ActionMap 对象，我们把它称为 PlayerKey-map。这是一组在游戏中实际使用的键绑定。因为这个模块将在游戏安装的时候调用，所以我们假设事先应该不存在名为 PlayerKeymap 的 ActionMap 对象，因此我们检查 PlayerKeymap 是否是一个已经存在的对象，如果是，那么我们将删除它并创建一个新版本。

我们定义了一个在退出游戏时会被调用到的函数。它在屏幕上打开一个 MessageBoxYesNo 对话框，第一个参数用于指定该对话框的标题，第二个参数是对话框上的提示信息，第三个参数指定当用户点击 Yes 按钮时需要执行的函数，第四个参数指定当用户单击 No 按钮时需要采取的操作——在这里什么也不做。

在公共代码库中，还定义了另外两个 MessageDialog 对象：MessageBoxOk（它没有第四个参数）以及 MessageBoxOkCancel（它接收的参数和 Message-BoxYesNo 一样）。

接下来我们定义了一系列的移动函数。表 5.1 给出了这些基本移动函数的说明，这些函数使用玩家事件控制触发器来完成自己的功能，这些触发器将在第 6 章中详细讨论。

这些函数有一个共同点需要特别注意一下，那就是它们都只有一个参数，通常称为%val。当使用 Bind 方法把这些函数和按键或鼠标按钮绑定到一起后，在按下按键或鼠标按钮时，这个参数将被设置为一个非零值，而松开按键或鼠标按钮之后，这个参数将被设置为零。这允许我们创建切换函数，比如 Toggle1stPPOV，当每次按下绑定的按键时，可以在第一人称视角和第三人称视角之间转换。

在定义了所有的函数之后，我们将进行实际的键绑定。使用 Bind 方法，第一个参数是输入的类型，第二个参数是按键或鼠标按钮标志符，第三个参数是会被调用的函数名。

表5.1　基本的移动函数

命　令	说　明
GoLeft 和 GoRight	向左移动和向右移动
GoAhead 和 BackUp	向前奔跑和向后奔跑
DoYaw	通过鼠标或操纵杆在水平方向上旋转或瞄准
DoPitch	通过鼠标或操纵杆在竖直方向上观察
DoJump	短暂的向上移动，带有人物动画

在完成所有的 PlayerKeymap 绑定之后，还有一些 GlobalActionMap 的绑定，这个对象是一个预定义的全局动作映射，它在游戏运行期间一直是可用的，但是可以被其他动作映射覆盖。在这里，我们使用 GlobalActionMap 完成那些我们希望一直可用的绑定。

四、服务器控制模块

你想要实现的任何游戏功能，都应该可以作为一个服务器控制模块或者至少是某个服务器控制模块的一部分来实现。如果想创建一个多玩家在线游戏，那么前面的"应该"就要变成必须了。在服务器上，而不是客户机上运行代码是提供相同的游戏场景和保证游戏运行代码安全的唯一方式。

control/server/server.cs

在服务器端，服务器模块很可能是一个覆盖范围最广的模块。它包含了服务器控制导向的 GameConnection 方法，这个方法用于处理玩家和其他游戏对象，以及简单的服务器控制例程。

输入下面的代码并把它保存为 \ Emaga5 \ control \ server \ server. cs。

```
// ===========================================================
// control/server/server. cs
// Copyright (c) 2003, 2006 by Kenneth C. Finney.
// ===========================================================
function OnServerCreated ()
// ---------------------------------------------------------
// Once the engine has fired up the server, this function is called
// ---------------------------------------------------------
{
   Exec ( "./misc/camera. cs") ;
   Exec ( "./misc/shapeBase. cs") ;
   Exec ( "./misc/item. cs") ;
   Exec ( "./players/player. cs") ;
   Exec ( "./players/beast. cs") ;
   Exec ( "./players/ai. cs") ;
   Exec ( "./weapons/weapon. cs") ;
   Exec ( "./weapons/crossbow. cs") ;
}
function StartGame ()
{
   if ( $ Game :: Duration) //Start the game timer
      $ Game :: Schedule = Schedule ( $ Game :: Duration * 1000, 0, "onGameDurationEnd") ;
   $ Game :: Running = true;
   schedule (2000, 0, "CreateBots") ;
}
function OnMissionLoaded ()
{
   StartGame () ;
}
function OnMissionEnded ()
{
   Cancel ( $ Game :: Schedule) ;
   $ Game :: Running = false;
}
function GameConnection :: OnClientEnterGame (% this)
{
   // Create a new camera object.
   % this. camera = new Camera () {
      dataBlock = Observer;
   };
```

```
        MissionCleanup. Add ( % this. camera ) ;
            % this.  Camera.  ScopeTo Client  ( % this) ;
    % this. SpawnPlayer  ( ) ;
}

function GameConnection :: SpawnPlayer  ( % this)
{
    % this. CreatePlayer  (  "0 0 201 1 0 0 0" ) ;
}

function GameConnection :: CreatePlayer  ( % this , % spawnPoint )
{
    if ( % this. player  > 0 )  //The player should NOT already have an avatar object.
{                           // If he does,  that's a Bad Thing.
      Error  (  "Attempting to create an angus ghost!" ) ;
}
    // Create the player object
    % player  =  new Player  ( )  {
        dataBlock  =  HumanMaleAvatar;      // defined in players/player. cs
        client  =  % this;                  // the avatar will have a pointer to its
    } ;                                     //owner's GameConnection object
    % player. SetTransform  ( % spawnPoint) ; // where to put it
    // Update the camera to start with the player
    % this. camera. SetTransform  ( % player. GetEyeTransform  ( ) ) ;
    % player. SetEnergyLevel ( 100 ) ;
    // Give the client control of the player
    % this. player  =  % player;
    % this. setControlObject ( % player) ;
}
function GameConnection :: OnDeath  ( % this , % sourceObject , % sourceClient , % damageType ,
% damLoc )
{
    // Switch the client over to the death cam and unhook the player object.
    if ( IsObject  ( % this. camera)  &&   IsObject ( % this. player) )
    {
      % this. camera. SetMode  (  "Death" , % this. player) ;
      % this. setControlObject ( % this. camera) ;
    }
    % this. player  =  0;
    if ( % damageType  $  =  "Suicide"  |  | % sourceClient  = =  % this)
    {
    }
    else
    {
      // good hit
    }
```

```
}
// ==========================================================
// Server commands
// ==========================================================
function ServerCmdToggleCamera (%client)
{
  %co = %client.getControlObject ();
  if (%co == %client.player)
    {
    %co = %client.camera;
    %co.mode = toggleCameraFly;
    }
  else
    {
    %co = %client.player;
    %co.mode = observerFly;
    }
  %client.SetControlObject (%co);
}
function ServerCmdDropPlayerAtCamera (%client)
{
  if ($Server::DevMode || IsObject (EditorGui))
    {
    %client.player.SetTransform (%client.camera.GetTransform ());
    %client.player.SetVelocity ("0 0 0");
    %client.SetControlObject (%client.player);
    }
}
function ServerCmdDropCameraAtPlayer (%client)
{
  %client.camera.SetTransform (%client.player.GetEyeTransform ());
  %client.camera.SetVelocity ("0 0 0");
  %client.SetControlObject (%client.camera);
}
function ServerCmdUse (%client,%data)
{
  %client.GetControlObject ().use (%data);
}
// stubs
function ClearCenterPrintAll ()
{
}

function ClearBottomPrintAll ()
{
```

Chapter 5 Game Play

```
}
function onNeedRelight（）
    {
    }
```

模块中的第一个函数 OnServerCreated 相当直接。在调用它时，它会载入我们需要的运行游戏必须的模块。

之后是 StateGame 函数，在这个函数中，我们安排了在每次启动游戏时所需要的操作。在这里，如果规定了游戏每次运行的时间，那么将使用 Schedule 函数启动游戏的定时器。

Schedule 是一个非常重要的函数，所以我们在这里会多花一点时间。调用该函数的语句是：

% event = Schedule（time, reference, command, < param1. . . paramN >）

这个函数将在 time 毫秒内对一个事件进行时间安排，并执行带参数的 command。如果 reference 不是 0，那么需要确保 reference 被赋值为一个有效的对象句柄。如果这个对象被删除了，那么安排好的事件会被丢弃，如果它还没有被触发的话。Schedule 函数返回一个事件 ID 号，可以使用这个 ID 跟踪安排好的事件，或者在该事件发生前用这个 ID 来取消它。

在我们的游戏定时器里并没有定义游戏运行的时间长短，所以游戏直到关闭时才结束，Schedule 函数也不会被调用。例如，如果 $ Game :: Duration 已被设置为1800（即每分钟60秒乘以30分钟），那么调用 Schedule 函数时第一个参数将被指定为 1800×1000，或者是 1800000，即 30 分钟内的毫秒数。

在任务装载完成后，LoadMission 将调用 OnMissionLoaded 函数。它实际完成的所有工作就是使玩家可以开始玩游戏，但是它是插入某些代码的理想位置，这些代码会根据装载的任务调整游戏的功能。

下一个函数 OnMissionEnded 将在一个任务运行结束时调用，通常是由 DestroyServer 函数调用它。这里它取消了已经安排好的游戏结束事件，如果没有设置游戏运行时间的长短——我们现在就是这种情况——那么什么事情都不会发生。

在此之后是 GameConnection :: OnClientEnterGame 方法。当服务器接收客户机加入游戏时会调用这个方法——此时客户机还没有真正进入游戏。服务器将创建一个新的观察者模式摄像机并把它添加到 MissionClearup 对象组上。这个组包含了在一个任务结束时需要从内存中删除的对象。接下来，把客户机设置到摄像机的范围内。这个过程与绑定相似，只不过它将网络对象（这里通过参数%this 调用 GameConnection 对象）"连接"到游戏对象上。这样 Torque 就知道往哪里发送事件和消息了，然后我们把玩家化身的产生加入到游戏世界中。

GameConnection::SpawnPlayer 是一个"胶水"方法，在将来，这个方法的功能将更加强大。现在我们只是使用它来调用 CreatePlayer 方法，以一种固定的形式告诉这个方法应该把新建的玩家化身放置在什么地方。通常这是我们放置玩家产生决策代码的地方。它也许还会调用一个函数，这个函数会根据产生标记计算出产生点的变化。一旦得知在什么地方产生，那么我们就可以调用 CreatePlayer 函数创建化身。

GameConnection::CreatePlayer 是创建玩家的化身对象、配置化身并把化身的控制权递交给玩家的方法。第一件需要注意的事情是我们必须保证 Game-Connection 还没有或一直没有任何化身分配给它。否则，我们将可能创建一个被 GarageGames 公司的工程师们称为 Angus Ghost 的东西。这是一个幽灵般的对象，存在于所有的客户机，而且在客户机范围内不受任何控制。这决不是我们希望的！一旦排除这种情况，我们就可以创建新的化身，赋予它一些能量，然后把控制权递交给玩家，这和前面第 4 章中的做法一样。

如果玩家所受的伤害超过一定的数量，那么将从玩家的 Damage 处理器中调用 GameConnection::onDeath。我们在这个方法中所做的事情是把客户机切换到死亡视角并将玩家对象脱钩。这允许玩家停下来查看自己的游戏角色的"尸体"直到决定再次加入到游戏中。有一个包含了"good hit（干得好）"注释的模块，我们可以在里面加入得分统计和其他自己需要的功能的代码。我们也可以惩罚自杀的玩家，通常是计算伤害的类型或者是计算杀死玩家的武器所有者的 ID。

接下来是一系列的 ServerCmd 消息处理器函数，它们将根据接收到的消息让玩家控制摄像机或化身。

ServerCmdToggleCamera 选择是把摄像机或是化身作为控制对象指派给玩

家。每次调用这个函数，它都会检查哪一个对象是控制对象——摄像机或化身——然后选择另一个对象作为控制对象。

ServerCmdDropPlayerAtCamera 将把玩家的化身移动到摄像机对象当前所在的位置并把角色的速度设置为 0。当这个函数存在时，控制对象始终被设置为玩家的化身。

ServerCmdDropCameraAtPlayer 做的是相反的事情。它设置摄像机的形式以便适应玩家化身的视角并把速度设置为 0。当这个函数存在时，控制对象始终被设置为摄像机。

下一个函数 ServerCmdUse 是一个重要的游戏运行消息处理器。无论何时，当我们想激活或者使用某个由玩家控制的对象时，我们就称这个函数为"已经设置好"，或者是库存中的拥有物。在调用时，这个函数将计算出客户机的控制对象的句柄，然后向这个对象的使用方法传递它所接收到的数据。数据可以是任何东西，但大多数时候是激活模式或者是一个数字（比如功力或生命值）。在后面的物品块中你将会看到这个工作在后台是如何进行的。

最后，还有一些例行程序。你应该记得，这些函数是从公共代码脚本模块中调用的。我们现在不需要它们的功能，所以它们是没有内容的。在这里使用它们是为尽量减少控制台中的错误信息。

control/server/players/player. cs

这可是游戏开发的重头戏。相对于其他模块，你可能会花费更多的时间来编写、修改、调整甚至诅咒这个模块——或你自己做的模块变体。

输入下面的代码并把它保存为 \ Emaga5 \ control \ server \ players \ player. cs。

```
// ==========================================================
// control/server/players/player. cs
//   Copyright ( c) 2003，2006 by Kenneth C. Finney.
// ==========================================================
exec ( "~/data/models/avatars/orc/player. cs") ;

datablock PlayerData ( MaleAvatar)
{
```

```
    className = OrcClass;
    shapeFile = " ~/data/models/avatars/human/player. dts";
    emap = true;
    renderFirstPerson = false;
    cameraMaxDist = 3;
    mass = 100;
    density = 10;
    drag = 0. 1;
    maxdrag = 0. 5;
    maxDamage = 100;
    maxEnergy = 100;
    maxForwardSpeed = 15;
    maxBackwardSpeed = 10;
    maxSideSpeed = 12;
    minJumpSpeed = 20;
    maxJumpSpeed = 30;
    runForce = 1000;
    jumpForce = 1000;
    runSurfaceAngle = 40;
    jumpSurfaceAngle = 30;
    runEnergyDrain = 0. 05;
    minRunEnergy = 1;
    jumpEnergyDrain = 20;
    minJumpEnergy = 20;
    recoverDelay = 30;
    recoverRunForceScale = 1. 2;
    minImpactSpeed = 10;
    speedDamageScale = 3. 0;
    repairRate = 0. 03;
    maxInv [ Copper ] = 9999;
    maxInv [ Silver ] = 99;
    maxInv [ Gold ] = 9;
    maxInv [ Crossbow ] = 1;
    maxInv [ CrossbowAmmo ] = 20;
};
// = = = = = = = = = = = = = = = = = = = = = = = = = = = = = = = = = = = = = = = = = = = = =
// Avatar Datablock methods
// = = = = = = = = = = = = = = = = = = = = = = = = = = = = = = = = = = = = = = = = = = = = =
function OrcClass :: onAdd ( % this,% obj)
{
    % obj. mountVehicle = false;
```

```
    // Default dynamic Avatar stats
    % obj. setRechargeRate (0. 01);
    % obj. setRepairRate (% this. repairRate);
}
function OrcClass :: onRemove (% this,% obj)
{
    % client = % obj. client;
    if (% client. player = = % obj)
      {
        % client. player = 0;
      }
}
function OrcClass :: onCollision (% this,% obj,% col,% vec,% speed)
{
    % obj_ state = % obj. getState ();
    % col_ className = % col. getClassName ();
    % col_ dblock_ className = % col. getDataBlock (). className;
    % colName = % col. getDataBlock (). getName ();
    if (% obj_ state $ = "Dead")
      return;
    if (% col_ className $ = "Item" | | % col_ className $ = "Weapon")
      {
        % obj. pickup (% col);
      }
}

// ==========================================================
// MaleAvatar (ShapeBase) class methods
// ==========================================================
function MaleAvatar :: onImpact (% this,% obj,% collidedObject,% vec,% vecLen)
{
    % obj. Damage (0, VectorAdd (% obj. getPosition (),% vec),
        % vecLen * % this. speedDamageScale, "Impact");
}
function MaleAvatar :: Damage (% this,% obj,% sourceObject,% position,% damage,
% damageType)
{
    if (% obj. getState () $ = "Dead")
      return;
    % obj. applyDamage (% damage);
    % location = "Body";
    % client = % obj. client;
```

```
% sourceClient = % sourceObject? % sourceObject. client : 0;
if (% obj. getState ( )  $ = "Dead")
  {
    % client. onDeath (% sourceObject,% sourceClient,% damageType,% location);
  }
}
function MaleAvatar :: onDamage (% this,% obj,% delta)
{
  if (% delta >0 &&% obj. getState ( )! $ = "Dead")
    {
    // Increment the flash based on the amount.
    % flash = % obj. getDamageFlash ( ) + ( (% delta /% this. maxDamage) *2);
    if (% flash >0.75)
      % flash = 0.75;
    if (% flash >0.001)
      {
        % obj. setDamageFlash (% flash);
      }
    % obj. setRechargeRate (0.01);
    % obj. setRepairRate (0.01);
  }
}
function MaleAvatar :: onDisabled (% this,% obj,% state)
{
  % obj. clearDamageDt ( );
  % obj. setRechargeRate (0);
  % obj. setRepairRate (0);
  % obj. setImageTrigger (0, false);
  % obj. schedule (5000, "startFade", 5000, 0, true);
  % obj. schedule (10000, "delete");
}
```

代码的第一行加载并执行了一个叫做 player. cs 的"胶水模块"。该模块为动画序列名称和动画序列文件之间提供了映射。关于其具体的工作原理将会在第 14 章关于如何使用 Torque Engine 创建动画模型时详细讲解。现在重要的是知道如果我们要使用动画序列文件（文件类型为 . dsq），首先我们需要将这些文件与 Torque 用来触发动画的序列名称关联起来，这种关系与这行代码执行的胶水模块类似。

接下来的代码块定义了一个被 MaleAvatar 的数据块，这个数据块是 PlayerData 类的一个实例。表 5. 2 中给出了数据块各个数据项的简要说明。

简单说明一下 classname 属性：它是为这个数据块提供的一个 GameBase 类名属性，在这里是 MaleAvatar。我们使用这个类名来提供一个携带各种方法的地方，这将在本模块的后面给予定义。

在第 3 章，我们曾讨论过环境贴图（environment mapping），这是一种渲染技术，这种技术在渲染一个对象时提供了一种把游戏世界的外观和周围环境考虑在内的方法。在渲染化身模型时，通过把 emap 属性设置为 true 就可以进行环境贴图。

如果把 renderFirstPerson 属性设置为 true，那么如果以第一视角玩游戏，在环顾四周时我们就可以看见自己的化身，也就是我们的"身体"。如果把这个属性设置为 false，那么无论观察哪个方向，我们都无法看见自己。

为了控制你的化身的能量损耗，需要调整以下几个属性：maxEnergy、runEnergyDrain、minRunEnergy、jumpEnergyDrain 和 minJumpEnergy。通常，跳跃所需的最小能量应该高于跑动所需的最小能量。另外，跳跃的能量损耗应该高于（用数字表示就是应该大于）跑动的能量损耗值。

接下来是一系列方法，在把化身当作一个 GameBase 类进行处理时会用到这些方法。

表 5.2　Emaga5 化身的属性

属　性	说　明
className	定义一个可以包含化身的任意类
shapeFile	指定包含化身的 3D 模型的文件
emap	允许把化身模型映射到环境贴图上
renderFirstPerson	如果为 true，则使得在第一人称视角模式时化身模型可见
cameraMaxDist	在第三人称视角模式下摄像机离化身的最大距离
mass	化身在游戏世界中的质量
density	可任意定义的密度。低密度玩家将浮在水面上
drag	通过模拟摩擦力降低化身的速度
maxDrag	允许的最大拖力
maxDamage	在化身被杀死之前能够承受的最大伤害点数
maxEnergy	允许的最大能量

属 性	说 明
maxForwardSpeed	前进时允许最大的速度
maxBackwardSpeed	后退时允许最大的速度
maxSideSpeed	向两旁移动时允许的最大时速
MinJumpSpeed	低于此速度，不能让化身起跳
maxJumpSpeed	高于此速度，不能让化身起跳
runForce	起跳力以及加速度
jumpForce	起跑力以及加速度
runSurfaceAngle	化身能够在其上跑动的斜坡的最大度数（以度为单位）
jumpSurfaceAngle	化身能够在其上跳动的斜坡的最大度数，通常略低于run-SurfaceAngle 的值
runEnergyDrain	玩家跑动时能量的损失速率
minRunEnergy	能量低于这个值玩家将无法跑动
jumpEnergyDrain	玩家跳跃时能量的损失速率
minJumpEnergy	能量低于这个值玩家将无法跳跃
recoverDelay	在一次跌倒或跳跃之后需要多长时间能量才能恢复，时间单位是 tick，1tick ＝ 32ms
recoverRunForceScale	在登陆后恢复状态下的起跑力缩放比例
minImpactSpeed	高于这个速度，碰撞将导致伤害
speedDamageScale	用于衡量与速度相关的伤害比例
repairRate	在使用急救或健康时伤害恢复的速度有多快
maxInv［Copper］	玩家所能携带的铜币的最大数目
maxInv［Silver］	玩家所能携带的银币的最大数目
maxInv［Gold］	玩家所能携带的金币的最大数目
maxInv［Crossbow］	玩家所能携带的弓弩的最大数目
maxInv［CrossbowAmmo］	玩家所能携带的弓箭的最大数目

　　无论何时，当我们向游戏中添加一个新化身实例时，第一个被调用的方法是 MaleAvatar∷onAdd。在这个方法中，我们初始化了几个变量，然后把数据块的 repairRate 属性（记住数据块一旦被传递到客户机就会变成静态的，其属性不可修改）的值传递给 Player 对象，以便后面能够使用它。参数％obj 传

递 Player 对象句柄。

当然，我们还需要知道删除化身应该做些什么，这是 MaleAvatar∷onRe-move 方法的工作。这个方法没有什么特别的地方——它只要把化身的句柄设置为 0 就行了。

与一个有生命的且处于激活状态的化身交互最频繁的方法之一是 MaleAvatar∷onCollision。无论什么时候，只要引擎确定化身和某个能产生碰撞的对象发生了碰撞，它就会调用这个方法。需要提供五个参数：第一个是数据块的句柄，第二个是 player 对象的句柄，第三个是击中我们的对象（或者是我们击中的对象）的句柄，第四个是角色和被击中的对象之间的相对速度向量，第五个是被击中的物体的绝对速度。使用这些输入内容，我们可以进行一些相当复杂的碰撞计算。

然而，我们所需要做的事情仅仅是查明化身的状态（活着还是死了）和被击中的对象的类型。如果我们死了（例如，化身的身体从一个小山上滑落），就从这个方法中返回。否则，如果我们击中的对象是某种器具或武器，那么我们将试图把它捡起来。

当我们的化身击中某个东西的时候，引擎将调用 MaleAvatar∷onImpact 方法。与 onCollision 方法不同，这个方法会检测任何冲突，而不仅仅是和游戏世界中的对象发生碰撞。只有在 ShapeBase 类的对象之间才会发生碰撞，比如物品、玩家化身、交通工具和武器。冲突不仅仅会在这些物体之间发生，而且还会在地形和内部之间发生。所以，onImpact 也提供了 5 个完全相同的参数。我们使用这些数据来计算玩家应该受到多少伤害，然后通过化身对象的 Damage 方法把这些伤害反映到化身上。

我们将在 MaleAvatar∷Damage 函数中确定伤害对化身会产生什么样的影响。如果我们想指定命中区域，或者根据对象的组成部分计算伤害，相应的代码应该放在这个函数中。如果玩家在这里死了，我们也只有退出这个函数。否则，我们将把伤害反映到化身上（把伤害值累加起来），然后返回对象的当前状态。如果对象现在死了，我们将调用 OnDeath 处理器来进行处理，然后退出该函数。

接下来是 MaleAvatar∷onDamage 方法，无论何时，当对象的伤害值发生变化时引擎将调用这个方法。当有伤害发生的时候，如果需要为玩家产生一些特殊的效果——比如使屏幕闪动或者播放某些音效，我们就会用到这个方法。在这里，我们使屏幕闪动，并开始缓慢地减去因伤害而损耗的能量。与此同时，我们启动一个缓慢的伤害恢复过程，这意味着在一段时间之后，我们将重新获得生命（负的生命值等于正的伤害值）。

当玩家的伤害超过 maxDamage 属性的值时，玩家对象将被设置为 disabled 状态。此时，引擎将调用 MaleAvatar∷onDisabled 函数。我们将在这个函数中处理玩家化身死亡的最后阶段。所做的工作是把所有的恢复值都设置为 0，冻结任何配备的武器，然后开始死亡的处理过程。我们使它保持几秒钟然后慢慢消失。

control/server/weapons/weapon. cs

这个 Weapon 模块包含了用于 Weapon 和 Ammo 类的命名空间帮助方法，这两个类定义了一组方法，这些方法是动态命名空间类的组成部分。所有 ShapeBase 类的图像都被放置在某种形状的 8 个插槽中的一个上。

还有一些挂在库存系统上的钩子，它们是专门与武器和弹药一起使用的。输入下面的代码并把它保存为 \ Emaga5 \ control \ server \ weapons \ weapon. cs。

```
// ==========================================================
// control/server/weapons/weapon. cs
// Copyright (c) 2003, 2006 Kenneth C. Finney 2003, 2006 by Kenneth
// Portions Copyright (c) 2001 GarageGames. com
// Portions Copyright (c) 2001 by Sierra Online, Inc.
// ==========================================================
$ WeaponSlot = 0;
function Weapon∷OnUse (% data,% obj)
{
  if (% obj. GetMountedImage ( $ WeaponSlot)! = % data. image. GetId ())
  {
    % obj. mountImage (% data. image, $ WeaponSlot);
    if (% obj. client)
      MessageClient (% obj. client, 'MsgWeaponUsed', '\ c0Weapon selected');
  }
}
function Weapon∷OnPickup (% this,% obj,% shape,% amount)
```

```
   {
   if ( Parent :: OnPickup ( % this , % obj , % shape , % amount ) )
   {
     if ( ( % shape. GetClassName ( )  $ = "Player"  | |
          % shape. GetClassName ( )  $ = "AIPlayer") &&
          % shape. GetMountedImage ( $ WeaponSlot)  = = 0)
     {
       % shape. Use ( % this);
     }
   }
}
function Weapon :: OnInventory ( % this , % obj , % amount)
{
   if ( !% amount && ( % slot = % obj. GetMountSlot ( % this. image ) ) !  =  - 1)
     % obj. UnmountImage ( % slot);
}
function WeaponImage :: OnMount ( % this , % obj , % slot)
{
   if ( % obj. GetInventory ( % this. ammo))
     % obj. SetImageAmmo ( % slot,  true);
}
function Ammo :: OnPickup ( % this , % obj , % shape , % amount)
{
   if ( Parent :: OnPickup ( % this , % obj , % shape , % amount))
   {

   }
}
function Ammo :: OnInventory ( % this , % obj , % amount)
{
   for ( % i = 0 ;% i <8;% i + + )
   {
     if ( ( % image = % obj. GetMountedImage ( % i ) ) >0)
       if ( IsObject ( % image. ammo) &&% image. ammo. GetId ( )  = = % this. GetId ( ))
       % obj. SetImageAmmo ( % i ,% amount !  =0);
   }
}
function RadiusDamage ( % sourceObject ,% position ,% radius ,% damage ,% damageType , % impulse)
{
   InitContainerRadiusSearch ( % position ,% radius ,
   $ TypeMasks :: ShapeBaseObjectType);
   % halfRadius = % radius /2;
   while ( ( % targetObject = ContainerSearchNext ( ) ) !  =0) {
     % coverage = CalcExplosionCoverage ( % position ,% targetObject ,
```

```
        $ TypeMasks :: InteriorObjectType  |  $ TypeMasks :: TerrainObjectType  |
        $ TypeMasks :: ForceFieldObjectType  |  $ TypeMasks :: VehicleObjectType ) ;
    if ( % coverage  = = 0 )
        continue ;
    % dist  =  ContainerSearchCurrRadiusDist ( ) ;
    % distScale  =  ( % dist  < % halfRadius ) ? 1.0 :
        1.0 − ( ( % dist − % halfRadius ) /% halfRadius ) ;
    % targetObject. Damage ( % sourceObject, % position,
        % damage  * % coverage  * % distScale, % damageType ) ;
    if ( % impulse )  {
        % impulseVec  =  VectorSub ( % targetObject. GetWorldBoxCenter ( ) , % position ) ;
        % impulseVec  =  VectorNormalize ( % impulseVec ) ;
        % impulseVec  =  VectorScale ( % impulseVec, % impulse  * % distScale ) ;
        % targetObject. ApplyImpulse ( % position, % impulseVec ) ;
    }
  }
}
```

　　包含在这个模块中的武器管理系统假设所有基本的武器都已放置在由 $ WeaponSlot 变量指定的插槽上。

　　第一个定义的方法是 Weapon :: onUse，它说明了所有武器在使用时的默认行为：放到对象的 $ WeaponSlot 武器插槽中，这个变量在当前被设置为0。服务器会向客户机发送一条消息表明放置动作成功。想象一下这样的情形：你随身携带着一把用枪套装着的手枪。当通过某个键绑定向服务器发送 Use 命名时，形象地说，手枪将被程序从枪套中删除，并放到图像插槽0中，此时它将显示在玩家的手中。这就是"使用"一件武器时所发生的一切。

　　下一个方法是 Weapon :: onPickup，它用于决定当化身遇到一件武器时怎样切换武器，而 MaleAvatar 的 onCollision 方法将决定你是否捡起这件武器。首先，父类的 onPickup 方法将完成捡起武器的实际动作，这个动作还包括把武器放入我们的装备库存中（我们将在本章的后面详细讨论类的方法）。在完成以上的工作后，我们在这里获得这个过程的控制权。我们所做的事情是如果玩家手中还没有武器就会自动使用这件武器。

　　当 Item 库存代码检测到库存的状态发生改变时，就会调用 Weapon :: onInventory 方法，以便检查角色手中的武器是否是库存里面某个插槽上的武器的实例，以防使用到库存中没有的武器。当武器库存发生变化时，如果在库存中已经不存在某种武器，那么必须保证不会使用这种武器。

Chapter 5 Game Play

在使用某种武器的时候，服务器会调用 WeaponImage∷onMount 方法。利用它，我们可以根据当前的库存来设置状态。

如果在捡起一件武器时需要调用某些特殊的功能，我们可以把它放在 Ammo∷onPickup 方法中。父 Item 方法将完成捡起武器的实际动作，然后发出一声嘀叭声。如果我们得到的是一种暗器，那么这个方法是放置相应的功能代码最好的地方。

通常，弹药本身被当作独立的物品。当弹药库存水平发生变化时，服务器将调用 Ammo∷ onInvertory 方法。于是我们就可以更新所有放置好的图片，用这种弹药反映出新的状态。在这个方法中，我们遍历所有配备的武器以检查每种武器的弹药情况。

RadiusDamage 是一个非常巧妙的函数，我们用它来反映在爆炸中心一定距离范围内的对象的爆炸效果，并根据需要对每个对象产生一个冲击力从而移动对象。

函数的第一条语句使用 InitContainerRadiusSearch 准备将要用到的容器系统。这表示引擎将会以由 % position 指定的地点为中心，在 % raduis 指定的范围内搜索所有符合 $ TypeMasks∷ShapeBaseObjectType 类型的对象。一旦准备好容器半径搜索，我们将连续调用 ContainerSearchNext 函数。每一次调用都将返回一个已发现的符合我们指定的类型掩码的对象句柄。如果返回的句柄值为 0，那么搜索就结束了。

因此我们将使用一个精心设计的 while 循环，只要 ContainerSearchNext 函数返回到 % targetObject 变量中的值是一个有效的对象句柄（非零值），该循环就会继续执行。对于每一个搜索到的对象，我们将计算爆炸对该对象所产生的伤害，但在把计算结果反映到对象上时还要考虑爆炸是否被某些类型的对象阻挡了。如果有一个这样的对象完全阻挡住爆炸，那么爆炸的破坏范围就会是 0。

接下来，我们使用 ContainerSearchCurrRadiusDist 函数取得被影响对象的近似半径，并从爆炸中心到该对象中心的距离中减去这个值，从而获得对象离爆炸中心最近的一个表面间的距离。然后，将根据这个距离按照一定的比例把伤害反映到对象上。如果对象最近的一个面到爆炸中心的距离小于爆炸半径的一半时，那么对象将受到完全的伤害。

最后，如果有需要，将根据另一个距离比例把一个冲击向量反映到对象
上。这样做的效果是把对象推离爆炸中心。

control/server/weapons/crossbow. cs

对于游戏中的每一种武器，我们都需要创建一个专用的模块，其中包括
武器的数据块、方法、粒子定义（如果是独一无二的武器的话）以及其他有
用的信息。

模块中的代码很多，因此如果希望省掉一些内容以减少输入量，那么可
以把所有与粒子和爆炸有关的数据块先省去。虽然这样不能产生很炫的爆炸
场景和烟雾效果，在控制台日志中也会出现一些错误警告信息，但是武器仍
然可以使用。

本模块中定义的弓弩是一种很特别的富于想象的弓弩——很有中世纪的
风格。它发射一种燃烧着的箭矢，这种箭矢在碰撞到物体时会像手榴弹那样
爆炸。非常酷！

输入下面的代码并把它保存为 \ Emaga5 \ control \ server \ weapons \ cross-
bow. cs。

```
// ============================================================
// control/server/weapons/crossbow. cs
// Copyright (c) 2003, 2006 Kenneth C. Finney
// Portions Copyright (c) 2001 GarageGames. com
// Portions Copyright (c) 2001 by Sierra Online, Inc.
// ============================================================
datablock ParticleData (CrossbowBoltParticle)
{
    textureName          = "~/data/particles/smoke";
    dragCoefficient      = 0.0;
    gravityCoefficient   = -0.2;    // rises slowly
    inheritedVelFactor   = 0.00;
    lifetimeMS           = 500;    // lasts 0.7 second
    lifetimeVarianceMS   = 150;    // ... more or less
    useInvAlpha = false;
    spinRandomMin   = -30.0;
    spinRandomMax   = 30.0;
    colors[0]        = "0.56 0.36 0.26 1.0";
    colors[1]        = "0.56 0.36 0.26 1.0";
```

```
    colors [2]          = "0 0 0 0";
    sizes [0]           = 0.25;
    sizes [1]           = 0.5;
    sizes [2]           = 1.0;
    times [0]           = 0.0;
    times [1]           = 0.3;
    times [2]           = 1.0;
};
datablock ParticleEmitterData (CrossbowBoltEmitter)
{
    ejectionPeriodMS  = 10;
    periodVarianceMS = 5;
    ejectionVelocity   = 0.25;
    velocityVariance   = 0.10;
    thetaMin          = 0.0;
    thetaMax          = 90.0;
    particles = CrossbowBoltParticle;
};
datablock ParticleData (CrossbowExplosionParticle)
{
    textureName            = " ~/data/particles/smoke";
    dragCoefficient        = 2;
    gravityCoefficient     = 0.2;
    inheritedVelFactor     = 0.2;
    constantAcceleration   = 0.0;
    lifetimeMS             = 1000;
    lifetimeVarianceMS     = 150;
    colors [0]             = "0.56 0.36 0.26 1.0";
    colors [1]             = "0.56 0.36 0.26 0.0";
    sizes [0]              = 0.5;
    sizes [1]              = 1.0;
};
datablock ParticleEmitterData (CrossbowExplosionEmitter)
{
    ejectionPeriodMS  = 7;
    periodVarianceMS = 0;
    ejectionVelocity   = 2;
    velocityVariance   = 1.0;
    ejectionOffset     = 0.0;
    thetaMin          = 0;
    thetaMax          = 60;
    phiReferenceVel   = 0;
    phiVariance       = 360;
```

```
      particles = "CrossbowExplosionParticle";
};
datablock ParticleData (CrossbowExplosionSmoke)
{
   textureName          = " ~/data/particles/smoke";
   dragCoefficient      = 100.0;
   gravityCoefficient   = 0;
   inheritedVelFactor   = 0.25;
   constantAcceleration = -0.80;
   lifetimeMS           = 1200;
   lifetimeVarianceMS   = 300;
   useInvAlpha = true;
   spinRandomMin = -80.0;
   spinRandomMax = 80.0;

   colors[0]            = "0.56 0.36 0.26 1.0";
   colors[1]            = "0.2 0.2 0.2 1.0";
   colors[2]            = "0.0 0.0 0.0 0.0";

   sizes[0]             = 1.0;
   sizes[1]             = 1.5;
   sizes[2]             = 2.0;

   times[0]             = 0.0;
   times[1]             = 0.5;
   times[2]             = 1.0;
};
datablock ParticleEmitterData (CrossbowExplosionSmokeEmitter)
{
   ejectionPeriodMS = 10;
   periodVarianceMS = 0;
   ejectionVelocity = 4;
   velocityVariance = 0.5;
   thetaMin         = 0.0;
   thetaMax         = 180.0;
   lifetimeMS       = 250;
   particles = "CrossbowExplosionSmoke";
};
datablock ParticleData (CrossbowExplosionSparks)
{
   textureName          = " ~/data/particles/spark";
   dragCoefficient      = 1;
   gravityCoefficient   = 0.0;
   inheritedVelFactor   = 0.2;
   constantAcceleration = 0.0;
```

Chapter 5 Game Play

```
    lifetimeMS          = 500;
    lifetimeVarianceMS = 350;
    colors [0]          = "0.60 0.40 0.30 1.0";
    colors [1]          = "0.60 0.40 0.30 1.0";
    colors [2]          = "1.0 0.40 0.30 0.0";

    sizes [0]           = 0.5;
    sizes [1]           = 0.25;
    sizes [2]           = 0.25;

    times [0]           = 0.0;
    times [1]           = 0.5;
    times [2]           = 1.0;
};
datablock ParticleEmitterData (CrossbowExplosionSparkEmitter)
{

    ejectionPeriodMS  = 3;
    periodVarianceMS = 0;
    ejectionVelocity   = 13;
    velocityVariance   = 6.75;
    ejectionOffsct     = 0.0;
    thetaMin           = 0;
    thetaMax           = 180;
    phiReferenceVel    = 0;
    phiVariance        = 360;
    overrideAdvances  = false;
    orientParticles    = true;
    lifetimeMS         = 100;
    particles  = "CrossbowExplosionSparks";
};
datablock ExplosionData (CrossbowSubExplosion1)
{
    offset = 1.0;
    emitter [0] = CrossbowExplosionSmokeEmitter;
    emitter [1] = CrossbowExplosionSparkEmitter;
};
datablock ExplosionData (CrossbowSubExplosion2)
{
    offset = 1.0;
    emitter [0] = CrossbowExplosionSmokeEmitter;
    emitter [1] = CrossbowExplosionSparkEmitter;
};
datablock ExplosionData (CrossbowExplosion)
{
```

```
        lifeTimeMS  = 1200;
        particleEmitter  = CrossbowExplosionEmitter;  // Volume particles
        particleDensity  = 80;
        particleRadius  = 1;
        emitter[0]  = CrossbowExplosionSmokeEmitter;  // Point emission
        emitter[1]  = CrossbowExplosionSparkEmitter;
        subExplosion[0]  = CrossbowSubExplosion1;  // Sub explosion objects
        subExplosion[1]  = CrossbowSubExplosion2;
        shakeCamera  = true;                          // Camera Shaking
        camShakeFreq  = "10.0 11.0 10.0";
        camShakeAmp  = "1.0 1.0 1.0";
        camShakeDuration  = 0.5;
        camShakeRadius  = 10.0;
        lightStartRadius  = 6;                        // Dynamic light
        lightEndRadius  = 3;
        lightStartColor  = "0.5 0.5 0";
        lightEndColor  = "0 0 0";
};
datablock ProjectileData (CrossbowProjectile)
{
        projectileShapeName  = " ~/data/models/weapons/bolt.dts";
        directDamage        = 20;
        radiusDamage        = 20;
        damageRadius        = 1.5;
        explosion           = CrossbowExplosion;
        particleEmitter     = CrossbowBoltEmitter;
        muzzleVelocity      = 100;
        velInheritFactor    = 0.3;
        armingDelay         = 0;
        lifetime            = 5000;
        fadeDelay           = 5000;
        bounceElasticity    = 0;
        bounceFriction      = 0;
        isBallistic         = true;
        gravityMod     = 0.80;
        hasLight       = true;
        lightRadius    = 4.0;
        lightColor     = "0.5 0.5 0";
};
function CrossbowProjectile :: OnCollision (%this,%obj,%col,%fade,%pos,%normal)
{
    if (%col.getType () & $TypeMasks::ShapeBaseObjectType)
        %col.damage (%obj,%pos,%this.directDamage, "CrossbowBolt");
```

```
RadiusDamage (%obj,%pos,%this. damageRadius,%this. radiusDamage, "CrossbowBolt", 0);
   }
datablock ItemData (CrossbowAmmo)
{
   category = "Ammo";
   className = "Ammo";
   shapeFile = " ~/data/models/weapons/boltclip. dts";
   mass = 1;
   elasticity = 0. 2;
   friction = 0. 6;

      //Dynamic properties defined by the scripts
      pickUpName = "crossbow bolts";
   maxInventory = 20;
};
datablock ItemData (Crossbow)
{
   category = "Weapon";
   className = "Weapon";
   shapeFile - " ~/data/models/weapons/crossbow. dts";
   mass = 1;
   elasticity = 0. 2;
   friction = 0. 6;
   emap = true;
   pickUpName = "a crossbow";
   image = CrossbowImage;
};
datablock ShapeBaseImageData (CrossbowImage)
{
   shapeFile = " ~/data/models/weapons/crossbow. dts";
   emap = true;
   mountPoint = 0;
   eyeOffset = "0. 1 0. 4 -0. 6";
   correctMuzzleVector = false;
   className = "WeaponImage";
   item = Crossbow;
   ammo = CrossbowAmmo;
   projectile = CrossbowProjectile;
   projectileType = Projectile;

   stateName [0]                    = "Preactivate";
   stateTransitionOnLoaded [0]      = "Activate";
   stateTransitionOnNoAmmo [0]      = "NoAmmo";
   stateName [1]                    = "Activate";
```

```
stateTransitionOnTimeout [1]       = "Ready";
stateTimeoutValue [1]              = 0.6;
stateSequence [1]                  = "Activate";
stateName [2]                      = "Ready";
stateTransitionOnNoAmmo [2]        = "NoAmmo";
stateTransitionOnTriggerDown [2]   = "Fire";
stateName [3]                      = "Fire";
stateTransitionOnTimeout [3]       = "Reload";
stateTimeoutValue [3]              = 0.2;
stateFire [3]                      = true;
stateRecoil [3]                    = LightRecoil;
stateAllowImageChange [3]          = false;
stateSequence [3]                  = "Fire";
stateScript [3]                    = "onFire";
stateName [4]                      = "Reload";
stateTransitionOnNoAmmo [4]        = "NoAmmo";
stateTransitionOnTimeout [4]       = "Ready";
stateTimeoutValue [4]              = 0.8;
stateAllowImageChange [4]          = false;
stateSequence [4]                  = "Reload";
stateEjectShell [4]                = true;
stateName [5]                      = "NoAmmo";
stateTransitionOnAmmo [5]          = "Reload";
stateSequence [5]                  = "NoAmmo";
stateTransitionOnTriggerDown [5]   = "DryFire";
stateName [6]                      = "DryFire";
stateTimeoutValue [6]              = 1.0;
stateTransitionOnTimeout [6]       = "NoAmmo";
};
function CrossbowImage :: onFire (% this, % obj, % slot)
{
  % projectile  = % this. projectile;
  % obj. decInventory (% this. ammo, 1);
  % muzzleVector      = % obj. getMuzzleVector (% slot);
  % objectVelocity    = % obj. getVelocity ();
  % muzzleVelocity    = VectorAdd (
    VectorScale (% muzzleVector, % projectile. muzzleVelocity),
    VectorScale (% objectVelocity, % projectile. velInheritFactor));
  % p = new (% this. projectileType) () {
  dataBlock          = % projectile;
  initialVelocity    = % muzzleVelocity;
  initialPosition    = % obj. getMuzzlePoint (% slot);
  sourceObject       = % obj;
```

Chapter 5 Game Play

```
sourceSlot              = % slot;
client                  = % obj. client;
};
MissionCleanup. add（% p）;
return % p;
}
```

我们暂时不讨论与粒子、爆炸和武器数据块定义有关的代码，等到在后面的章节中开始创建自己的武器的时候再详细讨论这些内容。现在只把注意力集中在数据块的方法上。

第一个方法是 CrossbowProjectile :: OnCollision，它是最关键的方法之一。当服务器调用它时，它首先会查看箭矢是否击中正确的目标。如果是，那么箭矢的伤害值将直接反映到被击中的对象上。然后调用函数 RadiusDamage，根据情况把伤害反映到爆炸半径内的对象上。

在射箭的时候，CrossbowImage :: onFire 方法负责创建箭矢并把它发射出去。首先，箭矢在装备库存中被删除，然后根据箭矢的指向计算出一个矢量。这个矢量是由箭矢在某个方向上的特定速度和从弓弩传递过来的速度（而这个速度又是由角色传递而来的）计算得到的。

最后，一个新的箭矢对象将出现在弓弩所在的位置上——箭矢出现时就获得了与速度有关的信息，所以在被添加进游戏时，它立即就朝着目标飞过去。

在这个方法退出前，箭矢会被添加到 MissionCleanup 组。

control/server/misc/item. cs

这个模块包含了捡起和创建物品，以及定义特定的物品和它们的方法所需的代码。输入下面的代码并把它保存为 \ Emaga5 \ control \ server \ misc \ i-tem. cs。

```
// ========================================================
// control/server/misc/item. cs
// Copyright（c）2003，2005 by Kenneth C. Finney.
// ========================================================
$ RespawnDelay = 20000;
$ LoiterDelay = 10000;
```

```
function Item :: Respawn （% this）
{
   % this. StartFade （0, 0, true）;
   % this. setHidden （true）;
   // Schedule a resurrection
   % this. Schedule （ $ RespawnDelay, "Hide", false）;
   % this. Schedule （ $ RespawnDelay + 10, "StartFade", 3000, 0, false）;
}
function Item :: SchedulePop （% this）
{
   % this. Schedule （ $ LoiterDelay – 1000, "StartFade", 3000, 0, true）;
   % this. Schedule （ $ LoiterDelay, "Delete"）;
}
function ItemData :: OnThrow （% this, % user, % amount）
{
   // Remove the object from the inventory
   if （% amount  $ = ""）
      % amount  = 1;
   if （% this. maxInventory !  $ = ""）
      if （% amount  > % this. maxInventory）
         % amount  = % this. maxInventory;
   if （!% amount）
      return 0;
   % user. DecInventory （% this, % amount）;
   % obj  = new Item （）{
      datablock  = % this;
      rotation  = "0 0 1 " @ （GetRandom （） ∗ 360）;
      count  = % amount;
   };
   MissionGroup. Add （% obj）;
   % obj. SchedulePop （）;
   return % obj;
}
function ItemData :: OnPickup （% this, % obj, % user, % amount）
{
   % count  = % obj. count;
   if （% count  $ = ""）
      if （% this. maxInventory !  $ = ""）{
         if （! （% count  = % this. maxInventory））
            return;
      }
      else
         % count  = 1;
```

Chapter 5 Game Play

```
  % user. IncInventory (% this, % count);
  if (% user. client)
    MessageClient (% user. client, 'MsgItemPickup', '\ c0You picked up %1', % this. pickup Name);
  if (% obj. IsStatic ( ))
    % obj. Respawn ( );
  else
    % obj. Delete ( );
  return true;
}
function ItemData :: Create (% data)
{
  % obj = new Item ( ) {
    dataBlock = % data;
    static = true;
    rotate = true;
  };
  return % obj;
}
datablock ItemData (Copper)
{
  category = "Coins";
  // Basic Item properties
  shapeFile = " ~ /data/models/items/kash1. dts";
  mass = 0. 7;
  friction = 0. 8;
  elasticity = 0. 3;
  respawnTime = 30 * 60000;
  salvageTime = 15 * 60000;
  // Dynamic properties defined by the scripts
  pickupName = "a copper coin";
  value = 1;
};
datablock ItemData (Silver)
{
  category = "Coins";
  // Basic Item properties
  shapeFile = " ~ /data/models/items/kash100. dts";
  mass = 0. 7;
  friction = 0. 8;
  elasticity = 0. 3;
  respawnTime = 30 * 60000;
  salvageTime = 15 * 60000;
  // Dynamic properties defined by the scripts
```

```
    pickupName = "a silver coin";
    value = 100;
};
datablock ItemData (Gold)
{
    category = "Coins";
    // Basic Item properties
    shapeFile = " ~/data/models/items/kash1000. dts";
    mass = 0.7;
    friction = 0.8;
    elasticity = 0.3;
    respawnTime = 30 * 60000;
    salvageTime = 15 * 60000;
    // Dynamic properties defined by the scripts
    pickupName = "a gold coin";
    value = 1000;
};
datablock ItemData (FirstAidKit)
{
    category = "Health";
    // Basic Item properties
    shapeFile = " ~/data/models/items/healthPatch. dts";
    mass = 1;
    friction = 1;
    elasticity = 0.3;
    respawnTime = 600000;
    // Dynamic properties defined by the scripts
    repairAmount = 200;
    maxInventory = 0; // No pickup or throw
};
function FirstAidKit :: onCollision (% this,% obj,% col)
{
    if (% col. getDamageLevel ()! = 0 &&% col. getState ()! $ = "Dead")
    {
        % col. applyRepair (% this. repairAmount);
        % obj. respawn ();
        if (% col. client)
        {
            messageClient
                (% col. client, 'MSG_ Treatment', ' \ c2 Medical treatment applied');
        }
    }
}
```

Chapter 5 Game Play

$ RespawnDelay 和 $ LoiterDelay 两个变量，用于控制重新创建静态物体所需要的时间和当这些物体跌落时经过多少时间消失。

如果物品是一个静态物品，那么在被捡起来之后，服务器一定会使用 Item∷respawn 方法添加一个新的副本到游戏中。该方法的第一条语句使对象迅速而又连续地消失掉，于是对象自然被隐藏了。最后，我们安排在将来的某个时间把对象重新显示出来——第一步是使对象不再隐藏，第二步是在 3 秒钟的时间内使对象迅速而又连续地显示出来。

如果丢掉一个物品，我们会希望把它从游戏世界中剔除以避免出现对象混乱（以及相应的带宽消耗）。我们可以使用 Item∷schedulePop 方法使对象在闲置一段时间之后，自己把自己从游戏世界中删除。根据安排，首先是启动渐隐的动作，接着在 1 秒钟之后删除对象。

我们可以使用 ItemData∷onThrow 方法丢弃物品来除去它们。它将对象从库存中删除或减少库存中相应计数器的值，然后创建一个新的对象实例并把它添加到游戏世界中。接着它调用前面说明的 SchedulePop 方法来将对象从游戏世界中删除。

ItemData∷onPickup 方法是所有物品都会使用到的方法之一。它把物品添加到库存中，然后向客户机发送一条消息表明对象已经被捡起来。如果对象是静态的，它将安排在将来的某段时间之后重新创建一个替代物品。否则，对象实例将被删除，我们不会再次看到它。

ItemData∷Create 方法是用于物品的万能的对象创建方法。它根据输入的参数和设置创建一个新的数据块，并在返回之前把 static 属性和 rotate 属性都设置为 true。

接下来是一个定义游戏中的钱币和急救物品的数据块集。我们将在第 16 章中更详细地讨论急救物品。

最后一个有趣的方法是 FirstAidKit∷onCollision。通过使用一个修复值，这个方法能在需要时为一些碰撞的对象恢复一些健康。在恢复健康之后，服务器将向客户机发送一条消息显示结果。

3D GAME PROGRAMMING ALL IN ONE

五、运行 Emaga5

一旦把所有的模块都输入到电脑，你就可以很方便地测试 Emaga5 了。表 5.3 显示了用于游戏中导航的键绑定。

表 5.3 Emaga5 游戏键绑定

按　键	说　明
w	向前跑
s	向后退
a	向左跑（射击）
d	向右跑（射击）
空格键	跳跃和重生
Z 键	自由观察（按住这个键并移动鼠标）
Tab 键	切换玩家视点
Esc 键	退出游戏
~ 键	打开控制台窗口
鼠标左键	武器射击

图 5.4 显示了你的玩家化身在 Emaga5 中刚产生后不久的情形。

为了测试该游戏，可以在游戏世界中一边移动一边收集金币、银币和铜币，并计算总的增长量。不过要当心，AI 野兽如果发现了你，它会跟踪并攻击你。俗话说得好，虽然你可以跑，但终究会累死！你可以拿起弓箭反击。在一些小屋中，你将找到急救物品，它们可以恢复你的生命。还有就是——别掉下悬崖去，那样会送命的。

作为练习，试一下能不能添加一个定时器来限制收集钱币的时间。另外，在收集的钱币超过某个值时显示一个消息。

祝你玩得开心！

图 5.4　Emaga5 中的化身

六、本章小结

在本章中，我们接触了更多的游戏结构方面的内容，这些内容还不是很枯燥。把软件按照项目当前的状态组织起来是一个非常好的主意，这样可以很容易地跟踪项目各方面的情况。

然后我们讨论了如何添加更多的功能：闪屏、界面等。你应该可以从我们在游戏中添加的为数不多的内容，比如弓弩和可以拾取的物品，推断出你可以任意创造游戏世界。只要你能想到的，你的游戏都能做出来。

在下一章中，我们将比较详细地讨论一个更为隐藏的，但是非常有用的功能，这个功能是任何优秀的游戏都不可缺少的，那就是消息传送功能。

另外，我们还会给游戏添加更多的内容使它能够和主要服务器连接。

第6章

网　　络

虽然最近几章的内容很少将重点放在网络这个主题上，但使用 Torque 编程的一个关键特性是：它是建立在客户机/服务器网络体系机构之上的。

Torque 创建了一个 GameConnection 对象，其主要功能是将客户机（及玩家）链接到服务器。GameConnection 对象由 NetworkConnection 对象继承而来。当服务器需要去更新客户机或者它接到客户机发来的更新消息时，所进行的操作将在 NetworkConnection 的全力支持下完成，通常这个动作在游戏中是透明的。

这在实际过程中意味着引擎将自动处理游戏世界中物体的运动、状态或属性的改变等事情。游戏程序员（就像你和我）可以把经历放在自己想实现的功能上，而不必担心其他的事情，这些事情将由 Torque 来处理——除非我们想在它们身上浪费时间。

我知道这看起来有点含糊，因此本章将给出基本实例，以便你能真正了解如何最有效地利用 Torque 内置的网络功能。

首先我们将讨论特性，并看一些实现这些特性的示例。到了本章的后面，当你更新了 Emaga 游戏之后，就可以试验他们了。

一、直接发送消息

使用 Torque 中的客户机/服务器网络连接最简洁的方式是使用 Command-

ToServer 和 CommandToClient 两个直接发送消息的函数。这两个非常有用的"专用"消息发送函数在 Torque 游戏中用途很广泛，例如游戏内建的聊天功能、系统消息的发布和客户机/服务器同步等。

CommandToServer

CommandToServer 函数用于从客户机向服务器发送一个消息。当然，服务器需要知道消息正在传过来以及怎样从中提取数据。该命令的语法如下：

CommandToServer（**function**［，**arg1**，…**argn**］）		
参数：	function	服务器重要执行的消息处理函数
	arg1，…argn	function 的参数
返回：	无返回值	

举一个使用该函数的示例：当某个玩家按某个键时，程序将调用一个简单的全局聊天宏将制定的消息以广播的形式发送给其他玩家。下面是整个过程的进行步骤。

首先，把某个键绑定到一个指定的函数上，比如把 Ctrl + H 绑定到被称为 SendMacro（）的函数。在键绑定语句中，我们必须确保将值 1 作为参数传送给 SendMacro（）。

SendMacro（）在客户机上定义如下：

```
function SendMacro（% value）
{
  switch $（% value）
  {
    case 1：
      % msg = "Hello World！";
    case 2：
      % msg = "Hello? Is this thing on?";
    default：
      % msg = "Nevermind！";
  }
  CommandToServer（'TellEveryone'，% msg）;
}
```

现在，当玩家按下组合键 Ctrl + H，函数 SendMacro（）将被调用，其% value 参数的值为 1。在此函数中，switch $ 语句检查% value 参数的值并转移到 case1：的地方，此处变量% msg 的值被设置为字符串"HelloWorld!"。然后调用 CommandToServer，将第 1 个参数设置给标记字符串"TellEveryone"，第 2 个参数是我们要发送的消息。

这里我们看到 Torque 客户机/服务器如何魔法般地急转到该步骤上。客户机已经有一个链接到服务器的 GameConnection 对象，因此知道想往哪里发送消息。为了处理我们的消息，我们需要在服务器端定义 TellEveryone 消息处理器，这实际上只是一个特殊用途函数，类似这样：

```
function ServerCmdTellEveryone（% client,% msg）
{
   TellAll（% client,% msg）;
}
```

注意前缀 ServerCmd。当服务器接收客户机通过 CommandToServer（）函数发过来的消息时，它将在其消息句柄列表（这是一个具有 ServerCmd 前缀的函数列表）中查找，并找出和 ServerCmdTellEveryone 相匹配的那个函数，然后将另一个参数设置为客户机传过来的消息，在这里存放% msg 变量中的字符串"Hello World!"。

然后我们就可以随意处理传来的消息了。本例中我们想向所有连接到服务器的其他客户机发送消息，这是通过调用 TellAll（）函数完成的。现在我们虽然可以将代码直接放在 ServerCmdTellEveryone 消息处理器，但更好的设计方法是把这些代码放到一个单独的函数中。下一节我们将讲到怎样具体操作。

CommandToClient

现在来看服务器，我们已经收到了从客户机发送来的一个消息。前面已经指出这个消息是 TellEveryone 类型的消息，我们知道是哪个客户机发来的，而且还收到了随消息传递过来的那个字串符。现在需要做的事情是定义 TellAll（）函数，代码如下：

Chapter 6 Network

```
function TellAll ( % sender，% msg)
{
    % count ＝ ClientGroup. getCount ( )；
    for ( % i ＝ 0；% i ＜ % count；% i ＋ ＋ )
    {
        % client ＝ ClientGroup. getObject ( % i)；
        CommandToClient ( % client，'TellMessage'，% sender，% msg)；
    }
}
```

　　在这里，我们的目的是将消息转送给所有客户机。无论客户机什么时候连接到服务器上，它的 GameConnection 句柄都会被添加到 ClientGroup 的内部列表中。我们可以通过利用 ClientGroup 的 getCount 方法取得连接的客户机数量。CvlientGroup 也有其他有用的成员函数，getObject 方法就是其中之一。如果我们告诉它感兴趣的索引号，getObject 将把该索引对应的客户机的 Game-Connection 句柄传给我们。

　　如果想测试这些示例函数，我将在本章末尾告诉你怎样做。假如你觉得可以自己做，我可以给你一点提示：CommandToClient 函数是从服务器端调用的，而 CommandToServer 函数属于客户机端。

　　可以看出，CommandToClient 函数是 CommandToServer 函数在服务器端的对等体，其语法如下：

CommandToClient（client，function［,arg1，…argn]）		
参数：	client	目标客户机的句柄
	Function	服务器上要执行的消息处理器函数
	arg1，…argn	函数的参数
返回：	无返回值	

　　两个函数的主要差异在于使用 CommandToServer 说明客户机已经知道怎样联系服务器，而使用 CommandToClient 函数说明服务器并不知道怎样联系客户机。它每次发送消息时都需要知道向哪个客户机发送。因此最简单的方法是在 ClientGroup 中使用 for 循环重复查找，获得每个客户机的句柄，然后用 CommandToClient ( ) 函数给每个客户机发送一个消息，该函数的第一个参数

是客户机句柄。第二个参数是此时客户机端上的消息处理器名称。对！就按这个方法做。第三个参数是要传送的实际消息。

因此我们需要返回到客户机定义的消息处理器。可以这样完成定义：

```
function clientCmdTellMessage（% sender，% msgString）
{
// blah blah blah
}
```

注意！当我们调用此函数时将有四个参数，但是参数列表中只定义了两个。第一个参数是客户机句柄，因为我们是在客户机上，所以 Torque 为我们去掉该参数。第二个参数是消息处理器标识符，Torque 在定位到该处理器函数时将其去掉，这里用来发送程序执行。因此下一个参数是发送器，也就是早先启动传送的那个客户机。最后一个参数是实际发送的消息。

怎样处理这个消息将由你来决定。这里只是展示一下强大的消息发送系统。你几乎可以用它来做你想做的任何事情。

直接发送消息小结

如果把直接发送消息比喻为一枚硬币，那么 CommandToServer 和 CommandToClient 函数就是这枚硬币的正反面，它为游戏程序员提供了在游戏客户机和服务器之间来回发送消息的强大功能。

直接发送消息也是防止在线游戏中欺骗行为的一种重要的工具。在理论和实际操作中，你可以要求在执行客户机的代码之前，用户的所有输入都必须先进入服务器请求认证，甚至是更改客户机的设置参数——通常这种事情并不是由服务器来控制——使用刚才讲到的方法也可以很容易地通过程序使其受到服务器的控制。

你可以使用的服务器端控件数目取决于可用的带宽和服务器的处理能力。可以把很多事情都放到服务器上，但要找到最佳的平衡点却需要不断地调整。

二、触发器

当我们在 Torque 中讨论术语触发器时，可能有些东西会引起混淆，所以

Chapter 6　Network

让我们先把这些东西一一指出来。在 Torque 中编程时，人们通常讨论的触发器有 4 种：

- 区域触发器
- 动画触发器
- 武器状态触发器
- 玩家事件控制触发器

这里将为你介绍 4 种触发器，但我们在后面的章节只详细介绍其中 3 种：区域触发器、动画触发器、武器状态触发器。

区域触发器

区域触发器是一种特别的游戏结构。在 3D 游戏世界中，一个区域被定义为一个触发器对象（trigger object）。当玩家的化身进入到触发器区域的边界时，就会有一个事件消息在服务器上传送。可以编写被这些消息激活的处理器。第 22 章将更深入地讨论区域触发器。

动画触发器

动画触发器的作用是在玩家模型中让行走动画和脚步声同步。支持动画触发器的建模工具会使用多种方式标记动画帧的顺序。这些标记告诉游戏引擎，当播放某帧动画时应当发生某件事情。第 14 章将讨论这些问题。

武器状态触发器

Torque 使用武器状态触发器来管理、操作武器状态。这些触发器定义当武器发出开火、装弹、反冲等动作时该做什么。详细的说明参见第 20 章 "武器音效" 小节。

玩家事件控制触发器

最后介绍的是玩家事件控制触发器，这是本章中我们感兴趣的简介发送

消息形式。这种机制用于处理实时状态下特定客户机上的输入消息，总共有 6
个这样的触发器，每个触发器变量名的前缀是 $ mvTriggerCountn（n 是序号，
从 0 ~ 5）。

当使用一个触发器移动事件时，我们将在客户机上递增相应的 $ mvTrig-
gerCountn 变量值。该值的变化会产生更新消息送回服务器。服务器将在我们
的控制对象的上下文环境中处理这些变化，该控制对象通常是玩家的化身。
服务器处理完触发器后，他将递减该触发器的值。如果触发器变量的值非零，
它将在内部设置好的算法的控制下重复上面的动作。这样我们就可以根据需
要通过递变量的值（最多递增 255 次）来初始化这些触发器事件，而不需要
停下来查看服务器是否已经出离了这些事情。他们会通过 $ mvTriggerCountn
可变机制自动排列。

在默认情况下，Torque 在玩家类和交通工具类中支持前 4 个控制触发器。
（见表 6.1）

表 6.1 玩家事件控制触发器默认的动作

触 发 器	% 触发器值	默 认 动 作
$ mvTriggerCount0	0	射击或激活玩家化身 0 号插槽中的武器（即"开火"键）
$ mvTriggerCount1	1	射击或激活玩家化身 1 号插槽中的武器（即"强力开火"键）
$ mvTriggerCount2	2	启动玩家化身的"跳"以及相应的动画
$ mvTriggerCount3	3	启动"喷气"以及玩家化身正在驾驶的车辆的动画
$ mvTriggerCount4	4	未指定
$ mvTriggerCount5	5	未指定

在服务器控制代码中，我们可以将触发器处理器放在玩家模型中以覆盖
这些触发器的默认动作。我们是这样定义触发器处理器的：

```
function MyAvatarClass :: onTrigger（% this，% obj，% triggerNum，% val）
{
  // trigger activity here
  $ switch（% triggerNum）
  {
```

```
case 0：
  //replacement for the "fire" action.
case 1：
  //replacement for the "alt fire" action.
case 2：
  //replacement for the "jump" action.
case 3：
  //replacement for the "jetting" action.
case 4：
  //whatever you like
case 5：
  //whatever you like
  }
}
```

MyAvatarclass 类是在玩家化身的数据块中用下面的语句定义的一个类：

```
className = MyAvatarClass；
```

要使用触发器处理器，你只需要在客户机端递增玩家时间控制触发器，具体操作如下：

```
function mouseFire （% val）
{
  $ mvTriggerCount0 + + ；
}
```

或者这样：

```
function altFire （% val）
{
  $ mvTriggerCount1 + + ；
}
```

三、GameConnection 消息

用 Torque 制作游戏时使用到的大多数其他类型的消息发送是自动进行的。然而，除了我们刚看到的直接发送消息技术，Torque 的游戏开发人员还可以使用很多其他的间接发送消息的方法。这些消息和 GameConnection 对象有关。

我之所以称这些方法为间接的，这是因为，作为程序员，我们不要用以

前的方式来调用它们。然而，当 Torque Engine 决定需要发送消息时，我们可以以消息处理器的形式来使用这些方法。

GameConnection 消息做什么

当客户机加入游戏时，客户机和服务器之间要进行一个协商过程，Game-Connection 消息在此过程中非常重要。这些消息是游戏专用的网络消息，所谓专用，这是和更通用的网络消息相比较而言的。

在建立、维持和断开游戏连接的不同时期，Torque 调用了一系列 Game-Connection 消息处理器。在 Torque 演示软件中，在通用代码库里定义了许多这种处理器，但是其中有一些根本不会被用到。如果有需要，通常建议你优先使用自己的 GameConnection 消息处理器或那些没使用的处理器，而不是公共代码消息处理器。

细节

程序执行过程中，客户机将使用如下一系列函数调用来设法链接到服务器：

```
% conn = new GameConnection (ServerConnection);
% conn. SetConnectArgs (% username);
% conn. Connect ();
```

在此例中，%conn 变量存有 GameConnection 对象的句柄。调用 Connection（）函数将触发一系列的网络处理，这些处理以在服务器端调用 GameConnection :: OnConnect 处理器作为结束。

下面按在程序中出现的顺序列出各个方法的简要说明。

onConnectionRequest ()		
参数：		
无返回：""	（空字符串）	表明连接被接受了
	无返回	表明因故连接被拒绝
说明：		在客户机试图建立连接，而连接未被接受前调用
用法：		公共——服务器

这个处理器用于检测服务器——玩家的容量是否超出容限。如果没有超出，则返回""，即允许继续连接；如果服务器已满，则返回"CR_SERVERFULL"。返回任何非""值都会产生一个条件错误，这个错误将由引擎通过调用 GameConnection∷onConnectRequestRejected 处理器发送给客户机。任何传给 GameConnection∷Connection 的参数也将由引擎传给该处理器。

onConnectionAccepted（handle）		
参数：	Handle	GameConnection 句柄
返回：	无返回	表明连接被接受了
说明：		当 Connect 调用成功时调用
用法：		客户机

此处理器是为一次连接会话进行最后准备的地方。

onConnect（client, name）		
参数：	Client	客户机的 GameConnection 句柄
	Name	客户机账户名或用户名
返回：	无返回	
说明：		当客户机连接成功时调用
用法：		服务器

本函数的第二个参数（% name）是建立连接时客户机使用的值，这和%（GameConnection）．SetConnectArgs（% username）调用的参数含义一样。

onConnectRequestTimedOut（handle）		
参数：	Handle	GameConnection 句柄
返回：	无返回	
说明：		当连接时间过长时调用
用法：		客户机

调用该函数时应当显示或在日志中记录连接因超时而失败的提示消息。

onConnectionTimedOut（**handle**）

参数：	Handle	GameConnection 句柄
返回：	无返回	
说明：		当没有接收到连接 ping 时调用
用法：		服务器、客户机

调用该函数时应当显示或在日志中记录连接因超时而失败的提示消息。

onConnectionDropped（**handle**，**reason**）

参数：	Handle	GameConnection 句柄
	Reason	提示服务器为何断开连接的字符串
返回：	无返回	
说明：		当服务器断开客户机连接时调用
用法：		客户机

调用该函数时应当显示或在日志中记录连接因超时而失败的提示消息。

onConnectionRequestRejected（**handle**，**reason**）

参数：	Handle	GameConnection 句柄
	Reason	参见表 6.2 中列举的常见原因代码列表
返回：	无返回	
说明：		当客户机要求连接的请求被服务器拒绝时调用
用法：		客户机

调用该函数时应当显示或在日志中记录连接因超时而失败的提示消息。

表6.2 连接请求被拒绝的原因代码

被拒绝的原因代码	含 义
CR_ INVALID_ PROTOCOL_ VERSION	检测到客户机端版本错误
CR_ INVALID_ CONNECT_ PACKET	连接包有错
CR_ YOUAREBANNED	你的游戏用户名被禁止
CR_ SERVERFULL	服务器中玩家个数达最大值
CHR_ PASSWORD	密码有误
CHR_ PROTOCOL	游戏协议版本不兼容
CHR_ CLASSCRC	游戏类版本不兼容
CHR_ INVALID_ CHALLENGE_ PACKET	客户机探测到无效的服务器响应包

onConnectionError(handle, errorString)

参数:	Handle	GameConnection 句柄
	errorString	提示遇到的错误的字符串
返回:	无返回	
说明:		一般型连接错误，通常是复制（ghosted）对象初始化问题引起，例如丢失文件。errorString 是服务器的连接出错消息
用法:		客户机

onDrop(handle, reason)

参数:	Handle	GameConnection 句柄
	Reason	从服务器传来的断开连接原因
返回:	无返回	
说明:		当服务器的连接任意地断开时调用
使用:		客户机

InitialControlSet(handle)

参数:	Handle	GameConnection 句柄
返回:	无返回	
说明:		当服务器为 GameConnection 设置了控制对象时调用。例如，可以是角色模式或照相机模式
使用:		客户机

SetLagIcon(handle, state)

参数：	Handle	GameConnection 句柄
	State	布尔值，用于指示显示或隐藏图标
返回：	无返回	
说明：		当连接状态发生改变时调用，根据延迟设置判断。
		当连接被认为是临时断开时，state 设为 true
		当连接没有丢失时，state 设为 false
使用：	客户机	

onDataBlocksDone(handle, sequence)

参数：	Handle	GameConnection 句柄
	Sequence	用来指示那些数据块已被传送的值
返回：	无返回	
说明：		当服务器接受到所有数据块都传送成功的确认消息时调用
使用：	服务器	

使用该处理器来管理任务的装载过程及其他传递数据块的操作。

onDataBlockObjectReceived(index, total)

参数：	Index	数据块对象的索引号
	Total	总共发送了多少
返回：	无返回	
说明：		当服务器准备接受要发送的数据块时调用
使用：	客户机	

onFileChunkReceived(file, ofs, size)

参数：	File	要发送的文件名
	Ofs	接收到的数据偏移
	Size	文件大小
返回：	无返回	
说明：		当客户机接收到服务器发来的一块文件数据后调用
使用：	客户机	

onGhostAlwaysObjectReceived（）

参数：	
无返回：	无返回
说明：	当复制对象的数据已从服务器发送到客户机时调用
用法：	客户机

onGhostAlwaysSarted（**count**）

参数：	Count	总共处理了的复制对象的个数
返回：	无返回	
说明：		当复制对象已传送给客户及时调用
用法：		客户机

四、查找服务器

当你提供了一个具有联网的客户机/服务器功能的游戏时，意味着玩家需要查找应该连接哪个服务器。在因特网上，应用相当广泛的技术是利用主服务器的方法。主服务器的工作相当简单，它只是存放着一张开通的游戏服务器列表，并给客户机提供必要的消息，以便需要时连接到任意服务器。

要查看这一简单系统的用途，只需看一下 NovaLogic，成功制作了 Delta Force 系列第一人称射击游戏的创始人。NovaLogic 仍然为 20 世纪 90 年代后期以来购买原版 Delta Force 游戏的顾客提供主服务器。这样一个简单系统的经费是最少的，而客户机受益却非常大。

和许多其他游戏一样，基于 Torque 的 Tirbes 系列游戏也提供这种主服务器。

在一个中小型的局域网（LAN）中，这个任务并不繁重——一个非常简单的方法是让客户机只检查所有可见节点的指定端口以查找服务器是否存在，这就是我们在本章将要做的事情。

修改代码

在本章新版本的 Emaga 程序中，我们将添加对"查找服务器"功能的支持。我们将对上一章的游戏程序 Emaga5 作修改，在此基础上创建 Emaga6 程序。

首先，复制整个 C：\ Emaga5 文件夹到一个名为 C：\ Emaga6 的新文件夹。然后，为了清楚区分，将 UltraEdit 项目文件改为 chapter6. prj。现在打开第6章新的 UltraEdit 项目，所有的修改都将在控件代码中进行。除了对实际程序代码做出修改外，可能还需要更改一些和第5章相关的注释，使这些注释符合第6章的内容——这件事情由你来完成。

Client – Initialize 模块

我们将首先修改 control/client/initialize. cs。打开模块，找到函数 Initial-izeClient。

在函数一开始的地方添加如下语句（左括号后面）：

```
$ Client :: GameTypeQuery = "3D2E";
$ Client :: MissionTypeQuery = "Any";
```

当一个服务器连接主服务器时，它使用变量 $ Client :: GameTypeQuery 来过滤掉我们不感兴趣的游戏类型。你在开发游戏时可以设置任意自己喜欢的游戏类型。这里我们将采用 3D2E 类型，因为在主服务器中至少有一个 3D2E 服务器，且为了举例，最好有一两个 3D2E 服务器。以后有空时可以自己修改这个参数。

变量 $ Client :: MissionTypeQuery 用来筛选允许使用的那些游戏操作类型。如果指定为任意，将会看到所有类型都是可用的。这也是一个可以让我们设定游戏以何种方式运行的参数。

接下来将调用 InitCanvas。尽管让主服务器处理工作并不是真的很重要，但还是要对语句作如下更改：

```
InitCanvas ("Emaga6 – 3D2E Sample Game");
```

这样做表明现在我们是在第6章而不再是第5章了。

接着，有一系列 Exec 函数调用。找出装载 playerinterface. gui 的那条语句，在其后添加这行：

Exec（"./interfaces/serverscreen. gui"）；

然后找出装载 screen. cs 的 Exec 调用，其后添加该行：

Exec（"./misc/serverscreen. cs"）；

最后，在函数的末尾，找到装载 connections. cs 的 Exec 调用语句，在此语句后及 Canvas. SetContent 调用之前，添加下句：

SetNetPort（0）；

这条语句很关键。尽管我们永远不会用到 0 端口，但调用此语句很必要，它能保证 Torque 中的 TCP/IP 代码正确运行。以后，在其他模块中，我们将根据所做的操作设置合适的端口。

现在我们需要在主控制界面添加按钮。打开 \ EMAGA6 \ control \ client \ interfaces \ menuscreen. gui ，在文件最后找到一句只有一边中括号和分号的语句，插入以下代码：

```
new GuiButtonCtrl（）{
  command = "Canvas. setContent（ServerScreen）;";
  text = "Connect To Server";
};
```

新模块

又要敲很多的代码了！但不会有以前各章那么多，因此不必烦躁。我们将不得不添加一个新的接口模块以及一个存放管理其行为代码的模块。

Client—ServerScreen Interface 模块

现在我们必须添加 ServerScreen Interface 模块。此模块定义了出现在屏幕上的按钮、文本标签及滚动条控件，我们可以利用它来查询主服务器并查看其结果。输入以下代码并把它保存为 control/client/interfaces/serverscreen. gui。

```
// ==========================================================
// control/client/interfaces/serverscreen. gui
//
// Server query interface module for 3D2E emaga6 sample game
```

```
//
// Copyright (c) 2003, 2006 by Kenneth C. Finney.
// ==========================================================

new GuiChunkedBitmapCtrl (ServerScreen) {
   profile = "GuiContentProfile";
   horizSizing = "width";
   vertSizing = "height";
   position = "0 0";
   extent = "640 480";
   minExtent = "8 8";
   visible = "1";
   bitmap = "./emaga_ background";
   useVariable = "0";
   tile = "0";
   helpTag = "0";

   new GuiControl () {
      profile = "GuiWindowProfile";
      horizSizing = "center";
      vertSizing = "center";
      position = "20 90";
      extent = "600 300";
      minExtent = "8 8";
      visible = "1";
      helpTag = "0";

      new GuiTextCtrl () {
         profile = "GuiTextProfile";
         horizSizing = "right";
         vertSizing = "bottom";
         position = "183 5";
         extent = "63 18";
         minExtent = "8 8";
         visible = "1";
         text = "Player Name:";
         maxLength = "255";
         helpTag = "0";
      };

      new GuiTextEditCtrl () {
         profile = "GuiTextEditProfile";
         horizSizing = "right";
         vertSizing = "bottom";
         position = "250 5";
```

```
        extent = "134 18";
        minExtent = "8 8";
        visible = "1";
        variable = "Pref :: Player :: Name";
        maxLength = "255";
        historySize = "5";
        password = "0";
        tabComplete = "0";
        sinkAllKeyEvents = "0";
          helpTag = "0";
    };

    new GuiTextCtrl () {
       profile = "GuiTextProfile";
       horizSizing = "right";
       vertSizing = "bottom";
       position = "13 30";
       extent = "24 18";
       minExtent = "8 8";
       visible = "1";
       text = "Private ?";
       maxLength = "255";
       helpTag = "0";
    };
    new GuiTextCtrl () {
       profile = "GuiTextProfile";
       horizSizing = "right";
       vertSizing = "bottom";
       position = "76 30";
       extent = "63 18";
       minExtent = "8 8";
       visible = "1";
       text = "Server Name";
       maxLength = "255";
       helpTag = "0";
    };
    new GuiTextCtrl () {
       profile = "GuiTextProfile";
       horizSizing = "right";
       vertSizing = "bottom";
       position = "216 30";
       extent = "20 18";
       minExtent = "8 8";
```

```
    visible = "1";
    text = "Ping";
    maxLength = "255";
    helpTag = "0";
};
new GuiTextCtrl ( ) {
    profile = "GuiTextProfile";
    horizSizing = "right";
    vertSizing = "bottom";
    position = "251 30";
    extent = "36 18";
    minExtent = "8 8";
    visible = "1";
    text = "Players";
    maxLength = "255";
    helpTag = "0";
};
new GuiTextCtrl ( ) {
    profile = "GuiTextProfile";
    horizSizing = "right";
    vertSizing = "bottom";
    position = "295 30";
    extent = "38 18";
    minExtent = "8 8";
    visible = "1";
    text = "Version";
    maxLength = "255";
    helpTag = "0";
};
new GuiTextCtrl ( ) {
    profile = "GuiTextProfile";
    horizSizing = "right";
    vertSizing = "bottom";
    position = "433 30";
    extent = "28 18";
    minExtent = "8 8";
    visible = "1";
    text = "Game Description";
    maxLength = "255";
    helpTag = "0";
};
new GuiScrollCtrl ( ) {
    profile = "GuiScrollProfile";
```

```
      horizSizing = "right";
      vertSizing = "bottom";
      position = "14 55";
      extent = "580 190";
      minExtent = "8 8";
      visible = "1";
      willFirstRespond = "1";
      hScrollBar = "dynamic";
      vScrollBar = "alwaysOn";
      constantThumbHeight = "0";
      childMargin = "0 0";
      helpTag = "0";
      defaultLineHeight = "15";

      new GuiTextListCtrl (ServerList) {
         profile = "GuiTextArrayProfile";
         horizSizing = "right";
         vertSizing = "bottom";
         position = "2 2";
         extent = "558 48";
         minExtent = "8 8";
         visible = "1";
         enumerate = "0";
         resizeCell = "1";
         columns = "0 30 200 240 280 400";
         fitParentWidth = "1";
         clipColumnText = "0";
         noDuplicates = "false";
         helpTag = "0";
      };
   };

   new GuiButtonCtrl () {
      profile = "GuiButtonProfile";
      horizSizing = "right";
      vertSizing = "top";
      position = "16 253";
      extent = "127 23";
      minExtent = "8 8";
      visible = "1";
      command = "Canvas. getContent (). Close ();";
      text = "Close";
      groupNum = "-1";
      buttonType = "PushButton";
```

```
      helpTag = "0";
};

new GuiButtonCtrl (JoinServer) {
   profile = "GuiButtonProfile";
   horizSizing = "right";
   vertSizing = "bottom";
   position = "455 253";
   extent = "130 25";
   minExtent = "8 8";
   visible = "1";
   command = "Canvas. getContent (). Join ();";
   text = "Connect";
   groupNum = "-1";
   buttonType = "PushButton";
   active = "0";
   helpTag = "0";
};

new GuiControl (QueryStatus) {
   profile = "GuiWindowProfile";
   horizSizing = "center";
   vertSizing = "center";
   position = "149 100";
   extent = "310 50";
   minExtent = "8 8";
   visible = "0";
   helpTag = "0";

   new GuiButtonCtrl (CancelQuery) {
      profile = "GuiButtonProfile";
      horizSizing = "right";
      vertSizing = "bottom";
      position = "9 15";
      extent = "64 20";
      minExtent = "8 8";
      visible = "1";
      command = "Canvas. getContent (). Cancel ();";
      text = "Cancel";
      groupNum = "-1";
      buttonType = "PushButton";
      helpTag = "0";
   };
   new GuiProgressCtrl (StatusBar) {
```

```
            profile = "GuiProgressProfile";
            horizSizing = "right";
            vertSizing = "bottom";
            position = "84 15";
            extent = "207 20";
            minExtent = "8 8";
            visible = "1";
            helpTag = "0";
         };
        new GuiTextCtrl（StatusText）{
            profile = "GuiProgressTextProfile";
            horizSizing = "right";
            vertSizing = "bottom";
            position = "85 14";
            extent = "205 20";
            minExtent = "8 8";
            visible = "1";
            maxLength = "255";
            helpTag = "0";
         };
      };
   };
};
```

该模块的前半部分是界面定义，定义了一些将出现在屏幕上的按钮、文本标签及滚动条控件。大多数属性和控件类型已在先前各章中讲过，然而，其中一些在此要特别提醒。

第一个要提到的是 GuiScrollCtrl。此控件提供了可以竖直滚动的记录列表，在这里它存放的是一个可满足 Query 函数过滤条件的服务器列表，稍后我们将看到 Query 函数。

表 6.3 中对 GuiScrollCtrl 的一些有趣的属性给出了说明。

下一个重要的控件是 GuiTextEditCtrl，它有一个有趣的属性，看一下这条语句：

variable = "Pref∷Player∷Name";

它用来在文本框中显示变量 Pref∷Player∷Name 的值。当出现文本编辑框时，将光标放在框内，输入新文本，控件的内容发生改变，Pref∷Player∷Name 的值也跟着改变。

表 6.3 GuiScrollCtrl 的一些属性及说明

属 性	说 明
willFirstRespond	若设为 true 或者 1，表明在将用户输入传给其他控件前，该控件首先对它们作反应。
hScrollBar	指示是否显示水平滚动条。可选项有： AlwaysOn：滚动条始终可见 AlwaysOff：滚动条从不可见 Dynamic：除非列表中记录条数超过了可显示的行数，否则不可见，当超过时滚动条打开并且可见。
vScrollBar	用法同 hScrollBar，但用于竖直滚动条
constantThumbHeight	指示"拇指"（滚动条中那个小矩形块，它能按滚动方向——东）是保持固定尺寸大小，还是根据列表中记录数目的多少来调整其大小（列表越长，"拇指"就越短）。设 1 表示固定大小，0 则根据实际调整合适大小

在 GuiTextEditCtrl 控件函数中还有这么一句：

historySize = "0";

该控件能存储出现在其编辑框中的历史记录，通过操作上下箭头键可以滚动查看这些记录。这个属性设定了可以存储的历史值的最大条数，"0"表示不存储任何历史记录。

现在看一下 GuiControl 类型的名为 QueryStatus 的空间，它定义了一个子屏幕，该子屏幕将显示查询进程。该控件还包括其他以前看到过的控件，我只想让你留意他们是怎样嵌套在该控件中的，而这个控件优势嵌套在更大的 ServerScreen 控件中。

Client—ServerScreen Code 模块

下面，我们将添加 ServerScreen Code 模块。此模块定义 ServerScreen 接口模块如何操作。

输入以下代码，并把它保存为 control/Client/misc/serverscreen. cs。

```
// ==============================================================
// control/client/misc/serverscreen. cs
//
// Server query code module for 3DGPAI1 Emaga6 sample game
//
// Copyright (c) 2003, 2006 by Kenneth C. Finney.
// ==============================================================
function ServerScreen :: onWake ( )
{
   JoinServer. SetActive (ServerList. rowCount ( ) > 0);
   ServerScreen. queryLan ( );
}

function ServerScreen :: QueryLan (% this)
{
   QueryLANServers (
     28000,        // lanPort for local queries
     0,            // Query flags
     $ Client :: GameTypeQuery,       // gameTypes
     $ Client :: MissionTypeQuery,       // missionType
     0,            // minPlayers
     100,          // maxPlayers
     0,            // maxBots
     2,            // regionMask
     0,            // maxPing
     100,          // minCPU
     0             // filterFlags
     );
}

function ServerScreen :: Cancel (% this)
{
   CancelServerQuery ( );
}

function ServerScreen :: Close (% this)
{
   CancelServerQuery ( );
   Canvas. SetContent (MenuScreen);
}

function ServerScreen :: Update (% this)
{
```

```
QueryStatus. SetVisible（false）;
ServerList. Clear（）;
%sc = GetServerCount（）;
for（%i = 0; %i < %sc; %i++）
{
    SetServerInfo（%i）;
    ServerList. AddRow（%i,
        （$ ServerInfo :: Password? "Yes" : "No"）TAB
        $ ServerInfo :: Name TAB
        $ ServerInfo :: Ping TAB
        $ ServerInfo :: PlayerCount @ "/" @ $ ServerInfo :: MaxPlayers TAB
        $ ServerInfo :: Version TAB
        $ ServerInfo :: GameType TAB
        %i）;
}
ServerList. Sort（0）;
ServerList. SetSelectedRow（0）;
ServerList. ScrollVisible（0）;
JoinServer. SetActive（ServerList. RowCount（） > 0）;
}

function ServerScreen :: Join（%this）
{

    CancelServerQuery（）;
    %id = ServerList. GetSelectedId（）;
    %index = GetField（ServerList. GetRowTextById（%id）, 6）;
    if（SetServerInfo（%index））{
        %conn = new GameConnection（ServerConnection）;
        %conn. SetConnectArgs（$ pref :: Player :: Name）;
        %conn. SetJoinPassword（$ Client :: Password）;
        %conn. Connect（$ ServerInfo :: Address）;
    }
}

function onServerQueryStatus（%status, %msg, %value）
{

    if（! QueryStatus. IsVisible（））
        QueryStatus. SetVisible（true）;

    switch $（%status）{
        case "start":
        case "ping":
            StatusText. SetText（"Ping Servers"）;
```

```
          StatusBar. SetValue （% value）;

     case "query":

     case "done":
          QueryStatus. SetVisible （false）;
          ServerScreen. Update （）;
     }
}
```

控制服务器屏幕如何显示的代码存放在这个模块中。

第一个函数 ServerScreen :: onWake 定义当屏幕显示时该做什么。当显示屏幕时，服务器列表中若存在服务器，则首先设定 Join 按钮有效。接着调用 MasterScreen :: QueryLAN 函数。该函数调用 QueryLANServers 函数，这个函数穿过局域网并和每台电脑的 28000 端口对话（也可以使用任何可用端口）。如果它设法连到一台在该端口上运行的游戏服务器，它将和游戏服务器建立连接，从该服务器获得一些消息并将服务器添加到一个列表中。调用 QueryLAN-Servers 有很多参数，下面是详细的语法定义：

QueryLANServers（port, flags, gtype, mtype, minplayers, maxplayers, maxbots, region, ping, cpu, filters, buddycount, buddylist）

参数:	port	能找到游戏服务器的 TCP/IP 端口
	Flags	查询标识。可选项:
		0×00 = 在线查询
		0×01 = 离线查询
		0×02 = 无字符串压缩
	gtype	游戏类型字符串
	mtype	任务类型字符串
	minplayers	运行游戏所需的最小玩家个数
	maxplayers	最多允许玩家的个数
	maxbots	最多允许连接的 AI 马蝇数
	region	数字分区掩护
	ping	连接客户机的最大 ping 次数，0 表示无最大值
	mincpu	制定 CPU 最低性能
	filterflags	服务器过滤装置，可选项:

	0×00 = 专用	
	0×01 = 无保护密码	
	0×02 = Linux	
	0×80 = 当前版本	
buddycount	在合伙列表中合伙服务器的个数	
buddylist	该服务器的合伙服务器名称列表	
返回值:	无返回	

对 QueryLANServers 函数的响应可以从 ServerList 数组中得到。

下一个函数是 ServerScreen :: Cancel，当在查询过程中按下 "Cancel" 按钮是调用此函数。

随后是 ServerScreen :: Close 函数，当用户按下 "Close" 按钮时调用它。此时取消所有未完的查询并返回到 MenuScreen。

ServerScreen :: Update 函数的作用是在从主服务器获得消息之后将消息插入 ServerList 中，该消息可在 $ ServerInfo 数组中找到。显示内容，我们调用 GetServerCount 函数，以查找通过主服务器的过滤装置的服务器个数。然后我们在可显示列表中从头到尾循环，从每个 $ ServerInfo 记录中找到各个属性域，注意 SetServerInfo 的调用。传递一个序数值给此函数会使 $ ServerInfo 数组指向 MasterServerList 中的某一个指定记录。然后通过冒号操作符引用属性，例如 ServerScreen :: Name 或 ServerScreen :: Ping。

下一个函数 ServerScreen :: Join 定义怎样加入从列表中选中的服务器。首先，取消所有未完的查询操作，获得界面上选中的服务器的处理器，根据它获得服务器的索引。利用 SetServerInfo 使 $ ServerInfo 数组指向正确的服务器记录，然后我们就能访问这些值了。在设置好一些网络参数后，我们最终用 $ ServerInfo :: Address 语句来建立网络连接。

该模块的最后一个函数 onServerQueryStatus 是消息处理器回调函数，它使整个过程得以顺利进行。当服务器开始查询时将反复调用该函数。我们使用 % status 变量来判断从主服务器收到何种响应，然后使用由主服务器设定的 % msg 或 % value 变量去更新显示的服务器列表中的各个域值。我们的例子中不需要处理启动和查询这两种情况。

五、专用服务器

有时候，我们会想让游戏充当服务器而不必费事用到图形用户界面（GUI）。这样做的原因之一是我们想用一台没有 3D 图形加速卡的电脑作为服务器，另一个原因是我们想测试客户机/服务器连通性和主服务器的查询能力。这个需求的产生是因为我们不能同时运行两个 Torque 图形客户机实例。然而，如果我们能运行一个专用服务器，就能在同一台机器上运行多个专用服务器的同时运行一个图形客户机实例。如果恰当地设置了专用服务器，网络外的其他玩家就可以连接到我们的服务器。

要实现专用服务器功能需要再更改几个模块。

根主模块

本模块中，我们需要添加一些命令行开关语句以便使用 Windows 的命令行界面，或者需要将这些开关语句嵌入到一个 Windows 快捷方式中。两种方法决定我们怎样去通知游戏以专用模式运行服务器。在根游戏文件夹（即第 6 章版本的 Emaga 程序中可执行文件 tge. exe 所在的文件夹）中的 main. cs 模块中找到 ParseArgs 函数，向下搜索直到找到状态语句 $ switch（$ currentarg）处。直接在 $ switch 语句后添加如下代码：

```
case " – dedicated":
  $ Server :: Dedicated = true;
  EnableWinConsole (true);
  $ argumentFlag [% i] + +;

case " – map":
  $ argumentFlag [% i] + +;
  if (% nextArgExists)
  {
    $ mapArgument = % nextArgument;
    $ argumentFlag [% i + 1] + +;
    % i + +;
```

```
       ]
      else
        Error（"Error: Missing argument. Usage: - map ＜ filename ＞"）;
```

要运行专用服务器，这两条开关语句都需要用到。"- dedicated"开关让我们进入专用模式，然后"- map"语句告诉我们当服务器开始运行时需要装载哪个任务映射。

做了这些更改后，我们在命令行中输入下句，就可以让游戏运行在专用服务器模式下（现在先别忙着试）：tge. exe - dedicated - map control/data/maps/book_ ch6. mis。

游戏将开始运行，你所看到的将是控制台窗口。可以往里面输入控制脚本语句，就像你可以在图形客户机接口中键入符号"～"一样。然而，先别忙着试，因为我们还需要添加专用服务器代码！

你也可以创建一个可执行文件 tge. exe 的快捷方式，然后更改快捷方式属性中的目标框，使他和上面的命令行语法匹配。双击快捷方式的图标即可运行服务器。

Control—Main 模块

接着，我们要对 control/main. cs 做快速修改。在 OnStart 函数中，找到包含 InitializeClient 那一行，用以下 4 行代替 InitializeClient 那一行：

```
if（$ Server :: Dedicated）
  InitializeDedicatedServer（）;
else
  InitializeClient（）;
```

现在，当程序检查到使用了"- dedicated"开关时，他将启动专用模式，而不是客户模式。"- dedicated"这个开关已经在前面进行过说明。

Control—Initialize 模块

专用服务器代码的主要部分包含在此模块中。打开模块 control/server/initialize. cs，然后，在 InitializeServer 函数前面输入以下代码：

```
$ pref :: Net :: DisplayOnMaster = "Never";
```

```
$ pref :: Master0  =  "2:  master.  garagegames.  com:  28002";

$ Pref :: Server :: ConnectionError  =  "You do not have the correct version of 3D2E
client or the related art needed to play on this server.  This is the server for
Chapter 6.  Please check that chapter for directions. ";

$ Pref :: Server :: FloodProtectionEnabled  =  1;
$ Pref :: Server :: Info  =  "3D Game Programming All – In – One by Kenneth C.  Finney. ";
$ Pref :: Server :: MaxPlayers  =  64;
$ Pref :: Server :: Name  =  "3D2E Book  –  Chapter 6 Server";
$ Pref :: Server :: Password  =  "";
$ Pref :: Server :: Port  =  28000;
$ Pref :: Server :: RegionMask  =  2;
$ Pref :: Server :: TimeLimit  =  20;
$ Pref :: Net :: LagThreshold  =  "400";
$ pref :: Net :: PacketRateToClient  =  "10";
$ pref :: Net :: PacketRateToServer  =  "32";
$ pref :: Net :: PacketSize  =  "200";
$ pref :: Net :: Port  =  28000;
```

你可以任意修改字符串的值，只要合适就行。RegionMask 暂时留着不管。

接下来，再次找到 InitializeServer 函数，在函数开头插入以下几行代码：

```
$ Server :: GameType  =  "3D2E";
$ Server :: MissionType  =  "Emaga6";
$ Server :: Status  =  "Unknown";
```

当服务器连接到主服务器时，$ Server :: Status 的数值会被更新。

最后，需要在模块末尾添加这个完整函数：

```
function InitializeDedicatedServer ()
{
    EnableWinConsole (true);
    Echo ( "\ n – – – – – – – – Starting Dedicated Server – – – – – – – – –");

    $ Server :: Dedicated  =  true;
    if ( $ mapArgument !  $ = "") {
        CreateServer ( "MultiPlayer", $ mapArgument);
    }
    else
        Echo ( "No map specified (use – map <filename > )");
}
```

这个函数使 Windows 控制台生效，设定专用标记，调用带适当值的 Creat-
Server 函数。可能它做的操作不多，因此感觉不是很重要，但它的重要性在于：和 InitializeClient 函数相比，InitializeDedicatedServer 函数不需要做那些操作。这就是该函数存在的原因。

六、Emaga6 地图文件夹

本章有一个可供使用的基本图（任务）文件夹和一个地形文件夹。分别在 RESOURCES＼CH6＼EMAGA6＼control＼data＼maps＼book_ ch6. mis 和 RESOURCES＼CH6＼EMAGA6＼control＼data＼maps＼book_ ch6. ter 中找到这两个文件夹，并复制到＼EMAGA6＼control＼data＼maps＼。

测试 Emaga6

做好所有更改后，我们要看看运行情况，其实这也相当容易。在 Windows 中打开命令该窗口，将路径改到你本章例子程序存放的文件夹，输入命令运行专用服务器：

tge. exe －dedicated －map control/data/maps/book_ ch6. mis

提示

在测试过程中，如果你在游戏运行中或者在后面的日志文件中看到了日志内容，或许能看到类似以下的语句：

No such file 'control/data/models/avatars/orc/player. jpg'：

别担心——这还不是一个错误信息。在装载形状时，Torque 有一个可以自动查找和这些文件关联的纹理文件的系统。使用形状时，Torque 支持 JPG 和 PNG 图形文件，根据形状文件本身的纹理定义方式，Torque 可能不能马上找到指定的文件。如果发生这种情况，它会查找搜索路径，并在每次查找失败时显示一条信息。一旦找到文件，Torque 会立刻执行下一个任务，不再关注特定的形状。

在显示许多启动消息后，程序最后将停下来，然后在控制台窗口中告诉你任务装载成功。看到这些就表明你的专用服务器运行良好。

提示

可能你会想怎样通过因特网来测试。作者已写了本章的另一个版本，并以"Internet Game Hoseting"为名作为补充内容放在因特网上。可以在 http://www.tubettiworld.com/book/ALT_ CH6.php 网页中找到。接着，点击 ALTERNATE CHAPTER 6 PDF FORMAT。

补充内容以当前内容为基础的。

接下来，双击你先前做好的 tge. exe 图标以运行 Emaga 客户机程序。当出现菜单窗口时，单击 Connect To Server 按钮。查找服务器名 3DGAPI1（或在 Control – Initialize 模块中你指定 $ Pref :: Server：Name 变量的值），选中该服务器，然后单击"Join"（加入）。注意进度条，最终会发现你已进入游戏中。将该程序赋值给朋友，让他们也加入到游戏中，尽情狂欢吧！

测试直接发送消息

如果你回忆本章开始的内容，在"直接发送消息"部分，我们讨论了函数 CommandToServer 和 CommandToClient。可能你想有机会测试那部分的代码。在 \ EMAGA6 \ control \ server \ server. cs 模块的最后添加函数 ServerCmdTellEveryone 和 TellAll，然后在 \ EMAGA6 \ control \ client \ misc \ presetkeys. cs 模块中添加函数 SendMacro，同时在 presetkeys. cs 模块中在函数 SendMacro 后添加以下内容：

```
function clientCmdTellMessage（% sender，% msgString）
{
  MessagePopup （"HELLO EVERYBODY"，% msgString，1000）；
}
PlayerKeymap. bindCmd （keyboard，"1"，"SendMacro （1）；"，""）；
PlayerKeymap. bindCmd （keyboard，"2"，"SendMacro （1）；"，""）；
PlayerKeymap. bindCmd （keyboard，"3"，"SendMacro （1）；"，""）；
```

在完成以上添加内容后，如果你愿意，可以继续测试。你既可以使用独立（玩家主机）形式来测试，也可以使用相同或不同局域网内的客户机专用服务器来完成测试。

七、本章小结

　　现在你对怎样在客户机和服务器间来回传送消息有了一定的了解。切记：在你考虑有多个客户机时，可能只会有一个服务器，但你绝不能局限于仅有一个服务器。这只是编程的问题。

　　你也已经知道怎样通过 GameConnections 跟踪服务器上的某个客户机。只要知道了客户机的句柄，你就可以存取该客户机的任何数据。

　　下一章，我们将讨论那些一直回避不谈的公共代码（Common code），这样才能更好地理解该游戏是怎样制作的。

第7章

公共脚本

前几章我们一直避免将注意力放到公共代码上，希望你并没有产生这样的想法，即认为这是深藏不漏的机密，因为它并不是什么秘密。以前一直很含糊的原因是：我们一直在研究你最想对它做的更改以使它更适合游戏开发需要的那部分脚本区，这就意味着所要修改的东西不在公共代码中。

因此，在公共代码中，有的地方你想自己编写或者以某种方式调整。要做到这点，我们将在本章通读公共代码，以观实际情况。

你可以在以前各章安装的任何版本 Emaga 游戏的公共文件夹中获取这些代码。

一、游戏初始化

回忆以前各章你会发现，公共代码库只是被当做另一个插件或 Mod。它是作为 Common/main.cs 模块中的一个文件包来实现的。开发游戏时你需要用到这个包或者自己创建一个类似的包。这是为了获得许多 Torque 的一般功能，尤其是类似于"电子邮件、新闻"这类的功能，它们能帮助你将游戏变成最终的产品，但是对游戏运行功能来说，这些并非特别令人兴奋。

下面是 common/main.cs 模块的内容。

```
// -----------------------------------------------------------------------
// Torgue 游戏引擎
// Copyright (C) GarageGames. com, Inc.
// -----------------------------------------------------------------------

// -----------------------------------------------------------------------
// Load up defaults console values.

exec ( "./defaults. cs") ;

// -----------------------------------------------------------------------

function initCommon ( )
{
    // All mods need the random seed set
    setRandomSeed ( ) ;

    // Very basic functions used by everyone
    exec ( "./client/canvas. cs") ;
    exec ( "./client/audio. cs") ;
}

function initBaseClient ( )
{
    // Base client functionality
    exec ( "./client/message. cs") ;
    exec ( "./client/mission. cs") ;
    exec ( "./client/missionDownload. cs") ;
    exec ( "./client/actionMap. cs") ;

    // There are also a number of support scripts loaded by the canvas
    // when it's first initialized. Check out client/canvas. cs
}

function initBaseServer ( )
{
    // Base server functionality
    exec ( "./server/audio. cs") ;
    exec ( "./server/server. cs") ;
    exec ( "./server/message. cs") ;
    exec ( "./server/commands. cs") ;
    exec ( "./server/missionInfo. cs") ;
    exec ( "./server/missionLoad. cs") ;
    exec ( "./server/missionDownload. cs") ;
```

```
  exec （"./server/clientConnection.cs"）;
  exec （"./server/kickban.cs"）;
  exec （"./server/game.cs"）;
}


// ---------------------------------------------------------------

package Common {

function displayHelp（）{
  Parent :: displayHelp（）;
  error（
    "Common Mod options: \ n" @
    " – fullscreen               Starts game in full screen mode \ n" @
    " – windowed                 Starts game in windowed mode \ n" @
    " – autoVideo                Auto detect video, but prefers OpenGL \ n" @
    " – openGL                   Force OpenGL acceleration \ n" @
    " – directX                  Force DirectX acceleration \ n" @
    " – voodoo2                  Force Voodoo2 acceleration \ n" @
    " – noSound                  Starts game without sound \ n" @
    " – prefs  <configFile>      Exec the config file \ n"
  );
}

function parseArgs（）
{
  Parent :: parseArgs（）;

  // Arguments override defaults...
  for（% i = 1; % i < $ Game :: argc; % i + +）
  {
    % arg = $ Game :: argv [% i];
    % nextArg = $ Game :: argv [% i + 1];
    % hasNextArg = $ Game :: argc – % i > 1;

    switch $（% arg）
    {
      // -------------------
      case " – fullscreen":
          $ pref :: Video :: fullScreen = 1;
          $ argUsed [% i] + +;

      // -------------------
      case " – windowed":
```

```
        $ pref :: Video :: fullScreen = 0;
        $ argUsed [% i] ++;

    // -------------------
    case " - noSound":
        error ( "no support yet");
        $ argUsed [% i] ++;

    // -------------------
    case " - openGL":
        $ pref :: Video :: displayDevice = "OpenGL";
        $ argUsed [% i] ++;

    // -------------------
    case " - directX":
        $ pref :: Video :: displayDevice = "D3D";
        $ argUsed [% i] ++;

    // -------------------
    case " - voodoo2":
        $ pref :: Video :: displayDevice = "Voodoo2";
        $ argUsed [% i] ++;

    // -------------------
    case " - autoVideo":
        $ pref :: Video :: displayDevice = "";
        $ argUsed [% i] ++;

    // -------------------
    case " - prefs":
        $ argUsed [% i] ++;
        if (% hasNextArg) {
            exec (% nextArg, true, true);
            $ argUsed [% i + 1] ++;
            % i ++;
        }
        else
            error ( "Error: Missing Command Line argument. Usage: - prefs
<path/script. cs >");
    }
  }
}
```

```
function onStart ( )
{
    Parent :: onStart ( ) ;
    echo ( "\ n－－－－－－－－ Initializing MOD：Common －－－－－－－－" ) ;
    initCommon ( ) ;
}

function onExit ( )
{
    echo ( "Exporting client prefs" ) ;
    export ( "$ pref :: ∗", "./client/prefs. cs", False ) ;

    echo ( "Exporting server prefs" ) ;
    export ( "$ Pref :: Server :: ∗", "./server/prefs. cs", False ) ;
    BanList :: Export ( "./server/banlist. cs" ) ;

    OpenALShutdown ( ) ;
    Parent :: onExit ( ) ;
}

} ; // Common package
activatePackage ( Common ) ;
```

在游戏初始化过程中的两个关键步骤是调用 InitBaseClient 和 InitBaseServer，这两个函数都在 common/main. cs 中定义了。这些是关键函数，然而他们的实际操作看上去很普通。

```
function initBaseClient ( )
{
    // Base client functionality
    exec ( "./client/message. cs" ) ;
    exec ( "./client/mission. cs" ) ;
    exec ( "./client/missionDownload. cs" ) ;
    exec ( "./client/actionMap. cs " ) ;

    // There are also a number of support scripts loaded by the canvas
    // when it's first initialized. Check out client/canvas. cs
}
function initBaseServer ( )
{
    exec ( "./server/audio. cs" ) ;
    exec ( "./server/server. cs" ) ;
    exec ( "./server/message. cs" ) ;
```

```
exec ( "./server/commands.cs" );
exec ( "./server/missionInfo.cs" );
exec ( "./server/missionLoad.cs" );
exec ( "./server/missionDownload.cs" );
exec ( "./server/clientConnection.cs" );
exec ( "./server/kickban.cs" );
exec ( "./server/game.cs" );
}
```

正如你所看到的，两个初始化函数中只不过是一组脚本载入调用。所有载入的脚本都是公共代码库的组成部分。后面我们将讨论从这些调用中挑选出的关键模块。

二、选出的公共服务器模块

接着，我们将进一步研究一些公共代码服务器模块，选中的模块是那些最有助于理解 Torque 如何操作的模块。

服务器模块

InitBaseServer 函数载入公共服务器模块 server.cs，分析该模块，我们将看到如下函数：

PortInit

CreateServer

DestroyServer

ResetServerDefaults

AddToServerGuidList

RemoveFromServerGuidList

OnServerInfoQuery

从该列表中不难看出这是一个相当关键的模块！

PorInit 试图获得指定的 TCP/IP 端口的控制权，如果不成功，它将不停地增加该端口号直到找到一个能用的开放端口。

CreateServer 的功能显而易见，但它也会做一些有趣的操作。首先，调用 DestroyServer！该函数并没有它看上去那么古怪，只有当确定资源存在时，DestroyServer 才释放和禁用这些资源，因此不会因为使用了不存在的资源而导致灾难性的危险。你需要指定服务器类型（单人模式［默认］或者多玩家模式）以及任务名称。假如是个多玩家服务器，就从这里调用 PortInit 函数。在 CreatServer 中，最后但却不可小视的操作是调用 LoadMission，该调用取消一个很长的而且相互关联的时间链，这些我们将会在后面的小节中介绍。

我们已经提到，DestroyServer 函数释放和禁用资源以及游戏机制。它停止正在进行中的进一步链接并删除已存在的链接，关掉核心处理器，删除 MissionGroup、MissionCleanup 和 ServerGroup 中所有的服务器对象。最后，从内存中清空所有数据块。

ResetServerDefaults 只是一个方便的功能，它可以重载存储有服务器默认变量初始值的文件。

AddToServerGuidList 和 RemoveFromServerGuidList 这两个函数是用于管理连接到服务器的客户机列表。

OnServerInfoQuery 是消息处理器，用于处理来自主服务器的查询信息。它只返回字符串"Doing OK"。主服务器（如果有的话）将读到这个字符串，并得知该服务器处于工作状态。哪怕该字符串只有一个空格字符，它也可以传达某种信息。重要的是，如果服务器并非正常工作，那么该函数甚至将不被调用，主服务器将永远看不到该消息并超时，因此将采用相应的行动（例如 panicking 或者其他类似有用的操作）。

消息模块

InitBaseServer 载入公共服务器消息模块 message. cs，该模块主要是用于为玩家提供游戏内部的聊天功能。

MessageClient

MessageTeam

MessageTeamExcept

MessageAll

MessageAllExcept

SpamAlert

GameConnection :: SpamMessageTimeout

GameConnection :: SpamReset

上列 5 个函数用于向单个客户机、团队中所有客户机及游戏中所有客户机发送服务器类型的信息。还有一些例外的消息会发送给除了某个指定客户机以外的其他所有客户机。

接着是 3 个聊天消息函数,它们链接到玩家用来互相通信的聊天接口。

这些函数内部全部用到 CommandToServer 函数(见第 6 章)。注意到这点很重要:即客户机端需要这些函数的消息处理器。

3 个垃圾信息控制函数用于连接聊天信息函数。SpamAlert 函数在每个往外发的聊天消息即将发出之前调用,其目的是检测玩家的消息是否超过了聊天窗口允许值——这个操作被称为"聊天窗口溢出"(spamming the chat window)。如果 SpamMessageTimeout 函数检测到某个短时间段内发送消息过多,则将过量的消息暂缓,并向客户机发送一个警告信息,例如:"Enough already! Take a break."你可以将这个警告说的更婉转一些,但基本用法你已经明白了。SpamRest 只是在适当的间隔后将客户机的垃圾信息状态设置回正常。

任务载入模块

Torque 中有任务(mission)的概念,这和其他游戏,尤其是第一人称射击游戏中的地图(map)相当。任务在以 . mis 为扩展名的任务文件中定义。任务文件包含诸如游戏中有什么对象、这些对象在什么位置的信息。游戏中出现的任何对象都在这里定义:物品、玩家、产生点、触发器、水的定义、天空的定义等。

当任务开始或当客户机加入到一个已经运行的任务中时,任务从服务器下载到客户机,这样服务器就可以完全控制客户机在任务中的发现和经历。

下面是 common/server/missionlaod. cs 模块的内容。

```
// ------------------------------------------------------------
// Torgue 游戏引擎
//
// Copyright (C) GarageGames. com, Inc.
// ------------------------------------------------------------


// ------------------------------------------------------------
// Server mission loading
// ------------------------------------------------------------

// On every mission load except the first, there is a pause after
// the initial mission info is downloaded to the client.
$ MissionLoadPause = 5000;

function LoadMission ( % missionName, % isFirstMission )
{
   EndMission ();
   Echo ( " * * * LOADING MISSION: " @ % missionName );
   Echo ( " * * * Stage 1 load" );

   // Reset all of these
   ClearCenterPrintAll ();
   ClearBottomPrintAll ();

   // increment the mission sequence ( used for ghost sequencing)
   $ missionSequence + +;
   $ missionRunning = false;
   $ Server :: MissionFile = % missionName;

   // Extract mission info from the mission file,
   // including the display name and stuff to send
   // to the client.
   BuildLoadInfo ( % missionName );

   // Download mission info to the clients
   % count = ClientGroup. GetCount ();
   for ( % cl = 0; % cl < % count; % cl + + ) {
      % client = ClientGroup. GetObject ( % cl );
      if ( !% client. IsAIControlled () )
         SendLoadInfoToClient ( % client );
   }
   // if this isn't the first mission, allow some time for the server
   // to transmit information to the clients:
```

Chapter 7　Common Scripts

```
    if ( % isFirstMission | | $ Server :: ServerType $ = "SinglePlayer" )
       LoadMissionStage2 ( ) ;
    else
       schedule ( $ MissionLoadPause, ServerGroup, LoadMissionStage2 ) ;
}

function LoadMissionStage2 ( )
{
    // Create the mission group off the ServerGroup
    Echo ( " * * * Stage 2 load" ) ;
    $ instantGroup = ServerGroup ;

    // Make sure the mission exists
    % file = $ Server :: MissionFile ;

    if ( ! IsFile ( % file ) ) {
       Error ( "Could not find mission " @ % file ) ;
       return ;
    }

    // Calculate the mission CRC.  The CRC is used by the clients
    // to cache mission lighting.
    $ missionCRC = GetFileCRC ( % file ) ;

    // Exec the mission, objects are added to the ServerGroup
    Exec ( % file ) ;

    // If there was a problem with the load, let's try another mission
    if ( ! IsObject (MissionGroup) ) {
       Error ( "No 'MissionGroup' found in mission \ " " @ $ missionName @ " \ "." ) ;
       schedule ( 3000, ServerGroup, CycleMissions ) ;
       return ;
    }

    // Mission cleanup group
    new SimGroup ( MissionCleanup ) ;
    $ instantGroup = MissionCleanup ;

    // Construct MOD paths
    PathOnMissionLoadDone ( ) ;

    // Mission loading done. . .
    Echo ( " * * * Mission loaded" ) ;

    // Start all the clients in the mission
```

```
    $ missionRunning = true;
    for ( % clientIndex = 0; % clientIndex < ClientGroup. GetCount ( );
% clientIndex + + )
        ClientGroup. GetObject ( % clientIndex) . LoadMission ( );

    // Go ahead and launch the game
    OnMissionLoaded ( );
    PurgeResources ( );
}

function EndMission ( )
{
    if ( ! IsObject ( MissionGroup ) )
        return;

    Echo ( " * * * ENDING MISSION");

    // Inform the game code we're done.
    OnMissionEnded ( );

    // Inform the clients
    for ( % clientIndex = 0; % clientIndex < ClientGroup. GetCount ( );
% clientIndex + + ) {
        // clear ghosts and paths from all clients
        % cl = ClientGroup. GetObject ( % clientIndex );
        % cl. EndMission ( );
        % cl. ResetGhosting ( );
        % cl. ClearPaths ( );
    }

    // Delete everything
    MissionGroup. Delete ( );
    MissionCleanup. Delete ( );

    $ ServerGroup. Delete ( );
    $ ServerGroup = new SimGroup (ServerGroup);
}

function ResetMission ( )
{
    Echo ( " * * * MISSION RESET");
    Selected Common Server Modules 279
    // Remove any temporary mission objects
    MissionCleanup. Delete ( );
```

```
$ instantGroup = ServerGroup;
new SimGroup ( MissionCleanup );
$ instantGroup = MissionCleanup;

//
OnMissionReset ( );
}
```

下面是模块中在服务器上面装载的任务函数。

LoadMission

LoadMissionStage2

EndMission

ResetMission

正如在前面的小节中所看到的，LoadMission 在 CreateServer 函数中被调用，它启动把任务载入到服务器的过程。从任务文件中汇集任务信息，然后发送给所有客户机向用户显示。

任务文件载入后，调用 LoadStage2 函数。在这个函数中，服务器计算出任务的 CRC（循环冗余码校验）值并保存起来，以便以后使用。

什么是 CRC 值，为什么要关心它？

当我们采用容易出错的媒介传输数据时，通常会用到 Cyclic Redundancy Check（循环冗余码校验，CRC）。连网协议采用一种层次比较低的循环冗余码校验（CRC）来检验已收到的数据和发送的数据是否相同。

CRC 是根据收到的数据进行数学计算得到的一个数值，该数值包含数据内容以及数据排列的信息。这个称为"校验和"的数值如同人的指纹一样，能精确地识别数据序列。

通过比较两组数据的校验和，就可以判断这两组数据是否相同。

为什么要关心 CRC 值呢？是的，除了维护数据的完整性这个简单的目的外，它还是"反作弊"的另一种方法。可以使用 CRC 来保证存储在客户机端的文件和服务器的一样，这样，所有客户机都有相同的文件了——这样就形成了一个公平的游戏环境。

一旦任务成功载入了服务器，通过调用客户机端 GameConnection 对象的 LoadMission 的成员函数向每个客户机发送任务。

EndMission 释放资源并禁用其他任务相关的功能，如果服务器被命令载入新任务，则清除此操作。

ResetMission 可以从 control/server/misc/game. cs 模块中的 EndGame 函数中调用，它用于当你使用任务循环技术时让服务器准备一个新的任务。

MissionDownload 模块

下面是 common/server/missiondownload. cs 模块的内容。

```
// --------------------------------------------------------------
// Torgue 游戏引擎
//
// Copyright (C) GarageGames. com, Inc.
// --------------------------------------------------------------

// --------------------------------------------------------------
// Mission Loading
// The server portion of the client/server mission loading process
// --------------------------------------------------------------
function GameConnection :: LoadMission (% this)
{
    // Send over the information that will display the server info.
    // when we learn it got there, we'll send the datablocks.
    % this. currentPhase = 0;
    if (% this. IsAIControlled ( ))
    {
        // Cut to the chase...
        % this. OnClientEnterGame ( );
    }
    else
    {
        CommandToClient (% this, 'MissionStartPhase1', $ missionSequence,
            $ Server :: MissionFile, MissionGroup. musicTrack);
        Echo ( " * * * Sending mission load to client. " @ $ Server :: MissionFile);
    }
}

function ServerCmdMissionStartPhase1 Ack (% client, % seq)
{
```

```
    // Make sure to ignore calls from a previous mission load
    if ( % seq ! = $ missionSequence | | ! $ MissionRunning)
        return;
    if ( % client. currentPhase ! = 0)
        return;
    % client. currentPhase = 1;

    // Start with the CRC
    % client. SetMissionCRC ( $ missionCRC );

    // Send over the datablocks. . .
    // OnDataBlocksDone will get called when have confirmation
    // that they've all been received.
    % client. TransmitDataBlocks ( $ missionSequence);
}

function GameConnection :: OnDataBlocksDone ( % this, % missionSequence )
{
    // Make sure to ignore calls from a previous mission load
    if ( % missionSequence ! = $ missionSequence)
        return;
    if ( % this. currentPhase ! = 1)
        return;
    % this. currentPhase = 1. 5;

    // On to the next phase
    CommandToClient ( % this, 'MissionStartPhase2', $ missionSequence,
$ Server :: MissionFile);
}

function ServerCmdMissionStartPhase2Ack ( % client, % seq)
{
    // Make sure to ignore calls from a previous mission load
    if ( % seq ! = $ missionSequence | | ! $ MissionRunning)
        return;
    if ( % client. currentPhase ! = 1. 5)
        return;
    % client. currentPhase = 2;

    // Update mod paths, this needs to get there before the objects.
    % client. TransmitPaths ( );
    // Start ghosting objects to the client
```

```
% client. ActivateGhosting ( );

}

function GameConnection :: ClientWantsGhostAlwaysRetry ( % client)

{

  if ( $ MissionRunning)

    % client. ActivateGhosting ( );

}

function GameConnection :: OnGhostAlwaysFailed ( % client)

{

}

function GameConnection :: OnGhostAlwaysObjectsReceived ( % client)

{

  // Ready for next phase.

  CommandToClient ( % client, ' MissionStartPhase3 ', $ missionSequence,
$ Server :: MissionFile) ;

}

function ServerCmdMissionStartPhase3 Ack ( % client, % seq)

{

  // Make sure to ignore calls from a previous mission load

  if ( % seq ! = $ missionSequence | | ! $ MissionRunning)

    return ;

  if ( % client. currentPhase ! = 2)

    return ;

  % client. currentPhase = 3 ;

  // Server is ready to drop into the game

  % client. StartMission ( ) ;

  % client. OnClientEnterGame ( ) ;

}
```

以下函数及 GameConnection 方法在任务下载模块中的定义：

GameConnection :: LoadMission

GameConnection :: OnDataBlocksDone

GameConnection :: ClientWantsGhostAlwaysRetry

GameConnection :: OnGhostAlwaysFailed

GameConnection :: OnGhostAlwaysObjectsReceived

ServerCmdMissionStartPhase1 Ack

ServerCmdMissionStartPhase2 Ack

ServerCmdMissionStartPhase3 Ack

该模块处理任务下载过程中服务器端的活动（见图7.1）。有三个阶段：发送数据块、Ghost Objects 和场景照明。

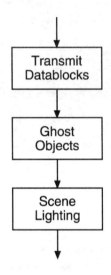

图7.1 任务下载阶段

该模块包含每个客户的 GameConnection 对象的任务下载方法。

在运行服务器端任务载入模块中的 LoadMissionStage2 函数之后，调用任务下载模块中客户机对象的 LoadMission 时，该客户机对象的下载进程就开始进行了。随后开始进行一系列客户机/服务器之间的对等活动（见图7.2）。该过程的消息发送系统是 CommandToServer 和 CommandToCLient 这一对直接消息发送函数。

服务器调用客户机端的 MissionStartPhasen 函数（其中 n 为 1、2 或 3）来请求每个阶段的启动。此过程通过我们很熟悉的函数 CommandToServer 来完成。当客户机为某阶段做好准备后，它以一个 MissionStartPhasenAck 消息作为响应，服务器端这个模块中包含了一个处理该消息的处理器。

阶段1结束时，将调用 GameConnection :: OnDataBlocksDone 处理器。该程

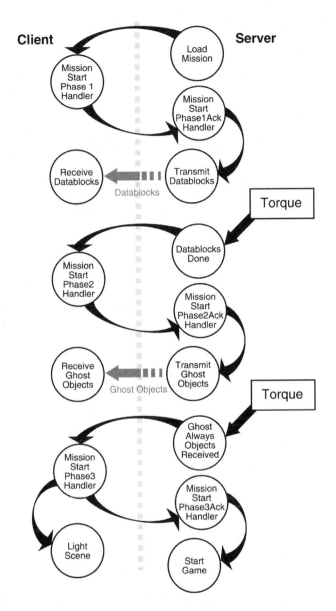

图 7.2 任务下载过程

序通过向客户机端发送 MissionStartPhase2 消息来初始化阶段 2。

阶段 2 完成时，将调用 GameConnection :: onGhostAlwaysObjects 处理器。
在本阶段末尾，客户机有了全部数据，这些数据是在复制到客户机的游戏中所用到的任何动态对象的服务器版本所需的。然后此处理器发送 MissionStart-Phase3 消息给客户机。

当服务器接收到 MissionStartPhase3 Ack 消息时，它将为每个客户机启动任务，让客户机插入游戏中。

ClientConnection 模块

大部分负责处理客户机的服务器端代码都存放在 ClientConnection 模块。下面是 common/server/clientconnection. cs 模块中的内容。

```
// ------------------------------------------------------------
// Torgue 游戏引擎
//
// Copyright (C) GarageGames. com, Inc.
// ------------------------------------------------------------
function GameConnection :: OnConnectRequest ( % client, % netAddress, % name )
{
  Echo ( "Connect request from: " @ % netAddress);
  if ( $ Server :: PlayerCount > = $ pref :: Server :: MaxPlayers)
    return "CR_ SERVERFULL";
  return "";
}

function GameConnection :: OnConnect ( % client, % name )
{
MessageClient (% client, 'MsgConnectionError', "", $ Pref :: Server ::
  ConnectionError);

  SendLoadInfoToClient ( % client );

  if (% client. getAddress ( ) $ = "local") {
    % client. isAdmin = true;
    % client. isSuperAdmin = true;
}
else {
  % client. isAdmin = false;
  % client. isSuperAdmin = false;
}
```

```
// Save client preferences on the Connection object for later use.
%client.gender = "Male";
%client.armor = "Light";
%client.race = "Human";
%client.skin = AddTaggedString ( "base" );
%client.SetPlayerName ( %name );
%client.score = 0;

$instantGroup = ServerGroup;
$instantGroup = MissionCleanup;
Echo ( "CADD: " @ %client @ " " @ %client.GetAddress ( ) );

// Inform the client of all the other clients
%count = ClientGroup.GetCount ( );
for ( %cl = 0; %cl < %count; %cl++ ) {
   %other = ClientGroup.GetObject ( %cl );
   if ( ( %other ! = %client ) ) {

      MessageClient ( %client, 'MsgClientJoin', "",
            %other.name,
            %other,
            %other.sendGuid,
            %other.score,
            %other.IsAIControlled ( ),
            %other.isAdmin,
            %other.isSuperAdmin );

   }
}

// Inform the client we've joined up
MessageClient ( %client,
   'MsgClientJoin', ' \ c2Welcome to the Torque demo app %1. ',
   %client.name,
   %client,
   %client.sendGuid,
   %client.score,
   %client.IsAiControlled ( ),
   %client.isAdmin,
   %client.isSuperAdmin );

// Inform all the other clients of the new guy
```

```
MessageAllExcept ( % client, - 1, 'MsgClientJoin', ' \ c1 % 1 joined the game. ',
  % client. name,
  % client,
  % client. sendGuid,
  % client. score,
  % client. IsAiControlled ( ),
  % client. isAdmin,
  % client. isSuperAdmin) ;

// If the mission is running, go ahead and download it to the client
if ( $ missionRunning)
  % client. LoadMission ( ) ;
 $ Server :: PlayerCount ++ ;
}

function GameConnection :: SetPlayerName  ( % client, % name)
{
  % client. SendGuid  = 0 ;

  // Minimum length requirements
  % name = StripTrailingSpaces ( StrToPlayerName ( % name ) ) ;
  if ( Strlen ( % name ) < 3 )
    % name = "Poser" ;

  // Make sure the alias is unique, we'll hit something eventually
  if ( ! IsNameUnique ( % name))
  {
    % isUnique  = false ;
    for ( % suffix  = 1 ; ! % isUnique ; % suffix + + ) {
      % nameTry  = % name @ "." @ % suffix ;
      % isUnique  = IsNameUnique ( % nameTry) ;
    }
    % name  = % nameTry ;
  }
  // Tag the name with the "smurf" color:
  % client. nameBase  = % name ;
  % client. name = AddTaggedString ( " \ cp \ c8" @ % name @ " \ co") ;
}

function IsNameUnique ( % name)
{
```

```
  % count = ClientGroup. GetCount ( ) ;
  for ( % i = 0; % i < % count; % i + + )
    {
      % test = ClientGroup. GetObject ( % i ) ;
      % rawName = StripChars ( detag ( GetTaggedString ( % test. name ) ) ,
" \ cp \ co \ c6 \ c7 \ c8 \ c9" ) ;
        if ( Strcmp ( % name, % rawName ) = = 0 )
          return false;
    }
  return true;
}

function GameConnection :: OnDrop ( % client, % reason )
{
  % client. OnClientLeaveGame ( ) ;

  RemoveFromServerGuidList ( % client. guid ) ;
  MessageAllExcept ( % client, − 1, 'MsgClientDrop', ' \ c1 % 1 has left the game. ',
% client. name, % client) ;

  RemoveTaggedString ( % client. name ) ;
  Echo ( "CDROP: " @ % client @ " " @ % client. GetAddress ( ) ) ;
  $ Server :: PlayerCount − − ;

  if ( $ Server :: PlayerCount = = 0 && $ Server :: Dedicated)
    Schedule ( 0, 0, "ResetServerDefaults" ) ;
}

function GameConnection :: StartMission ( % this )
{
  CommandToClient ( % this, 'MissionStart', $ missionSequence) ;
}

function GameConnection :: EndMission ( % this )
{
  CommandToClient ( % this, 'MissionEnd', $ missionSequence) ;
}

function GameConnection :: SyncClock ( % client, % time )
{
  CommandToClient ( % client, 'syncClock', % time) ;
}
```

Chapter 7 Common Scripts

```
function GameConnection :: IncScore （% this, % delta）
{
    % this. score t = % delta;
    MessageAll （'MsgClientScoreChanged', "", % this. score, % this）;
}
```

以下函数及 GameConnection 方法在 ClientConnection 模块中的定义。

GameConnection :: OnConnectRequest

GameConnection :: OnConnect

GameConnection :: SetPlayerName

IsNameUnique

GameConnection :: OnDrop

GameConnection :: StartMission

GameConnection :: EndMission

GameConnection :: SyncClock

GameConnection :: IncScore

GameConnection :: OnConnectRequest 方法是客户机端 GameConnection :: Connect 方法的服务器端。我们用该方法来检查客户机发出的连接请求，例如，对照禁止表检查 IP 地址或确认服务器未满以及类似操作。如果请求被允许，则返回空字符串 （""）。

下一个方法是 GameConnection :: OnConnect，在服务器接收了连接请求之后调用。我们通过参数传递获得客户机句柄及名称字符串。首先要做的事是给客户机传送一个标记字符串以表明发生了连接错误。我们并非要客户机去使用该字符串。这只是一种客户机预载入的形式。

接着我们将加载信息发送给客户机。这些信息是在任务加载过程中客户机端向用户显示的一些任务信息。此后，如果客户机碰巧又是主机（这完全有可能），我们就将它设为 superAdmin （超级管理员）。

然后将客户机添加到服务器维护的用户 ID 列表中。此后就有一堆客户机的参数要进行初始化。

接下来，我们启动一系列的通知操作。首先，我们通知所有客户机该玩家已经加入了服务器。接着告诉加入的玩家他非常受欢迎（尽管事实可能恰好相反）。最后，告诉所有客户机端又有一个新玩家加入了，大家去追杀他吧！也可能是其他消息——随你喜欢！

做完所有的欢迎仪式之后，将任务数据下载到该客户机，从而启动由图7.2所说明的事件链。

GameConnection :: SetPlayerName 函数是对客户机名做一些有趣的操作。首先，它清除那些前面或后面带空格的不规范的名称。我们不喜欢太短的名称（难道想隐藏什么？），所以这类名称不会被允许通过。然后我们还要确认这些名称还未被使用。如果已经被使用了，这些名称的后面会加上一个标记字符串，这样全名只能传给每个客户机一次；如果必要的话，以后就用作标记号。

IsNameUnique 函数用于在服务器名列表中搜索匹配的名称。如果找到了，则该名称不是唯一，否则就是唯一的。

当决定断开一个客户机时，调用 GameConnection :: OnDrop 方法。首先，该方法通知此客户机让他知道断开过程的操作方法。然后从内部列表中移去该客户机。所有客户机（除了被断掉的那个）都会收到一个能显示的服务器文本信息，通知他们客户机已经断开。当最后一个玩家离开游戏后，该方法将重启服务器。假如是个连续性的游戏，则应当去掉该语句。

下一个方法是 GameConnection :: StartMission，当服务器接收到启动另一个服务器会话的命令时，该方法会简单地通知客户机，以便给客户机一些时间来准备服务器在不久的将来的可用性。如果需要，$ missionSequence 变量可用于管理任务的顺序。

接下来，GameConnection :: EndMission 用于通知客户机任务已结束。"喂，游戏结束了!"

GameConnection :: SyncClock 方法用来确保所有客户机的时间和服务器是同步的。任务载入的任意时刻为客户机调用此函数，但必须在客户机的玩家大量涌现前调用。

最后，无论何时你想奖励某玩家的杰出表现，可以调用 GameConnection :: IncScore 函数。默认情况下，当玩家杀掉另一个玩家时调用此函数。当该玩家的分数值增加时，所有其他玩家都会通过他们的客户机端接到通知。

Game 模块

服务器端的 Game 模块是存放服务器特有的游戏运行功能的逻辑控件。

下面是 common/server/game. cs 模块的内容。

```
// --------------------------------------------------------------
// Torgue 游戏引擎
// Copyright（C）2001 GarageGames. com, Inc.
// --------------------------------------------------------------
function OnServerCreated（）
{
  $ Server∷GameType = "Test App";
  $ Server∷MissionType = "Deathmatch";
  createGame（）;
}

function OnServerDestroyed（）
{
  DestroyGame（）;
}

function OnMissionLoaded（）
{
  StartGame（）;
}

function OnMissionEnded（）
{
  EndGame（）;
}

function OnMissionReset（）
{
  // stub
}

function GameConnection∷OnClientEnterGame（% this）
{
```

```
//stub
}

function GameConnection :: OnClientLeaveGame（% this）
{
//stub
}

// ----------------------------------------------------------------
// Functions that implement game-play
// ----------------------------------------------------------------
function CreateGame（）
{
  //
}

function DestroyGame（）
{
  //
}

function StartGame（）
{
//stub
}

function EndGame（）
{
//stub
}
```

在 Game 模块下定义下列函数以及 GameConnection 方法。

OnServerCreated

OnServerDestroyed

OnMissionLoaded

OnMissionEnded

OnMissionReset

CreateGame

Destroy Game

StartGame

EndGame

GameConnection :: OnClientEnterGame

GameConnection :: OnClientLeaveGame

定义的第一个函数 OnServerCreated 在构造服务器时由 CreateServer 调用，它是载入服务器特有数据块的好地方。

如果需要用到变量 $ Server :: GameType 的话，则发送变量给主服务器。其目的是精确地判别游戏，并将它和主服务器处理的其他游戏区分开。变量 $ Server :: MissionType 也被发送给服务器——客户机端可以利用该数值来过滤基于不同任务类型的服务器。

下一个函数 OnServerDestroyed 是 OnServerCreated 的对立函数——OnServerCreated 函数做了什么操作，则本函数做相反的操作。

函数 OnMissionLoaded 在任务载入完毕时由 LoadMission 调用。这是对基于任务的游戏功能进行初始化的最佳位置，例如计算基于一个轮流任务方案的天气影响。

OnMissionEnded 在任务销毁前由 EndMission 调用；在这里做的操作与在 OnMissionLoaded 中做的操作正好相反。

OnMissionReset 函数在删除所有临时任务对象后由 ResetMission 调用。

CreateGame、Destroy Game、StartGame 以及 EndGame 函数都是存根例程。示例游戏希望你可以使用自己的游戏控制脚本来一一实践这些函数。

在每个客户机端载入完任务后，准备开始玩游戏时，调用函数 Game Connection :: OnClientEnterGame。这是从数据库后端载入客户机特有的持续数据的好地方。

在断开任何客户机时都会调用 GameConnection :: OnClientLeaveGame 函数。这是客户机对后端数据库信息作最后更新的好地方。

尽管在这个模块中我们不会用到大量函数，但它是存放大量游戏功能的好地方。

三、选中的公共代码客户机模块

接着，我们将进一步探讨一些公共代码客户机模块。选中的模块是那些最有助于理解 Torque 如何操作的模块。

记住，所有这些模块都会对和本地客户机功能相关的事情产生影响，尽管它们需要不时地和服务器联系。

这点很重要：当你增加特性或功能时，必须牢记你是想让该特性只针对本地客户机有效（如一些用户的个人喜好更改）还是对所有客户机都有效。假如是后者，则最好采用运行时服务器固有的模块。

Canvas 模块

Canvas 模块是另一种简短但很关键的模块。该模块的一个关键特性是：它的主要函数 InitCanvas 载入了大量公共图形用户接口（GUI）支持模块。该模块是从 InitCommon 函数而非 InitBaseClient 函数载入的，这也是其他关键公共模块载入的地方。

下面是 common/client/canvas. cs 模块的内容。

```
// ---------------------------------------------------
// Torgue 游戏引擎
// Copyright (C) GarageGames. com, Inc.
// ---------------------------------------------------

// ---------------------------------------------------
// Function to construct and initialize the default canvas window
// used by the games

function InitCanvas (% windowName, % effectCanvas)
{
    VideoSetGammaCorrection ( $ pref :: OpenGL :: gammaCorrection);
    if (% effectCanvas)
        % CanvasCreate = CreateEffectCanvas (% windowName);
    else
```

```
% CanvasCreate = CreateCanvas ( $ windowName ) :
if ( ! CreateCanvas ( % windowName ) ) {
  quitWithErrorMessage ( "Copy of Torque is already running; existing. " ) ;
  return ;
}

SetOpenGLTextureCompressionHint ( $ pref :: OpenGL :: compressionHint ) ;
SetOpenGLAnisotropy ( $ pref :: OpenGL :: textureAnisotropy ) ;
SetOpenGLMipReduction ( $ pref :: OpenGL :: mipReduction ) ;
SetOpenGLInteriorMipReduction ( $ pref :: OpenGL :: interiorMipReduction ) ;
SetOpenGLSkyMipReduction ( $ pref :: OpenGL :: skyMipReduction ) ;

// Declare default GUI Profiles.
Exec ( " ~ /ui/defaultProfiles. cs" ) ;

// Common GUI's
Exec ( " ~ /ui/ConsoleDlg. gui" ) ;
Exec ( " ~ /ui/LoadFileDlg. gui" ) ;
Exec ( " ~ /ui/ColorPickerDlg. gui" ) ;
Exec ( " ~ /ui/SaveFileDlg. gui" ) ;
Exec ( " ~ /ui/MessageBoxOkDlg. gui" ) ;
Exec ( " ~ /ui/MessageBoxYesNoDlg. gui" ) ;
Exec ( " ~ /ui/MessageBoxOKCancelDlg. gui" ) ;
Exec ( " ~ /ui/MessagePopupDlg. gui" ) ;
Exec ( " ~ /ui/HelpDlg. gui" ) ;
Exec ( " ~ /ui/RecordingsDlg. gui" ) ;
Exec ( " ~ /ui/NetGraphGui. gui" ) ;
// Commonly used helper scripts
Exec ( ". /metrics. cs" ) ;
Exec ( ". /messageBox. cs" ) ;
Exec ( ". /screenshot. cs" ) ;
Exec ( ". /cursor. cs" ) ;
Exec ( ". /help. cs" ) ;
Exec ( ". /recordings. cs" ) ;

// Init the audio system
OpenALInit ( ) :
}
```

```
function ResetCanvas（）
{
  if（IsObject（Canvas））
  {
    Canvas. Repaint（）；
  }
}
```

　　显然，InitCanvas 是本模块中的主要函数。当它被调用时，首先使用一个全局参考变量调用 VideoSetGammaCorrection 函数。如果传递的变量值是 0 或未定义，则在 gamma 修正中不做变化（见表 7.1）。

表 7.1　OpenGL 设置

模　块	功　能
GammaCorrection	用 gamma 校正更改一幅图的亮度，没被校正过的图像看上去可能太亮或太暗。
TextureCompressionHint	应该做多大程度的纹理压缩，这留给驱动器和硬件去决定（用来减少存储器和图片转换带宽）。但我们可以决定要做何种方式的压缩。可选项有： GL_ DONT_ CARE（不关心） GL_ FASTEST（最快） GL_ NICEST（最精细）
Anisotropy	滤波器用于当 3D 表面相对视觉镜头溢出时，访问一种特定的人造纹理。设定的值越高（在 0、1 之间，不包括 0、1），则硬件的滤波程度越高。设置的值过高会导致图像太模糊。
MipReduction	参见第 3 章对 mipmapping 的讨论。此数值可从 0 到 5，值越大，支持的 mipmapping 级别就越多。必须创建图像纹理来支持这些级别，以获得最好的效果
InteriorMipReduction	同 MipReduction，但仅用于内部（. dif 文件格式模块）
SkyMipReduction	同 MipReduction，但仅用于 skybox 图像

接着我们试图创建画布，这是一个用 Windows API（应用程序接口）创建窗口的抽象调用。% windowName 变量作为字符串输入，用来设置窗口的标题。如果不能创建窗口就退出，因为没有显示游戏的地方则无法继续下去。CreateEffectCanvas 是 CreateCanvas 的特殊版本，它为我们额外提供了一些产生特殊效果的方法和道具。CreateCanvas 主要是一种利用图形文本创建窗口的抽象方法，它之所以抽象，是因为需要在三个不同的平台上（Windows，Linux，和 Macintosh）支持相似的功能。

随后是一系列 OpenGL 设置，再一次使用全局参考变量。参见表 7.1 中对这些设置的介绍。

接着，函数载入一系列支持文件来建立用户界面功能、对话框以及对它们的概括说明。

然后是一系列的调用，以载入那些可获得应用函数的模块，这些函数可用于测量性能、拍屏幕快照、显示帮助信息等。

ResetCanvas 函数用于检查画布对象是否存在，如果存在，则该函数强迫对它进行重画（重新渲染）。

Mission 模块

Mission 模块做的事情并不是很多。它的存在是不容置疑的，因为它提出了对公共代码脚本未来发展方向的预见。下面是 common/client/mission. cs 模块的内容。

```
// -----------------------------------------------------------------
// Torgue 游戏引擎
// Copyright（）GarageGames. com, Inc.
// -----------------------------------------------------------------

// -----------------------------------------------------------------
// Mission start / end events sent from the server
// -----------------------------------------------------------------

function ClientCmdMissionStart（% seq）
{
    // The client receives a mission start right before
    // being dropped into the game.
```

```
}

function ClientCmdMissionEnd（%seq）
{
    // Received when the current mission is ended.
    alxStopAll（）;
    // Disable mission lighting if it's going; this is here
    // in case the mission ends while we are in the process
    // of loading it.
    $ lightingMission = false;
    $ sconeLighting::terminatelighting = true;
}
```

ClientCmdMissionStart 是个存根例程，它在客户机玩家进入游戏前那一瞬间调用。这是存放最后时刻客户机代码的方便地方——所有任务已经被明确载入，所有对象都建立完毕，包括远端客户机。假如你用 Torque 脚本编写一些自己的代码的话（这是可能的——GarageGames 社团的一个成员已经这样做了），这也是建造并显示地图或发起网络聊天的好地方。

在调用 alxStopAll 函数后，ClientCmdMissionEnd 复位一些亮度变量，到时将会暂停一切正在运行的音频轨迹。这里将做一些和 ClientCmdMissionStart 函数中操作相反的操作。

制造这个模块及其函数的关键是它的存在。你应当考虑如何在游戏中利用这些函数并扩展它们的性能。

MissionDownload 模块

正如服务器端有个 MissionDownload 模块一样，客户机端也有。显然这很容易搞混淆，因此使用这个模块的时候你要格外警惕，时刻清楚你处理的是客户机端的还是服务器端的模块。当你意识到它们是有益的互补时，就可以理解为什么这样定义模块名了——任务下载操作需要客户机端和服务器同时协调运行。它们就像一双脚上的两只鞋。

下面是 common/client/missiondownload.cs 模块的内容。

```
// -----------------------------------------------------------
// Torque 游戏引擎
// Copyright（C）GarageGames.com, Inc.
// -----------------------------------------------------------
```

Chapter 7 Common Scripts

```
// ------------------------------------------------------------
// Phase 1
// ------------------------------------------------------------

function ClientCmdMissionStartPhase1 (%seq, %missionName, %musicTrack)
{
  // These need to come after the cls.
  Echo ( " * * * New Mission: " @ %missionName);
  Echo ( " * * * Phase 1: Download Datablocks & Targets");
  OnMissionDownloadPhase1 (%missionName, %musicTrack);
  CommandToServer ( 'MissionStartPhase1Ack', %seq);
}

function OnDataBlockObjectReceived (%index, %total)
{
  OnPhase1Progress (%index / %total);
}

// ------------------------------------------------------------
// Phase 2
// ------------------------------------------------------------

function ClientCmdMissionStartPhase2 (%seq, %missionName)
{
  onPhase1Complete ();
  Echo ( " * * * Phase 2: Download Ghost Objects");
  purgeResources ();
  onMissionDownloadPhase2 (%missionName);
  commandToServer ( 'MissionStartPhase2Ack', %seq);
}

function OnGhostAlwaysStarted (%ghostCount)
{
  $ghostCount = %ghostCount;
  $ghostsRecvd = 0;
}

function OnGhostAlwaysObjectReceived ()
{
  $ghostsRecvd ++;
  OnPhase2Progress ($ghostsRecvd / $ghostCount);
}

// ------------------------------------------------------------
// Phase 3
// ------------------------------------------------------------
```

300

```
function ClientCmdMissionStartPhase3（%seq,%missionName）
{

    OnPhase2Complete（）;
    StartClientReplication（）;
    StartFoliageReplication（）;
    Echo（"＊＊＊Phase 3: Mission Lighting"）;
    $MSeq = %seq;
    $Client::MissionFile = %missionName;

    // Need to light the mission before we are ready.
    // The sceneLightingComplete function will complete the handshake
    // once the scene lighting is done.
    if（LightScene（"SceneLightingComplete"，""））
    {

        Error（"Lighting mission...."）;
        schedule（1, 0, "UpdateLightingProgress"）;
        OnMissionDownloadPhase3（%missionName）;
        $lightingMission = true;

    }

}

function UpdateLightingProgress（）
{

    OnPhase3Progress（$SceneLighting::lightingProgress）;
    if（$lightingMission）
        $lightingProgressThread = schedule（1, 0, "UpdateLightingProgress"）;

}

function SceneLightingComplete（）
{

    Echo（"Mission lighting done"）;
    OnPhase3Complete（）;

    // The is also the end of the mission load cycle.
    OnMissionDownloadComplete（）;
    CommandToServer（'MissionStartPhase3Ack', $MSeq）;

}
// ----------------------------------------------------------------
// Helper functions
// ----------------------------------------------------------------

function connect（%server）
{

    %conn = new GameConnection（）;
```

```
% conn. connect (% server);
}
```

浏览这个模块时，应当返回去参照对服务器端任务下载模块的说明及图 7.1 和图 7.2。

阶段 1 的第一个函数 ClientCmdMissionStartPhase1 调用函数 OnMissionDownloadPhase1，它是你在控制代码里想要定义的东西。其基本功能是在数据块加载时显示进度。一旦调用返回，则通过函数 CommandToServer 发送一个 MissionStartPhase1Ack 应答信号给服务器。同时它还向服务器发回一个顺序号（% seq）以保证客户机和服务器保持同步。

下一个函数 OnDataBlockObjectReceived 非常重要。每当 Torque 引擎客户机端代码检测到数据块接收完毕时就调用此消息处理器。它将调用函数 onPhase1Progress，这个函数需要在控制客户机代码中定义。

下一个函数 ClientCmdMissionStartPhase2 是阶段 2 操作的组成部分。它的功能和 ClientCmdMissionStartPhase1 大体相同。只是它使用的函数是 OnMissionDownloadPhase2 和 MissionStartPhase2Ack。

接下来是 OnGhostAlwaysStarted 函数，引擎处理完 MissionStartPhase2Ack 消息后调用它，用于记录复制的对象数目。

当一个对象被成功地复制时，引擎调用 OnGhostAlwaysObjectReceived 函数。我们使用它来调用 onPhase2Progress 以刷新进度的显示。

本系列中最后一个函数是 ClientCmdMissionStartPhase3。调用它时，刷新进度显示并开启两个客户机端的复制函数。这两个函数提供一些只能由客户机计算、实现的特殊对象（如草和树）。例如，服务器在一棵草的地方放一粒种子，客户机端的复制代码就计算成百上千这种草的位置，然后适当地进行分布。

因为这些对象在游戏中并不是很关键，故我们可以冒险让客户机端去计算而不必担心有人会修改代码作弊。可能有人改代码，但这并不能给他带来任何好处。

接着调用函数 LightScene 来对场景地形和内部亮度进行的调整。它传递一个完整的回调函数 SceneLightingComplete，这个函数是在亮度计算结束后调用。

我们还准备了一个函数（UpdateLightingProgress），当亮度不足时则重复调用它。调用方式如下：

schedule（1，0，"updateLightingProgress"）;

本例中该函数在1ms后调用。

UpdateLightingProgress是个短函数。它用来刷新进度显示，如果亮度调整还没有结束，则在下一个毫秒自动调用自己。它可以通过查看变量 $ lighting-Mission 来判断亮度设置是否结束。如果此变量的值为 true，则还需要继续进行。

SceneLightingComplete 是传给 LightScene 的完整回调函数。当调用此函数时，亮度设置结束，因此将变量 $ lightingMission 设置为 false，这个值最终将会在 1～2ms 之内被 UpdateLightingProgress 检测到。然后它通过发送 MissionStartPhase3Ack 消息来通知服务器亮度计算结束。然后就可以离开了。

被 GG 代码评论为帮助函数的小函数 connect，虽然看似无关紧要，但确实是客户机/服务器代码中最重要的函数！哈！一定不要小瞧它！你可以看到它创建一个新的 GameConnection 对象，然后建立连接。如果不调用，客户机将无法和服务器沟通。问题就是，小函数也不可小视！

Message 模块

Message 模块为2个已定义的消息类型提供前期通用消息处理器，作为一个运行时安装处理器的工具。你不一定发现这些函数有什么用，但现在看一下这些函数对以后创建自己的复杂消息系统很有帮助。下面是 common/client/message. cs 模块的内容。

```
// ----------------------------------------------------------
// Torgue 游戏引擎
// Copyright（C）GarageGames. com，Inc
// ----------------------------------------------------------

function ClientCmdChatMessage（% sender, % voice, % pitch, % msgString, % a1, % a2,
% a3, % a4, % a5, % a6, % a7, % a8, % a9, % a10）
｛
```

```
    OnChatMessage (detag (%msgString), %voice, %pitch);
}

function ClientCmdServerMessage (%msgType, %msgString, %a1, %a2, %a3, %a4, %a5,
%a6, %a7, %a8, %a9, %a10)
{
    // Get the message type; terminates at any whitespace.
    %tag = GetWord (%msgType, 0);

    // First see if there is a callback installed that doesn't have a type;
    // if so, that callback is always executed when a message arrives.
    for (%i = 0; (%func = $MSGCB [ "", %i]) ! $ = ""; %i++) {
        call (%func, %msgType, %msgString, %a1, %a2, %a3, %a4, %a5, %a6, %a7, %a8,%a9, %
a10);
    }

    // Next look for a callback for this particular type of ServerMessage.
    if (%tag ! $ = "") {
        for (%i = 0; (%func = $MSGCB [%tag, %i]) ! $ = ""; %i++) {
            call (%func, %msgType, %msgString, %a1, %a2, %a3, %a4, %a5, %a6, %a7,%a8, %a9,
%a10);
        }
    }
}

function AddMessageCallback (%msgType, %func)
{
    for (%i = 0; (%afunc = $MSGCB [%msgType, %i]) ! $ = ""; %i++) {
        // If it already exists as a callback for this type,
        // nothing to do.
        if (%afunc $ = %func) {
            return;
        }
    }
    // Set it up.
    $MSGCB [%msgType, %i] = %func;
}

function DefaultMessageCallback (%msgType, %msgString, %a1, %a2, %a3, %a4, %a5,%a6, %a7,
%a8, %a9, %a10)
{
```

```
        OnServerMessage (detag (% msgString));
}

AddMessageCallback ("", DefaultMessageCallback);
```

第一个函数 ClientCmdChatMessage 只用于聊天消息，而且在服务器端使用消息类型 ChatMessage 调用 CommandToClient 函数是在客户机端触发。必要的话，请参考以前讲的服务器端的消息模块。第一个参数（% sender）是玩家的 GameConnection 对象的句柄，用于发送聊天消息。第二个参数（% voice）是 Audio Voice 标识符字符串。第三个参数（% pitch）很少用到，是一种为音频信息提供调试控制的方法。最后，第四个参数（% msgString）是以标记字符串形式存放的实际聊天消息。其余的参数并不起实际作用，因此现在可以忽略。这些参数传送给伪处理器 OnChatMessage。之所以称为伪处理器是因为它调用 OnChatMessage 并没有真的从引擎中调出来。然而，将操作看成是因为概念上的原因而包含回调消息和处理器是很有用的。

下一个函数 ClientCmdServerMessage 用于处理游戏事件说明，在这些说明中可能包含也可能不包含文本信息，它可以用服务器端 Message 模块的消息函数来发送。这些函数使用 CommandToClient 传送 ServerMessage 类型的消息，它会用到下面要说明的函数。

对于 ServerMessage 类型的消息，客户机可以安装根据消息类型运行的回调函数。

显然，ClientCmdServerMessage 包含的内容更多。首先使用 GetWord 函数从字符串% msgType 中获得作为第一个文本字的消息类型，然后在消息回调矩阵（$ MSGCB）中循环查找所有没有类型的回调函数并执行它们。接着在矩阵中再循环一次，在已登记的回调函数中查找输入消息相同的函数，并执行它。

下一个函数 addMessageCallback，用于在 $ MSGCB 消息回调矩阵中登记回调函数。这并不复杂，addMessageCallback 只是一步步在矩阵中查找登记的函数。如果没有登记的函数，它将该函数的句柄存储到下一个可用插槽中。

最后一个函数，DefaultMessageCallBack 用于提供需要等级的无类型消息。登记在函数定义后进行。

四、结束语

公共代码库包括大量函数和方法。这里我们只接触到一半，目的是向你展示最重要的模块和它们的内容，而且我认为它们完成的很好。表7.2 包含了所有公共代码模块的所有函数，可供你参考查阅。

表7.2　公共代码模块的函数

模　块	函　数
common/main. cs	InitCommon
	InitBaseClient
	InitBaseServer
	DisplayHelp
	ParseArgs
	OnStart
	OnExit
common/client/actionMap. cs	ActionMap :: copyBind
	ActionMap :: blockBind
common/client/audio. cs	OpenALInit
	OpenALShutdown
common/client/canvas. cs	InitCanvas
	ResetCanvas
common/client/cursor. cs	CursorOff
	CursorOn
	GuiCanvas :: checkCursor
	GuiCanvas :: setContent
	GuiCanvas :: pushDialog
	GuiCanvas :: popDialog
	GuiCanvas :: popLayer
common/client/help. cs	HelpDlg :: onWake
	HelpFileList :: onSelect
	GetHelp
	ContextHelp
	GuiControl :: getHelpPage
	GuiMLTextCtrl :: onURL

续表

模　块	函　数
common/client/message. cs	ClientCmdChatMessagel
	ClientCmdServerMessage
	AddMessageCallback
	DefaultMessageCallback
common/client/messageBox. cs	MessageCallback
	MBSetText
	MessageBoxOK
	MessageBoxOKDlg :: onSleep
	MessageBoxOKCancel
	MessageBoxOKCancelDlg :: onSleep
	MessageBoxYesNo
	MessageBoxYesNoDlg :: onSleep
	MessagePopup
	CloseMessagePopup
common/client/metrics. cs	FpsMetricsCallback
	TerrainMetricsCallback
	VideoMetricsCallback
	InteriorMetricsCallback
	TextureMetricsCallback
	WaterMetricsCallback
	TimeMetricsCallback
	VehicleMetricsCallback
	AudioMetricsCallback
	DebugMetricsCallback
	Metrics
common/client/mission. cs	ClientCmdMissionStart
	ClientCmdMissionEnd
common/client/missionDownload. cs	ClientCmdMissionStartPhase1
	OnDataBlockObjectReceived
	ClientCmdMissionStartPhase2
	OnGhostAlwaysStarted
	OnGhostAlwaysObjectReceived
	ClientCmdMissionStartPhase3
	UpdateLightingProgress
	SceneLightingComplete
	Connect

模　块	函　数
common/client/recordings. cs	RecordingsDlg :: onWake
	StartSelectedDemo
	StartDemoRecord
	StopDemoRecord
	DemoPlaybackComplete
common/client/screenshot. cs	FormatImageNumber
	FormatSessionNumber
	RecordMovie
	MovieGrabScreen
	StopMovie
	DoScreenShot
common/server/audio. cs	ServerPlay2D
	ServerPlay3D
common/server/clientConnection. cs	GameConnection :: onConnectRequest
	GameConnection :: onConnect
	GameConnection :: setPlayerName
	IsNameUnique
	GameConnection :: onDrop
	GameConnection :: startMission
	GameConnection :: endMission
	GameConnection :: syncClock
	GameConnection :: incScore
common/server/commands. cs	ServerCmdSAD
	ServerCmdSADSetPassword
	ServerCmdTeamMessageSent
	ServerCmdMessageSent
common/server/game. cs	OnServerCreated
	OnServerDestroyed
	OnMissionLoaded
	OnMissionEnded
	OnMissionReset
	GameConnection :: onClientEnterGame
	GameConnection :: onClientLeaveGame
	CreateGame
	DestroyGame
	StartGame
	EndGame
common/server/kickban. cs	Kick
	Ban

模　块	函　数
common/server/message. cs	MessageClient
	MessageTeam
	MessageTeamExcept
	MessageAll
	MessageAllExcept
	GameConnection :: spamMessageTimeout
	GameConnection :: spamReset
	SpamAlert
	ChatMessageClient
	ChatMessageTeam
	ChatMessageAll
common/server/missionDownload. cs	GameConnection :: loadMission
	ServerCmdMissionStartPhase1 Ack
	GameConnection :: onDataBlocksDone
	serverCmdMissionStartPhase2 Ack
	GameConnection :: clientWantsGhostAlwaysRetry
	GameConnection :: onGhostAlwaysFailed
	GameConnection :: onGhostAlwaysObjectsReceived
	ServerCmdMissionStartPhase3 Ack
common/server/missionInfo. cs	ClearLoadInfo
	BuildLoadInfo
	DumpLoadInfo
	SendLoadInfoToClient
common/server/missionLoad. cs	LoadMission
	LoadMissionStage2
	EndMission
	ResetMission
common/server/server. cs	PortInit
	CreateServer
	DestroyServer
	ResetServerDefaults
	AddToServerGuidList
	RemoveFromServerGuidList
	OnServerInfoQuery
common/ui/ConsoleDlg. gui	ConsoleDlg :: onWake
	ConsoleDlg :: onSleep
	ConsoleEntry :: eval
	ToggleConsole
	UpdateConsoleErrorWindow

Chapter 7　Common Scripts

续表

模　块	函　数
common/ui/LoadFileDlg. gui	GetLoadFilename
	DoOpenFileExCallback
	LoadDirTreeEx :: onSelectPath
	LoadFileListEx :: onDoubleClick
common/ui/SaveFileDlg. gui	GetSaveFilename
	DoSaveCallback
	SaveDirTreeEx :: onSelectPath
	SaveFileListEx :: onSelect

　　关于公共代码最后要记住的一点是：虽然这对函数很有用而且很重要，但你并不一定非得用它们来制作 Torque 游戏，最好抛开它们。你可以彻头彻尾地编制自己的脚本代码。我希望本章已向你展示了大量做好的工作，你只需要在这个基础上继续工作即可。

五、本章小结

　　本章我们研究了公共代码的功能，这样你对 Torque 脚本实际如何工作已经有所了解。重要的是，最好把公共代码单独放在一边。因为很有可能有时候你要在公共代码中更正一些东西或者添加自己的特性。你将发现，想重复用到的特性最好能添加到公共代码中去。

　　正如你所看到的，大多数重要的服务器端公共代码都和处理在连接时，从服务器载入任务文件、数据块及其他资源到连接在其上的每个客户机的这些事情有关。

　　作为互补成分，客户机端公共代码接受服务器发来的资源，并利用它向用户显示新游戏的环境。

　　暂时用这些程序和代码就足够了。在后面几章中，我们将更多地涉及到艺术的内容，以及处理视觉上的事情。下一章，我们要讨论如何制作和使用纹理。我们还将学习一种制作纹理的新工具。

第8章

纹　　理

3D 计算机游戏对视觉效果要求非常高。在本章中，我们开始讨论各种使 3D 对象变得形象生动的纹理处理技术。

一、使用纹理

纹理可以说是 3D 游戏的幕后英雄，怎么评价它的重要性都不过分。在游戏中，纹理最重要的用途之一在于创造和维持游戏的环境，或者是游戏的外观和感觉。

纹理也可以用于创建对象的显性属性——对象实际上没有这些属性，但看起来好像有。例如，对带有棱角的块状对象，可以通过仔细地使用合理的纹理来使其表面变得平滑，这种技术称为纹理映射（texture mapping）。

使用纹理的另一种方法是用它创建基本结构和详细画面的幻觉。图 8.1 显示了一座城堡，城堡中的塔楼和城墙看起来好像是石头砌成的。石块只是用于处理塔楼和城墙的纹理的一部分。其实在这个场景中并没有对石块进行建模。楼梯上的木板和其他建筑的外观也是这样处理的。纹理不但显示出了木材的外观，而且看起来是一块块由钉子连接起来的模板。使用纹理定义基本结构和详细画面是一项非常有用的技术。

创建基本结构幻觉的功能能够以其他方式细化和使用。图 8.2 显示了一

图 8.1　使用纹理定义结构

图 8.2　山坡上的岩石和积雪

座山的场景，山上是光秃秃的岩石和铺在山坡上的积雪。同样，可以通过创建纹理来产生这种视觉效果。使用这种技术，当需要表现一个偏僻而又荒凉的山崖时，可以大大减少创建各种微小的对象、角落和裂缝所需要的建模工作。

在游戏中纹理常用于制造各种假象。图 8.3 中使用了两种不同的纹理来定义靠近海岸的水。泡沫状的纹理用于定义与岩石和沙滩发生冲撞的水域，而波浪状的纹理用于定义比较深的水域。在这个应用中，水块是带有滚动波浪的动态对象。它会落潮、流动并冲撞海岸。在实际处理中，水的纹理将被扭曲和交叠，从而符合波浪的流动。

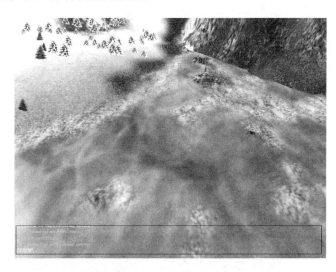

图 8.3 岸边的泡沫状纹理和深水纹理

另一个使用纹理来加强游戏环境的地方就是使用它来定义天空。图 8.4 显示了一个天空中使用的纹理。Skybox 实际上是一个包围你整个视角的、具有六个面的盒子。通过把经过特殊扭曲和处理过的纹理附着在这六个面上，我们可以创建一个地平线上的全方位 360°的天空。

我们可以使用纹理加强一个场景中其他对象的外观。例如，在图 8.5 中，我们可以看到一座小山上的很多针形树。通过合理地设计覆盖整个树林的纹理，我们可以直接获得需要的森林景观，而不用为每一颗树创建一个模型。这种处理方法非常有用，因为我们实现一个目的——这里指基本的环境装饰——所用的对象较少，那么在实现其他目的的时候就可以使用更多的对象。

纹理最让人吃惊的用途是定义高科技物品。以图 8.6 中的冲锋枪为例。在这个模型中只是用了十几个对象，其中大部分是立方体，另外有两个圆柱状的对象，以及两三个不规则的形状。然而通过使用一副设计恰当的纹理，

图 8.4　使用纹理制作的天空体中的云朵

图 8.5　地形特征

我们可以把它表现得更形象。很容易就可以看出这是一把汤姆森冲锋枪
（Thompson Submachine Gun），大约生产于 1944 年。

　　继续讨论高科技细节，图 8.7 给出了另一个例子。在这个 Bell47 直升机
的模型（想象一下 M＊A＊S＊H）中包含着两个使用纹理的技巧。引擎的具

图 8.6 使用纹理处理的武器细节

图 8.7 交通工具的细节和结构

体部件和仪器仪表面板都是用纹理创建的。现在看看直升机尾部支架和驾驶舱顶棚。尾部支架看起来像是由一些相互交叉重叠的金属板组成的,毕竟,要可以穿过它看到后面的建筑和地面。但实际上,它只是由一幅纹理形成的经过拉长和修剪的盒子和立方体! 纹理利用 alpha 通道向 Torque 渲染器传递透明的信息。很酷吧！再来看看顶棚，它是半透明的。显然你可以透过它看到别的东西，就像透过有机玻璃一样，但又能明显地感觉到它的存在。

当然，高科技功能并不是纹理唯一能够加强的效果。图 8.8 中即将进入酒吧的斗殴者身穿流行的皮夹克打架。很明显他有 40 岁左右，这可以从他那典型的男性秃顶看出来，而且球棒是 Tubettiville 牌的。这样说球棒有点夸张了，但是如果把它翻转 180°，就可以看到 Tubettiville 标志，你就知道我说的没错了！另外注意一下用于制作酒吧名字的纹理，它是根据有名的 Delta Force2 玩家 Insomniac 来命名的。

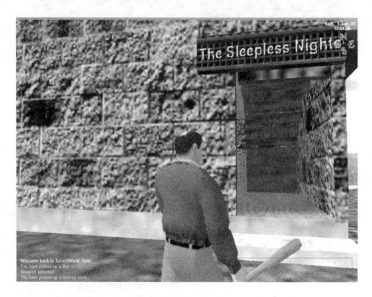

图 8.8　角色的衣着、皮肤以及其他细节

看图 8.9 中的月亮。再看一看，靠近一点。是不是很眼熟啊？当然是了，因为月亮的纹理是一张真正的满月照片，在我的房子前用数码相机拍摄后处理成这样的。场景中的其他内容是通过夜晚光线参数集由 Torque Engine 产生的。

我想现在你应该明白我为什么把纹理比作是 3D 游戏的幕后英雄了吧。它不但可以表现明显的视觉信息，而且可以表现细微的线索和感觉，从而使游戏变得很真实。所有这些使游戏产生了巨大的变化。

图 8.9 远距离的景物

二、Gimp 2

在阅读本书的过程中，你可以创建自己的纹理，要制作纹理就需要一个能够处理纹理和图片的好工具。幸运的是，在本书附带的光盘中包含了极为出色的图片处理工具——Gimp 2。我敢说 Gimp 不是一个常见的名字，尤其是在前面加上一些前缀、后面加上一个序列号之后就更不寻常了。在本书中，你可能会多次见到我用 Gimp 的简称来称呼它。呵呵，我是挺懒的。

Gimp 是由 Spencer Kimball 和 Peter Mattis 开发的功能完善的图片处理和制作工具，支持扫描仪、产生特殊的效果和过滤器、分析统计图片以及所有相关的功能。

除了在通用公共许可证中描述的那些限制以外，你可以随意使用 Gimp。许可证中没有特别的内容。只是不要获取源代码创建你自己的程序然后拿去卖钱。呀！我是不是忘了说源代码也可以在附带的光盘中找到？没错！其实，这也是通用公共许可证的要求之一。现在如果你是一个 C/C++ 的程序高手，并且有改进 Gimp 的想法，你可以动手修改并运用到 Gimp 程序中。你可以登录 http://developer. gimp. org 寻找更多的信息。在我编写这段内容的时间里，至少有 162 个人在线贡献了他们的补丁、修补程序、插件、扩展名、文本、翻译、文件等等。

Gimp 另外一个优点是它适用于 Windows、Macintosh OSX 以及 UNIX 和 Linux 的各种特性！我不用再告诉你它有多棒了吧?！

好的，下面该做什么呢？

首先，你需要安装 Gimp。

安装 Gimp2

安装 Gimp，我们首先必须安装 GTK 制图工具箱，然后再安装 Gimp。请按照下列步骤进行：

(1) 找到光盘中的 \ 3D2E \ TOOLS \ GIMP2 文件夹。

(2) 找到 gtkt – 2. 8. 9 – setup – 1. exe 文件，双击运行。

(3) 一直单击下一步按钮，直到出现选择组成的界面。确保你选择了所有三个组成部分——Base、MS – Windows Engine 和 Translations。单击下一步按钮，然后单击安装。这样就可以将 GTK 安装到默认位置了。安装完成后，单击完成。

(4) 打开 gimp – 2. 2. 12 – i586 – setup. exe 文件，双击运行。

(5) 单击下一步按钮，直到出现选择组成的界面。确保你选择了所有三个组成部分——Base, Translations 和 Gimp FreeType plug – in。

(6) 单击下一步按钮，这次选择所有你可以通过双击自动打开 Gimp 的图形文件。如果你没有其他的图形处理工具，那就选择所有的文件类型，单击下一步。

(7) 再单击两次下一步 anbiu，然后单击安装按钮。这样就可以将 Gimp 安装到默认位置了。

(8) 安装完成后，确保运行 Gimp 的复选框已被勾选后，单击完成。到时候 Gimp 就会打开了。

注意

本书使用的 Gimp 是 2.2.12 版本的。你可以浏览 http://www.gimp.org 查看是否有最新的版本。你也可以登录上述网址查找 Mac 和 Linux 的版本。

提示

安装 Gimp 后，你可以在 \ 3D2E \ TOOLS \ GIMP2 文件夹中找到 gimp - help - 2 - 0.9 - setup.exe，打开此文件你就可以运行帮助文本的安装程序了。除了安装所有提供的语言外，你可以接受所有的默认设置。在安装程序中遇到语言对话框时，不要选择你不会使用的语言，只选择你可能需要的语言就可以了。

开始

作为开始，我们将迅速创建一些纹理，以后当你对某样东西感兴趣的时候就可以使用这些纹理。我们只讨论制作纹理所必须的工具和步骤。在后面的章节中会更详细地讨论这些工具。

创建纹理

好了，让我们从零开始创建一幅纹理。我们将使用 Gimp 的内建功能制作一幅森林的纹理。

（1）启动 Gimp 并在 Gimp 主菜单的上部选择 File→New 菜单。

（2）系统将弹出一个 New Image 对话框。把宽度和高度都设置成 128 个像素（见图 8.10），并单击 OK。

（3）我们现在拥有一张空白的图片。在 Gimp 窗口上边的菜单中选择填充工具，如图 8.11 所示。

提示

Gimp 主窗口的上面部分叫做工具箱。下面部分叫做工具选项区域，有时也叫做文本选项，因为选项随着工具（文本）的选项变更而变化。

（4）选择完填充的桶状图标后，看主窗口底部的文本目录，找到填充类

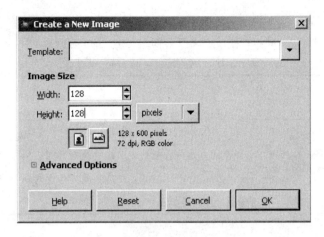

图 8.10　创建一张新的空白图片

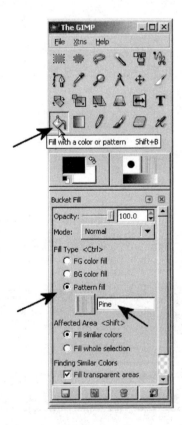

图 8.11　选择了核桃木纹理的 Texture 对话框

型部分，选择填充类型的单选按钮。确保在 Texture 对话框下面靠右的单选按钮列表中选择 Pine（松木），同时，在文本框左边的纹理按钮中还有一幅彩色的松木纹理图像。

提示

如果填充类型的单选按钮中松木没有被勾选，那么单击类型单选按钮下面靠右的按钮，会弹出一个图形菜单，下拉菜单直到找到松木类型。类型选项是以字母顺序排序的。

（5）将光标移到之前创建的新图形上，单击鼠标。图形会被松木纹理填充。

（6）现在你应该可以得到一张相当逼真的核桃木纹理，和图 8.12 显示的纹理差不多。你可以用它制作墙壁、模板、楼梯、武器上的木质部分、木桶以及任何你能想到的东西。

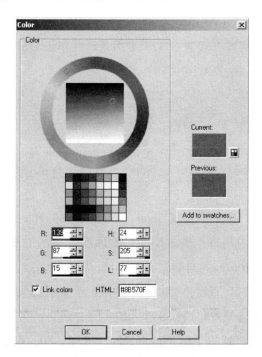

图 8.12 核桃木的 Color 对话框

（7）为了使图形更大更便于观看，在图形窗口（可能叫做 Untitled－1.0）的底部，会看到两个指向下方的三角箭头。单击右边的箭头，会出现一个包含图像变大因素的选项目录。单击鼠标选择200%（或者任何你希望的变形的比例）。你的图形会在体积上增大一倍（除非你的初始比例不是预设的100%，如果你的预先设置不是这样的，那就是有人动过手脚了！）。

你可以用这个纹理试验各种不同的图形处理效果以及 Gimp 的对象工具。自己动手试试吧。当你完成的时候，保持 Gimp 的打开状态就可以。

好了，有趣的东西还很多，让我们再制作一幅纹理。这一次我们将修改一幅图片使它呈现特殊的外观。生成的纹理看起来像是很粗糙的墙面，就像刚刚粉刷过的水泥块，或者是才冲洗过的人行道，以及其他类似的东西。为了方便起见，我们把它称为人行道纹理。

（1）Gimp 应该还是运行的。

（2）选择 File→New 菜单。

（3）把宽度和高度都设置成128个像素，并单击 OK 按钮（如果记不清了，可以回去看看图8.10）。

（4）选择填充桶，然后回到文本的填充类型区域（见图8.11），不过这次选择3DGreen 类型。

（5）用3D Green 类型填充新图形。

（6）选择图形窗口菜单中的 Select 选项，确保在图形的周围有爬动的蚂蚁。

（7）在图形窗口菜单中选择 Tools→Color Tools→Hue－Saturation。Hue－Saturation 是可以立刻改变图形整体颜色值的方式之一。图8.13是 Hue－Saturation 的对话框。

（8）来回移动三个滑尺，观察图形外观的变化。你需要确保左下方的预览复选框已经被勾选，这样才能实时看到变化。

（9）利用滑尺设置以下值：色调，24；亮度，80；饱和度，－94。你也可以把每个设置的值直接输入到编辑器中。

（10）注意到纹理的变化了吗？变化与图8.14所示的类似。

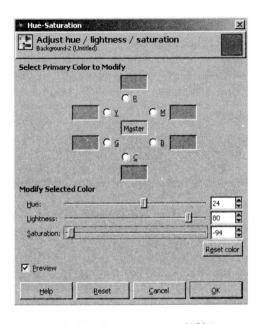

图 8.13　Hue – Saturation 对话框

图 8.14　最初的人行道纹理

(11) 单击 OK 关闭 Hue – Saturation 对话框。

现在这幅纹理比我们希望的颜色暗了一些。我想要的是一种带着稍许褐色或者浅棕色的淡灰色，所以我们现在要使用其他工具进行润色。使用 Hue – Saturation 对话框可能会达不到预期的效果，但是那样就没有意思了，不是吗？

提示

> 由于彩色图形灰度的多样性，不必花费过多的力气要求自己作品的颜色和本书图形完全一致。按照我在步骤中列举的数值，你可以看到自己作品发生的变化——它们至少能大致的反映书中图形的变化，仅此而已。

首先，我们想增加图形的亮度，同时强调它的波纹。因此，我们需要使用工具 – 亮度对比。

(12) 还是用爬动蚂蚁，选择工具→颜色工具→亮度对比。你的屏幕上会出现亮度对比对话框，如图 8.15 所示。

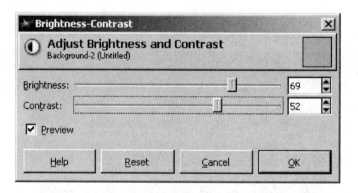

图 8.15　亮度对比对话框

(13) 将亮度设置为 69，对比度设置为 52. 然后单击 OK。

如图 8.16 所示，纹理的细节确实清晰了很多。这很好，但是，颜色还需要再深一些。

(14) 选择工具→颜色工具→颜色平衡度，出现颜色平衡度对话框，如图 8.17 所示。

这调节区域的选择范围内有三个按钮：阴影，中间影调和加亮。选

图 8.16　增强的人行道纹理

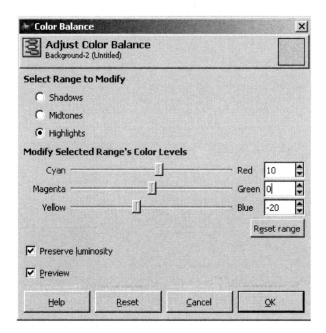

图 8.17　颜色平衡度的对话框

择下一步你需要使用的选项。

（15）移动滑尺（或者直接键入数值）设置数值，如表 8.1 所示。

表 8.1　颜色平衡度设置

滑　尺	数值
青色 – 红色	10
深红色 – 绿色	0
黄色 – 蓝色	– 20

（16）为调节区域的选择范围内的其他两个按钮重复设置这些数值。最后，你应该得到一个浅灰棕色的人行横道纹理，如图 8.18 所示。现在颜色修改好了，让我们把它变得更粗糙一点。这幅纹理有些过于平滑，有点像糖果的表面。人行道通常看起来颗粒感比较强。为了产生这个效果，我们将添加一些杂质。

图 8.18　灰棕色的人行横道纹理

（17）选择滤光器→噪声→选取。你会看到随机选取对话框，如图 8.19
所示。

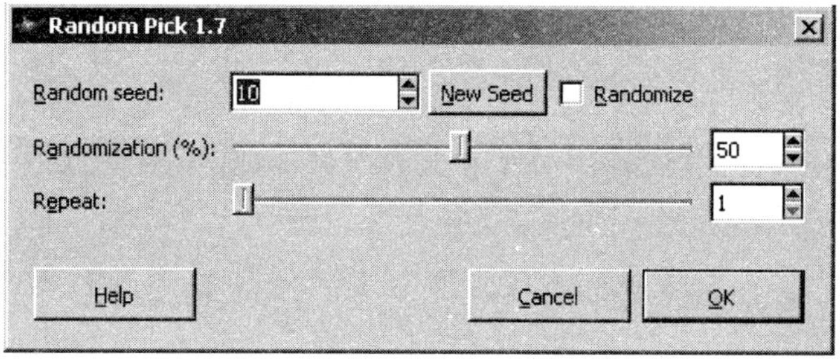

图 8.19 随机选取对话框

（18）我们可以采用默认值。注意，如果你想在纹理处理过程中反复使用
这个工具，可能需要勾选随机化的复选框，以确保每次能获得不同
的随机值。这可以使你避免每次使用该工具时都得到伪随机变化值。

现在纹理应该看起来和图 8.20 所示的样子差不多。注意纹理中一些明显
的特征可能因为噪声的加入而稍显混乱。

图 8.20 最终的人行道纹理

现在你的 Gimp 窗口中应该打开了两个图片：第一个是核桃木纹理，而另一个是人行道纹理。在下一小节中你将学习怎样保存这些图片以便将来使用。

处理文件

我们想把文件保存起来，而不再进行别的处理，但我想先向你演示一些东西。请打开 Torque 附带的演示游戏。

游戏修改前

（1）让 Gimp 继续运行并把任务切换（Alt + Tab）到 Windows 桌面。

（2）找到 Torque FPS 演示游戏，根据第 3 章讲到的方法启动一个服务器。

（3）进入游戏后，跑到如图 8.21 所示的小屋去。

（4）记录 Orc 小屋门口石阶的纹理，同时记录门框的纹理。

（5）不要在游戏中瞎跑，到处捣乱。相反，请退出游戏（无论如何，请不要在游戏中瞎跑，到处捣乱）。

图 8.21　Orc 小屋的视觉图

保存纹理文件

好了，现在你已经知道修改之前的游戏是什么样子了，我们来保存那些图片文件吧。切换到 Gimp，按下面的步骤保存文件：

(1) 浏览文件夹 \ 3D2E \ demo \ data \ interiors，找到 oak2. jpg 和 WalNo-Groove. jpg 这两个文件，在两个文件名称前分别加上单词 original，重新命名。这样，如果以后还需要用到这些文件时，可以恢复文件的初始设置。

(2) 单击 woodgrain 图片使它显示在屏幕的最上面（激活它）。

(3) 选择 File→Save As，点击"保存"按钮下方的"浏览其他文件"的按钮，系统将打开 Save Image 对话框，如图 8. 22 所示。

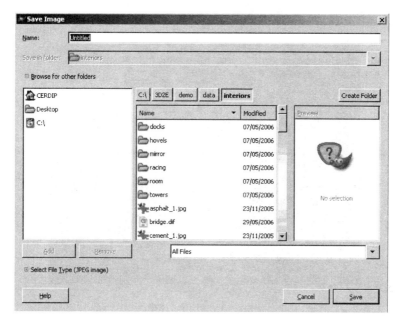

图 8. 22 Save Image 对话框

(4) 在 Save Image 对话框中，点击选择文件类型，选择文件类型列表中的 JPG – JIFF Compliant 选项，使文件类型变成 JPG。

(5) 在存储框内（左边）选择或驱动你要安装 Torque 演示程序的存储器（可能是 C 盘），然后在文件框内（中间），浏览 \ 3D2E \ demo \ data \ interiors。

(6) 把文件命名为 oak2. jpg——确保输入无误。点击保存。

(7）系统将弹出一个对话框询问是否设置特性，单击 OK（在本书特定的对话框中我们将使用默认设置）。

重复上面的步骤把 sidewalk 图片保存为 WalNoGroove. jpg。

现在请切换到桌面并再次运行 Torque 演示游戏，就像前面做的那样。在进入游戏后，你将看到地面显示的是你的新纹理，而横梁显示的则是刚才创建的木头纹理（见图 8.23）。如果地板或横梁和原来一样，那么很可能是你把文件名弄错了，或者是把文件保存到了错误的文件夹中。仔细检查一下，一切都会按照预计的结果运行。

恭喜！现在你是一个艺术家了。

图 8.23 修改的小屋

提示

你也可以恢复原始纹理，替换掉自创的纹理。通过资源管理器回到文件夹\ 3D2E \ demo \ data \ interiors，删掉之前在文件名前添加的单词 original。不过首先需要重命名或删除这些自定义文件。

PNG 与 JPG

Gimp 支持很多种文件类型。如果选择 File→Save As，系统将打开 Save

Image 对话框。单击 Select File Type 下拉框，你会看到有很多可选的的文件类型。我们对其中的两个比较感兴趣：JPEG（Joint Photographic Experts Group）和 PNG（Portable Network Graphics）。在 Windows 中，JPEG 格式的文件扩展名是 .jpg，这个扩展名比 .jpeg 使用地更广泛，所以我们在这里就是用这个术语。

当你使用 JPG 格式保存文件时，文件将被压缩。所使用的压缩类型被称作 lossy 压缩。这意味着该技术丢失了文件的一些信息从而达到压缩文件的目的，这并不一定就是坏事。设计 JPG 格式的人非常聪明，他制订了相应的规则，用于指示该软件保留哪些信息、丢弃哪些信息以及如何修改信息。所以尽管信息有所丢失，但在大多数情况下对图片产生的影响都可以被忽略。但的确是有影响。

在此基础上，如果反复打开和关闭 JPG 文件，那么图片的失真将随着每次打开和关闭变得更加严重，因为每一次压缩都会丢失数据。你将看到图形边缘出现不同颜色的斑点，特别是在颜色对比很突出的地方。这有点类似于多次翻印文件之后出现的模糊情况。

那么，既然 JPG 文件有瑕疵，为什么还要使用它呢？因为对于更复杂的图片，例如照片或其他相似的艺术品，JPG 格式的文件比 PNG 格式的文件要小得多，不信可以自己试试。可以使用前面的纹理，比如 sidewalk 纹理。当我把它保存为 JPG 格式时，文件的大小是 3101 字节。如果保存为 PNG 格式，文件的大小将变成 17372 字节！

纹理文件越小，就可以在一定的内存中放入更多的纹理文件，而在内存中放入的纹理越多，游戏的视觉效果就会越好。

现在也许你会问，为什么还要讨论 PNG 文件类型呢？当然是因为使用 PNG 文件有一个很重要的原因，PNG 格式支持一个乘坐 alpha 通道的概念，而我们需要对游戏中的某些图片使用 alpha 通道。不是所有的图片，只是其中的一些。因此，规则就是如果不需要对图片指定 alpha 通道，那就用 JPG 格式——否则使用 PNG 格式。

最后，还有一个重要的工作流程技巧。把所有自己创建的图片原文件保存为 Gimp 自带的格式——XCF。创建文件并保存为 XCF 格式就像为程序编写源代码一样。比如，你可以把所有的图层都保存为 XCF 格式。某些其他的格式也支持面板，例如 PNG 支持单独的 alpha 面板，但是大多数格式都不支持。无论如何，可以把文件保存为游戏需要的格式，比如 JPG 或者 PNG。

位图与向量图

图形会以两种不一样的方式显示：位图格式和向量图格式。有时候，两种方式也会一起使用。

位图也被称作光栅图（Raster image），是一种可以被 Gimp 支持的格式。光栅，一个比较旧的术语，是指由显示系统中的直线式扫描跟踪的线模式。虽然它和位图并不完全是一回事，但 Gimp 使用这个术语来描述这种图片。本书将使用术语位图来表示这些东西，除非引用了与光栅这个词有关的工具或命令。只需要记住在本书中，它们代表的是一个意思就可以了。

位图由位于栅格上的像素组成。每一个像素代表一个颜色值，该颜色包含红、绿和蓝三种颜色值，这三个值的大小决定了每个像素的颜色。在大多数图片处理工具中，如果放大图片就可以看到这些像素。在屏幕上，它们看起来就像是正方形。一个位图对象就是这些像素的一个集合，每一个位图对象都被保存为带有各种像素颜色信息的一组像素集合。可以混合不同的像素来创建光滑弯曲的边以及对象之间平滑的过度。相片通常就是作为位图来显示的，因为像素格式和相片的生成方式能很好地匹配。

你应该注意到位图格式的图片是与分辨率有关的。在创建图片的时候你需要指定其分辨率和像素的维数。如果以后决定增加它的大小，将会放大每一个像素，这就会降低图片的质量。

向量图由程序指令和数学指令组成，这些指令用于绘画向量图。Gimp 不支持向量图。正如你在第 3 章中看到的那样，向量实际上是一条具有明确的大小和方向的直线段。图形向量对象的定义方式都差不多。在向量图中，每一个对象相对于图片的信息都是独立保存的，它的起始位置和终止位置、宽度、颜色和曲度等信息都是这样。这使向量图适合用于绘画标志、文本字体和直线。

向量格式的图片不受分辨率的影响。重新设置向量格式图片的大小不会丢失任何信息，因为它被保存为一系列的指令，而不是一组像素。每次显示图片的时候，它都会重新创作一次。

我们的大多数工作都是使用位图完成的。我们使用的有些工具其实是作为向量工具处理的，直到完成对象的图像文件，那时可以将图像转换为光栅图形。

透明和半透明

现在你已经可以完成大多数纹理的处理，包括从创建到保存图片的一系列操作。下一个重要的操作是创建图片的 alpha 通道透明区域。还记得直升机的尾部支架吗？

当然，alpha 透明技术还有其他的用途。由位图装饰的 GUI 按钮就是一例，你可能需要一个没有直线边和方形角的按钮。使用按钮图片的透明区域，你就可以创建形状不规则的按钮。

Alpha 透明技术的另一个用处是在 GUI 上的覆盖，例如生命条、状态显示和武器的准星。

让我们来看看一个带有透明区域的位图的例子。在 Torque 中，有两种打开的方法。最简单的方法就是将图像保存为 PNG 文件，并且将透明区域指定为 alpha 通道，这样可以保持对象的独立整齐性。Torque 会自动为图形的 alpha 通道分配相应的透明信息。第二个方法就是在原始的 JPG 图像旁使用 alpha mask JPG 图。举例来说，假如你有一个甜甜圈的纹理，你想看到圈圈里面的区域，那么甜甜圈外面的部分需要变成透明的。真实甜甜圈纹理是基础图像，我们给它命名为 doughnut. jpg。

使用 Alpha 掩码 下面我们创建 alpha 掩码文件，将基础图像的所有透明区域填充为黑色，将实际的纹理部分填充为白色。然后我们给 alpha 掩码文件命名，名称的第一部分和扩展名与基础图像一样，但是要在中间加入 alpha，即 – doughnut. alpha. jpg。

Alpha 告诉 Torque 这是 doughnut. jpg 的 alpha 掩码图像。

图 8. 24 显示的是 GarageGames 标语的基础图像。

图 8. 25 显示的是 GarageGames 标语的 alpha 掩码。

图 8.24　GarageGames 标语的基础图像

图 8.25　GarageGames 标语的 alpha 掩码

　　鉴于图 8.25 中 alpha 掩码的显示方式，圆心（也就是图 8.24 中形如 g 部分）周围的黑色区域将被完全的透明化。在 alpha 掩码中，你也可以通过不单纯地使用黑色或白色，而使用灰色阴影以呈现出半透明的效果。灰色阴影的颜色越淡，这些区域的图像就越不透明。

　　另一种考虑效果的方式是有关背景图像和前景图像的方式。如果想在一个场景或者一个对话框中显示图像，一般需要用到一些背景纹理。因此你想要呈现的图像就变成前景图像。alpha 掩码的白色区域可以显示前景图像并且遮挡背景图像。掩码区域越白，前景图像就越明显。随着白色区域越来越暗，前景图像会越来越小，而背景图像将逐渐显现。50%灰度（白色和黑色的中间区域）的时候，前景图像和背景图像会以均等的比例混合显示。当黑色的灰度比重过半时，背景图像开始主导混合图像。

我们还是使用自己的例子吧。运行 Torque，将界面停在主目录上。检查右边的 orc. 我们要替换成自己的图像。

(1) 使用资源管理器，打开文件夹 \ 3D2E \ demo \ client \ ui，然后找到文件 orc. jpg 和 orc. alpha. jpg。分别在两个文件的文件名前添加 Original，为其重命名。不要仅仅是复制——我们是要用自己的文件替换 orc. jpg 和 orc. alpha. jpg。

(2) 使用 Gimp，创建一个新的 256×256 像素图像。

(3) 使用 Fill Pattern 工具（油漆桶的图标），选择你最喜欢的样式填充整个空白的图像。我使用的是凹陷的样式。

(4) 把你的作品保存为 \ 3D2E \ demo \ client \ ui \ orc. jpg。

(5) 创建另一个新的 256×256 像素图像。这次，在 Create a New Image 对话框中点击 Advanced Options 按钮，在 Colorspace 组合箱中，选择 Grayscale。

提示

如果你忘记为一个新创建的图像设置 colorspace（RGB 或 Grayscale），你可以将图像转换为你需要的设置，方法是选择 Image/Mode，然后选择要转换成的模式：RGB、Grayscale 或 Indexed.

(6) 点击 Color 区域（见图 8.26）中的背景颜色按钮，将背景颜色设置为白色。你会看到 Change Background Color 对话框，如果白色在当前颜色箱中，你可以在右下方的颜色框内选择白色。点击 OK。

(7) 点击 Color 区域（见图 8.26）中的背景颜色按钮，将前景颜色设置为黑色。重复选择白色的方法，也可以在右边的编辑框内手动设置 RGB（红，绿，蓝）参数。若为黑色，将 R, G, B 设置为 0；若为白色，三个值都为 255；若为 50% 的灰色，三个值都为 127。

(8) 选择 Pencil 工具，在 Options 区域，选择 Circle 11 的刷子。

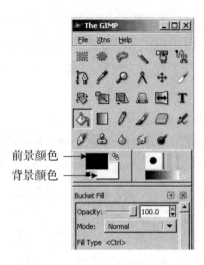

前景颜色
背景颜色

图 8.26　GIMP 的 Color 区域

（9）在你的空白图像中画一些样式。图 8.27 所示的是我的作品。

（10）将你的作品保存为 \ 3D2E \ demo \ client \ ui \ orc. alpha. jpg。

（11）运行 Torque 演示游戏，检查右下方的主目录是否有你的作品。

图 8.27　自定义 alpha 掩码

图 8.28 显示的是我的作品。希望你的作品也和我的差不多，或者更棒！

使用 Alpha 通道　之前说到的另一个有争议的、更简单的给位图透明化的方法是使用 alpha 通道。如果你的图像工具支持带 alpha 通道的 PNG 格式——Gimp 就可以——那么你可以将纹理数据和透明数据结合到一个文件

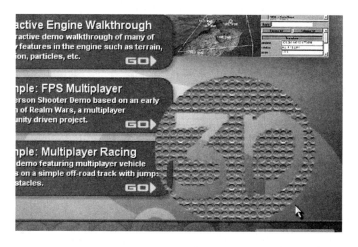

图 8.28 alpha 掩码使用后的效果

中。这样可以在开发游戏时减少资源管理负载量。少追踪一些文件意味着可以减少一些工作量。

我们亲自动手挖掘 Gimp 的强大功能吧。别忘了做一些热身练习，你不会想扭伤手脚吧。

（1）使用资源管理器，打开文件夹 \ 3D2E \ demo \ client \ ui，找到文件 orc. jpg 和 orc. alpha. jpg。这是你在前面的练习中创建的文件。如果你想以后使用它们，在文件名前添加 My 进行重命名。否则，就删掉它们。

（2）使用 Gimp，创建新的 256 × 256 像素图像。在 Create a New Image 对话框中，点击 Advanced Options 按钮，在 Fill 组合箱中选择 Transparency，点击 OK。注意空白的图像是棋盘形图案的，说明是没有颜色的。

（3）选择 Pencil 工具，将刷子设置为 Circle。

（4）如果前景颜色是白色的，可以继续进行下一步，如果不是，点击交换箭头（见图 8.29）将白色背景移到前景的位置。

（5）用铅笔在空白图像里画一些图案。我画的图案与上个练习中的图案略有不同。

（6）将作品保存为 \ 3D2E \ demo \ client \ ui \ orc. png。

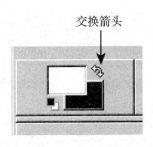

交换箭头

图 8.29　交换箭头

（7）运行 Torque 演示游戏，在此检查右下方的主目录，是否有你的作品。

很简单吧？现在来看看在第一步中删除或者重命名 orc. alpha. jpg 和 orc. jpg 文件的原因吧，这是因为在 Torque 中指定图像文件的文本形式时，我们通常不指定文件的扩展名。然后 Torque 会遵循一个规则，即首先寻找指定名称和扩展名是 . jpg 的文件。如果找到了，将会接着找指定名称加上 . alpha. jpg扩展名的文件。如果又找到了，它会将它作为 alpha 掩码使用，不会再寻找其他文件了。

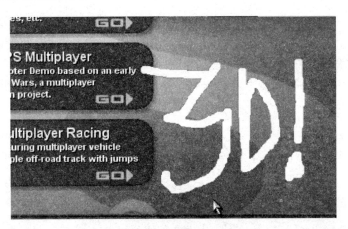

图 8.30　alpha 通道结果

如果 Torque 找不到指定名称和 . jpg 扩展名的文件，会寻找指定名称和 . png扩展名的文件。如果我们希望使用 PNG 版本的图像，我们必须保证 Torque 找不到之前的 JPG 版本的文件。然后 Torque 会使用 alpha 通道数据作为透明化信息并进行下一步。

顺便说一下，图 8.30 显示的是我的作品效果。

Gimp 的功能

我们并不会讨论 Gimp 提供的所有功能——因为它的功能实在是太多了。我所要做的是讨论那些在为游戏创建纹理时用得最多的功能，并展示这些功能中最有用的选项和它们的性能。

首先你要注意的是 Gimp 不会像大部分程序那样强迫你的图像文件只存在于主窗口内。实际上，你甚至不用把你的文件窗口放在主窗口中！

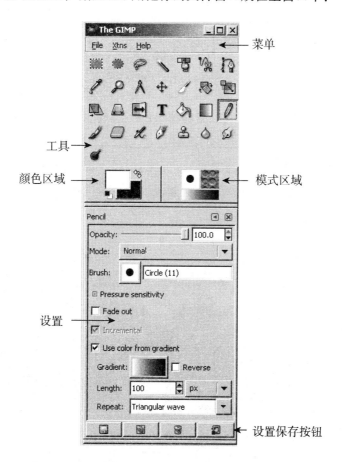

图 8.31　Gimp 主窗口

Chapter 8　Introduction to Textures

需要一点时间适应桌面上到处漂浮的主窗口。还要记住每个窗口（主窗口和每个文件窗口）都有自己的目录条。当所有图像文件目录都有相同的目录指令和子目录设置时，主窗口的目录就变得不一样了。最大的不同是在主窗口目录中没有 Save 或 Save as 目录指令。这些特性只存在于图像文件窗口目录条中。

图 8.31 显示的是 Gimp 主窗口，主要部分都被标记了。

图层

一幅新建的 Gimp 图像由一层光栅层组成，通常也叫做背景层。这有点类似于油画的画布，每一幅图像至少要有一层图层。额外的图层像覆盖图一样浮在背景上。

为了操作或管理 Gimp 的图层，我们要使用 Layers 对话框（见图 8.32），你可以通过选择对话框调用图像文件窗口的图层或主窗口的文件，对话和图层，或者简单的按下 Ctrl + L 也可以调用。

当创建图像资源时，你还要创建自己的图层。你可以在工作时隐藏图层并将它们重新安置在最上面或者最下面，以防止在工作完成之前这些图层影响你的视线。

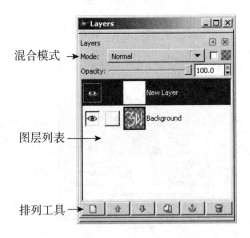

图 8.32　Layers 对话框

创建图层

为了创建一个新图层，在图像窗口选择 Layer→New Layer。你会发现创建新的图层和创建新图像很相似。你可以设置图层图像的大小并选择图层的填充类型。通常我会选择透明的填充方式，因为我会同时浏览几个图层，而且它们需要一起呈现（图像是"扁平的"）。如果不是背景层，那么图层本身不会有背景。我们感兴趣的是有代表性的带有非背景图层的较小图像。

Layer 对话框

你可以使用 Layer 对话框的排列工具在图层列表中上下移动图层来管理它们。列表最上面的图层是顶端图层，它可以使列表中下面的图层变暗（当然透明图层除外）。

除了将图层的透明区域设置为填充类型（比如你可能会用橡皮擦工具擦掉一部分的图层后得到的区域）之外，你还可以使用图层对话框的不透明滚动条将它整个设置为透明图层，只要你选择了适合的图层。

你可以打开 Mode 组合框选择里面列出的混合方式选项来调整图层的结合方式。表8.2 列出了更多关于图层模式的细节。

保存图层

若果要保留图层，需要把图像文件保存在 XCF 格式的文件中。如果只需要保存一个图层和 alpha 通道（是一个独立的图层）的透明信息，可以把图像保存在 PNG 格式的文件中。你可能需要使用 Image→Merge Visible Layers 来融合图层，这样就只留下一个可以保存的图层和 alpha 通道（透明）数据。只要确保所有需要融合的图层都是可见的，最好打开 Layers 对话框检查一下，以确保所有融合的图层在列表中都有表示进入的眼睛图标。

也可以选择 Image→Flatten Image 来做同样的操作，不错，不用保存 alpha 通道。Toolbox Color Area 显示的当前背景颜色会用来填充任何未复层区域的背景。

表8.2 图层模式

模式	说　明
正常	图层正常显示（默认值）
解散	使用像素离散将当前图层解散为下一层图层。这说明当前图层的给定像素被转换到下面的图层上，但是偏移的位置还在原图层附近
乘	当前图层的像素值与其下的图层像素值相乘，并看到结果——产品
分开	和乘一样，不过使用的是除法操作，看到商的结果
荧光	用来提高图像的亮度。图像的当前图层像素值和下面的像素值倒转，两个像素值相乘，得出的图层也会倒转
覆盖	使用这种模式，会实施荧光和相乘的混合方式，然后呈现出结合后的图层
挡光	和荧光非常相似，只是第一次倒置后，当前图层的像素值会除以下面的图层像素值，第二次倒置，是除以商。提亮效果会出现在上层（当前）图层，不过对比度没有荧光那么强烈
烧焦	这是挡光的相反效果。倒置图层的像素值，然后相乘，得出的产品值再次倒置。当前图层会出现暗化的效果
硬光	荧光和乘模式的结合。副作用是颜色饱和度降低
软光	荧光和覆盖模式的结合，在图像的锋利边缘产生柔软的效果。副作用是颜色变浅
颗粒筛选	用来筛选扫描照片的颗粒，用以呈现胶片颗粒。颗粒会存放在新的图层中
颗粒融合	用来融合颗粒图层，例如用颗粒筛选的方法处理过的扫描照片。留下原始图层的颗粒图像
差异	通过计算每一级图层相应的下层像素值减去上层像素值得出的差异值，不用考虑哪个图层在上，哪个图层在下
增加	增加每个图层的像素值
减去	用上层图层的像素值减去下层图层的像素值
只暗化	选择每个图层的相应值将其变暗，将得到的暗化的值放置在当前图层上
只亮化	选择每个图层的相应值将其变亮，将得到的亮化的值放置在当前图层上
色调	平均当前和下一个图层的色调值
饱和度	平均当前和下一个图层的饱和度
色彩	平均当前和下一个图层的色彩
值	仅仅显示当前图层的亮度值——有创建灰色图像的效果

工具箱

Gimp 有很多图像处理工具。不是所有的工具都在主窗口的工具箱中显示。如果你打开一个图像文件（如果你愿意的话可以创建一个空白的文件），你可以选择 Dialogs→Tools 打开 Tools 对话框。点击对话框每个工具的左边使其出现可见图标（一个小眼睛），这样可以在工具箱中看到该工具了。点击眼睛并移动图标，将工具从工具箱中移走。

图 8.33 显示的是在工具箱中可以找的大多数有用的工具，图标和功能相匹配。当你自己添加好工具后，你的工具箱可能就有所不同了。

每一个绘画工具都有一组不同的可以修改的设置，通过 Tool Options 面板可以访问这些设置。该面板的内容将根据所选的工具不同而变化。

刷子类工具

刷子类工具（见图 8.33）是一组与日常生活中的刷子使用方法类似的工具，有相似的选项。所有刷子类工具的使用方法都是按住并拖拽鼠标左键。记住按下鼠标右键会出现上下文目录。

铅笔和画笔非常相似，除了画笔可以画出柔软的边线，而铅笔画出的直线的边缘是锋利轮廓鲜明的。

钢笔看起来和铅笔很相似，但是操作起来却完全不同。当你查看选项的时候会发现不同之处是很明显的。本质上说，钢笔和其他有笔尖的笔一样，也有很多不同种类的笔尖。你可以使用不同的力度，墨水，写字的角度等等。

喷枪模仿的是油漆喷雾器，你可以调整压力和油漆喷涂量，产生柔软混合的边缘效果。看起来和实际喷漆效果差不多，但是和实际喷漆不同的是，可以在喷漆时使用填充坡度。

很明显，橡皮擦是用来清除图像上的颜色的。可以通过其他变量调整压力和大小，比如可以为橡皮擦设置硬的边线。

模糊和清晰（也叫做旋绕）是用来调整图像不同部分的清晰度的。它可

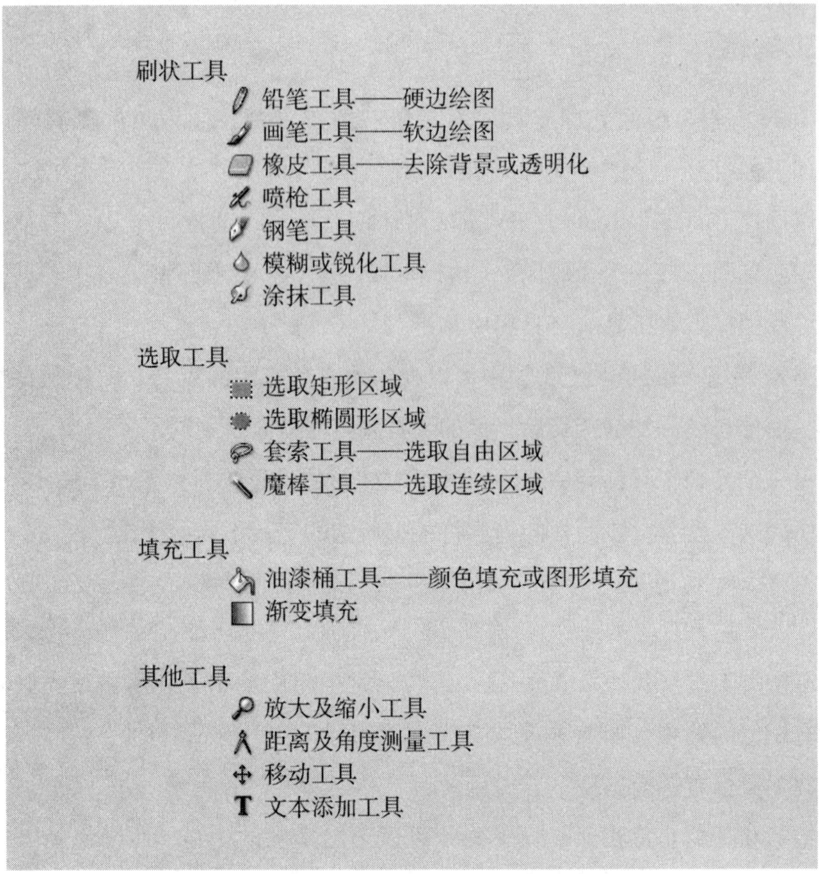

刷状工具
　　　铅笔工具——硬边绘图
　　　画笔工具——软边绘图
　　　橡皮工具——去除背景或透明化
　　　喷枪工具
　　　钢笔工具
　　　模糊或锐化工具
　　　涂抹工具

选取工具
　　　选取矩形区域
　　　选取椭圆形区域
　　　套索工具——选取自由区域
　　　魔棒工具——选取连续区域

填充工具
　　　油漆桶工具——颜色填充或图形填充
　　　渐变填充

其他工具
　　　放大及缩小工具
　　　距离及角度测量工具
　　　移动工具
　　T　文本添加工具

图 8.33　工具图标及其功能

以提高泥土图像的线条感或者将边线分明的图像混合在一起。当使用模糊工具时，它的功能很像一滴水在墨水中的样子。

　　烟熏是另一种混合或模糊图像的方法，只不过它的操作方式和大拇指或其他手指相同，它需要一整页的墨水，铅笔或者喷漆。

Selection 工具

一般来说，使用 Selection 工具是用来指定图像中哪个像素值需要进行某种特定的操作——删除、移动（翻译）、剪切到剪贴板或其他你想用到的操作。大多数情况下，你可以按住 Shift 键添加 selection 集合并选择更多的像素值，也可以按住 Ctrl 键并在现有的 selection 集合中选择你希望移走的元素值。

使用 Magic Wand，可以只选择工具，然后点击感兴趣的区域，所有符合原始像素值（误差之内）的相邻像素值都会被选中。

Fill 工具

Fill 工具的操作方法是以图像的某一点开始，然后从那里开始向四周延伸。在图像上点击你希望开始填充的地方，指定填充起始点。在 Options 中选择样式或者用标准的桶状填充工具（喷漆工具中的桶）选择要使用的颜色，或者用混合工具选择一个坡度。

和桶状的填充工具稍有不同的是，混合工具要求按住鼠标键并拖拽，这样才能为坡度指示方向和区域的大小。

其他工具

图 8.33 中的其他工具有不同的操作模式。

方法工具可以通过每次点击鼠标拉近你与图像的距离。如果要缩小（远距离观看），你只需要在点击鼠标键的同时按住 Ctrl 键。

角度和测量工具确实是随时需要使用的工具。如果点击工具并拖到需要测量的角度的最高点，你可以将光标拖到弧形周围，这时会看到状态栏显示的角度（见图 8.34）。你也可以在两点之间画一条直线，也可以在状态栏看到测量结果。

Move 工具能让你"抓住"图层、路径或者片段并在图像周围拖拽重置。

Add Text 可以让你在图像上加入文字。你可以编辑文本直到文本放到图像上，那时文本就不能以文本的形式修改了——你只能通过移动像素修改或者重新做新的文本了。

Chapter 8 Introduction to Textures

图 8.34　状态栏

工具选项

每个画图工具都有不同的可调整设置，可以通过访问主窗口的工具选项格来调整。随着使用工具的变化，调色板的内容也会随之变化。

重新查看一下图 8.31，看看主窗口中工具选项的位置。图 8.35 显示的是在打开的刷类选择对话框中的画笔选项。因为已经在工具箱中选择了画笔，所以画笔选项是可显示的。

刷类工具

当你选择了一个刷类工具时，各种刷类工具的工具选项调色板会出现在底下的格子里。有些选项适用于所有工具，其实，铅笔和画笔的选项是一模一样的。其他的刷类工具有各自特殊的选项。

表 8.3 表示的是对常用的选项。

Selection 工具

Selection 工具中的主要选项是抗锯齿、削边和模式。抗锯齿适用于形成锯齿时可以模糊锯齿化边缘的技术。选择特定的像素以半透明的方式填充边缘，

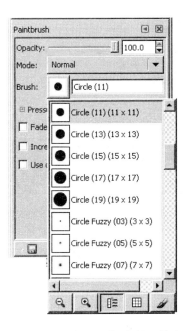

图 8.35　刷类选择对话框中的画笔选项

使边缘不要呈现锯齿，这样可以使图像光滑一些。

削边与抗锯齿类似，只是光滑的效果是通过在整个选中的像素周围以半透明的方式加深颜色。

表 8.3　刷类工具选项

选　项	描　述
不透明性	不透明性管理颜色覆盖图像表面的整体方式。降低不透明性就像稀释喷涂效果。100% 的不透明性，颜色可以覆盖所有事物，而 1% 的不透明性，颜色几乎是透明的
模式	设置工具颜色的混合模式。详见表 8.2
刷子	控制刷子的大小和形状。方形按钮包含工具大小和形状的代表符号。点击按钮可调用弹出可选大小的对话框。在弹出对话框的最底部是按钮集合，可以调整弹出对话框的可视设置，比如放大或缩小，显示方式是列表还是表格。右边的按钮（看起来像画笔的那个按钮）可以调用另一个可以选择刷子形状的对话框
声压敏感度	设置画图调色板压力值的关系

续表

选 项	描 述
消耗	这个复选框用来控制当使用某种工具时，其墨水是否要逐渐耗尽。勾选即生效
增进	如果勾选，每次刷子刷过另一个刷子的像素时，会在图像上累加像素值，直到达到不透明度的设定值
使用坡度颜色	使用当前选择的颜色坡度的颜色

表8.4　片段模式

选 项	描 述
替换	新的片段替换当前片段（默认值）
增加	为片段集合增加新的片段
削减	从片段集合中去掉片段
交叉	新片段与当前片段的交叉点变成当前片段

如表8.4所示，有四种片段模式。在选项中设置一种模式创建默认片段，可以使用 Ctrl 或 Shift 键优先选择。

提示

为了限制刷子在制定区域内的画图范围，在画图前使用片段工具或者徒手片段做相应的勾选，然后刷子工作时只会在选定区域内有效。这样做可以很方便的避免在使用喷枪时的超范围喷涂。

填充工具

填充工具是用来创建大范围填充效果的，使用整体模型、坡度或者样式。

桶状填充工具和混合工具都有不透明选项，工作方式和其他工具的方式一样。它们也共享模式选项（详见表8.2）。

桶状填充工具

桶状填充工具有以下定义选项：填充类型，作用区域和寻找相似颜色。

填充类型　有三种填充类型：FG（前景）颜色填充，BG（背景）颜色填充以及模式填充。前景颜色和背景颜色的填充效果是很明显的。模式填充要求我们选择喷涂在填充区域内的模式。有很多事先准备好的模式，你也可以创建你自己的模式。

提示

　　创建自定义模式，制作模式并将其保存为 Gimp 支持的图像文件格式。你需要在 Gimp 模式搜索路径中保存模式文件。要找到模式搜索路径，选择 File/Preferences/Folders/Patterns。要确保你的模式是完整的，当模式重复时，不会出现漏洞。后面的章节会讲到如何制作完整纹理（和模式是一样的）。

　　作用区域　作用区域有两个选项：填充相近颜色和填充整体片段。

　　填充相近颜色可以使填充模式的像素接近连续（与原始图像相比），使其与工具点击处的原始像素值非常相近。

　　填充整体片段会用填充颜色或模式填充整个选择区域。

　　寻找相似颜色　填充透明区域，样本融合以及开端只在使用填充相近颜色时才可以使用。

　　填充透明区域允许填充操作可以在透明像素内继续进行。

　　样本融合允许上层图层以外的图层也包含在填充融合内。

　　开端设置是 Gimp 在决定哪几种颜色相近时的相似度标准。

混合工具

　　混合工具有一组不同的选项，除了标准的模式和不透明度设置外，还有坡度、偏移和形状。

　　坡度　坡度选项的对话框可以让你指定颜色的坡度。基本来说，你指定一个开始颜色和结束颜色，以及中间可能的颜色值，当填充坡度发生作用时，颜色会根据设定逐渐从一种颜色过渡到另一种颜色。有很多供你选择的预先设置好的坡度，你也可以自己创建。有一个倒转复选框可以使坡度朝相反的方向进行。

　　偏移　偏移指定了坡度的大小或者颜色变化的速度。

　　形状　形状指定了填充坡度进行的整体布局：线性的、锯齿的以及三角形的。图 8.36 显示的是一些样本形状和其结果梯度间的关系。

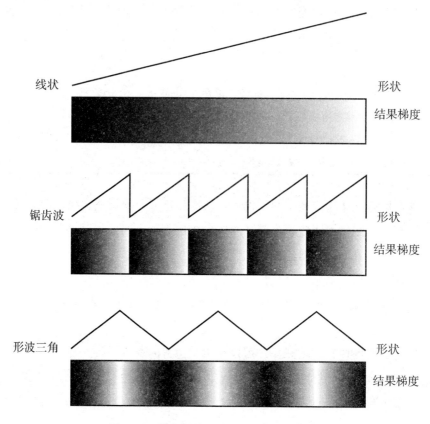

图 8.36　样本形状和其结果梯度间的关系

其他工具

放大工具有一些有趣的选项。

- 自动调整大小窗口。如果你选择了自动调整窗口大小的选项，那么窗口会在屏幕上自己调整放大视图。

- 工具连锁。默认设置中，点击一个图像窗口的放大工具会使图像放大（默认），再点击鼠标同时按下 Ctrl 键，图像会缩小。工具连锁选项使你可以改变这种行为，默认行为变成缩小，而按下 Ctrl 键会放大。

- 开端。你也可以点击拖拽方法工具，这样你可以创建图像矩形；图像功能可以使图像铺满整个窗口。把开端设置为一个高值，你必须在点击图像功能前创建一个大的图像窗口。如果你用的开端设置对于当前的图像太小的话，你需要用同一个图像标准将其放大。

测量只有一个选项：

- 使用信息窗口。这个常用的选项将测量信息放入外部窗口和状态栏中。

移动工具有两个选项设置：

- 效果。让你指定你想改变或移动的可移动实体。它们是图层、片段和路径。

- 工具连锁。指定移动工具怎样决定移动什么。选定一个路径允许点击屏幕上图像文件的工具选择图层或者指南。移动当前路径不会影响任何图层或者指南片段，但是会开始移动当前图层。

文本工具使你可以敲入文字到图像上。有以下几个选项：

- 字体。字体选项可以让你在列表中选择一种字体。你可以使用大小选项来设置字体的大小，有几种选择：px（pixel）、in（inches）、mm（millimeters）、pt（points）或 pc（picas）。还有很多其他的字体大小选项，在字体大小列表寻找更多的选项吧。

- 线索。线索告诉程序使用调整设置来配合字体，使它们在文字很小的时候也很清晰。当选择了强制自动线索后，它会告诉程序不断计算需要调整合适字符所需的设置值。

- 抗锯齿化。激活后，抗锯齿化可以帮助创建更加光滑的字体边缘，更利于阅读。

- 颜色。你可以在下次需要为图像配文字时使用颜色选项设置字体的颜色。

在游戏的纹理和图片中经常需要包含文字。现在我们可以使用画笔并试着以任意的风格编辑文字。不过，很凑巧的是有一个功能强大且使用方便的 Text 工具。

还有几个可选的格式选项，比如 Justify，它有四个设置值：左、右、中间和填充（和填满的意思一样，很多人都知道）。缩进需要设置缩进值。行距需要设置每个文本行之间的距离。

创建文本的路径需要你使用已选文本创建路径片段。

三、本章小结

在本章中我们首次设计了纹理的世界。随着本书的展开，我们将更详细
的介绍使用纹理的细节。

然后我们详细地介绍了一个用来创建和编辑纹理的功能强大的工具——
Gimp。正如你所看到的那样，Gimp 的功能非常完善。

在后面的章节中，我们将通过学习如何给对象（比如玩家模型或交通工
具）加上外皮（skin）来进一步学习对纹理的使用。

第 9 章

外　皮

"外皮"是游戏中使用的特殊纹理，通常包裹在 3D 模型的形体四周，其质量与一般纹理外皮不同。很明显，3D 怪物和游戏中的角色都要用到纹理外皮，而该术语还能应用于汽车、手推车、邮箱、划艇、武器和 3D 游戏中出现的其他物体。

通常，我们在模型展开之后创建外皮，这样，外皮艺术处理人员就知道如何在 UV 模板中布置外皮了。我们稍后将进行此处理过程，在此之前应该用 Gimp 和纹理的概念来加深对外皮的理解。

无论如何，这都不是大问题，因为我会把以前的 UV 展开模型作为 UV 操作模板提供给用户。

一、UV 展开

UV 展开是模型蒙皮之前的必要工作。在本书的上下文中，我们将其看作是建模过程的一部分。而在本章中，我们将进行模型蒙皮工作的纹理处理部分，并且会用到书后 CD 中提供的模型。用户将在后面创建属于自己的模型并对模型进行蒙皮操作，以及进行展开操作和其他操作，届时我们将再次探讨模型展开工作中的更多细节内容。

当想要对 3D 对象应用纹理时，需要一个系统来确定模型中纹理的每部分出现的具体位置，该系统就被称作 U－V 坐标系贴图。U 坐标和 V 坐标相当于二维坐标系中的 X 坐标和 Y 坐标，虽然它们并不完全是一码事。

试想一下（或者自己亲自在家中实地操作一下），取一个纸盒，沿各边缘切开，然后将这个盒子无重叠地平铺在餐桌上。这样，你就展开了这个盒子，然后取出蜡笔在盒子上画一些漂亮的图案，最后再把盒子黏合恢复原状。如此这般，我想，对于展开的含义，大家自然就清晰明了了。

我们将 UV 展开技术应用于一些结构复杂且形体不规则的物体中，比如怪物和冰激淋球。

二、外皮创建过程

在开始蒙皮过程之前，我们需要一个未加任何修饰的 3D 模型。我们将以一个简单的圆柱体汤罐为例（见图 9.1）。这是一个有 12 个边的上下封口的圆柱体，每个侧面由两个三角形组成，每个底帽由 12 个三角形组成，共计 48 个三角形。这其实也没有什么特别之处。

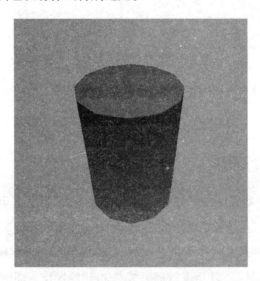

图 9.1 用具——汤罐简易模型

在使用 UV Unwrapping 工具之前，一般，我们必须把所有面平铺在一个标准平面上（见图 9.2）。

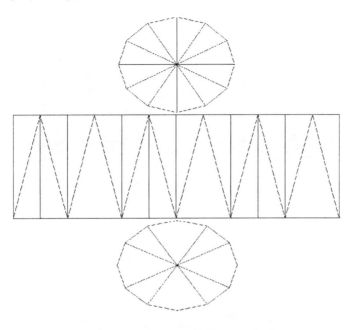

图 9.2 平铺所有面——展开的罐子

保存该图像作为 UV 模板，而且我们要保存原始模型文件，这是因为 UV Unwrapping 工具会对模型中物体的 UV 坐标进行修改。我们可以把修改存入文件以便于对其重复读取。

接着，把这些展开后带有各面边线的图像导入到图像处理工具（如 Gimp）中，并把必要的纹理、色彩和标记应用其中，如图 9.3 所示。

注意，我们只是创建了简单的纹理印记并重新创建了一个简单的标签。在罐子的顶盖上写一圈环形文字，将上下底帽做成一个环形图案，代表我们常见的马口铁罐头的凸起部分。该图形文件现已正式成为该罐子的"外皮"了。

最后的一个步骤：将新"外皮"导入到建模程序（或游戏中）来观察结果，如图 9.4 所示。

我们在本章中介绍的 UV 模板纹理的实时创建（如图 9.3 所示）具有很大的灵活性，这将有利于它以后在模型外皮中的应用。

图9.3 应用纹理后的罐子

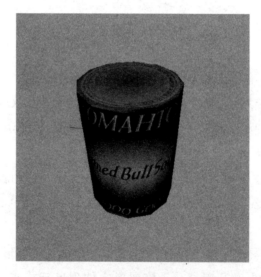

图9.4 经过简单蒙皮后的罐子

三、制作汤罐外皮

下面我们将继续介绍并创建一个外皮，在这里，我们将会用到前面一节中提到的毛坯罐子模型。该操作有很多步骤，超过 30 个，所以我们最好有所准备。

汤罐蒙皮步骤

汤罐蒙皮的步骤如下：

（1）在 Gimp 中打开 \ 3D2E \ RESOURCES \ CH9 \ can. bmp。该文件中包含 UV 贴图模板。

提示

> 还记得第 8 章我曾说过我们只会用到 JPG 和 PNG 两种文件类型吗？这话有假——但并非完全错误。我们在制作游戏资源时确实只用到这两种文件类型！但是，UVMapper 程序输出 UV 贴图模板文件却只能是下面两种文件类型中的一种：BMP（Windows bitmap）和 TGA（Targa）格式。我们选择 BMP 作为标准 UV 贴图模板文件格式，但我们不会创建任何 BMP 格式的游戏文件。

（2）选择 Image→Mode→RGB，得到完整色系的调色板。

（3）将文件保存为 \ 3D2E \ RESOURCES \ CH9 \ mycan. xcf。这样，用户可以在必要时多次重复使用图层。用户务必确保已按照上述步骤保存了文件，以防忙中出错。

（4）选择 Layer→New Layer，即得到 New Layer 对话框（见图 9.5）。

（5）接受默认设置并单击 OK。

（6）选择 Dialogs→Layers，然后单击 New Layer entry，增加强光效果，激活该层。

（7）使用 Rect Select 工具，制作与 mgcan 图像中的矩形周长相符的纹线框（见图 9.6）。

（8）选择 Bucket Fill 工具，将 Affected Area 选项设置为 Fill whole selection。将不透明度设置为 100.0，模式设置为 Normal，填充类型设置为 FG color fill。

（9）将色彩区域的前景色设为鲜红色（RGB = 255，0，0），然后单击矩形选择对象。将矩形填充为鲜红色，对背景色的线条做模糊处理，

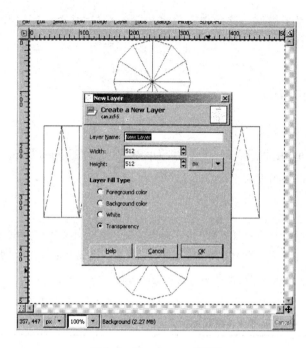

图 9.5　New Layer 对话框

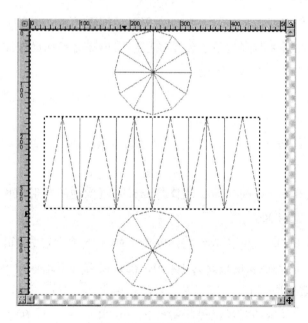

图 9.6　矩形选择对象

如图 9.7 所示。

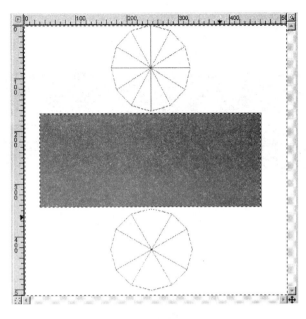

图 9.7 填充的矩形

（10）接下来，使用第 7 步至第 9 步的相同做法，在图像的中部做一个窄长的矩形，如图 9.8 所示。或许需要用户将前景色或背景色改为白色。但是，如果背景色已被设置为白色，那就好了！然后，只需将Bucket Fill 工具的 Fill Type 改为 BG color fill，这样就可以了。这样在罐子的各侧边就有了红白相间的基本图案。如果返回查看图 9.1，就会发现红色区域是向白色区域逐步褪晕的。完成此种效果有多种方式。比如，可以在创建的矩形中使用渐变填充工具。但我们用的是另一种方法，一种更加称得上润色的方法。

（11）使用 Rect Select 工具来选择对象，该对象起于上部红色矩形的一半，覆盖红色区域的左面，然后自下而右拖拽选择工具，覆盖右面和下部红色区域的一半。用户需要确保左右两边不包括窄红线，该线应在白条的两边。用户可多次尝试，直到合适为止（见图 9.9）。

（12）然后，柔化红色和白色之间的渐变。选择 Filters→Blur→GaussianBlur，弹出 Gaussian Blur 对话框，如图 9.10 所示。

图 9.8　白色矩形

图 9.9　选中展开后的罐子侧面

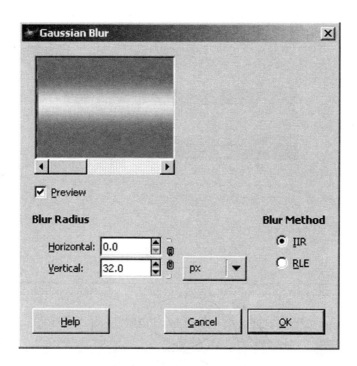

图 9.10 Gaussian Blur 对话框

（13）Blur Radius 有两个选项，即 Horizontal 和 vertical。在这两个选项的右方有一个链状的小图标。图标将两个选项链接在一起，单击该图标，解除链接。

（14）接着，将 Blur Radius 的 horizontal 值设置为 0，Vertical 值设为 32.0。边掂量数值边查看预览窗口，直到在红色和白色区域之间得到令人满意的模糊边缘为止。确切的数值取决于白色区域的尺寸和选中矩形与白条之间的关系。用户满意后，单击 OK 关闭对话框。用户将会发现红色和白色之间的边缘变模糊。

（15）然后，对罐子侧面的顶部和底部添加金属凸起。分别在顶部和底部创建一个横跨整个侧面的亮灰色长条，如图 9.11 所示。黑箭头代表凸起线的位置。使用前面学过的制作红色和白色矩形的方法。

（16）接下来，需要为罐子的上下底面或凸起创建表面纹理。这时，选择 Ellipse Select 工具。

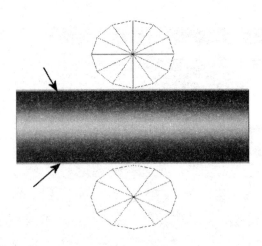

图 9.11　添加金属凸起

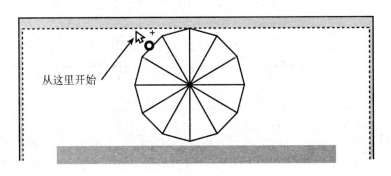

图 9.12　放置 Ellipse Select 工具

(17) 将 Ellipse Select 工具的光标放置在图像上半圆的左上方，如图 9.12 所示。

(18) 将 Ellipse Select 向下拖拽，然后向右，至少到选择的圆和罐子顶部的圆大小相同为止。稍微大一点可以，但尽量保持紧凑。不用担心该圆正好位于凸起的中央部位。在下面几个步骤中我们会对其做出调整。

(19) 在工具箱中选择 Move 工具，在选项的 Affect 设置中，选择 Transform selection。

(20) 在图像文件中，单击并拖拽选中的圆，直到该圆位于上部凸起的中心，如图 9.13 所示。

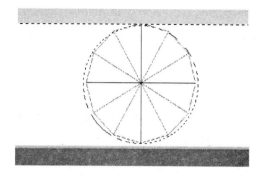

图 9.13 位于合适位置的选中的圆

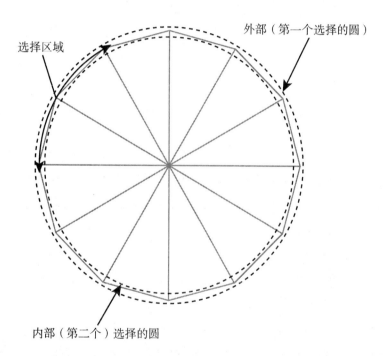

图 9.14 同心纹线

提示

用户可选择 Select→Shrink 或者 Select→Grow 来增加或缩减已生成的选取的大小。在上述两种情形下，用户均可设置选区增加或缩减的像素值。

（21）接下来，将 Ellipse Select 工具放置在凸起的正中央。按住 Control

Chapter 9 Skins

键，将工具向下拖拽随后向右。用户应该可以看到圆从中心开始逐步"扩大"，这就是 subtraction selection。增大内圆的大小，直至该内圆达到外部选区直径的90%为止，如图9.14所示。

提示

可以看到，我们首先选择比包围凸起的圆稍微大的椭圆区域，这样轮廓内的一切都被选中。接着，取消内部区域的选择，我们就得到了选区外皮圆环图的大小了。

(22) 如果近期不做任何操作，则将任务保存为 mycan.xcf。将选择的圆和图层数据及其他一切数据一起保存起来。

(23) 现在我们进行另外一种渐变填充，但这种填充方式与前面相比略有不同。首先，进入色彩区域，将前景色设置为深灰色（RGB = 73，73，73）。

(24) 接下来，选择 Blend 工具，在工具选项中将 Gradient 设置为 FG 到 BG，将 Shape 设置为 Conical（sym）。

(25) 在边框中心处单击 Blend，向下拖拽鼠标并向右，直至到达选中的外圆为止，然后释放鼠标键。渐变填充环的结果如图9.15所示。

(26) 随后，从图像文件窗口选择 Select→None，放弃原来选择的圆，以便做出新的圆。

(27) 选择 Ellipse Select 工具，沿刚才生成的边框内边缘创建一个选择圆。选择的圆在大边一侧较小即可。如果该圆在中心偏移处停止，则可使用 Move 工具移动选择圆。如果需要重温该内容，见第19步和第20步。

(28) 再次选取 Blend 工具。在工具选项中，将 Shape 设置更改为 Radial，将 Repeat 设置更改为 Triangular Wave。

(29) 将背景色设置为中浅灰色（RGB = 150，150，150）。

(30) 使用 Blend 工具，从凸起中心开始，拖拽鼠标，一直到边缘处为止。结果如图9.16所示。

(31) 现在再做一个选择圆。选择 Ellipse Select 工具，再由凸起中心向外大约80%的位置再做一个同心选择圆，如图9.17所示。

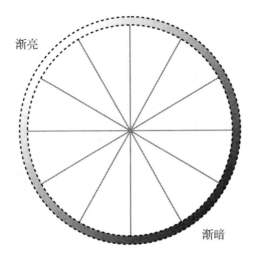

渐亮

渐暗

图 9.15 渐变填充环

图 9.16 径向渐变

（32）将前景色设置为中深灰色（RGB 值约为 100，100，100）。

（33）接下来，选择 Dialogs→Selection Editor，出现 Selection Editor 对话框。在右下角有一个叫 Stroke selection 的按钮，单击该按钮。

（34）Stroke Selection 对话框出现之后，单击选择 Stroke Line。将线宽设置为 3.0，将 Line Style 设置为 Solid。单击 Stroke 按钮来完成修改。

图9.17　80%的选择圆

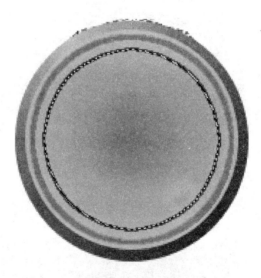

图9.18　最后一个同心环后的凸起

（35）选择 Select→Shrink。将收缩值设置为8像素。单击 OK。

（36）正如第33步至第34步划出最后一个圆一样，划出该选中的圆，除
非此时线宽设为1.0。图9.18表示凸起应该具备的东西，这是同心
环的最后一环。

（37）选择 Select→None，去除纹线，然后选择 Image→Flatten Image，将

所有图层压成一个图层。

（38）使用辛苦得到的新选择技巧选中有纹理的凸起，然后进行复制，粘贴在底部凸起上。

（39）保存工作，使文件打开。

添加文本

现在，为了实现最终效果，我们向凸起添加文本，该文本会发生扭曲以符合圆形凸起。

（1）选择 Text 工具，将选项中的尺寸设置为 10，打开图形保真。

（2）在顶部凸起中心附近单击图像文件。输入文本，比如 16 fluid ounces。

（3）选择 Filters→Distorts→Curve Bend。单击 Open 按钮。

（4）在 Open 对话框中，浏览 \ 3D2E \ RESOURCES \ CH9，选择文件 curve_ bend. points，单击 Open。这是笔者用作练习的 bend 文件。

（5）确保 Smoothing、Antialiasing、Work on copy 均可用（勾选）。

（6）单击 OK。

（7）选择 Dialogs→Layers。

（8）单击 16 Fluid Ounces 文本图层左边的眼睛来隐藏本图层。

（9）单击 curve_ bend_ dummylayer_ b 选项最左边的空白位置。现在，该图层变为可视。如有必要，使用 Move 工具来调整文本的位置。用户应该得到图 9.19 所示或类似的情形。

（10）文本沿椭圆弧曲线排列。

（11）用 Text 工具添加主标签文字，位置和内容自定。

（12）在完成以上操作之后，把当前文件保存为 \ 3D2E \ RESOURCES \ CH9 \ mycan. xcf，该文件为源文件。

（13）选择 Image→Flatten Image。

（14）然后，另存为 \ 3D2E \ RESOURCES \ CH9 \ mycan. jpg。一定要确认另存时，在 Save As 对话框中选择的是 JPEG 类型。

（15）如果文件已经存在，则继续工作，重写文件。

图 9.19 带有纹理文字的凸起

汤罐蒙皮试验

恭喜！我们已经做出了第一个外皮，用户一定想知道汤罐蒙皮的最终结果，下面进行操作：

(1) 读取 "Torque Show Tool Pro（TSTP）Quick Start" 工具条。运行 TSTP，在 TSTP 中创建一个指向 \ 3D2E \ RESOURCES 的 Project 目录。

(2) 单击 TSTP 窗口左上角的 Load DTS 按钮，然后定位 CH9 文件夹下的 mycan. dts。

表 9.1 Torque Show Tool Pro 鼠标键动作

动 作	说 明
单击左键	使 camera orbit 对象面向水平和垂直
单击右键	使 camera 水平和垂直滑动
鼠标滑轮	放大及缩小
Ctrl + 左键	使 camera orbit 对象面向水平和垂直（单按钮鼠标）
Alt + 左键	放大及缩小（单按钮鼠标）

（3）该文件就是汤罐的外皮文件。

（4）用户可以用导航键来实现罐子的前后移动的轴向旋转，Show Tool 鼠标键命令见表9.1。

（5）用户可以载入 soupcan. dts 模型来观察汤罐外皮的范例。

Torque Show Tool Pro（TSTP）介绍

Torque Show Tool Pro（TSTP）是 Show Tool 的高级版本，带有 Torque Demo。Dave Wyand 作为 Ajax 方面的精英，开发了 TSTP，目的是使艺术人员更加深入地观察模型，而无须实际启动游戏（有时会是很麻烦的过程）。TSTP 的开发完全是通过稍稍调整引擎和引入大量代码实现的。TSTP 可用于 Windows 和 OSX，但我们在这里只讨论 Windows 版本。

安装

要安装 TSTP，首先浏览路径 \ 3D2E \ TOOLS \ SHOWTOOLPRO，运行该文件夹下的安装文件 TorqueShowToolPro. exe。安装之后，用户将获得 30 天的全功能使用许可。如果用户想购买 TSTP（其实应该购买），则可在 GarageGames 网站（http://www. garagegames. com/products/browse/development/）中的产品区域找到 TSTP。

启动

TSTP 允许用户启动多个项目目录，并可随时在各项目之间进行切换。TSTP 允许用户从不同的游戏中载入形体或以逻辑方式在同一个游戏中组织形体。

例如，本书使用的标准 Torque demo 文件路径为 \ 3D2E \ demo。项目目录使用该文件路径可使用户获得 demo game 目录和其子目录下的所有形体。

当初次启动 TSTP 时，未定义任何项目目录。在载入文件之前，用户至少需要创建一个项目目录。为实现这一点，单击主窗口左上角的 Project Directory 菜单，然后单击 modify。

选择 modify 选项，打开 MODIFY PROJECT DIRECTORIES 窗口。

单击 Add Directory 按钮，创建新的项目目录。用户可将目录路径输入到 Project Directory 文本框路径中，或者单击大的黑色箭头按钮。箭头按钮打开 directory selection 对话框后，用户可以从对话框中选择项目中想要使用的日录。

用户可在 Name（可选）文本框中嵌入名称，文本框用在 Project Directory 弹出菜单中，而不是文件路径中。

载入模型

确信已在 Project Directory 菜单中使用模型，然后单击 Load DTS 按钮。用户会发现 Load File 窗口已打开，窗口列出了项目目录和子目录中包含的 DTS 模型。双击 model 选项，载入模型。

为载入动画顺序，用户首先需要载入模型。然后单击 Load DSQ 按钮，定义所要载入的适当的顺序文件。载入顺序之后，用户需要从弹出的 Sequences 中选择顺序，Sequences 位于窗口底部、动画时间线的底部。

要使顺序活动起来，单击窗口右下方动画控制区域的 Play 按钮（右指向箭头）。

如果用户已通过链接文件（位于与 DTS 模型相同的文件夹，如果模型称作 player. dts，一般称为 Player. cs；如果模型称作 bozo. dts，则一般称为 bozo. cs）的顺序预先定义了链接到模型的动画顺序，则可通过单击 Load DTS & CS 同时载入模型和顺序贴图文件。在此种情况下，如果一切顺利的话，用户应该能够得到 Sequence 菜单中列出的所有链接顺序。

用户也可使多个模型（也称作形体）载入。现在在右上角已载入的 Shape 弹出菜单中包含用户已经载入的所有形体。用户可通过从弹出菜单中选择形体。

文件中包含一个叫做 TorqueShowToolProManual. pdf 的文件，用户可使用此文件来学习 TSTP 更多的细节内容。

在 \ 3D2E 文件中，有两个快捷方式：Show Book Models 和 Show Demo Models。这是启动初始 Torque Show 工具的快捷方式，Torque Show 工具已被 Torque Show Tool Pro 以各种方式广泛取代了。用户不必使用这两个快捷方式，只是作为示例。如果用户想使用 Show Book Models 或 Show Demo Models 快捷方式，见表 9.2 的原始 Show Tool 鼠标键命令。

表 9.2　Torque Show Tools 鼠标键命令

命令键	说　明
A	向左旋转
D	向右旋转
W	拉近
S	推远
E	从上向后旋转
C	从上向前旋转

四、制作汽车的外皮

汤罐蒙皮的步骤介绍告一段落，下面介绍复杂一些的物体。很多人在游戏中都会拥有自己的汽车，Torque Engine 对汽车亦有相当强的功能支持。后面我们也会制作自己的汽车，但由于本章主要讨论外皮创建，下面就先介绍如何制作某一款汽车的外皮。

我们先用 Torque Show Tool Pro（TSTP）来看一下已经包含在 Torque 演示文件中的汽车：

(1) 运行 TSTP 软件，在 TSTP 中创建指向 \ 3D2E \ demo \ data 的 Project 目录。

(2) 单击 TSTP 窗口左上角的 Load DTS 按钮，然后定位 demo \ data \ shapes \ buggy 文件夹的 buggy. dts。

(3) 双击 buggy. dts 选项。

(4) 观察沙漠巡逻车的机壳，该机壳没有车轮。

沙漠巡逻车的"兜风"

为满足用户"飙车"的欲望，下面演示在游戏中试开沙漠巡逻车，但一定不要贪于娱乐，很多人总是因为游戏而耽误了学习。

(1) 浏览 C：\ 3D2E，单击 tge. exe。

(2) 主菜单出现后，单击示例——菜单屏幕底部的 Multiplayer Racing 按钮。

(3) 务必确保在 Play Demo Game 屏幕中勾选 Create Server 复选框。

(4) 单击底部的右方向键来运行演示。

(5) 游戏载入后，按下 Tab 键切换至 Chase 视图以获取更宽广的视野。键盘控制键见表9.3。

表9.3　Torque Racing Demo 控制键

按键	说　　明
鼠标	控制左右方向
W 键	加速
S 键	刹车
Tab 键	第一人称视点与第三人称视点之间的切换
ESC 键	退出游戏

轻便小汽车的蒙皮过程

既然已体验了游戏激情，现在回到制作外皮的过程中来。下面我们将为一台轻便小汽车创建外皮，该车虽少经矫饰，却也是非常酷的。这是一个笔者虚构的作品，灵感来自 Doc Savage 系列小说和 10 来岁时在一次车展上看到的一辆优雅的 1936 年的 Auburn Boattail 跑车。

(1) 在 Gimp 中打开 \ 3D2E \ RESOURCES \ CH9 \ runabout. bmp，该文件包含 UV 贴图模板。

此次展开物体的方法有所不同：前面的汤罐是完全展开使每个单独的面都平铺；此次分别从某一特定的视角——侧面或顶部分别展开分离的（除车厢之外）各部分车体。为便于操作，假设对象的每一部分是对称的，不可见一侧是可见一侧物体的简单镜像。这是一门有用的技术，但也有一些缺陷，后面我们会介绍。使用该技术的优点是节省了图像编辑时间，因为只需对一半的对象表面应用纹理即可。

提示

不要忘记定期保存文件为 myauto. xcf，以防将文件弄糟或其他。

(2) 如果 Layers 对话框没有打开，则选择 Dialogs→Layers，打开 Layers 对话框。

(3) 在 Layers 对话框按钮的底行的最左端单击 New Layer 按钮，创建新图层。如果用户喜欢，可以命名新图层，但是实际上并没有什么必要。

新图层要与图像的大小（512×512）相同，将 Layer Fill Type 设为 Transparency。单击 OK。

（4）单击新图层，增加新图层的亮度，并通过检查列表的新图层选项左边的眼睛图标来确保图层可见。

（5）选择 Paths 工具，如图 9.20 所示。确保勾选 Polygonal 设置，选择 Edit Mode 设置中的 Design 单选按钮。

图 9.20　Paths 工具

（6）利用如图 9.21 中由较粗线段组成的所选物体，勾勒出一个覆盖车厢顶棚和 C - 支座的近乎方形的形体。在开始的位置单击鼠标后，当车厢外围对象线改变方向时再次单击鼠标，每次单击都定义了该路径对象的一个节点。在图 9.21 中，节点是较粗线段沿线各点可见的黑斑。如果你认为该形状类似于 Batman 的头，这很正常，并不是只有你这样认为。

（7）该物体的节点全部完成之后，从 Paths 工具选项的 Path 按钮单击 Creation Selection。现在沿路径外形创建选择对象。原有路径保留在 path 列表中，但不要马上可见。

（8）如果后来因为某种原因，用户对自己制作的形状不满意，并想做出修改，则可以编辑原有路径。选择 Dialogs→Paths。

（9）在 Paths 对话框中定位、选取要编辑的路径。用户通常借助路径来告

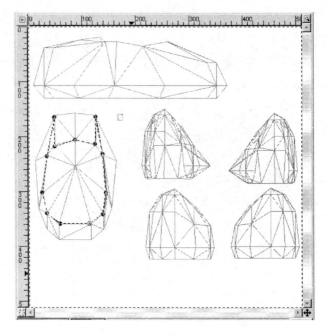

图 9.21　勾勒车厢顶棚

知什么是什么，并需要将 Edit Mode 更改为 Edit，取消 Polygonal 的勾选（如果已被勾选）。

(10) 抓取 Paths 工具，将光标移动过路径所在的线。用户会发现光标更改为带有指向的小手，获得指向之后，单击鼠标，则出现带有节点句柄的路径（见图 9.22）。

(11) 通过移动周围的节点句柄来选择适合的路径。用户对新路径满意之后，从 Paths 工具选项的 path 按钮处单击 Creation selection。以前的选择对象将会被新的选择对象所取代。

(12) 完成之后，将前景色设为选择的色彩（深蓝色会好一些），选择 Bucket Fill 工具，将 Fill Type 设置为 FG Color fill。

(13) 将 Fill Bucket 选项的 Affected Area 设置为 Fill whole selection，然后填充靴子。我指的是填充选择对象。

(14) 在完成车厢顶棚之后，选择 Select→None 来取消对刚才所画物体的选择。

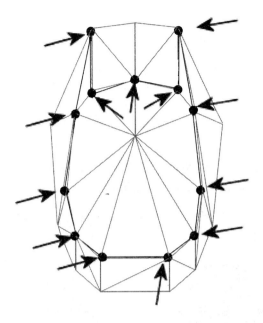

图9.22 箭头所示为可编辑节点句柄

（15）按照与第3步至第4步相同的方式，创建另一个新图层。

（16）然后，选择 Path 工具，沿整个车厢模板外缘画出轮廓。路径将绘制在新图层上。完成之后，单击 Paths 工具选项 path 按钮的 Create selection。注意：用户需要重新将 Edit Mode 保存为 Design，并勾选Polygonal（如未被勾选）。

提示

用户在完成路径使用之后，最好不要弄乱图像。单击 Paths 对话框 Path 选项左边的眼睛图标。

（17）再次选择 Fill Bucket，将 foreground fill 设置为比用户选择的车厢顶棚颜色还要浅的颜色（暗灰绿色会好些）。新填充的区域不应遮蔽前面的车厢顶棚区域和其他的车厢模板。用户可以使顶部图层可见（临时）来验证是否已在适合的图层上画出路径和选择对象（单击眼睛）。填充区域会消失，顶棚填充会出现。单击顶部图层的眼睛恢复填充区域。

（18）现在我们要重新调整图层。在 Layer 对话框中，突出显示底部图层。然后定位该对话框底部的 down – arrow 按钮，单击该按钮。图层将会置于另一个图层之下。现在顶层在车厢剩余部分的顶部可见（见图 9.23）。好了！下面创建另外一个新图层。

（19）现在选择 Paintbrush 工具，注意不要勾选 Gradient 选项设置的 Use color。

（20）将前景色设为前面车厢顶棚用的颜色（或其他颜色）。

（21）使用 Paintbrush 工具覆盖车身轮廓，如图 9.24 所示。或许用户需要的画笔尺寸为 19 左右。要记住，要在 Layers 对话框中选取新图层，否则，图像将会应用于错误的图层中。

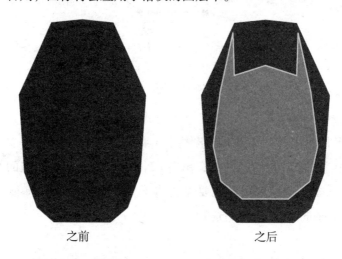

之前　　　　　　　　　　　　之后

图 9.23　使用 down – arrow 按钮前和使用后的对比

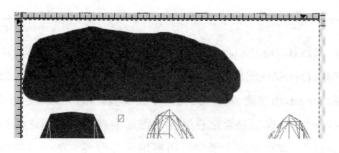

图 9.24　喷涂实体的基色

（22）接下来，选择 Air Brush 工具，将画笔的尺寸设为 11，不透明度设为 50%，勾选 Fade – out 复选框。

（23）现在将前景色改为淡蓝色。

（24）喷涂重色，如图 9.25 所示。选择 Smudge 工具喷出线段，做一般修饰，使线段变得不规则。

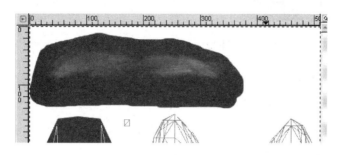

图 9.25　喷涂重色

（25）接着为车身添加精致的赛车侧标。首先选择 Ink 工具，将其尺寸设为 4.0，选择 Type Setting 中的 diamond shape。我们不直接用 pen 绘制，但是我们需要在下一步中对其做出正确的设置。

（26）选择 Paths 工具，画一条类似于图 9.26 绘制的路径。这可能需要一点点技巧。除了单击线上的每个点之外，还要单击拖拽每个点。用户在单击后拖拽光标时，就会看到用户单击的节点句柄中出现的一对手柄。这两个手柄是用来调整线条的曲率的。用户拖拽后，沿节点句柄移动光标，注意线条已经绘制出了变化。如果用户需要在一点处做向左急转弯，则稍稍从节点句柄处直接单击、拖拽光标，然后将拖拽向左移到线条想要去的方向。用户开始熟悉这种方法，则需要一点点实践。但用户掌握之后，这种方法就变得直观了。注意：如果 Edit Mode 的 Polygonal 复选框被选中，就无法使手柄出现，所以在用户开始抓取手柄之前，不要勾选复选框。

（27）在画出赛车侧标之后，单击 Paths 工具选项的 Stroke path 按钮，用户就会得到 Stroke Path 对话框。

（28）使用 paint tool 单选按钮单击 Stroke。

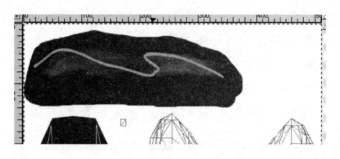

图 9.26　添加赛车侧标

(29) 单击 Paint 工具域右方的三角按钮，打开弹出的列表。浏览列表，直到找到 Ink 工具为止，然后选择该工具。

(30) 单击 Stroke 按钮，根据 Ink 工具设置，沿路径画出一条线。至此，车身的绘制工作就完成了。可以看出，我们使用了不同于车厢的方法，这表明为物体蒙皮的方法不止一种。下面就是重复性工作了，剩下部分就是四个轮子和保险杠等部件了。我们将用类似于车厢的方法来完成这些操作。

(31) 创建另外一个新图层。将该图层用于这四个保险杠。

提示

用户可能会注意到：在创建、划出路径之后，必须单击其他按钮来取消对路径的选择。否则，在试图创建新的路径时，第一个点会与前一个路径的最后一点相连接。当在新图层中创建新路径时，用户不会注意到这个问题。用户还可以选择 Select→None，但是会发现在划出路径之后，Select→None 不可用。

(32) 使用 Path 工具（见图 9.27），画出左上方保险杠上半部分的轮廓，使用用户喜好的颜色进行填充，并使用第 5 步至第 14 步使用的技巧。为下部的防护裙板创建不同的路径，将防护裙板涂上与赛车侧标相同的颜色。然后，如图 9.27 所示，查看防护裙板的位置。

(33) 对于其他三个防护板模型，重复第 25 步操作。

(34) 操作完成之后，将文件保存为 \ 3D2E \ RESOURCES \ CH9 \ myau-to. xcf，这将作为你的源文件。

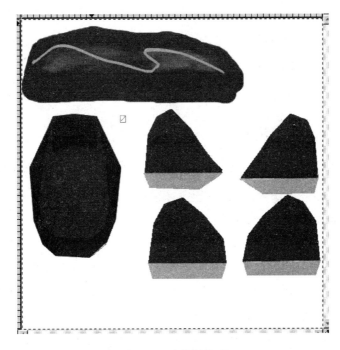

图 9.27　防护板模型

（35）将图像扁平化，并将外皮保存为 \ 3D2E \ RESOURCES \ CH9 \ my-auto. jpg。同样，在将文件保存为合并图像时，软件会出现警告信息，提示是否继续，选择 Yes。

轻便小汽车蒙皮试验

下面用我们的作品来完成最后的蒙皮工作，使用的工具就是前面汤罐蒙皮时用到的 Show Tool。

（1）运行 TSTP，选择指向 \ 3D2E \ RESOURCES 的 TSTP 中创建的 Project 目录。

（2）在 TSTP 窗口的左上角单击 Load DTS 按钮，然后定位 CH9 文件夹中的 mycan. dts。

（3）利用鼠标前后移动车辆，并沿不同的轴进行旋转。Show Tool 键盘命令见表 9.1。

（4）载入 runabout. dts 模型就可以观察到原始的轻便小汽车外皮了。

可惜的是，在最后的模型处理章节之前，我们还不能对轻便小汽车进行实际试开，不过没有关系，很多事情还有待我们去做呢！

五、制作玩家外皮

现在我们来制作 Big One——玩家外皮，准确地说，应该是游戏角色外皮。因为后面的章节中会用到一些电脑控制的游戏角色，这些角色被称作 AI（Artificial Intelligence，人工智能）玩家或 NPCs（Nonplayer Characters，非玩家角色）。

本章中用到的基本角色叫做标准男性角色（Standard Male Character——SMC），他是目前 Tubetti 公司正在开发的 Return to Tubettiworlf（RTTW）游戏中创建的基准模型，其他角色都由此衍生出来。

图 9.28 所示为 SMC 的早期原型，图中站立在原始森林中的人物雄姿英发、表情坚定。

图 9.28　Torque Engine 渲染的 Tubettiworld 标准男性模型

这个角色诞生于我在 Laurentians 度假时蜷缩在一堆堆熊熊烈火前所构思的概念性草图，我的妻子将所想象的角色原型告知于我，我画了差不多100次草图她才满意（见图9.29）。

图 9.29　SMC 的概念性艺术作品

一个晴朗的日子，妻子说这个角色很像我最帅的时候——微秃，金络腮胡。

我把此概念艺术作品送给了一个网名为 Psionic（http://www.psionic3d.co.uk）的天才少年，他为我创建了原始模型样品。该模型相当不错，但正如我所说，图 9.28 所示的角色是一个早期原型。主要问题在于外皮的颜色——太模糊了，但问题随后就解决了，但也有一些模型上的变化——尤其是女性版本的产生。

值得注意的一点是，对于所有复杂的艺术作品、模型、外皮等，事先构思不失为一个好办法——无论是书面的还是数字的都可以，这样你就有一个工具来传达头脑中形成的想法。要完成一个模型，可能要花数周或数月时间，最后成果与最初构想可能千差万别。如果用户想通过出售游戏创意来组建团队和招募人才，拥有概念性的艺术作品就至关重要。如果团队成员能按照对你的构想理解制作出一系列图样，那么这个概念将起到重要作用。

头和颈

如图 9.30 所示，这是 SM（Standard Male）的展开 UV 模板。途中不同部件标出了名称，便于识别各个部件的部位。文件 \ 3D2E \ RESOURCES \ CH9 \ player. bmp 中包含该套模板（尽管没有标注），以备工作之用，下面开始操作：

(1) 打开名为 \ 3D2E \ RESOURCES \ CH9 \ player. bmp 的模板文件，并在某一位置保存为一个 XCF 文件，在此文件中操作。

(2) 创建一个图层，并将该图层命名为 "Skin"。在本操作过程中，用户将创建许多图层——按上面的操作确认图层的不同标签。

(3) 用户使用自己熟悉的方法，用肉色覆盖模板的脸部和颈部，如图 9.31 所示（作者用表 9.4 中给出的 RGB 数值确定基本肉色。当然，用户可以随意调节数值，使用自己喜欢的颜色）。确认把该颜色应用于 skin 层，而不是模板所在的背景层。

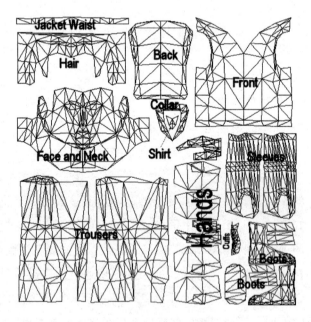

图 9.30 SM 的 UV 模板

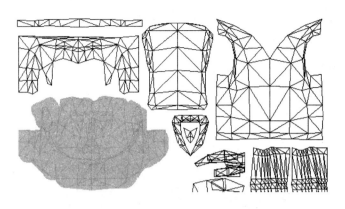

图9.31 应用于 skin 图层的基本皮肤色调

提示

在图9.31中，可以透过外皮图层看到 UV 模板的线条，把外皮层的不透明度降低到95% 左右就能实现。在 Layer 面板中，滚动 Layer 面板上的 Opacity 滑块到适当的效果为止。不透明度越低，图层下面的线条就越清晰——但同时外皮层的颜色就越偏离真实感。

表9.4 肉色色调的 RGB 参数设置

	颜色构成	值
基本	红色	251
	绿色	178
	蓝色	129
阴影	红色	183
	绿色	133
	蓝色	83
高光	红色	247
	绿色	187
	蓝色	107

（4）下面就有点魔术效果了。为基本外皮制作阴影，我们将在适当位置
使用一个高光和阴影图像模板，以产生图像的阴影效果。模板如图
9.32 所示，另外还有一个副本（\ 3D2E \ RESOURCES \ CH9 \ hi-

lite. png）供用户使用。打开该文件，将文件作为图层添加到 swell foop 图像文件中。选择 File→Open as Layer，浏览路径 \ 3D2E \ RESOURCES \ CH9 \ hilite. png，单击 Open 按钮。

（5）将新图层的不透明度降低至 80%。

（6）把外皮图层设为不可见。

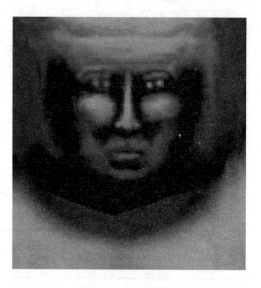

图 9.32　Hilite 模板

（7）拖动该图像，使它恰好覆盖头颈 UV 模板的位置，用户应该得到图 9.33 所示的效果。

　　细心的读者可以发现，尽管高亮模板在 80% 大小时几乎完全吻合，但并不精确。比如，眼睛就是错位的——高亮图层中的眼睛区域需要对 UV 模板三角形轮廓进行偏移。我们马上纠正这一偏差。

（8）Layer 面板的记录项被选来确认高亮模板所在的新光栅层处于激活状态，然后选择 Lasso Selection 工具。

（9）用户应该可以在该区域放大 200 倍或更好效果。选择刚好覆盖眼睛的区域，大致是眉毛之下、脸颊上一点的位置，但不要碰到鼻梁。

（10）选择 Tools→Transform Tools→Rotate，弹出 Rotate 对话框。单击选取的光标，沿想要的方向轻移，使其旋转以和模板相匹配。

图 9.33　Hilite 模板应用于头颈 UV 模板之上

提示

　　hilite.png 模板的创建方法如下：先拍几张面部全景照片或图片，然后在灰度模式中大幅度地调整他们之间的对比度，最后放在几个模型中进行测试并进行数次手动调节。这些原型是选来用作所有同一类脸形模板的，不同人种和脸形模板的制作也采用这种方法。

　　（11）选择 Select→None。

提示

　　如果因为 Select→None 未出现在菜单中，造成选取有困难，则尝试确认 Rotate 对话框是否可见。然后再次尝试选择 Select→None。

　　（12）对另一只眼睛重复这一过程。

　　（13）把光栅图层的不透明度降低到 20%，同时把外皮图层的不透明度提高到 100%。

　　（14）保存当前文件（以防万一）。

　　当前操作结果如图 9.34 所示，这是一张具备主要特征的脸，阴影僵硬，色调呈肉色。从某种意义上来讲，这是一个需要补充细节的案例。用户可以根据自己的喜好继续完成细化工作：放大图像，用 Air Brush 和 Paintbrush 工具添加嘴唇颜色、眉毛、眼睛细节和耳朵。在这个过程中，用户可能会发现很难配置逼真的眼睛颜色，但不妨试一试。

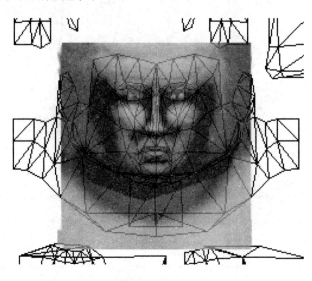

图 9.34　覆盖在外皮图层上的 hilite 模板

眼睛细节的添加操作如下：在随机的矢量层上创建一个椭圆体，调整椭圆的大小和方向，然后把它放在眼睛区域之上。值得注意的是，在中央的填色区，也就是瞳孔和虹膜混合构成的区域里，通常会有一个白色的亮点，具体位置在偏离中心的上方，如图 9.35 所示。

另外，脸部的某些区域会比其他区域亮些，如下嘴唇的上部、上眼皮、鼻翼等。

用户可借助带有 Galaxy（AP）的 Brush 的 paintbrush 来制作完美的胡须，并需要在画笔列表中仔细找才能找到。在必要区域轻点画笔，在嘴唇上方多次使用短发画笔可以制作胡子，一定要亲自实践。

图 9.35　眼睛

最终的制作效果如图 9.36 所示。

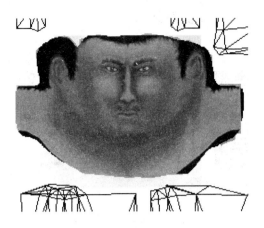

图 9.36　最终完成的脸和颈

头发和手掌

下面制作 Standard Male 的头发和手掌。我们把两者放在一起是因为它们都用到外皮（肉）色调（该标准男性有秃斑）。该部分完成之后，外皮的皮肤部分就全部结束了，类似工作举一反三就可以了。

下面的两个小节都会把外皮图层应用于其他图层之上。

头发纹理

虽然头发没有特定的图案，但还是存在特定的图案的。这个图案可能会相当地随意，但是无论如何都会有一种纹理图案，就像木板的木纹或麻布的布纹一样。所以，头发的制作还是有线索可循的。

步骤如下：

（1）创建新图层，将其命名为 Hair1。

（2）在当前工作文件 player. xcf 下的 UV 模板中定位头发部分的具体位置。

（3）绘制出坏绕头发区域的对象，对照图 9.37 中所示的头部区域中头发的颜色，以此来确定填充色。使用表 9.5 中列出的头发颜色值。

（4）创建另一个图层，将其命名为 hair2。

（5）选择 hair 图层上使用的路径，用该路径来创建 Hair2 图层上的选择对象，然后将 Hair1 图层隐藏。

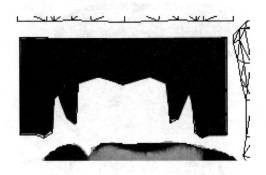

图 9.37　填充后的头发模板区

表 9.5　头发颜色的 RGB 参数设置

颜色	值
红色	102
绿色	65
蓝色	13

图 9.38　有纹理的头发

（6）借助 Bucket Fill 工具，使用 wood 类型（Wood#2 即可）填充新选择
　　对象。

（7）将 Hair2 的 Opacity slider 设置为 30%。

（8）选择 Brush 工具，使用 Galaxy（AP）brush 设置。

（9）将画笔应用于 Hair2 图层，直到得到类似于图 9.38 的图像。用户也
　　可使用 Smudge 工具，画笔尺寸设为 1，以增强头发的缕状性质。

（10）再将 Hair1 图层设置为可见。

（11）下面制作头发秃斑。对照 UV 模板中的三角形排列规律，用户会发现头发区域的左上角和右上角在覆盖模型时是汇合在一起的。汇合的位置是头顶，也就是典型男性秃顶特征开始的两个位置之上。

　　　　选择 Air Brush，画笔大小设为 19，前景色按照表 9.4 中的高亮肉色色调调整。

（12）在每个角喷涂裸露的头皮，越靠近角的地方越稠密，反之越稀疏，直到获得逼真效果的秃斑外皮和稀薄度渐变的外围区域（见图 9.39）。不要担心喷涂超越边界，边界之外的区域是不会被渲染到的。

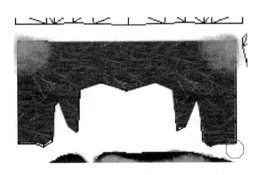

图 9.39　智慧的代名词——秃斑之雏形

手掌

制作手掌外皮需要从三个方面展开。基本的肉色色调必不可少，手指之间的区域要有阴影。

（1）再次用 Paths 工具画出组成手掌 UV 模板区域周围的路径（见图 9.40）。

（2）把刚制作的对象填充色设为基本肉色色调。

（3）创建一个新的图层。

（4）将 Ink（墨水）工具设为调节参数 2.0，并将前景色设为黑色。

（5）用 Paths 工具画出分割手指的线（见图 9.41）。

（6）用 Paintbrush 工具制作手指甲。确信线的颜色为黑色，并使用深粉色

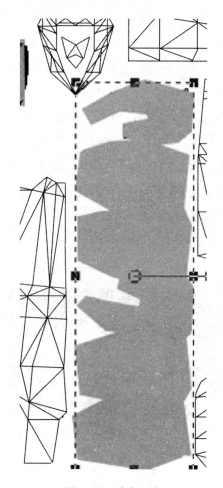

图 9.40　手掌区域

作为真实的指甲颜色。

（7）把指甲缝和指甲放在合适的位置（见图9.41），随后进行微调直到满意为止。

（8）将图层的不透明度设为10左右，粉红色指甲就不会那么亮了。

（9）把刚才创建的两个图层合并到外皮图层。

（10）使用 Dodge→Burn 工具，向图9.42 中的线添加渐变和不规则度。确信使用小画笔设置，如1或2。

（11）适当淡化较深的线条。在主要的指关节部位添加浅高光，而在其他关节部位添加深色皱纹。

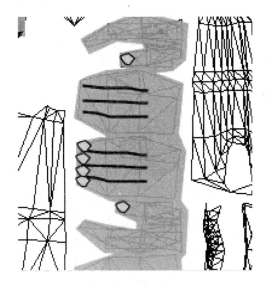

图 9.41　指缝和指甲

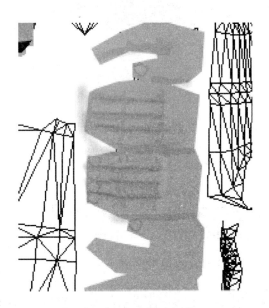

图 9.42　添加手掌细节

（12）最终你会得到预想的效果，如图 9.43 所示。

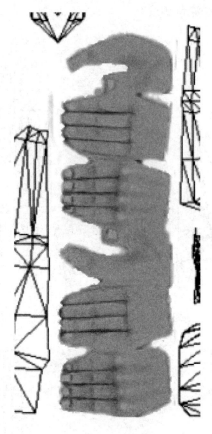

图 9.43　手掌成品

衣服

本章剩下的大部分时间将用来制作上衣，而且我们差不多都已经学过并应用过了衣服制作将用到的操作方法。

上衣

这是一件质地优良的皮上衣，颜色为棕色，有与前面用到的肉色色调一样常见的高光和阴影。值得注意的地方是这套衣服的腰身和袖口。这些接缝部位由于衣服布料的扎束会产生褶皱的效果。

（1）分别绘制出前襟、后摆、腰身、袖口、领子和袖子。操作方法同前面的步骤（见图9.44），一定要在一个新图层上进行以上操作，并将该新图层命名为"Jacket"。

（2）将填充色设为棕色，色彩构成见表9.6。

（3）使用 Bucket Fill 工具，将选区填充为棕色。

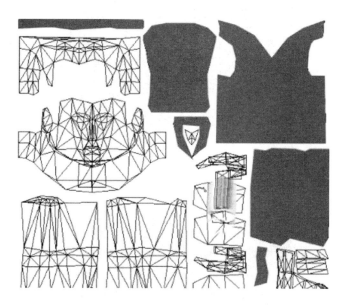

图 9.44 上衣布片

表 9.6 上衣颜色 RGB 参数设置

颜色	值
红色	140
绿色	68
蓝色	62

（4）选择 Paintbrush 工具，选取 Brush 类型的 animated Confetti。

（5）将前景色设为淡褐色。

（6）用短促的笔触喷涂上衣的皮革部位——刻画出一定的效果即可，其他皮革部位如前襟、后摆、领子、袖子等操作相同。用户可参考图9.45，后摆（左图）有刻画的效果，而前襟（右图）的可见部位则没有。

（7）用 Dodge→Burn 画笔来增强上衣前襟底部皮革轮廓的亮度。

（8）使用 Smudge 工具和另一修饰画笔使轮廓自然扭曲（见图9.46）。

图9.45　实现皮革效果

图9.46　皮革效果

（9）用户可利用 Ink 工具从颈部向下创建拉链和拉链盖口：先画一条宽度约为1.0的线，其余线尺寸为3.0。

（10）使用轻微笔触修饰拉链部位并制作出褶皱，使之与上衣的其他部位协调一致。

（11）制作上衣其他部位重复步骤（4）至（11）即可。

裤子

裤子的制作方法与上衣完全相同，所不同的是颜色、纹理、画笔密度和分段值。到现在为止，用户应该对 Gimp 的工具包比较熟悉了，下面的操作请用户自行完成。不要忘记在 UV 模板中的裤子区域底部制作裤口。

靴子

应用纹理的最后一个区域是靴子。用户重复使用前面的方法就可以制作出靴子。不过，我想在这里介绍一个方法，一定会对用户很有帮助，就使用某些工具中的内置纹理。

选择 Bucket Fill，然后单击 Pattern Fill 单选按钮。在 Pattern Fill 列表中，有一个 Leather 类型比较适合于靴子的皮革部位，在列表中还有许多其他适合于靴子不同部位的纹理。

在对靴子的操作完成之后，将当前文件保存为 player. xcf。

将图像扁平化，另存为 \ 3D2E \ RESOURCES \ CH9 \ player. jpg。

图 9.47 所示为 SM 的全部外皮。

图 9.47 标准男性外皮

调整外皮大小

我们在本章前面部分学到过，用户可以使用 Torque Show Tool Pro 程序，载入 player. dts 模型。把新建的外皮应用于标准男性外皮后，观察大小是否合适，否则根据需要调整外皮的大小。

六、本章小结

在本章中，用户学习了 UV 展开如何与叫做"外皮"的纹理文件进行关联，还学习了如何对游戏物体图像的理解，不管这些物体是简单的（如汤罐）还是复杂的（如人物角色）。同时，我也希望用户能从本章学到手绘艺术品是一种有用的工具的观点。在制作模型之前，画出模型的草图，这会使用户受益匪浅。

最后，用户会体会到，像 Gimp 这样的全程特征图像制作工具，有很多特性会对外皮图像的创建提供便利。而我们用到的功能只不过是九牛一毛而已。不要犹豫安装、使用 Gimp 内置的 Help 工具（包含在本书 CD 的 Tool 文件夹中），它将会为用户的工作提供便利和大量的信息。

不过，要想把外皮做的漂亮，必须进行大量的实践。下面提供一些方法：

- 创建自己的模型并为该模型创建外皮。
- 为其他模型制作外皮。
- 为其他常见游戏如 Half－Life 和 Tribes 制作外皮。
- 为怪物、警察、飞机、灯柱制作外皮。
- 制作一套货车外皮。
- 制作外皮模板简化工作流程。

总之，最关键的是亲自动手！

在下一章中，我们将会继续游戏开发中视觉效果方面的工作，会介绍和创建用户图形界面（GUI）元素，这将会用到 Torque 脚本插入图片和控件。

第 10 章

创建 GUI 元素

到此为止，用户应该明白，3D 游戏只不过是玩家化身在想象的世界中的模拟表现。所以，在游戏中，确实有必要提供给玩家各种不同的选择方法和多样的游戏动作控制方法。一般，我们提供图形用户界面（GUI）作为用户与游戏的交互接口。我们在游戏启动时调用菜单，用户单击按钮实现游戏启动、装备修改或程序退出功能。对话框显示用户机的载入过程，询问玩家是否真的想退出——这些界面都是 GUI 的范例。

如图 10.1，用户可以看到各种不同元素集成于同一界面窗口。

一些用户交互元素如下：

- 按钮

- 单选按钮

- 编辑框

- 复选框

- 菜单

- 滑动条

一些用户非交互元素：

- 框架

- 标签

- 背景

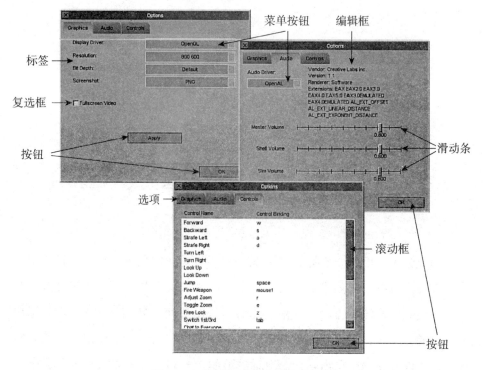

图 10.1　常见的图形用户界面元素

在图形用户界面的讨论过程中，用户可能会发现几个互用的术语：GUI（图形用户界面）、窗口（window）、界面（interface）和屏幕（screen）。尽管从上下文来看，使用 GUI 或窗口（window）似乎更贴切一些，但笔者坚持尽可能地使用界面（interface）和屏幕（screen）。最好将 GUI 用于描述玩家游戏界面的整体概念，而大多数人往往容易把窗口（window）和他们电脑的操作系统相混淆。

Torque 默认的 GUI 术语的名称之间不会因为是否为交互 GUI 元素而相互区分。

如果用户对 X – Windows 或 Motif 熟悉的话，应该见过小配件（widgets）这个术语。如果是这样的话，那么用户所理解的小配件的定义应该比笔者用到的定义要宽泛一些。此处，小配件只是简单显示的 GUI 控件的可视部分，起到传递信息、美化外表和提供预定义子控件元素访问入口的作用。

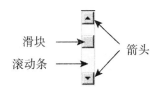

图 10.2　滚动条小配件

　　例如，图 10.2 所示为一个滚动条，该滚动条是由滑块、箭头和滚动条三个小配件组成的。这些小配件本身并不是控件，但对于他们所从属的控件来说却是必不可少的组成元素。

　　一些控件可能使用其他控件作为小配件。实际上，屏幕上的每个控件均可看作定义屏幕的控件中的一个小配件，这一概念在后面会逐渐变得清晰起来。在这里，笔者只用 widget 这一术语来代指某一控件的特定组件，而该组件本身不是一个控件。

　　值得注意的是，如果 TorqueScript 中用到的默认 GUI 元素并不能满足用户要求，那么用户可以轻松地进行自定义。

一、控件

　　顾名思义，控件就是提供给程序用户用于控制程序运行的图形选项。在 Torque 中，交互式控件的使用是通过单击拖动鼠标来完成的。有些控件（如编辑框）也需要用户使用键盘来输入文字；有些控件有内置的标签来区分不同的功能；有些控件则要求创建从属性非交互式控件来提供标签。非交互控件，如名称所暗示的那样，一般用于显示信息，但不能获取用户的输入信息。

　　除选框之外，Torque 提供了很多默认控件，下面列出的是一些最常用的默认控件，用户可能在前面几个章节中已经遇到过一部分了。我们将对其余默认控件展开讨论。我们可以直接用默认定义，也可以通过控件的配置文件来进行编辑，或者把它们用作定义新控件的基础。

图 10.3 所示为用于选择任务的截屏，在客户机上有一张任务列表、一些控制任务运行或返回主菜单的按钮，以及一个表示用户是否想邀请其他玩家进入的复选框。另外，用户还会看到另外一个背景，该背景与 Emaga 游戏启动菜单中的背景相同。

我们需要做的是对每个屏幕中的 GUI 元素做进一步详细的分析。

GuiArrayCtrl	GuiControl	GuiPlayerView
GuiAviBitmapCtrl	GuiControlListPopUp	GuiPopUpBackgroundCtrl
GuiBackgroundCtrl	GuiCrossHairHud	GuiPopUpMenuCtrl
GuiBitmapBorderCtrl	GuiEditCtrl	GuiPopUpTextListCtrl
GuiBitmapButtonCtrl	GuiFadeinBitmapCtrl	GuiProgressCtrl
GuiBitmapButtonTextCtrl	GuiFilterCtrl	GuiRadioCtrl
GuiBitmapCtrl	GuiFrameSetCtrl	GuiScrollCtrl
GuiBorderButtonCtrl	GuiHealthBarHud	GuiShapeNameHud
GuiBubbleTextCtrl	GuiInputCtrl	GuiSliderCtrl
GuiButtonBaseCtrl	GuiInspector	GuiSpeedometerHud
GuiButtonCtrl	GuiMenuBackgroundCtrl	GuiTerrPreviewCtrl
GuiCanvas	GuiMenuBar	GuiTextCtrl
GuiCheckBoxCtrl	GuiMenuTextListCtrl	GuiTextEditCtrl
GuiChunkedBitmapCtrl	GuiMessageVectorCtrl	GuiTextEditSliderCtrl
GuiClockHud	GuiMLTextCtrl	GuiTextListCtrl
GuiConsole	GuiMLTextEditCtrl	GuiTreeViewCtrl
GuiConsoleEditCtrl	GuiMouseEventCtrl	GuiWindowCtrl
GuiConsoleTextCtrl	GuiNoMouseCtrl	

图 10.3　用于选择任务的截屏

GuiChunkedBitmapCtrl

GuiChunkedBitmapCtrl 类控件通常用作界面的大背景（如菜单屏幕），图 10.4 所示即是这样一个背景。该类控件的名称来源于图像显示增强的概念，该概念是指将一个图像分离成若干较小图像（分片位图）来提高显示速度。

下面是 GuiChunkedBitmapCtrl 定义的示例：

```
new GuiChunkedBitmapCtrl（MenuScreen）{
  profile = "GuiContentProfile";
```

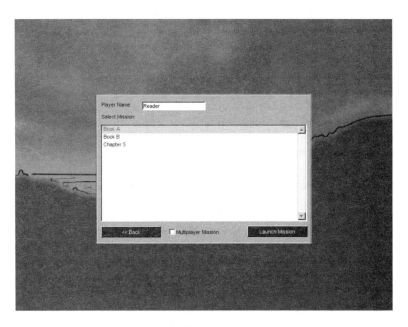

图 10.3　任务启动界面截屏

图 10.4　GuiChunkedBitmapCtrl 背景示例

```
    horizSizing = "width";
    vertSizing = "height";
    position = "0 0";
    extent = "640 480";
    minExtent = "8 8";
    visible = "1";
    bitmap = "./interfaces/emaga_ background";
    // insert other controls here
};
```

该定义首先要注意的是"//insert other controls here"这一行。通常，Gui-ChunkedBitmapCtrl控件可以包含其他控件，发挥一种"超级容器"的作用。所有用在此截屏控件之下的其他控件都是该控件的字体或子元素。该行是一个注释行，所以其本身不会对控件的定义产生任何影响。笔者在这里将其包含在内，就是为了向用户指明此处为子控件的开始位置。

注意：Extent属性确定宽度为640、高度为480。从某种意义上来看，这些数值指的是"可视像素"。任何插入该控件的子元素都会有一个最大值为640×480的工作区域，这些可视像素根据实际画布的大小来调整比例的。用户可以通过设置全局变量 $ pref::Video::windowedRes 来调用 CreateCanvas 变量来改变画布尺寸；如果用户已经定义了画布大小，则调用 Canvas.Repaint；——我们在第7章中用到过 CreateCanvas。

minExtent属性确定了用 Torque 内置的 GUI Editor 分割控件的最小尺寸，本章后面将用到该编辑器。

GuiControl

如图10.5所示，GuiControl 类控件是一个通用的控件容器，常被用作选项卡容器，也常被用作其他系统，称作框架（frame）。用此类控件可以把其他控件集合成一个整体，作为一个群组对所有控件进行操纵。

下面是一个 GuiControl 定义的示例：

```
new GuiControl (InfoTab) {
    profile = "GuiDefaultProfile";
    horizSizing = "width";
    vertSizing = "height";
```

图 10.5 GuiControl 示例

```
    position  =  "0 0";
    extent  =  "640 480";
    minExtent  =  "8 8";
    visible  =  "1";
};
```

或许用户最关心的是 visible 属性。根据该控件放置的元素内容（其他控件），用户可以实现控件可见与不可见的程序控制。

```
InfoTab. visible  =  true;
InfoTab. visible  =  false;
```

注意：其中的 ture 可以写成 1 或 "1"，false 可以写成 0 或 "0"。

GuiTextCtrl

图 10.6 所示的 GuiTextCtrl 类控件是一种直接而常用的控件。用户可以用其来显示任何所需文本，也可以将其放在一个不含文本的界面之上，随游戏的进展再填入文本。

下面是一个 GuiTextCtrl 定义的示例：

```
new GuiTextCtrl (PlayerNameLabel) {
    profile  =  "GuiTextProfile";
    horizSizing  =  "right";
    vertSizing  =  "bottom";
    position  =  "183 5";
    extent  =  "63 18";
    minExtent  =  "8 8";
    visible  =  "1";
```

```
   text = "Player Name:";
   maxLength = "255";
};
```

Player Name:

图 10.6　GuiTextCtrl 示例

我们可以选择 Profile 来确定文本字体和其他特征，也可以在指定的合适位置添加下列代码，很容易改变文本内容：

PlayerNameLabel. text = "Some Other Text";

提示

Max Length 属性允许用户限制存储在控件内的字符数目，字符数应尽量少以节省内存空间。

GuiButtonCtrl

如图 10.7 所示的 GuiButtonCtrl 是另一种单击式控件类。与 GuiCheckBox-Ctrl 和 GuiRadioCtrl 的不同之处在于，此控件类不能保持任何状态。它一般用作命令界面控件（command interface control），用户单击该控件类可以迅速实现动作命令请求。

下面是一个 GuiButtonCtrl 定义的示例：

```
new GuiButtonCtrl ( ) {
   profile = "GuiButtonProfile";
   horizSizing = "right";
   vertSizing = "top";
   position = "16 253";
   extent = "127 23";
   minExtent = "8 8";
   visible = "1";
   command = "Canvas. getContent ( ) . Close ( );";
   text = "Close";
   groupNum = " -1";
   buttonType = "PushButton";
};
```

Launch Mission

图 10.7 GuiButtonCtrl 示例

最重要的属性是 command 属性，它包含一个按下按钮后即会执行的脚本语句。示例控件的功能是关闭画布中显示的界面屏幕。

另外一个特征是 buttonType 属性，其形式如下图所示：

- PushButton
- ToggleButton
- RadioButton

当 buttonType 特指为 RadioButton 时，会用到 groupNum 属性，当屏幕界面中出现 groupNum 时，单选按钮通常以独立的形式出现。只有最近按下的单选按钮才会被设为启用状态（true），群组中的其他单选按钮将会被禁用。在其他情况下，单选按钮类控件与 GuiCheckBoxCtrl 类控件的作用相同。我们将在下一节对其进行介绍。

本控件也可用作导出前面所讲的三个按钮类型的基础。用户往往分别用 ToggleButton 的特定类 GuiCheckBoxCtrl 和 RadioButton 的特定类 GuiRadioCtrl，而不用控件本身，这是因为它们有一些附加属性。

所以我们得出这样的结论：如果用户使用该控件，则可能使用的是 Push-Button 控件。

GuiCheckBoxCtrl

如图 10.8 所示，GuiCheckBoxCtrl 是一种 GuiButtonCtrl 类控件的特定变体，用于保存当前状态。该控件类似于电灯开关，或者更恰当地说，是一个固定按钮。如果单击此控件，则选框为空，单击后会出现一个复选框；如果复选框被选中，单击该控件则清除选框内的复选标记。

下面是一个 GuiCheckBoxCtrl 定义的示例：

```
new GuiCheckBoxCtrl（IsMultiplayer）{
  profile = "GuiCheckBoxProfile";
  horizSizing = "right";
```

```
    vertSizing = "bottom";
    position = "155 272";
    extent = "147 23";
    minExtent = "8 8";
    visible = "1";
    variable = "Pref :: HostMultiPlayer";
    text = "Host Mission";
    maxLength = "255";
};
```

☐ Multiplayer Mission

图 10.8　GuiCheckBoxCtrl 示例

　　如果用户指定的是 variable 属性，那么单击该控件后，所指定的变量值将会设为控件的当前状态值。

　　如果该控件在开始时处于显示状态，它会根据指定变量中的数值来设置自身状态。用户需要确认所用变量包含适当的数值。

　　对复选框应用 text 属性，可以指定复选框旁边显示的文本标签。

　　注意，GuiRadioCtrl 控件与本控件作用类似。所不同的是，在 GuiRadioCtrl 控件的同一组中只能选中一个按钮。

GuiScrollCtrl

　　图 10.9 为 GuiScrollCtrl 类控件用作常用的滚动列表。也许并不是所有人都喜欢此类控件，但所有人都应该用过滚动列表。

　　下面是一个 GuiScroll 定义的示例：

```
new GuiScrollCtrl ( ) {
    profile = "GuiScrollProfile";
    horizSizing = "right";
    vertSizing = "bottom";
    position = "14 55";
    extent = "580 190";
    minExtent = "8 8";
    visible = "1";
    willFirstRespond = "1";
```

```
    hScrollBar = "dynamic";
    vScrollBar = "alwaysOn";
    constantThumbHeight = "0";
    childMargin = "0 0";
    defaultLineHeight = "15";
    // insert listing control here
};
```

图 10.9 GuiScrollCtrl 示例

一般情况下，我们会把滚动控件做成列表形式，这通常是由 GuiTextListC-trl 控件的内容来定义，包含列表的 GuiTextListCtrl 控件将会被添加作为本控件的子元素。

willFirstRespond 属性用来表示，是本控件还是其他控件来首先执行按下（控制滚动）的方向键命令。

hScrollBar 和 vScrollBar 属性分别指的是水平条和垂直条，它们一般设为以下几种模式：

- alwaysOn：滚动条可见。
- alwaysOff：滚动条不可见。
- dynamic：列表超出显示空间时滚动条可见。

属性 constantThumbHeight 表示，滚动条中随鼠标拖动而移动的小矩形控件——滑块（thumb）是随列表中输入数值的大小成比例缩放的（列表越长，则滑块越小），或是大小恒定。该属性设为 1 时，表示一个恒定值；为 0 时，则表示可变。

属性 ChildMargin 用来限定父控件中的可视空间，也就是控件所包含的滚动列表所占的空间。实际上，它本身就是在滚动控件内创建的一个限制滚动列表放置的边界。第一个值是水平边界（左右），第二个值是垂直边界（上

Chapter 10 Creating GUI Elements

下）。

最后，属性 defaultLineHeight 用可见像素数目定义了每一行控件内容的高度。例如，该数值常用来决定按下一次垂直方向键的滚动距离大小。

GuiTextListCtrl

图 10.10 所示的 GuiTextListCtrl 用来显示文本值的二维阵列。

下面是一个 GuiTextCtrl 定义的示例：

```
new GuiTextListCtrl（MasterServerList）{
    profile = "GuiTextArrayProfile";
    horizSizing = "right";
    vertSizing = "bottom";
    position = "2 2";
    extent = "558 48";
    minExtent = "8 8";
    visible = "1";
    enumerate = "0";
    resizeCell = "1";
    columns = "0 30 200 240 280 400";
    fitParentWidth = "1";
    clipColumnText = "0";
    noDuplicates = "false";
};
```

属性 enmuerate 表示亮度显示的文本行。

在将 resizeCell 属性设为 true 后，就可以利用 GUI Editor 对单元的大小进行变换。

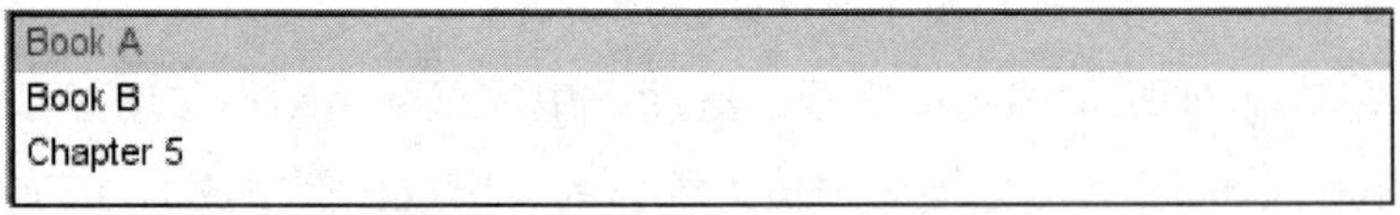

> Book A
> Book B
> Chapter 5

图 10.10　GuiTextListCtrl 示例

阵列中的每个记录或行都有限定的空间字段，用户可以使用 columns 属性来表明出现每个字段所在的列数，这样就可以使字段的显示格式化了。

属性 fitParenetWidth 表示，子控件本身是否放大以满足其他任一父控件的可显示空间。

我们通过设置 clipColumnText 属性，可以确定每一列的超长文本是剪切掉还是延伸到临近的列。

我们把属性 noDuplicates 设为 true，可以自动防止重复显示。

GuiTextEditCtrl

如图 10.11 所示，GuiTextEditCtrl 为用户提供了一个手动输入文本字符串的工具。

下面是一个 GuiTextEditCtrl 定义的示例：

```
new GuiTextEditCtrl ( ) {
  profile  = "GuiTextEditProfile";
  horizSizing  = "right";
  vertSizing  = "bottom";
  position  = "250 5";
  extent  = "134 18";
  minExtent  = "8 8";
  visible  = "1";
  variable  = "Pref :: Player :: Name";
  maxLength  = "255";
  historySize  = "5";
  password  = "0";
  sinkAllKeyEvents  = "0";
  helpTag  = "0";
};
```

Reader

图 10.11　GuiTextEditCtrl 示例

属性 variable 是该控件范围内的关键要素。当用户向控件编辑框中输入一串文本时，字符串就被输入到给定的变量中。当控件显示时，首先显示的内容是输入编辑框的变量内容。

文本编辑控件有一个既方便又很实用的历史功能，前面输入的所有内容——直到 historySize 属性确定的最大量——都进行了保存，可以使用上箭头

Chapter 10　Creating GUI Elements

按键来调用历史记录，或者使用下箭头按键来继续下一步操作。

如果用户利用该控件来验证代码，则把 password 设置为 true。这样，为保密起见，控件会把用户输入的内容用一些星号（＊）来代替。

如果把 sinkAllKeyEvents 属性设为 true，该控件就会自动去掉无法处理的键盘输入信息；如果设为 false，控件将完全接受输入信息。

二、Torque GUI Editor

Torque 有用于创建和编辑界面的内置编辑器，调用 GUI Editor 的快捷键是 F10（基本脚本代码是如此定义的，用户可以根据需要进行自定义）。用户完全可以自由地利用编辑器代码来编辑游戏，也可以从其他任何不同版本中删除代码以避免对不同界面的不适应性。总之，用户可以按自己的意愿编辑游戏。

注意

如果用户想从任何项目中编辑 GUIs（如 Emaga4，5，6 或后面的章节，句柄），则需要做一些小的准备。自 3D2E 文件夹中搜索 creator 文件夹，将其复制到项目文件夹下。接着，打开根文件 main.cs（该文件的文件夹和可执行文件 tge.exe、DLL 文件的文件夹相同），然后找到文件末尾的一行，其内容如下：

SetModPaths（＄pathList）

然后立即在其后添加下列一行代码：

＄addonList ＝"control；creator"；

保存修改后的 main.cs，然后运行程序。运行之后，用户可以得到最新的 Torque 1.4 编辑器代码和界面。否则，用户或许无法进入编辑器，即便是已经进入，得到的界面也可能是源自 1.2 版的旧版界面。

编辑器概述

按下 F10 键运行编辑器，该编辑器将会出现并载入当前界面备用。

GUI Editor 由 4 部分组成：Content Editor（内容编辑器）、Control Tree（控

件树）、Control Inspector（控件检验器）和 Tool Bar（工具栏）。图 10.12 所示为打开的 GUI Editor，其中的编辑对象是前面提到过的 Emaga 游戏主菜单截屏。

Content Editor

Content Editor 就是放置、移动和变换控件大小的地方。图 10.12 中的 Content Editor 就是 GUI Editor 视图中左上方较大的矩形区域。

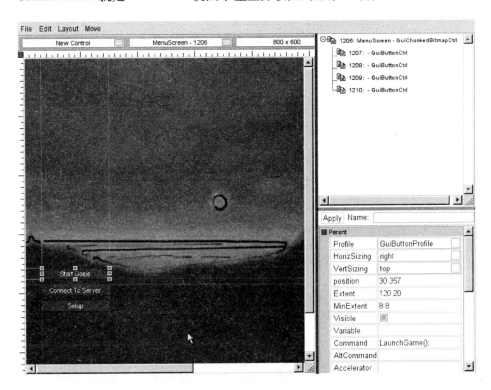

图 10.12　Torque GUI Editor

选择　一般情况下，用户可以通过鼠标单击控件来选择该控件，但有的控件由于位置关系而较难选择。另外一个选择控件的方法就是用控件树来选择控件，我们在后面将会涉及到。

按下 Shift 键后单击多个控件，就可以实现对多个控件的选择，每次按下 Shift 后单击某一控件就会将该控件添加进已选部分。此时，尺寸编辑按钮变

411

成白色，用户不能对所选控件的尺寸大小进行编辑，但可以移动控件。另外，只有从属于同一父控件的子控件才能同时被选中。

移动 用户选中某一控件后，单击并拖动对象区域就可以移动该控件。移动控件时，一定要注意所移动控件的父控件——所移动的控件可能已经超出了父控件的显示区域，这是用户不希望见到的。

改变尺寸 用户选中控件后，单击并拖动控件周围的八个黑色尺寸调整句柄就可以改变控件的尺寸。在移动过程中，要注意观察操作对象与其他控件之间的关系。对象尺寸是受父控件显示区域限制的。图 10.12 为 Start Game 按钮的尺寸调整句柄。

添加 当前选中控件的父控件会出现一个黄蓝色带。此控件成为 Current Add Parent。从工具栏产生的新控件和从 Clipboard 粘贴的新控件都会添加进入此父控件。通过单击其中某一子控件或右键点击控件本身就可以实现 Current Add Parent 控件的手动设置。

Control Tree

Control Tree 用于表明当前内容控件的层次结构，它位于 GUI Editor 视图的右上角。

父控件也叫做容器——包含其他控件的控件，控件树条左侧为一个小选框。如果框内为加号，单击该框后弹出控件列表，子控件可见。如果框内为减号，单击后控件列表缩回单一条目，该条目包含父控件。

单击树中的任何控件则可以在 Content Editor 视图中选中该控件，控件属性同时显示在 Control Inspector 视图中。用户可以返回 10.12 观看此效果。

Control Inspector

Control Inspector 是显示所选控件属性的地方，它位于 GUI Editor 的右下角、Control Tree 的下方，控件的所有属性都可以在 Inspector 中予以显示和修改。但修改属性后，用户必须按下 Apply 按钮。

开始时，所有的属性都是分类显示的，如 Parent、Misc 和 Dynamic Fileds

等。单击 Control Inspector 视图中的分类按钮来调用各分类中的具体属性，随后弹出属性列表，每个属性列表都有编辑框和操纵本属性的按钮。

Tool Bar

Tool Bar 包含用于创建新控件、打开现有 GUIs 和设置虚拟屏幕尺寸的函数（用于测试）。另外，Tool Bar 带有自动弹出的菜单，用来创建新控件和修改当前已编辑的 GUI。按钮函数如表 10.1 所列。

表 10.1　Tool Bar 按钮功能

按　　钮	说　　明
New Control	显示所有控件列表，用户可选择列表，添加当前的内容控件
Show GUI	显示正在编辑的界面（GUI）名称，选择该弹出式按钮，允许用户从所有加载的界面中选择界面。
Virtual Screen Size	选择当前正在编辑的界面（GUI）虚拟屏幕尺寸。选择该弹出式按钮，允许用户从以下三种虚拟屏幕尺寸中任选其一：640 × 480，800 × 600 和 1024 × 768。

Menu Bar

Menu Bar 包含一些标准的菜单项，如 File 和 Edit，能够实现近似的功能。另外还有两个专用的菜单：Layout 和 Move。见表 10.2。

表 10.2　Menu Bar 函数

选　　项	说　　明
File→New GUI	创建新的空画布，以便在画布上创建 GUI
File→Save GUI	启动文件保存对话框保存 GUIs
File→GUI Editor Help	打开帮助对话框
File→Toggle GUI Editor	关闭 GUI Editor，返回到上一个界面（若存在）
Edit→Cut	将现有选择内容复制到剪切板中，并从界面上移除选择内容

续表

选　项	说　明
Edit→Copy	将现有选择内容复制到剪切板中，并将选择内容留在界面中
Edit→Paste	将剪切板的内容粘贴在界面中
Edit→Select All	选取界面中的所有控件
Layout→Align Left	将所有被选控件的最左点对齐控件左边
Layout→Align Right	将所有被选控件的最右点对齐控件左边
Layout→Align Top	将所有被选控件的最顶点对齐控件顶边
Layout→Align Bottom	将所有被选控件的最底点对齐控件底边
Layout→Center Horizontally	使所选控件水平对齐于绑定所有被选控件的矩形中心
Layout→Space Vertically	在水平方向上均匀隔开所有被选控件
Layout→Space Horizontally	在垂直方向上均匀隔开所有被选控件
Layout→Bring Front	将被选控件置于其他控件之前
Layout→Send Back	将被选控件置于其他控件之后
Layout→Lock Selection	锁定被选对象，防止对象受到意外的修改
Layout→Unlock Selection	解除对被选对象的锁定，允许对对象做出修改
Move→Nudge Left	将一小部分被选对象移至左方
Move→Nudge Right	将一小部分被选对象移至右方
Move→Nudge Up	将一小部分被选对象移至上方
Move→Nudge Down	将一小部分被选对象移至下方
Move→Big Nudge Left	将一大部分被选对象移至左方
Move→Big Nudge Right	将一大部分被选对象移至右方
Move→Big Nudge Up	将一大部分被选对象移至上方
Move→Big Nudge Down	将一大部分被选对象移至下方

键盘命令

除了用鼠标选择和 GUI 按钮单击之外，还有许多键盘命令可供用户使用。
这些命令如表 10.3 所示。

表 10.3　GUI Editor 键盘命令

按　键	名　称	说　明
Ctrl + A	全选	选择 Current Add Parent 中的所有控件
Ctrl + C	复制	复制当前所选控件到 Clipboard 中
Ctrl + X	剪切	剪切当前所选控件到 Clipboard 中
Ctrl + V	粘贴	把控件从 Clipboard 粘贴到 Current Add Parent 中
箭头键	移动	沿箭头方向移动当前所选控件 1 个像素
Shift + 箭头键	移动	沿箭头方向移动当前所选控件 10 个像素
Delete/Backspace	删除	上述当前所选控件
Ctrl + L	左对齐	将所有被选控件的最左点对齐控件左边
Ctrl + R	右对齐	将所有被选控件的最右点对齐控件右边
Ctrl + T	顶部对齐	将所有被选控件的最顶点对齐控件顶边
Ctrl + B	底部对齐	将所有被选控件的最底点对齐控件底边

三、创建界面

在本节中，用户使用 Torque GUI Editor 将会很轻松地创建和使用一个
界面。

用户应该注意到，Torque GUI Editor 所允许的最小屏幕分辨率为 800 ×
600。分辨率越高，就意味着不同视图有更多的空间来显示数据。

（1）用 Windows Explorer 浏览 \ 3D2E 文件夹，然后运行 Torque demo。

（2）当 GarageGames→Torque 主菜单屏幕出现时，按下 F10 键。编辑器控
　　 件出现在屏幕的右下方。

(3) 选择 File→New GUI，然后为新界面输入一个名字——名字中不能出现空格，比如"MyFirstInterface"。

(4) 启用 GuiControl，然后按下 Create 按钮，就会出现一个漂亮的工作界面。

(5) 在 Control Tree 面板中，选择名为"MyFirstInterface"的控件，它的属性会出现在 Control Inspector 面板中。

(6) 找到 Profile 属性，单击右边属性旁边的按钮，弹出菜单。

(7) 滚动菜单，选中 GuiContentProfile。

(8) 单击 Apply，出现一个可添加其他控件的 Content Control。

(9) 单击 New Control 按钮，然后从弹出的菜单中选择 GuiButtonCtrl。

(10) 用学过的两种方法（Content Editor 或 Control Tree）选择按钮。

(11) 在 Control Inspector 视图中找到新控件的 text 属性，输入一些文本。该属性位于 Misc 群组底部，向下滚动找到该属性，输入文本。

(12) 在 Command 属性中输入"quit（）"，该属性是属性列表顶部的第 9 个属性。

(13) 单击 Apply。

(14) 单击 Save 按钮。Save 功能会自动使用界面的上一级控件作为文件名，用户不必理会。

(15) Save 对话框的顶部是一个按钮，该按钮的功能是用来选择文件存放的文件夹，选择 demo/client/ui folder（如果用户使用的是 Emaga 程序或句柄，则使用 control/client/interfaces 文件夹及下一步骤的第二步）。

(16) 最后，将要保存的文件命名为 MyFirstInterface.gui，然后点击保存。

到此为止，用户就使用 Torque GUI Editor 创建了一个界面。

下面对该界面进行测试：

(1) 使用符号键（~）来打开控制台。

(2) 输入以下内容，结束后再按下 Enter 键：

```
exec（"demo/client/ui/MyFirstInterface.gui"）；
```

(3) 然后输入以下内容，结束后再按下 Enter 键：

canvas. setContent （"MyFirstInterface"）;

　　界面会出现在屏幕中，继续按下按钮，用户发现程序退出了，因为这正是用户对程序的设定。

　　当然，这是一个简单的界面，用户可根据需要使之复杂化。用户会发现Torque中有很多功能满足界面制作要求。另外，用户也可以自行创建Torque所不具备的功能模块。

四、本章小结

　　现在，用户应该对控件的制作和将控件添加到界面有所了解了，对Torque中使用的常用控件内容也应该具备一定的认识。

　　同时，用户还学习了如何使用Torque提供的内置工具——GUI Editor。另外，用户需要抽出一定的时间来制作几个界面——甚至没有目的练习，以强化其中的步骤和熟练使用GUI Editor。

　　我们将继续介绍游戏可视方面的内容，在下一章中，我们将讨论结构材质纹理。

Chapter 10　Creating GUI Elements

第 11 章

结构材质纹理

在前面的章节中，我们遇到的纹理常被用作增强 3D 游戏资源环境，这些资源包含在 Emaga 示例游戏中，但这只不过是一些皮毛而已。随着本书内容的深入，我们会从不同的角度来深入探讨 3D 游戏的纹理制作。在本章，我们将探讨 3D 游戏纹理的一个方面——定义 3D 构筑物，如建筑物、墙体、人行道和其他虚拟世界人工制品的纹理。

纹理的创建和使用有几种很重要的方法。我们将用一个预置的且包含几个稍微复杂的基本构筑物的场景来阐明这些方法，包括以下几种：

- 项目信息。3D 游戏中使用的纹理的最基本用途之一就是定义包含该纹理的对象。一个简单的盒子形体可以变成电力变压器、房间、武器箱或空调器，这仅仅是因为它的形体应用了不同纹理的缘故。

- 表达气氛。我们可以使用不同风格的纹理在一个场景中设置气氛，其中的细微差别程度取决于设计者。一个不显著的墙头排风口，通过添加沥青图案或其他不经意从天窗渗出的杂物图案，就可能变为暗藏杀机的线索。

- 确立空间与位置。充斥着噪音和高速运转机器的车间，其形体是建立在管道、线路、转盘和其他机器零件纹理基础上的。甚至，在处于静态条件下，该机器形体也会让人有目不衔接的感觉。另一方面，多层的高层顶大厅可能只有竖向线条和细长曲线，以及高对比度的光影变化。

在本章中，会多次直接使用 Gimp，所以用户最好提前打开该软件以待使用。

一、资源

创建构筑物中使用的纹理有多种方法。这些技术有的平淡无奇（为房屋、墙体和其他现实世界物体拍照或用钢笔和铅笔绘制作品），有的更具想象力（用纸和炭笔拓印作品），还有的是高科技技术（使用纹理创建软件）。

在本节中，我们将关注两种最常见的纹理创建方法：照片和原始作品。

照片

如果使用照片作为资源，前提是用户必须拥有一架照相机。分辨率足够用的数码相机价格并不算高。大多数数码相机都会附带允许用户快速上传图片到电脑的硬件。

数码和胶卷

如果用户购买的是数码相机，则所拍照片的分辨率最低为 32 位色 800 × 600 像素。

另外一个选择是使用一般的胶卷相机，然后扫描照片或把胶卷送到冲洗店进行胶卷冲洗后的数字化处理。这些冲洗店是很常见的，不过麻烦的是冲洗后的胶片常被商家用来招揽生意，这会使顾客受到无谓的损失。

扫描仪也是一种低成本设备。游戏开发中使用的扫描仪要满足 32 位色 600dpi 的精度要求。平板式扫描仪是此类工作的最佳选择。

注释

如果用户想用照片作为纹理的资源，就必须搞清楚需要注意的几个事项：不要使用印有商标图案或带有版权文字与图案的图片。如果游戏中含有此类内容，将会产生商标侵权和违反版权法的后果。

如果游戏中不可避免地要出现流行软饮料的商业广告图片，一定要在游戏发行前与相关公司取得联系。除了要遵守法规之外，也要争取获得商家的赞助和其他支持。不可否认的是，要想获得商家赞助和支持的难度很大，但可能性也很大。

在用户对游戏中使用的候选纹理进行确认后，一定要尽可能地从选项的不同角度、不同距离和不同光照来拍摄多幅照片。先拍下足够多的照片，然后再回到办公室或家中仔细挑选符合要求的照片。保存好原版照片。有时，在进一步的检查中，用户常会发现一些开始拍照时不曾注意的细节，这就要求选择从另一个角度拍摄的照片来掩盖这些细节。喷气飞机的飞机云尾巴就不应该出现在中世纪游戏的天空中。

图 11.1 所示为一张使用在人行道中相互咬合的砖块图片。图 11.2 所示为同一人行道在细微差别条件下的照片（比如，图 11.2 的拍照位置距离图 11.1 的拍照位置有几英尺远）。当我在电脑上快速浏览照片时，发现一个未注意的细节，就是图 11.2 中有的砖块是由两个砖块并排在一起的，这就忽视了十多年以来无数次走过的人行道的真实面目。

由此，我们得到下列经验：我们对场景不要挑剔，也不要主观臆断；要审视足够多的场景照片，然后回到冲洗店对其进行全面挑选。

后加工

在返回冲洗店之后，用户通常会对一定数量的所选照片进行后加工。尽管正在创建的是实景式游戏，但用户仍需要确保这些纹理的光照和色调相互接近。这保证了纹理照片随时随地的真实性。

在删减纹理之前，最好首先完成所有有关像素的处理工作。这就保证了用户前后修改工作的一致性——非重点区域的修改要与重点区域的修改相一致——这就适当引导了用户的操作。

图 11.1　人行横道的实景候选纹理

图 11.2　人行横道的替代候选纹理

　　用户可以自行支配手中掌握的工具来处理照片。最常见的操作有三个：调色、布光和裁剪。

　　调色　我们需要进行的第一步操作是：根据游戏中已存纹理和光照条件来对纹理进行调色。一般通过调整色温来调整颜色。选择 Tools→Color Tools→

Color Balance，这在 Gimp 中很容易实现。弹出的对话框将引导用户进行调色操作。注意：当用户减少调色板中的红色元素后，便增强了青色效果；减少了蓝色元素后，便增强了黄色效果。一般来说，较冷的色温比蓝色/青色效果要强，较暖的色温跳跃带有更多的红色/黄色作为补充。

遗憾地是，我们很难表达灰度图（如本书中使用的灰度图）的色温效果差别，如图 11.3 所示的图片就完全无法阐明不同色温产生的细微变化。如果用户安装了本书附赠的 CD，就可以在 \ 3D2E \ RESOURCES \ CH11 \ 11 – 03. jpg. 文件中找到该图片的全色版本。当然，用户也可以在 Gimp 中继续前面的操作，观察到不同设置下的区别。

图 11.3 从左至右的三个选择参数分别是：Incandescent Lightbulb（白炽灯）、Fluorescent Light（荧光）和 Bright Sun（明亮的太阳光）。比较图 11.3 与图 11.2 中原始图片的差别。原始文件可以在文件 \ 3D2E \ RESOURCES \ Ch11 \ 11 – 02. jpg. 中找到。

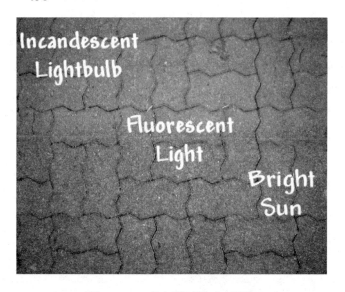

图 11.3 二种色温下的对比图片

在晴天条件下，明亮的太阳光包含所有自然比例下的可见光谱，仅受到大气过滤的影响。大气过滤（主要是水分子）使光谱末端一定比例的蓝紫色产生散射，其余的光则以它们的波长到达地面。尽管如此，在晴朗的天空中仍然可以看到强烈的蓝色光成分。

荧光区域表现出稍微平衡的光谱，蓝色不如明亮的太阳光强烈。由于较多红色和较少蓝色存在的缘故，白炽灯光区域表现出与太阳光相反的光谱，具有暖色感。

所以，图 11.3 的色温从左至右由暖而冷。

图 11.2 所示的原始图片色相介于荧光和太阳光之间，但明显偏向荧光。这并不奇怪——笔者拍照片时天气晴朗，但照片却在阴影中。因此，光源是周围环境的反射光提供的，本案例中的周围环境的影响使光谱趋于中型。

光照 光照与调色是紧密相关的。改变一张图片的外表光照往往会使色温发生波动，所以在改变图片光照时要牢记这一点。

在处理用作纹理的二维图片过程中，我们尽力做到的就是培养不同灯光方向与灯光在纹理表面移动所产生效果的判断力。

比如，关于表面纹理的一个特征是，我们可能要强化纹理表面的深度感，如图 11.4 所示，该纹理可能包含很多突出平面的小石粒。

提高纹理表面深度感的一个简单方法就是增强对比度。调整对比度的后果则是很容易彻底改变色温——对比度越大，色温越暖。

很明显的处理方法就是，边调整对比度边调整色温平衡。其实，有时这样做效果并不好，尤其是当图像中出现宽光谱色温时。在这种情况下，可利用其他方法来处理，如调整色彩饱和度等。

在图 11.4 中，左边为初始纹理，右边为调整后的纹理。在本案例中，作者是这样操作的：先用 Gimp 来将对比度增强 40%（选择 Tools→Color Tools→Brightness – Contrast），然后把饱和度降低 41%（选择 Tools→Color Tools→Hue – saturation）。

注释

用户无法降低灰色图像的饱和度，Gimp 也不允许用户这样做。

裁剪 当把照片作为图像资源时，很少需要保留整个图像。一些人为现象如边缘的光照变化、绝对透视下的边缘失真扭曲、图像中的无关部分以及其他情况都会使照片的边缘不适合纹理的需要。

图11.4 光照调整下的粗糙表面

上述解决办法就是裁剪图像，仅留下对我们有用的部分。图11.5所示的一块木板有需要的纹理，该木板从左至右贯穿整个图框，但垂直方向仅占据不到一半的空间。另外，该木板并没有与图像边缘平行。在本案例中，我们将裁剪该木板，并反转使之与图像边缘平行。

提示

用户可通过下列路径获取本书原始图片：\ 3D2E \ RESOURCES \ CH11 \ COLOR-PHOTOS \ Woodencurb. jpg。

在裁剪木板和旋转垂直之前，先不要盲目地采取行动，经验告诉我们：在色彩和光照操作完成之后，我们要先进行几何变化，然后再进行纹理的裁剪。这就使得图像处理软件从完整的图像内容中获取平面图形，此内容中所包含的有用区域可能会对结果产生细微影响。

在进行裁剪之前进行纹理几何变换的另外一个原因就在于：裁剪工具往往用到矩形选择。这对整个过程和图像的裁剪结果都是大有益处的，裁剪的有用区域也恰好沿水平与垂直方向展开。

要在 Gimp 中使用裁剪工具，单击主窗口 Tool 面板（见图11.6）上的

图 11.5　需要裁剪的照片

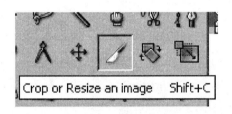

图 11.6　Crop 工具图标

Crop &Resize 工具图标。在裁剪对象上单击并拖出有用的矩形选区，选区的边缘有小方形句柄，通过单击拖动这些句柄就可以移动裁剪区。同时弹出 Crop &Resize 对话框，用户可以手动设定裁剪尺寸和其他参数。在选区完全符合用户要求之后，用户单击对话框中的 Crop 按钮即可完成实际的裁剪操作。

图 11.7 所示的图像是图像的裁剪结果，该结果包括全部模板，模板方向未经事先调整的，需要进行旋转。当然，用户实际需要的可能就是斜木纹，这就需要去掉上面和下面的一些非木细条——擦除后变成纯色或该部分完全透明。

在本案例中，我们确实需要木纹与图像上下底平行，所以在裁剪之前应该旋转木纹部分。用 Rectangular Selection 工具（见图 11.8）来选择将要旋转的区域。

图 11.7　未经调整照片的裁剪结果

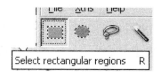

图 11.8　Rectangular Selection 工具图标

然后，选择 Image→Transform Tolls→Rotate 调用 Rotate 对话框（见图 11.9）。

![Rotate 对话框]

图 11.9　Rotate 对话框

在主窗口的工具选项区将 Interpolation 设为 Cubic（最佳），将 Affect 设为 Selection。然后，在 Rotate 对话框标签为 Angle 的文本框中输入 1.00，这将使被选区域向右旋转 1°（见图 11.10）。

用户应该得到旋转后的选区，该区套索环绕四周，不必进行其他操作——保持选择状态即可。

图 11.10　旋转后的木纹

在介绍完 Crop& Resize 工具之后，我们将向用户介绍另外一种裁剪方法，这种方法有时比裁剪工具更好用。保持旋转区域的被选状态，选择 Crop& Resize 工具，单击被选区域。单击 From selection 按钮，随后单击 Crop 按钮。用户会得到一个适用于纹理使用的图像，结果如图 11.11 所示。

图 11.11　裁剪后的木纹图像

现在，对比图 11.11 和图 11.7，用户就会发现其中的不同之处。

原创图像

创建纹理的另外一个方法就是使用原创图像。有些人并不认为这种方法可行，因为他们认为自己绘制的作品不能解决问题，而笔者认为任何人都可以掌握此类技术。不过，在此并不是教用户如何去绘制。如果用户想学到更多的东西，建议用户用心学习一些课程。

如果用户对自己的艺术功底还算满意的话，就多学一种纹理制作手段。把照片转换为纹理的技术同样可以用来把手绘图像转换为纹理。

创建原创图像的另一个方法是直接在工具如 Gimp 中创建图像。用户可以用鼠标或手写板进行自由创作。

使用工具，如 Gimp 创建纹理，用户有相当多的方法可用，包括通过 Filters 和 Script–Fu 菜单的各种选项创建纹理。图 11.12 所示即为用 Gimp 的内置特性所创建的纹理范例，建议用户对该工具进行深入探索。该工具不仅节省时间，还会帮助用户创造出引人注目的纹理作品。

图 11.12　纹理范例

二、比例问题

在创建纹理时，用户需要注意的是纹理的比例问题。图像中纹理的尺寸使纹理和其他现实世界的对象产生一定的关系。我们潜意识里明白从本身到世界万物的诸多关系，同时也会注意到纹理与它们所衬托的主题比例失调的情况，而这种失调给人的厌恶感与指甲划过黑板所产生的噪音不同。

图 11.13 显示的是两种不同风格的房屋。房屋 A 的砖块过大，而房屋 B 的砖块尺寸更合适些，尽管还是有一点大。当然，房屋 A 中用到的石块会有一些用途，但像图中描述的那样用在平房或双层住宅中却是很少的。

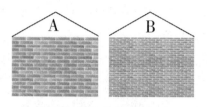

图 11.13　成比例的砖块

比例问题随处可见，如图 11.14 所示，金属桥面凸纹纹理图像大约是合适比例的 10 倍。有时用户需要重新制作纹理使之比例协调，其他时候用建模工具调整多边形的纹理即可。经验认为，如果纹理图像的大小比 64×64 像素小，则需要调大比例，就应该重新制作大尺寸的纹理。反之亦然，即如果纹理图像的大小比 64×64 像素大，则需要调小比例，就应该重新制作小尺寸的纹理。

图 11.14　比例失调

三、平铺

很多构筑物表面是大范围的重复图案，处理此类表面不能简单地制作一个大的纹理，最好的方法是：先制作一个较小的纹理，然后多次复制该纹理。

纹理的复制是在两个方向上进行的。重要的一点是要确认纹理交汇的边缘完全对齐。图 11.15 所示为达到的良好效果。房屋 A 中可以看到明显的水平和更细微的处理结合处，此处所铺砖块的纹理并没有完全衔接。房屋 B 中注意了纹理边缘的正确对接，所以看不到结合的痕迹。

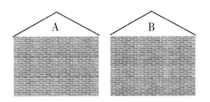

图 11.15 平铺的砖纹理

然而，在图 11.15 的房屋 B 中，有另外一个平铺产生的明显的痕迹。这是由不均匀的光照所产生的纹理阴影，用户可以看到每一个重复的铺砖纹理——该纹理位置的标记就是重复出现的较暗阴影下的砖块图案。此种效果相当细微，在孤立地看一个图像时很难注意到。

图 11.6 所示为图 11.15 中房屋 B 用到的纹理。单独看该图像，很难注意到那些微弱暗色阴影下的砖块。

图 11.16 带有不均匀阴影的砖块纹理

改进用作平铺纹理图像的最简单方法是，复制左边缘大约 5 至 10 个像素，然后在图像的右边缘水平镜像复制上面的左边缘复件。上下底边同两侧边操作，当然操作顺序可以互换，关键步骤是镜像复制。

镜像操作完毕之后，对图像的内部与内边缘进行混合处理，使接合部分自然顺滑。

图 11.17 所示为一个备用的平铺石块纹理。

图 11.18 所示为 4 个单元平铺后的纹理，这时，用户又会发现错位边缘所产生的痕迹。

图 11.19 所示为镜像复制左边缘到右边缘后的纹理效果。

图 11.20 所示为底边镜像复制效果。

图 11.21 所示为最终结果。

图 11.17　石块纹理

图 11.18　错位平铺的石块纹理

图 11.19　复制左边缘

图 11.20 复制底边缘

图 11.21 正确平铺的石块纹理

Gimp 有一个用于平铺的很重要的 filter 工具。用户可自行随意选择使用纹理，选择 Filters→Map→Make Seamless。这一工具加速了制作平铺纹理的进程。遗憾的是，该工具不能帮用户改变效果。

四、纹理类型

纹理类型数目众多，材质效果类别千变万化，仅笔者就可以列举出风格迥异的多种纹理类型。鉴于此，我们这里有一套数目较少的纹理类型，内容都是自然界和人工构筑物多见的。

下面介绍的纹理类型大部分是游戏中的建筑物、桥梁和其他人工物体经常使用的。大多数纹理类型和样式都是可以使用 Gimp 来生成的，选择Filters→Render→Pattern 并使用其中的众多子菜单的一种即可。

不规则纹理

不规则纹理往往呈现无序、散乱的外观效果，如图 11.22 所示。泥土和草地是不规则纹理的代表。不规则纹理经常和其他不规则纹理混合使用，以形成一个区域或表面的沧桑感。

图 11.22　不规则纹理

粗糙纹理

粗糙纹理，见图 11.23，有时与不规则纹理感觉相同。它们常被用作人行道或硬质混凝土墙面等的表面铺装。

图 11.23　粗糙纹理

卵石纹理

卵石纹理也是铺路和石墙常用的纹理类型。从五六英尺（1 英尺 = 0.3 米）的距离看柏油路是一个很好的卵石纹理示例。图 11.24 所示为一个更明显的常用在墙面或装饰花盆上的卵石纹理。

图 11.24 卵石纹理

木材纹理

图 11.25 所示为木材纹理，其上有很多粗线纤维平行分布，有时出现树圈和节疤孔。有的石材也有类似纹理效果。

图 11.25 木材纹理

光滑纹理

我们都知道，有的物体是光滑的——摸上去感觉不到任何凸起和不规则，描述光滑感略显困难。我们通常创建一个平面，然后加入一些柔和与粗犷的不规则来强化光滑感。图 11.26 所示为一个光滑纹理。

图 11.26 光滑纹理

图案纹理

图案纹理相当直观，不必注意轮廓转换、凸起和表面感觉，只要把规则形体或图案放在对象中即可。图 11.27 所示为一个图案纹理，可用作墙体的通风百叶窗。

图 11.27　图案纹理

织物纹理

织物纹理用来模仿画布或地毯等物体的质感。织物有的是机织物，有的不是，但都会呈现出精美的重复图案，图 11.28 所示为一个机织物纹理，可用作画布。在 Gimp 的 Script – Fu 菜单中，有一个模仿画布的可用的强大工具。选择 Script – Fu→Alchemy→Clothify 找到该工具来处理背景。

图 11.28　织物纹理

金属纹理

金属纹理一般有一个主导颜色，一个沿金属体轮廓的强烈的黑色阴影和沿突起面的亮色调。图 11.29 所示为常用在金属管上的金属纹理。

图 11.29 金属纹理

反射纹理

反射纹理模仿场景中的光源在纹理表面产生强烈反射的效果，图 11.30 所示为一个反射纹理，可以用在明亮的直射灯光反射在窗户上的纹理效果。

图 11.30 反射纹理

塑料纹理

从阴影和高光发生方式来看，塑料纹理和金属纹理类似。塑料纹理更多的是一种油质效果，所以阴影和高光经常显得更为柔软而有弹性。如图 11.31 所示，高光的定义较金属纹理更模糊，而光源常呈现出一个明显的高光。

图 11.31 塑料纹理

五、本章小结

在本章中，我们讨论了如何收集图像来用作对象的纹理，并以此来实现显示世界的构筑物，对纹理制作用到的一些处理技术，如调色和裁剪等，用户应有所了解。

把纹理当作实际构筑物来考虑时，会遇到一些问题：调整图像的比例大小，为纹理以重复方式平铺时做好准备，能够进行平铺的纹理的对边要能密合在一起，同时不产生可见接缝。

最后，我们讨论了一些游戏中较为常用的纹理模式及其特征。

在下一章中，我们将会讨论地形，它在游戏世界中常用来提供现实的接触感，本章涉及的一些内容在下一章中也肯定会用得到。

第 12 章

地　　形

很多游戏只发生在建筑物或构筑物中，比如隧道；而许多其他游戏仅包含室外游戏场景；还有的游戏两者兼而有之。

如果游戏中有室外游戏场景，用户需要对地形（terrain）进行描绘，地形在游戏术语中是地貌（如丘陵）和地表覆盖物（草地、沙砾、沙地等）的综合体。地貌是用3D模型建模而成的，地表覆盖物则用纹理来描绘。

除了对地表进行描述之外，如果要想得到一种引人入胜的室外游戏场景，用户还需要把天空描绘出来，地平线之间的整个天空通常用一个天空体（sky-box）模型来描绘。

一、地形介绍

要想理解游戏开发环境中的"地形"，用户需要了解地形的特征，再进行地形建模。我们要制作的地形是由一些数据定义的，而地形特征使我们产生获取这些数据的需要，从而也严重影响了我们获取数据的来源和方式。

地形特征

地形的基本单位是瓦片（tile），每个地形瓦片其实就是一个多边形的集合体，多边形构成3D模型来描绘地形，如图12.1所示。

图 12.1　没有纹理的地形瓦片

　　游戏的地形建模有很多必须完成的选项。首先我们要确定所要实现的地形保真度（fidelity）等级，接下来的选择就是确定地形的延展（spread），最后我们需要确定地形表现形式是何种自由度（freedom）。表 12.1 列出了上述特征和每个特征的分支。

　　对于地形设计中的特征选择，我们也要考虑到实际情况。许多游戏引擎既不能处理大尺度地形的距离，也无法确定自身所能包含的适合对象的数量。有些游戏类型不适合于开放地形，而是按照故事发展的要求对玩家进行限制的。

地形数据

　　在打算创建世界上某一真实位置的高保真度地形模型时，首先用户需要从某处获取地形数据。如果地形范围足够小，而用户又熟悉使用经纬仪（一种勘测工具）的话，可以自己去收集信息；用户也可以从地貌图中收集必要的信息。但这两种单独收集数据的方式都需要做很多的工作，并且用户还需要精确的距离测度、海拔和地表照片。

表 12.1　地形特征

特　征	描　述
保真度	地形保真度衡量的是地形反映世界上某一位置真实地貌的精确性，即逼真程度。真实性通过建模和纹理反映出来，建模保真度可有以下几种描述： **真实**：所有方向上的地表纹理均为精确的 1：1 高分辨率。 **半真实**：比例精确，通常尺度较小。垂直方向比例 1：1，水平方向比例约为 1：2。Cornered Rat Software 公司制作的游戏 World War II Online 中整个 Western Europe 都是用这种方式建模的。该游戏的描述地表的分辨率为中等偏低。 **伪真实**：所有方向上的比例均不精确，但仍试图描述在世界中的真实位置的话，一般要使用高分辨率地表纹理。比例和纹理的选择使游戏环境给人带来一种身临其境的感觉。NovaLogic's Delta Force 系列就是采用这种描述方式。 **不真实**：除上述情况之外的其他情况均在此范围之中！非真实性地形多用来专门增强游戏场景或游戏背景。
延展	地形延展是地形区域所独占的范围，地形由瓦片单元组成，范围与这些瓦片有关，主要体现在下列三个方面： **无限**：方形地形区域可以在任何主要方向上重复或平铺，如玩家离开西边的某个区域，就会进入来自东部新复制的相同地形瓦片，只要玩家沿一个方向不停地移动，这种复制就永远不会停止。 **有限**：地形瓦片在所有方向上重复，但到一定位置后停止。 **未命名**：即地形瓦片不重复。
自由度	地形自由度是玩家在游戏中移动时受地形限制的程度。地形自由度与地形延展紧密配合使用。地形自由度有两个分支： **闭合地形**：闭合地形限制玩家在某一区域沿所有主要方向移动。在闭合地形中，玩家沿特定方向移动一定程度后就无法继续前进，原因可能是前方出现物理障碍物，或是程序本身限制了玩家做进一步的移动。在任何情况下，障碍物范围之外的地形建模通常到玩家的视力所及范围为止，玩家看不到的地方则没有地形。 **开放地形**：开放地形允许玩家在任意方向上毫不受限地移动。有些游戏会诱导玩家进入游戏世界的"另一面"，玩家在该位置的移动不受任何限制，直到其返回起始位置为止。

切勿失望！互联网上有很多可用的高分辨率地形信息资源。登录网站：http：//edcwww. cr. usgs. gov——美国地质调查局（USGS，美国政府部门）门户网站，用户就可以发现一个地形数据的宝藏。

可用的数据格式有许多种，但标准格式是数字高程模型（DEM），DEM 格式数据文件的扩展名是 . dem。另一个用到的文件格式是数据地形模型（DTM），其文件扩展名为 . dtm。最后还有一个功能强大而又相当复杂的文件格式 SDTS，即空间数据转换标准，但它在科学领域之外应用并不广泛，其文件扩展名为 . ddf。

在任何情况下，地表覆盖物的信息并不包含在这些模型格式中，所以用户需要另行收集，USGS 再次提供了便利条件——它所提供的部分卫星图片的分辨率可以达到每像素小于 1 米。

DEM 文件提供地球上某些位置特定坐标系的高程信息，DEM 文件可以转换为游戏引擎中称作 height map 的格式。

二、地形建模

3D 游戏引擎使用两种基本方法来进行 3D 世界的地形建模，而且两种情况下都用 3D 多边模型来描绘地形。

在第一种方法，即外部（external）方法中，地形只不过被看作游戏世界中的一个对象，该方法为操作提供了很大的自由度。用户可以旋转、扭曲地形模型，随心所欲地进行各种操作，所有的 3D 引擎都支持这种方法。虽然比较灵活，但在对大型、复杂地形进行渲染时，采用此方法则一般效果不好。

第二种方法是内部（internal）方法，在此方法中，游戏引擎对地形的渲染是按特定的代码进行的，该代码被叫做 Terrain Manager（地形管理器）。使用 Terrain Manager 方法允许游戏引擎编程人员对地形对象使用特定的存储器和性能优化，因为它们可以丢弃一些对一般用途对象有效但并不必要的功能。因此，Terrain Manager 地形有时会比其他方法创建的地形规模更大、情况更复杂。

大多数使用 Terrain Manager 的 3D 引擎，如 Torque，也会提供地形生成、操作和编辑工具，我们可以使用这些工具来创建自己的地形。通常使用导入高度图的方法来生成地形。有些引擎，如 Torque，有内置的地形编辑器（Terrain Editors），游戏开发人员可直接使用地形编辑器来操作地形多边形，有限地创建所需的丘陵、山谷、山脉和峡谷。

高度图

如图 12.2 所示，即为一个高度图，用户可以看到这是一张灰度图。此高度图的二维坐标直接加载在游戏世界的表面坐标系上。图像上的像素亮度代表该像素位置的高度——像素越亮，高程越高。通常我们使用 8 位/像素格式，这也就是说可以描述成 256 个离散的高程。

本概念是一个艺术化的概念，但其实并不难掌握。如果客户对地形图和地图视图熟悉的话，就会发现：尽管高度图等高线丢失，但它与地形图和地图有相似之处。高度图的一个不足之处是其分辨率（见图 12.2）。要表示 $1km^2$ 的地理场所，1 个像素代表 $1m^2$ 的高度图需要每边 1000 个像素，总共是 100 万个像素——数量并不太大。如果我们要把地形面积增加到 $16\ km^2$（每边 4km），则需要存储 1600 万像素。这在 8 位像素格式的贴图中，大约等于 16MB 的数据，如果我们需要建立每边 10km 的地形模型，数据容量将几乎达到 100MB！

图 12.2　地形高度图

当然，我们可以降低地形的分辨率——比如说，在游戏世界中用 1 个像素代表 $4m^2$。这将使 100MB 的数据容量削减为 6.25MB。但是，该结果是以地形的相对块状化和失真化为代价的。

如图 12.3 所示，这是由图 12.2 所示的高度图生成的地形模式。在本案例中，导入高度图并创建地形对象用的是 MilkShape 3D 软件。

图 12.3　由高度图生成的地形模型

地表物

最简单的理解，地表物指的是地面上所能见到的所有东西，包括：草、花、泥土、卵石、岩石、废物、垃圾、铺地、混凝土、泥沼、沙、石块。

很明显，这并不是全部列表，但却表明了主要部分。

我们用纹理来描绘地表物，创建这些纹理的选项与第 11 章中创建构筑物纹理的选项十分相似——决定操作方式选择的因素也类似。游戏中的地形特征就是以上要素的概括，这对用户有很大影响。

我们也可以把相邻区域的地形地表纹理混合并喷涂为一个特定的场所，这可以大大提高客户不同环境下的地表物的库存量。

图 12.4 描述地表物可能发生的一些变化：上排从左到右分别是草、沙地和草沙混合纹理；下排从左至右分别是泥土、泥痕和侵蚀的湿沙。

图 12.4　一些地形纹理示例

平铺

　　如果用户不打算为地形的各个部分创建特定的地表物纹理的话，那就在某些程度上对地表物进行平铺。其他情况下平铺出现的所有问题在这里依然是存在的，如纹理边缘对其实现无缝过渡和保证纹理的光照，在此同样适用且一致。除此之外，有些图案和标记在重复时会凸显出来，用户应该保证纹理中没有这种东西。

　　在图 12.5 中，用户可以看到一个重复的灯光图案，这就破坏了优雅的田园风景（如果不是暴风雨临近远处的"邪恶之山外围"，这还是一个田园诗般的环境，不过除此之外就……）。

　　图 12.6 所示为本案例中草地纹理使用的"罪魁祸首"。

　　注意草地上的亮色区域，它与图像其他地方相比明显不同。在大范围地形上多次重复时，这一特征就破坏了预期的整体效果。我们可以通过改进该图像来缩小这个问题的严重程度，改进后的效果如图 12.7 所示。

　　结果引人注目，差别也很明显，如图 12.8 所示。笔者认为该纹理可以处理得更好，但用户必须承认它应该远远超过了如图 12.5 和 12.6 所示的第一个版本。

图 12.5　平铺图案所形成的地形

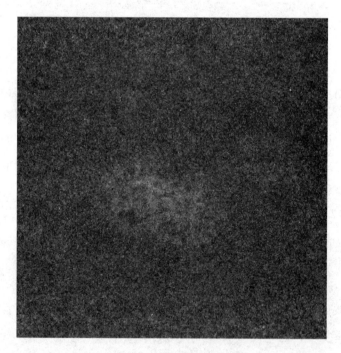

图 12.6　有不良特征的纹理

图 12.7　没有不良特征的纹理

图 12.8　改进后纹理平铺的地形

三、创建地形

不必多说了，下面我们采取行动——创建地形。我们将用 Torque Engine 和它内部的 Terrain Manager 来创建地形，用游戏中的 Terrain Editor 来调用高度图方法。还有一种直接操作的方法，在后面的第 18 章将会用到。

高度图方法

本节需要用到 Gimp，用户应该对其基本知识相当熟悉了，所以 Gimp 方面的操作由用户自行完成。

注释

Torque 中地形的默认尺寸（MIS 任务文件的 squareSize 属性设为 8）是 65，536，单位是世界单位（WU）。

Torque 中的 1WU 相当于大部分第三方贴图编辑器中的 1 个单位，WU 与英寸大小成一定比例（1WU = 1 英寸）。

(1) 要创建高度图图像，首先要有一张该图像的等高线图。如果用户有一块全比例（1∶1）地形的着色等高线图作为源文件，如图 12.9 所示，从中选择理想的操作对象即可。如果没有，用户可以使用 \ 3D2E \ RESOURCES \ CH12 文件中给出的图像，不过这些图像的颜色格式会有差别。使用文件 contour1. jpg 和 contour2. jpg（如果适用）。

(2) 裁剪出需要的部分，并将其保存为 PNG 图像格式，如图 12.10 所示。

(3) 下面我们需要对比例和单位数字进行一些调整。在 Torque 中，每个地形方格是由两个大小均为 256WU × 256WU 的地形三角形组成的。我们在前面提到过，Torque 任务文件中的 squareSize 属性的默认值为 8。此地形中每边有 256 个这样的方格，相当于每边65536

图 12.9 等高线图

图 12.10 裁剪并调整大小后的等高线图

个 WU（英寸*）。

$$256 \text{ WU} \times 256 \text{ squares} = 65536 \text{ WU}$$

若换算单位的话，则为 5461.3 英尺即 1664.6 米（1.034 英里即 1.6646 千米）。

$$65536 英寸 \div 12 英寸 = 5461.33 英尺$$

$$（1英里 = 5280英尺）$$

$$5461.33 英尺 \div 5280 英尺 = 1.034 英里$$

$$（1英里 = 1609米）$$

$$1664.6177米 \div 1609米 = 1.035英里$$

值 8（squareSize）和 65536（地形大小）并不是偶然的，它们都是 2 的幂，这就使图像和软件运行良好。高度图图像的尺寸大小必须是 256 像素 × 256 像素。这意味着用该图像覆盖 65536 英寸 × 65536 英寸 的地形时，由每个纹理像素（texel）来确定该地形 256 英寸（即 6.5024 米）的水平距离。因为每个地形方格是 256WU，所以每个高度图纹理像素常用来确定一个地形方格的高度。

$$256 像素 \times 256WU = 65536 \text{ WU}$$

$$256 英寸 \div 39.37 = 6.5024 米$$

$$6.5024 米 \times 256 像素 = 1664.6144米$$

$$= 1.665 千米$$

$$= 1.035 英里$$

(4) 基于上述计算，我们可以得到图像中的相同面积——图 12.10 中线框所裁剪的图像面积代表 1.035 平方英里。

(5) 把该图像的大小调整为 256 像素 × 256 像素。

(6) 把该图像保存为 PNG 文件，以保存原有等高线的颜色信息。用户马上就会用画在等高线图像上的色彩灰度值来描绘等高线的高度了。本案例中，等高线高度在海拔 410 英尺与 485 英尺之间，此信息来自等高线图的源文件。灰度级可以是 256 色 RGB 灰度值 0，0，0（黑色）与 255，255，255（白色）之间的任何一段。

表 12.2 海拔 RGB 值

海拔	RGB	递增级
485	240，240，240	1
480	224，224，224	2
475	208，208，208	3
470	192，192，192	4
465	176，176，176	5
460	160，160，160	6
455	144，144，144	7
450	128，128，128	8
445	112，112，112	9
440	96，96，96	10
435	80，80，80	11
430	64，64，64	12
425	48，48，48	13
420	32，32，32	14
415	16，16，16	15
410	0，0，0	16

（7）建立自己的灰度级，但一定要注意区分相邻递增值，以便画等高线时容易识别。经过检查后发现，410 和 485 等高线之间有 16 级递增。把 256 色灰度级别进行 16 等分，得到的数值如表 12.2 所示，从色彩（0，0，0）开始排列。得到这些值以后，就需要利用它们来创建递增级色彩调色板，每个递增级对应一个不同的色彩样本。

（8）打开备用等高线图像文件，选择 Image→Mode→Indexed 来启用递增级色彩调色板。在弹出的对话框中，勾选 Generate optimum palette radio 按钮，将色彩的最大值设为 256，将色彩抖动设为 0。

（9）单击 OK，关闭对话框。

（10）选择 Dialogs→Palettes，弹出 Palettes 对话框。

（11）在 Palettes 对话框中，单击 New Palette 按钮（对话框底部左起第二个按钮），出现 Palette Editor。

（12）在 Palette Editor 对话框顶部的编辑框中输入名称，对新调色板命名。

（13）单击 Save 按钮（Pelette Editor 底部左起第一个按钮）。创建好新的样本之后单击此按钮即可，以防万一。

下面我们将使用 Pelette Editor，首先为第一个递增级创建新样本。

（1）单击 menu 按钮（Palette Editor 右上方向左指的箭头，左邻关闭按钮），打开 Palette Editor Menu，然后选择 Palette Editor Menu。

（2）在 Palette Editor Menu 的 FG 中选择 New Color。此刻，FG（前景色）是何种色彩无关紧要，只要知道它与背景色相对即可。我们只是想创建新样本。然后，就会发现在编辑器的中部、窄长矩形左端有一个"小盒子"，这就是每个递增级显示色彩的地方。较小的矩形是第一个递增级。

（3）单击第一个递增级，拖拽并立即将其释放到原位置的右方。复制该色彩，并将其副本存放在 new spot 中。重复此步骤，直至得到 16 个副本为止。很巧合的是，这正是该条线上色彩样本适合的数目。如果副本的数目超过 16，则要开始制作另一条线上的样本。所以只需 16 个副本，如果副本的数目过多，则选择副本，单击底部的 trash can 图标，将其删除（或对其点击右键，选择 Delete Color）。

（4）单击第一个样本（最左边），然后单击 Editor Color 按钮（底部左起第三个按钮）或右键单击样本，从弹出的菜单中选择 Edit Color，就会得到我们熟悉的 Color 对话框，但此时我们称之为 Edit Palette Color 对话框。

（5）根据表 12.2，将递增级 1 的 RGB 值（240，240，240）输入到对话框的相应编辑框内，然后单击 OK。

（6）对表中其他 15 个递增级重复步骤（1）至步骤（4）操作。

（7）现在，沿等高线填充图像，结果如图 12.11 所示。用户可以自行结合使用 Brush 和 Fill 工具来完成此操作。

注意，在图 12.11 中，所有边缘的灰度级都是相同的。这是因为在地形重复时，需要边缘对齐——这也正式是本案例将要处理的问题。边缘灰度值

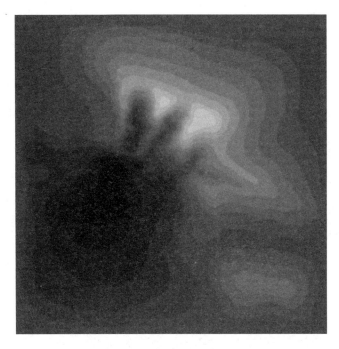

图 12.11　带有灰度值的等高线

也可以不同，用户只要进行上下边或左右边对齐即可。

(8) 完成这一"按数字绘图"过程之后，选择 Image→Mode→Grayscale 将该图像转换为灰度格式。

(9) 将该图像保存为 PNG 格式文件。

(10) 选择 Image→Flip，绕 X 轴旋转图像——沿底部旋转顶部，用户应该得到一个如图 12.12 所示的图像，保存当前操作。

注意图 12.12 中的梯田效果。如果用户把该图像导入到 Torque 之中，就会得到一系列的梯田式或台阶式平面。如果这正是客户想要的效果，那么用户的操作已经很不错了。尽管如此，我们还要做进一步的完善。

(11) 复制刚才创建的图像，为下一步操作做准备。

(12) 选择整个图像。

(13) 选择 Filters→Blur→Gaussian Blur 使边缘稍微平滑，将半径设为 7，然后把当前新图像的修改保存为一个 PNG 文件。用户应该得到一个

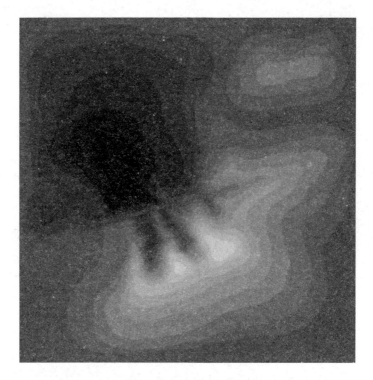

图 12. 12　叠层式高度图

与图 12.13 类似的图像。

（14）在进行模糊处理后，无需将图像转回递增级模式，因为在用户引入
图像创建地形时，Torque 会为客户做出改写。

提示

　　用 Gaussian Blur 进行平滑处理后，寻找原有的等高线特性就更加困难了。一个快速的办法就是，减小半径值或使用未经模糊处理的原始图像，然后在 Torque 中使用 Terrain Editor（后面讲到）使地形平滑。

　　一个更加费时的技术（但会更精确有效）是，创建较大比例的地形图像，然后缩小到 256×256。比如，用户可以创建 2048×2048 或 4096×4096 大小的图像，这意味着要花费更多的时间来进行绘图。但是重新缩小图像尺寸后，混杂信息受到尺寸调整算法的限制（尽管进行了一定程度的平滑），得到的结果要比 Gaussian Blur 处理后的结果精确的多。

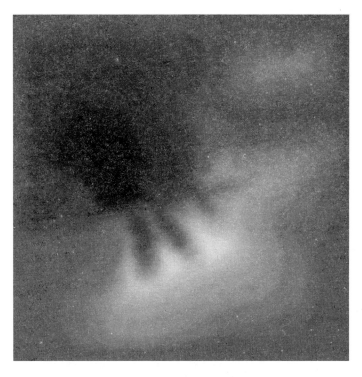

图 12.13 模糊后的高度图

上面的高度图图像是用来创建地形的。接着,我们要把这些图像导入到Torque 中。

(15) 把这些图像存放在 Torque 中的 \ 3D2E \ creator \ editor \ heightscripts 文件夹中,如果该文件夹不存在,则创建文件夹。

(16) 运行 Runs fps Demo。

(17) 按下 F11 键,打开 Mission Editor。

(18) 选择 File→New Mission。

(19) 选择 Window→Terrain Terraform Editor (见图 12.14),打开 Terrain Terraform Editor。

(20) 在屏幕右侧的 General Settings 区域 (见图 12.15),以米为单位设置 Min Terrain Height (最小地形高度值) 和 Height Range (高度范围值)。

图 12.14 World Editor Window 菜单中 Terrain Terraform Editor 被选中

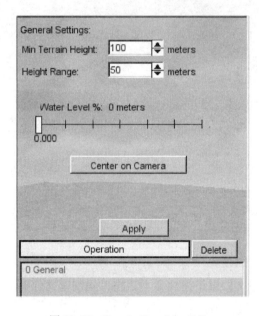

图 12.15 Terrain Terraform Editor

注意

地形建模中的最大高程常用 Min Terrain Height（编辑器中的 Minimum Terrain Height 框标签误导）来表示。

用户应该还记得最大海拔是 485 英尺，换算成最小地形高度大约 148 米。

485 英尺 ÷ 3.281 英尺 = 147.8208（148）米

Height Range 代表最低海拔和最高海拔之间的距离，高度图图像的灰度色值介于这两个值之间。我们需要计算差值，然后乘以最高色彩值与总灰度色数目（256）之间的比值，并转换成米。

485 英尺－410 英尺＝75 英尺

240÷256×75 英尺＝70.3 英尺（在表 12.2 中 240 是最大颜色值）

70.3 英尺÷3.281 英尺＝21.4（21）米

（21）单击 Operation 框，弹出 Operation 对话框，如图 12.16 所示。

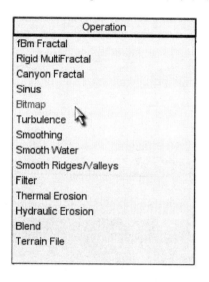

图 12.16　Operation 对话框

（22）从对话框中选择 Bitmap——导出一个位图 Open File 对话框，如图 12.17 所示。

（23）醒目显示即将转换为新地形的图像，然后单击 Load 按钮。用户应该从 Gimp 中发现前面保存在 \ 3D2E \ creator \ editor \ heightscripts 中的高度图图像。

（24）单击菜单右侧的 Apply 按钮，用户将看到地形的变化情况。选择 Edit→Relight Scene 重新照亮场景，在输入命令等待回应的过程中会有一个短暂的停顿。似乎使用地形地表物纹理有些许单调，请勿担心！在本章后面我们会增添一些地表物。

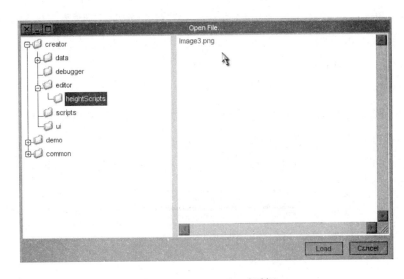

图 12.17　Open File 对话框

(25) 屏幕左下方地形的顶视图会显示从高度图图像中导入的等高线，图
　　　像效果如图 12.18 所示，图像方向与第（10）步沿 X 轴旋转之前的
　　　原始图像一致。

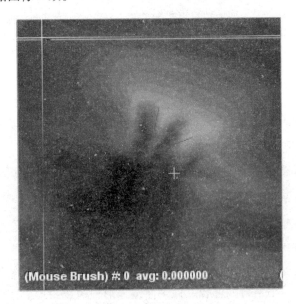

图 12.18　顶视图

图中的白线表示地形的边界，表示重复之前的地形内容。在 3D 主视图中，半透明的绿色盒子表示边界，如图 12.19 所示。地形边界是固定的，即用户不能编辑。

图 12.20 的红色内框代表任务区，用户可以用 Mission Editor 来编辑任务区边界的内容。

（26）选择 File→Save As 保存当前任务，新文件名请用户自定义，保存的新文件应当放在 \ 3D2E \ fps \ data \ missions 文件夹下。用户保存任务时，地形数据保存在 \ 3D2E \ fps \ data \ missions 目录下的一个 TER 文件夹中。如果需要，用户也可以导入前面保存的 TER 文件，而不必再次创建高度图。

图 12.19　地形边界

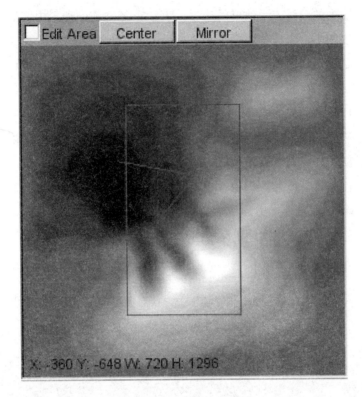

图 12. 20　任务区

注释

关于新建的地形文件存放在任务文件夹中，需要命名为"地形"。

```
new TerrainBlock (Terrain) {
    rotation = "1 0 0 0";
    scale = "1 1 1";
    detailTexture = "~/data/terrains/details/detail1";
    terrainFile = "./myterrain. ter";
    squareSize = "8";
    locked = "true";
    position = "-1024 -1024 0";
};
```

建立地形尺寸

Mission Editor 显示出来的贴图（x，y，w，h）单位表示从图像中心到任务区（红色）左上角的（x，y）距离，以及该区域在地形纹理单位下的（w，h）宽度和高度。注意，任务文件中的定位也用地形纹理单位来对地形复件进行定位。总计 32 个地形纹理（不要与高度图图像混淆），每个地形纹理图像大小为 256 像素×256 像素。

$$32 \text{ 复件} \times 256 \text{ 像素} = 2048 \text{ 纹理单元}$$

$$65536 \text{ WU} \div 2048 \text{ 纹理单元} = 32 \text{ WU/像素}$$

这些信息在创建地形纹理时会用到，这些数值乘以 32 之后单位转换为英寸（当地形中的 squareSize 属性值为 8 时，总面积为 2048，范围为 −1024 至 1024。2048×32 = 65536）。

如果轮廓面积需要超过 1.034 平方英里，可以改变地形的 squareSize 属性值，这将保证地形面积复制结果仍在允许的范围内。用户必须以 2 的指数次幂来调整 squareSize 属性值。见表 12−3。

表12.3　地形尺寸

地形（英里）	squareSize 属性值（英尺）	Texels +，−，总值	Texels×32 = WU		英尺
32	+ −4096 = 8192	8192×32 = 262144	21845.33	4.137	6658.13
16	+ −2048 = 4096	4096×32 = 131072	10922.66	2.068	3329.06
8	+ −1024 = 2048	2048×32 = 65536	5461.33	1.034	1664.53
4	+ −512 = 1024	1024×32 = 32768	2730.66	0.517	832.26
2	+ −256 = 512	512×32 = 16384	1365.33	0.258	416.13

对任务文件中地形 squareSize 属性值的修改也会影响到 Terrain Editor 和 terrain material painter 工具中的控件——控件尺寸会变小，也要修改地形的定位值使之与 worldSize 一致。比如，如果用户需要更大一些的地形编辑控件，可将 squareSize 设为 4，定位值设为 −512、−512、0。

```
new TerrainBlock (Terrain) |
  rotation = "1 0 0 0";
  scale = "1 1 1";
  detailTexture = " ~/data/terrains/details/detail1";
  terrainFile = "./myterrain.ter";
  squareSize = "4";
```

```
locked = "true";
position = "-512 -512 0";
};
```

地表物应用

地形纹理必须是 PNG 格式图像，大小必须为 256 像素×256 像素。这些纹理应当放在 \ 3D2E \ fps \ data \ terrains 子目录下，它们也将直接在地形文件夹中发挥作用。

如果地形 squareSize 属性值设为 8，则地形纹理延伸至 2048 个世界单位（WU）。这意味着在一个地形（1 个地形复件）的宽度或高度上有 32 个地形纹理复件（texture rep），也表示每个纹理像素（texel）上有 8 个 WU。

$$65536 \text{ WU} \div 32 \text{ 纹理复件} = 2048 \text{ WU/纹理复件}$$

$$2048 \text{ WU} \div 256 \text{ 像素} = 8 \text{ WU/像素}$$

如果任务文件中的地形 squareSize 的属性值设为 4，则仍会出现 32 个地形纹理复件，但每个复件只覆盖 1024WU 大小的地形。

尽管没有要求，但正如前面所述，地表物纹理平铺时也要获得最佳效果：平铺的时候对边应当对齐，实现无缝对接。图 12.21 和图 12.22 中的图像是 256 像素×256 像素大小的测试纹理。图 12.21 中的象棋棋盘图案中每个黑色或白色部分的大小是 128 像素×128 像素。

图 12.22 所示的纹理栅格中每 32 个像素有数条白线，128 像素处有数条红线。用户可以根据贴图编辑器中所创建对象各个方向的尺寸来计算地形的总尺寸，也可以根据地形纹理来计算地形方块尺寸。另外，在手动调整地形高度时，用户还可以用图 12.22 中的图像来创建视线。

绘制地表物步骤如下：

（1）将这些图像放在 \ 3D2E \ demo \ data \ terrains 的子目录下。

（2）用 Run fps Demo 快捷方式来启动 Torque。

（3）选择上一节创建好的任务。

（4）按下 F8 功能键切换至 "fly" 模式。

图 12.21　象棋棋盘纹理

图 12.22　栅格纹理

（5）用方向键移动，用鼠标与下面对准，在地形上稍稍进行快速调整。必要时，用户可用 F7 退出"fly"模式。

（6）按下 F11 打开 World Editor 和 Terrain Editor。

（7）选择 Window→Terrain Texture Painter，如图 12.23 所示。用户应该看到右边出现的 Material Selection 对话框（见图 12.24），可以使将要用的材质醒目显示，也可以在此修改或添加新纹理。

图 12.23　World Editor Window 菜单中 Terrain Texture Painter 被选中

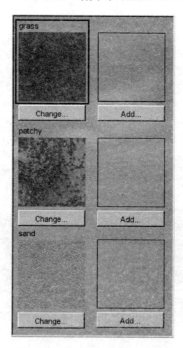

图 12.24　Material Selection 对话框

（8）要添加一个新材质，单击 Add 或 Change 按钮后会出现一个新纹理图像 Open File 对话框，如图 12.25 所示。

图 12.25　新纹理图像 Open File 对话框

（9）浏览路径 \ 3D2E \ demo \ data \ terrains \ highplains，选择有吸引力的纹理图像。

（10）将目标文件醒目显示，然后单击 Load 按钮，使该文件中的图像进入选项。

（11）从 Action 下拉菜单中选中 Paint Material，如图 12.26 所示。

（12）打开 Brush 下拉菜单，选择合适的画笔大小，如图 12.27 所示。

不要忘记我们正在使用的默认地形 squareSize 属性值为 8。表 12.4 列出了不同画笔大小影响下的地形区域大小。

如图 12.28 所示，是画笔大小设为 1 后的纹理效果，图 12.29 所示为相应的地形栅格。

用户可以看到，每个画笔的影响区域是 32×32 纹理像素（texel），对应的地形方块为 256WU，如栅格视图中所示。

这样，用户就可以选择可信的 Terrain Paint Brush 开始边学边用了。

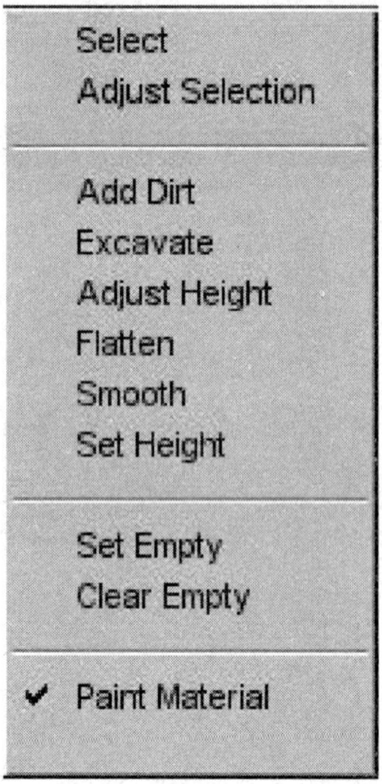

Select
Adjust Selection

Add Dirt
Excavate
Adjust Height
Flatten
Smooth
Set Height

Set Empty
Clear Empty

✔ Paint Material

图 12. 26   Action 下拉菜单的 Paint Material

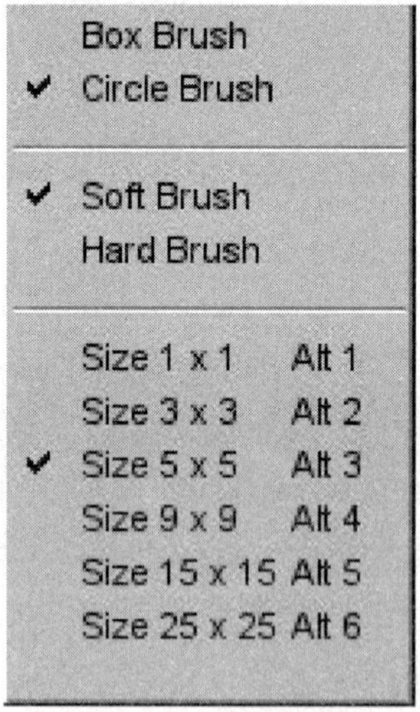

Box Brush
✔ Circle Brush

✔ Soft Brush
Hard Brush

Size 1 x 1   Alt 1
Size 3 x 3   Alt 2
✔ Size 5 x 5   Alt 3
Size 9 x 9   Alt 4
Size 15 x 15 Alt 5
Size 25 x 25 Alt 6

图 12. 27   Brush 下拉菜单中的 Brush 选项

表 12.4 画笔大小

画笔大小	纹理像素	WU（纹理像素 × squareSize 属性值）
1	$1 \times 32 = 32$	$32 \times 8 = 256$
3	$3 \times 32 = 96$	$96 \times 8 = 768$
5	$5 \times 32 = 160$	$160 \times 8 = 1280$
9	$9 \times 32 = 288$	$288 \times 8 = 2304$
15	$15 \times 32 = 480$	$480 \times 8 = 3840$
25	$25 \times 32 = 800$	$800 \times 8 = 6400$

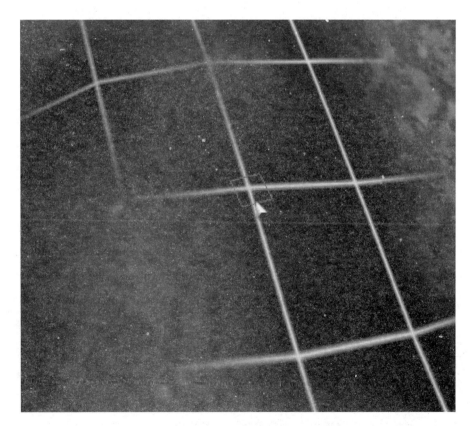

图 12.28 画笔大小为 1 时画出的地形

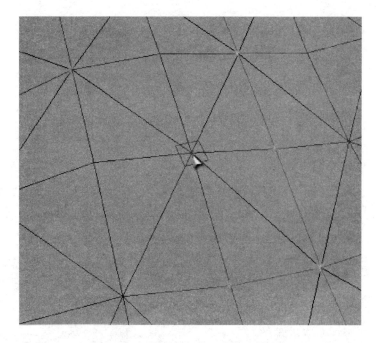

图 12. 29　画笔大小为 1 时的地形栅格

四、本章小结

到现在为止，我们不仅了解了地形建模的本质，还明白了获取现实世界地形数据的方法。如果是非真实场景建模，我们已经掌握如何使用 Gimp 来创建自己的虚拟地形，以满足游戏的需要。我们还探讨了地表物和地表物图像的创建方式。

此外，我们还了解到一些视觉上的异常现象，如可能破坏地形美观的地形平铺缝以及如何解决这些问题的办法。

图 12.8 展示了一个制作完成的地形范例，图中远处是一些丘陵，有地表物覆盖在上面。

下一章中，我们将学习两个新工具——MilkShape 和 UVMapper。

第 13 章

MilkShape 建模

在本章及接下来的章节中，我们将研究低多边形角色建模。我们将讨论应用于其他工具如昂贵的 3D Max 或 3D Maya 中的一些技术和方法，但是将通过使用 MilkShape、UVMapper 和其他低成本工具来调整实际焦距，这些低成本工具在附带的 CD 上。

一、MilkShape 3D

在第 9 章中，我们创建了简易汤罐皮肤，还记得吗？在本章中，我们将创建模型并用你之前创建的纹理进行皮肤创建，这次创建将超越简易汤罐。但是首先让我们在开始时学习一些 MilkShape 知识。

MilkShape 3D 是一种极低成本、低多边形角色建模工具，由 Mete Ciragan 创建。像大多数成功的共享软件应用程序一样，它已经发展好多年了，正如它的用户交换请求的 Mete 辅助特征。它同样增加了用户创建自己的插件程序的权能，提供辅助特征和导入导出滤镜。

MilkShape 没有较昂贵的工具那样复杂，但无论如何也不意味着它不是一个可以使用的程序，特别是在计算机游戏占据的低成本低多边形角色建模世界里。事实上，MilkShape 脱模特性无疑使其比大部分"高端软件"更容易学习。

安装 MilkShape 3D

如果你仅仅想从所附光盘安装 MilkShape 3D，请执行以下步骤：

（1）在目录 \ 3D2E \ TOOLS \ MILKSHAPE 3D 中浏览你的光盘（顺便提一下，MS3D 是 MilkShape 3D 的简写形式）。

（2）定位 ms3d179. zip 文件，并双击 ms3d179. zip 解压。设置程序应自动运行。

（3）双击屏幕的"Next"按钮。

（4）跟踪屏幕变化，并为每个屏幕选择系统设定选项，除非你知道这样做的具体原因。

MilkShape 3D GUI

如果你查看了图13.1，你就能很容易地了解 MilkShape 工作环境，窗口被分成了三个区域：菜单、视图和工具箱。

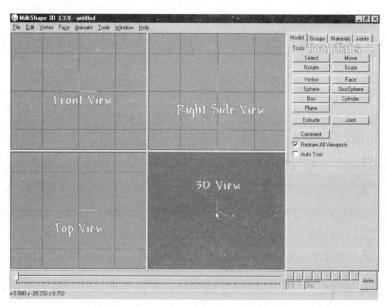

图 13.1 MilkShape 3D

提示

如果你首次运行 MilkShape 时在窗口中只有三个视图，则选择窗口，视口，4 个窗口，你应会得到接近于如图 13.1 中所见的内容。

在图 13.1 中，有四个地方可以看见模型。每个地方即指 MilkShape 称之为窗口的地方。我们在本书中将其称为框架，因为如你所知，MilkShape 本身在一个窗口中。

视图是你观察对象的角度或方向。例如，如果你站在一个对象的前面并对其进行观察，你看到的是正视图，从上方观察，则看到的是顶视图。

视口是呈现模型视图的 MilkShape 窗口内的一个小框架。

因此，在图 13.1 中，3D 视图在 3D 视口中，位于 MilkShape 窗口的右下框架中。

你将在图 13.1 中注意到我已经标示的不同视图，这就是你使用你创建的 Torque 模型视图的方法，其他程序和游戏可能需要将你的模型进行不同定位。

其中三个视图为线框视图，它们使你直接从上方、前面和右侧观察模型。第四个视图是 3D 视图，你可以以各种方式旋转你的模型，并把其看作有照明提示的线框模型、阴影模型或全纹理模型。

图 13.2 显示可用于工具箱的工具。尽管用于不同操作的工具只能在菜单中使用，但是大多数情况下，你都将使用工具箱中的工具。

视图导航

在线框视图中，你可以通过按下 Ctrl 键，在窗口中单击、拖动来移动周围的视图。

如果你按下 Shift 键并在"移动"模式下拖动鼠标，你就可以进行放大或缩小。要小心操作——如果你在"选择"模式下，拖动 - 移动功能不起作用。通过练习，你可以掌握该拖动 - 移动功能，它将变得十分有用。在所有其他模式下，移位 - 拖动操作将始终对视图进行放大或缩小，无需进行转换。

如果你有一个滚轮鼠标，那么滚轮就可以用来缩放。你必须在缩放前单击视图得到视图焦点。

除了滚轮鼠标缩放向后运行时，3D 视图允许视图以与其他视图相同的方式移动。

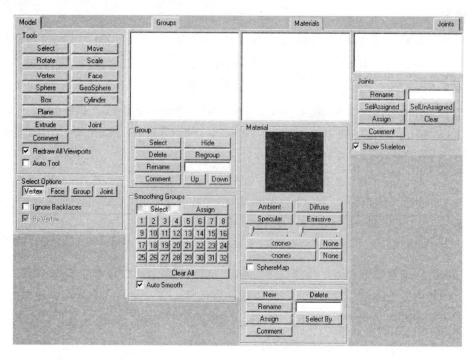

图 13.2　工具箱内容

视图大小与方向

当你用 MilkShape 从前面观察一个对象时，Y 轴向上为正数，X 轴向右为正数，Z 轴向前为正数。这样就形成了一个右旋坐标系。

如果你观察右侧视图（四个视图中的右上视图），你将在中心看到 Y 轴和 Z 轴的轴"缺陷"。尽管在本书的黑白图片中看不见，但是 Y 轴轴线是蓝绿色的，Z 轴轴线是深红色的。这两条轴线会合的地方是对象空间（0，0，0）坐标。使你的鼠标光标保持在（0，0，0）位置上方的第一网格线之上，俯视至 MilkShape 窗口的左下角，而鼠标光标保持在网格线之上，你应该会看到 Y 轴数值在 20.0 左右（见图 13.3）。如果你看到数值近似 20.005 或 19.885，那已经非常好了。如果你没有看到数值达到 20.0 左右，在你调整之前缩放视图。

调整你的其他两个线框视图至相同的缩放比例。如果你将光标直接定位在（左上）正视图（0，0，0）点上的一条网格线上，你应该会看到 Y 轴数

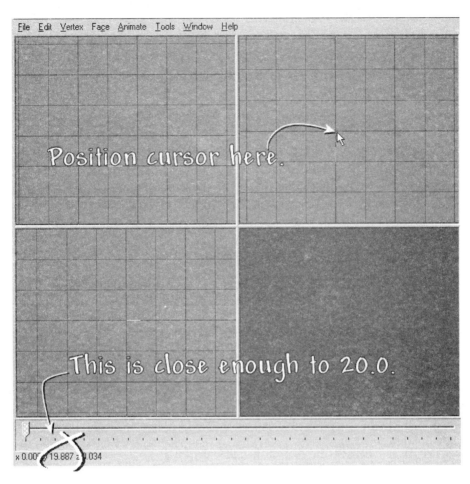

图 13.3　在右侧视图中检查缩放

值在 20.0 左右，但是对于顶视图来说，将在 Z 轴中影响相同的相对定位。

图 13.4 中包含有各种符号，有助于你理解坐标显示系。在该图中，我已经在每个视口框上留置了 MilkShape 视口标记，以便说明与 MilkShape 左视口中看到的 Torque 右侧视图一起出现的变化。

这个小练习的主要目的是显示你的坐标位置并保证你的布局与此处使用的布局相匹配。当然，在你缩放时，布局可能发生变化，但是现在你有一个再校准的方法（必要时）。

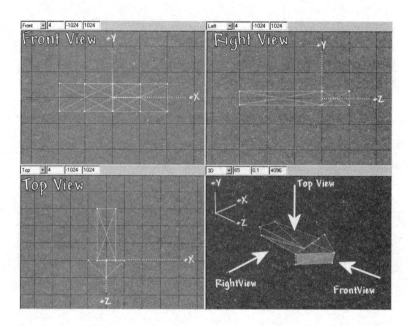

图 13.4 MilkShape 视口中基于 Torque 的对象

再次介绍"汤罐"

由于你对 GUI 中的观察以及如何改变模型的视角有所掌握，因此我们下一步将创建一个快速模型。没有比学习更好的事了！

创建基本形状

一个密闭的罐是一个圆柱体。圆柱体是被我们称之为基本形状的对象，像一个球体或一个立方体。可用多种方式增加基本要素来建立更加复杂的形状。

(1) 选择工具箱中的 Model 选项卡。

(2) 单击圆柱体。

(3) 在右侧视图中（0，0，0）以上的大约三条网格线和向左的一条网格线上定位光标，单击并向下拉或拉到右侧，直到对象看起来像图 13.5 所示。

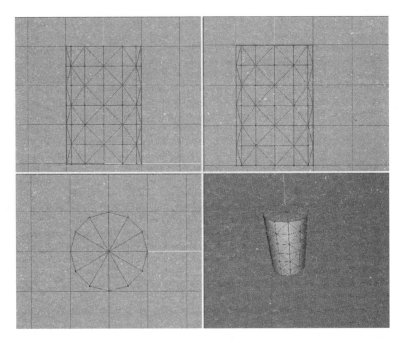

图 13.5　制作圆柱体

（4）选择 Groups 选项卡。你将看到一个命名为圆柱体01 的单群（如果你制作了其他圆柱体并将其删除，圆柱体编号为较高值——MilkShape 仅在自动命名期间在末端增加了一位数）。

提示

你可能会想起在第 3 章碰到的术语"网格"。在 MilkShape 中，词群实际上是词语"网格"的一个类似词语。它们的意思基本上一致。

（5）单击群名称使其突出，如果没有群名称，在方框中键入罐，靠近标有"圆柱体01"的"重命名"按钮的右侧。

（6）单击 Rename，群组将被称之为"罐"。

（7）选择 Materials 选项卡。

（8）单击 New 按钮。

（9）将标识符键入到 Materials Rename 方框中。

（10）单击 Rename。

（11）在 Materials 选项卡的 Material 框中，你将看到两个标有"＜none＞"
的按钮。这些按钮为纹理按钮。顶部按钮指定标准纹理，底部按钮
指定用于阿尔法通道的纹理。

（12）单击顶部纹理按钮。你将看到一个文件对话框。

（13）浏览路径 \ 3D2E \ RESOURCES \ CH9，双击 can. jpg 文件。

（14）现在再次选择群组选项卡，保证在列表中选择圆柱体群。如果罐未
以红色突出显示，单击 Select。你将看到罐在三个线框视图中以红
色突出显示。

（15）当你选择罐时，切换到 Materials 选项卡，选择列表中的新材料，并
单击 Assign。

提示

如果你的屏幕分辨率设置到 800×600 或以下，你将看不到 Assign 按钮或 Select By
按钮。顶部大约四分之一的按钮在右下角是可视的。Assign 位于 Rename 按钮的下面，
Select By 按钮位于 Rename 按钮靠右的编辑框的下面。

（16）在 3D 视图中点击鼠标右键，并选择 Textured。罐应与其周围覆盖的
纹理一起出现，如图 13.6 所示。你须在 3D 视图中右击并选择
Wireframe 覆盖条将其关闭，关闭 Wireframe 覆盖模式。

（17）通过选择 File 菜单中的"Save As"，保存你的工作至 mynewcan. ms3d。

图 13.6 指定的纹理

（18）在打开罐体的 UV 准备过程中，选择 File→Export→Wavefront Obj，
　　　导出文件至 \ 3D2E \ RESOURCES \ CH9 \ mynewcan. obj。

我们制作好了汤罐并已经对其指定了纹理。纹理不是正好合适的原因是
因为纹理坐标尚未映射到对象上。

打开罐体的 UV

在第 9 章，我们碰到了一些 UV 打开及映射后的理论和过程。在本章的下
一节，我们将讲述更多的理论和更多的关于 UV 映射程序工具的详细内容。我
们现在的目的是将纹理皮肤准确地映射到罐体上。

无论在对象之前创建皮肤还是先创建对象，都将可能在项目至项目间变
化，甚至在项目中的阶段与阶段之间变化。本书关于这一点，我们已经有了
一个皮肤图片——can. jpg，因此我们想保证罐体打开以便与皮肤相匹配。在
这种情况下，这不是一个问题。然而对其他项目而言，这可能是个问题，因
此应意识到这种可能性。

（1）利用 Windows 浏览器，浏览路径 \ 3D2E \ \ TOOLS \ UVMAPPER，
　　　然后定位并运行 UVMapper. exe。

（2）窗口打开时，使窗口最大化。

（3）找到你导入的文件 \ 3D2E \ RESOURCES \ CH9 \ mynewcan. obj，并
　　　打开它。

（4）你将看到一个警告，列出了关于对象的一些统计。单击 OK。

（5）你将看到一串三角形占满你的窗口。暂时忽略它们。

（6）选择 Edit→New UV Map→Cylind rical Cap。你将看到一个圆柱体顶帽
　　　映射对话框。

（7）单击 OK。你将得到罐体三角形的布局（如图 13.7 所示），在中间有
　　　矩形块的三角形，在顶部和底部有一圈三角形。

（8）选择 File→保存模型。出现 OBJ 导入选项对话框。

（9）如表 13.1 所示那样设置选项框，并单击 OK。

（10）通过保存覆盖，替换 OBJ 文件 \ 3D2E \ RESOURCES \ CH9 \ my-
　　　newcan. obj。

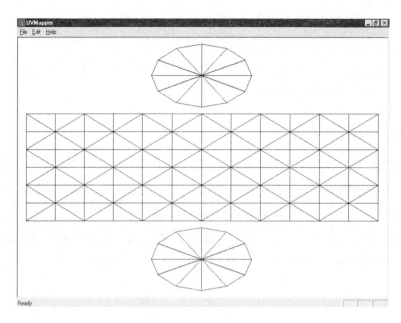

图 13.7   在 UVMapper 中打开罐体

表 13.1   UVMapper OBJ 导出选项值

数　值	选　项
清除	按照单群导出
设置	导出常量
设置	导出 UV 坐标
清除	垂直交换纹理（UV）坐标
清除	水平交换纹理（UV）坐标
清除	倒转缠绕顺序
清除	反演常量
清除	交换坐标 Y 和 Z
设置	导出材料
设置	导出 UVMapper 区域
清除	使用旋转设置值导出
清除	请勿导出换行符（Mac 兼容）
清除	请勿压缩纹理坐标

（11）选择 File→Save Texture Map。出现 BMP 导入选项对话框。

（12）设置选项到表 13.2 所示的数值。

（13）保存到文件 \ 3D2E \ RESOURCES \ CH9 \ mynewcan. bmp 中。这是罐体纹理映射或 UV 映射模板。

（14）切换到 MilkShape。

（15）选择 Groups 选项卡，单击列表中的罐群，然后单击 Select 按钮来选择罐群。

（16）单击 Delete 按钮。你将用 UVMapper 导入的对象替换该对象。

（17）选择 File→Import→Wavefront Obj，导入你从 UVMapper 保存的 mynewcan. obj 文件。

（18）在 Groups 选项卡上，单击新对象（mynewcan. obj），然后单击 Select 按钮。如果你愿意，可以重命名。

（19）对所选择的新对象，选择 Materials 选项卡。

表 13.2　UVMapper BMP 导出选项值

数　值	选　项
512	Bitmap 尺寸——宽度
512	Bitmap 尺寸——高度
清除	垂直交换纹理映射
清除	水平交换纹理映射
清除	不包括隐藏面

注意

　　从 UVMapper 将 .obj 文件导入 MilkShape 后，你可能会在 Materials 列表中发现另一份材料。如果是这样，删除第二次输入项。这似乎是 UVMapper 中的一个小缺陷。第二份材料没有指定的纹理。如果你仅仅只有一份材料，并且有合适的指定纹理，那么不用去管它。

（20）选择标签材料，然后单击 Assign。

（21）你的纹理应会出现在 3D 视图的罐体上，准确覆盖在其上。

（22）如果没有纹理出现，单击 3D 窗口，强制更新。

（23）如果仍然没有出现纹理，确认你是否通过右击 3D 窗口并检查菜单，
将 3D 窗口设置到 Textured。现在保存你的工作。

增强汤罐模型

坐下，让汤罐炖一会。当你完成时，我们将继续敲打汤罐并增强模型。

我们如何打开罐子？罐模型有一个顶部和一个底部。我们把底部留在远
离的位置，并轻轻敲开顶盖。

首先我们需要将盖子从罐体上分离。

（1）选择 Model 选项卡，并单击 Tools 区域的 Select。

（2）在 Select 选项区，单击 Vertex，在罐体的底部选择所有顶点，如图
13.8 所示。使用侧视图或正视图，确认 Ignore Backfaces 未经检查。

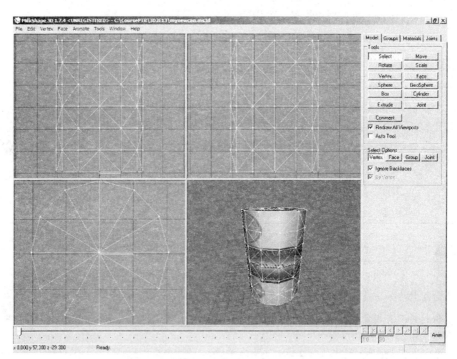

图 13.8　选择底部顶点

（3）从菜单栏选择 Edit→Hide Selection，顶点的圆点将消失。这说明没有
可选择的底部顶点。

（4）现在，在 Select 选项区的 Model 选项卡中单击 Face。

（5）在顶视图中选择罐体中心的顶点，如图 13.9 所示。因为你已经隐藏
　　了底部顶点，因此已经为罐体顶部选择了单个中心顶点。由于你通
　　过顶点选择了面，因此已经选择了所有顶部盖面——也只选择了这
　　些面。

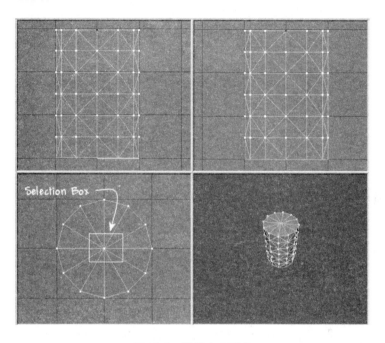

图 13.9　选择中心顶点

（6）在 Groups 选项卡中单击 Regroup，将从罐体的顶部创建一个新的仅具
　　有面的网格。网格将被命名为"Regroup01"。以相同的方式重命名
　　该网格到"盖"，在你先前重命名圆柱体网格到"罐"时用过该
　　方法。

（7）切换到 Model 选项卡，应一直选择盖网格。

（8）单击 Move 按钮，然后单击并拖入侧视图中，移动顶盖，将其打开，
　　并从罐体的其余部分打开到一侧。

（9）单击 Rotate 按钮，然后单击并拖入侧视图中，旋转顶盖，就像你向
　　后弯曲顶盖（见图 13.10）。

图 13.10　顶盖打开的罐体

（10）如有必要，重复步骤（8），准确定位顶盖。你需要在另一个视图中调整顶盖，这取决于你初始移动顶盖的方式。

（11）选择 Groups 选项卡，并单击 Regroup。顶盖面将成为其自己群的一部分。

（12）选择 Edit→Duplicate Selection。将在原来顶盖的位置形成另一个顶盖。

（13）从菜单栏选择面→颠倒顶点顺序。这将颠倒顶盖面的常量，从其他方向也可以看到顶盖。面的常量的最简单的解释是，一个面面向的方向。

（14）在 Groups 选项卡上，单击第一盖群，然后单击群区域中的 Select 按钮，增加原顶盖到你选择的位置。

（15）一起选择 Vertex 和 Weld。原顶盖从一侧是可视的，复制品从另一侧也是可视的。它们分享准确相同的顶点。

如果你旋转 3D 视图中的罐体，你将在两侧都能看到顶盖部分。你同样也将注意到罐体的内部是黑色的，这是因为对内部来说没有任何表面是标准化的，正如首先顶盖在侧面没有标准化表面一样。

提示

你可能在想，为什么无须指定材料到你利用复制指令创建的新表面上。所发生的即为：当你对原表面和新表面一起分组时，指定到原顶盖面的材料自动指定到新群。

（16）重复先前步骤，但是这次为罐体创建一套对内部标准化的表面，然后一起分组。你可以使用 UV 映射和 Gimp 技术，为罐体创建一个更加现实的金属内部，而不是仅重复内侧的内部皮肤。

（17）保存你的工作——你永远不知道什么时候需要一罐美味的汤！

因此，这就是我们需要的。你已经使用一对形状原始物体制作出了对象的模型。并且，你已经学到制作双面纹理、旋转和移动网格（或群）以及指定皮肤的方法。发掘你的新能力，试用一下其他的原始物体。

菜单

MilkShape 能表现出比我们刚才检查的更多的特性和操作功能。在接下来的章节，你会学到如何制作更难、更有挑战性的形状，如玩家性格、车辆和武器。

在本章，我们将详细地了解一下程序。

大多数但并不是所有菜单都对按键指定快捷键。通常，最常用的按键有快捷键。如果你想增加你自己的快捷键，你可以使用插件程序设置快捷键。我们讨论 Tools 菜单时将涉及插件程序的使用。

文件菜单

在大多数 Windows 程序中，文件菜单（见图 13.11）中的操作功能既与文件创建和保存有关，也与现有文件的特性或内容的全局变动有关。更多详细信息见表 13.3。

图 13.11　文件菜单

表 13.3　MilkShape 文件菜单

指令	说　明
New	创建一个新空白工作区。如果当前工作区不是空的，那么提醒用户保存更改或无需保存继续操作。一次仅能打开一个工作区。
Open	使用标准打开对话框打开一个现有的 MS3D 格式化文件。
Save	如果当前工作区有名称，保存当前工作区为一个 MS3D 文件；如果要对工作区重命名，则指令的作用即为另存为。
Save As	要求用户以新文件名保存工作区内容。
Merge	合并两个 MS3D 文件：当前工作区和另一个从文件中选择的工作区。
Import	出现一个文件导入插件程序子菜单。一旦选择一个导入插件程序，该指令的作用即为打开指令，除了一些在用户对话框中提供导入选项的插件程序。
Export	出现一个文件导出插件程序子菜单。一旦选择一个导入插件程序，该指令的作用即为打开指令，除了一些在用户对话框中提供附加导出特定选项的插件程序。
Preferences	出现 Preferences 对话框。允许用户设置可定义全局性的应用属性和特性。
Recent Files	出现四个最近使用过的文件的列表。从该列表中选择，使用户可快速打开最近使用过的文件，无需重复浏览硬盘。
Exit	退出 MilkShape 程序。如果还没有保存，提醒用户保存更改。

编辑菜单

MilkShape 编辑菜单（见图 13.12）包含用户修改模型时辅助用户的指令。不包括剪切、复制或粘贴，但是以相似纹理提供指令，进行复制、隐藏和选择对象。更多详细信息见表 13.4。

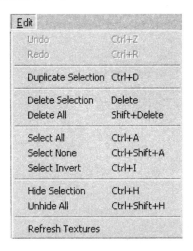

图 13.12　编辑菜单

表 13.4　MilkShape 编辑菜单

指　令	说　明
Undo	还原工作区到用户最后一次操作前的状态。
Redo	还原工作区到撤销操作前的状态。
Duplicate Selection	复制所有选择的对象到适当的位置。该指令选择新复制对象并撤销选定之前选择的对象。
Delete Selection	删除当前选择的对象。
Delete All	不管其选择状态，删除工作区的所有对象。
Select All	选择工作区的所有对象。
Select None	撤销选择工作区的所有对象。
Select Invert	撤销选择所有已选择的对象，并选择所有未选择的对象。
Hide Selection	从视图中隐藏选择的对象。使用工具箱的 Group 选项卡隐藏到各组。
Unhide All	显示工作区的所有对象。
Refresh Textures	从磁盘中重新加载材料中使用的所有纹理。

顶点菜单

通过 Vertex 菜单（见图 13.13）你可以在模型的顶点上进行多种操作。在大多数情况下，你需要保证你在模型中已经选择了顶点，或至少对 Vertex 设置了选择模式。更多详细信息见表 13.5。

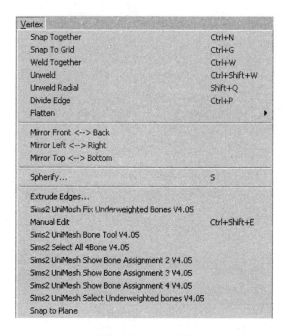

图 13.13　顶点菜单

表 13.5　MilkShape 顶点菜单

指　令	说　明
Snap Together	对齐所有选择的顶点。所有选择的顶点的中间点成为顶点的新位置。
Snap To Grid	移动所有选择的顶点，与最小的网格 X、Y 和 Z 位置成一条直线（观察最小网格位置，逐渐放大）。使用 Preferences 菜单中的 File 改变网格大小。
Weld Together	在存在多个顶点的精确点处创建一个顶点，只将选择的顶点结合在一起。这是将两个或多个对接面的接缝结合在一起的方法。

续表

指　令	说　明
Unweld	每个选择的顶点分成多个顶点。创建的顶点的数量取决于与原单个顶点结合的面的数量。例如，有三个面的顶点将被分成三个顶点。
Unweld Radial	与结合解除方法一样，但是会使结合解除顶点以圆形方式移动，彼此离开的很远。顶点从原点移动，在原点处，顶点结合解除了原点到最近边的距离的一半。
Divide Edge	将两个选择的顶点之间的面划分成两个面。程序对选择的两个顶点起作用。没有共同面，程序对顶点无作用。
Flatten	出现用户对齐所有选择的顶点到 X、Y 或 Z 平面上的相同点的子菜单。该子菜单与 Snap Together 子菜单相似，但是仅在一个轴上起作用，而不同时在三个轴上起作用。
Mirror Front ＜－－＞ Back	沿着 Z 轴反射或翻转当前选择的对象。
Mirror Left ＜－－＞ Right	沿着 X 轴反射或翻转当前选择的对象。
Mirror Top ＜－－＞ Bottom	沿着 Y 轴反射或翻转当前选择的对象。
Spherify	计算边界球面，尝试将选择的顶点置于球面上。这在三维空间会受到限制，可以手动设置边界。
Extrude Edges	使多边形的边挤压成形。
Manual Edit	在 X、Y 或 Z 平面上，以浮动小数点精度来使一个选择的顶点精确布局。
Snap to Plane	将所有选择的顶点（通常为四个或更多）与共同平面对齐，这个平面为选择顶点的所有平面计算出的平均平面。

面菜单

面菜单（见图 13.14）提供在工作区生成三角形和面的指令。更多详细信息见表 13.6。

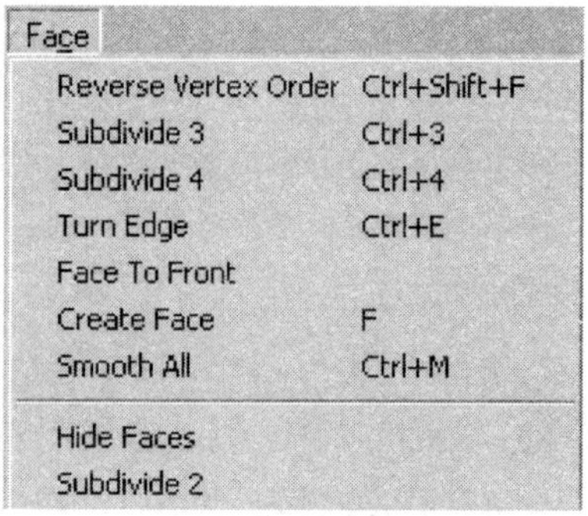

Face
Reverse Vertex Order   Ctrl+Shift+F
Subdivide 3   Ctrl+3
Subdivide 4   Ctrl+4
Turn Edge   Ctrl+E
Face To Front
Create Face   F
Smooth All   Ctrl+M

Hide Faces
Subdivide 2

图 13.14 面菜单

表 13.6 MilkShape 面菜单

指 令	说 明
Reverse Vertex Order	更改顶点卷绕次序，这将更改（取消）面的法线。按照当前顶点次序，转动里面或外面的面。顶点逆时针卷绕形成一个对象的向外面。
Subdivide 3	将每个选择的面划分成三个面，一个面变成三个面。
Subdivide 4	将每个选择的面划分成四个面，一个面变成四个面。
Turn Edge	操作两个共用一个边的三角形。移除共用边，在两个顶点（每个三角形一个顶点）间创建一条新边，这两个顶点不是先前用边结合的顶点。
Face To Front	用于选择的面上，逆时针更改所有顶点的顺序、面向外顶点的次序或卷绕。
Create Face	使用三个顶点简化面的自动创建（不同于 Faces 工具）。
Smooth All	创建模型后，改正所有面的法线，因此法线角从面到面均匀变化。
Hide Faces	使用对话框隐藏透视图的面。
Subdivide 2	将每个选择的面划分成两个面，一个面变成两个面。

动画菜单

动画菜单（见图 13.15）用于通过 Keyframer 操作模型中的动画帧。更多信息见表 13.7。

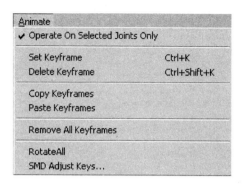

图 13.15　动画菜单

表 13.7　MilkShape Animate 菜单

指　令	说　明
Operate On Selected Joints Only	当打开（选定）子菜单项，只有当前选择的结点为关键帧存储姿势数据。
Set Keyframe	储存骨架的姿势到当前关键帧（无论是关键帧数字框中的哪个关键帧）。
Delete Keyframe	从当前关键帧清除存储的骨架姿势。
Copy Keyframes	从当前关键帧复制骨架姿势。为了准确地进行复制，用户必须首先在关键帧中选择骨架进行复制。
Paste Keyframes	粘贴复制的骨架姿势到当前关键帧。粘贴关键帧后，你需要立即设置关键帧，以便保存骨架姿势。
Remove All Keyframes	清除动画时线所有关键帧处的所有存储的骨架姿势。该菜单实际上和删除动画的效果是一样的。
Rotate All	旋转动画时线所有关键帧处的所有存储的骨架姿势。
SMD Adjust Keys	调整 SMD 型动画键。

工具菜单

工具菜单（见图 13.16）为机内工具和用户插件工具提供入口。可用功能与工具箱中可用的工具不相同。这是模糊电位源。关于工具菜单的更多详细信息，见表 13.8。

Tools	Half-Life	▶
	Quake III Arena	▶
	Unreal Tournament	▶
	Decompile Genesis3D ACT...	
	Compile Quake1 MDL...	
	Show Model Statistics	
	Positioning Tools	
	Clean	
	DirectX Mesh Tools...	
	Height Map Generator	
	Joint Tool	
	Lathe..	
	Kratisto's Half-Life MDL Decompiler v1.2	
	Model Information V1.7	
	NovodeX Object Description Script ODS...	
	Mirror All...	
	Smooth Edges...	
	Extended Primitives...	
	Scale Animation	
	Selection Editor...	
	SelPolyCount	
	Sims2 UniMesh Identify Split Group V4.05	
	ShortCut & PlugIn Manager...	
	Snap	
	Stretch/Squish	
	Terrain Generator	
	Text Generator	
	Tile texture mapper..	
	Array...	
	Model Cleaner...	
	Explode	
	FatBoy...	
	JavaScript	
	Reverse Animation	
	Scale All...	
	Zero Joints	

图 13.16   工具菜单

表 13.8　MilkShape 工具菜单

指　令	说　明
Half – Life	该指令包含许多选项，用于创建和保存半衰期模型。
Quake III Arena	该指令将雷神之锤 3 的控制文件保存到 Save As 对话框的目录中。
Unreal Tournament	该指令包含使用默认虚幻竞技场骨架结构创建男女骨架的选项。
Decompile Genesis3D ACT	该指令使你对 Genesis3D 引擎使用的 ACT 模型进行反编译。
Compile Quake 1 MDL	该指令将编译一个 Quake 1 MDL 文件，用于 Quake 1 引擎。
Show Model Statistics	该指令可弹出一个显示统计数字的统计窗口，例如工作区面和定点的数量。
(assorted plug – ins)	可使用的插件程序工具的列表是用户使用快捷键和插件程序管理器可配置的。不是所有插件程序都分配 MilkShape。关于当前可使用的插件程序的说明，见 MilkShape 工具条。

MilkShape 插件程序

MilkShape 有很多插件，这大大增强了 MilkShape 软件的功能。本书写作时，知名的插件都列出来了，有的插件是不同文件格式的导入或导出过滤器，在此没有列出，只列出本书中用到的 Torque DTSPlus Exporter（MilkShape 中内置的标准 Torque Game Engine DTSExporter、Wavefront OBJ Importer 和 Exportor）。

- ms2dtsExporterPlus。该插件程序向 DTS 模型格式导出模型、动画和材料，与 Torque 引擎一起使用。

- ms2DTSExporterPlus。这是高级插件程序，用于向 DTS 模型格式导出模型、动画和材料，与 Torque 引擎一起使用。该插件程序在 Export 菜单的 File 中出现。它支持顺序文件导出、纹理动画、触发帧等。

- msSelectionEditor。该插件程序在 3D 视图中编辑选定内容。其中有许多选项，你可从此获得一些详细的信息。

- **msTimer**。该插件程序让你对创建某个模型所用的时间定时。
- **msEdgeExtrude**。该插件程序让你将各边挤压到各面上。
- **msJointTool**。该插件程序使你在分级结构的中间增加结点，从分级结构解除结点链接，并将顶点分配到最靠近的结点（某种"网格分配到骨架"工具）。
- **msSnap**。该插件程序不仅对齐到 10，而且对齐结点。
- **msToolArray**。该插件程序复制对象，然后将复制的对象按照用户规范置于 3D 空间中。
- **msVertexPlane**。该插件程序与 Vertex 中的 Flatten 指令相似，但它将选择的顶点对齐到平面，而不对齐单个点。
- **msToolFatBoy**。该插件程序将使模型变粗或变细。这对抓住玩家和怪物性格很有用。
- **msOperationMirrorAll**。该插件程序将在选择的平面上反映模型的一切信息，如骨骼、网格、动画——（所有一切）。
- **msToolReverseAnimation**。该插件程序将颠倒你已经下载的任何动画中关键帧的顺序。
- **msToolScaleAll**。该插件程序将缩放比例应用到工作区的所有对象上。
- **msSelPolyCount**。该插件程序显示选择的多边形、顶点和独特顶点的数量以及每组多边形的数量。
- **msBridge**。该插件程序创建一个连接先前独立的网格或群组的网格。
- **msTerGen**。该插件程序能生成随机地形或导入位图文件，用作高度映射表。
- **msTextGen**。该插件程序以文本格式生成 3D 对象。
- **msModelInfo**。该插件程序提供比限制模型统计数字指令更详细的模型信息。
- **msTIleTextureMapper**。该插件程序对平铺纹理几何结构生成纹理坐标。
- **msLathe**。该插件程序采用平面几何结构并围绕 X 轴转动，建立 3D 模型。

你可通过简单复制插件程序到 MilkShape 目录，然后运行 MilkShape，来安装插件程序。插件程序将出现在显示模型统计数字（Show Model Statistics）下的 Tools 菜单中。

窗口菜单

窗口菜单（见图 13.17）提供确定什么信息可在 MilkShape 窗口中使用以及信息如何显示的指令。更多详细信息见表 13.9。

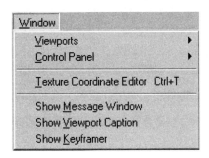

图 13.17 Window 菜单

表 13.9 MilkShape Window 菜单

指 令	说 明
Viewports	该指令呈现一个子菜单，让你选择可选择视口布局。有三个 2D 视图和一个透视图的四平面布局为默认布局。
Control Panel	该指令使用户设置工具箱帧是否出现在主窗口的左侧或右侧。右侧为默认设置。
Texture Coordinate Editor	该指令用于调整模型上纹理出现的位置。尽管很有用，但是不如 UVMapper 那样使用专用 UV 展开或映射工具。
Show Message Window	该选项显示，脚本输出窗口，它掌握编译具体游戏的各种模型的结果。
Show Viewport Caption	该指令显示以上出现的视口的详细信息。从左到右，这些详细信息为视图、可见区、附近裁剪平面和远处裁剪平面。
Show Keyframerr	Keyframer 是沿着主窗口底部的动画框。它用于创建动画骨架中的骨骼和结点的关键帧位置。

工具箱

退回到本章的开头（见图 13.2）是对工具箱中各种选项卡的内容的说明。在本节，我们将更加深入地探讨这些选项卡的作用。表 13.10 对每个工具箱选项卡的功能进行了简述。

表 13.10　MilkShape Toolbox 概述

选项卡	用　途
Model	用于安排顶点和形状原语并建立多边形和骨架。
Groups	包含用于群顶点和多边形的指令。Groups 由现有多边形创建。
Materials	处理材料的创建，包括准备从文件分配到群组的纹理。
Joints	包含操作和管理骨骼结点的工具。

通常情况下，在你使用工具箱中的功能时，你应知道我们首先要通过其中一个视图选定某个对象，然后使用其中一个工具箱指令在该对象上进行操作。这种名词和动词转换操作模式要求我们确定在采取每项措施前选择了合适的对象。

Model 选项卡

Model 选项卡（见图 13.18）包含创建和修改基本形状原语即顶点、面、圆柱体、球体和立方体（MilkShape 称为方框）所需的工具。表 13.11 显示 Model 选项卡按钮的功能。

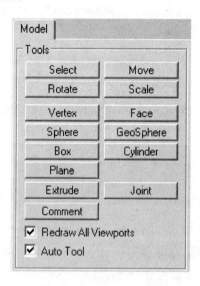

图 13.18　Model 选项卡

表 13.11 Model 选项卡的功能

按钮	说 明
Select	该工具将程序置于选择模式，因此用户可以选择任何对象或在其中一个线框视图上选择多个对象。一旦你出于选择模式，你可以规定四个不同选定目标类型中的一个：顶点、面、群或结点。你也有两种可选择设置：Ignore Backfaces 和 By Vertex（仅用于面选定模式）。
Move	该工具允许你通过单击适当的线框视图并拖动光标，移动任何选定的对象。你也可以在底部的 Move Options 框中键入数字，规定离散移动。
Rotate	该工具允许你移动并通过单击适当的线框视图并上下拖动光标，围绕一个单轴旋转任何选定的对象。你也可以在底部的 Rotate Options 框中键入数字，规定离散旋转和多轴旋转。
Scale	利用该工具，你可通过单击适当的线框视图并上下左右拖动光标，沿着每个视图中的两个可用轴中的一个更改任何选定的对象的尺寸。你也可以在底部的 Scale Options 框中键入数字，规定离散图象缩放和多轴图象缩放。
Vertex	使用该工具一次将个别顶点放到线框视图中。在每个不同视图中，顶点将被放在零轴位，这时，任何轴不出现在视图中。该工具无选项。
Face	使用该工具，你可连接个别顶点，一次创建一个面，一个顶点，用三个顶点定义一个面。Threshold 选项规定与你需要单击的顶点多接近才能增加顶点到你正在建立的当前面上。当你建立面时，在逆时针方向选择顶点，创建外部标准化面。
Sphere	该工具是一个形状原始工具。为了创建一个球体，仅单击并拖动线框视图中的光标。利用 Sphere 选项，你可规定组成球体的薄片（像馅饼中的薄片）或层（像薄烤饼的层）。
GeoSphere	使用该工具，通过不同的程序技术创建更多逼真的球体。你用与 Sphere 工具使用方法相同的工具，但是你仅可用 Depth 选项规定球体的复杂度。
Box	使用该工具创建立方体。只单击线框视图并拖动视图，直到达到你想要的尺寸。

按　钮	说　明
Cylinder	用与 Sphere 工具相同的方法使用该工具，甚至包括层和薄片的规格。Stacks 选项规定用多少层建立圆柱体。如果你想象一个层式蛋糕是一个矮胖的圆柱体，那么蛋糕的每层与该层是一样的。Slices 选项与比萨饼薄片的处理方式一样。当选择 Close with extra vertex 选项时，从末端看圆柱体，每个薄片都为楔形。 Close 选项在其他两个选项下的下拉菜单中，并规定是否在任意一端压盖或如何在任意一端压盖。如果你选择 Don't close（请勿关闭），圆柱体将以开口管出现。默认 Close 选项为"Close with extra vertex"。有其他两个 Close 选项，显示圆柱体两段压盖的可选方法。
Plane	使用该工具增加一个平面到一个场景上。该表面为正方形，有许多由水平区（HDivs）和 Plane 选项限定的垂直区（VDivs）限定的三角形组成。你也可用检验栏每行的 Turn 边和每栏的 Turn 边，规定各行和各栏的边的不同处理方式。
Extrude	该工具仅仅在面上起作用。如果你需要对齐两个面来创建一个平面，像一块纸板，你须使用该工具在特定方向延伸该表面，建立一个框。仅仅单击鼠标并拖动进行挤压。使用 Extrude 选项，你可规定在哪个方向进行延伸。通常，你只能在一个方向使用一次。绘制出挤压形状时，Smoothing 选项命令该程序为多边形绘出平滑阴影。
Joint	该工具放置特殊结点对象。它的使用方法和 Vertex 工具一样，除了当你建立新结点时，如果已经选定现有结点，那么新结点将被骨架附到前一个上。如果在 Joint 选项卡中打开 Show Skeleton 选项，骨架为可见的黄色。
Comment	该工具用来对整个模型做说明。
Redraw All Viewports	如果你打开该选项，每次你操作其中一个工具时，所有视口中的视图将重新画一次，反映你的更改。
Auto Tool	如果你打开该选项，程序将在任何工具和每次你完成一次操作的 Select 工具之间更换。该选项便于抓取和反复调整技术。

Groups 选项

你将经常需要将模型面组织成组，使模型有视觉感和逻辑感。无论你是否将其组织成为网格，使模型有视觉感或仅仅组织成为逻辑组，你都要用 Groups 选项卡进行操作，如图 13.19 所示。Torque DTS 导出器使用名称冲突的特殊组限定冲突网格。表 13.12 显示 Groups 选项卡的功能。

图 13.19　Groups 选项卡

表 13.12　Groups 选项卡功能性

按　钮	说　明
Group Selection Box	该按钮在上部的白色区。它包含群组名称，每条线一组。在进行组操作前，你始终需要从该框中选择一组。
Select	当你使用该工具时，列表中当前选定的组将成为线框视图中选定的组，也就是，它将被绘制成红色。每次你选择一个不同的组并单击 Select 工具时，该组被添加到每个视图的选定组。

续表

按　钮	说　明
Hide	使用该工具，你可使选定组的面和顶点不可见。这有利于整理视图，保证你不会选定错误的部位进行另一操作。
Delete	使用该工具从模型上永久清除群组。
Regroup	使用该工具，你从视图中选定任何模型元素（以红色显示）创建新分组。任何已经属于其他组的元素都从这些组中清除，然后添加到新组中。
Rename	选择一个组，在 Rename 框（按钮右边）中键入新名称，然后单击 Rename 工具。瞧！现在群组有了一个新名称。
Comment	在 Group Selection 框对选定的组中添加说明。
Up & Down Buttons	这些按钮上下移动 Group Selection 框中的突出显示组，这样用户可对这些组排序。这些按钮不包含模型信息，但是有一个特征：使用户根据其自身的喜好对组进行排序，因此能轻易找到一个特殊组。
Smoothing Groups Select	单击该按钮，然后单击其中一个 Smoothing Group 数字，选择分配到 Smoothing Group 的多边形。Smoothing Groups 可在已经分配的数字上进行选择。
Smoothing Groups Assign	当你选择了一组多边形，你可单击该按钮，然后单击 Smoothing Group 数字，将所有选定的多边形分配到 Smoothing Group。其他组的多边形可添加到相同组，无需修改 Smoothing Group 先前的内容。
Smoothing Group Numbers	这些数字是多组多边形的存储库。它们能使多边形分配到这些数字并从这些数字上选择。如果选择 Auto Smooth 复选框，分配多组多边形到 Smoothing Group 数字会形成平滑阴影（必须运行 Smooth Shaded 明暗处理，观察效果——鼠标右击 3D 透视图，并从弹出菜单中单击 Smooth Shaded）。
Smoothing Group Clear All	该按钮从 Smoothing Group 数字清除分配的 Smoothing Groups。多边形将保持平滑阴影，但是多边形将不会在相同组中。
Smoothing Group Auto Smooth	当分配 Smoothing Groups 时，保证检查你希望选定的多边形是否有平滑阴影。

Materials 选项卡

使用 Materials 选项卡（见图 13.20），你可限定将要应用于模型的皮肤纹理以及显示纹理的特性，使用特殊材料将某个模型特性限定到 Torque DTS 导出器。表 13.13 说明了 Materials 选项卡的功能。

图 13.20　Materials 选项卡

表 13.13　Materials 选项卡功能性

按　钮	说　明
Material Selection Box	该选项在上部的白色区。它包含材料的名称，每条线即一种材料。你在进行材料操作前，始终需要从该框中选择一种材料。
Material Preview	显示当前选择的材料，映射到球体上。你可单击并用鼠标拖动球体，观察材料映象的隐藏部分。

按 钮	说 明
Ambient	使用该工具，即可打开一个颜色选择器窗口，用以设置材料所在环境的环境光。该属性影响颜色和材料反射的颜色强度。
Diffuse	使用该工具打开一个颜色选择器窗口，用以设置材料直接反射的光。该属性对材料颜色有最大的影响。
Specular Button & Specular Slider	使用该工具设置材料的镜面高光。基本上，选择亮色将在所选色的材料上建立高光。移动其下的滑动块改变高光的焦点。高光能从显示为小点到好像对象浸没在白炽光中之间变化。
Emissive	使用该工具打开一个颜色选择器窗口，用以设置颜色和材料发出的光的强度。该属性将在材料周围以辉光出现。
Transparency Slider	位于 Emissive 按钮下的滑动块调整透明地图，将其应用到纹理的透明度和纹理分配到的面。你必须单击 Assign 或单击视口，更新模型，反映你的更改。
Texture Browse Button	含有纹理名称，若没有选择纹理，则为 < none >。使用该工具选择一个应用到该材料的纹理。单击将出现一个 Windows Explorer 浏览框，从中可以选择图像文件。该按钮旁边的 None 按钮可以从材料中移动纹理文件。
Alphamap Browse Button	该按钮位于 Texture Browse 按钮的正下方。它包含透明地图纹理，若没有选择纹理，则为 < none >。在旧版的 MilkShape 3D（1.7.0 版之前的版本）中，该按钮可使透明地图应用到材料中。可使用黑白图像清除可能有洞的纹理区域。黑色隐藏；白色完全可见；而使用灰色变化达到半透明是可能的。该按钮旁边的 None 按钮可从材料中清除透明地图文件。 在旧版的 MilkShape 3D（1.7.0 版之后的版本）中，透明地图对材料无影响。使用一个 32 位纹理达到纹理透明区域（Alpha 通道），该 32 位纹理对每个像素纹理都有一个 Alpha 组分，如 TGA 及 PNG 文件格式。 包含 Alpha 通道的纹理便于应用纹理的详细信息，其中，通常通过向模型增加额外的几何结构应用详细信息，因此在材料中使用透明区使用户减少几何复杂性。

3D GAME PROGRAMMING ALL IN ONE

续表

按 钮	说 明
SphereMap	检查该框，将当前材料变成 spheremap 材料。该选项基本上将模型表面变成了材料反射表面，非常像一个环境映射图。
New	当单击 New 按钮时，将创建一个默认属性的新空白材料，无纹理或 alphamap 文件，有一个默认名称。
Delete	要删除材料，选择 Material Selection 框中的 Delete，然后单击 Delete 按钮。该操作可从工作区直接删除材料，因此是明智之选。
Rename	要对材料进行重命名，选择 Material Selection 框中的 Rename，在 Rename 按钮右边的框中键入希望的名称，然后单击 Rename 按钮。
Assign	在 Material Selection 框中使用该工具，将选择的材料分配到选定的组中。
Select By	该工具拥有所分配的当前选择材料的所有对象。
Comment	该工具用于在 Material Selection 框中对选择的材料做说明。

Joints 选项卡

使用 Joints 选项卡（见图 13.21），你可以规定它用于动画的骨架的结点。结点也可以用作特殊节点概念的替代物，Torque DTS 导出器使用这些特殊节点。表 13.14 说明了 Joints 选项卡的功能。

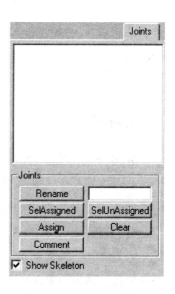

图 13.21 Joints 选项卡

表 13.14　Joints 选项卡功能性

按　钮	说　明
Joint Selection Box	该选项在上部白色区。它包含结点名称，每条线一个结点。在结点上进行操作时，你始终需要从该框选择一个结点。
Rename	该选项的功能与其他选项卡中的 Rename 工具一样。选择一个结点，在 Rename 按钮右边的框中键入一个新名称，然后单击 Rename 按钮。
SelAssigned	在你已经选择一个结点后，单击该按钮选择所有分配到特殊结点的顶点。
SelUnAssigned	单击该按钮，选择未分配到所选结点的所有顶点。
Assign	使用该工具将顶点分配到结点。要进行此操作，从 Model 选项卡中选择 Select –（Vertex）工具，突出显示你希望将顶点分配至 Joint Selection 框中的结点，然后选择顶点并单击 Assign。
Clear	单击该按钮，清除所有分配的顶点（从附件到 Joint Selection 框中所选择的结点）。
Comment	用于对 Joint Selection 框中所选择的结点作说明。
Show Skeleton	操作该选项显示或隐藏骨架。

关键帧

Keyframer（见图 13.22）是用于限定你的模型动画的特殊工具。使用 Keyframer，你可在一个模型中节约骨骼位置。然后你通过储存多个关键帧到 Keyframer 并重放，产生动画。

有一套管理重放的控制键。通常，发生变化的帧需要由用户进行设置——关键帧。关键帧是动画的关键。MilkShape 3D 将在关键帧之间填写姿势或位置。你必须单击右下方的 Anim 按钮，以对 Keyframer 起作用。

表 13.15 描述了 Keyframer 的主要功能。

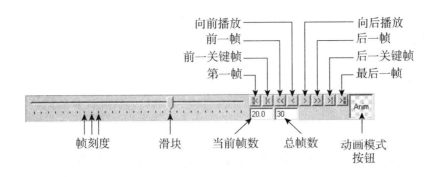

图 13.22 Keyframer 的功能

表 3.15 Keyframer 的功能性

组 件	说 明
Keyframe Slider	使用该滑动块，在播放前预览动画。使用该滑动块，你可利用鼠标在帧之间前后自由移动，无需单击 Play Forward 按钮和 Play Backward 按钮来看动画。滑动块用于在较小动画中选择动画帧，使用 Current Frame Number Box 选择具有许多（大约十二个以上）帧的较大动画的帧。
Playback Controls	重放控制键以与 VCR 或 DVD 播放器相似的方法观看 MilkShape3D 动画。从左边开始，按钮分别为 First Frame、Previous Keyframe、Play Backward、Play Forward、Next Frame、Next Keyframe 和 Last Frame。所有这些指令用于将模型更新到当前帧，并且滑动块移动到适当帧。
Current Frame Number Box	当你在动画中有大量帧时，使用该工具框，当选择帧时，滑块达不到你所希望的精确度。你可在此键入一个值，在动画中设置帧的数量。该工具框将接受一个整数，显示你希望的帧；滑动块和视图将发生变化，反射选择的帧。
Total Frames Box	在该工具框中，输入动画中需要的帧的数量。大多数造型者选择一个相对高的数值，这取决于模型的动作，在每种动作动画的后面，加入 3－4 帧的"空档"。如跑（Run），走（Walk），跳（Jump）和射击（Shoot）动画，先做好跑的动作留儿帧空白，再做走的动作留几帧空白，以此类推。
Animation Mode Button	该按钮使 Keyframer 运行。该按钮像触发器一样工作：当向下时，Keyframer 启动；当向上时，Keyframer 关闭。

Preferences 对话框

通过选择 Preferences 中的 File 打开的 Preferences 对话框（见图 13.23）有两个选项卡。Viewport 选项卡用于设置视口属性，而 Misc 选项卡提供其他设置。表 13.16 提供这两个选项卡的各自详细设置信息。

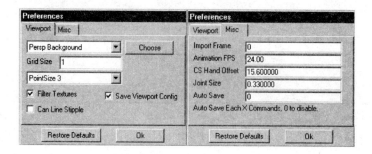

图 13.23　Preferences 对话框

表 13.16　Preferences 选择项

组　件	说　明
Property Selection	使用 MilkShape，用户可自定义建模时使用的组件颜色。下拉列表包含组件名称，然后单击下拉列表旁边的 Choose 按钮选定选择的组件的颜色。以下为颜色自定义组件的完整列表： 透视背景（3D 视图） 正交背景（2D 视图） 透视网格 正交网格 X 轴 Y 轴 Z 轴 顶点 选择的顶点 面 选择的面 骨架 选择的骨架 选择的结点 键控骨架

组 件	说 明
Grid Size	使用该控制选项设置线框视图的网格线间隔。默认网格尺寸为 1×1，这样使得网格间距为最小值。你使用的网格尺寸通常取决于你建立的模型比例。
Point Size	使用该控制选项规定线框视图中显示的顶点。较大点尺寸更容易看见和单独选择，但是这些较大点尺寸更有利于低视图放大率的拥挤区域的模糊模型元件。
Save Viewport Config	当打开 MilkShape 3D 时，世界视口的方向和位置都设置在默认位置。启动该选项意味着当你关闭 MilkShape 3D 时，视口位置被保存，因此当你下一步启动 MilkShape 3D 时，视口将保持其位置和方向。
Filter Textures	当设置该选项时，打开 mipmapping 纹理过滤器。该选项将修匀纹理，因此光栅化像素不容易看见。
Can Line Stipple	当移动、缩放或挤压对象时，MilkShape 绘制出显示操作向量、表示出方向和幅度的导线。这通常是一条实线，但是通过选项设置，它可以变为一条虚线或点线。也可以点绘框线，进行多项选择。
Import Frame	该选项可使用户使用 Morph Target Animation 机制，规定动画帧从 MD2 或 MD3 文件导入。
Animation FPS	该选项规定每秒帧（FPS）的动画重放速度。
CS Hand Offset	该选项用于规定反编译 CounterStrike 模型任意一侧的偏移量。
Joint Size	该选项使用户可以设置用于 MilkShape 的结点的显示尺寸。你应更改反映你建立的模型比例的尺寸。
Auto Save	该选项使你可以规定程序自动保存工作的频率。频率由你在保存之前进行的操作的数量确定。该选项可成为救生员，但是如果你设置的值太低——尤其如果你正在做大量实验或频繁未取消先前的操作，该选项可能是有害的。设置值大约为 10 时，工作正常。
Restore Defaults	该选项将使所有 MilkShape 3D 首选项复位，包括所有从 Properties 窗口存取的特性以及视口配置。热键分配不会受到影响。

其他功能

MilkShape 拥有一些我们没有深入探讨的其他功能，其中至少值得我们自豪地提及的两个功能为 Texture Coordinate Editor 和 Message Panel。

Texture Coordinate Editor 提供原语纹理映射功能。它具有一些防止在适度复杂的模型中使用相当严格的限制条件。最大的限制条件是：它不能独立打开网格。由于这个原因，我们使用外部工具，如 UVMapper。UVMapper 可能有点难用，因为没有集成，但是它的效果是较好的，提供更多的灵活性和控制。

Message Panel 显示执行插件程序和建模指令的输出。这对理解 MilkShape 是如何工作是很有用处的，但是它占据的屏幕空间是有缺陷的。

二、UVMapper

在本章前，甚至在第 9 章之前，我们使用 Steve Cox 创建的 UVMapper 程序帮助我们对模型建立皮肤。按照约定，这部分详细讲述了 UVMapper。在本书中，我们不会涉及每个细节，而是集中于我们能应用到自身需要的详细资料。

关于 UVMapper，首先要了解的是：按照 Alias Wavefront 程序创建的 UV-Mapper 只能在以 OBJ 格式保存的模型上工作。涉及的 UV 打开原则对所有相似工具都是一样的。UVMapper 的作者也创建了 UVMapper 程序，即一个具有较多特性和更多灵活性的较新版本。companion CD 包括一个 UVMapper 程序演示，即一个限制版本（你不能保存我们需要进行的输出）。如果你想稍后检验增强的特性，那就去体验吧！

File 菜单

如大多数程序所证实的，UVMapper 的 File 菜单提供了加载、保存、导出和导入文件的指令，如表 13.17 所示。

Edit 菜单

Edit 菜单是 UVMapper 的真实功能所在。表 13.18 提供了更多信息。

表 13. 17　UVMapper 的 File 菜单

指　令	说　明
Load Model	从文件中加载一个 Wavefront OBJ 格式化模型。加载后，你将在 UV-Mapper 窗口看到纹理映象布局。如果你看不到，则模型中不包括纹理坐标。你可选择 Edit 中的 New UV Map（见表 13.18）。
New Model	该指令向你提供了从形状原语添加或创建你自己的模型的方法。原语为方框、骨架、圆柱体、球体和环面。
Import UVs	使用该指令，你可从一个模型导入单独保存的 UV 坐标数据。
Save Model	使用该指令保存你已经与原先导入的模型一起创建的 UV 映射数据。
Save Texture Map	你可使用该指令保存纹理映象图。然后你可载入该图像，作为模板进入程序，如 Gimp 程序，以便应用"艺术魔法"
Export UVs	使用该指令，可只导出你已经创建的 UV 纹理坐标，不会导出其他模型数据。

表 13. 18　UVMapper 的 Edit 菜单

指　令	说　明
Settings	利用该指令，你可规定在你的屏幕上有多少像素对应一个单个测量单位。你使用的值取决于你创建的模型的比例。
Select By	该指令为你提供了通过面或定点选择屏幕上对象的功能。
Color	该指令将使你展示你是如何区分显示器的不同部分。你的选择为 Black and White（无区分）、by Group、by Material 和 by Region。该功能在处理复杂模型时很方便。
Tools	该指令提供三个不同功能：Fix Seams、Split Vertices 和 Weld Vertices。MilkShape 提供这些相同的功能，但是在这儿了解这些功能也非常棒。
Select	该命令帮助对象选择功能。该指令有五种模式：All、None、by Group、by Material 和 by Region。by Group、by Material 和 by Region 这三个选项，如果这些实体真实地存在于模型数据中，当使用 Milk-Shape 时，妥善命名群组（网格体）操作 groups Mashes，对 UVMapper（贴图编辑）能极大地提高效率。
Assign	使用该指令将选择的对象分配到现有群组、材料或区域。你通常将在建模程序中再次分配，但是如果你意识到你已经忘记将某些面分配到一个特定组中，那么拥有该功能是非常好的。

续表

指 令	说 明
Rotate	该指令使你围绕三个轴中的任意一个——或者同时三个轴（如果你愿意）旋转选择对象。
New UV Map	该指令提供多种不同打开方法：Planar、Box、Cylindrical、Cylindrical Cap 和 Spherical。在此可使用的选项非常多，因此这些选项在本章的后面有所描述，称之为 UV Mapping。
Tile	该指令是 Select 指令的补充。使用 Tile，你可规定程序显示模型的不同部分的方式；根据群组、材料或区域可将不同部分直观组织（平铺显示）。

Help 菜单

Help 菜单为用户在使用程序时提供一些帮助。表 13.19 提供更多详细信息，表 13.20 提供 UVMapper 热键列表。

表 13.19　UVMapper 的 Help 菜单

指 令	说 明
Statistics	该指令将报告你的模型现状。告诉你顶点、纹理、法线、面和材料的总数。当你正在编辑一个模型时，记住 UVMapper 将临时增加分配给模型的纹理坐标的数字，因此这并不是对纹理坐标的实际数字的一个很好表示法。获得该信息更精确的方法可从 MilkShape 建模工具中获得。
Dimensions	该指令将为你提供模型整体几何尺寸。该指令将报告三个轴（X 轴、Y 轴和 Z 轴）的最小和最大值。
Hot Keys	该指令将为你提供可使用的热键列表（表 13.20 包含一个 UVMapper 热键列表）。
About UVMapper	该指令为你提供关于版本、联系作者的方式以及获得程序更新版本的地方信息。

表 13.20　UVMapper 热键

键	说　明
Esc	清除选择，撤销更改
Enter	清除选择，保存更改
Shift + number key	增加调整大小/移动量
keypad *	选择对象的尺寸放大四倍
keypad /	选择对象的尺寸缩小四倍
keypad +	增加选择对象的尺寸
keypad -	减小选择对象的尺寸
keypad #	移动选择对象
=	使选择对象最大化
.	使选择对象与面对齐
[	隐藏选择的面
]	显示选择的面
\	打开关闭面
,	隐藏未选择的面
uU/vV	调整选择对象的大小（微调）
x/X/y/Y	调整选择对象的大小（粗略）
Ctrl + x	水平翻转选择对象
Ctrl + y	垂直翻转选择对象
Ctrl + b	载入背景
Ctrl + c	清除背景
Ctrl + u	水平翻转背景
Ctrl + v	垂直翻转背景
Tab	切换背景显示
t	将对象分成三角形
Insert	检查退化面

UV 贴图

当你选择 Edit 中的 New UV Map 时，将有五种不同打开方法供你选择：

Planar、Box、Cylindrical、Cylindrical Cap、Spherical

在此对每种方法进行详细描述。有时,甚至当你准确地知道应该使用哪种打开方法时,结果也会令你很惊讶,因此不要害怕试验。只要你已经加载了一个模型,就可继续尝试不同设置的不同打开方法。每次这样做时,程序都从清除开始,因此你不必担心取消你先前的工作了。

Planar

当你使用 Planar 法时,将出现一个如图 13.24 所示的对话框。表 13.21 将提供关于使用 Planar 法的详细信息。

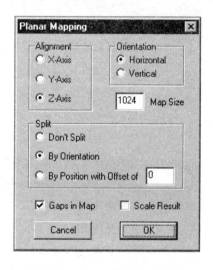

图 13.24 Planar Mapping 对话框

表 13.21 Planar Mapping 选项

选 项	说 明
Alignment	该选项可指定映射模型的轴。
Orientation	该选项可改变纹理映象模板的布局。当你使用 Split 选项(如该表后文所述)时,它仅仅具有一个效果。如果你选择 Don't Split,Orientation 选项没有任何效果。当你将模型分成前后两部分时,你可以并排(水平)布局这两半,或者上下(垂直)布置。你想使用的方式取决于模型的几何结构。如果在使用平面映射后,你不喜欢纹理映象的布局,可更改该选项。

续表

选 项	说 明
Map Size	该选项将规定纹理映象模板的最大尺寸。根据模型，它可能是垂直的或是水平的，但是保证纹理映象既不超过宽度值也不超过高度值。一侧等于该值，而另一侧进行相应地测量。
Split	该选项使你将纹理映象分成前后两部分（要调整这两部分的布局，请参考本表的 Orientation 选项）。你有三个选择： Don't Split：得到的贴图是前、后面重叠在一起。 By Orientation：计算面的法线，布置所有面向一侧眼睛的面和所有远离另一侧眼睛的面。 By Position with Offset of：允许依据模型的形体而不是朝向分割。
Gaps in Map	该选项使你将纹理映象上的方框各边分离。例如，如果各侧接触，有时你会看到正前方的像素的一侧。
Scale Result	使用该选项规定最后的纹理映象的大小。

Box

当你使用 Box 法时，将出现一个如图 13.25 所示的对话框。表13.22 将提供使用 Box 法的更多信息。

Cylindrical

当你使用 Cylindrical 法时，将出现一个如图 13.26 所示的对话框。表13.23 将提供关于使用 Cylindrical 法的详细信息。

图 13.25　Box Mapping 对话框

表 13.22　Box Mapping 选项

选　项	说　明
Map Size	该选项将规定纹理映象模板的最大尺寸。根据模型，它可能是垂直的或是水平的，但是保证纹理映象既不超过宽度值也不超过高度值。一侧等于该值，而另一侧进行相应地测量。
Split front/back	设置该选项可将模型分成六部分：前部、后部、顶部、底部、左侧和右侧。如果你想结合顶部和底部，不选定该选项，模型则仅被分成三部分。
Gaps in Map	该选项使你将纹理映象上的方框各边分离。例如，如果各侧接触，有时你会看到正前方的像素的一侧。
Scale Result	使用该选项规定最后的纹理映象的大小。

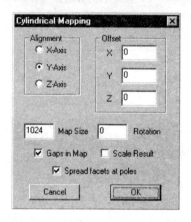

图 13.26　Cylindrical Mapping 对话框

表 13.23　Cylindrical Mapping 选项

选　项	说　明
Alignment	该选项可使你指定映射模型周围的轴。
Offset	当你用其中一个方法（Cylindrical 法、Cylindrical Cap 法或 Spherical 法）映射一个模型时，模型围绕一个中心点映射。使用每个轴的最大几何值和最小几何值计算出该中心。该选项对映射一个真实的球体或圆柱体非常有用，但是如果你有一个模型，也可以说有一个在其侧面有峰值的球体，计算出的中心可能不是你希望的。使用该选项调整已计算出的模型的中心。

选 项	说 明
Map Size	该选项将规定纹理映象模板的最大尺寸。根据模型，它可能是垂直的或是水平的，但是保证纹理映象既不超过宽度值也不超过高度值。一侧等于该值，而另一侧进行相应地测量。
Rotation	如果有，使用该选项规定施加到最后得到的纹理映象图像模板的转数。
Gaps in Map	该选项可使你分开纹理映象上的圆柱体的各个侧面。例如，如果各个侧面接触，有时你会看到正前方的像素的侧面。
Scale Result	使用该选项规定最后的纹理映象的大小。
Spread facets at poles	通常，当映射发生时，尤其在像"极点"（映象的顶部和底部，几乎与在地球的映象一样）这样的地方，多个面挤在一起。利用该选项设置，最后得到的映象将面分布在极点处，减少收缩效应。

Cylindrical Cap

当你使用 Cylindrical Cap 法时，将出现如图 13.27 所示的对话框。表 13.24 提供了使用 Cylindrical Cap 法的详细信息。该方法与 Cylindrical 法类似，除了假定你正在打开一个有端盖的圆柱体，好像罐体的两端都有密封盖。端盖分别从圆柱体的管道处映射。

图 13.27 Cylindrical Cap Mapping 对话框

表 13.24　Cylindrical Cap Mapping 选项

选　项	说　明
Alignment	该选项可使你指定映射模型周围的轴。
Offset	当你用其中一个方法（Cylindrical 法、Cylindrical Cap 法或 Spherical 法）映射一个模型时，模型围绕一个中心点映射。使用每个轴的最大几何值和最小几何值计算出该中心。该选项对映射一个真实的球体或圆柱体非常有用，但是如果你有一个模型，也可以说有一个在其侧面有峰值的球体，计算出的中心可能不是你希望的。使用该选项调整已计算出的模型中心。
Map Size	该选项将规定纹理映象模板的最大尺寸。根据模型，它可能是垂直的或是水平的，但是保证纹理映象既不超过宽度值也不超过高度值。一侧等于该值，而另一侧进行相应地测量。
Rotation	使用该选项规定施加到最后得到的纹理映象图像模板的转数。
Gaps in Map	该选项可使你分开纹理映象上的圆柱体的各个侧面。例如，如果各个侧面接触，有时你会看到正前方的像素的侧面。
Scale Result	使用该选项规定最后的纹理映象的大小。
Spread facets at poles	通常，当映射发生时，尤其在像"极点"（映象的顶部和底部，几乎与在地球的映象一样）这样的地方，多个面挤在一起。利用该选项设置，最后得到的映象将面分布在极点处，减少收缩效应。

Spherical

当你使用 Spherical 法时，将出现一个如图 13.28 所示的对话框。表 13.25 将提供关于使用 Spherical 法的更多信息。

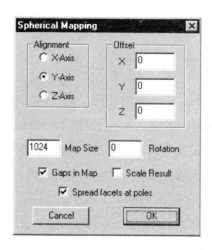

图 13.28 Spherical Mapping 对话框

表 13.25 Spherical Mapping 选项

选 项	说 明
Alignment	该选项可使你指定映射模型周围的轴。
Offset	当你用其中一个方法（Cylindrical 法、Cylindrical Cap 法或 Spherical 法）映射一个模型时，模型围绕一个中心点映射。使用每个轴的最大几何值和最小几何值计算出该中心。该选项对映射一个真实的球体或圆柱体非常有用，但是如果你有一个模型，也可以说有一个在其侧面有峰值的球体，计算出的中心可能不是你希望的。使用该选项调整已计算出的模型的中心。
Map Size	该选项将规定纹理映象模板的最大尺寸。根据模型，它可能是垂直的或是水平的，但是保证纹理映象既不超过宽度值也不超过高度值。一侧等于该值，而另一侧进行相应地测量。
Rotation	使用该选项规定施加到最后得到的纹理映象图像模板的转数。
Gaps in Map	该选项使你将纹理映象上的方框各边分离。例如，如果各侧接触，有时你会看到正前方的一像素的一侧。
Scale Result	使用该选项规定最后的纹理映象的大小。
Spread facets at poles	通常，当映射发生时，尤其在像"极点"（映象的顶部和底部，几乎与在地球的映象一样）这样的地方，多个面挤在一起。利用该选项设置，最后得到的映象将面分布在极点处，减少收缩效应。

三、本章小结

你有两个极为综合而且成本低的建模工具：Mete Ciragan 的 MilkShape 3D 和 Steve Cox 的 UVMapper。这两个人已经完成了一项创建共享软件和免费软件的程序的工作。他们不但值得我们喝彩和道谢，而且你也许会通过注册他们的共享软件程序给他们汇钱。费用极低，但是收益极大。

通过使用共享 Wavefront 文件格式，我们可以以互补的方式使用每个工具，创建我们游戏的模型。这是一个共享的主题，也要注意我们已经结合了 MilkShape，以相同方法使用了 Gimp——另一种低成本工具（事实上，是免费的！）。

在接下来的几章中，我们将着手研究 Big Jobs：动画人物、车辆和武器。如果你想按照自己的技术要求设计和建立一些模型，从而抽出相当长的时间加以练习，那么将不会费很大力气来学习 Big Jobs。

使用工具越多，犯的错误就越多，但是多思考你犯错的地方，然后靠自己想出更多的纠正措施，你就会更加熟练。

第14章

制作角色模型

在本章中，我们将逐步建立角色模型。我们将为其制作动画和皮肤。这将是一次长时间的紧张的旅程，坐稳了！我的妻子花了 30 个小时，几乎在一周内完成了本章。

嗯，是的，记住在建模和图形上花费的时间越多，得到的最终产品将越好。

一、建模技术

建模者使用了许多不同的方法或技术。不同之处在于从事指定工作所用到的工具或建模对象所使用到的数据。也使用了其他技术，在此不做叙述，这是因为我们正在为游戏建模，而且低多边形角色建模是我们需要遵守的基本原理。记住，一个模型上使用的多边形越多，规定的帧率在渲染帧中对模型的其他例图或其他模型使用的多边形就越少。在游戏中要考虑多边形预算。

形体图元

在二维空间中，图元是最简单的几何构造：点、线、矩形、椭圆形或圆形、弧形和其他曲线。我们可使用这些基本或"原始"2D 形体组合成所有其他更复杂的形体。在三维空间中，图元为平面或面、方框、圆柱体、球体、棱锥体或棱柱或楔形物、圆锥体和弓形结构。当我们谈及三维空间的形体时，我们通常指的是模拟某个真实世界的固体对象的面的完全封闭的集合。因此，平面和面毫无疑问是 3D 图元，而它们通常包含于 3D 形体图元表中。

使用形体图元创建模型是创建低多边形角色模型的一个极其快速的方法，当然这也需要你的专业知识和对细节的观察。基本技术涉及了选择最适合你正在创建的模型部分的图元。基本形体必须包括足够的多边形和顶点，便于你调整形体，达到你的目标。

这就是我们在本章将用来建立角色模型的技术。

方框法

方框法是形体图元法的演变，由此我们从方框图元开始，然后按照我们的需要，将方框的面细分成更小的面，在模型成型时，可在模型中获得更多详分图。我们细分每个面时，会得到更多在周围可移动和放置的多边形。更多详分图意味着更多面，更多平稳度意味着更多面。当我们制作头部时，我们可从一个具有六个面的简单方框开始，以一个具有一百个面以上的复杂形体结束。

递增多边形构造法

递增多边形构造法是非常接近现实世界中用粘土建模的方法。一般情况下，用粘土雕刻涉及到了添加一些粘土创建尺寸和清晰度增加的形体。可戳、刺、修平和压紧粘土，直到精确地达到正在建模的对象。

使用递增多边形构造法，过程是相似的。我们在呈现建模部分的高点和低点的 3D 空间中应用顶点，然后我们建立三角形或连接这些顶点的面。从填土建模分离的点是我们通常未添加到其他面的顶端上的点，因为我们不需要固体提供给我们需要的量。但是在模型增高时将面添加到模型的现有拓扑结构上的原理，与我们仅添加需要的而不再添加有用的概念是一样的。

建模开始的最好方法是从多个方向（直接从正前方、直接从上方、从一侧或两侧）使用目标对象的图片或草图。从图片中我们可以知道建模部分的位置和形状，以及高点和低点。我们在 3D 视图中标记这些点，然后下一步从这些点创建面。

本方法可以慢慢进行。它易于出现很难纠正的错误，因为你可能在错误明了前，在错误实际出现的地方已经省略了许多步骤。

轴向挤压

从最简单的意义上来讲，你从原始对象（通常为一个方框，但是也可以为一个简单的面或三角形）开始，对其进行细分，然后选择个别多边形，将其挤压成网格，形成一般形体。当你细分对象时，你就增加了形体各侧的多边形个数。然后你调整和改进被挤压的多边形，形成模型的细部。该方法与使用轮廓图作为指导创建地理地形的模型、用硬纸板或胶合板建造地形，然后用相同的填料修平边缘的方法相似。

使用轴向挤压法，你可以限制其中一个轴（有时为各种形式组合的三个轴）的挤压，但是个别挤压仅发生在一个轴上。该方法通常对无生命的对象是局限性的，但是有时以该方法建立角色模型的某些部分。

角色建模时使用轴向挤压的一个例子是创建头部。一系列的平面轮廓（称为断面）由一个头部形成，然后每个轮廓在水平轴（水平贯通的轴）上的每个方向挤压一次。每个挤压网格通过顶点的平均个数与相邻断面的挤压网格结合。你实际上将在本章的后面部分和其他章节中获得进行挤压的信息。

任意挤压

任意挤压法与轴向挤压法有许多共同之处，除了必须在任意方向挤压基本形体外。如递增多边形构造法，该建模方法与粘土雕刻法相似。使用任意挤压法，可用机器建模。

地形形体贴图

地形形体贴图通常是建立地形模型使用的方法，类似轴向挤压法，除了

Chapter 14　Making a Character Model

地形形体贴图最适于自动化操作而不适于人工建模之外。

从地形意义上来讲，地形数据可从政府和私人资源处获得。该数据至少包括一个坐标系和一个真实地形地面上的每个贴图点的海拔。各种算法和许多可从文件中阅读该数据并渲染所述地形的 3D 视图的程序是可得到的。该数据文件的格式多种多样，文件格式取决于创建 DLG – O、DEM、SDTS 和 RG（仅以首字母缩写词命名）的机构。通常，该方法用于许多现有的地形信息系统（GIS）之一，其中有许多工具可将该数据转换成你在游戏建模中使用的格式。

混合法

混合类型为包罗万象类型。通常，在单个模型中结合一些方法要谨慎——使用该混合法对被创建部件的作用是最佳的。如果你发现自己混合了一些技术，很可能是将少量的递增多边形构造法与许多形体图元混合了，或者使用了与大量任意挤压法的一些图元。

最佳方法是你应该使用在目前情况下对你最有利的方法。

Torque 建模

当我们创建需要以 Torque 导出使用的模型时，有一些（但不是很多）必须遵守的法则。有最大影响的 Torque 建模问题是支持 Torque 的动画方案。Torque 具有最简单的内置支持，可在特定时间使用某些动画。你只需要以两种方法（我大约在一分钟后告诉你）中的一种创建动画顺序，当地命名动画顺序，导出动画，用（或不用（取决于所使用的方法））Torque 文件夹树适当位置的动画放置该模型，然后继续进行。从游戏模型创建到使用这一简短过程——包括在过程中执行这些步骤的工具，称为建模工具链。

Torque 以本书中涉及的两种方法支持动画。第一种方法是：使用嵌入动画，其中包含 DTS 文件中的模型和动画。第二种方法是：DSQ 或 Torque 混合动画顺序系统，它自身有两个重要特征，一是支持混合动画，同时可为同一模型播放不同动画；它还支持通过使用顺序文件（DSQ）格式从模型（DTS）中分离动画顺序。

使用任意一种方法，你可用你自己的骨骼、关节或节点命名系统创建自己的骨架，或使用 Torque 混合动画顺序系统。警告：如果你想一次播放一个以上的动画，你需要使用 Torque 混合动画顺序系统；如果你想使用 Ga-rageGames 提供具有 Torque 显示功能并采用 Torque 混合动画顺序系统的动画，你需要使用与其匹配的骨骼、关节或节点命名转换；如果你需要使用（由 Chris Robertson 制作的）DTSPlus Exporter，可导出顺序文件（DSQ）。你为什么不使用 GarageGames 的动画顺序呢？这里已经为你制作了三打（36个）动画！你只需创建实现你具体需要并使用为其他动画储存的顺序的动画顺序即可。

总之，即使你不使用 Torque 混合动画顺序系统而想使用嵌入动画方法，如果你想让 Torque 自动为你激活动画，你将依然需要确定你是否准确命名了你的动画。

表 14.2 有一个 Torque 将通过名称识别动画的综合列表，以及动画使用的描述。表 14.1 为最常见角色动画列表：

表 14.1　最常见角色动画列表

root	角色站立并来回走动
run	角色向前奔跑
walk	角色向前走
back	角色向后走
side	角色横向奔跑
look	角色的右胳膊指向他水平看的位置
head	角色的头部指向他纵向看的位置
fall	角色跌落悬崖或跌下建筑物
land	角色双脚落地
jump	角色边奔跑边跳跃

二、基本"Hero"模型

首先我们需要创建角色模型。我们要使用的方法基本上是形体图元法。我们将手工修改各种形体图元，得到我们想要的结果。

我们将要创建的这种模型主要是分段式网格模型。备用模型为连续网格模型。两者不同之处在于：在分段式网格模型中，不同部分有明显不同的对象或网格，而在连续网格模型中，整个模型为一个巨大的、有盘旋的表面。主要分段如下：

头部、躯干、右腿、左腿、右胳膊、左胳膊

总共六个分段（在连续网格模型中，只有一个分段）。所有腿和胳膊的分段分别都有两个子分段，每个分段或子分段可被认为是一个单独网格或子网格。

要知道已完成的模型像什么，向后翻数页，看图 14.63"完成的'Hero'模型"。我本想在这也插入那张图片，但是我不想让你预先形成太多"Hero"形象的概念。本章的目的是学习一些方法和步骤，而不是成为一个人类复印机（与之没关系）！

准备工作

如果你还没有做好准备，你需要安装 Chris Robertson 制作的 Torque DTSPlus Exporter。MilkShape 3D 本身具有 Torque 内置导出器，但是它基于多年前的老式导出器，不支持 Torque DTS 形体格式的许多"gotta – have"（"必须拥有"）特征，如混合动画和脚步触发器。因此我们需要 DTSPlus。

你将找到 ms2dtsExporterPlus. zip 文件的 \ 3D2E \ TOOLS \ MILKSHAPE 3D 中的插件程序。将内容提取到你选择的位置，你只需要一个文件——ms2dtsExporterPlus. dll。复制该文件到你的 MilkShape 文件夹（大概在 C：\ Program Files \ MilkShape 3D 1. 7. 9）。如果你安装了一个不同的版本，你的版本号将不同，但是其余名称一样。

下一步，如果 MilkShape 正在运行，你需要退出 MilkShape，然后重新启动。在菜单中查看 File→Export→Torque DTS Plus，检查插件程序是否载入。如果已经载入，你准备欢呼吧！如果没有，检查确认你是否把正确的文件存入了 MilkShape 文件夹，还要确定插件程序没有在子文件夹以外结束。

头部

我们将使用形体图元法创建头部。成功使用该方法的关键是：选择正确的图元和使用带充足顶点的图元创建。

我们将使用管体上有 12 面、堆叠 6 分段高的圆柱体创建模型的头部。按照 MilkShape 术语的形式，也可以翻译成 6 层 12 薄片圆柱体。

提示

确认建立与我的视图匹配的视图。右击每个视图，并从 Projection 子菜单中为每个视图选择适当的投影。

右顶视图应设置到 Projection, Left

左顶视图应设置到 Projection, Front

右底视图应设置到 Projection, 3D

左底视图应设置到 Projection, Top

（1）打开 MilkShape，创建一个新文件，在 Preferences 对话框中设置 Point Size 为 3，设置 Grid 为 1×1。新文件另存为 \ 3D2E \ RESOURCES \ CH14 \ myhead. ms3d。

（2）创建一个 6 层 12 薄片的圆柱体，如图 14.1 所示。估计圆柱体的尺寸，这样圆柱体在三个轴上的尺寸范围大约为 −20～20 之间。

（3）选择 Vertex 模式中的 Select，并从侧视图（右平面）中选择顶点的底层。确认检查了 Redraw All Viewports 和 Auto Tool boxes。

（4）将选择的底部顶点的比例缩放为原始比例（在 X 轴和 Z 轴上，保证 Y 轴的标度值为 1）的 95%，如图 14.2 所示。保证 Scale Options 检查了 Mass 单选按钮的中心。

Chapter 14　Making a Character Model

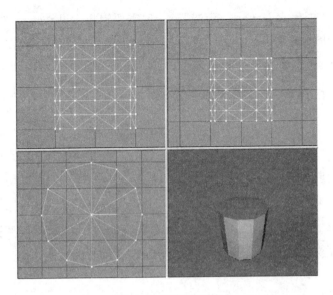

图 14.1　最初圆柱体

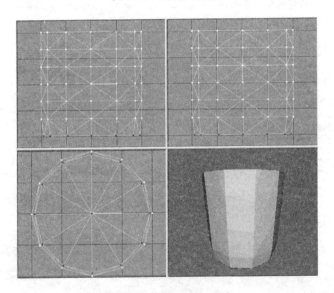

图 14.2　选择底部顶点

提示

要关闭任何视图中的网格显示，右击该视图并选择 Wireframe Overlay，检查该菜单项。

（5）现在选择顶部五行顶点，忽略底部两行，并将比例缩放到 95%。

（6）将顶部四行顶点的比例缩放到 95%。

（7）对顶部三行顶点重复比例缩放操作，接着对顶部两行重复比例缩放操作，最后对顶部一行重复比例缩放操作。你现在应会看到一个在底部有斜面的圆柱体，底部向顶部逐渐变细，如图 14.3 所示。

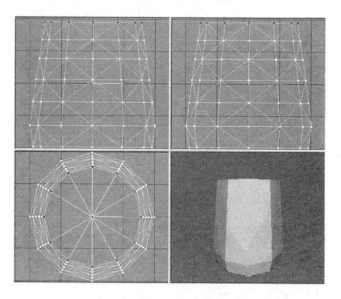

图 14.3　圆柱体一头逐渐变细

（8）接着，向后移动顶部五层圆柱，最后面的顶点（定为 A，用黑色突出显示，如图 14.4 所示）与从底部数的第二层顶点（图 14.4 中的 B）在背部排成一行。

这些顶点不必精确地列成一行，但可试着让它们精确，如图 14.4 所示。你可在每层的 Select 和 Move 之间循环，一次移动一层。

（9）接着，从右视图开始（右顶视口），在该视图中选择可视的底部的六个顶点，并向下移动这六个顶点，向右一点。图 14.5 显示你需要的顶点和移动顶点的距离。这些顶点形成下巴。

（10）选择模型中的所有顶点，并将 Y 轴上的比例缩放到 75%。当你选择了 Scale 工具时，在 Y 刻度框中键入数值 0.75，然后单击 Scale，进行比例缩放。设置 X 和 Y 刻度值为 1。请勿忘记保存！

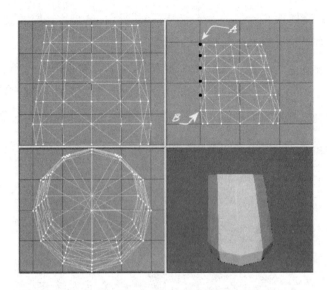

图14.4　各层移位

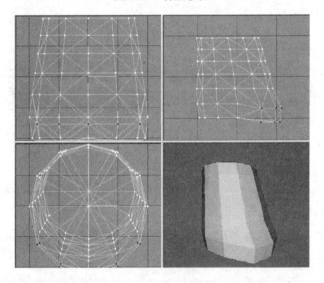

图14.5　下巴成形

提示

　　因为 Torque 坐标系定向不同，因此 MilkShape 中称为 Left 视口的视图实际上为 Right 视图（或 Right Side 视图），位于左上帧中。这是因为我通常使用关闭的 Window 菜单下的 Show Viewport Caption 选项中的 MilkShape，避免混淆。

(11) 现在使用如步骤（4）～（9）所述的选择和移动（无需缩放比例）方法，在你达到图 14.6 的限度内使模型成形，这是 Right Side 视图（右上帧）。目前你只需要在该视图中工作，无需其他视图，而且你只需要使用 Select 工具和 Move 工具。现在，你可看到头部轮廓已经成形，鼻子突出了。

(12) 好，接下来这一步有点复杂。使用 Right Side 视图，选择左下角（头的后下部/后上方颈部区域）的 16 个顶点，如图 14.7 所示。

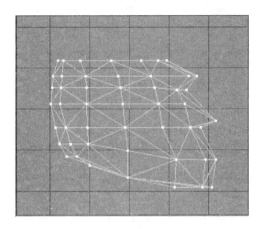

图 14.6　头部成形

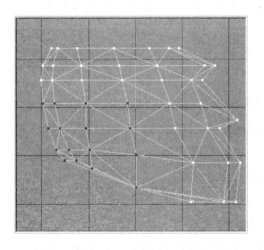

图 14.7　头的后下部/后上方颈部

Chapter 14　Making a Character Model

（13）在 X 轴刻度框中键入 0.8，缩放该组顶点比例到 80%，然后单击 Scale。

（14）现在选择左下方的九个顶点，如图 14.8 所示，并且再次把比例缩放到 80%。

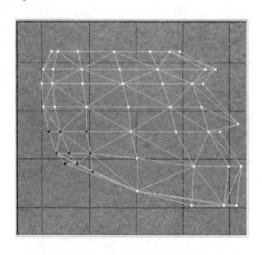

图 14.8　头的后部较小区域

头部的下巴和颅骨部分以夸张的风格制作。在该区域的顶点上增量缩放，我们就会得到一个相当圆润的形体。花一些时间在 3D 视图中旋转模型，你现在可看到一个明确的卡通大下巴、额头低的英雄形象。好，不是所有英雄都像这样。但是我们正在制作一个游戏，对吗？搞得有趣点！

现在，这个和眉毛浓黑的形象一样漂亮可爱，有点像克鲁马努人和机器人，因此我们需要让前额和眉毛区域稍微降低点。

（15）在 Right Side 顶部的第二行顶点（见图 14.9）中，拖动 Selection 工具，选择从右数的第二个顶点。这将有选择顶点和任何其他在其周围不明显的顶点的作用。在此也有这样的作用，因此你将以选择的两个顶点结束，检查其他视图中的模型可看到这两个顶点。

（16）向后（向左）拖动几格。

（17）现在切换到 Front 视图（左上帧），在 X 轴上将两个顶点的比例缩放到 120%。这样有扩大两个顶点之间的间距的作用（见图 14.10）。这些步骤有使尖锐棱角柔和的效果，使头部更加具有器官的样子。

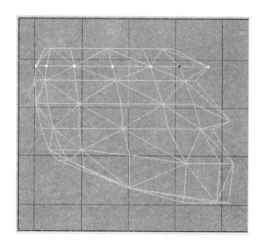

图 14.9 鬓角顶点

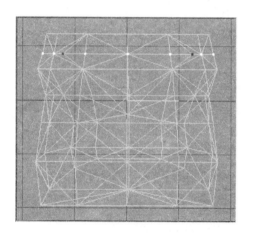

图 14.10 缩放鬓角顶点比例

(18) 仍然利用 Front，选择顶部三行的所有顶点，这属于颅骨区域，然后增量缩放 X 轴和 Z 轴上顶点的比例到 90%——当你较早缩放时：顶部三行，然后顶部两行等。图 14.11 显示了我们正在寻找的结果。

(19) 如果你最近没有保存你的工作，现在就保存。如果没有特殊原因，应定期保存。我们即将完成头部的工作。

(20) 将图 14.12 作为指导，在 Right Side 视图中选择三个耳朵顶点。

(21) 在 X 轴将比例缩放到 117%，拉伸耳朵顶点，如图 14.13 所示。

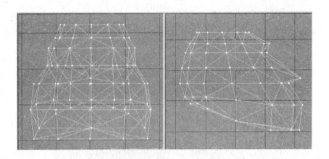

图 14.11　缩放颅骨比例

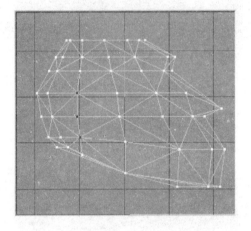

图 14.12　耳朵顶点

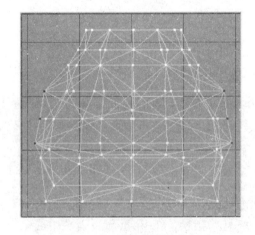

图 14.13　缩放的耳朵顶点

（22）现在，如图 14.14 所示，在 Right Side 视图中选择三栏头部后面的
顶点。

（23）向前拖动顶点，最右一栏选择的顶点正好位于选择栏（第五栏）的
后面，如图 14.15 所示。

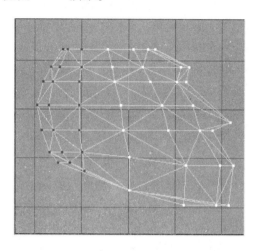

图 14.14　选择三栏顶点

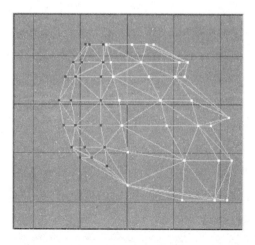

图 14.15　向前拖动顶点

（24）接着，向前拖动头部后面的两栏，以如图 14.16 所示的布局结束。

（25）这时，你应该对使用 MilkShape 的 Select、Move 和 Scale 工具已经非
常熟悉了，因此我将给你一个小任务。只使用这三个工具并仅在顶

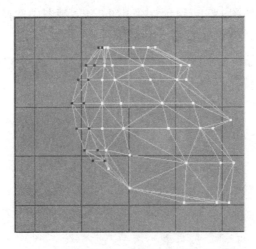

图14.16　拖动顶点后

部一行顶点上操作，让头顶的头皮区域看起来如图 14.17 所示的头皮一样。在 3D 视图中监测你的进程时，你须在 Front 视图和 Side 视图中工作。注意：像大多数其他图片一样，图 14.17 的 3D 视图是经光滑明暗处理的，而不是经平面明暗处理的。

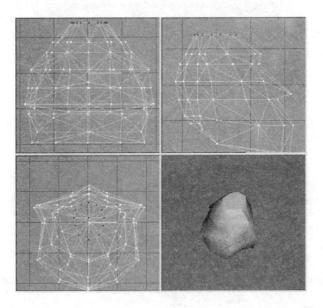

图14.17　头皮成形

（26）接着，使用相同的方法使鼻子和眼睛成形。图 14.18 显示了使鼻子成形所使用的顶点。在 X 轴上将顶点缩放 50%。

（27）在 X 轴缩放至 30%，使眼眶顶点成形，如图 14.19 所示。

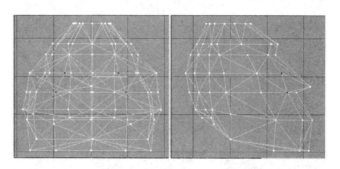

图 14.18　缩放前的鼻子顶点

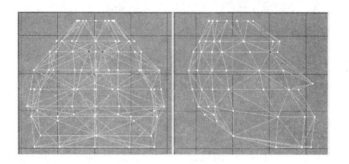

图 14.19　缩放后的眼眶顶点

（28）现在，整个工作应该以一组存在。在工具箱的 Groups 选项卡中将该组命名为"头部"。

（29）你的工作另存为 \ 3D2E \ RESOURCES \ CH14 \ myhead. ms3d。把头部保存在它自己的文件中，你在做其他部分的工作时就可安全地避开它。

（30）再次保存你的工作，但是这次另存为 \ 3D2E \ RESOURCES \ CH14 \ myhero. ms3d。我们继续进行，这就是我们将建立的英雄模型。

你现在得到的模型——正如图 14.20 所示，冷酷的眼神、大下巴、粗眉毛，真正的英雄模型！

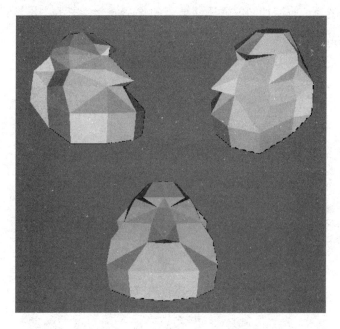

图 14.20 完成的英雄头部

躯干

像头部一样，躯干以圆柱体形体为基础，但是这次我们将使用其中的两个圆柱体并将它们结合在一起。

(1) 如果你依然打开了头部文件，那么就让它开着；如果你没有打开头部文件，那么打开它，或者你打开 myhero. ms3d。进行其中的任一操作，因为至今只有头部而已。

(2) 文件另存为 \ 3D2E \ RESOURCES \ CH14 \ mytorso. ms3d。在启动躯干模型时，我们想把头部用作一个尺寸指导，然后将其删除。

(3) 向上拖动头部网格，直到模型原始位置坐标（0，0，0）上有三条或四条网格线，如图 14.21 所示。

(4) 使用圆柱体形体，使圆柱体有 6 分段或层、12 个薄片或面。创建的组命名为"胸部"。

(5) 将圆柱体在 X 轴和 Y 轴上旋转 90°。

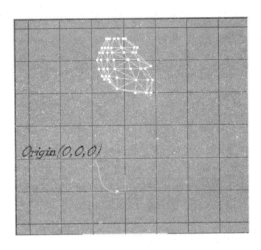

图 14.21　定位头部网格

（6）移动和缩放圆柱体，直到圆柱体与头部的比例相同，如图 14.22 所示。

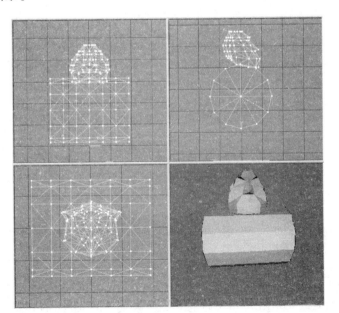

图 14.22　胸部圆柱体与头部的比例关系

（7）如果 Auto Tool 选项打开了，则关闭 Auto Tool 选项。

(8) 在 Front 视图中，从圆柱体的一端选择所有顶点，然后按下 Shift 键，拖出圆柱体另一端的顶点，然后选择这些顶点。这些顶点形成了两端的圆柱体盖。

提示

当你尝试使用 Shift 键添加顶点到选择的对象集合中，你可能需要多次按下 Shift 键。这是因为当你在某些模式（如 Move 模式）下，使用 Shift 键再使用鼠标拖动缩放视图和增加到集合之间切换。

(9) 在 Y 轴和 Z 轴上缩放顶点至 50%。

(10) 上下拖动顶点，直到顶部顶点与圆柱体顶部成一条直线。图 14.23 显示了我们应该看到的结果，该图将头部隐藏了。我们将暂时隐藏头部对象。

提示

如果要隐藏头部，需确定这是唯一选择的对象，然后选择 Edit 菜单中的 Hide Selection。你需要确认选择了头部对象中的所有面（三角形）。确认你正确选择头部的最好方法是打开 Groups 选项卡，突出显示列表中的头部对象，然后单击 Hide 按钮。

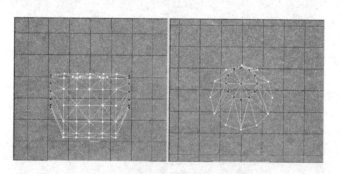

图 14.23　缩放和移动后的圆柱体盖

(11) 如果你喜欢用 Auto Tool 选项，现在就打开 Auto Tool 选项。

(12) 在 Front 视图中，选择右手端盖，在 Z 轴将右手端盖逆时针旋转 20°。

(13) 现在在 Z 轴将左手端盖顺时针旋转 20°。

（14）然后我们将删除头部，并且需要在该过程中管理好文件。因此在这儿要特别注意。

首先，将你当前工作另存为 myhero. ms3d。应将躯干和头部一起保存在 myhero. ms3d 模型中。然后，在工具箱的 Groups 选项卡中，选择头部组并将其删除。然后再次保存，这次另存为 mytorso. ms3d。这样可以避开头部，不会弄乱我们的模型。我们已经将头部分别保存，因此在此无需担心。我们也已经将躯干保存在其自己的文件中了，以便将来在某个其他模型中使用。现在我们可返回，再次进行 myhero. ms3d 创建工作了。

（15）在 Top 视图中，选择胸骨区域的底部中间的两个顶点，如图 14.24 所示，然后向胸部的内侧移动一点。

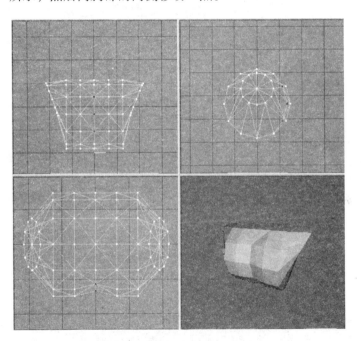

图 14.24　移动后的胸骨顶点

（16）现在你将对背部做与前部相同的工作，但是稍微有点不同的是效果不同。在 Front 视图中，选择顶部三行的所有顶点，包括端盖中的顶点。

（17）使用 Edit 菜单中的 Hide Selection，隐藏这些顶点。

（18）现在在 Top 视图中，选择视图顶部的中间三个顶点，如图 14.25 所示。这些顶点是中后部顶点。

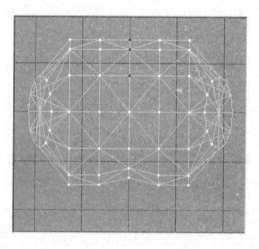

图 14.25　中后部顶点

（19）向胸部内侧稍微移动中后部顶点，与移动胸骨的方法相似，但是可能稍有不同。

（20）创建另一个新圆柱体（命名为"ab"），在 X 轴和 Y 轴都旋转 90°。

（21）移动和缩放 ab 圆柱体，直到与胸部的比例相当，如图 14.26 所示。现在我们插入基本腹部。我们将必须把该网格拼接到胸部网格，完

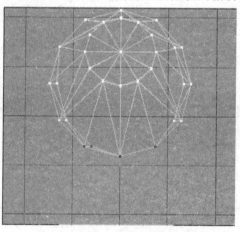

图 14.26　相对胸部的 ab 圆柱体

成躯干。这实际上不难完成，在你已经完成一次后，似乎感觉很简单了。但是完成该工作需要一些有技巧的步骤。因此请你耐心点。

（22）使用 Groups 选项卡，隐藏 ab 网格。

（23）在 Right Side 视图中，选择底部顶点，如图 14.27 所示。然后使用 Edit 菜单中的 Hide Selections 隐藏这些底部顶点。

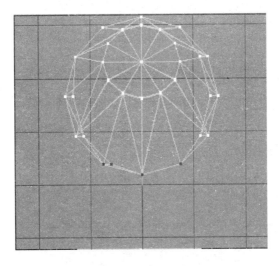

图 14.27 隐藏较低胸部顶点

（24）返回到 Groups 选项卡，单击 Hide 按钮（每次单击该按钮，在隐藏和取消隐藏之间切换）取消隐藏 ab 网格。请勿使用通用的 Unhide All 指令，因为需要我们刚才隐藏的胸部顶点保持隐藏状态。

（25）再在 Right Side 视图中，选择如图 14.28 所示的顶点，然后向上拖动这些顶点，这些顶点会直接到胸部顶点隐藏的位置之上。学习图 14.28，该图显示了选择和拖到适当位置的顶点。

与图 14.27 相比较，得到连接顶点的正确位置的方向。此时，图 14.28 中的白色箭头所示的线相交点不能得到一个顶点——我们将立刻处理。

（26）在 Front 视图中，定位端盖顶点，如图 14.29 所示。然后将其拖出至图 14.29 所示位置。

（27）然后，按照先前设置，对左边的顶点进行设置。拖出顶点至与先前设置完全相同的位置，如图 14.30 所示。

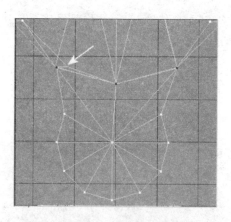

图 14.28　在胸部顶点顶部上拖出的 ab 顶点

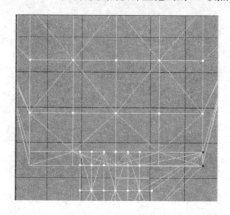

图 14.29　拖动某些端盖顶点至胸部顶点的顶部之上

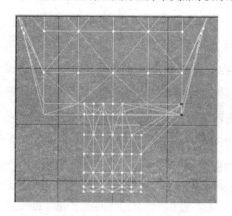

图 14.30　拖动端盖相邻顶点至胸部顶点的顶部之上

(28) 对 ab 网格另一端进行操作,重复步骤(26)和(27)。

(29) 拖出下一组顶点至胸部位置,如图 14.31 所示。

(30) 对另一端重复拖动操作。你现在应该得到如图 14.32 所示的相似布局了。

(31) 在拖动顶点所到达的所有位置上放大顶点,并确保它们准确地位于胸部三角形的线相交点处。

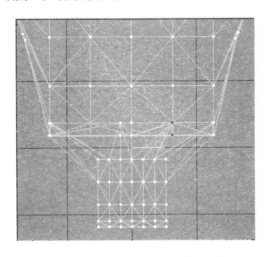

图 14.31　拖动下一组顶点到合适的位置

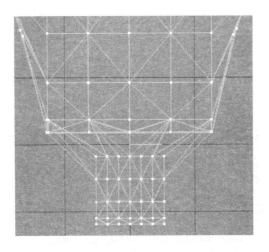

图 14.32　最终的 Front 视图布局

（32）在 Right Side 视图中，选择和隐藏从圆柱体正前方（面向视图右边的正前方）中心的一条线上的所有顶点。图 14.33 显示了我们感兴趣的顶点。

（33）返回 Front 视图，选择 ab 圆柱体顶部的中心顶点，如图 14.34 所示。如果你已经正确地按照步骤（32）进行操作了，当你浏览其他视图时，你将会发现只选择了一个顶点。

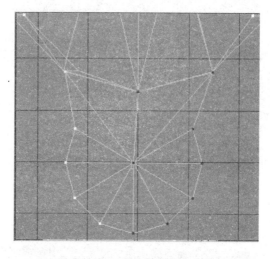

图 14.33　选择并隐藏这些顶点

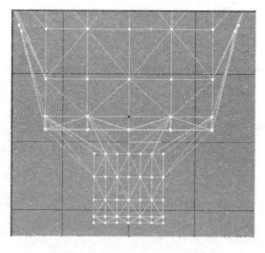

图 14.34　顶部中心圆柱体顶点

（34）切换到 Right Side 视图，并拖动孤立顶点到图 14.28 中用白色箭头
　　　指出的位置。

你现在应该可以得到如图 14.35 所示的布局。再次放大，保证所有拖动
的顶点精确地位于胸部三角形的线相交点上。

（35）使用 Edit 菜单中的 Unhide All 指令，取消隐藏所有被隐藏的顶点。

（36）从你交叉拖动的顶点的位置处的两个网格选择所有顶点。按照我在
　　　图 14.35 中使用的方法，最好与 Right Side 视图一起进行。

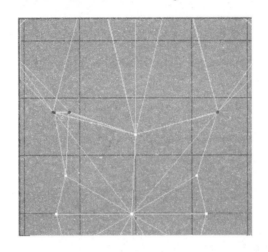

图 14.35　选择共用胸部和 ab 顶点

（37）选择 Vertex 选项卡中的 Snap To Grid 选项。该选项使每个网格接近
　　　相邻的顶点精确地与网格位置对齐。然而，如果顶点先前未充分对
　　　齐，它们可能发生发散，如图 14.36 中所看到的。这是因为我没有
　　　进行放大和扭动每个被移动的顶点位置到完全准确的位置。

未对齐顶点必须清除的位置十分明显。如果你按照我的方法伸长，返回
到 Right Side 视图和 Front 视图，然后将未对齐顶点移动到合适的位置。然后
重复 Snap To Grid 操作。

（38）将你的结果与图 14.37 的图像做比较，确保你得到的结果与图中所
　　　示相同。

（39）如果已经选择了顶点，则重选图 14.35 所示的顶点。

（40）现在我们选择 Vertex 选项卡中的 Weld Vertices。

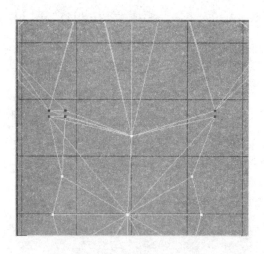

图 14.36　对齐网格后……哎！

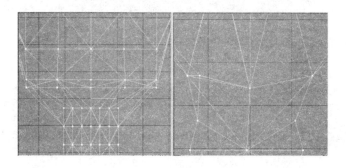

图 14.37　对齐的顶点

　　共用同一坐标系的所有顶点将被"结合"在一起。这本质上意味着多余复制的顶点将被删除，我们规定的多边形将被重新粘贴到每个顶点剩余的单个复制顶点上。

（41）在工具箱的 Groups 选项卡中，选择两个网格、胸部和 ab，它们在线框视图中被选定并突出显示。

（42）单击 Regroup，然后将新粘贴组重命名为"躯干"。你现在可考虑将完成的躯干。然而，你很可能看到可做明显扭动和调整的区域。我制作了一些这样的区域，以整合背面和后面以及胸部和前腹，这样看起来更自然。我也增加了一点点解剖正确性，可以这样讲。图14.38 显示了我做的扭动的结果，对你来说复制这些调整不是什么难事。我所做的最适当操作是 Select（Vertex）和 Move。

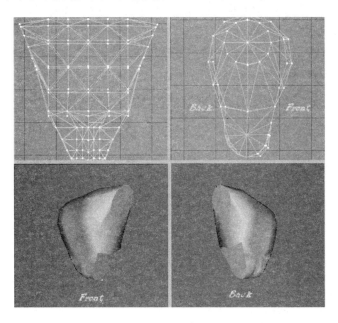

图 14.38　最终躯干

（43）选择 mytorso. ms3d 文件，这样你不会丢失你的所有工作。

（44）打开 myhero. ms3d 文件，并删除该模型中的旧版躯干组。

（45）然后将步骤（43）中保存的 mytorso. ms3d 文件合并到该模型中，然后将整个工作另存为 myhero. ms3d。这样用最新版的躯干更新 myhero. ms3d。myhero. ms3d 文件现在应包含完成的头部和躯干。

我们继续创建模型的剩余部分时，要将这些剩余部分添加到 myhero. ms3d 模型中。

将头部与躯干匹配

现在我们应保证躯干和头部正确匹配。

（1）如果头部和躯干精确对齐，接近图 14.39 所示，你完成本节所述操作后，你可跳过本节到下节"腿"。否则，继续回到步骤（2）。

（2）在工具箱的 Groups 选项卡上，选择头部对象（躯干网格将被命名为

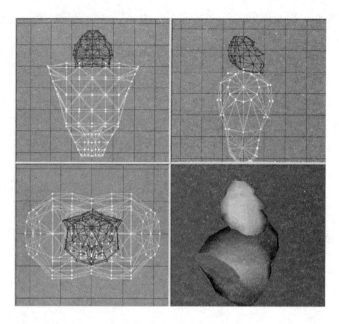

图 14.39   定位头部

"躯干",因此头部网格被命名为"头部")。如果还没有这样命名,则重命名为"头部"。

(3)取消选定躯干,然后单击 Select 按钮,这样头部网格会突出显示(躯干网格不会突出显示),拖动 Front 视图或 Side 视图中的头部,如图 14.39 所示定位头部。

我马上就看到了我不喜欢的两个地方。头太大了,形体似乎有点太……嗯……这有点难形容。

(4)仅在 Y 轴上缩放头部比例到 75%。

(5)向下移动头部,直到头部接触到躯干的顶部。

(6)将头部围绕 X 轴旋转 5°,面部有点向下,如图 14.40 所示。

这还差不多!现在稍微移动一下躯干。如果你觉得头大点更好的话,仅选择 Edit 菜单中的 Undo 选项,直到你得到较大的头。

(7)以图 14.41 做指导,选择形成躯干两侧的关节窝的顶点。

(8)在 Y 轴和 Z 轴上缩放顶点的比例到 60%。

(9)将你的工作另存为 \ 3D2E \ RESOURCES \ CH14 \ myhero. ms3d。

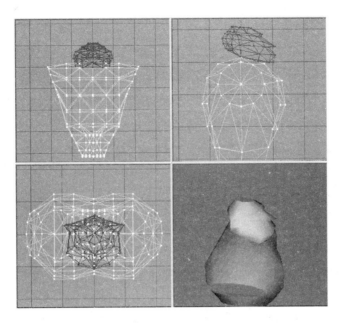

图 14.40 再成形的头部

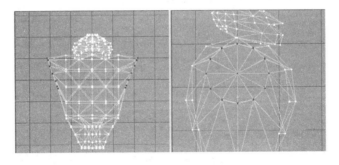

图 14.41 关节窝顶点

（10）如果你更改了头部，你需要删除躯干，然后将文件另存为 my-head.ms3d，保存你对头部的更改。然后选择 Edit 菜单中的 Undo 选项，直到你恢复头部。

（11）删除头部，然后将文件另存为 mytorso.ms3d。

现在，头部、躯干和全部英雄文件已经创建并对齐了，而且其相应文件为最新文件。

腿

当我们开始制作腿时，至少在刚开始制作时，我们需要将躯干网格放在左右，当做尺寸参考使用。然而，我们这时并不需要头部网格，它会对工作造成干扰，因此我们可将其删除。

(1) 如果你还未打开躯干网格，则打开 \ 3D2E \ RESOURCES \ CH14 \ mytorso. ms3d 查找躯干文件。

(2) 现在将相同文件另存为 \ 3D2E \ RESOURCES \ CH14 \ mylegs. ms3d，然后用该文件继续工作。

(3) 使用工具箱中的 Groups 选项卡和 Hide 按钮，隐藏头部网格。

(4) 选择躯干网格，然后在原始位置上方，向上拖动躯干网络大约为躯干的长度。

(5) 创建 3 层（分段）、12 薄片（面）的圆柱体，按照图 14.42 所示使圆柱体定位和成形，这就是脚。

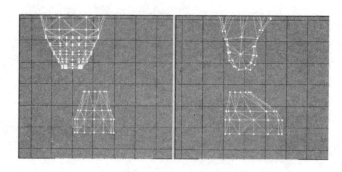

图 14.42　脚的形体和布局

(6) 创建另一个圆柱体，并且在 Z 轴上旋转 90°，保证该圆柱体定位，可在膝盖处从左到右运行。

(7) 用图 14.43 作为指导，向上移动脚面的顶点，与膝盖圆柱体匹配。

目前，你很可能已经意识到，几乎此后所有操作遇到更多的是风格和品味的问题以及缺乏技术的问题。因此，如果你想出你可能更喜欢的东西，你应继续前进，改变具体结构细节。

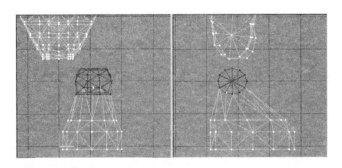

图 14.43 膝盖

（8）按照图 14.44 所示，使膝盖圆柱体再成形。

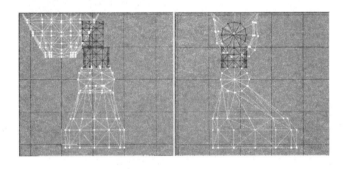

图 14.44 左边大腿

（9）选择脚圆柱体，并重命名为"LeftFoot"。

（10）创建两个以上圆柱体，并按照图 14.44 所示使其定位，制作大腿和臀部。

（11）选择两个新圆柱体，加上膝盖圆柱体，使用工具箱的 Groups 选项卡中的 Regroup 工具。命名最终得到的网格为"LeftThigh"。

（12）使左边大腿与图 14.45 所示的匹配——或者适合你自己的创意。

（13）使用选择的左腿网格，选择 Edit 菜单中的 Duplicate 选项。腿正好在创建原始腿的位置，因此你尚未看到。

（14）选择 Vertex 选项卡中的 Mirror Left <－－> Right 选项。复制腿网格出现在另一侧和右边或接近的位置。

（15）将新腿网格重命名为"RightFoot"。

（16）现在，以相同方式复制和反射左大腿，将新大腿网格重命名为

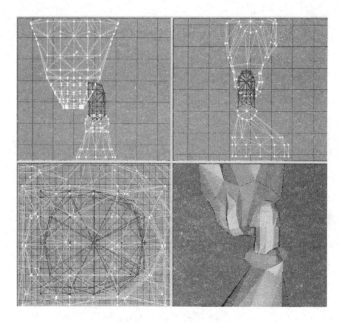

图 14.45　完成的左腿

"RightThigh"。你现在应得到了两个腿，每个腿由一个大腿网格和一个脚网格组成，并以合适的名称命名。

（17）然后，从模型中删除躯干网格和头部网格。

（18）保存你的工作！你应将工作另存为 \ 3D2E \ RESOURCES \ CH14 \ mylegs. ms3d。

将腿整合到躯干上

与我们制作头部一样，我们现在必须将腿与模型的其他部分整合。

（1）打开文件 \ 3D2E \ RESOURCES \ CH14 \ mytorso. ms3d。

（2）选择 File 菜单中的 Merge 选项，并选择你刚刚创建的腿文件，该文件应被命名为 \ 3D2E \ RESOURCES \ CH14 \ mylegs. ms3d。

（3）选择右脚网格、右大腿网格、左脚网格和左大腿网格，然后将其移动到合适的位置。你现在应得到一个十分接近于如图 14.46 所示的模型。

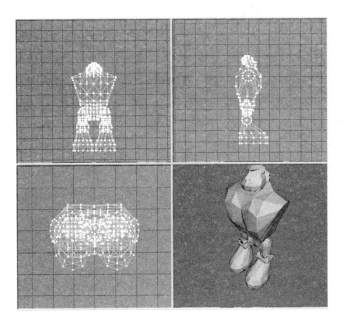

图 14.46 有头、躯干和腿的 Hero 模型

胳膊

最后，轮到模型的最后一组网格了。我们可以用与我们创建腿的相同的方式创建胳膊——以形体图元创建，然后将它们拼接在一起，直到我们得到希望的网格拓扑结构。

制作胳膊时，出现了一个常见问题，要做成什么样的手指？在一些模型中，我们可为每根手指制作复杂的网格，在指节上有分段的圆柱体，等等。然而，我们必须记住我们的目标是创建一个低多边形角色模型，这通常意味着在模型中的多边形大约少于1500个。如果我们检查多边形的数量较少，不要欢呼，我们必须留心。

因此，让我们开始工作吧！我们从左手的制作开始。

（1）打开你保存的 mytorso.ms3d 文件，在相同的位置重新保存为 myarms.ms3d，作为其他工作文件。

（2）创建一个方框，该方框向躯干的左侧（Front 视图的右侧）偏移，位于低位，在躯干底部的附近。

（3）复制该方框，然后移动复制的方框邻接原方框的底部。

（4）缩放第二个方框的比例到80%。

（5）复制第二个方框，然后将新方框移动到第二个方框的正下方。

（6）缩放第三个方框的比例到第二个方框的80%。

（7）按照图14.47所示，对齐方框。

（8）隐藏躯干网格，暂时避开该网格。

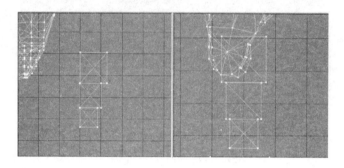

图14.47　三个方框对齐

（9）使用 Vertex Selection 选项中的 Move 工具，然后使用 Snap To Grid 和 Weld 工具，按照 Hero 模型的较早制作的部分方法，对齐如图14.48 所示的三个方框的顶点，并将这些顶点结合起来。

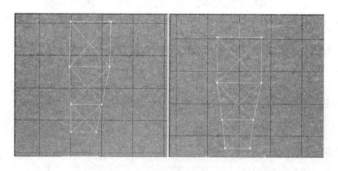

图14.48　结合手顶点

（10）在 Z 轴上将两行顶点逆时针旋转30°，如图14.49所示。

（11）移动 Front 视图中的两底端行，按照图14.50所示，将其对齐。

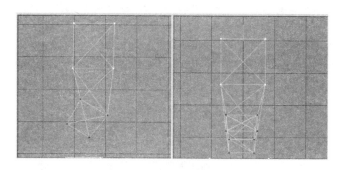

图 14.49　旋转两底端行

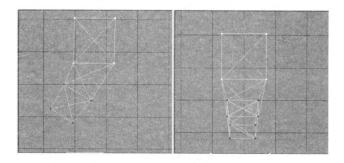

图 14.50　移动两底端行

（12）旋转和移动底端行的顶点，按照图 14.51 所示进行匹配。

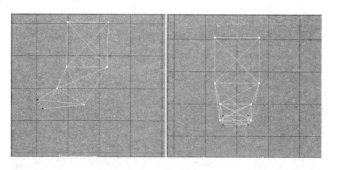

图 14.51　底端行的顶点

（13）现在，将 Select 模式设置为 Groups，选择所有组的方框并复制这些方框，然后以图 14.52 为指导，向前移动这些方框，与原方框的前部邻接。

Chapter 14　Making a Character Model

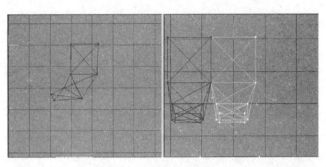

图 14.52 两组彼此邻接的成形方框

（14）重复步骤（13）的过程，以图 14.53 为指导，将新复制的方框放到原方框的后部。

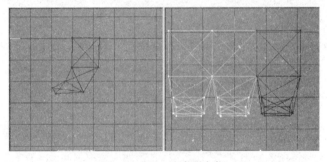

图 14.53 三组成形方框

（15）再次重复该复制过程，但是这次移动新方框到 Front 视图的左侧。这就是大拇指。

（16）选择 Vertex 选项卡中的 Mirror Left ＜－－＞ Right 菜单，颠倒大拇指方框的方向（见图 14.54），然后缩放大拇指的比例到 50％。

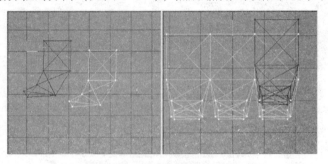

图 14.54 大拇指的制作开始

（17）现在，我们将切换至手部分。在 Top 视图中，选择手方框的两个向前部分中相邻的顶点，如图 14.55 A 所示。然后选择 Vertex 选项卡中的 Flatten 选项的 Z，顶点将被一起移动到同一平面上，如图 14.55 B 所示。

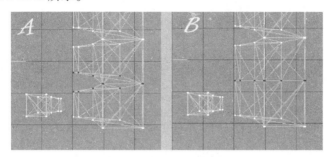

图 14.55　结合手顶点

（18）双击其他视图，如果所有顶点重合了，则选择 Vertex 选项卡中的 Weld Together 选项，将其结合。

（19）结合该结果，重复步骤（18）进行手的后部制作。与图 14.56 比较，确定操作无误。

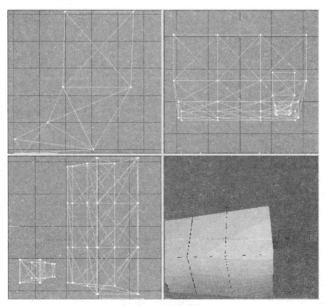

图 14.56　手结合后

（20）在婴儿手指区选择最后面的顶点，然后在 X 轴和 Y 轴上将比例缩放至 50%，如图 14.57 所示。

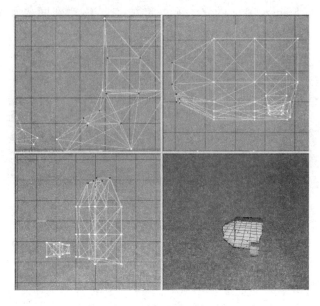

图 14.57　缩放的婴儿手指区域

（21）使用图 14.58 中的 Top 视图为指导，向前移动缩放后的顶点，直到他们接近中间的手方框。

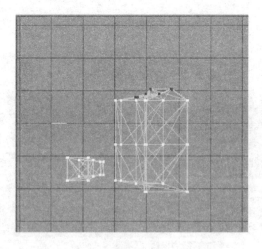

图 14.58　连接缩放后的婴儿手指顶点

（22）重复步骤（20）和（21）进行食指区前部的制作。

（23）在 Front 视图中，旋转和成形大拇指，接近图 14.59 所示的图像。

（24）取消隐藏躯干，然后将你的手的尺寸和定位与图 14.60 所示的视图作比较。按照要求，旋转手进行匹配。

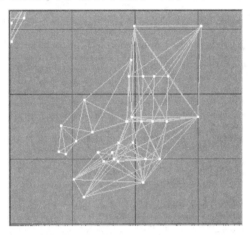

图 14.59　大拇指定位

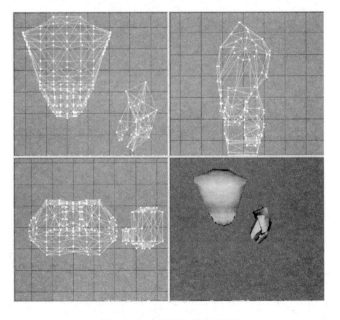

图 14.60　躯干与手的比较

现在，你可能认为，与模型的其他部分相比，手看起来又粗又短。你是对的，但是鼓足信心。我们可以用皮肤来弥补。记住，我们需要保持多边形的数量尽可能的少。

(25) 使用工具箱中的 Groups 选项卡，选择所有手组，对其进行重分组，形成一个新网格，并且将新网格重命名为 "LeftHand"。

(26) 在 Front 视图中，使用 Sphere 工具设置成四层八片，并创建一个完全填充躯干左关节窝的球体。检查所有视图，保证与示例十分接近。

(27) 制作另一个设置值相同的填充手背的球体，并放在那儿。

(28) 制作一个一层八片的可旋转的圆柱体，并将其移动到连接两个球体的合适位置。以图 14.61 为指导，进行球体和圆柱体尺寸估计和布局。

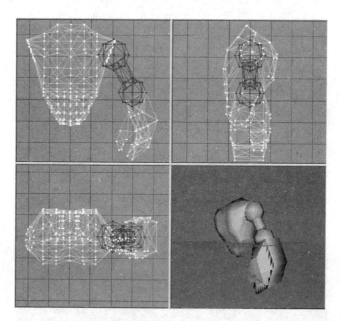

图 14.61　左胳膊

(29) 选择所有上臂组件，对其进行重分组，并将新网格命名为 "LeftArm"。

(30) 选择新左胳膊网格并且复制，然后选择 Vertex 选项卡中的 Mirror

Right ＜－－＞Left 选项。

（31）如有必要，调整新网格，并将其重命名为"RightArm"。

（32）对左手网格重复复制和重命名操作，将新复制的左手网格命名为
"RightHand"。

（33）删除躯干网格。

（34）保存你的工作！你现在应该得到了一对肌肉发达的与图14.62所示
的胳膊非常接近的胳膊。

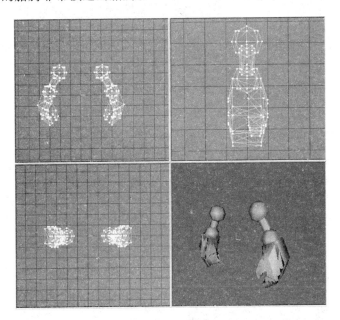

图14.62 完成的胳膊

将胳膊整合到躯干上

又到了整合的时间了！如果你对以这种方法制作这部分模型（而不是在
一个文件中一起制作所有模型）感到惊讶，我想指出的是，现在你有模型的
每个主要部件的不同资源模型了。这使你可反复使用相同的部件制作不同的
混合搭配模型。只制作三组胳膊，四组腿，五个头，两个躯干，或者类似的
部件。混合"n"，搭配"em"，你将得到各种各样的不同模型结构了！

（1）打开文件 \ 3D2E \ RESOURCES \ CH14 \ myhero. ms3d。

（2）选择 File 菜单中的 Merge，并选择你刚刚创建的胳膊文件，该文件应被命名为 \ 3D2E \ RESOURCES \ CH14 \ myarms. ms3d。

（3）选择右胳膊网格和左胳膊网格，移动到合适的位置。你现在应得到一个与图 14.63 所示图片非常接近的模型了。

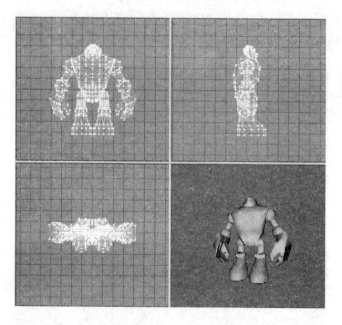

图 14.63　完成的 Hero 模型

最后，我们需要将网格缩放到正确的尺寸，把我们的英雄设置成 2 米高左右。我们将按照 1∶1 的比例导出，因此我们需要按照场景的坐标原点 [轴位置测定器的三条彩色线相交的场景的 （0，0，0） 中心] 测量的值，在 X 轴上将头顶设置到 2.0 个单位高左右。使用 Scale 工具和以下两种方法之一：①仔细观察现在存在的角色高度（在 Side 视图或 Front 视图中移动光标到头顶，在左边底部的窗口状态栏中获取 Y 轴），或者用一个计算器计算头的尺寸，然后在 Scale 工具的三个刻度区内输入刻度值（三个刻度区的值相同）；②在每个视图中，单击并拖动鼠标，直到你将模型缩小或放大到你想要的大小。我个人倾向于方法①——得到了更多一致的结果，最多进行两次或三次刻度调整。

选择整个模型并移动，双脚跨在轴位置测定器上，成正方形地放置在前视图的 X 轴线上。测定器中的 X 轴线为黄色。

测试工具链

正如你可能已经注意到的，当开发游戏技术时，我们使用了第三方工具制作各种各样的作品。

Garth，来吧！

第三方是提供用于特殊系统环境的工具和资源的某个实体，但不是系统用户，也不是系统创建者。

实例：

在计算机系统的环境中：当你正在使用 Dell 计算机系统，戴尔公司并没有创建操作系统，但是微软公司创建了。因此在该环境中，你是第一方，戴尔公司是第二方，微软公司是第三方。

在操作系统环境中：当你使用 Windows 创建保龄球联赛运动员时，你是第一方，微软公司（创建了 Microsoft Windows）是第二方，你的绘图软件是由第三方制作——除非你使用 Microsoft Paint，在这种情况下，没有第三方。好，就简单介绍到这儿。

不管怎样，在游戏引擎环境中，Torque 是第二方 GarageGames 的产品。MilkShape、Gimp、UVMapper 等都是第三方。

究竟 Garth 面临什么样的境况呢？

在任何设计开始时，或者无论在什么时候引进任何新工具减少设计工作量时，应进行"测试工具链，有时检查工具链"的活动。

该活动的目的是创造某种艺术方法，以最少的努力，完成获得该种方法所需的所有步骤，进入游戏引擎，然后使用游戏引擎实际地观察艺术方法。每次添加具有资源复杂度的新"图层"时，首要步骤就是测试新图层复杂度最小的工具链。因此，我们要以逐步递增的方式建立模型。

如果你熟悉"飓风"、"龙卷风"或"旋风"的开发方法学（基本上是一个事物三个名称），你将发现，增量法是一个理想的方法。如果你不熟悉开发方法学，也别担心。以步进方式创建模型不仅直观，而且也很简单，不必考

Chapter 14 Making a Character Model

虑是否符合当前设计管理和发展途径。主要优点是，大多数设计或工具误差可在早期检测到并可立即处理，因此这些误差不会影响整个设计。

建模工作流程

（1）创建角色模型。

（2）按照游戏引擎格式导出模型。

（3）在游戏环境中插入网格。

（4）在游戏环境中运行游戏和视图模型。

（5）增加 UV 贴图皮肤纹理。

（6）按照游戏引擎格式导出模型。

（7）在游戏环境中插入网格。

（8）在游戏环境中运行游戏和视图模型。

（9）在安装的骨架上不添加动画。

（10）按照游戏引擎格式导出模型。

（11）在游戏环境中插入网格。

（12）在游戏环境中运行游戏和视图模型。

（13）添加一个动画，通常为无效动画或脚部动画。

（14）按照游戏引擎格式导出模型。

（15）在游戏环境中插入网格。

（16）在游戏环境中运行游戏和视图模型。

（17）添加另一个动画。

（18）按照游戏引擎格式导出模型。

（19）在游戏环境中插入网格。

（20）在游戏环境中运行游戏和视图模型。

（21）返回并重复步骤（17）~（20）。

注意，我们向模型中一次性增加少量复杂性的方式，每次增加时，我们应在最终环境中测试模型。通常，步骤（2）中的首次导出为"测试工具链"部分。其余仅仅为实际的工作流程。注意，UV 贴图皮肤纹理的系列步骤在安装和动画步骤前是不需要出现的，因此在创建和测试动画前，我们不需要在纹理和 UV 贴图完成前等待。

你应该意识到了，本章的前一部分"基本 Hero 模型"与建模工作流程中的步骤（1）是相同的。

因此，让我们立即试着测试该工具链吧！

确保你运行了 MilkShape3D，而且你已经打开了你最新完成的 Hero 模型，并且完全显示。

（1）在 MilkShape 中，选择 File 菜单中的 Export 选项中的 Torque DTS Plus。你将看到 Torque DTSPlus Exporter 对话框。

注意

请勿使用 Torque 游戏引擎 DTS 导出器。事实上，在本章中根本用不上 Torque 游戏引擎 DTS 导出器．

（2）我们将采用默认值，但是我们应保证它们都是正确的。你需要运行一下检查框：

- Output dump file（输出转储文件）
- Copy Textures（复制纹理）

你应一直运行 Output dump file。创建的文件命名为 dump. dmp，该文件保存在与你的模型导出的文件夹相同的文件夹中，你可检查该文件是否有运行错误。你应在输出游戏前删除所有转储文件。

Copy Textures 是一个极好的、方便的选项，可使你将你的源模型和纹理文件保存在远离游戏文件夹的位置。当你导出到游戏文件夹中的一个合适的位置时，模型使用的任何纹理将被复制到与模型导出的 DTS 版本文件夹相同的文件夹中。太酷了。

保证将 Options 框中的 Scale 区设置到 1。

单击 Apply，保存你的设置，然后在你准备关闭对话框并导出时，单击 Export DTS。

（3）提示时，暂时将你的 DTS 输出文件另存为 \ 3D2E \ RESOURCES \ CH14 \ myhero. dts。

该操作非常简单，这就是工作流程的步骤（2）。我们将准备好第 9 章中使用的 Torque Show Tool Pro（TSTP）程序，并检查模型。

（1）运行 TSTP。

（2）保证你在 Project Directory 弹出窗口中选择了 RESOURCES 文件夹。

（3）找到 RESOURCES/CH14/myhero. dts，然后双击。

（4）模型应出现在屏幕的中央。

（5）利用鼠标操作（如第9章表9.1所述）旋转模型，使其放大或缩小。单击鼠标左键并拖动，使摄像机围绕模型转动，而单击鼠标右键并拖动，使摄像机左右滑动。滚动鼠标滚轮可进行放大或缩小。

（6）如有必要，返回 MilkShape 模型，对模型进行调整，然后再返回，检查模型。

TSTP 事实上使用自身的 Torque，显示模型（事实上，TSTP 为真正的 Torque，除了 TSTP 在无指令、网络连接、玩家 GUI 或其他类似要求可运行之外），因此我们知道，如果模型在 Show Tool 环境下工作，TSTP 将在 Torque 游戏环境中运行。

三、"Hero" 的皮肤

现在，该对模型创建皮肤了。在第9章，你学到了如何创建皮肤的纹理，在第13章，你学到了如何制作简单皮肤的 UV 贴图。接下来，我们要对玩家角色制作 UV 贴图，这稍微复杂点。我们不去检查 Hero 角色皮肤纹理的创建。Resources 文件夹中包含贴图 Hero 皮肤纹理，可供你使用，但是我还是赞成你以与标准男性模型一样的风格制作你自己的皮肤。

（1）如果 MilkShape 还未运行，则运行 MilkShape，并打开位于 \ 3D2E \ RESOURCES \ CH14 \ myhero. ms3d 的 Hero 模型。

（2）选择 File→Export→Wavefront Obj，然后将 Hero 模型导出为 \ 3D2E \ RESOURCES \ CH14 \ myhero. obj。

（3）运行 UVMapper（\ 3D2E \ TOOLS \ UVMAPPER 处的），使窗口最大化。

（4）加载 \ 3D2E \ RESOURCES \ CH14 \ myhero. obj，你将看到线条混杂

物。这是 MilkShape 创建的"默认"贴图，因为我们将创建我们自己的贴图。

（5）选择 Edit→New UV Map→Planar，然后使用如图 14.64 所示的设置值。完成设置值调整后，单击 OK。

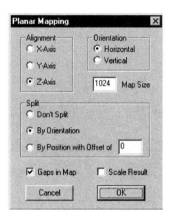

图 14.64 Hero 模型的平面贴图设置值

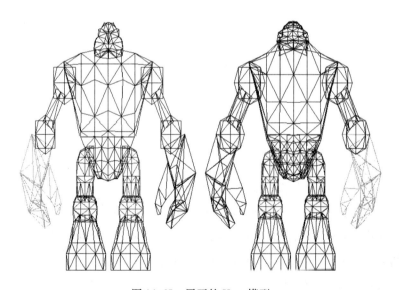

图 14.65 展开的 Hero 模型

（6）选择 Edit→Color by Group，然后单击 OK。你屏幕上的图现在应该和图 14.65 所示的一样，你的版本为彩色的，因此，实际上你更易看到淡黄色。在转换到灰度级的图中，黄色已经变成了浅灰色。

(7) 首先，选择 Edit→Select→All，然后在数字键盘上按下正斜杠（/）键，将选择对象的比例缩小到25％，X 尺寸缩小一半，Y 尺寸缩小一半（按下数字键盘上的星号"＊"，作用正好相反）。按下 Enter键，保存你的调整。

如果你不喜欢你刚刚所作的调整，按下 Esc 键，取消你的最后一次选择或重贴图后的更改。

(8) 选择 Edit→Select by Group，选择组"头部"，然后单击 OK。

(9) 选择 Edit→New UV Map→Spherical。使用如图 14.66 所示的设置值。

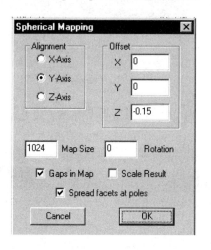

图 14.66　头部球形贴图设置值

(10) 按下等号（＝）键，放大选择对象，占满窗口，然后按下数字键盘上的正斜杠数次，缩小选择对象。使用你的鼠标拖动头部到窗口的上部中心位置，如图 14.67 所示。

现在你可能注意到，似乎在头部有两个不在适当位置的三角形未展开。观察图 14.67 中的位置 A，看是否能辨认出这两个三角形。在你的模型中，情况有可能不是这样，但是你的模型越接近我在此制作的模型，这种情况出现的可能性越大，这点情况还是容易处理的。你应能在没有这种情况的时候贴图——这是你使用的设置值的问题。你可以根据经验尝试采用正确的设置值。然而，最简单的处理方法是，只移动位于不正确位置的三角形到正确的位置。

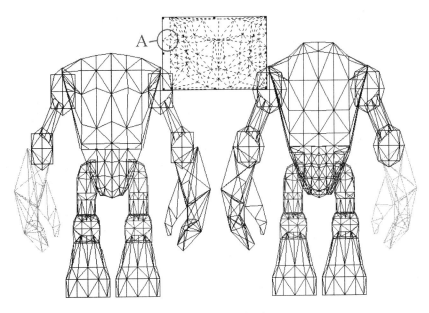

图 14.67　展开的头部

这就是我们将要做的。

(11) 拖动你的光标到两个不在正确位置的三角形的中间位置。请勿触摸
其他三角（模型其他部分的三角形）形的任何部位。现在这两个三
角形出现在选择框的周围。

(12) 单击并将这两个三角形拖到疑似间隙所在的右手侧，然后将其置于
你想放的地方。图 14.68 的位置 B 显示了三角形直立的位置。

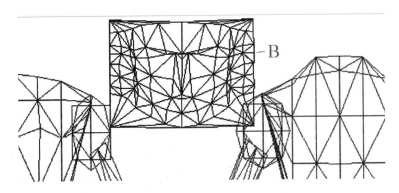

图 14.68　调整过的三角形

Chapter 14 Making a Character Model

（13）使用箭头键调整三角形的位置。就这样了！现在你需要做一些类似整理工作的琐事了。

（14）选择 Edit→Select→All。使用角落和各侧中间的小黑色尺寸调整手柄，你将使屏幕上的所有对象在选择框中选定。

（15）抓住右侧的尺寸调整手柄。你的光标应变成左右尺寸调整光标（这是指示左右的箭头）。

（16）向左拖动尺寸调整手柄，直到你在右方得到一个宽于头部宽度的空白区。

（17）选择 Edit→Group，然后选择头部。将头部拖至你刚刚创建的空白区的右上方。你现在应得到如图 14.69 的布局。

当你工作时，你可能几次重组你的布局——这非常正常。你希望保持整齐，并保证你的部件很容易选择。

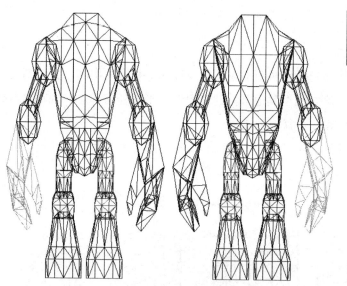

图 14.69　重组后的图

（18）现在，选择 Edit→Select→By Group，然后选择 LeftHand 组。

（19）选择 Edit→New UV Map→Box。你将看到一个 Box Mapping 对话框，如图 14.70 所示。确保你已经关闭了 Split front/back，并打开了

Gaps in Map。单击 OK。展开的左手将出现在选择框周围的窗口中。

图 14.70　Box Mapping 设置值

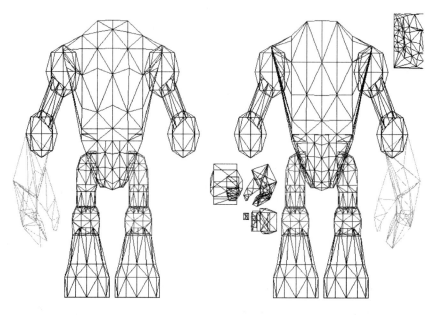

图 14.71　经 UV 贴图的手

（20）移动并调整手贴图的大小，按照头部操作方法，将手置于空白区域
　　　窗口的中心。保证贴图足够小，使已经贴图的右手也可以放入（见
　　　图 14.71）。

（21）完成 RightHand 组相同的 UV 贴图操作和布局操作，将其放入中心
　　　区域。

(22) 然后,以相同方式对左右脚进行贴图。对于你展开脚时的每个组,调整脚底(椭圆形)的大小,因而脚底长度大于其宽度。将脚置于主模型的下面,如图 14.72 所示。

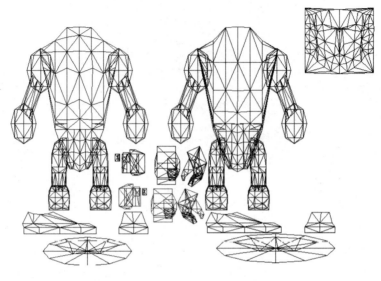

图 14.72 经 UV 贴图的脚

(23) 然后,对所有胳膊和腿进行贴图。使用 Planar 贴图法。

(24) 缩小并移动贴图的对象,保证没有贴图的对象与其他对象重叠。

(25) 只要所有对象都贴图了,重叠相似的对象(除躯干前部和后背之外),并尽可能地放大躯干、手和头部对象。贴图越大,纹理清晰度越高。

(26) 最后,移动和安排对象,以与图 14.73 的布局匹配。这就是我们将用于模板的最终纹理贴图布局。

(27) 选择 File 菜单中的 Save Model 选项,另存为 \ 3D2E \ RESOURCES \ CH14 \ myhero. obj(清除你从 MilkShape 创建的文件,不要担心——如果需要,你可从 MilkShape 中导出另一个文件)。

在 Save Model 对话框中,应检查以下选项:Export Normals、Export UV Coordinates、Export Materials 和 Export UVMapper Regions。不检查其余选项。

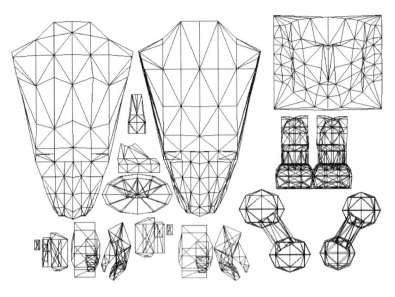

图 14.73　最终 UV 贴图布局

(28) 选择 File→Save Texture Map，将图另存为 \ 3D2E \ RESOURCES \ CH14 \ myhero. bmp。保证纹理尺寸设置为 512 ×512。

(29) 运行 MilkShape，创建一个新文件。

(30) 选择 File→Wavefront Obj，导入 \ 3D2E \ RESOURCES \ CH14 \ my-hero. obj 文件。

(31) 在工具箱的 Materials 选项卡中，单击 New。

(32) 单击顶部 Texture 按钮，定位你利用 UVMapper 创建的 \ 3D2E \ RE-SOURCES \ CH14 \ myhero. bmp 纹理图模板文件。

(33) 该文件命名为 "heroskin"。

(34) 使用 Groups 选项卡，选择所有网格，然后切换至 Materials 选项卡，然后单击 Assign。你现在应会得到与图 14. 74 接近的 3D 视图。

当然，你的版本是彩色的。UVMapper 分配的色彩分组中的三角形线条清晰可见。你现在可继续进行，使用 Gimp 创建你的 Hero 模型皮肤。如果你需要复习，请参考第 9 章。

确定将你的皮肤另存为了 JPG 文件类型，以便在 Torque 中使用。这意味着你必须回到 MilkShape，重新规定你的文件为 JPG 格式，而不是 BMP 格式。

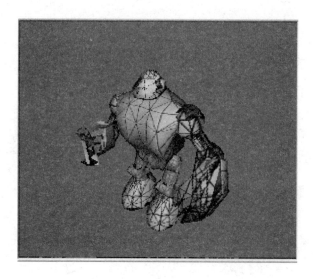

图 14.74　显示 UV 模板纹理的 3D 视图

　　如果你想知道为什么第 9 章的练习不制作用于该模型的皮肤……我的意思是，好，来吧！你想让我给你做一切事情吗？你也太懒了吧！制作自己的皮肤吧！它们胜过我制作的十倍。

　　现在，如果你完成了抓图，你需要测试你的 UV 贴图。以在"测试工具链"小节使用的检查方式，使用 Torque Show Tool Pro 检查你的模型。

　　如果经过 UV 贴图一切都看起来不错，使用我已经保存到 \ 3D2E \ RE-SOURCES \ CH14 \ hero. jpg 文件的 UV 模板的 Hero 皮肤，我们继续进入动画章节。

四、角色动画

　　好，无论一个静止的模型立在那儿看起来有多酷，但在第一人称射击游戏中是非常无趣的。我们必须使这个形象具有生气！

　　如果我们是大名鼎鼎、资金雄厚的单位，就可以雇佣一个动画工作室来制作动画。但是我们不是大明星——我们是独立的开发者！因此，我们必须做出其他选择，而这儿就有。

在因特网上，你可找到一些逐格摄影序列，可能能帮助你开发角色动画。因特网上还有角色动画的可自由下载的文件，它们可能不同于我们在此使用的骨架结构，但是一定量的扭转可能对我们大有帮助。

我知道要使用自己制作的仿真人手工创建动画的人，通过动画在他工作时逐步更改姿势，在他的动画程序中将他眼睛中看到的转换为合适的帧。这就是一个很好的低成本选择。

在本书中，我们将手工创建我们的动画，因为关键是学习如何制作。它们可能不是世界上最好的动画（或许它们是世界上最棒的！），但是如果你自己制作的话，它们将是你自己的。如果你需要一个模型，就要求朋友或家庭成员通过你正在尝试的动画制作慢慢进行了解，如果这是力所能及的。你会惊讶它是多么有用处啊！

在 Torque 中制作动画角色

在 Torque 中制作动画角色能够使用的方法是创建一个符合模型部件的骨架，然后在被称为安装的过程中，将骨架放到相应的部件上。然后我们创建一个关键帧序列——实质上是一系列的骨架姿势。当 Torque Engine 想制作模型动画时，根据动画时线中出现的关键帧位置，通过节点（骨架的"骨骼"相互连接的关节）定位和转动，在模型中计算网格的位置。

我们将创建六个不同基本动画：

root［与一些非 Torque 系统中的 idle（空闲）相同］、run、look、head、headside、death

表 14.2 显示了 Torque 支持的动画的完整列表。这不是有演示的 Torque 动画序列文件的列表（尽管所有支持的动画确实算做动画序列）。这正是许多动画序列文件不是自动由 Torque 从引擎中或者脚本中的其他地方激活的。不管怎样，表 14.2 中的动画序列文件由引擎或演示脚本激活，如表所述。

这些动画符合在 Torque 中创建的角色动画支持。名称必须匹配 Torque 使用的名称。然而，如果我们需要，我们可从脚本程序内添加我们自己任意的动画并激活它们。这里同样有其他我们未提及但 Torque 支持的动画。

表 14.2　Torque 支持的动画序列

序列名称	说　明
root	这是基本"不做任何事"的动画——通常该角色站立并在原地走动。
run	这是用于当角色向前奔跑时的动画。
walk	当角色的速度低于奔跑速度，角色行走时，使用该动画。
back	这是用于当角色向后奔跑时的动画。
side	这是当角色向侧面奔跑时的动画，通常称为扫射。
look	这是角色的右胳膊指向角色正看的位置时的简单动画，例如当持有武器时。
head	根据角色看的位置，头向上看或向下看。
fall	这是角色的姿势或角色掉落悬崖或建筑物时的动画。
land	这是掉落动作结束时突然停下的动画。
jump	这是奔跑时的跳跃动画。
death1	像这个词的意思一样，这是 11 种可能性中的一种。你不需要所有这些可能性，但如一个古代谚语所说："变化乃人生之情趣，嗯，死亡也是其一"。
death2 – death11	同上，十几种。
looksn	与"look"相同，但是是握着武器看。
lookms	与"look"相同，但是手臂放松。
scoutroot	这是用于当角色骑着摩托车之类的工具的动画。
headside	这是用于当角色的头从一侧转向另一侧时的动画。
light_ recoil	这是用于展示武器开火时角色的反应的武器后坐力。
sitting	这是用于当角色坐下，如乘坐汽车时的动画。
celsalute	这是通过 Ctrl + S 作为默认设置激活的动画（游戏植入式敬礼或辱骂动画），你可使用于你需要的地方。
celwave	通过 Ctrl + W 作为默认设置激活，这是另一个游戏植入式敬礼或辱骂动画。
standjump	这是另一个跳跃动画，但是这次，角色从站立姿势（像 root 姿势）跳跃。
looknw	这是另一个武器"look"，有胳膊放松姿势的变化。

在图 14.75 中，球形为关节或节点。两个球形之间的尖峰为一个"骨

头"。尖峰指向的方向显示节点之间的关系。大端的节点是母节点，而另一端的节点为子节点。注意：在图14.75中，画面B中的母节点在画面A中母节点的方向旋转60°，子节点也相应旋转。

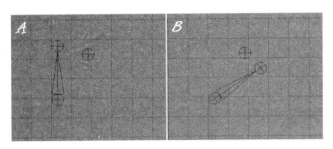

图14.75 关节旋转时骨头的运动

独立的节点不运动。注意：节点内的水平线和垂直线在旋转后的节点内成角度，但是不在独立的节点内成角度。

如果myhero. ms3d文件还尚未打开，那么就打开它。在Misc选项卡的File Preferences对话框中设置Joint Size为0.05。我们需要使用这样一个小关节尺寸，因为Hero模型的尺寸大小稍小于第9章的Standard Male Character模型。

创建骨架

在我们创建动画前，我们需要创建角色的骨架。我们自下向上地创建骨架，也可以说从底部节点开始，然后到外部四肢。

(1) 我们将从位于坐标原点（0，0，0）处的独立的节点（或关节）开始。在连接关节前，你一定要单击Joint工具（Model面板的右下角，主窗口的右侧）。

Tip

> 要选定一个关节，须单击Model选项卡的Select Options框中的Joint按钮。当Select工具激活（Tools框中的Select按钮按下）时，你只能这样操作。

(2) 现在一定要选定unlink节点，然后将另一个节点向上置于头的前面，大致离开鼻子的端部，并将这一节点命名为 cam。图 14.76 展示了这两个节点在 Side 视图中的相对外观。该布置独立于其余骨架（关于 unlink 节点和 cam 节点的说明，参见其他选项详述"Torque 两足骨架"）。

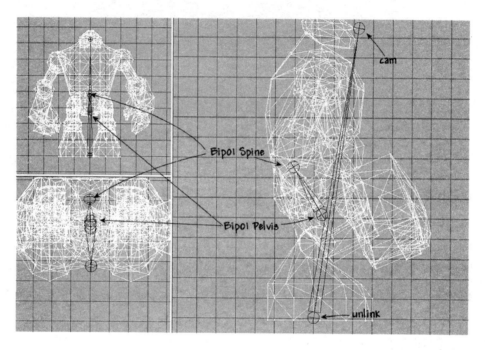

图 14.76　Bip01 Pelvis 和 Bip01 Spine 节点位置

提示

如果未选定 unlink 节点，你需要在创建 cam 关节前将其选定。单击 Model 面板中的 Select 工具，然后单击 Model 选项卡面板底部的 Select Options 框中的 Joint 按钮，进行选定，再单击 unlink 关节或单击拖动其周围的方框。

无论你什么时候创建一个子节点（在这种情况下为 cam 关节），你需要在连接子节点前选定母节点。这样会出现骨头连接口，显示节点之间的比例关系。

（3）现在我们将开始创建骨架。这次，确保你在选择 Joint 工具时没有选定任何关节。

（4）直接将关节节点置于 unlink 节点之上，但是其上的 Y 值为 0.7 左右。

该关节命名为 Bip01 Pelvis。

（5）然后，在保证选定 Bip01 Pelvis 节点时，将另一节点稍微置于 Bip01 Pelvis 的后上方，将该节点命名为 Bip01 Spine。图 14.76 显示了这两个节点的相对外观。保证连接这两个关节的骨头的大端位于 Bip01 Pelvis 节点所在位置。骨头的大端为母端。

（6）添加所有新节点，并做适当的标记。图 14.77 为节点布置及节点名称提供了指导。

提示

节点添加顺序显然很重要。以下是 Hero 的骨架顺序：

Unlink（start）	Bip01 Spine（restart）
cam（end）	Bip01 L Thigh
Bip01 Pelvis（start）	Bip01 L Calf
Bip01 Spine	Bip01 L Foot（end）
Bip01 Spine1	Bip01 Neck（restart）
Bip01 Spine2	Bip01 R Clavicle
Bip01 Neck	Bip01 R UpperArm
Bip01 Head	Bip01 R ForeArm
eye（end）	Bip01 R Hand
Bip01 Head（restart）	mount0（end）
Mount1（end）	Bip01 Neck（restart）
Bip01 Spine（restart）	Bip01 L Clavicle
Bip01 R Thigh	Bip01 L UpperArm
Bip01 R Calf	Bip01 L ForeArm
Bip01 R Foot（end）	Bip01 L Hand（end）

从左端栏的顶部到底部阅读该顺序。然后在右端栏的顶部重新开始，直到底部。标记有（start）的节点为母节点，不是其他子节点。标记有（end）的节点为子节点，不是其他母节点。标记有（restart）的节点为已经存在的节点，再列一次是为了显示特殊子节点连接的位置。你不必复制另一个（restart）标记的节点，只选择已经有的节点，并开始将一个结点添加到标记的节点中。

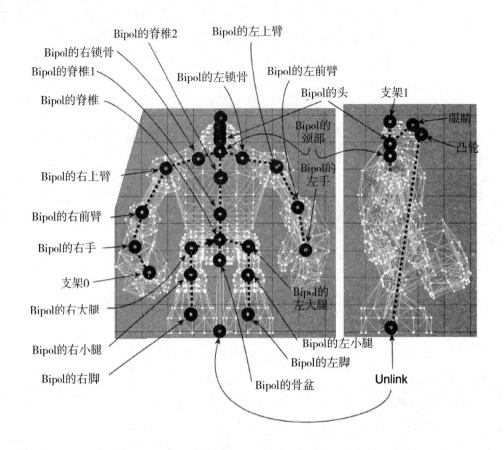

图 14.77　带有标记节点的 Hero 骨架

(7) 从 Bip01 Pelvis 开始，移动到脊骨、臀部和肩膀（依此顺序），调整骨架关节以匹配图 14.78 中的骨架姿势。记住去旋转臀部关节、膝盖关节、肘关节和肩膀关节，移动四肢的关节。你需要轻轻弯曲角色的膝关节，轻轻地弯曲左胳膊骨头，右胳膊向上弯曲 90°。特别注意 Bip01 Spine 节点和 Bip01_ x_ Thigh 节点的布置。Bip01 Pelvis 应位于 Bip01 Thigh 节点的正下方，它们应稍微高于低脊骨。

(8) 调整网格旋转度，微调网格组布置，以匹配骨架的姿势。你可能需要在网格组和关节节点之间来回调整，直到你满意结果为止。

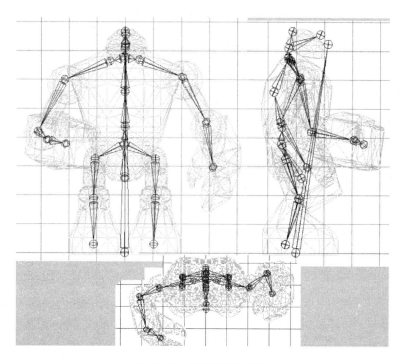

图 14.78　姿势调整后骨架

Torque 两足骨架

　　节点名称和你在图 14.77 中看到的骨头基本属于 Torque 标准，尽管不必使用它们。这里有你可能使用命名法命名的其他游戏的标准骨架。Torque 使用一个标准两足骨架，与 CounterStrike 和其他游戏使用的骨架一样。如前所述，如果我们不使用节点名称准确匹配 Torque 骨架，我们就不能使用储存的 Torque 动画。

　　这里有关于骨架的一些详细资料和非常重要的骨架部分，我们需要使它们非常准确。

　　第一也是最重要的是节点名称。大多数节点——骨架的"骨头结构"中的关节——有以 Bip01 开头的名称。在名称中有 Bip01 的任何节点，在该名称中的 Bip01 字符串后都有一个空格。此外，一些名称中有 R 或者 L，分别表示右侧或左侧。这些名称在 R 或者 L 后有一个空格，而在 R 或者 L 前也有一个空格（在前面的空格是紧跟着 Bip01 字符串的相同空格）。

　　因此，例如，名称为 Bip01 L Clavicle 的节点，在 Bip01 和 L 之间有一个空格，L 和 Clavicle 之间有一个空格。明白了吗？好！

　　现在，注意，在图 14.77 的 Side 视图中，节点命名为 unlink。该节点不是真正所需

Chapter 14　Making a Character Model

的节点，这是如3D Studio Max 程序中导出时的使用要求产生的结果。不管怎样，我已经在此使用了该节点，因为我需要一个将 cam 节点连接到其上以及不是主骨架部分的节点。利用 unlink 节点，我们只需要保证向前或向后移动整体的动画，也移动 unlink 节点。这将有沿着该节点无缝拖动 cam 节点的效果。Cam 节点是 unlink 节点的子节点，但是它本身没有子节点。unlink 节点不是任何其他节点的子节点，除了 cam 节点，也没有子节点。

现在，举例来说，你可将 cam 节点连接到 head 节点上。使用该方法的问题是，cam 节点根据头在其动画中的移动方式移动和旋转，通常不与骨架一起移动和旋转（预期效果）。

最后，注意使用的命名习惯反映了一个事实，即制作 Torque（与 Tribes）模型所使用的第一个工具是 3D Studio Max。因此，骨架节点名称即为骨头的名称。

MilkShape 3D 制作带有节点骨头的骨架模型，而 MilkShape 3D 的节点是关节。这就是为什么在节点本身明显为肘（一个关节）而不是前臂骨头时，我们有一个命名为 Bip01 R Forearm 的节点。

下面为 Torque 特殊节点及其用途：

cam	该节点建立第三人称摄像机"轨道"中心。
eye	该节点建立第三人称"眼睛视野"摄像机。
unlink	该节点用于对准 cam 节点和模型的主体。
mount0	该节点通常用于将武器放置到右手上。
mount1	该节点通常用于放置帽子或其他头饰。有时位于全能武器使用的左手中。
mount2	该节点（不用于该骨架）通常用于放置背包（作为 Bip01 Spine1 或 Bip01 Spine2 的子节点）。
ski0, ski1	这两个节点（不用于该骨架）通常用于 Torque 的滑雪效果或粉末发射器。

注意：不强迫你使用如上所述的节点。不同的建模人可随意使用 mountn 节点和 skin 节点，尽管每个人使用 eye 节点和 cam 节点的意图一样。你也可创建你自己使用的特殊节点，如进行复杂手部运动的手指关节和大拇指关节，或面部动画的下巴、面颊和嘴唇节点。

安装：连接骨架

到目前为止，我们已经创建了骨架，命名了节点，并将骨头排列成我们喜欢的姿势。下一步，我们将把模型连接到骨架上，这样，当骨架生成时，模型的网格也相应生成。在该步骤中，你可能要谢谢我，坚持保留不同模型部件，如胳膊和脚等的网格组。

安装头部

我们将从头部开始，获取对安装操作的知识。

（1）在工具箱的 Joints 选项卡中，选择名为 Bip01 Head 的关节（或节点）。保证它在线框视图中以红色突出显示。

（2）切换到 Groups 选项卡，并选择头部网格。你已经知道，它应以红色突出显示。

（3）切换至 Joints 选项卡，并单击 Assign。现在，头部网格分配到头部节点。只点击线框视图空白区域，确保不选定任何对象，仔细检查，只选择头部关节，确定它已被选择，然后单击 SelAssigned（Select Assigned）按钮。头部网格应突出显示。如果未突出显示，返回并重复以上三个步骤。

那没什么——现在还没安装头呢！当然，还没完。还有模型的其余部分呢！

当骨头安装错时，该怎么做呢？有时，这不难解决，你可能需重装整个模型，或者你可能通过将节点安置到几个顶点上而不是整个网格或子网格上。这可能要求非常高——我猜这可能是一个合理的描述。

安装模型的简单性源于我们使用的方法，图元创建使我们很容易确定网格和子网格。我们将使用"每个网格一个节点"的经验法则。使用其他方法，会变得更复杂，例如将单个顶点分配到关节，但是有时其他方法对我们需要创建的模型可能是更加合适的。事实上，我们将采用一个较复杂的方法——将一组单个顶点分配到一个关节——这是"每个网格一个节点"法则的例外（总是存在）。

安装躯干

好，头部很容易就安装好了。没有必要为你展示能够跟着做的图片了。

那么躯干部分怎么样——还是那么容易吗?

是的。事实上,我觉得不难,躯干安装一点都不难。

整个头部网格安置到头部节点上,很好。倾斜或旋转头部节点将会以我们想要的方式移动头部,真的没有更多的选择了。比起头部,脖子更属于脊骨的一部分。Cam 节点和 mount1 节点与骨架没有真正关系。它们都是特殊节点,在 Torque 中扮演着不同的角色,我们将在后面进行讲述。因此,留下头部节点来控制头部网格。

尽管躯干至少有五个可能连接的节点。但是应该连接哪一个节点呢?让我们暂时清除脖子节点。留下三个脊骨节点和 Bip01 Pelvis 节点。事实上,我们能对一个网格使用一个以上的节点,为不同的节点提供网格的不同部分。当我们创建躯干网格时,事实上,我们将两个图元结合在一起了,记得吗?一个是胸部圆柱体,而另一个是腹部圆柱体。我们本可以留下它们作为单独的两个子网格,但是我想为你展示如何将两者结合在一起。分配它们各自的顶点到不同的节点,我们就可以使用它们,如同有两个单独的网格。

如果你查看节点,你将看到 Bip01 Spine 节点为明显的备用节点,用来控制网格的腹部部分。尽管很可能不是那么明显,但是节点 Bip01 Spine2 很可能是躯干的其他节点的最佳备用节点,即使它存在于与 Bip01 Spine 不同的情况下(Bip01 Spine2 没有使四肢连接)。但是,不管怎样,我们将使用这两个节点,而且要看看它们的效果如何。

这在动画方面意味着,我们可使连接到一个结点上的顶点以一种方式移动,而连接到另一个节点上的顶点以不同的方式移动,或者不移动。这都取决于你安装的方式。

无需担心哪个节点是必须使用的。实际上,我们将制作的动画不要求制作的躯干网格有一个以上的节点,但是这是值得我们学习的,因此我们会这样做。

(1)在开始搭建躯干模型节点之前,先对画板进行整理——隐藏除躯干网格之外的所有网格。如果你已经忘记了怎么做,那么在工具箱的 Groups 选项卡中,选定每个网格,单击 Hide。可惜,我们不能有选择性地隐藏骨架部分。当要隐藏骨头时,要么全部显示,要么全部隐藏。

提示

隐藏所有使用的网格不是必须的。只需保证你可容易地选定你希望使用的网格中的单独顶点。关于躯干网格，在顶视图中，你可看到所有其他网格覆盖在躯干上。

（2）在 Joints 选项卡中选择 Bip01 Spine 节点。

（3）切换到 Model 选项卡，并将 Select 工具设置到 Vertex 模式，然后选择腹部顶点。你可使用 Front 视图和 Side 视图。图 14.79 显示了要选择的顶点。

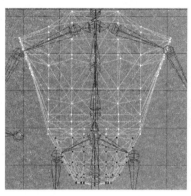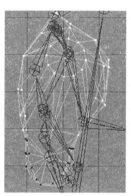

图 14.79　腹部顶点

（4）回到 Joints 选项卡，单击 Assign。现在将顶点连接到 Bip01 Spine 节点上。

（5）现在选择 Bip01 Spine2 节点，然后以图 14.80 为指导选择顶点。

（6）单击 Joints 选项卡中的 Assign 选项。

（7）通过按顺序选择每个节点、单击 SelAssigned 按钮并观察该节点的顶点是否有遗漏，双击，确保你没有忽略任何一个顶点。如果你遗漏了，你可选择节点，选择顶点，然后单击 Assign，将其添加到节点列表中。

那就是躯干。这对你来说似乎是一个艰难的任务，但是对我来说，却是一个噩梦！好，可能也不是那么糟糕，这个过程为你呈现：在你安装模型时

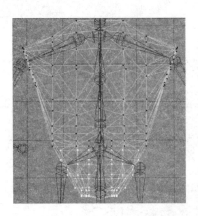

图 14.80　胸部顶点

你将作出的各种决定。会发生什么事？效果怎么样？

既然我们安装了一些节点，就让我们看一看它们的安装过程。

(1) 如果你在右下角没有 Anim 按钮，那么选择 Window 菜单中的 Show Keyframer，确信存在复选标记。

(2) 单击 Anim 按钮，激活 Keyframer。

(3) 使用 Joint 模式中的 Select 工具，选择 pelvis 关节（或者你可使用 Joints 选项卡做选择）。

(4) 使用 Right Side 视图的任意模式中的 Rotate 工具。任意旋转是选择 Rotate 工具、单击线框视图并左右拖动光标。

既然你看到的是整个躯干以及头部，那么绕着 e Bip01 Spine 节点旋转，你也应看到一些奇怪的现象。胳膊网格、腿网格、脚网格和手网格不移动。那是因为它们尚未安装。

但是注意，当你旋转 Bip01 Spine 节点时腿骨旋转。啊哈！我不了解你，但是当我弯腰时，我的腿不会向后移动。因此，pelvis 节点似乎明显是弯曲角色腰部的备选节点，而不是一个合适的节点。

因此立刻返回，进行更改。这仅仅是我展示给你的 pelvis 节点相同步骤，除非你对 Bip01 Spine1 节点进行更改。确定单击 Anim 按钮，首先从 Keyframer 中取出，否则你不能做任何更改。我将期待。

音乐插入……

就这样。既然完成了，返回我之前为你所示的 Keyframer，检查 Bip01 Spine1 节点的旋度。

另一段音乐插入……

好！一切都如愿以偿。躯干网格和头部网格一起弯曲，并且所有的骨头一起连接到了 Bip01 Spine1 弯头之上了，如图 14.81 所示。正如你可能已经作出的推断，现在安装其余节点是一件微不足道的事。安装时使用表 14.3 作指导。

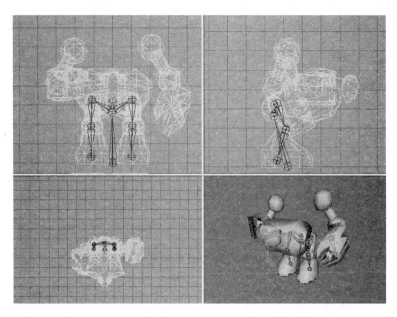

图 14.81　低脊骨弯曲

表 14.3　Hero 安装

节点	将安装的网格
Bip01 Head	Head
Bip01 Spine2	Torso——胸部区域顶点
Bip01 Spine	Torso——腹部区域顶点
Bip01 L Upperarm	LArm
Bip01 R Upperarm	RArm

续表

节点	将安装的网格
Bip01 L Forearm	LHand
Bip01 R Forearm	RHand
Bip01 L Thigh	LThigh
Bip01 R Thigh	RThigh
Bip01 L Calf	LFoot
Bip01 R Calf	RFoot

随意改进我的安装选择。由于一些关节节点不能连接任何顶点，因此，如果你愿意，你可利用这些顶点对形体运动进行微调控制。

提示

手网格应连接前臂关节，脚网格连接小腿关节。继续。

你只需将一个网格与一个结点匹配并连接，继续。我们在这儿欣赏音乐，你继续安装其余部分，我休息放松一下。

另一段音乐插入……

好极了！安装完成了，让我们继续后面的工作。

嵌入式动画

嵌入式动画是与模型一起包含在 DTS 文件中的动画。我们经常对一次性使用对象使用嵌入式动画，如有很少动画的小型特殊对象。你曾经从 Milk-Shape 导出的动画就属于嵌入式动画。一些建模者更喜欢使用嵌入式动画，因为嵌入式动画使资源管理弊端最小化。因为在走廊周围没有单独的序列文件运行，走廊自身就是障碍物，用力关上门，在储藏室中消失。

空闲动画

空闲动画是角色只在站立而不做任何事时游戏中使用的动画。在一些游戏中，你会看到有点复杂的空闲动画，角色在相当不合适的位置抓自己、观望四周、拖着脚走等。我们只制作一个基本的呼吸序列，让你知道角色是生气的。在 Torque 中，空闲动画的名称为 root，因此我们将在导出模型时命名空闲动画。

制作好了基本动画，口令为 subtlety。不要经常使用它。

（1）单击右下角的 Anim 按钮，确定启动 Keyframer。

注意

在保存或导出模型的某一文件，甚至是序列文件前，切换 Anim 按钮，确定你始终保持在动画模式，因此不按下 Anim 按钮。但你实际上正在制作画时，仅仅按下 Anim 按钮。完成动画制作时，保持动画模式。

（2）设置 Keyframer 中的 Total Frames（总帧数）到 30。在 Keyframer 的右下角的右手编辑框中进行该设置（见图 14.82）。

（3）移动滑动块到第一帧。

（4）选择 Animate→Set Keyframe。这说明该特殊帧为关键帧。

（5）移动滑动块到第 15 帧。

（6）注意肘部和手的角度。

（7）选择 Bip01 Spine1 节点，将其围绕 X 轴旋转 5°。

（8）在相反的方向将 Bip01 R Upperarm 和 Bip01 L Upperarm 节点旋转 5°到 Bip01 Spine1 节点旋转位置，然后将其放回原位。

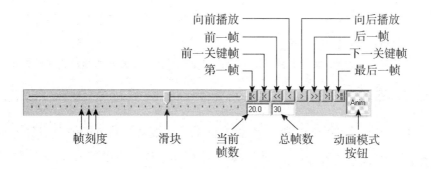

图 14.82　Keyframer 控制面板

提示

无论何时你更改关节的位置或转度，你可能只看到了你正在工作的视图中动画更新了。要更新其他视图，只点击每个视图一次。

（9）选择 Animate→Set Keyframe，设置该帧的关键帧属性。

（10）移动滑动块返回到第二帧。

（11）如果菜单中有复选标记，则选择 Animate→Operate On Selected Joints Only，关闭 Operate On Selected Joints Only 功能。

（12）选择 Animate→Copy Keyframes。

（13）移动滑动块返回到第30帧。

（14）选择 Animate→Paste Keyframes。

（15）再次选择 Animate→Operate On Selected Joints Only，打开 Operate On Selected Joints Only 功能。

提示

从这一点开始，我们将在 Operate On Selected Joints Only 中选择 Selected Joints 选项，保存所有剪切和粘贴的手指，并且按照以下步骤操作。

（16）选择 Animate→Set Keyframe。

（17）保存你的模型文件！

注意

在你已经进行了几次复制和粘贴后，并没有收到你预期的结果后，复制和粘贴关键帧的操作似乎像冒险的活动。

关键是记住在复制关键帧前关闭 Selected Joints 功能，然后再在粘贴关键帧后打开 Selected Joints 功能。

图 14.83 显示了第 1 帧和第 15 帧之间的不同姿势。将 unlink 节点和 cam 节点用作你固定的参考点——它们永远不能移动。现在单击 Keyframer 控制器上的 Play 按钮，你可测试你的动画了。Play 按钮是一个看起来像一个指向右边的单个箭头的按钮。

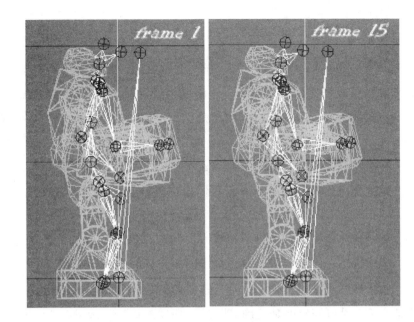

图 14.83　姿势的不同之处

只要按下 Play 按钮，动画将循环播放，播放到第 30 帧，然后又返回到第 1 帧。如果你发现动画播放的太快，你可在 Preferences 对话框中更改 FPS 数字以达到较低值，放慢动画播放速度。

注意：当动画实际播放时，微妙的姿势变化将会十分引人注意。

提示

命名为 characterFX 的非常出色的工具对创建动画是非常有用的，配合 MilkShape 使用，效果更出色。遗憾的是，由于数理逻辑的原因，它不能与配套光盘上的工具相兼容。然而，它能使动画制作过程流线型化，使用灵活，因此值得在因特网上快速搜索一下该工具。

空闲动画是循环动画的一个例子——反复重复的动画，除了制作更有趣的动画。所以，我们通过制作几乎相同的开始帧和结束帧，确保动画的结尾部分很好地与开始部分混合。那就是为什么我们从第 1 帧复制关键帧，然后再粘贴到第 30 帧的原因。

奔跑动画

奔跑动画是第一人称射击者主要动画。奔跑射击，奔跑射击。我们的 Hero 角色有一个稍微笨拙的较矮身体，这将使他奔跑的动画看起来有点可笑。好，我们将笨拙变成一个特点，并利用角色可笑的特点。顺便提一下，这是另一个循环动画，因此我们需要确定开始帧和结束帧是一样的。

（1）在 Keyframer 中，设置 Total Frames 到 96。其余帧将在你开始空闲动画的第 30 帧后增加，因此我们以滑动块上的滴答记号的总数 96 结束。

（2）移动滑动块到第 31 帧。

（3）确定 Animate→Operate on Selected Joints Only 模式未启用。

下一步要做的是在做其他工作前，首先将开始帧和结束帧制作到关键帧中。保证它们在动画完成前是"冻结"的。那样，MilkShape 不能暗中插入这些位置。

注意

此时，事先考虑是个好主意。有许多要求将关键帧设置成相同于第一帧的关键帧的新动画序列。这些关键帧将被 Torque 在其他动画中用作参考帧。参考帧需要与基本姿势相同，即第一帧。此时，没有其他姿势和关键帧的帧数高于 30，因此所有大到 96 的帧似乎是你将取消的第 30 帧，是第一帧的复制。第一帧是我们的基本姿势。

假定我们现在必须制作那些参考帧，因为有助于将 MilkShape 动画"固定"在合适的位置。因此，只要你已经完成了步骤 5，当你为第 67 帧设置关键帧时，重复第 68、71、74 和 77 帧的设置过程。这样，设置我们需要的所有参考帧。

（4）选择 Animate→Set Keyframe。你应得到一个与图 14.84 所示的姿势非常相近的第 31 帧姿势。

（5）移动滑动块到第 67 帧。该帧将是奔跑周期中的最后帧。现在选择 Animate→Set Keyframe，设置成关键帧。你应再次得到如图所示的一样的姿势。

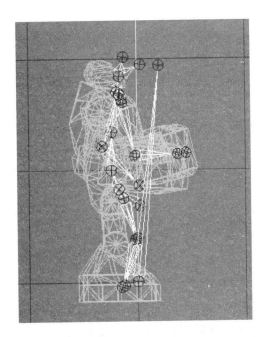

图 14.84 第 31 帧

提示

一个标准的奔跑周期有四个步骤：一条腿离开，第二条腿着地，第二条腿离开，然后第一条腿着地。返回，重复。

我们的奔跑周期包括保存的第 31~67 帧，意思是总共有 36 个帧，当我们用奔跑周期的四个步骤划分时，有 36 个帧，每个步骤有 9 个帧。相等吗？你自己判断。

（6）现在确定 Animate 菜单中的 Selected Joints 模式已启用。移动滑动块到第 40 帧。

（7）在 Right Side 视图中，选择 Bip01 Pelvis 关节（起基本节点的作用），向上移动约坐标方格的四分之三，如图 14.85 第 40 帧所示。基本节点的运动会移动整个模型——这是一项变形操作。

注意

基本节点是直接或间接地连接到所有节点的节点。一些人称之为"祖父"节点、"祖母"或"母"节点，我称之为基本节点。在每个有骨架的模型中，都有一个基本节点，有时会有多个。在我们的模型中，出现一个结点为 Bip01 Pelvis，另一个节点为

unlink。如本章所述，我可能使用术语"基本节点"或名称"Bip01 Pelvis"。我不会称
unlink 为基本节点，因为它仅仅是一个单个子节点，因此不是基本节点。不要忘记这一
点，你也就不会搞混。

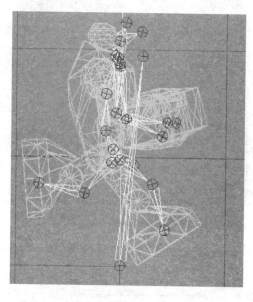

图 14.85　第 40 帧

（8）选择 Bip01 R Thigh 节点，然后在 Side 视图中旋转该节点，导致腿向
　　　前移动。

（9）向前稍微旋转 Bip01 R Calf 节点，直到腿与图 14.85 中的布局匹配。

（10）对左腿重复旋转操作，向后移动其节点。为了得到更准确的布局，
　　　你可能需要稍微移动节点，轻微调整关节位置。真的，你不需要尽
　　　全力。只旋转关节，你就可以得到外观更加自然的动画结果。

（11）利用 Bip01 L Upperarm 节点和 Bip01 L Forearm 节点，向前摆动这些
　　　节点，从而旋转左胳膊，直到头部大致与左腿的方向相反，如图
　　　14.85 所示。

（12）设置第 40 帧为关键帧。

（13）移动滑动块到第 49 帧。使用图 14.86 作为该帧的指导。

（14）垂直向后下方移动 Bip01 Pelvis 节点至该节点在第 31 帧的高度。

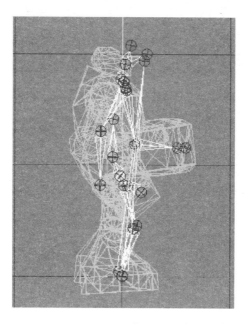

图 14.86 第 49 帧

（15）向后大约移动所有腿和关节至与第 31 帧结构相同的结构。你需要将脚完全放置在地面水平。你可能需要稍微调整一下 Bip01 Pelvis，直到你使脚定位到地面的适当位置。

（16）向下摆动左胳膊至模型侧面。

（17）设置该帧（第 49 帧）为关键帧。

（18）移动到第 58 帧。使用图 14.87 作为该帧的指导。

（19）使第 58 帧与第 40 帧相同，除了在相反方向摆动腿之外。不要忘记再次移动 Bip01 Pelvis 节点。

（20）向后摆动左胳膊，旋转肘部，从而左手与地面平行。

（21）设置该帧为关键帧。

（22）移动到第 67 帧。使用图 14.88 作为该帧的指导。

（23）向后摆动胳膊和腿，大概得到第 31 帧的姿势。

（24）设置该帧为关键帧。使用 Play Forward 按钮，观察动画。如果动画太快或太慢，在 Preferences 对话框中更改 FPS 设置，直到正常，注意你使用的值。

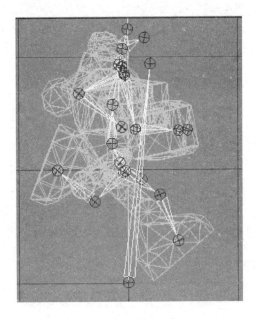

图 14.87　第 58 帧

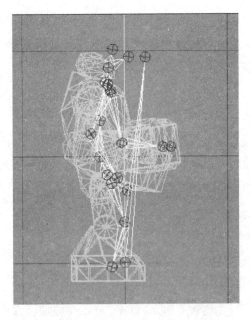

图 14.88　第 67 帧

现在你很可能已经注意到了，尽管我们只在五个帧中设置了姿势，但是程序自动插入或计算出了中间帧的外观。当我们在游戏中使用模型时，Torque为我们做了同样的事情。那与我们将要制作的奔跑动画一样多，但是你应暂时用此进行联系。你首先要在我们已经设置的帧的中间设置关键帧——在第35、45、54和63帧——并且调整腿的位置，得到更好的动画。

　　不需太努力地将动画制作的很自然。它只是一个可笑的角色，你应该制作一个奔跑时可笑的卡通角色。

头部动画

　　当想知道角色向上或向下看时头移动的距离，Torque会自动激活，这就是这样的动画。因此，基本上，该动画的目的是确定限制或极限，没有太多运动。然而，如果向上或向下看时，你角色的面部或头部形状发生变化，那么你需要创建一个较复杂的头部动画。

　　所以说，真的需要相当快地进行处理。该动画将包含一个参考帧、一个"向上"帧和一个"向下"帧。

　　（1）第68帧是该序列的参考帧，而且你已经按照我们开始制作奔跑动画时提供给你的方案做了。

　　（2）移动到第69帧。

　　（3）在Right Side视图中，旋转Bip01 Head关节，直到头部以你允许的最大角度向上看。你也可能需要稍微向后移动一下头。

　　（4）确定启用Operate On Selected Joints Only模式，然后将该帧设置为关键帧。

　　（5）移动到第70帧。

　　（6）旋转Bip01 Head关节，直到头部以你允许的最大角度向下看。你也可能需要稍微向前移动一下头。

　　（7）将该帧设置为Selected Joints关键帧。

　　（8）保存你的工作！瞧，你完成了。那就是完整的动画序列！按照图14.89检查你的帧，确定你准确地完成了头部动画。

头侧动画

头部动画规定 Torque 进行的上下运动的限制，同样地，头侧动画提供左右运动的限制。在游戏中时，头侧动画从第三人称角度看是最直观的。

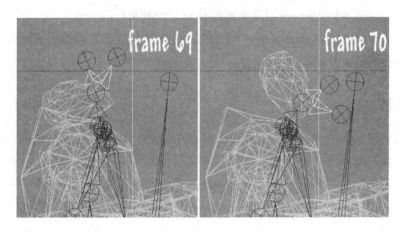

图 14.89　头部序列帧

以与头部动画相同的方法制作头侧动画，利用第 71 帧作为参考帧，第 72 帧用于左转，第 73 帧用于右转。将每个帧设置为关键帧，在你完成后保存你的工作。

观察动画

观察动画基本上是另一种运动限制动画，它规定了在角色向上或向下看时，角色的胳膊摆姿势的方式。而且，这是一个简单的两帧动画，现在不要求我们做详细的研究。第 74 帧将作为你的参考帧，使用第 75 帧向下"看"或向下面的目标看，确定你明显地定位了双臂。使用第 76 帧向上面的目标看，将第 75 帧和第 76 帧设置为关键帧，并再次保存你的工作。

死亡动画

如你之前看到的，有许多可能的死亡方式。Torque 演示支持 11 种"标准"死亡动画，但是你可通过局部代码更改写入每个播放器的服务器脚本，很容易地添加更多动画。

我们将在这儿讲述一种死亡动画。我们将使角色向后倒下，仰卧倒地，双脚在空中摇摆，再次倒下。

（1）移动到第 77 帧，并向后设置姿势，尽可能接近休息姿势，无需在此花费过多时间。

（2）设置该帧为关键帧。

（3）移动到第 82 帧，并旋转胳膊和手以匹配。你可使角色的头部不动，回忆我的制作过程或暂时使其瞬间消逝。它是你的模型！参考图 14.90。

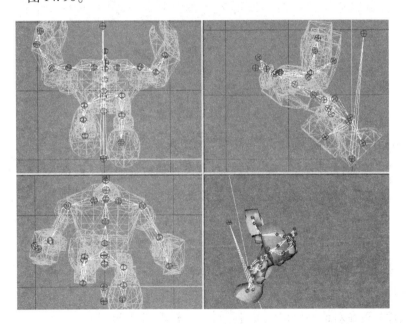

图 14.90 第 82 帧

（4）设置第 82 帧为关键帧。

（5）移动到第 86 帧。

（6）在 Side 视图中，向后拖动基本节点几个坐标方格。

（7）继续旋转和移动胳膊和手，绕着 Bip01 Pelvis 节点旋转身体，使身体顶端与高于顶部的躯干底部水平，如图 14.91 所示。

（8）如果你目前还没有设置，则将该帧设置为关键帧！

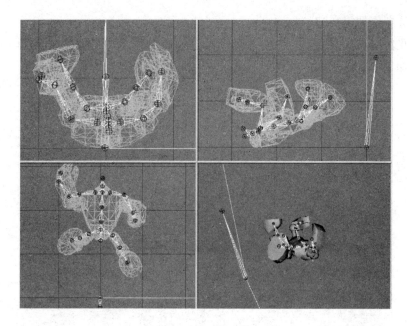

图 14.91　第 86 帧

（9）移动到第 91 帧。

（10）身体撞击地面，腿上依然存在某种动力。使躯干底部（实际上是角色的背部）与地面齐平。旋转腿和膝盖，双脚向上越过身体，旋转胳膊，举起胳膊越过头部，远离身体，如图 14.92 所示。目前 Bip01 Pelvis 节点应在 Z 轴的坐标原点后大约 10 或 11 个坐标方格，如 Side 视图所示。

（11）是的，这是另一个关键帧。继续，继续制作。

（12）现在对最终停留位置进行设置。移动到第 96 帧。

（13）放置身体，使其仰卧于地面。向后移动基本节点一个或两以上坐标方格，使身体沿地面滑行。两侧胳膊保持齐平，脚和腿放倒在地面上并且稍微伸直，头向后倾斜。如你在图 14.93 中所看到的，吉姆死了。

（14）他就是关键帧，Dano！（好，我承认那是一张非常模糊的参考。原谅我吧！）

（15）保存你的工作。

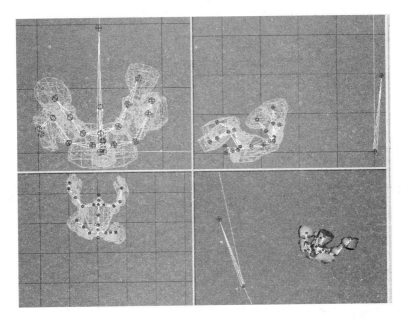

图 14.92　第 91 帧

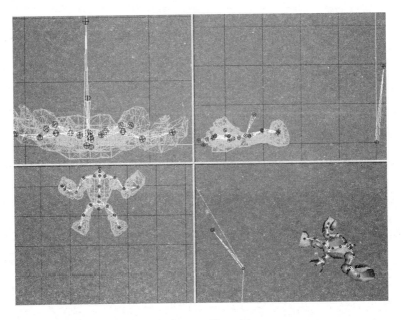

图 14.93　第 96 帧

好，这就是制作死亡动画的过程，为你提供了你确实需要知道的动画，使你继续在 MilkShape 的 Torque 动画制作中进行研究。仍有很多内容要讲述——我们还有很多难题没有解决。现在我们必须让你知道 Torque 是怎样得到动画的。

在进行之前，你需要知道我们将有两条途径可选择：使用一次标准 DTS 导出器；使用一次增强导出器。因此，在该阶段，你应将复制的模型另存为 myheroStandard. ms3d 以及与 myheroStandard. ms3d 相同（目前）的另一文件。无论你什么时候使用标准导出器，都要使用 myheroStandard. ms3d，并且只使用 myheroStandard. ms3d；无论你什么时候使用增强导出器，都要使用 myhero-Enhanced. ms3d。

特殊文件

MilkShape 对 Torque 的 DTS 格式需求的模型信息没有内置支持。也就是说，对于艺术家来说，确定该信息并用模型的源文件保存该信息是有必要的。动画序列信息和模型比例设置是该信息的两个例子。

DTS 模型的标准导出器使用特殊文件作为确定和保存该信息的方法的理念。在此包含了关于内置"标准"Torque DTS 导出器的信息的完整性，但是我强烈建议你阅读并加以理解，然后继续使用 Chris Robertson 设计的 Torque DTSPlus Exporter 插件程序。如果你确实使用了标准导出器，你需要删除使用 DTSPlus Exporter 前准备的特殊文件，你可从零开始。

每个导出器的完整信息在本章最后一部分进行了叙述。

"标准" Torque DTSPlus Exporter 序列

Torque 引擎需要知道可从什么地方得到各种动画、它们运行多长时间、它们属于什么类型以及它们应该运行多快。我们使用称为 Animation Sequence Materials 的技术进行此工作。

一般的方法是，我们创建一个特殊文件，一些特点进行嵌入，如文件为动画序列的 Torque 名称、要求的重放帧率、哪一个帧属于哪一个序列（不包括从开始到结束）、序列是否循环或是否每启用一次播放一次以及其他特点。

确定打开 myheroStandard. ms3d，然后打开工具箱的 Materials 选项卡，创建三种新文件——用于每个非混合动画序列。表 14.4 列出了你需要使用的文件名称。如表所示，"序列文件名称"栏的文字完全包含在名称中。

表 14.4　动画序列文件名称

Torque 序列名称	序列文件名称
root	seq：root = 1 – 30，fps = 10，cyclic
run	seq：run = 31 – 66，fps = 15，cyclic
die1	seq：die1 = 78 – 96

这些特殊文件让导出器知道，创建在 Torque 中使用的 DTS 格式化文件时在模型上进行的特殊操作。

注意：一些序列文件名称不包含选项设置。如果你忽略它们，就使用默认设置。在本章稍后面一部分，你将阅读到关于每个导出器的更多详细信息。

循环动画

你需要注意两个序列。当我们创建奔跑序列时，我们从第 31 帧到第 67 帧进行设置，每个结束帧设置为参考姿势的复制姿势。而在特殊文件中规定了该序列的范围为第 31 帧到第 66 帧。这是因为动画为循环动画——当达到最后一帧，动画跳回到序列的第一帧。

因为第 31 帧和第 67 帧是参考帧，它们是相同的。如果序列的范围达到第 67 帧，然后跳回到第 31 帧，你会看到动画短时间中断，而显示两个相同帧。

为了防止短时间中断，我们在第 66 帧循环序列，而不是在第 67 帧。

因此你会问，为什么在第 67 帧的参考帧会有中断？很简单，当我们观看有 Milk-Shape 插入帧（不是关键帧）的 MilkShape 动画时，它们好像没问题。

死亡动画中应用同样的原理，但是稍微有点不同。我们真的不知道当玩家杀人时将会做什么，因此我们不想让他死，从他开始，采用第 77 帧中的参考姿势，然后撞击他的屁股。因此我们在参考帧后的帧开始动画。这样，Torque 自己在最后限制的帧（可能为奔跑、行走、四周看、跳跃或诸如此类）和第 82 帧发生的死亡动画的下一关键帧之间插入，因此序列的五个帧在找到关键帧并被迫执行一个特殊姿势前，有引擎插入。

未创建头、头侧和观察序列，因为嵌入动画序列不能用于创建混合动画。事实上，标准导出器也不能创建，因此这一点还需讨论。

最后，我们需要准备多份特殊文件，便于设置全局比例尺。我以大比例尺创建了模型，因此我们可使用 Snap To Grid 功能，无需观察顶点是否对齐。现在，当我们导出模型时，我们需要将模型按比例缩小，并将模型命名为"opt：scale = 1.0"。这将使模型缩小至创建尺寸的十二分之一，大概符合我们的需要。

用 DTSPlus Exporter 设置序列

在开始本部分之前，确定你已经在 MilkShape 3D 中打开了 myheroEnhanced. ms3d。关于 Torque DTSPlus Exporter 的其中一个极好优点（天哪，我只说了"极好"？）是你不必创建、键入或记住特殊文件的内容。DTSPlus Exporter 的界面如下（见图 14.94）。你只需要按下某些按钮，检查某些检查框，并填入某些字段。导出器会做好其他的工作。

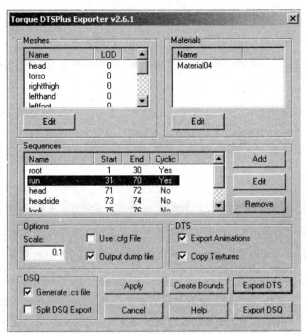

图 14.94　Torque DTSPlus Exporter 对话框

让我们使用 DTSPlus Exporter 添加 root 动画序列。

(1) 保存你的工作后，选择 File→Export→Torque DTSPlus Exporter。你将看到 Torque DTSPlus Exporter 对话框。保证检查命名为 Export Animations 的检查框。

(2) 在 Sequences 框中单击 Add 按钮。你将看到 Edit Sequence 框，如图 14.95 所示。

(3) 填写字段，然后用表 14.5 所示的值设置检查框。

(4) 单击 OK 按钮。

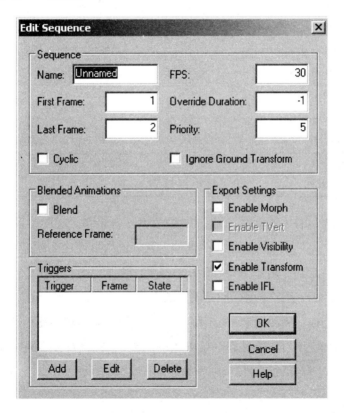

图 14.95　Edit Sequence 对话框

好，那非常巧妙，你将注意到，两端的关键帧为参考帧时，尽管有停止循环动画开始帧或结束帧的工具条，我在此未按照我自己的说明进行。

表 14.5　Root 动画设置

选项	数值
Name	root
FPS	10
First Frame	1
Override Duration	−1
Last Frame	30
Priority	5
Cyclic	设置
Ignore Ground Transform	清除
Blend	清除
Enable Morph	清除
Enable TVert	清除
Enable Visibility	清除
Enable Transform	设置
Enable IFL	清除
Triggers	无

　　这是因为，有了该动画，动作非常灵活也非常慢，这没关系。你可将结束关键帧留在序列中或去掉结束关键帧。两者的结果没什么真正的不同。

　　你也将注意到，由于 DTSPlus Exporter 的较强功能，有多少使用 DTSPlus Exporter 的序列设置多于用标准导出器的设置。

　　现在，完成后继续以表 14.6 和 14.7 为指导创建奔跑和死亡动画的序列。

　　当你增加完所有三个序列，单击 Apply 按钮，确认对模型的设置，然后点击 Cancel，关闭对话框。然后保存你的工作。

测试模型

　　哎呀！还得啰嗦一下。让我们看一看……我们已经创建了一个 3D 模型，利用 UV 贴图将纹理贴在了模型上，创建了一个骨架，安装了模型网格的顶点到骨架上，然后创建了一系列动画，将动画组织成了序列。

表14.6 奔跑动画设置

选项	数值		
Name	奔跑		
FPS	40		
First Frame	31		
Override Duration	−1		
Last Frame	66		
Priority	5		
Cyclic	设置		
Ignore Ground Transform	清除		
Blend	清除		
Enable Morph	清除		
Enable TVert	清除		
Enable Visibility	清除		
Enable Transform	设置		
Enable IFL	清除		
	Trigger	Frame	State（Value）
Triggers	0	31	2
	1	49	1

表14.7 死亡动画设置

选项	数值
Name	death1
FPS	15
First Frame	78
Override Duration	−1
Last Frame	96
Priority	5
Cyclic	清除
Ignore Ground Transform	清除
Blend	清除
Enable Morph	清除
Enable TVert	清除
Enable Visibility	清除
Enable Transform	设置
Enable IFL	清除
Triggers	无

或许需要稍微休息一下了？好吧。时间到了——回来工作！

让我们彻底检验一下这些设置。

使用"标准"Torque DTS Exporter

在本章的后面部分，我们将详细地检查一下 MilkShape 的两个 DTS 导出器。但是现在，我们暂时基本上只使用标准导出器，让我们的模型在 Torque 共运行。

(1) 确定你打开 myheroStandard. ms3d 后，选择 File 菜单中 Export 选项的 Torque 游戏引擎 DTS。你将看到 Torque 游戏引擎（DTS）Exporter 对话框。

(2) 我们将使用默认设置，但是我们应确定默认设置是否正确。你需要选择 Export 动画和 Export 文件信息，Collision Mesh 应被设置到 None（Torque 内部处理玩家碰撞）。

(3) 将你的 DTS 文件另存为 \ 3D2E \ RESOURCES \ CH14 \ myhero. dts。

这一点都不难。现在让我们确定模型正在工作！我们将启用在本章的前面部分使用的 Torque Show Tool Pro (TSTP)，并检验该模型。

(1) 运行 TSTP。

(2) 确定在 Project Directory 弹出菜单中选择 RESOURCES 文件夹。

(3) 找到 RESOURCES \ CH14 \ myhero. dts，并双击该文件。

(4) 模型应出现在屏幕的中心。

(5) 使用鼠标操作（如第 9 章表 9.1 所述），旋转模型，并使模型更加接近或远离你。左键单击和拖动模型，将使摄像机沿着模型运动，而右键单击并拖动模型，将在周围滑动摄像机。鼠标滚轮将进行模型缩放。

(6) 从 Sequences 弹出菜单中选择一个动画。

(7) 单击屏幕右下角控制器中的 Play 按钮。

(8) 检验其他序列，但是记住，不循环的序列只运行一次，并且保留在最后一帧处。

(9) 如有必要，返回到 MilkShape 3D 模型，并对你的动画做调整，然后再返回进行检验。

（10）TSTP 是一个强大的工具，但是任何工具都敌不过真正的 McCoy。因此，现在跳回到 MilkShape，并再次导出你的模型，不做更改，但是这次，指引导出器在 \ 3D2E \ demo \ data \ shapes \ player \ player. dts 中创建 DTS 文件，替换已经存在的 player. dts 文件。如有必要，之后你可从 CD 恢复源文件。

（11）使用 Windows Explorer，在 RESOURCES \ CH14 中定位模型的皮肤纹理文件，并复制该文件到 \ 3D2E \ demo \ data \ shapes \ player。

（12）运行 FPS 演示。

（13）只要你已经完成，按下 Tab 键，切换至第三人称视图，你可欣赏你的角色动画了。

（14）按住 z 键，并移动鼠标，在模型周围移动摄像机，从不同的角度观察模型。

你已经检查了游戏中的 root 动画和奔跑动画，你将希望看到运行中的死亡动画。为了达到这个目的，你需要对 FPS 演示编码做微小的更改。首先，退出 Torque 演示，退回到桌面。

使用 UltraEdit – 32，打开 \ 3D2E \ demo \ server \ scripts \ fps. cs 文件，定位命名为 serverCmdSuicide 的函数。我们不希望使用该函数中的任何一个编码，因此你可删除大括号（｛｝）之间的规定功能码组的编码，或者你可用双斜线（//）对它进行备注。但是这两种方法都不要使用。而是在左大括号后和表示 if（isObject（% client. player））的行之前，将以下编码插入该函数中。

if（isObject（% client. player））

　% client. player. kill （"Suicide"）；

return；

return 语句将使 Torque 在初期舍去该函数，并且使 Torque 不执行已经在函数中出现的编码。你可能想在那儿做一个小备注，表明这是你做的更改。在备注中使用你的姓名或姓名缩写，加上日期。

现在再次运行 Torque 演示，这次按下 Ctrl + K。啊！你的角色死了。视图切换至外部摄像机，而且你看到了死亡动画。

Chapter 14　Making a Character Model

Note

确定你在一些建筑物中的坚硬地面上走动。注意到遗漏了什么吗？没有脚步。标准导出器不支持触发器。

真棒！拇指法则是，如果在 Show Tool 中运行，则在游戏中运行，因为 Torque Engine 支持两者。

使用 DTSPlus Exporter

现在，加载入你的 myheroEnhanced. ms3d 模型。单击 Export DTS 按钮，将 DTS 模型另存为 \ 3D2E \ demo \ data \ shapes \ player \ player. dts，替换已经存在的文件。确保检查 Export Animations 检查框。

运行 Torque FPS 演示，检验所有三个支持的嵌入动画，观看运行中的动画。

Note

确定你在一些建筑物中的坚硬地面上走动。注意到遗漏了什么吗？嗨！……必须制作脚步。增强导出器支持触发器。谢天谢地！

你现在可在游戏中使用制作的 Hero 角色了。而且制作该角色也不是那么难。如果你是一位半路出家的艺术家并眼光独到，我确信你的模型和动画比我的好多了。

后面的部分提供了一些 Torque Engine 的 DTS Exporter 的制作清晰度。有了它的帮助，你应花费一些时间更改设置和不同动画，并添加你自己的动画序列。

动画序列文件

到目前为止，我们已经能够看到三个运行中的动画了。头的实际运动怎么样？好，为了看到它们如混合动画一样准确运行，我们需要创建我们自己的序列文件。

使用你自己的序列

只有增强导出器 Torque DTSPlus Exporter 知道如何处理序列，真的很容易。保证已打开你的 myheroEnhanced. ms3d 文件。

只要你制作了你的动画并为动画制作了序列，就可以释放 Anim 按钮。

使用 Groups 选项卡，选择所有网格组，并重组为一个网格。重命名该网格，因此该网格以零结束，导出器不会混乱。

现在，运行 DTSPlus Exporter，保证检查 Generate cs File 检查框和 Generate cs File 检查框，然后单击 Export DSQ 按钮。当 Save As 对话框出现时，浏览 \ 3D2E \ demo \ data \ shapes \ player，然后在文字框中键入 player。没有扩展名或其他东西，只有 player。导出器将为该名称添加一个下划线，然后导出每个序列，作为其自己的 DSQ 文件，文件名称以 "player_ " 打头，然后是序列名称，之后是 ". dsq"。导出器还将创建一个序列名称，映射到 player. dts 模型的新建序列文件的 CS 脚本文件。

之后，你需要使用 Export DTS 按钮再次导出你的模型，但是这次清除了 Export Animations 对话框，因此只导出安装的模型。当然，你将会使模型导出至保存序列文件的相同位置，替换已经存在的 player. dts 文件。

现在，你可进入 FPS 演示，混合头部动作都在那里。你应能看到奔跑动画、root 动画和死亡动画。但是，还需注意，你可能在观察实际运动时有一定的困难，因为当你在第三人称模式下使用鼠标来移动头或任何你想移动的部分，你的视图会同时发生变化，但是继续进行。正常情况下，在一个多玩家游戏中会有其他玩家，而不是看自己。

使用 GarageGames 序列

最后，你可使用从 Torque 演示开始的序列作为你自己模型的动画。但是还是要提醒一下，你的骨架必须在各方面、形体和形式上准确地匹配 Garage-Games 骨架。

节点必须准确命名，关节需要旋转和放置到与 GarageGames 骨架足够近的位置。

有另外一个小缺点，就是每次你放置一个新关节时，MilkShape 3D 是如何将关节规格化的。这对我们是不利的，因为它意味着下一次匹配 Garage-Games 关节的转度是不可能的。

但是为时不晚！我只是偶然将 GarageGames 骨架用到了 Orc 怪物上了，在本章的 RESOURCES 文件夹中已经进行了描述。你需要做的是清除你自己的骨架，用 GarageGames 骨架替换你的骨架。

(1) 打开你的 myheroEnhanced. ms3d 模型，将其另存为 myHeroGG. ms3d。从这里开始，使用 myHeroGG. ms3d 工作。

(2) 打开 Joints 选项卡，并删除所有关节，选择 Pelvis，并按下 Delete 键，然后使用 unlink 节点进行相同的操作。

(3) 打开 DTSPlus Exporter，并删除所有序列。

(4) 单击 Apply，然后单击 Cancel。保存你的工作。

(5) 选择 File→Merge，然后浏览至 RESOURCES \ CH14，定位并选择 skeleton. ms3d。单击 Open 按钮，骨架将与你的模型合并。

(6) 然后，你必须修改你的网格，使其与骨架相匹配，不对其他网格进行修改。不要接触骨架；不要移动关节或旋转关节或其他关节；不要添加或删除任何东西。让你的手离远点！但是，你必须移动、旋转和缩放身体部位，使其与新骨架相匹配。

(7) 现在安装网格到骨架上，正如你之前用骨架进行操作的步骤一样。

(8) 将你的网格组压缩成一组，正如我们利用嵌入动画一样，并确保单个网格名称以零结尾。

(9) 将你的工作保存在一个文件名中带有"onemesh"的文件中，因此你不用修改原"最终"模型。

(10) 使用 Torque DTS Plus 导出你的模型到 \ 3D2E \ demo \ data \ shapes \ player \ player. dts。确保检查 Export Animations。

(11) 如果你之前已经测试了你自己在该文件夹中导出的序列，从你的 CD 上恢复 \ 3D2E \ demo \ data \ shapes \ player \ player. cs 文件。

（利用 GarageGames 骨架，使用 Show Tool 的 Show Book Models 快捷键或者运行 FPS 演示，观察模型运行。在演示中，使用 Ctrl + S 或 Ctrl + W 使该英雄模型行礼或挥手。

确定你的玩家在分散位置不是站立的或十分接近另一个对象。如果你按下 F8 进入摄像机模式，稍微远离你的角色并回头看它，你可看到一些很酷的东西。按下 F11，打开 Mission Editor，找到角色的 ID 号并记录该编号。在玩家身体的中心有一个红点——ID 号 1751 将出现在该点的正上方、正下方或直接出现在该点上。假定 ID 号为 0001，这是你角色的化身对象 ID 或编号。按下 F11，打开 Mission Editor，使摄像机指向你的角色。然后使用否定号（～）打开控制台，并输入以下内容：

0001. setActionThread（"dance"）;

当然，在例子中，你以玩家对象的实际 ID 代替假定 0001。不要忘记末尾的分号，也不要忘记在输入分号后按下 Enter 键。

现在再次快速按下否定号（～）键，使控制台关闭，观看你的玩家在做美味的鸡肉（好，这当然不是马卡丽娜）。你可使用的另一个序列是显示动画角色动作的范围。

你可打开 \ 3D2E \ demo \ data \ shapes \ player \ player. cs 文件，并可看到右手侧的序列名称。例如，行 sequence1 = "./player_ forward. dsq run";

使我们知道序列名称是 run，所使用的序列文件是 ./player_ forward. dsq。玩得好开心！

五、MilkShape 3D 的 DTS Exporters

正如多次提到的，两个导出器可将模型用于从 MilkShape 3D 导入 Torque："标准"Torgue 游戏引擎（DTS）Exporter 和"增强"Torque DTSPlus Exporter。标准版的导出器与 MilkShape 3D 结合，而增强版的导出器——目前选择的导出器——由 Chris Robertson 设计。如果你发现增强版的导出器过于强大，你可使用标准版的导出器，直到你准备展开翅膀翱翔！

标准的 Torgue 游戏引擎（DTS）Exporter

Torgue 游戏引擎（DTS）Exporter 对话框（见图 14.96）有三组选项，通常不需要进行设置，不保存选项设置，因此你很少使用该对话框，因为这仅仅是双重检验选项值的一种方式。推荐的方法是使用特殊文件设置选项。

碰撞网格

导出器可使你创建与你想要的一样多的碰撞网格。每个碰撞网格必须命名为"Collision";如果你有三个碰撞网格,它们都将命名为"Collision"。

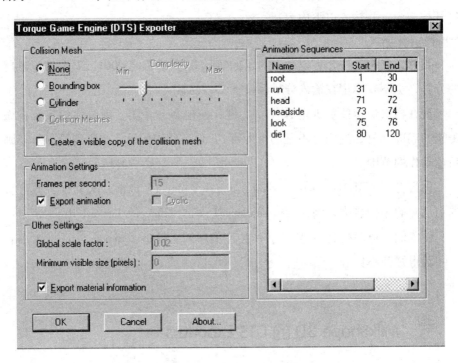

图 14.96　Torgue 游戏引擎 (DTS) Exporter 对话框

如果你没有指定一个碰撞网格,你可用导出器为你创建一个网格,作为方框或圆柱体。你也可手动选择一个现有网格。玩家角色根本不需要碰撞网格。

选择 Create a visible copy of the collision mesh 对话框,使网格可视并可碰撞。

动画设置

Animation Settings 组显示动画的总值。

● 每秒的帧数。该字段显示 Torque Engine 应以什么样的速度播放动画。

使用 Export Options 文件可设置该字段，并且该字段可以应用于所有动画序列（Export Options 将在稍后讲述）。这并不影响关键帧的数字，仅仅设置动画播放的速度。

- 导出动画。如果模型包含你想导出的嵌入动画，检查该框。如果未清除，则导不出任何动画。

其他设置

Other Settings 组包含其他设置值。

- 全局比例因子。全局比例因子是动画导出时测量形体比例的数量。默认比例因子是 0.1，但是使用 Export Options 文件，该字段可更改至数值集。

- 最小可见尺寸（像素）。如果形体的规定半径的投影屏幕尺寸下降到最小可见尺寸，形体将不再渲染。这通常用于在不同部分水平之间切换，建议你将其设置为默认值：0。

- 导出文件信息。通过清除 Export Options 文件信息检查框，你可能导不出文件信息（不推荐）。

导出选项

有特殊名称的文件可用于设置多个导出选项。这些文件在导出时被忽略，而且只用于设置选项。表 14.8 列出了可用选项。

表 14.8 导出选项

选 项	说 明
scale = n	全局形体比例因子，其中 n 为浮点值。默认比例值为 0.1。
size – n	全局最小可见像素尺寸。默认值为 0。
fps = n	动画每秒全局默认帧值。每个动画序列可设置该值，但是如果受序列限制，可使用默认值。
Cyclic	全局默认动画循环标签。每个动画序列可设置该值，但是如果受序列限制，可使用默认值。

Chapter 14 Making a Character Model

选项文件命名如下：

opt：option, option, ...

忽略文件的其他所有特性。

有多个选项文件。如果在多个文件上设置相同的选项，文件列表中的最后一个则为所使用的值。这里列举出了有效文件名称的两个例子：

opt：fps = 10, cyclic

opt：scale = 0. 1

文件选项标签

可使用 MilkShape Shininess 和 Translucency 滑动块设置文件属性，也可通过在文件名称中嵌入其他标签进行设置。

使用 Shininess 滑动块（左手侧的滑动块）对模型进行环境贴图控制。设置滑动块到 0.0 以外的任何值，将运行纹理的环境贴图。注意：你正在使用的纹理必须具有一个阿尔法通道，用于控制每个像素的纹理光泽。除了 1.0 或 0.0，滑动块的任何值都将被忽略。

你可通过设置 MilkShape Translucency 滑动块（右手侧的滑动块）启用半透明度。设置滑动块到最右端 0.0 以外的任何值，将运行纹理半透明度。你正在使用的纹理必须具有一个阿尔法通道，用于 Torque Engine 控制每像素的纹理半透明度。除了 1.0 或 0.0，滑动块的任何值都将被忽略。

表 14.9　文件选项标签

Flag	说　明
Add	启用增加透明度。
Sub	启用减少透明度。
Illum	启用自发光（照明不影响发光）。
NoMip	停用 Mip 贴图。
MipZero	设置"MipMapZeroBorder"标签。

表 14.10 网格选项标签

标 签	说 明
Billboard	网格始终面对观看者。
BillboardZ	网格面对观看者，但仅仅围绕网格 Z 轴旋转。
ENormals	该标签对顶点法线编码。不启用该标签，除非你知道你正在做什么。

嵌入文件名称的选项遵循以下格式：

name：flag, flag, ...

其中，flag 是可选的。表 14.9 显示了哪一个标签可使用。自发光增加文件可称为如下：

Flare：Add, Illum

网格选项标签

网格可使附加标签键入网格（或组）名称中。网格名称遵循以下格式：

name：flag, flag, ...

其中，flag 是可选的。表 14.10 显示了哪一个标签可使用。这里有一些合法网格或组名称：

- leaf
- leaf：Billboard
- leaf：BillboardZ

按照默认设置，网格未设置任何标签。

动画序列

MilkShape 仅仅提供一个单个动画时线，但是 Torque Engine 支持多个动画序列，每个序列可被命名并具有不同特性。MilkShape 中的多个序列在主要时线上激活，并由导出器分成单独的序列。因此，必须说明动画序列，表示出序列在主要时线上开始和结束的位置，通过具有特殊名称的文件进行说明。这些文件在导出时被忽略，并仅仅用于说明动画序列。本章前面部分"特殊文件"提供了更多详细信息。

序列文件命名如下：

seq：option，option，...

忽略文件的所有其他特性。表 14.11 描述了序列文件选项。

以下为一些有效序列说明：

seq：fire = 1 – 4

seq：rotate = 5 – 8，cyclic，fps = 2

seq：reload = 9 – 12，fps = 5

增强的 Torque DTSPlus Exporter

DTSPlus Exporter 不使用特殊文件存储其额外信息。直到 MilkShape 3D 对模型的对象和其他方面引入注释功能才使用。现在 DTSPlus Exporter 在场景中的注释区域保留了其设置。

表 14.11 序列文件选项

选 项	说 明
name = start – end	该选项说明开始帧和结束帧后的序列名称。该选项必须存在，用以序列说明，使其有效。
fps = n	该选项是每秒的帧数。该值影响序列的持续时间和重放速度。
Cyclic	序列为默认设置的非循环序列。循环动画自动循环返回到开始位置，并且永不结束。

尽管存在一点技术小问题，但是我们永远不需要涉及注释区域的内容。DTSPlus 在其对话框中提供了一个 GUI 界面，该对话框给我们提供了我们需要进行设置的入口。

主要对话框

返回到前几页中，图 14.94 显示了主要对话框。通过 MilkShape 将网格和文件添加到场景中，通过选中其各自列表中的选项并单击列表附近的 Edit 按钮，可编辑其特殊特性。

再次通过主要对话框中的 Sequences 列表，创建、编辑和删除序列，选择序列，并单击列表附近适当的操作按钮。

其他一般设置和操作见表 14.12。

表 14.12 一般设置和操作

设置或操作	说 明
Scale	模型导出时应用于模型的全局比例因子。
Use . cfg File	如果设置，导出器将搜索与导出形体（如导出的 shape. dts 文件的 shape. cfg 文件）的名称相同的 config 文件。如果清除，将使用缺省配置。
Output dump file	如果设置，将在与导出形体的目录一样的目录中创建一个命名为 dump. dmp 的文件。
Export Animations	如果设置，动画信息将写入 DTS 形体。当导出 DSQ 文件时，忽略该标签。
Copy Textures	如果设置，所有使用在导出形体中的纹理将被复制到导出目录。当导出 DSQ 文件时，忽略该标签。
Generate . cs file	如果设置，将创建 TorqueScript . cs 文件，可用于 TGE 这种加载形体（有 DSQ 动画）。当导出 DTS 文件时，忽略该标签。
Split DSQ Export	如果设置，每个动画将存储于单独的 DSQ 文件中。每个文件的名称为 base_ animname. dsq，其中，base 是 Save As 对话框中选择的名称，而 animname 是动画名称。如果清除该标签，所有动画将被存储于相同的 DSQ 文件中。当导出 DTS 文件时，忽略该标签。
Apply	该标签将更改应用到 MilkShape 模型中。导出器对话框将始终打开。
Cancel	关闭导出器对话框，不应用任何更改。
Help	显示内置文件。
Create Bounds Mesh	如果没有限制框网格和 Root 骨头，则创建限制框网格和 Root 骨头。限制框是大于范围的立方体 1 MilkShape 单元。

配置文件

配置文件可用于控制导出过程。为了使用配置文件，必须将配置文件命名为与导出模型文件名称相同的名称，除了用扩展名 cfg 代替 dts。配置文件必须在模型文件将要导出的相同文件夹中。

缺省配置

导出器支持配置文件。如果未找到配置文件，则使用一下缺省配置：

+ Error :: AllowUnusedMeshes

– Materials :: NoMipMap

– Materials :: NoMipMapTranslucent

+ Materials :: ZapBorder

+ Param :: SequenceExport

– Param :: CollapseTransforms

= Params :: AnimationDelta 0. 0001

= Params :: SkinWeightThreshhold 0. 001

= Params :: SameVertTOL 0. 00005

= Params :: SameTVertTOL 0. 00005

= Params :: weightsPerVertex 1

+ Dump :: NodeCollection

+ Dump :: ShapeConstruction

+ Dump :: NodeCulling

+ Dump :: NodeStates

+ Dump :: NodeStateDetails

+ Dump :: ObjectStates

+ Dump :: ObjectStateDetails

+ Dump :: ObjectOffsets

+ Dump :: SequenceDetails

+ Dump :: ShapeHierarchy

NeverExport

_ _ mainTree

_ _ meshes

"+"将设置值设置为真，"–"将设置值设置为假，而"="用于设置设置值。NeverExport 列表中的节点未写入 DTS 文件。

NeverExport 列表大多数用于 DSQ Export 排除非动画制作节点。NeverExport 列表中的名称可包含通配符（*）。例如，leg * 将包含 leg1 和 leg2。

设置

以下为可使用设置：

Error :: AllowUnusedMeshes	如果为真，未使用的网格不会导致导出器错误。
Materials :: NoMipMap	在所有纹理上停用 mip 贴图。
Materials :: NoMipMapTranslucent	只在半透明纹理上停用 mip 贴图。
Materials :: ZapBorder	如果设置，半透明非平铺显示文件将自动设置 MipMapZeroBorder 标签。见 Overview。
Param :: SequenceExport	使动画序列导出。
Param :: CollapseTransforms	如果设置，重建不包含任何对象的节点。
Params :: AnimationDelta	在适当位置的最小更改，或认为不同于先前转换的节点转换所需的比例。
Params :: SkinWeightThreshhold	受骨头影响的顶点的最小骨头称量。注意：因为 MilkShape 每个顶点只支持单个骨头，结合到一个顶点的骨头重量为1，而未结合到一个顶点的骨头的重量为0。
Params :: SameVertTOL	认为是独特的顶点之间的最小距离。结合比该距离更近的顶点。
Params :: SameTVertTOL	认为是独特的纹理坐标之间的最小距离。结合比该距离更近的坐标。
Params :: weightsPerVertex	每个顶点的骨头重量的最大数值。注意 MilkShape 每个顶点只支持单个骨头。
Dump :: NodeCollection	将节点聚集过程的清晰度输出到转储文件。
Dump :: ShapeConstruction	将形体创建过程的清晰度输出到转储文件。
Dump :: NodeCulling	将已经选出的节点的清晰度输出到转储文件。
Dump :: NodeStates	将节点状态输出到转储文件。
Dump :: NodeStateDetails	将节点状态信息输出到转储文件。
Dump :: ObjectStates	将对象状态输出到转储文件。
Dump :: ObjectStateDetails	将对象状态信息输出到转储文件。
Dump :: ObjectOffsets	将对象偏移信息输出到转储文件。
Dump :: SequenceDetails	将序列清晰度输出到转储文件。
Dump :: ShapeHierarchy	将形体分级结构输出到转储文件。

表14.13 网格特性

特　　性	说　　明
Name	网格名称，不包括自动追加到名称尾部的 LOD 数。
LOD	该网格的清晰度等级。清晰度等级表明按照指定的距离将要对导出器绘制的网格。数字对应游戏引擎中的像素大小，在游戏引擎中，将用这些网格绘制形体。将导出负清晰度等级的网格，但是不能绘制出。如果你的网格只有一个清晰度等级，使用0。

特 性	说 明
Billboard	如果该网格为 billboard，则进行设置。
Z Billboard	如果该网格为 Z billboard，则进行设置。
Sort	如果该网格应进行分类，则进行设置。
Visibility Channel	该列表框规定了网格可见性通道的关键帧。

网格特性

有很多可分配到影响清晰度等级、billboard 性能和可见性的网格（或 MilkShape 3D 用语"组"）的额外属性。要打开 Edit Mesh 对话框，单击 Meshes 列表附近的 Edit 按钮。表 14.13 显示了这些特性及其作用。

碰撞网格

任何其名称以文本串"Collision'"开始的网格将在游戏中用作碰撞网格。碰撞网格通常的负清晰度等级为 -1 至 -8，因此绘制出碰撞网格。如果你需要通过设置正清晰度等级进行调试，你可观察游戏中的碰撞网格。

碰撞网格应尽可能少的使用多边形，而且必须是凸面。如果可能，按照拇指法则，尝试将指定的模型的多边形的数量保持在 50 以下。

LOS 碰撞网格

DTSPlus 支持使用用于进行视行碰撞计算的特殊碰撞网格。这些网格经常用于优化操作，如检查子弹是否击中模型。任何其名称以文本串"LOSCol"开始的网格将被用作视行碰撞网格。通常，这些网格的负清晰度等级为 -9 至 -16，保证不渲染网格。

像常规碰撞网格一样，LOS 网格应尽可能少的使用多边形，而且必须是凸面。

Materials

图 14.97 显示了 DTSPlus 的 Edit Material 对话框，表 14.14 列出了其特征。

图 14.97　Edit Material 对话框

表 14.14　Edit Material 特性

特　性	说　明
Material Name	文件名称。该特性由 DTS 形体内部使用，而且不影响所用的实际纹理。
Detail Map	MilkShape 文件名称，用作详图。
Bump Map	MilkShape 文件名称，用作凹凸图。注意 TGE 尚不支持凹凸映射 DTS 形体。
Reflectance Map	MilkShape 文件名称，用作反射图。尚未使用。
Detail Scale	详图比例尺。参见"详图"。
Env Mapping	环境贴图应用的数量。数量为 0。该值是标量（范围为 $-1 \sim 0$），应用于纹理的阿尔法通道确定每个点环境贴图的水平。
Translucent	启用透明度。
Additive	启用增加透明度（设置半透明度标签时有效）。
Subtractive	启用减少透明度（设置半透明度标签时有效）。
Self Illuminating	启用自发光（照明不影响发光）。
No Mip Mapping	为该文件启用 mip 贴图。
Mip Map Zero Border	尚未使用。

动画序列

你已经在本章的其他地方看到了动画序列编辑器的枯燥视图。图 14.98 通过 Edit Sequence 对话框显示了奔跑动画视图。

如你在本章看到的，MilkShape 3D 仅提供了一条动画时线。然而，Torque Engine 支持多个动画序列，每个动画序列可被命名，而且具有不同的特性。你可在主要时线上创建多个 MilkShape 3D 动画序列，DTSPlus 将其区分为单独的序列。因此，必须说明动画序列，使用 DTSPlus Sequence Editor，表示出序列在主要时线上开始和结束的位置。

表 14.15 显示了 Edit Sequence 对话框的特性及其使用。

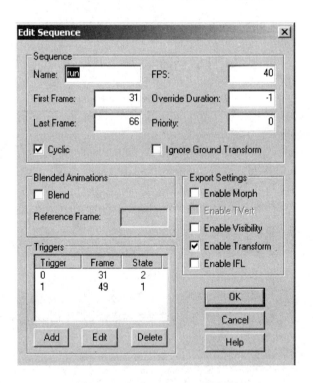

图 14.98　Edit Sequence 对话框

3D GAME PROGRAMMING ALL IN ONE

表14.15　序列编辑器特性

特　性	说　明
Name	序列名称。
First Frame	序列中的第一帧（包括在内）。该数字应与 MilkShape 动画时线的帧数相匹配。
Last Frame	序列中的最后一帧（包括在内）。该数字应与 MilkShape 动画时线的帧数相匹配。
Cyclic	如果打开该特性，序列将循环（如行走动画和奔跑动画）。如果关闭该特性，序列将播放一遍，然后停止（如死亡动画）。
FPS	该动画每秒的帧数。不影响关键帧的数字——只影响重复的速度。
Override Duration	如果你超过序列持续时间，序列在游戏中的时标 1 处播放时，该特性将更改序列持续时间，但是不会更改动画数据（将使用相同的关键帧，它们将在不同的时间播放）。这对改变对象的地面转换速度十分有用，不用缩放动画。大多数时间，不使用该特性，并将该特性设置到 −1。
Priority	当两个序列想控制相同节点时，控制影响该节点的序列。较高优先级的序列将控制该节点。
Ignore Ground Transform	请勿为该序列导出地面转换。通常这是错误的。
Blend	将序列制作成一个混合动画。
Reference Frame	混合动画的参考帧数。设置混合标签时该特性有效。
Triggers	设置触发关键帧和状态。
Enable Morph	该特性将迫使导出器导出所有网格动画，作为一系列网格瞬态图。这对某几种动画（如标签）很有用，但是将会产生大文件，并且不包含动画节点。
Enable TVert	启用动画纹理坐标。
Enable Visibility	启用可见性通道。
Enable Transform	启用转换（如平移和旋转）动画。通常启用该设置。
Enable IFL	启用 IFL 动画。

六、本章小结

这是非常忙碌的一章，对吗？我们创建了一个角色模型和一个模型的纹理皮肤，创建了一个骨架，并将模型的网格安装到了骨架上，然后，继续为骨架制作了动画。然后，我们学习了如何使用两种不同的导出器使动画置入Torque。事实上，正如你看到的，使用嵌入动画和序列文件动画，甚至再使用其他人创建的动画序列，将动画角色置入 Torque 有许多不同的方式组合。

如果这时不明显，需要使用 MilkShape 3D 中的内置 DTS Exporter，如果你拥有 Chris Robertson 设计的 DTSPlus Exporter。然而，如果你已经熟悉标准导出器，并且没有需要技能的动画或需要 DTSPlus 的模型的特殊特性，则非常适合选用功能不是很强大的标准导出器。

真是做了好多T作了，这就是为什么即使是最小的游戏开发团队也至少需要一个在行的建模者承担那些工作量。

因此，既然你能创建你自己的玩家角色，那你就可以创建某种在游戏世界到处走动的运输工具了。这是下一章的主题——制作交通工具模型。

第 15 章

制作交通工具模型

在第 9 章中，我们讨论了外皮的创建，在此过程中，我们还为一辆很酷的轻型交通工具创建了外皮。在本章中，我们将为大家创建该轻型交通工具的模型。

当然，交通工具的类型很多，比如不受路面限制或离开路面的交通工具、飞机、气垫船、轮船等等。在大多数情况下，创建交通工具的方法也可以用来创建其他类型的对象。但是不同的交通工具类型具有不同的功能，因此，可能需要根据这些不同的功能对各种模型进行专业的配置。

比如，如果用户需要玩家化身进入交通工具内驾驶，那么该交通工具就需要有骑点（mount points）。所谓骑点，就是模型中的特殊节点或子对象，用来表示玩家化身附着在交通工具上的位置。不同的交通工具类型、制作方法和模型，在该区域需要的起点位置也会有所不同。

还有一些特殊的节点，用以表明其他游戏功能发生的位置：对于轮式交通工具来说，需要弄清楚轮子的位置，以及跳跃和导航机械装置如何使用的信息。

某些交通工具可能需要利用模型中的节点来表示引擎排放烟雾的信息，空中的交通工具或许需要节点来帮助生成引擎轨迹（飞机云），如此等等。

一、交通工具模型

在本章中，我们将要建立一个完整的轮式交通工具，即轻型小汽车，这辆小汽车将披挂上第 9 章创建的外皮。然后，我们会将其插入一个小型的测试游戏中，这样我们就可以疯狂地驾驶这辆车了。

草图

我发现开始生成模型的最佳途径就是利用草图。先随心所欲地画出自己的想法，然后在纸上不断地推敲，直到你认为满意为止。接着，选择一个视图（左视图或右视图、顶视图或俯视图、前视图或后视图），画出草图中各线的绝大部分相交点。

如图 15.1 所示，是从右手侧看的轻型小汽车的草图。可以看到，这张图确实是一张草图而非真正的制图。而且，只要该草图有大致的比例和粗糙的结构就可以满足要求。现在，如果用户想为真实的汽车建模时，就需要有一张更加详细的草图，或是比草图描绘更多细节信息的东西。也许用户并不需要这些图形，这完全取决于用户对图中细节的满足程度。

侧视图是我们用来建模的主要草图。在为大多数交通工具建模时，通常用户会用到一张侧视图，作为挤压建模的最初资源。这里的原因显而易见，大多数交通工具的长度都比其高度或宽度要大。交通工具的对称之美往往是从纵轴体现出来的，纵轴位于中线之上，从头到尾贯穿整个交通工具。

如图 15.2 所示，为轻型小汽车的顶视图。绘制该视图草图的目的就在于为建模提供辅助，用户会发现将来要经常返回来参考本图。

另外需要用到的就是侧视图的附件，利用 Gimp 来调整图像的亮度。这是因为我们在将草图引入 MilkShape 时，草图图像不能覆盖屏幕上的建模印记。我发现最好的方式就是将整个图像的亮度调暗 40% ～ 50%，将对比度调低 50% ～ 60%。图 15.3 所示为调整后的侧视图。笔者将草图原件保持原状，这样就可以把它们打印出来作为参照了（也可以将原件钉在墙上，因为它也称

图 15.1 轻型小汽车的侧视图草图

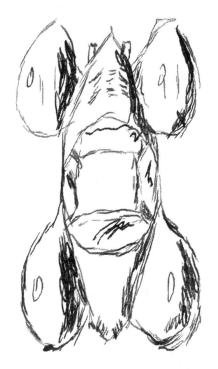

图 15.2 轻型小汽车的顶视图草图

图 15.3 调整后在 MilkShape 中使用的侧视图草图

得上是一件很酷的艺术品了）。

模型

首先要对电脑做一些准备性工作，如果 MilkShape 3D 尚未运行，请运行该软件。如果需要快速重温一下，则可返回第 13 章和第 14 章。选择Window→Viewports→4 Window，将 MilkShape 3D GUI 显示设置为四视图模式。

创建一个全新的 MilkShape 文件。最好马上保存空文件，这样就可以设置好路径，创建文件名了。

然后需要把侧视图草图作为背景导入侧视图（右上视图）。右击该视图并在弹出的菜单中选择 Choose Background Image，选择草图，然后单击 OK。如果需要，用户可以使用笔者做的草图，其路径为 C：\ 3D2E \ RESOURCES \ CH15 \ ref_ sketch. bmp。

对于顶视图（左下视图），重复上述步骤，草图可以选择用户自己的或者笔者的（文件存放在 \ 3D2E \ RESOURCES \ CH15 \ ref_ top_ sketch. bmp 中）。通常，只需要两种视图，如果用户愿意，可以绘制第三视图。

此时操作结果如图 15.4 所示。

现在，我们开始操作。

建立车身

首先，我们要建立车身：

（1）从 Model tab 中选择 Vertex 工具，清除 Auto Tool 复选框。

提示

放置顶点也许是世界上最容易、最有乐趣的工作。使用激活的 Vertex 工具，转向用作参考的视图，找到标识轮廓特征的参考图像中轮廓或线上的点。这可能是构成轮廓特征的曲线、拐角或其他物体上的拐角、拐点。单击该点，就找到了该处的顶点，然后寻找另外一个点，继续。但不要得意忘形，从长远来看，太多的顶点会造成许多多边形的产生，并使得在第一位置创建多边形的工作变得困难起来。当众多像素使多边形模糊之后，就很难再看到形体。

（2）在侧视图中，参见图 15.5，先在车体边缘附近的所有主要拐角和点

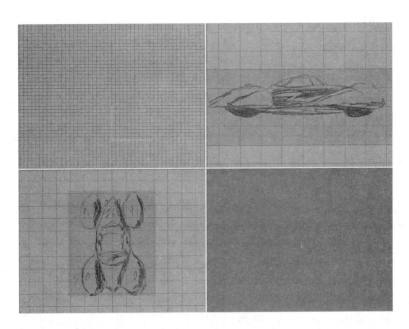

图 15.4 带有参考草图的 MilkShape 窗口

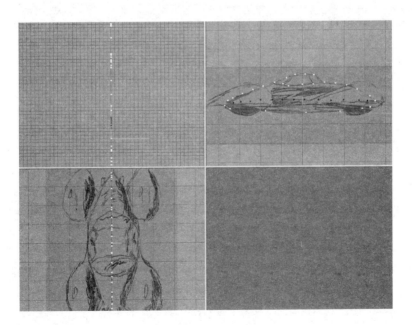

图 15.5 在参考草图中放置顶点

处放置顶点——不包括保险杠。单击适当的位置来放置顶点。

注释

    沿车身的"腰"处还有一串顶点——在图 15.5 中被黑色方块醒目显示（在 Milk-Shape 中为红色）。添加这些附加的顶点有两个原因：一是作为创建面时的必要的支柱；二是提高车身模型侧边成型的适应性。

顶点放置好之后，下面我们将继续创建由这些顶点连接的面。

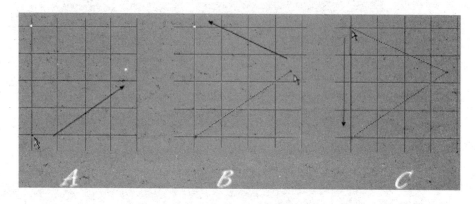

图 15.6　创建面的顶点顺序

提示

    在使用 Model tab 中的 Face 工具创建面时，不要忘记按照次序依次单击三个顶点就可以创建一个面，这是非常重要的。单击顶点的顺序也很重要。要创建一个面对用户的面或多边形，我们需要按递时针顺序来选择顶点，如图 15.6 所示。在大多数情况下，要实现这一点并不困难，但可能会碰到混乱而失去追踪顺序的情况。在此情形下，用户可以使用 Edit→Undo 菜单项来撤销当前操作，直到顺序清晰为止。用户也可以通过单击 Selection 工具（或任何其他工具），然后单击 Face 工具来中止任何由三顶点所形成的顺序。之后，用户就可以开始一个全新的顶点组合。

    多边形面的方向由称作法线的数学结构指示，法线是指垂直于平面的线。法线为正的平面的边是面向观察者的边，当按顺时针顺序使用各顶点时，则该边被创建。

    还有另外一个 Face 工具，在 Face 菜单中用作菜单选项。该工具与 Model tab 的 Face 工具有很大的不同。Face 菜单中的 Face 工具不在乎用户选择顶点的顺序，相反，顶点创建的方式支配顶点顺序以及平面法线点的方式。用户可以使用任何满足自己需要的 Face 工具。在本章中，我们只使用 Model Tab 的 Face 工具。

（3）从右边（汽车的前部）开始创建面，然后沿顶部向左移动，包括车
窗区域，如图 15.7 所示。到达左边之后，用户应该可以得到如图
15.8 所示的图像。

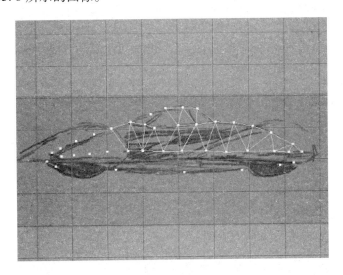

图 15.7　从右侧开始创建面

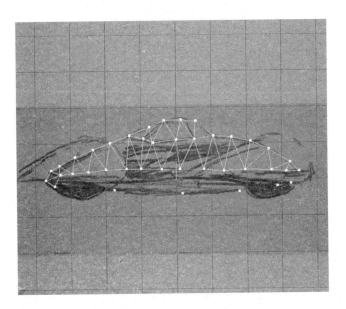

图 15.8　完成面顶排的操作

Chapter 15　Making a Vehicle Model

（4）在完成面的顶排之后，开始沿底部，从左至右制作面（见图15.9）。

（5）在完成车身侧面之后，用户应该可以得到图15.10所示的结果。

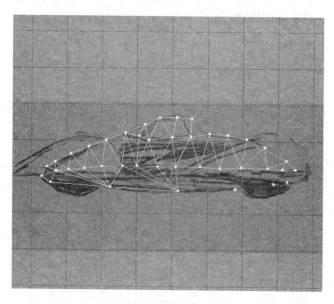

图15.9　面底排的操作

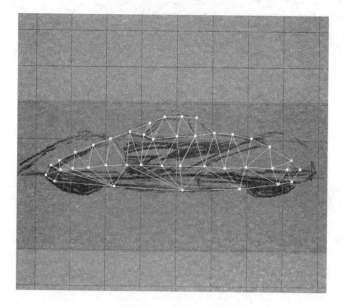

图15.10　完成的车体平面

好了，现在我们就有了一个由车身面形成的平面。我们需要确保所有面的朝向准确。完成此步操作最简单的方式是在 3D 透视视图中观察输出结果。将视图（应为右下视图）设为 Flat Shaded 或 Smooth Shaded；右击视图，然后在弹出的菜单中选择 Flat Shaded 或 Smooth Shaded。用户应该可以看到一个渲染成白色或浅灰色的车身轮廓，如图 15.11 所示。

图 15.11　最初车身面的 3D 视图

提示

　　该操作过程耗时很长，所以用户必须选择一些实用的小技巧。

　　有时会出现两个重叠的面，一个朝向正确，一个相反。在模型逐渐变复杂时，如果没有出现渲染异常现象，这种情况很难被发现。还有一种方法能够检验出方向错误的面，不过要稍微复杂一些。

① 选择 Selection 工具，并将其设为 Face 模式。另外，选择 Ignore Backfaces 复选框。

② 用 Selection 工具拖拽选择矩形框来选择所有面。选择面要包围所有对象，这将使所有面醒目显示。

③ 选择 Edit→Hide Selection。所有朝向正确的面会丢失掉，留下的就是朝向错误的面。

④ 要处理这个问题,首先取消隐藏所有隐藏面,然后清除 Ignore Backfaces 复选框,再选择所有的面,这将会选择所有正确的和不正确的面。

⑤ 然后选择 Face→Reverse Vertex Order,这将使正确面和错误面相互颠倒。

⑥ 好了,现在再打开区域单击 Select 工具取消选择所有对象,然后再重新选择 Ignore Backfaces 复选框。

⑦ 再拖选一次所有面,这次只有开始错误的面被选中了。

⑧ 选择 Face→Reverse Vertex Order,选中那些面。

⑨ 最后,清除 Ignore Backfaces 复选框,选择所有面并选中 Reverse Vertex Order,这次应该把所有的面翻回正确方向了。以上操作可能让你想起玩魔方的感觉,那你就跟我一样——多虑了。

下面我们将继续为车身添加宽度。

(6) 选择 Selection 工具,并把它设为 Face 模式。

(7) 选择所有面。

(8) 单击 Extrude 工具,在 XYZ 框中输入 X 值为 – 10.0,Y 和 Z 的值保持为 0。

(9) 单击 XYZ 框右侧的 Extrude 按钮,用户应该得到一个负方向偏移 10 个单位的多边形组,如图 15.12 所示。

注意 3D 视图中图像的方式。现在车身就有了自己的深度。这只不过是各面的平面而已。

(10) 再重复 4 次第(9)步的操作,指导用户得到如图 15.13 所示的 5 个片段为止。警告:在编辑窗口不要单击其他任何工具。第 5 次挤压之后,用户需要使车身面仍处于选择状态。

(11) 如果用户及时得到笔者的警告,车体面应该仍处于选择状态。选择 Edit→Duplicate→Selection。

(12) 单击 Move 工具,然后转到左下方的顶视图,把醒目显示的面(这些将是复件,而不是原件)向右拖动,离开挤压片段,这样用户就得到如图 15.14 所示的结果。

(13) 选择 Face→Reverse Vertex Order。

(14) 使用侧视图和顶视图,把车体面复件的顶点与主题的对应部分

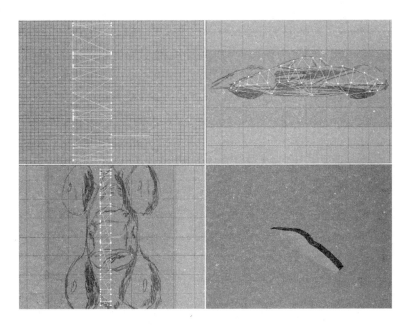

图 15.12 第一次挤压

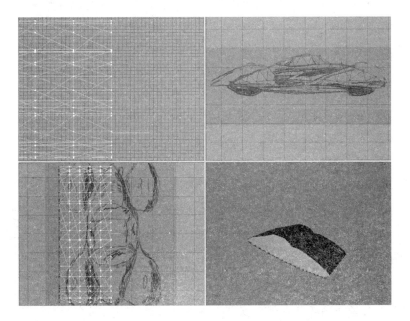

图 15.13 5 次挤压车体面之后的结果

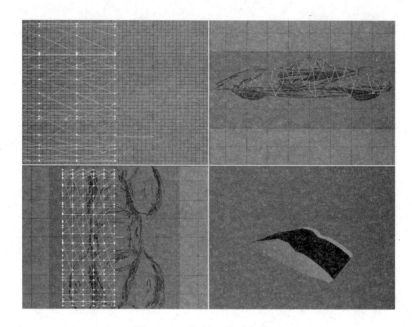

图 15.14 复制、移动复件后

对齐。

（15）在顶视图中，把车体面复件拖到其余部分的车身多边形的右边缘之上，用肉眼尽可能地对齐顶点。

提示

要确保第（15）步中的顶点完美对齐，我们需要放大整个模型。模型相对于方格放的越大，方格的精度就越高。这将保证我们在把顶点捕捉到方格时会得到良好的结果，这种情况马上就会遇到。

（16）选择所有面中的全部多边形，然后用 Scale 工具把整个模型放大 4 倍。

（17）以顶点选择模式选择整个模型，然后选择 Vertex→Snap to Grid。

（18）选择 Vertex→Weld Vertices。

（19）把模型比例调整为 0.25，这将使模型重新回到原始尺寸。

（20）在顶视图中选择整个模型，然后用 Move 工具把模型拖到草图之上，使它沿草图中车身的纵向中心对齐。现在，用户应该得到一个类似图 15.15 所示的模型。

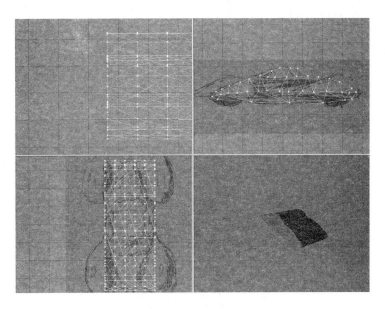

图 15.15　调整轻型小汽车的鼻状模型比例

（21）在顶视图中选择底部的 9 排（或最前部 9 排）顶点。

（22）用 Scale 工具把所选对象的 X 轴比例调整到 0.9，其他值保持为 0。

操作结果如图 15.16 所示。

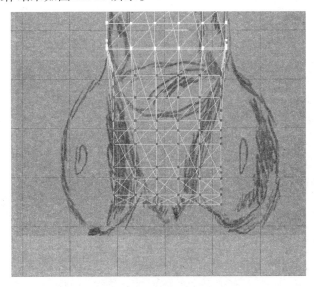

图 15.16　调整底部 9 排顶点的比例之后

（23）把所选对象变为底部 8 排顶点，然后把它们的比例调整到 0.9。

（24）重复前面的选择对象递减与比例调整操作，每次减少 1 排顶点的选择，直至无顶点选择为止。用户应该得到类似图 15.17 所示的结果。

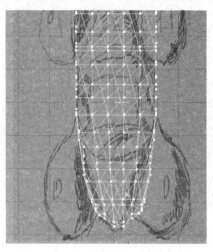

图 15.17　鼻状模型比例调整之后

（25）在顶视图中对车身的另一端的各排顶点重复比例调整操作，直到它也逐渐变细，如图 15.18 所示。用户可能会发现，要使另一端达到适当的渐变量，必须对一些顶点进行手动移动。

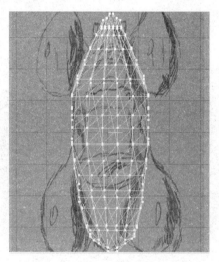

图 15.18　尾部比例调整之后

（26）现在，在前视图中执行同样的比例调整操作，操作结果类似图
15.19 所示。

（27）用 Selection 和 Move 工具放置车身，使它的中心位于原点（0，0，0）
附近，如图 15.20 所示。原点处的轴增强为粗黑线，以强调它的
位置。

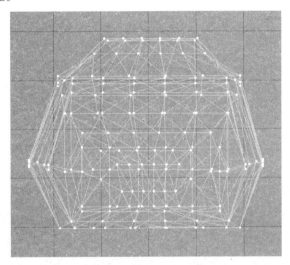

图 15.19　调整前视图形体

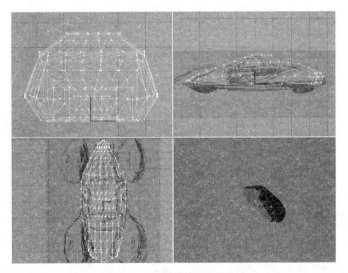

图 15.20　调整前视图的中心

（28）最后，选择所有的多边形，然后用 Groups 工具把所有的多边形重组成一个唯一的组——名称为"body"。

建立保险杠

下面，我们要妥善处理好车轮并为其装配保险杠。

（1）隐藏车身组。

（2）在 Model 选项卡上选择 Space 工具，创建一个与前保险杠的前曲面相匹配的球体，如图 15.21 所示。

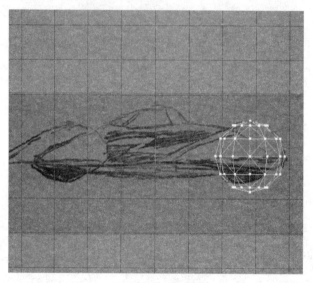

图 15.21　保险杠球

（3）选择底面的两行并将其删除，然后将底面顶点稍微向上移动一点，操作结果类似于图 15.22 所示。

（4）选择左端的三行顶点，把它们再向左移动一些，如图 15.23 所示。

（5）继续调整保险杠的形体使之与草图相匹配，直到满意为止，如图 15.24 所示。下面的操作需要一点点技巧，所以笔者放慢速度。我们需要从保险杠中拖出一些顶点，把它们放在车体上恰当的位置。目标对象是保险杠中底部的两行顶点，同时也要关注车体侧边的顶点。从某种意义上来讲，通过把对象拖到车体，我们就创建了一个兼具

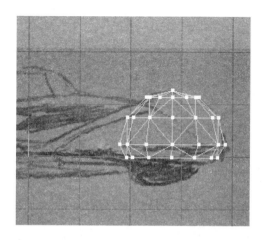

图 15.22 剪除保险杠球的底部

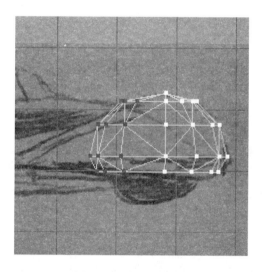

图 15.23 拉伸保险杠

减阻与奔跑功能的复合板。

（6）取消隐藏车身。

（7）从车身向外拖保险杠，使之处于顶视图和前视图的开阔地带。

（8）选择并拖动顶点，一次一个，如图 15.25 所示。这些顶点在底部两
行，同时面向车体。把顶点放在恰好与相应顶点会合的地方，视图
的特写如图 15.26 所示。

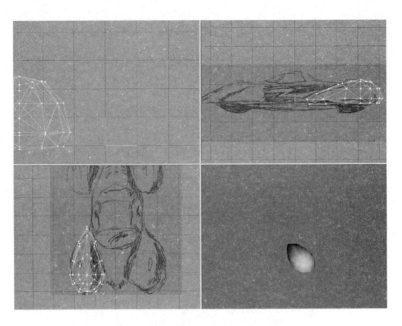

图 15.24　调整保险杠的形体

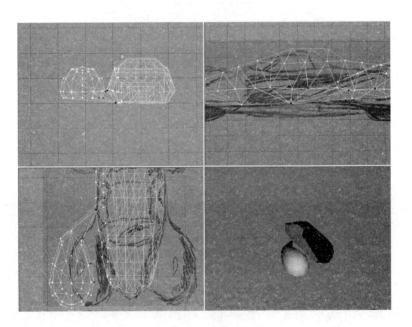

图 15.25　保险杠特写

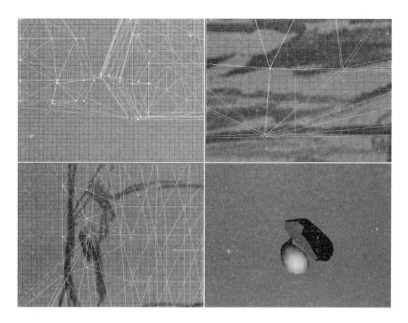

图 15.26 移动后顶点的特写

（9）把每个顶点和相应的顶点成对放置之后，用 Snap To Grid 命令来确保它们对应一致，然后用 Weld vertex 把成对的顶点转化为一个顶点。一旦用户对保险杠底部的所有适当顶点进行上述操作之后，便可得到如图 15.27 所示的结果。

（10）最后，在顶视图中把保险杠移动回与草图相匹配的位置，如图 15.28 所示。

（11）对每个保险杠重复第（2）至第（10）步操作。不要忘记必要时隐藏车身和其他保险杠以防屏幕混乱。用户应该得到一个如图 15.29 所示的完成之后的车。不过我们还没有彻底完工！

我们需要重新调整小汽车的尺寸。我喜欢定义自己的模型尺寸，这样，导出器就不用再调整模型的尺寸了。选择整个模型（所有顶点、所有面或所有群组——这其实都无关紧要——移动模型使之处于 axis bug 的中心），使底座大小为 X – Z 平面上 0.3 个单位。此时，X – Z 平面用作我们的基面。

现在调整 Y 轴小汽车的尺寸，使车的顶棚位于地面上 2 个单位，但底部仍然是地面上约 0.3 个单位。然后，调整 X 轴小汽车的尺寸，使得前面的缓

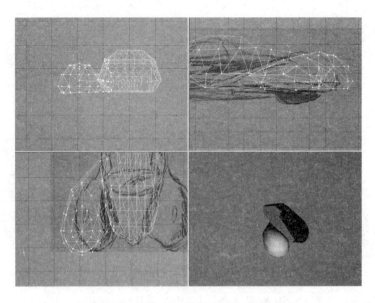

图 15.27　移动后的所有顶点

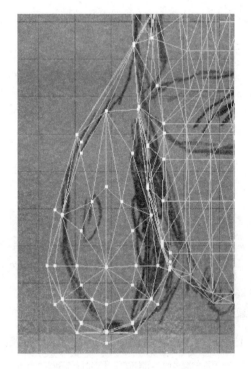

图 15.28　完成后的保险杠

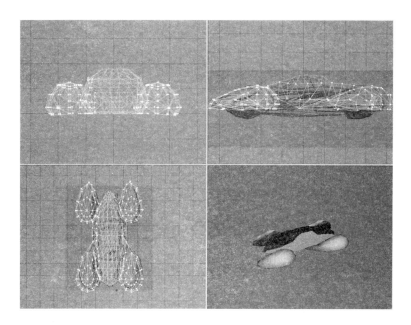

图 15.29 完成后的所有保险杠和车身

冲器位于 axis bug 前方约 3 个单位，但后面的缓冲器位于 axis bug 后方约 3 个单位。

保存工作。

骑点

在第 14 章中，用户学到了如何在 MilkShape 中使用关节来为动画角色制作骨架的方法。在本节中，我们将使用同样的特性——关节来创建节点，此节点用来向 Torque 声明某物体骑落在模型中的位置。

（1）如图 15.30 所示，在车的四个角轮轴处创建 4 个非关联关节或骑点。为了保证关节非关联，用户需要在对象创建之后用 Select 工具取消选择每个节点。

（2）如图 15.30 所示，命名每个关节，hub0 即为左前方关节。

（3）再在图 15.31 所示的位置添加两个非关联关节，将前面的关节命名为"眼睛"，将后面的关节命名为"摄像机"。

（4）最后，在图 15.32 所示的位置添加两个骑点：右边（右手座位位置）

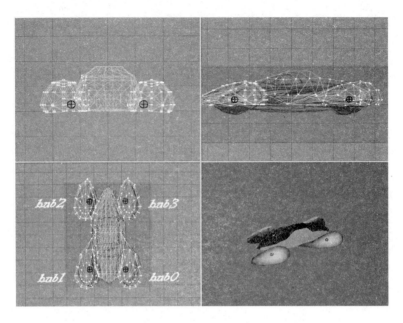

图 15.30　4 个角的骑点

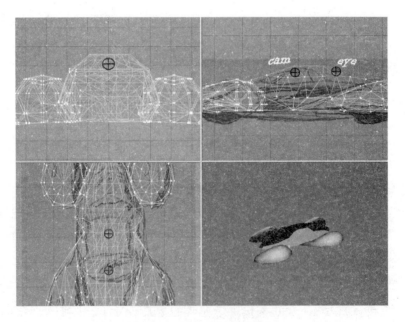

图 15.31　眼睛和摄像机骑点

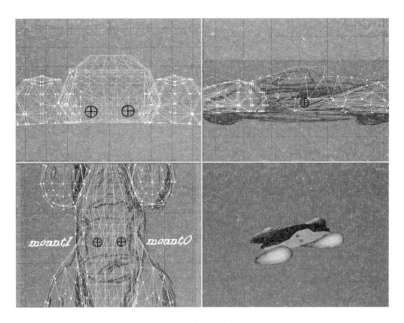

图 15.32　座位骑点

的命名为"mount0"，另一个命名为"mount1"。

现在，最后两对骑点用作相互独立的不同功能。在游戏中，眼睛和摄像机骑点用来表明玩家化身与车身角色转换的位置，Torque 中附带的赛车游戏示例的工作原理即是如此。位于眼睛骑点处的眼睛节点一般就是第一人称视点所在的位置。摄像机节点是第三人称视点所在的位置——实际上的摄像机相对于该节点位置会有所偏差，所以通常在车的后上方。mount1 和 mount1 骑点用在游戏中玩家化身"驾驶"车辆的位置，它们表示玩家化身骑点落在车身上的位置。游戏中，还会继续用到摄像机和眼睛节点。用户返回第 14 章就可以看到它们的用处。

外皮

在第 9 章中，我们对外皮和 UV 贴图进行了详细论述，所以在对新车进行纹理贴图时，建议用户返回第九章参考该章操作。用户可以在 C：\ 3D2E \ RESOURCES \ CH15 \ runabout.jpg 中找到外皮的复件。在 C：\ 3D2E \ demo \ data \ shapes 文件夹下创建一个 runabout 文件夹，将创建好的或事先创建好的外皮文件放在该新文件夹中。

冲突网格

对于除玩家模型之外的所有对象，如果想用游戏引擎来检测它是否与其他对象冲突，则我们需要创建至少一个冲突网格。所以用 Model 选项卡中的 Box 工具来创建一个包围车身的长方体，如图 15.33 所示。

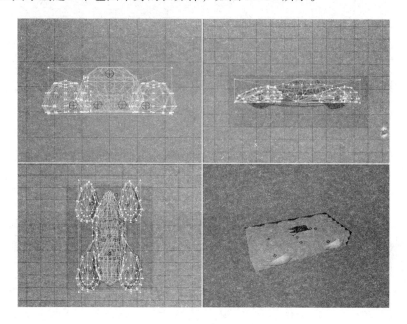

图 15.33　冲突网格

将 Groups 选项卡中的新长方体命名为 Box01，在用户创建好新长方体之后，该长方体即默认被选中。将冲突网格命名为"Collision－1"。Collision 网格以"Collision－n"命名，其中，n 是一个非 0 整数。用户可以根据个人喜好添加 1 个以上的冲突网格。创建后，对各网格命名，从 1 开始，逐个递增。

在导出模型之前，用户还应该隐藏冲突网格并保存该模型。

冲突网格

如果要使冲突网格在 Torque 中正确运行，要求网格为凸壳。本文中的凸壳等同于网格。凸壳是没有"凹痕"的网格——网格平面上没有伸入网格的区域。

下图可以帮助理解。

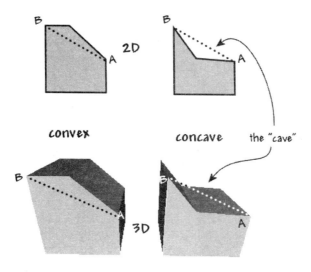

convex：凸出　concave：凹陷

在图中，有两个二维形体，其中一个是凸出的，另外一个是凹陷的。

看看凸出形体 A 和 B 之间的线是怎样完整穿过形体内部的。对于凸起形体，两个顶点之间的连线永远通过形体内部。

再来看一下该图右上方的二维形体。在本案例中，A 和 B 线穿过形体外部。实际上，从 A 到 A、B 之间的顶点再到 B 的形体的线条部分就形成了一个小的缩进——就像凹陷一样。

实际上，有个容易的方法可以帮助记忆：凹陷型有洞，而凸起型没有。

底部的两个形体是顶部形体的 3D 版本。用户可能会发现很难找到凹陷的 3D 形体。只要记住"洞"就好了。

从各种方面来说，左下方的 3D 形体运行得要好些。右下方的则不行，或许按照一定的特殊示例运行，如带有玩家特征的冲突，但是抛射体不会找到网格，因此也不会与之发生冲突。

二、车轮

当然，外形酷的汽车需要有酷的车轮。就车轮而言，没有太多的工作量，所以作者鼓励用户创建自己的车轮。用户也可以制作一个复杂的模型，不过其实没有什么必要——只要有一个体面的外皮就足够了。不必用到冲突网格，但是要确保轮子的朝向，这样，在前轮中，用户可以看到轮子的圆度、轮毂罩和一切。在侧视图（右上视图）中，用户应该可以看到轮胎的线条，轮子（轮毂）的内部应在左边。如果用户直接将轮子建模在小汽车上，就与轮子的朝向不同。同时确保轮子的轴和轮胎的中线与原始的 bug 对齐，除非用户将轮毂包含在轮子中。如果包含轮毂，将轮毂与 axis bug 对齐，而不是与轮子对齐。

确保轮子的直径大约为 1.5 个单位，宽度（或厚度）大约为 0.4 个单位。

三、测试轻型小汽车模型

为了测试轻型小汽车模型，我们首先需要把它从 MilkShape 中导出。在此，我们将使用内置式导出器，因为它更适合我们的工作，设置和材料少，避免我们犯错误。

(1) 保存工作成果之后，使用 DTSPlus Exporter 将 MilkShape 导出模型，选择 File→Export→Torque DTS。

(2) 使用默认选项，但一定要保证选项的正确无误。用户需要勾选 Output dump 文件和 Copy 纹理，并清除 Use. cfg 文件。将尺寸设为 1，其他设置无关紧要。

(3) 单击 Export DTS，以 DTS 格式导出轻型小汽车模型为 C：\ 3D2E \ demo \ data \ shapes \ runabout \ runabout. dts。

(4) 打开车轮模型，并将其导出为 C： \ 3D2E \ demo \ data \ shapes \ runabout \ wheel. dts。保持与小汽车相同设置。

(5) 如果用户不是自己创建车轮，可将 RESOURCE \ CH15 复制到 C：\ 3D2E \ demo \ data \ shapes \ runabout 文件夹下，复制的文件夹中要包含车轮模型和纹理文件。

下面，用户需要编辑脚本来控制小汽车，脚本会搜索用户定义的模型，而非默认模型。

（1）找到文件 \ 3D2E \ demo \ server \ scripts \ car. cs，然后用 UltraEdit
打开。

（2）找到一行内容为：

shapeFile = "~/data/shapes/buggy/buggy. dts";

用下列一行内容替换上一行内容：

shapeFile = "~/data/shapes/runabout/runabout. dts";

（3）接着找到一行内容为：

shapeFile = "~/data/shapes/buggy/wheel. dts";

用下列一行内容替换上一行内容：

shapeFile = "~/data/shapes/runabout/wheel. dts";

（4）保存文件。

好了，现在该运行 Racing demo 了。下面的内容用户应该熟悉了，都是第
9 章操作过的。

（1）浏览 C：\ 3D2E，单击 tge. exe。

（2）主菜单出现后，单击示例：菜单屏幕底部的 Multiplayer Racing 按钮。

（3）在 Play Demo Game 屏幕中，勾选 Create Server 复选框。

（4）单击底部的向右方向键。

（5）游戏载入之后，即可尽情其中了。用户可以按下 Tab 键切换到 Chase
视图，这样，就可以有更宽阔的视野了。见表 15. 1 键盘控件。

表 15. 1　Torque Racing Demo 控件

按　键	说　明
鼠标	控制左右方向
W	加速
S	刹车
Tab 键	在第一人称和第三人称视点间切换
Escape	退出游戏
F8	camera fly 模式
F7	移动小汽车到 camera 位置
Alt + C	在 camera fly 模式和汽车之间切换

四、本章小结

建模只不过是完成工作的一半——也可能是 3/4。下面的问题是对车辆的特征进行定义，比如重量、慢动作、速度、烟雾发生器、冲突处理器等。用户要对这些以脚本形式运行在服务器的对象特征多加注意。

为了测试工作成果，用户可以使用 Torque Engine 附带的现有测试脚本。只要把沙漠巡逻车简单地替换成自己的模型就可以了。它看起来像单排敞篷汽车，但开起来却像一台沙漠巡逻车。实际上，用户应该会联想到第 9 章试开沙漠巡逻车的情景。

在后面的第 22 章中，我们将创建脚本来定义本章所建汽车模型的行为，以及对用户输入指令和游戏环境刺激的反应。

在第 16 章中，我们将继续用 MilkShape 来制作武器和其他游戏物品。

第 16 章

制作武器和物品

在本章中，我们将处理许多事项。大致回顾一下所使用的大部分技术，你会发现你可在不同的环境中运用所学的知识。

我们将制作几个武器以保持平衡，并且也将制作可用于游戏以抵消这些武器所产生作用的一些物品。

我们还将制作一些可称为游戏装饰的物品。这些物品（如一些树和一个石头）的目的在于制造一些混乱，这将有助于丰富看似毫无生气的游戏世界，并且使得这些游戏世界更能激发人们的兴趣。

一、药箱

我们将从简单的游戏开始，如药箱。正如我所说，这是基本的回顾，但是对于复习创建在游戏中使用物品的程序很重要，因而主要步骤就变得明显和熟悉。

模型

药箱和精美的盒子相似，你可以在图 16.1 中看到。因此，该模型的制作将不会花费很长时间。

（1）创建一个新文件夹：\ 3D2E \ demo \ data \ shapes \ items。

图 16.1 游戏中的药箱

（2）启动 MilkShape，并且创建一个空文档。

（3）使用 Box 工具创建一个箱子，如图 16.2 所示。

（4）校直在三个轴原点居中的箱子，正如你在图 16.2 中看到的箱子。

（5）在 Materials 选项卡中创建一种新材料，并且以 \ 3D2E \ RESOURCES \ CH16 \ healthkit. png 为位图。

（6）将该材料命名为"healthkit"。

（7）选中箱子，并且将 healthkit 材料装到箱子中。

（8）确定 3D 视图已设置为 Texture 模式。你将会在此看到美好、发光的新急救箱类项目，如图 16.3 所示。该急救箱内通常有绷带。

（9）调整药箱的比例，直到药箱各侧约间隔 1 个单位。

（10）保存你的工作。

（11）使用 DTSPlus Exporter 导出你的模型。

（12）确定检验了 Copy Textures 和 Create dump 文件，并且其比例应设为 1. 0。

（13）点击 Export DTS 以将模型导出至 \ 3D2E \ demo \ data \ shapes \ items \ healthkits. dts 中。

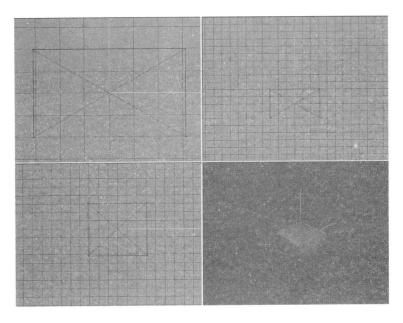

图 16.2 药箱

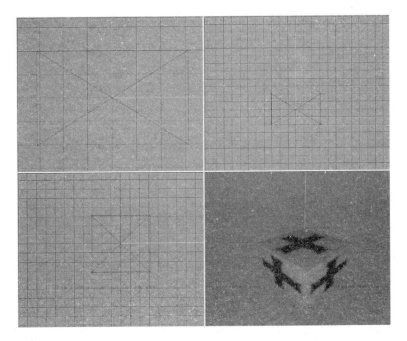

图 16.3 药箱模型

测试药箱

你仅能在游戏中超过药箱并将其拿起以供使用，然后按压"h"键激活药箱以恢复你的健康，这在你生命值太低时均起作用。你也可能会记起在前面章节（Emaga5）中讲到你可以在你的取样游戏中使用急救箱，在该游戏中，你可通过急救箱或药箱的方式恢复你的健康。你必须拿起并且激活急救箱或药箱，我们随后将在返回服务器脚本时测试其函数性。现在我们只想看到我们在游戏中的完美创造。

当你进入 FPS 演示时，可以使用 World Editor 将药箱插入游戏世界中。我们通常使用该程序，所以请注意！我将在随后章节中将该程序重复一或两次以确保你不会长时间疼痛。现在继续操作并且启动 FPS 演示，然后遵守以下程序：

（1）按压 F8 键将你的播放器设置成摄影机飞行模式。

（2）按压 F11 键以打开 World Editor，如图 16.4 所示。

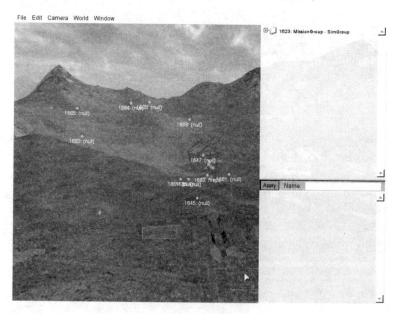

图 16.4　World Editor

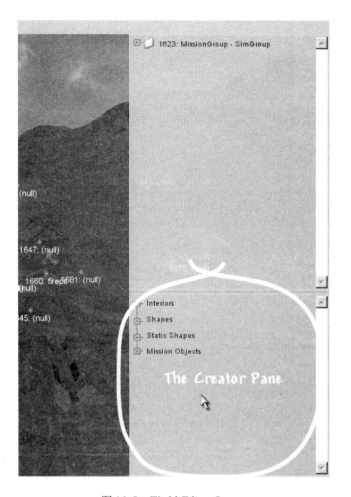

图 16.5　World Editor Creator

（3）按压 F4 键以打开 World Editor Creator，如图 16.5 所示。Creator 窗格在窗口右下角环绕。

（4）在 Creator 窗格中点击 Static Shapes 前的加号，这将会展开列表。你现在需要进一步查看演示、数据和图形文件夹。

（5）在图形文件夹中定位项目文件夹，并且点击加号将其打开。现在你可以看到一个与图 16.6 类似的树形视图。

（6）确定树形视图的中心位于你前面约虚拟 10 英尺的开放地形区内。在 World Editor 中拖动视图，按住右键按钮，并且拖动鼠标。

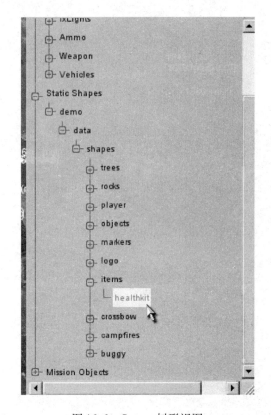

图 16.6　Creator 树形视图

（7）在树形视图中点击药箱。将会出现药箱；该药箱可能埋藏在地下，
如图 16.7 所示。

（8）拖动垂直轴线（标注为 Z）顶部上方的光标，该轴线在药箱模型顶
部伸出。Z 轴选项卡将会增亮，如图 16.8 所示。

（9）点击垂直 Z 轴线，并将其向上拖动若干像素，直到药箱完全拖出地
面，如图 16.9 所示。

注意，这也是你在进入 World Editor 之前需要将播放器转化为摄影机飞行
模式的原因。如果你已进入正常 FPS 视图模式，则不可获取 Z 轴线并且轻易
将其拖动。

（10）现在按压 F11 键退出 World Editor。

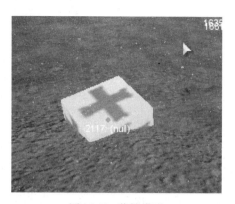

图 16.7 药箱模型

图 16.8 *Z* 轴选项卡

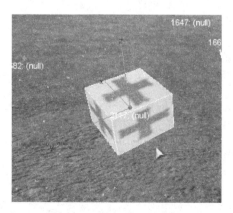

图 16.9 重新放置的药箱

二、岩石

哦，重要的物品——岩石，你会问这是什么？好，这将是你亲手制作的岩石！这应值得去了解。

该要点在于，即使岩石的复杂性比不过药箱，该岩石也很复杂，如图16.10 所示。虽然该岩石在游戏中的作用不大，但是也是我提及的装饰型物品之一，并且进行填充，虽然不引人注意，但是可在游戏中美化环境。

图 16.10　游戏中的岩石

（1）启动 MilkShape，并且新建一个空文档。

（2）使用球形工具画一个球形，如图 16.11 所示。

（3）在侧视图中选中顶点处的底部三行。

（4）选择 Vertex→Flatten→Y。在水平面上将底部三行压在一起，如图16.12 所示。现在已经看起来像块岩石了。

（5）在侧视图左侧周围拖动顶点，直到你得到类似于图 16.13 中的物品。

（6）现在在顶视图中拖动周围更多的顶点，直到你得到类似于图 16.14 中的物品。现在是几乎成形的岩石！

（7）在 Materials 选项卡上创建一种新材料，并且以 \ 3D2E \ RESOURCES \ CH16 \ healthkit. png 为位图。

（8）将材料命名为"岩石"。

（9）选中整个岩石模型，并且将该材料装到岩石模型中。

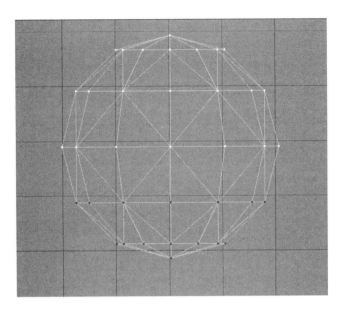

图 16.11 球体

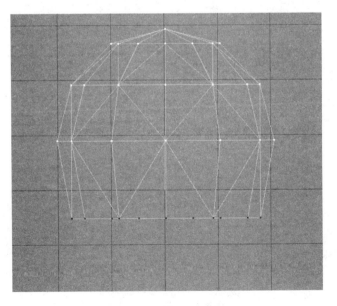

图 16.12 切去顶点的球体

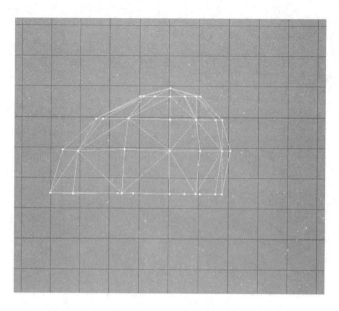

图 16.13　展开的岩圈

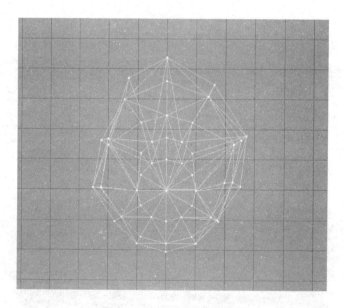

图 16.14　几乎成形的岩石

（10）确定 3D 视图已设置为 Texture 模式。你将会在此看到精美、块状的
　　　古旧岩石，如图 16.15 所示。

（11）保存你的工作。

（12）在保存你的工作之后，使用 DTSPlus Exporter 导出你的岩石。

使用你在药箱制作中使用的相同设置和程序。

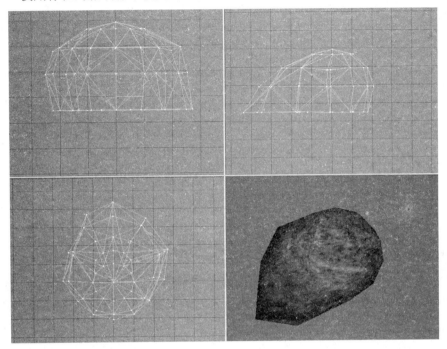

图 16.15 岩石模型

测试岩石

毕竟这是一块你不可跨越的岩石，因此该岩石具有防止碰撞而设置的边框。

（1）运行 FPS 演示程序。

（2）在下载游戏后，用你插入药箱相同的方式插入岩石。岩石将与药箱一起在物品文件夹中。

（3）碾过岩石，以测试岩石。

（4）如果你在岩石上受伤，轻拍你的背部，并且在收藏机构申请一份工作。你就是天生的专家。

三、树

如果 Joyce Kilmer 是游戏开发商，他可能写过"我认为我从未见过像树这样讨厌的模型。"或者类似的文章。但是他未写过，所以这真是太糟糕了。真正的天才游戏开发商——诗人很罕见。

然而，计算机模型树真的很令人讨厌，这是个难题。如果你可用模型树适当地进行游戏，该树看起来很糟糕。如果树很好看，则游戏很难进行。

该问题是双重的。我们可以在世界大部分地方看到树，它为我们的日常生活提供了大量的背景。这意味着在模拟世界中，如果在背景中没有树，我们就会发现这个问题，即使我们不能解决该问题，这也是一个普遍存在的问题。这也意味着我们对树的形象具有高度发达的潜意识，然而当没有真正看到树时……目前对于我来说这是最重要的问题。

另一个问题是这些树是如此的复杂！甚至是一颗树苗也有许多小树枝、细枝、树叶、树芽和原料。如果你进行多边形预算（如果你在制作游戏，你就会进行多边形预算），则这些吸管将会干枯，这将会比在失去理智时改变想法的速度更快。

一方面，为了确保这些树可满足玩家的潜在想法，我们需要留意细节。另一方面，这些细节拖动我们帧速率的速度低于蛇腹部在车辙中前进的速度。

顺利地制作树意味着要处理若干事项。当你接近时，圈住树并且查看树枝和树叶，你会在三维视图中正确地看到一些图像。你可能会碰撞较厚的部分，如树干和较低的大树枝，但是如果你从上方跌落至树上，你在停止前可能会降落一段很长的距离，并且经过空中的上部结构。

除非你想在你的游戏世界中放入 3 万棵多边形树木，你必须留意并且完成所有的这些需要技巧的细节操作。这也是你在各处拆毁几千棵树的方法，但是在你进入任何合适的位置之前，你将留意并且开始制作树。因此你必须遵守以下的一些规定：

从这方面来看，应从特定的角度（上述从地平面至高度不超过一个人可跨越的水平的角度）观看这些树，以及所有其他装饰我们美丽土地的树。

但是你却开始失去你在游戏世界中的灵活性。当你站立在卡车背部会发生什么？站立在附近的山上呢？扑翼式飞机上方飞行呢？如果你真想挽救这些树，你不能做任何事情。

不要和我讨论游戏中像森林的这些东西，虽然这些森林可使树在远处观看很吸引人，但是你仅可以使用一个或两个多边形就可以完成该任务！使用称为布告板的技术，我们就可以制作从任何角度看都好看的树，只要我们离树的距离适中，即几十米或更远。但是当靠近时，你将只会看到始终转向你的平面。你不能在下方观看树并且寻找鸟巢。你也不可攀爬这些树，并且你也不可从上方落入这些树中！我指的是这样有趣吗？

你会问：为什么到处都是软泥？好，我来告诉你。我们将观看制模，即本章节中的游戏友好型树，并且我想让你进入模型中，以便了解我向你展示两种制作树的方法。也有其他的方法，但是这两种方法代表了相反的极端。首先，我们将用碰撞网格制作一棵"正常的"低多边形实体树。你可以用合适的程序代码潜在地攀爬树木。其次你可以到达树的下方并且隐藏地进入。这看起来不怎么样，但是这像一棵树。在此之后，我们将制作一棵布告板树，这可用于制作看起来像森林的广袤的森林树木。

实体树

实体树用 3D 原始对象制作，大部分圆柱为端到端连接和锥形的。我们将制作的树没有树叶，这是冬天一棵普通的后院大树。

现在应该提醒你，我们在此将不制作 megapolygon 老橡树或类似的任何树。相反我们将仅进行需要的操作，因而你将有在何处制作模型以及该方法所涉及内容的想法。

继续操作并且在 MilkShape 中新建一个空文档，现在让我们开始吧！

（1）选中 Cylinder 工具，并且在参数框中将其设置为 4 堆和 12 份。

（2）在侧视图中点击你的光标，并且向下拖动至右边并创建一个如图 16.16 所示的柱体。

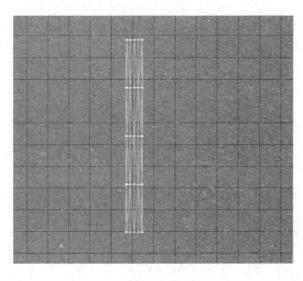

图 16.16 四管柱体

(3) 仍在侧视图的底部向上第二行中选中顶点，然后使用移动工具将其移动至一侧。

(4) 切换至顶部视图并进行相同的操作，并且将顶点向偏离柱体中心的方向稍微拖动。

(5) 并且对顶点上升的下两行进行步骤（3）和（4）中的操作，每行一次，并且以图 16.17 为指导。

(6) 进行增量缩放以从顶点第二行处升高柱体，因而你就可以得到锥形的树干，如图 16.18 所示。

(7) 使用 Duplicate 功能复制树干。

提示

如果你忘记复制对象，我们将在此进行快速的复习。

首先，确定已在 Face 模式中选中复制的对象，然后选择 Edit→Duplicate Selection。确定你仅操作一次，并且未在窗口中点击鼠标。

这可能看不出任何现象，但已在合适的位置进行了复制。选中 Move 工具，然后将选中的对象拖动至空白区。进入该区你就会看到复制的对象，并且原对象在其后。

(8) 将复制的对象移至一侧，然后调整其比例并且旋转，你就可以得到

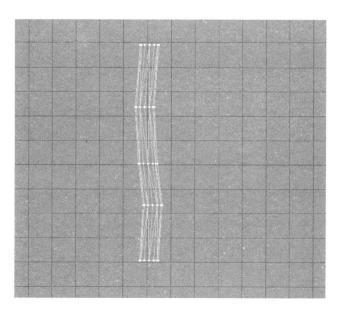

图 16.17 扭曲的柱体

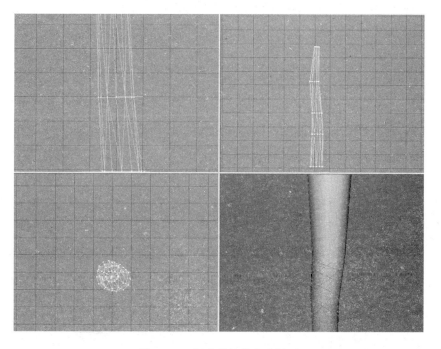

图 16.18 扭曲的柱体变成树干

如图 16.19 中所示的对象。

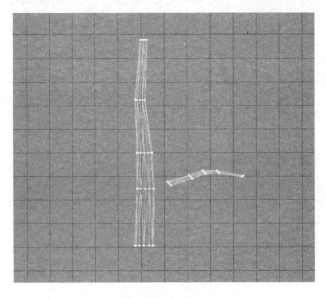

图 16.19　长出枝条

（9）拖动树干上方的树枝，并且将其放置于树干界限内较大的端部处。

（10）复制更多的树枝，并且根据需要调整比例、旋转和拧紧，直到你得到类似于图 16.20 中所示的模型。

（11）在 Materials 选项卡中创建一种新材料，并且以 \ 3D2E \ RESOURC-ES \ CH16 \ healthkit. png 为位图。

（12）将材料命名为"树皮"。

（13）使用 Groups 选项卡选中树干，并且将该树皮材料分配至树干。

（14）将树皮材料分配至树枝。切勿一次选中所有的树枝并且分配材料，每次操作一个树枝。

（15）确定已将 3D 视图设置为 Texture 模式。你可以看到有纹理的树，如图 16.21 所示。

好，我们在此停止。当然，我们需要不断的继续以使其更加具体，并且这也会鼓励你进行随后的操作。现在重复这些没有意义，让我们继续操作并且添加碰撞网格。

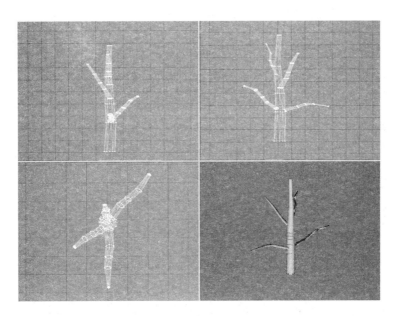

图 16.20　添加更多树枝

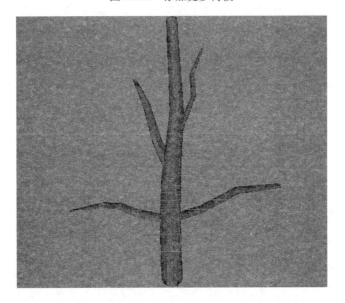

图 16.21　有纹理的树

（16）创建一个图框，并且将其放置于图 16.22 所示的位置。

（17）将该图框重命名为"碰撞"。

（18）保存你的工作。

（19）在保存你的工作后，选择 File→Export→Torgue 游戏引擎 DTS。

（20）你可以采用所有的默认值（碰撞网格应设置边框）。

（21）将图框导出至 \ 3D2E \ demo \ data \ shapes \ trees \ solidtree. dts。

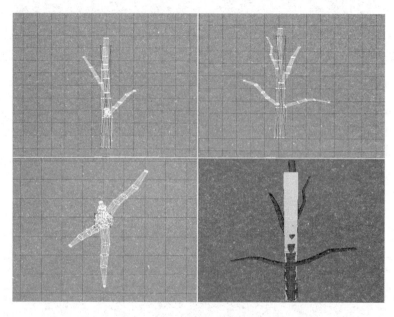

图 16.22　树的碰撞网格

测试实体树

实体树有你不可穿过的碰撞网格，你也不可攀爬该碰撞网格（除非你写入了合适的脚本代码）。应进行以下的操作以测试实体树：

（1）运行 FPS 演示程序。

（2）通过使用摄影机飞行模式在小屋间的村庄中抖动空白区。

（3）按压 F11 键打开 Mission Editor，然后按压 F4 键启动 Creator。

（4）你现在需要进一步查看 Static Shapes→demo→data→shapes→trees，定位并放置实体树对象。

（5）按压 F11 键退出 Mission Editor，并按压 F7 键在摄影机处生成字符，然后辗过树以欣赏你的手工制品。

（6）试图穿过树，如果你头部受伤，你知道急救箱的位置！

布告板树

布告板树是 Ferrari 游戏树，该树在多边形上看起来很好看，并且很低，当你移动多边形时，该树消失。但是该树是限定的，你不可对其进行太多的操作。Torque 对此有想法，并且具有称为 fxFoliageReplicator 的特殊对象类型，可将有用的方式用于制作如布告板树（草、灌木等）之类的物品。你发现我们需要做的是制作树的纹理（主纹理和透明地图纹理），并且将其添加至 Foliage Replicator。速成森林仅需添加水。

我没有让你去制作你的树纹理，尽管你可以制作（如果你喜欢）。你将需要使用两个纹理。假如你的树纹理命名为 flattree. jpg。你需要在纹理文件中制作树的图像，然后需要制作 alpha 面罩，这是一个与你主图像大小完全相同的灰度级（256 色）图像。alpha 面罩图像在任何透明地方（没有树的地方）均是纯黑色的，并且在有树的地方是纯白色的。你可以用深浅不同的灰色表示半透明的区域。如果你的主树图像文件命名为 flattree. jpg，则 alpha 面罩图像文件需命名为 flattree. alpha. jpg。为了得到更好的主意，在 foliage. jpg、foliage2. jp 和 shrub. jpg 文件中的 \ 3D2E \ demo \ data \ shapes \ trees 文件夹以及其类似的 alpha 面罩文件 foliage. alpha. jpg，foliage2. alpha. jpg 和 shrub. alpha. jpg 中查看树纹理。

在图中进行以下的操作：

（1）运行 FPS 演示程序。

（2）当在看起来可能会使用森林的合适区域中指示你播放器视图中心时，在 Creator 模式下打开 Mission Editor（见图 16. 23），然后选择 Mission Objects→Environment→fxFoliageReplicator。在出现的对话框中命名新建的对象。你将会用在游戏世界中放置的对象环绕箱结束制作，并且你用选项卡对其命名。

（3）更改 Inspector（F3），并且滚动至列表底部，你可在此找到你刚插入

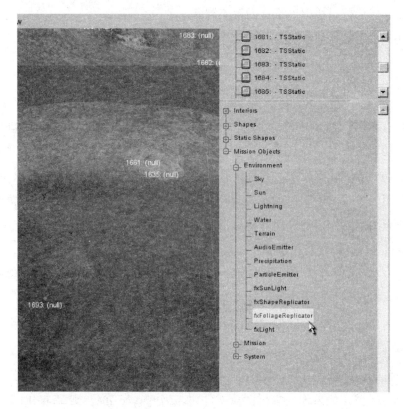

图 16.23 插入 fxFoliageReplicator 对象

的 fxFoliageReplicator 条目，选中对象。

提示

有时当你打开 Mission Editor 并且试图打开 Inspector 时，功能键（F3）可能不起作用。我不确定出现该问题的原因，但是这很容易解决。在 Window 菜单中选择 Word Editor Inspector，甚至更简单的方法是首先打开 Creator（F4），然后打开 Inspector（F3）。

（4）在右下平面中移动，直到你定位命名为 FoliageFile 的对象属性（见图 16.24）。在编辑框右手侧有三点（省略符号）的按钮。点击该按钮，将会出现文件对话框。

（5）浏览 demo→data→trees 的路径，并且点击 filefoliage. jpg。点击装载按钮，则路径和文件名将插入编辑框。但是出现了小问题，输入的文

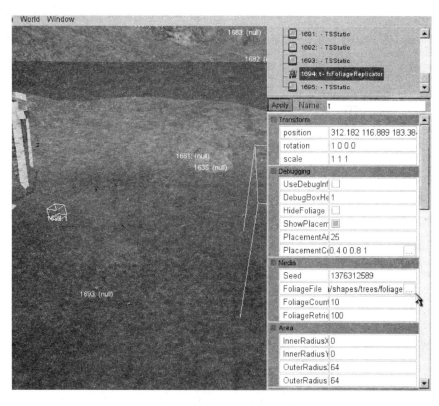

图 16.24 定位 FoliageFile 属性

件名带有 .jpg 扩展名，但是我们不需要该扩展名，因此删除文件名中的扩展名部分（包括点）。

（6）点击 Apply 按钮。假定你未更改你设置的 fxFoliageReplicator 对象的其他属性，则将会在地形周围分散出现 10 个复制的树图像。

（7）在树中间操作，并且用不同的设置进行试验。当完成时，退出桌面。

你可以发现布告板树是你的一种视卡并且可保持帧速率。而事实上，你可以使用在实体树中发现的多边形制作大量的物品！调节树的编号和密度，并且将计数更改为更高的数字，或者调整内外半径的设置。外半径越大，其覆盖的面积就越大。在选择区设置数值以调整特定距离处的可见度。通过动画区的各种设置摇动树并且使其发光。

顺便提一下，如果你很想拥有一片有模拟树形状的森林（如我们上述的实体树，还记得吗?)，然后在 Creator 窗口查看，你可以在正上方看到 fxFoli-ageReplicator，参看 fxShapeReplicator 条目，猜想其功能。

四、Tommy 枪

有名的 Thompson 冲锋枪是一个过时的武器，大多数的人们在视觉上都熟悉该武器，即使他们不知道其名称。

我们将使用的技术是挤压法。在进行武器建模时，选择挤压法的简单原因可能是在使用照片素材时该方法很起作用。虽然现有的许多书本和一些互联网资源中都有武器的照片和技术图纸，但是大部分素材都是保留版权的。

我将从我绘制的设计图处说明 Tommy 枪，如图 16.25 所示。

图 16.25　Tommy 枪设计图

提示

如果你愿意，你可以使用你自己的照片或详图制作武器，然而你可完全免费地以任何方式使用我的设计图和图形。你可以选择。

尽管该设计图很粗略，但是可以达到我们的目的。该模型中具有我们可尽量避免的多边形。我制作了两个版本供你使用：一个用于皮肤，另一个用于挤压基准图象。

制作模型

运行 MilkShape 并且在行车道中进行暖机，然后我们可以迅速开始。我们

将使用 \ 3D2E \ RESOURCES \ CH16 \ tommygun. png 作为 Tommy 枪皮肤的纹理。你可以在 \ 3D2E \ RESOURCES \ CH16 \ tommygun_ ref. bmp 处发现挤压指导图。你需要在 MilkShape 中将后者设为侧视图窗口的背景图像。我们将在本章节后部分使用前者。

（1）选中 Vertex 工具，确定已清除 AutoTool 检查框。

（2）在侧视图中的枪构件周围所有主要角和点处放置顶点（见图 16.26）。

（3）开始制作表面。不！我指的是在模型中，而不是我！你可能需要放大图像以充分分离这些顶点。

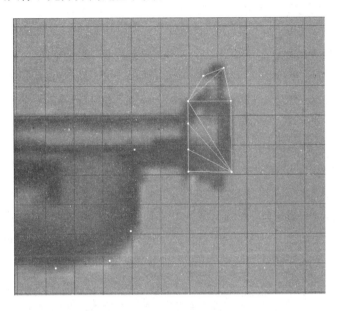

图 16.26　Tommy 枪顶点

当你移动时应小心，确定你选中了所有的表面。关于提示和表面的其他信息，返回第 15 章查看。图 16.27 显示了枪口周围完成的多边形面，这要求精度高。注意我放大图像的方法。

图 16.28 显示了枪筒和前柄面。我认为在此枪筒应整齐。我们将在该模型中继续连续挤压运动，但是我极力建议你在学习本章节后重新制作一次该模型，并且将枪筒设置为柱形对象，结果将会更好。

图 16.29 显示了枪柄、接收机、弹仓以及枪主体其他金属部分的完成表

Chapter 16　Making Weapons and Items

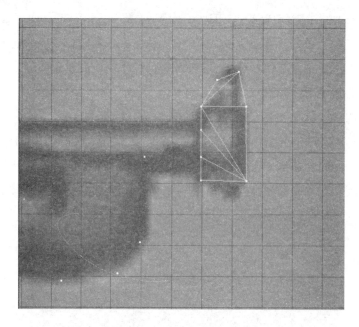

图 16.27　Tommy 枪放大面

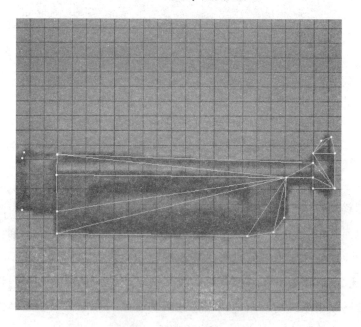

图 16.28　Tommy 枪筒和前柄面

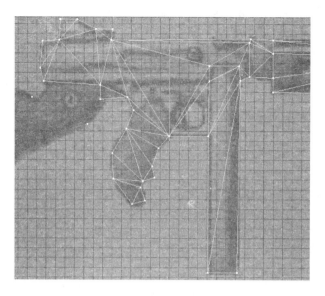

图 16.29　Tommy 枪金属机身面

面。注意我未制作扳机或扳机罩孔，其目的在于节省几个多边形。如果你想添加扳机的零件，你可能需要调整游戏的帧速率。

图 16.30 显示了木制枪托的表面。

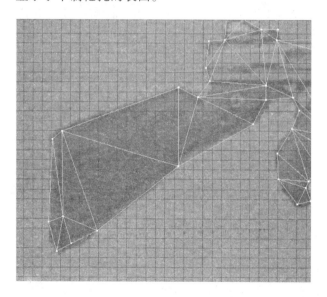

图 16.30　Tommy 枪托面

现在查看图 16.31，注意到 3D 视图中下方缺失的多边形吗？这不是通过查看线框视图才能明显发现多边形缺失，而是在 3D 视图中也显示了缺失。你不要出现这种情况！

当你出现这种情况时，固定复杂的表面，然后我们开始进行挤压。

（4）选中所有的表面。

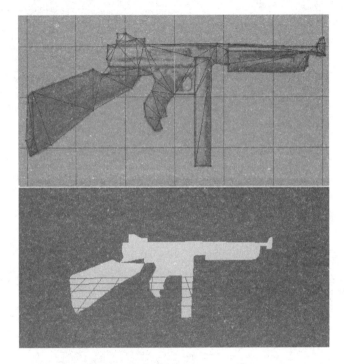

图 16.31　Tommy 枪缺失面——在 11 处拍摄

（5）使用 2.0 的 X 值，并且点击 Extrude 按钮。切勿在完成该项操作后取消选定突出的表面。你可以得到如图 16.32 所示的图像。

现在我们必须去掉挤压一端的盖子，如同我们制作汽车模型。该操作很简单，但是有时有点难以处理。

（6）选择 Edit→Duplicate Selection，并且选择 Face 迅速反转法线，以在选中 Duplicate 时颠倒 Vertex 的顺序。这样复制的表面就会发生 180°的转向。

你可能也需要反转枪顶部或底部一些表面的法线。如果该表面在 3D 视图

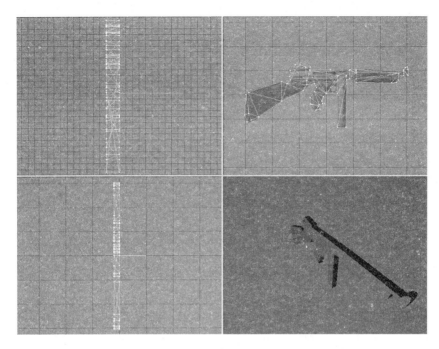

图 16.32　挤压的 Tommy 枪

中显示为黑色，则选中该表面，并且选择 Face→Reverse Vertex Order。

（7）使用 Move 工具将复制表面的后盖拖至模型侧部，并且使用前视图窗口监控其活动。

（8）在前视图中放大几个顶点的图像，并且确定这些复制的表面完全与该侧模型的边缘顶点完全成直线。

（9）选中模型中的所有顶点，然后选择 Vertex→Snap To Grid。一两个顶点可能在难处理的位置，继续操作并且将其相互固定。

（10）选择 Vertex→Weld Together。

目前该制作的模型是完好的，除了其比例是我们想在游戏中使用的四倍。该操作是有目的的，较大的比例可允许我们使用较大的基准图像以作为背景图像，这使我们获得了更多的细节。同时，比例越大，当我们用指针抓取栅格时可得的粒度就越好。所以我们需要在该操作后调回模型的比例以校正大小。

（11）选中模型的所有部分。

Chapter 16 Making Weapons and Items

（12）使用 Scale 工具将三轴中的比例均设为 0.25。

（13）点击轴盒右方的 Scale 按钮。枪将会缩小并且可能会出现图 16.33 中所示的图像。

下一步我们将添加三个节点：一个表示握住枪的位置，一个表示枪口的位置，剩余一个表示已用炮弹的射击位置。这些节点为引擎指出了这三个斑点的位置，随后将定义脚本，以指出其使用方法。

（14）创建未连接的结点，其位置和命名如图 16.34 所示。这三个节点命名为 mountPoint、ejectPoint 和 muzzlePoint。

我们还需要做一件事情。当玩家模型拿起枪时，我们需要正确地设置枪的姿势。

（15）在顶部视图中选中所有的表面。

（16）将枪向左旋转 8°左右，如图 16.35 所示。

（17）移动节点并与枪对齐，并且以图 16.35 作为指导。

瞧！速成枪。保存你的工作。

为 Tommy 枪蒙皮

在第 13 章中，你学会了使用 UVMapper 的方法以及创建对象皮肤的影像处理。在本节中，我们将讲述使用 MilkShape 中的内置 Texture Coordinate Editor 完成相同的操作。这可能不太好用，但是这可以达到我们的目的，因为我们已经具有用于皮肤的纹理，在这种情况下，我们将使用我的原图版本。

（1）创建一种新材料，并且以文件 tommygun. bmp 为纹理的位图。

（2）将该材料分配至 Tommy 枪对象。

如果你具有更多的对象，选中所有对象中的所有表面，然后重新分组。在完成该操作后，你可以将新材料分配至单个对象。

（3）使用 Groups 选项卡选中 Tommy 枪对象。

（4）选择 Window→Texture Coordinate Editor。你可以得到如图 16.36 所示的 Texture Coordinate Editor 对话框。当首次打开 Texture Coordinate Editor 时，你通常会在蒙皮的纹理顶部看到一些混乱的白线。不用

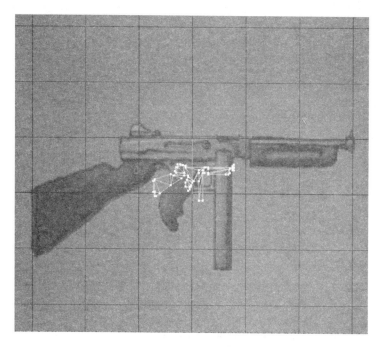

图 16.33　缩小的枪

担心。

（5）在对话框右侧的视图选择组合框中选中合适的视图。对于 Tommy 枪而言，这是左视图。

（6）点击 Remap 按钮。你可以得到如图 16.37 所示的图像。Tommy 枪的形状可能不与纹理排在一起，因而继续操作并且使用编辑器内的 Select 和 Move 按钮，目的在于移动顶点，直到其在合适的位置。图 16.37 很好地指出了最终的图像。

（7）选择 Texture Coordinate Editor 对话框，并且查看你的 3D 视图（确定该视图设置为 Texture 模式）。这就是你的 Tommy 枪！并且将其与图 16.38 进行比较。当仔细查看时，你会发现将其制成柱形枪管的原因。

你可能会注意到该枪仅在 3D 视图一侧有纹理，这是由于旋转的原因。实际上两侧都有纹理，只是由于 3D 视图中的光照作用，将枪一侧的纹理涂上阴影。

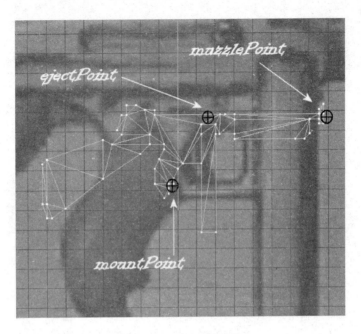

图 16.34　Tommy 枪节点

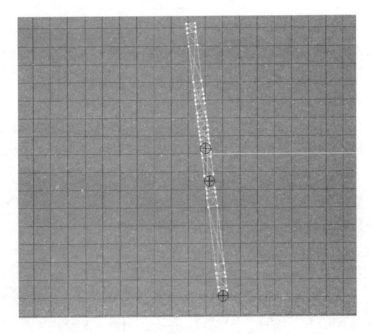

图 16.35　旋转的 Tommy 枪

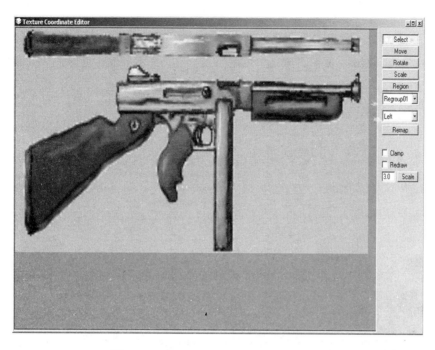

图 16.36　Texture Coordinate Editor 对话框

图 16.37　重测视图

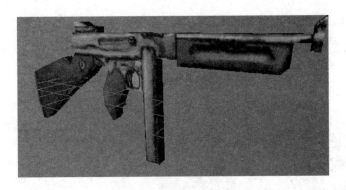

图 16.38　完成的 Tommy 枪

测试 Tommy 枪

为了测试 Tommy 枪，我们首先需要将其从 MilkShape 中导出。

(1) \ 3D2E \ demo \ data \ shapes \ Tommygun 下新建一个文件夹，将你的工作保存在该文件夹中（如果你愿意）。

(2) 使用 DTPlus 导出你的枪，并且使用在本章节前部分使用的相同设置进行其他的导出操作。

(3) 点击 DTS Export 以欢快的方式发送枪至 \ 3D2E \ demo \ data \ shapes \ Tommygun \ Tommygun. dts 方式将其赋予新生命。

好了，总算到了看见冲锋枪一展身手的时候了。

(1) 运行 FPS 演示程序。

(2) 遵守与药箱和岩石的相同程序，但是这次是将 Tommy 枪插入游戏世界中。

(3) 走近观看，此时枪是静态的，并且不知道如何操作。这将在随后的章节中说明。

在枪声大作之前，要有耐心，心急吃不了热包子！

Tommy 枪脚本

正如我们在第 15 章中所述的轻便小汽车，制作武器模型不是全部的工作。我们需要制作如何使用武器的脚本。我们将在第22章中说明这些内容，即当我们查看在取样游戏中将这些模型连接在一起时的编码。

五、本章小结

本章简单复习了在以前章节中所学的技术，但是我们将这些技术用于具有不同特征的几种物品中：碰撞网格、无碰撞网格、布告板纹理和透明纹理。

这有助于证明制模物品在游戏中所具有的各种特征。

我们也查看了 MilkShape 中的 Texture Coordinate Editor，如果条件允许的话，其可用于调整纹理贴图。

在下一章中我们将学习一种新的 3D 制模工具，并且使用该工具制作结构体。

第 17 章

制作结构体

当制作游戏中使用对象时，游戏开发商有几种不同的选项。我们已经知道使用 MilkShape 制作像树和武器之类的物品，以及制作 DTS 型对象的方法。但是如何制作复杂的结构，如建筑物和桥梁呢？

你可以使用 DTS 对象，以便确保可在需要的地方制作多个碰撞网格。建筑物具有许多表面，其中一些可以通过或极少数不能通过。所以你将会花费大量的精力制作碰撞网格。同时，DTS 对象本身不会理解光照与阴影的概念，因此如果你想制作作为 DTS 对象的建筑物，你也可以使用另一个对象（可能的话）使其本身发光，但是你必须在各建筑物内都进行该操作。对于内部结构来说，这是一个真正的问题。当桥梁和斜坡接近光照时就不会出现问题，但是你仍需要制作碰撞网格。

幸运的是，我们有解决该问题的办法。Torque 支持不同种类的对象，即 DIF 型对象也称为内部对象。现在使用内部这个词有点令人误解，因为你可能会（在某有些时候）使用相同种类的复杂结构体对象，未对这些结构体设置室内照明，但是设置了许多可碰撞的表面。因此，我比较偏向使用字样结构体说明 DIF 对象。

有若干个可用于制作 DIF 对象的工具。一个极好的打开源（根据 GNU 通用公共许可证出版，你无需使用任何工具）是 QuArK（Quake Army Knife）。在附赠 CD 中提供了 QuArK 版本。

与此同时，需要在 GarageGames 处制作 CSG 工具，该工具比 Torque Engine 操作的方式更能融入设计。其中最重要的事就是跨平台兼容性。Torque 在 PC（Windows）、Macintosh 和 Linux 上运行，Matt Fairfax 领头的 GarageGames 可以与一些聪明和勤劳伙伴如 DaveWyand、Tom Brampton、John Kabus（aka Bob the C Builder）和 Ron Yacketta 合作，Torque Constructor 工具除外。Constructor 采用 Torque Engine 制作，这意味着是你猜想的 Constructor，当完全释放时，Constructor 可用于 Windows、Macintosh 以及 Linux 中！

一、CSG 建模

在 3D 图形世界中，我在此提及的工具如 Constructor 和其他工具（包括 QuArK、Hammer 和 3D World Studio）称为 CSG 建模工具。CSG 表示构造实体几何，制作 3D 模型的工具称为工具刷，并且将使用很多工具刷制作模型。

在这种情况下的工具刷像一标准组件。你可选择特定需要的特定工具刷（也称为多面体）并将其用于模型中。也有一些可作为基本工具刷（见图 17.1）使用的一小部分形状原语：立方体（或盒子）、圆柱体、圆锥体（或长钉）和坡道（或楔形体）。一些程序也包括弓和球体，如图 17.2 所示。每个固体原语为一个封闭的 3D 固体。

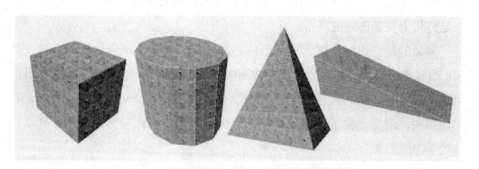

图 17.1　立方体、圆柱体、圆锥体和固体坡道

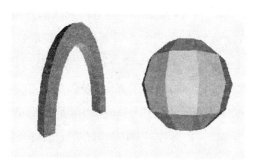

图17.2 拱形和实心球

注意

现在我们观看图17.1左数第三个对象,你可能会想,"等等!这不是圆锥体这是棱形!这是怎么回事?"好,想象一下如果不是如图片中所示的4个侧面在顶点汇合,而是64个侧面在顶点汇合,你认为你会看到什么:棱形还是圆锥体?当然可能会是圆锥体。不要对我说"立方体只是4个侧面而不是64个侧面的柱体",否则我会拿走你的鼠标。有时事情就像其本身显示的那样,现在我们解决问题。

你使用CSG工具刷的主要建模操作是Boolean运算。你可能记得以前在第2章中所述的Boolean逻辑。布尔操作是从数学集合理论中借用过来的,数学集合理论是逻辑理论的一个分支,但是在这种情况下进行的Boolean运算针对的是实心对象。Boole有很多怪主意,但这些怪主意是可使用的。有3项CSG运算:求交、减法和结合运算。

最简单的运算是结合。将两个工具刷(实心)放置在空间中,因而一个工具刷就会"嵌入"另一个工具刷中,并且将其看作一个合成的实心工具刷,你就完成了结合操作。在大多数CSG建模程序中,你可以合适地覆盖这两个工具刷,然后将其集中在一起。

该方法适用于Constructor。

减法运算具有不同的结果。你的结果取决于哪个是Minuend工具刷(进行减法运算的工具刷并且在以后也使用的工具刷)和哪个是Subtrahend工具刷(从Minuend中减去的工具刷,并且规定了减法运算的实质)。有些人把Subtrahend工具刷称为Subtraction工具刷。

根据 Constructor 的操作，Subtrahend 是进行减法运算必须选择的工具刷。

再次将两个工具刷放置在空间中，因而一个工具刷就会"嵌入"另一个工具刷中。选择 Subtrahend 工具刷并进行减法运算，然后移除 Subtrahend 工具刷。你会发现被减数刚好在移除的两工具刷之间。

图 17.3 中的视图 A 显示了在进行 Boolean 运算前后的两种工具刷；视图 B 显示了两工具刷的结合。实际上这两工具刷并未真正地结合，只是放置在重合的位置处。

图 17.3　两工具刷

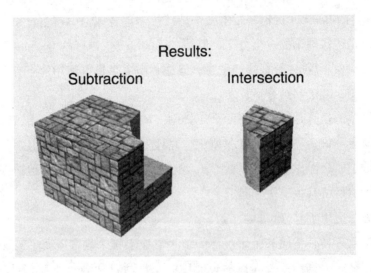

图 17.4　Boolean 运算结果

在图 17.4 中，我们看到减法运算结果的左边部分，其中柱体（现在已移除）是减数。我们只剩下了具有取出"咬住"部分的立方体工具刷，其形状与先前在此放置的柱体部分相匹配。

图 17.4 中的右侧部分是求交运算的结果。你将会发现所有剩余的部分只是立方体的工具刷，并且立方体和柱体共同占用了该立方体区域。在进行求交运算时，必须选择所有相关的固体。

现在你可以使用 Constructor 进行 CSG 运算以外的操作，你也可以采用类似于更熟悉的"polysoup"程序如 Milk - Shape 和 3D Studio Max，并且通过处理顶点和表面的各种方式对工具刷进行制作和变形。

采用 CSG 方法的关键在于对我们可用于制作工具刷的布局有限制。这是一个特征，不是一个问题。这些限制使得 Torque Engine 可用于非常有效的碰撞检测和渲染操作；这些限制也意味着可及其容易地制作软件以分析模型并且自动产生碰撞外壳（或凸形）；并且意味着可排除制模能手需要手动制作碰撞外壳的情况。

Torque Constructor

Garage Games（研发商）的伙计们非常友好地让我使用了 Constructor 的测试版，这才能让我为你在该书的第 2 版里展示。当最终版本发布时，你们很有可能发现或多或少的差异、改变。这是因为 Garage 公司的高手们对自己的产品总是精益求精，改进是为了更好。

安装 Constructor

你需要在 GarageGames 网站中获取 Constructor 并将其安装。演示程序可从 http：//demos. garagegames. com/ ken_ finney/Constructor Demo. exe 网站上下载，或者你可在 http：//www. garagegames. com/makegames 网站上购买完整的版本（如果可获取的话）。

注意

为了确定你具有开发游戏所需的所有工具，我在 TOOLS \ QUARK 中的 CD 上附赠了在本书第 1 版中提及的 QuArK。

Constructor 在各方面都是一个高级的工具，但是 QuArK 只是在发挥其自身的作用。

注意，在编写本书时，没有官方的 Constructor 安装程序或安装工具。如果你具有完整版本或试玩版本，请确保遵守安装说明，并且将你安装 Constructor 的路径替换为我在此使用的路径。在完成操作后，你可将 Constructor 安装至如图 17.5 所示的目录结构中，尽管测试版本和发行版本不同。

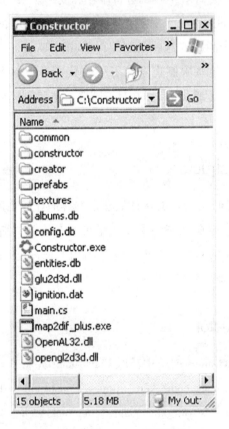

图 17.5　Constructor 目录结构

Cook's Tour

让我们迅速浏览 Constructor 界面，然后我们将完成一些操作。在此之后，我们将浏览该程序其他的一些特征。使用你创建的快捷方式启动 Constructor。

注意

当你首次运行 Constructor 时，你可能使用点火钥匙。如果你购买了 Constructor，点火钥匙将会在 GarageGames 网站上的你账户信息中的购买列表中出现。你也可以收到通知你点火钥匙位置的自动电子邮件。在迄今所有的 GG 产品中，你可以将你的钥匙简单复制并粘贴至点火钥匙字段中。

如果你有试玩版本，你很可能会绕过点火钥匙，除非你的许可证在特定时段失效。购买许可证可能会长期激活你的 Constructor。

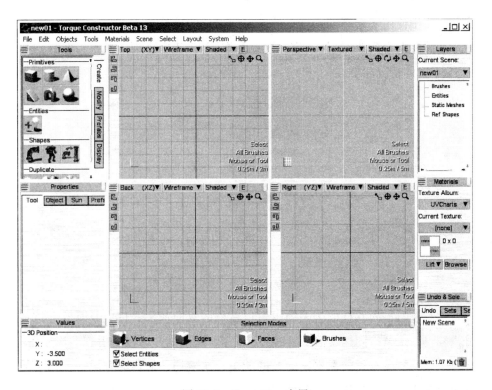

图 17.6　Constructor 主屏

Chapter 17　Making Structures

主屏

当启动 Constructor 时，你将会看到 Constructor 主屏视图，如图 17.6 所示。现在浏览此处的主屏结构。

主屏的视图变化不大，这取决于你计算机的屏幕分辨率。图 17.6 的分辨率为 1024×768 像素。如果你的屏幕分辨率较高，由于 Constructor 可自动调节其内容以适应可用屏幕，你可以在屏幕上看到更多的内容，尤其是各侧的工具栏。

可调整大小的表

浏览屏幕的左上角，你将会看到具有标签工具的图框区。奇怪的是你可以在此看到工具！好，Dave 可能会使我知道当一些程序称为"工具"时，在这些程序中使用了奇怪的字样。然而，如果你的屏幕分辨率很低，你可能会发现不能完全看到 Tools 的内容，这就是在图 17.7 中出现的情况，并且与如图 17.6 中的情况相似。

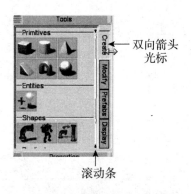

图 17.7　横向调整大小光标的 Tools 表

注意左右指向并且位于表周围窗口右侧的双向箭头光标。暂时放下该部分内容。在工具栏同侧是很小很细的滚动条。幸运的是，在图中有"滚动条"标签，该标签具有指向真实滚动条的箭头。在滚动条的各端有两个很细小的纯黑色箭头，看这是什么？很好看吗？

在 Tools 表上方移动光标，并且前后滚动鼠标滚轮。能看见滚动条移动和

内容变化吗？好，不要滚动鼠标滚轮太长时间。你也可以点击并且上下拖动
"大拇指"（滚动条较黑的部分即滚动部分），而不是滚动鼠标滚轮，或者你
可以点击这些小箭头。

Form、Palette、Toolbar 和 Tab……这是 Torque Terminology Time！

不同的程序使用了不同的文字描述，如容纳工具、菜单或其他可视设备（如选择
的容器）小图形容器的内容。这没有真正的标准化术语。这些程序将其称为工具栏或
工具条，有些程序将其称为调色板，有些程序如 Paint Shop Pro 既使用了工具栏也使用
了调色板，并且具有工具栏和调色板中的不同特征。有些人使用 word 选项卡，即使该
选项卡通常具有更加精确和不同的意思。Dave Wyand 将其称为表，如果这是 Dave 想命
名的内容，这也是我想命名的内容。

为什么版面如此小？工具占用的空间越小，你在视图窗口中的实际模型
占用的空间就越大，我们随后将讨论该内容。

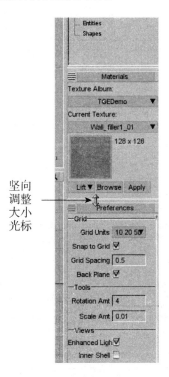

图 17.8　竖向调整大小光标的 Preferences 表

Chapter 17　Making Structures

现在返回至图 17.7 左侧上的双向箭头。将光标移至图中双向箭头的位置，你可以看到光标变成双向箭头。点击并且向后拖动光标，直到你在水平方向上看到你想要的内容。

你可以通过"抓取"工具栏顶部的窗口进行同样的操作，以便在垂直方向上调整表的大小，如图 17.8 所示。

在你迷惑的时候，可以在所有表上进行这些相同的操作。这也是我们进行练习的原因，因而你可以在 Constructor 屏幕上得到表，并且根据计算机配置达到你的个人要求。我们将在下一章节中简要说明这些表，在进行该项操作时，你可以继续前进并且根据要求调整各种表的大小。

图表

浏览图 17.9，能注意到该图和图 17.6 的不同之处吗？好，现在 Maco-philes 可停止上下跳跃！在图 17.9 中用可能在 Macintosh 上出现的 OSX Graph-ite 主题显示 Constructor，而不是使用图 17.6 中的 Windows – centric Neutral 主题。我已在此插入了该主题，并且也提供了巡视下一部分的参考内容。

当在屏幕顶部开始操作时，你将会看到熟悉的菜单栏，其包括几个标准菜单，如 File 和 Edit，然后会看到特定菜单的子菜单，在其顶部有熟悉的Help 菜单。点击各菜单，你会看到熟悉的 drop – down 菜单。如果选择 Layout、Themes，你会看到可在 Macintosh（OSX Graphite）和 Windows（Neutral）主题之间切换的位置。

菜单栏只是 Constructor 的主要视觉特征，并且在电子视图中没有悬浮的标签。我也指出这不是表而是菜单栏，我不在乎 Dave 的说法（朝 Dave 微笑并挥手）！

现在放下菜单栏内容，我们开始井然有序地继续进行我们的操作。如果你愿意，请进入屏幕最右处，在此可发现 Layers 表。在该表中，你可以在装入图之间，或者工具刷、实体、静态网格和参考形状（形状）之间进行切换。

在 Layers 表下方是 Materials 表。你可以用浏览器或列表在该表中选择文件，并在纹理图册间切换，并且进行一些材料和纹理操作。

右下角是目前已经不有名的 Preferences 表。你可以调整全球程序设置如

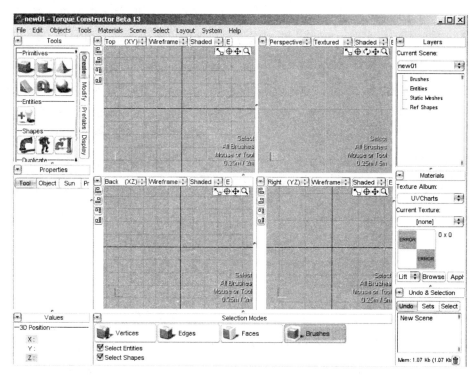

图 17.9 有 OSX Graphite 主题的 Constructor 屏幕

网格值和运算、场景光照等。

现在移动至左边，你可以发现穿过窗口底部的展开 Selection Modes 表。我们使用这种模式，以确定在制模视图方框中选取操作时制作何种场景对象。

移回至左边并且到达 Constructor 屏幕最左和底部，我们会看到 Values 表。此时唯一报告的数值是在任何一个视图方框中与光标 2D 位置重合的场景坐标。在 2D 视图（顶视图、后视图、右视图等）中仅报告相关的 2D 坐标。如果光标在 Perspective 视图方框中，将在 Values 表中报告完整的 3D 坐标。

从左侧向上移动，我们将会找到 Properties 表。在此处我们可以设置可使用的各种制模工具的参数。根据当前活动的工具更改内容。

最后，Tools 表在 Properties 表上方。我们可以在此选择各种工具，以用于制作、修改或显示对象，或者用于组合式对象中。在不同等级的各种选项卡中有很多工具，并且可根据情况选择操作。

在容易忽略的屏幕中心有 4 个默认的 View 表。如果在各个角度观看场景，则会在各 View 表中看到一个视图方框。在各视图方框左下角有显示场景在视图中位置的轴雷达位置测定器。蓝轴是向上的 Z 轴，红轴是向右的 X 轴，绿轴是向后的 Y 轴，或者远离"前方"和深入场景的轴。在各视图方框右下角有以"米"为单位的数字，该数字表示从视图摄像机到场景中心的距离。在视图方框顶部有一系列按钮，你可以使用这些键控制视图的运行方式确定使用的视图角度以及其他选项。

虽然我知道这不是详细的检查，但是你应操作 Constructor 屏幕并且设置场景。

二、快速启动

我们现在要做的是运行 Constructor，并且迅速制作一个我们可以粘贴 Torque 取样游戏并在周围存储的结构体。该结构体的作用不是很大，只是为了建立工具链。该工具链本质上是你需要在主要图形制作源处应遵循的程序，并且可以将该工具链用于游戏引擎的编译版本中。

注意

更加复杂的术语！你想在 CSG 开发周期中制作的对象通常称为房屋。这应返回至前述的 Quake 编辑程序，在 Quake 中任何对象都是房屋，没有如外部地形的户外场地。当建造房屋时我们应将其保存为 map 文件，因为 Valve 使用 map 字样描述称为房屋 id Software（制作 Quake 的人员）的版本，清除泥土吗？

当然，爱挑别的 GarageGames 将这些室内设计作品（在某种程度上使用了术语房屋）称为 Torque，并且 Torque 源于 Torque 在 Tribes 引擎中内容。我采用了结构体这个词，我认为该词既简练又普通。当用于如桥梁和防卫塔的对象中时，我使用的结构体可适用于在各自文中使用的房屋、映像和室内物品。

还有一件事，你在 Constructor 的文件中创建的所有对象的整个集合称为场景。一个场景指 3D 对象的集合，并且该词可用于游戏引擎和大部分 3D 形状工具中。由于可结合在 Constructor 中制作的 CSG 对象或者其他 CSG 工具，如带有"polysoup"的 Hammer，或者同时使用 MilkShape 或 3D Studio Max 工具制作的网格对象或形状，Constructor 也使用了该术语。因而需要使用可包括所有这些事项的另一个词，即场景。我们以 map 文件的形式保存场景（当你认为你已经理解所有的事项时，我才使用该词）。

即场景 = 房屋 = 映像 = 内部 = 结构体，在任何情况下，我们将处理的文件源格式均是文本文件格式的 MAP，而编译的版本称为二进制格式的 DIF。

我们也可以 CSX 格式将我们的工作保存为 Constructor 场景，这称为 Constructor 制作的本机格式，参看其他工具条 "CSX 和 MAP"。

将我们的工作保存为 .map 格式，并且将工作编译为 .dif 格式，以在 Torque 中使用 map2dif_ plus 程序。随后有这方面内容的更多说明。

CSX 和 MAP

通过使用 CSX 格式文件，我们可保存 MAP 格式文件不支持或不识别的有关场景的信息，如静态网格的参考形状的放置和各种其他的特征，如下所示：

Constructor 特征	CSX	MAP
细节级别	有	无
游戏类型	有	无
工具刷	有	有
实体	有	有
静态网格	有	无
场景形状	有	无
组群	有	无
选择设置	有	无
命名的 Workplanes	有	无

为什么使用 MAP 格式？有许多支持除 Constructor 以外的 MAP 格式的工具，如 Valve Hammer、3D World Studio、Quake 3 工具和 QuArK，仅举几例，这很奇怪。

（1）如果 Constructor 未运行，现在启动。

（2）在左上角定位 Tools 表，以及 Primitives 部分的 Cube 工具刷，如图 17.10 所示。

（3）点击 Cube 工具刷并将其选中。工具刷图标和光标将会改变，如图 17.11 所示。

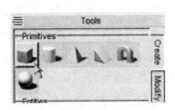

图 17.10　将要选中的 Cube 工具刷

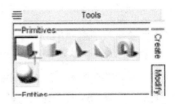

图 17.11　选中的 Cube 工具刷

（4）将光标向上移至顶视图方框，并且将其放置于左边 4 个格网方格和中心 4 个网格方格中（深黑色网格线相交的位置）。

（5）点击鼠标按钮，并向下拖到右边，直到你将鼠标放置于下方 4 个格网方格和中心 4 个格网方格中（见图 17.12），然后放开鼠标。

注意左右侧的红色小对象句柄以及顶部和底部的小绿色句柄（在顶视图中，如场景中所示的对象前后侧）。

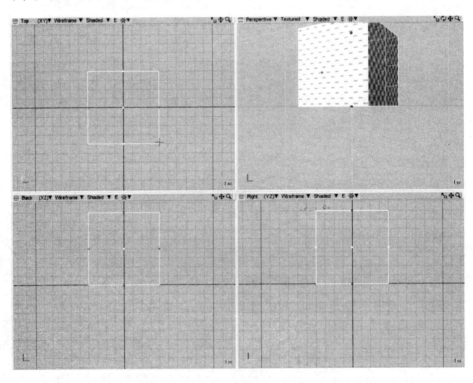

图 17.12　从右上至右下点击和拖动后

你可以抓取这些句柄并且调整该视图或任何其他 2D 视图中对象的大小,无需使用场景中的工具刷。换言之,我们此时只有"phantom"工具刷工具。

(6) 按压 Enter 键(主键,而不是小键盘区的 Enter 键)以操作场景中的工具刷。注意立方体外形的变化。

现在这些句柄消失,并在对象中心出现了彩色箭头。这三个箭头共同称为 Axis Gizmo。各箭头指向正方向中的轴。红轴是 X 轴,绿轴是 Y 轴,蓝轴是 Z 轴。也可以在各箭头端部看到小轴标签。Gizmo 不仅指出了轴及其方向,而且也可作为"握柄"使用以进行不同的变换操作,我们将迅速浏览。图 7.13 显示了立方体对象的新外观。

我们在此应处理由于疏忽而制作的糟糕纹理。

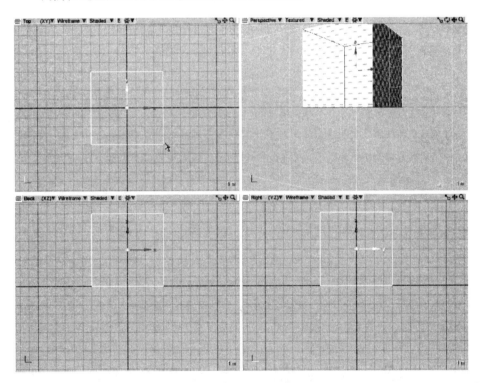

图 17.13 在场景中制作的立方体

(7) 将你的目光转移到右手侧的 Materials 表中,在此处有很糟糕的纹理,看下黄色和蓝色的纹理。点击在纹理下方的 Browse 按钮,如图

17.14 所示。将会出现 Texture Browser 对话框。

注意

"这完全是很糟糕的纹理，这是怎么回事？这是 Texture Taste Police 吗？"我听到你大声说，你是知道的。

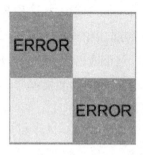

黄色和蓝色的纹理上都写了"Error"和原料。注意这是默认的纹理。除非你选择不同的纹理（在本章节后部分仅简要说明该程序），则当你每次在场景中制作对象时，对象上都有分配至各表面的这种纹理。这也是该纹理出现的原因。

使用 CSG 工具制作结构体的大部分建模师所采用的一般方式是首先制作结构体，然后在结构体制成时使用纹理，这些建模师都对结果很满意。在其他程序中，零纹理可作为默认纹理分配。唯一的问题在于零纹理不在游戏引擎中显示。由于没有纹理，因而表面完全透明（这就是零纹理，明白吗？）。如果你忘记在表面分配合适的纹理，则将很难目测该纹理。在不同的角度，你可以在具有零纹理的表面后面看到背景纹理，并且不会发现该纹理缺失。然而从另一个角度，在纹理缺失的孔中可能会提供以各种方式干扰游戏进行的视图或区域。

通过使用耀眼的默认纹理，你可以在忘记织纹表面时进入游戏，以直观地验证你的模型，你将可更好地检验错误。

（8）在 Texture Browser 左侧选择 TGEDemo 条目（或图册）并点击，如图 17.15 所示。

（9）在 Texture Browser 中纹理阵列（concrete）左上角处点击第 1 个纹理。Browser 的内容随你选择的纹理而变化，如图 17.16 所示。

（10）在 Texture Browser 右下角定位 Make Active 按钮并点击，然后在下方直接点击 Close 按钮。Texture Browser 关闭。

（11）返回右边的 Materials 表，定位并点击 Apply 按钮，该按钮正在你选

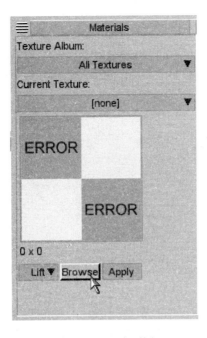

图 17.14 Browse 按钮

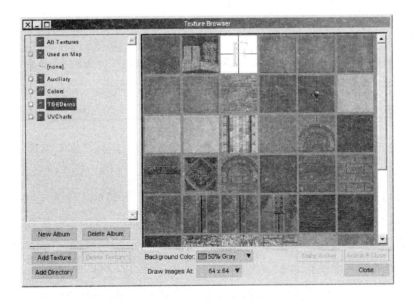

图 17.15 选中 TGEDemo 的 Texture Browser

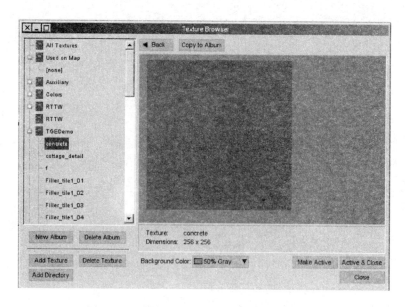

图 17.16　带有 concrete 纹理的 Texture Browser

中纹理小图片下方。查看右上部的 Perspective 视图方框，你会看到
各面应用了新纹理的立方体。

提示

如果你进入了你不想进的模式，按压 Escape 键。该键可使你重新选择选项，或者
更改你的模式或其他的事项，这也是该键称为"Escape"的原因。

如果你已经进入对话框，则该键不起作用，然而很难在对话框中进入未知的模式。

（12）现在导出场景。进入 File 菜单，并选择 Save As。将会出现 Save As
对话框。

（13）在 Constructor 文件夹中以 test. map 格式保存你的工作。

（14）选择 File→Export→Torque（map2dif_ plus），你将会看到 Browse for
Folder 的对话框标题。

（15）按照对话框标题的要求进行操作，并且浏览 \ 3D2E \ demo \
data \ ,并且点击 Interiors 文件夹以使其突出。点击 OK 按钮，你将
进入 Execute Script 对话框，该对话框会告诉你 MAP 文件在 DIF 文
件中的进程。当输出最后一栏显示为 Writing Resource：persist. .

（C：/3D2E/demo/data/interiors/test. dif）Done 时，你已成功导出结
构体。

（16）当你不使用时，点击 Close 按钮以使对话框进入任何位置，也许是
临近一栏。

（17）现在启动 Torque demo，你在以前完成过该操作。在进入后，切换至
camera fly 模式（F8），稍微向上移动，并且将光标放置于你将在游
戏世界中放置测试结构体的位置处。较好的位置是原大厅附近，即
像教堂的建筑物，并且亲自将光标放置于有水的一侧，然后指向屏
幕中心以打开 Great Hall 侧的区域。

（18）按压 F11 打开 Mission Editor。如果你看到可进入 Mission Editor 的对
话框，你应该点头表示感谢，读取对话框中显示的有用信息，并且
点击 OK 按钮将其关闭。

（19）按压 F4 打开 World Editor Creator。

（20）在右下方的树形列表中通过点击左侧的小加号打开 Interiors group，
然后继续点击 demo→data→interiors，你将会看到 test。

（21）在 Interiors group 列表中点击 test 条目，你将会在屏幕中心和地形相
交的位置突然停止。将在屏幕底部弹出一个小对话框，其显示你需
要再次点亮场景。在进行任何操作之前，浏览一下场景。注意已放
置的立方体是黑色的并且无纹理。

（22）在小对话框中点击 Relight Scene 按钮。在稍短的停顿后，你将会看
到立方体已变成具有合适纹理的表面，然后在对话框中点击 Hide
按钮。

提示

> 你也可以通过按压 Alt + L 或者选择 Edit→Relight Scene，在 Mission Editor 中随时重
> 新点亮场景。事实上，你可以通过抓取纹理并且将其稍微拖动以制作这些纹理。但是
> 由于再次点亮阴影区，所以你仍需要重新点亮场景。

如果你想关闭如图 17.17 所示的对象。当然，立方体的实际位置取决于
你放置的位置。

图 17.17 Demo 游戏中的 Cube 测试对象

该操作可能会花费一些时间，但是除了学到在 Torque 中导出结构体相关的基本步骤之外，该操作可证明工具链。选择我们已具有将这种图形放入引擎中所需的所有零碎物品，即 CSG 工具（Constructor）、exporter（map2dif_plus），当然还有游戏中的 Torque Mission Editor。其实未来的 Constructor 版本很可能有内置的 map2dif_ plus，因而我们可以直接导出 DIF 格式。这可能不重要，但是假设工具链是进入任何关于多个程序和处理步骤的第一个重要步骤，这就显得极为重要。

管理纹理

当你使用 Constructor 制作模型时，你肯定会使用表面上的纹理。你需要确保你复制纹理的文件包括在需要 Torque 路径的文件夹中。

我们在本章节中将使用的纹理在 \ Constructor \ textures \ tgedemo 文件夹中。但是意外的是，纹理所在的文件夹与你查看 \ 3D2E \ demo \ data \ interiors 是同一个文件夹，因此你无需进行特殊的操作。

但是即使这些纹理不在你放置 DIF 文件的 Interiors 文件夹中，Constructor 会自动为你复制。所以你只需更新你的纹理源，该目的需要不间断地同步完成。

三、建造桥梁

由于你已尝试使用了 Constructor，现在让我们开始使用它来制作一些物品。由于这是我们第一个真正的结构体，所以我将从不太复杂的事项开始——石桥。

（1）启动 Constructor。

（2）选择 Cube 工具刷。

（3）在顶视图中创建 Oblong 工具刷，该工具刷在 Y 轴上的长度为 4 个单位，并且在 X 轴上的宽度为 20 个单位。

（4）在正视图中使用小蓝色句柄并移至边缘底部或顶部（两个位置均可），直到视图形状在 Z 轴上的高度仅为 1 个单位。然后（如需要）继续使用红色、绿色或蓝色句柄，以在所需的位置调整工具刷的大小，并且使用工具刷中心的淡蓝色小句柄移动视图，直到你看到类似于图 17.18 所示的对象，这是桥梁路基。

（5）当你对你的手工制品感到满意时，按压 Enter 键并使用工具刷。

提示

如果你想复选工具刷的尺寸，将光标放置于合适位置中的边界线上方，并且在左下方查看 Values 表。将会在你放置光标的窗口中显示光标轴。记住，如果工具刷中心的位置和场景中心的位置相同，则工具刷的边界值正好是其复选尺寸的一半。

例如，如果你想将 Oblong 工具刷的长度设为 20 个单位，则当你将光标放置于顶视图方框一端上方时，X 值将为 10.000。

（6）创建更多的 Cube 工具刷，并且将其放置于如图 17.19 所示的位置，这是桥塔。

提示

你可以通过选中工具刷，按下 Shift 键，点击工具刷的一个轴箭头并且沿着轴箭头方向拖动创建工具刷副本。将选中的工具刷副本从原工具刷处拖走。

3D游戏设计大全

3D GAME PROGRAMMING ALL IN ONE

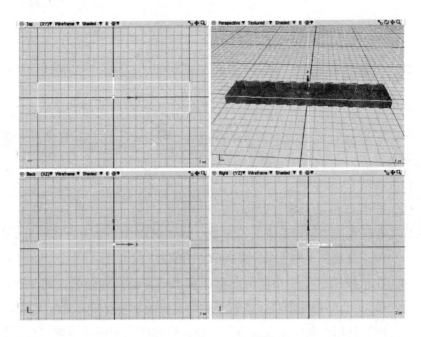

图 17.18　Oblong 工具刷

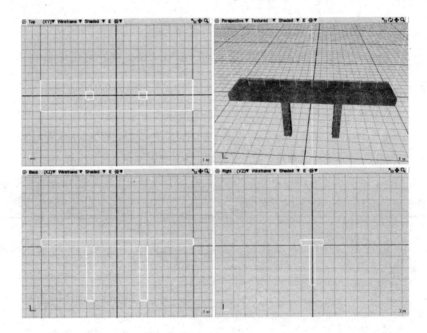

图 17.19　桥塔

708

接下来，我们将给桥梁添加一些纹理。

提示

如果在创建工具刷时你已有将选中的纹理，则当你将工具刷应用于场景时，工具刷在各表面上自动接收纹理。

（7）确定 Brushes 按钮位于窗口底部的 Selection 表中，并且将光标移至 Perspective 视图方框中。

（8）在 Roadbed 工具刷中点击光标以选中工具刷。

（9）在 Materials 表右侧点击 Browse 以激活 Texture Browser。

（10）点击称为 TGEDemo 的纹理栏并且选中。

（11）定位并选中 Floor_ set_ stone 纹理。

（12）点击 Active 和 Close 按钮以激活纹理，并且立刻关闭对话框。

（13）你将看到纹理已应用于工具刷中，因为在点击对话框中的 Active 和 Close 按钮时，我们就选中了工具刷。如果未选中工具刷，我们将选中它。返回至 Materials 表，点击 Apply 按钮，并且复制 Perspective 视图方框，你将会看到各表面均应用了新纹理的立方体，如图 17. 20 所示。

注意该纹理可能很大并且有些模糊，现在我们将调整纹理的小大，因此这是个有点复杂的操作。通过观察，我估计该纹理比所需大小大约大 4 倍。所以我们需要将其比例调整为当前大小的25% （或 0. 25）。

（14）在底部的 Selection Mode 表中点击 Faces 按钮。

（15）在 Perspective 窗口中点击 Roadbed 工具刷的一个表面，该表面则会增亮，如图 17. 21 所示。可能很难在灰度图像中看见彩色效应，增亮的表面具有蓝绿色或绿色色彩。也应注意出现了小立方体设备，该设备显示了应用纹理的方向，图 17. 21 中选中的表面为顶面。

（16）选择 Tools→Modify→Scale 菜单。Properties 表在左侧具有称为 Transform Scale 的区域。

（17）在 Properties 表的 Transform Scale 部分定位 Scale 区段以及 0. 25 的各区段（X、Y 和 Z）类型，确保零在小数前。

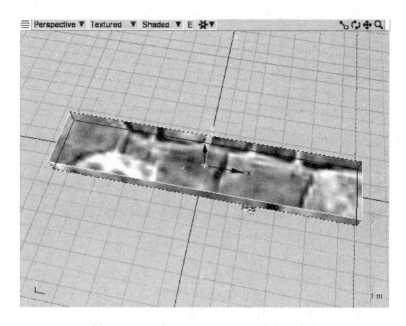

图 17.20　具有 Floor_ set_ stone 纹理的路基

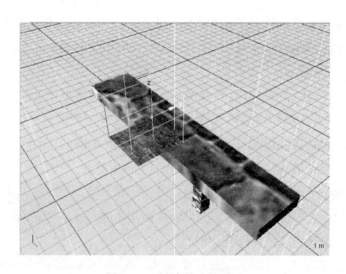

图 17.21　选中的工具刷面

(18) 点击 Properties 表中顶部附近的 Make 按钮。你将会看到如图 17.22
所示的工具刷面。

提示

调整纹理比例的一种方法是使用 Properties 表中的任意值，如文本所示。然而，有一种更快更精确的方法。

当选中表面并且选择了 Tools→Modify→Scale 菜单时，你可以在合适的 2D 视图中将光标移至其中一轴 Gizmos 的上方。点击并拖动你想调整比例的轴，并且相应地观看纹理比例的变化。当拖动鼠标时，你可以更改采用"拖动—缩放"方法操作的速率。查看右下角中 Preferences 表的 Tools 区段。将 Scale Amt 区段中的数字改小，此目的在于降低缩放速率并且将数字调大以增加速度。

你可以使用相同的技术旋转和移动（偏移）纹理。选择 Tools→Modify→Translate 或 Tools→Modify→Rotate，并且在轴上点击——拖动。你仅可使用 Rotate Amt 在 Preferences 表中调整转速。

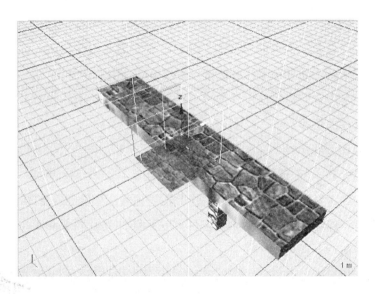

图 17.22　成比例面部纹理

（19）现在应用纹理并且根据你的要求调整该纹理的所有其他表面。

（20）在 \ Constructor 文件夹中以 bridge. map 格式保存场景，然后选择 File→Export→Torque（map2dif_ plus）以将桥梁导出至 Torque 中，如你在最后一节中的操作。

（21）现在启动 Torque 演示程序，如你以前进行的操作。在进入后，将其切换至 camerafly 模式（F8），稍微向上移动，并且将光标放置于你将在游戏世界中放置桥梁结构体的位置处。

（22）按压 F11 打开 Mission Editor。如果你进入了 Mission Editor 对话框，点击 OK 按钮。

（23）按压 F4 打开 World Editor Creator。

（24）在右下方的树形列表中点击左侧的小加号以打开 Interiors 组，然后继续打开 demo→data→interiors，你将会看到用蓝色列出的桥梁。

（25）在 Interiors group 列表中点击桥梁条目以插入桥梁，并在小对话框中点击 Relight Scene 按钮，然后在小对话框中点击 Hide 按钮。

四、建造房屋

桥梁很好看当然也很简单实用。如果你确实需要制作桥梁，你可能会制作更华丽的物品。关键在于你应该学会使用工具，艺术性由你决定。

在本章节中我们将制作较复杂的物品：采用 CSG Boolean 运算且带有打开的房门和窗户的房屋。

（1）启动 Constructor。

（2）选择 Cube 工具刷，并且创建长度（沿 X 轴）为 8 个单位、宽度（沿 Y 轴）为 6 个单位且高度（沿 X 轴）为 7 个单位的立方体。

记住你可以通过将光标在立方体各点处移动并且查看 Map Editor 窗口的左下角部分进行复选尺寸。

（3）定位 Cube 工具刷，并且将工具刷水平居中在顶视图和后视图中，并且在该视图中向上垂直偏移工具刷，因而中心线下方有 2 个单位，上方有 5 个单位。参看图 17.23 以获取指导信息。

垂直偏移工具刷，因而中心线可用于表示地面标高。由于将在地形条件恶劣的地区中放置建筑物，我们需要具有向地面标高以下延伸的"基础"或"地基"。虽然我在此未制作，你可以考虑使用单个工具刷制作地基，因而你可以使用不同于地上纹理的纹理。精美的混凝土纹理很合适。

（4）切勿忘记按压 Enter，以在场景中使用工具刷。

提示

切勿忘记有若干个选择模式：Brushes、Faces、Edges 和 Vertices。按钮在屏幕底部。确定你选用了在操作中所需的选择模式。

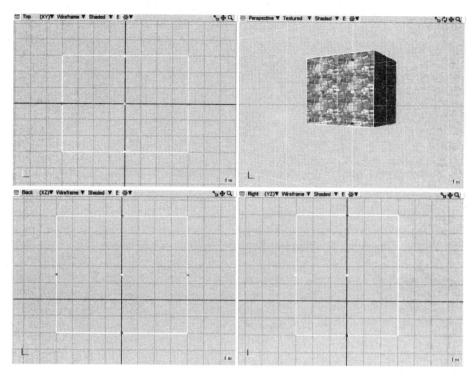

图 17.23 大小和定位正确的原始工具刷

(5) 接下来在此选中 Cube brush 工具，并在第一个工具刷内制作另一个工具刷，并且将这个新长方形的长度设为 7 个单位，宽度设为 5 个单位且高度设为 4 个单位。

(6) 放置新的工具刷，且该工具刷在第一个工具刷内水平居中并且在地上垂直放置，并且在第一个工具刷顶部和地面标高之间居中，如图 17.24 所示。

(7) 将工具刷应用于场景中。选中新的工具刷，这就是我们在下一步中进行的操作。

提示

快速提醒：如果你发现你进入了不想进入的模式，按压 Escape 键。

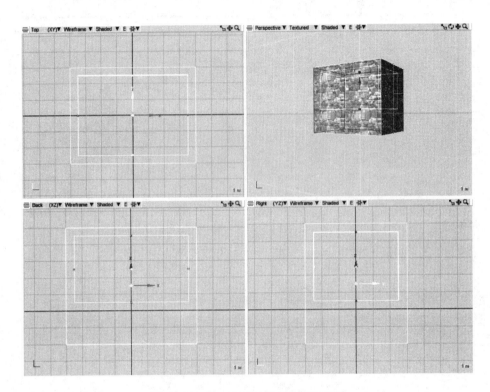

图 17.24　第一个工具刷内的新工具刷

（8）在左侧的 Tools 表中有标签显示在 Tools 表右手侧下部旁的选项卡，点击 Modify 选项卡。

（9）在出现在 Tools 表中 iconified 按钮的 CSG 组中，左侧是 Boolean Subtract 运算按钮。点击该按钮，将会从第一个工具刷中减去第二个工具刷体积。在点击 Boolean Subtract 按钮后，你会注意到 2D 和 Perspective 视图中有细微的变化，并且会出现一些额外的线，仍选中第二个工具刷。

提示

在工具刷上完成 Boolean CSG 运算后，工具刷将横切为多个不同的工具刷，这些工具刷可同时制作合成的工具刷。你可以选中这些子工具刷，并且将其看为正常的工具刷，因为它们其实就是正常的工具刷。

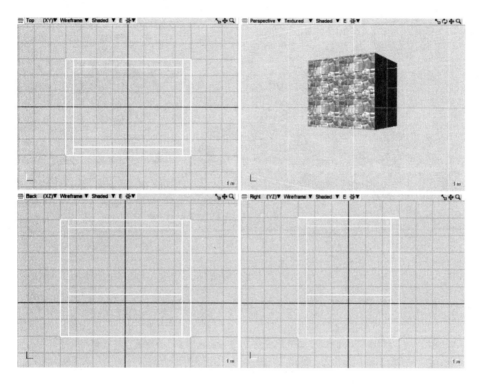

图 17.25　Hollow 工具刷

（10）按压 Delete 按钮，第二个工具刷将会清除，这可能不明显，但是现在你的第一个工具刷是空心的，并且其图形应与图 17.25 所示的图形相似。

（11）返回至 Tools 表，在该表（具有书写的侧面标签）的右手侧点击 Create 选项卡。

（12）再次选中 Cube 工具刷（你是否感觉到你立即对 Cube 工具刷极其熟悉？）。

提示

请勿集中在同一个视图中操作。有时有些物品需要在单个的视图中制作，但是你
应浏览其他的视图以监控你的进程，并且确保你没有在未看清的操作视图中操作。

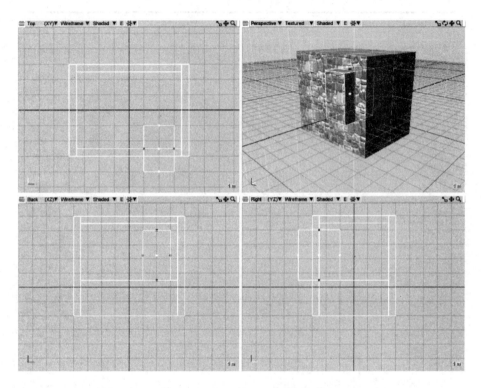

图 17.26　Protruding Door 工具刷

（13）制作 2 个单位长、3 个单位深和 3 个单位高的房门工具刷，并将其
定位，因而其底部与"地板"相齐并且从空心工具刷内部向外突
出，如图 17.26 所示。使用工具刷。

（14）现在再次在 Forms 菜单中点击 Modify 选项卡，然后再次点击 Boolean
Subtract 按钮（最左侧）。这将会雕刻房门。

（15）现在不删除 Subtraction 工具刷，相反在后视图中抓取吸入管的 *X* 轴
gizmo，并将其向左拖动，然后使用 *Z* 轴 gizmo 将其向上拖动。我们
可以再次使用该工具刷（这是 Earth Day 事情）制作一个小窗户。
在后视图中拖动该工具刷，直到其位于房门左侧并且与地板的高度

合适。

（16）在 Transform 部分的 Tools 表中点击最右侧的按钮，即 Scale 按钮。操作 Tools 表的步骤与选择 Tools→Modify→Scale 按钮完全相同。

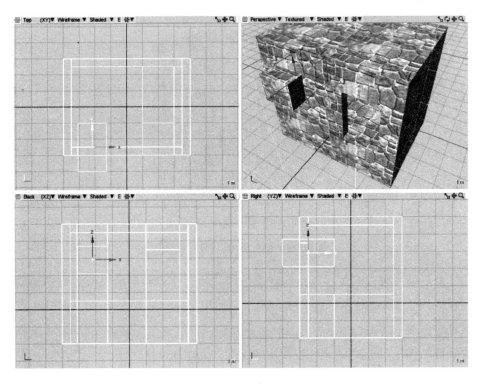

图 17.27　制作窗户

（17）在后视图中的 Subtraction 工具刷中心上方直接移动光标，然后点击并拖动光标以根据需要调整窗户的大小，以图 17.27 为指导。

按压 Escape 键以快速返回至你可通过点击对象，并且将其拖动（变换）的方式移动对象的模式。

（18）当你对 Subtraction 工具刷的位置感到满意时，再次点击 Boolean Subtract 按钮，这将会雕刻窗户。

（19）按压 Delete 按钮清除 Subtraction 工具刷。现在你将拥有方便的一室房屋，如图 17.28 所示。

注意，我已在所有工具刷上使用了 Floor_ set_ stone 纹理。当然你已有权并且可免费使用你喜欢的纹理！

（20）将你的文件保存为 \ Constructor \ house. map。

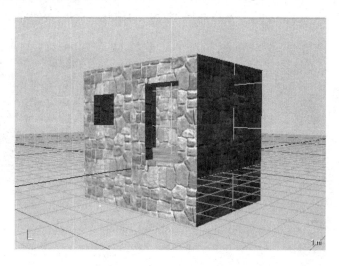

图 17.28　带有房门和窗户的房屋

好，使用我以前为你显示的技术编译房屋。作为额外的挑战，编译你的房屋以用于 Emaga6 程序。来吧，我相信你！记住你需要在 build_ dif. bat 批文件中更改一些路径信息，并且你也需要确保你已复制了你将在 Emaga6 文件夹层次结构中 house. dif 文件中使用的纹理。祝你好运！

五、本章小结

在本章中你又学会了使用一个工具。Constructor 是制作 Torque 结构体的好看且功能完整的工具。你制作了两种最常用的结构体：室外结构体（桥梁）和使用 CSG 运算的建筑物。

在此你的想像力是唯一真正的限制。城堡、复杂的地下隧道系统、工厂和运动场只是我们用 Constructor 制作的其他物品。

在正常情况下，我将会在本章提及 Constructor 的参考章节。然而该程序有如此多的特征和选项，以至于本章中呈现的文件都很重要。

在下一章节中，我们将讨论如何制作游戏世界环境的物品。

第18章

制作游戏世界的环境

许多游戏中都有全套的角色模型、建筑物、树木以及其他视觉障碍，然而这不足以实现所需的沉浸感。游戏世界的许多方面都来源于我们周围的世界，而这些我们认为是理所当然存在的，例如：背景天空、水、移动的云以及地形地势。图18.1是关于日落后大洋边的森林和山的一副平静优美的景色图片。然而，这并不是一张照片，而是使用 Torque 游戏引擎开发的一款游戏 Return to Tubettiworld 的屏幕抓图，目前该游戏正在开发阶段。

图 18.1　平静的场景

在第 12 章中，我们在一定程度上讨论了地形地势，因此我们很容易理解在使用高度图制作地形地势时会涉及到的方方面面。本章中，我们将使用更加劳动密集型的方式重新讨论地形地势，该方式是使用游戏内编辑器手动制作地形地势，在整个章节中，我们将深入讨论该问题。

然而，首先，我们将讨论天空、云朵和水——计算机游戏气氛中的环境组合。

一、天空

当我们在无限远景中制作无拘束运动时，我们需要想出可以提供开阔的户外感觉的方式。

一种有效的技术是提供包含天空元素的静态背景天空，而这些元素是我们认为理所当然存在的，例如：云朵以及随着你离地平线的距离变动的颜色渐层。我们使用称为天空体的构思进行制作。

天空体

天空体是围绕在玩家周围的立方体。玩家处于天空体的内侧，不论其转向何方，只要该天空体部分不被其他游戏内的物体遮掩住，玩家都可以看见天空体。天空体永远不会旋转，而且不论玩家距离多远或者移动速度多快，所有侧边与玩家的距离保持不变。

天空体运作方式

由于制作天空体表面图像的方式，因此玩家没有置身于巨大的立方体中的感觉。天空体图片位于该立方体内表面上，如图 18.2 所示。为了说明这一点，未列出背视图。

使用天空体时，我们将其视作无限大。那些玩家永远接触不到的对象看起来才真实，例如天空中的云朵或者远山。如果你限制了玩家的移动，只是从一个固定的位置观看，对于近景，你正好可以使用天空体。

图18.2　图示天空体

图 18.3 是天空体图片的分解图，以及相互之间的关系。请注意，底部图片是黑色区域。如果你在该方向使用可用视图描绘一个区域，你当然可以在此制作一个合适的图片。

图 18.3　分解的天空体

为了制作玩家置于宽阔和无缝世界的幻影，在制作天空体时，两个方面

Chapter 18　Making the Game World Environment

需调整好，即：无缝、匹配的相邻边以及正确的透视效果。

边缘匹配是我们在先前纹理讨论中就已熟知的问题。

第一次考虑制作天空体时，透视问题不是太显著，但请参看图18.4。请记住天空体与玩家的距离始终保持一致，而方向是固定的。如果碰巧面向北方，不论玩家面向何方或者看向何方，正端面一直面向北方。当观看天空体表面上的图片时，会造成视觉问题。

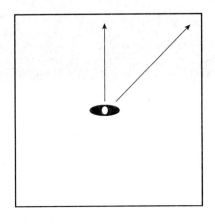

图18.4　天空体边距

距离玩家最近的图片区域看起来比角落最近的图片部分大，因为角落距离远。图18.5模拟了图片区域的样子。

在游戏中观看图片时，为了消除失真，我们需要以这样的方式对游戏环境外的外观进行改变，即在游戏中应用透视时，图片看起来很自然。图18.6是预失真图片。

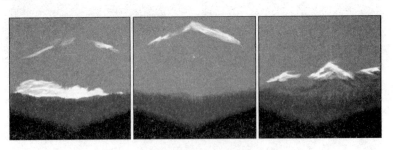

图18.5 失真图片

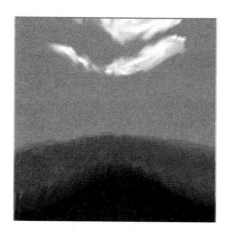

图18.6 预失真图片

应使用相同分辨率制作六个正方形天空体图片。最常用的分辨率为256×256像素。分辨率越高,大多数情况下天空体看起来效果越好。

但也有限度,超过该限度的天空体图片分辨率都不能提高外观效果。因为我们一直担心使用的保存器以及消耗的处理时间,我们希望确保没有超过最高值。如果你对使用较大的天空体图片感兴趣,这里有计算最高分辨率的方法,作为你的上限,使用如下数学公式进行计算:

maxSkyboxResX = maxScreenResX * 1/tan(FOV/2)
axSkyboxResY = maxScreenResY * 1/tan(FOV/2)

基本概念是视野(FOV)越小,需要的天空体分辨率越高。这是因为视野越小,看的地方越远,天空体图片部分越小。看到的部分越小,因此像素就越大。标准第一人称视角游戏使用90°的视野,通常狙击镜或者双目镜有60°(或者更小)的放大视角。

例如,如果你的屏幕分辨率是800×600像素,而我们的视野是90°,则使用我们提供的公式会得出以下结果:

maxSkyboxResX = 800 * 1/tan(90/2)
maxSkyboxResX = 800 * 1/1
maxSkyboxResX = 800

同时,我们无需再计算 Y 分辨率,因为它将按一定比例缩放。因此,800×600像素以90°视野显示,真是巧合,天空体使用的最高分辨率也是

800×600 像素！

然而，如果你想知道我们玩家双目镜在 60°视野时所使用的像素，我们需要按照以下方式重新计算该数值：

maxSkyboxResX = 800 * 1/tan（60/2）

maxSkyboxResX = 800 * 1/ 0.57735

maxSkyboxResX = 800 * 1.732

maxSkyboxResX = 1386

对于 Y 分辨率，该数值为 1039。如果你决定制作一个高分辨率天空体，其像素不可能大于 1280×1024（大多数游戏，包括 Torque，需要的图片分辨率值应为 2 次方）。

就个人而言，我认为 1024×1024 是最高分辨率的合理折中办法，这些尺寸适用于给定天空体中你使用的所有天空体方框。最终为你游戏所选择的尺寸将是判断的根据，但如果你使用以前的计算方式，它不是一个在有希望的尝试，因此不适用。

制作天空体图片

随着其他纹理相关事项的出现，通常从何处获得原始资料的问题也会出现。你可以再一次选择使用数码相机或者结合相机和扫描仪，或者简单地绘制你自己图片的方式制作自己的天空体图片。

本章节中，我将初步演练如何在你的天空体地平线上绘制一些云朵——这是一个普通的风和日丽的场景。远处积云漂浮在地平线之上，都环绕在你的周围。

(1) 打开图像处理程序，选择新建文件制作一张图片。在空白图片的高度和宽度对话框中输入 256。确定高级选项中的色彩空间为 RGB 颜色，而且 X 和 Y 的分辨率都为 72 dpi，填充框应设置为透明。在其自身的窗口上将出现新的画布。

(2) 将该空白文件另存为 \ Emaga6 \ control \ data \ maps \ skyfront. png 中。

(3) 在图像处理程序工具方框上方选择渐变填充工具（见图 18.7）。以下

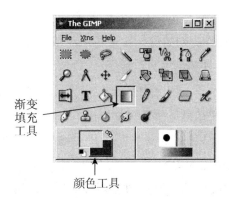

图 18.7 含有渐变填充工具和颜色工具的图像处理程序方框

为图像处理程序方框,出现的另一个方框称为调色板。

(4) 在调色板中,找出渐变色按钮并点击。会出现描绘不同渐变填充方
法的弹出框,如图 18.8 所示。

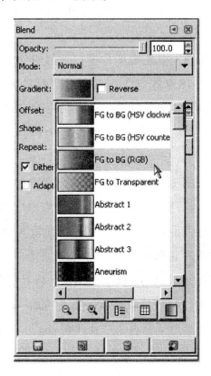

图 18.8 渐变填充弹出框

（5）选择称为 FG 至 BG（RGB）的第三渐变色。这意味着使用前景（FG）颜色作为初始值，背景（BG）颜色作为最终值，制作渐变填充。在这两种颜色中制作渐变。

（6）返回至图 18.7，找出颜色工具。点击最左侧的颜色框（最上部的方框），打开更改前景颜色对话框。

（7）在更改前景颜色对话框中，在 R 中输入 RGB 值，在 G 中输入 215，最后在 B 中输入 255。

（8）点击 OK 按钮进行更改，并消除该对话框，然后使用颜色工具最右侧的颜色框（底部框），将 R 的背景颜色设置为 0，G 为 0，B 为 192，与前景对话框方式相同。

（9）点击 OK 按钮进行更改，并消除该对话框。

（10）现在，仍然选择渐变工具，在垂直中点（底部以上五分之二处与正中间之间的部分）下面一点儿的图片窗口中点击。不要释放鼠标按钮。

（11）向上拖动光标直至其距离图片窗口顶部四分之一的距离，然后释放鼠标按钮。图 18.9 指导点击和释放光标的方式。释放鼠标按钮之后，将呈现渐变效果，你会得到一张与图 18.10 相似的图片。

（12）返回至颜色工具，将前景颜色设置为纯白色（RGB = 255，255，255）。

（13）然后，选择气刷工具（渐变工具右侧上方的第四个工具），从气刷方框的刷子下拉列表中选择尺寸 13（点击中间有黑圈的按钮），并且将比率和压力设置为 11，不透明性设置为 60。

（14）现在在距离图片底部中间和三分之二的地方绘制一些云雾状形状，这样你将获得如图 18.11 所示的图像。将其另保存为 skyfront. png。

（15）制作三个以上这样版式的图片，在你保存 sky - front. png 的相同地方，将其他几个分别命名为 "skyleft. png"、"skyright. png" 和 "sky-back. png"。继续制作，如果你愿意，你可以为各张图片设计不同的特点。

（16）制作第 5 张固体蓝图片，RGB 值为 0，0，192。该颜色与我们制成

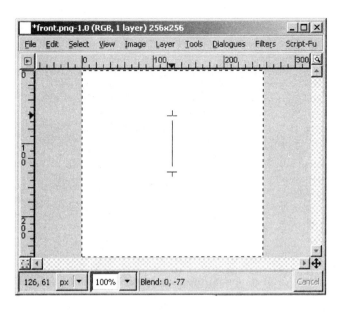

图18.9 准备进行颜色渐变

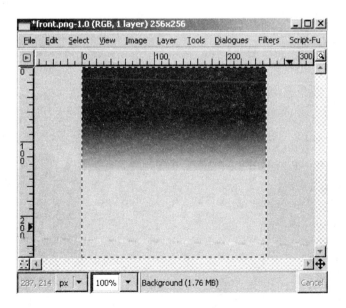

图18.10 有渐变效果的图片

3D游戏设计大全

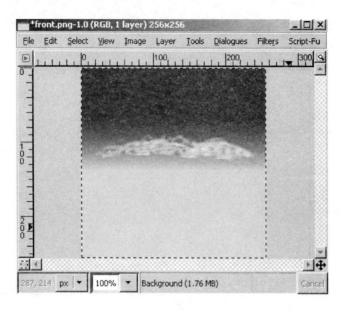

图 18.11　一些云朵

的渐变色中的最深的蓝色相匹配。命名该文件为"skytop. png"。

（17）制作第六张和最后一张图片，并用黑色填充。命名该文件为"sky-bottom. png"。

现在可以开始检验你的图片。

（18）在你命名为 \ Emaga6 \ control \ data \ maps \ sky_ day. dml. 的 Emaga6 图文件夹中找出该文件。在同一个目录中制作该文件的一个副本，并且将该副本命名为"sky_ book. dml"。

（19）用 UltraEdit 打开 sky_ book. dml 文件。更改前6行，内容如下：

skyfront

skyright

skyback

skyleft

skytop

skybottom

（20）保存该文件。

（21）打开 \ Emaga6 \ control \ data \ maps \ book_ ch6. mis，找出如下一行：

materialList = "./sky_ day. dml";

更换为：

materialList = "./sky_ book. dml";

保存该文件。

几乎已经完成！

（22）你需要进行检查以确定当你进行测试时，使用右侧任务文件。打开
UltraEdit 中的脚本文件 Emaga6 \ control \ client \ client. cs，并且找
出以下内容开头的行：

createServer （"SinglePlayer",

整行应解释为：

createServer （"SinglePlayer", "control/data/maps/book_ ch6. mis"）;

如果其提及 book_ ch5 而不是 book_ ch6，将 5 更改为 6，然后保存
脚本文件。

（23）实施 Emaga6 抽样方案，并进入该游戏。四下看一看，注意角落周
围，观看云朵是否失真。

你已了解如何处理纹理，现在需要你自己将这些纹理无缝地结合在一起。
请注意，你不需要担心顶部边缘，因为顶部图片和侧图的顶部边缘有相同的
RGB 值——0，0，192。

而且，底部也不需要进行颜色混合，因为在我们的地势下方它是不可见
的。因此只剩下透视变形进行确定。

调节透视

尽管我们准备对透视变形进行调整，但我们不能使用图像处理程序中的
内置透视工具，而是使用 Warp 工具。

（1）在图像处理程序中，打开一个侧图，例如图8.11。

（2）选择对话框，图层，然后打开图层对话框。将对话框移动在屏幕上
不会阻挡图片或者图像处理程序主方框的地方。

（3）选择"滤镜"、"变形"和"曲线弯曲"。

（4）确保选择了自动预览、平滑化、反图像失真以及（最重要的）复制

工作复选框。而且，也需要选择边框"曲线"中的单选按钮"上"以及"曲线类型"中的"平滑"。

（5）在"曲线弯曲"对话框右侧的"修改曲线"中，将光标置于网格的水平黑线中间，并且将其向上拖动一个平方。图片将失真，如图18.12所示。

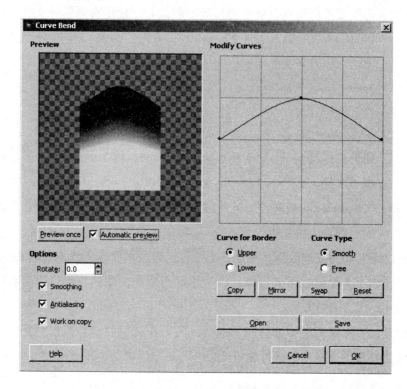

图18.12　使用校正的透视变形

（6）查看图层对话框，你将看到已添加了一个称为 curve_ bend_ dummy-layer_ b 的新图层。制作该图层，是因为我们在"曲线弯曲"对话框中选择了复制工作复选框。

（7）点击 curve_ bend_ dummylayer_ b 图层图片左侧两个对话框中最左侧一个，出现一个眼孔，表示该图层为可见。查看该图层，将会看到校正的透视效果。

（8）现在我们需合并图层。最简单的方法是选择"图片"并"合并图层"。

（9）保存你的工作。

（10）对所有其他三种类型图片文件进行变形，这样你已校正了所有侧向
查看图片：左侧、右侧、前侧和后侧。

（11）使用 Emaga6 并核查你的工作。

现在你可能发现已进行了变形，在天空体中又出现了缝隙。如果这样，
返回并确定边缘。

你已完成！你拥有了自己制作的天空体！

二、天空任务对象

你可能已注意到，当你在编辑 Emaga6 MIS 文件时，在所谓的"天空"中
对一个对象进行了定义。对于热爱天空的玩家而言，该对象中有许多好用的
工具。

这就是：

```
new Sky（Sky）{
    position = "-1088 -928 0";
    rotation = "1 0 0 0";
    scale = "1 1 1";
    materialList = "./sky_book.dml";
    cloudHeightPer [0] = "0.349971";
    cloudHeightPer [1] = "0.25";
    cloudHeightPer [2] = "0.199973";
    cloudSpeed1 = "0.0002";
    cloudSpeed2 = "0.0004";
    cloudSpeed3 = "0.0006";
    visibleDistance = "1100";
    fogDistance = "1000";
    fogColor = "0.820000 0.828000 0.844000 1.000000";
    fogStorm1 = "0";
    fogStorm2 = "0";
    fogStorm3 = "0";
    fogVolume1 = "500 0 100";
    fogVolume2 = "0 0 0";
```

```
    fogVolume3 = "0 0 0";
    windVelocity = "0.1 0.1 0";
    windEffectPrecipitation = "1";
    SkySolidColor = "0.547000 0.641000 0.789000 0.000000";
    useSkyTextures = "1";
    renderBottomTexture = "0";
    noRenderBans = "0";
        locked = "true";
};
```

我们已遇到 MaterialList 属性问题并且意识到其针对这些文件，即该文件中包含的图片名称显示在我们天空体的内表面上。

并不是所有天空体属性都有意义，但这些属性作为驱动 Tribes 2 游戏的代码，出现在 Torque 开端，在使用这些属性时，位置、比例和旋转属性并没有实现，它出现在这里是因为所有对象都有自己的属性，不管这些属性是否有意义。

cloudHeight 属性比较有用，而且我们将在下一节中对其进行详细说明，同时也将对雾属性进行详细说明。

最有意义的属性之一为 visibleDistance，该属性规定了世界单元内的距离，超过该距离，都不能使用地势和所有游戏对象。尽管使用不太方便，但在有许多对象的游戏世界中，它是增加帧速率的一个有效方式。连同 fogDistance 属性，都模拟了景观设计师熟悉的概念——对象在远处很模糊并且难以看见。简单的原因是因为你和你在远处观看的对象之间存在大气，距离越远，越多的空气阻挡你的视线。这种效果通常被称为大气透视。追溯到 15 和 16 世纪，伟大的画家列奥纳多·达·芬奇也对该效果进行了研究，将其称为空中透视。

增加该效果的同时，我们还有有效的机制减少视频卡需提供对象的数量，这也提高了你的帧速率。

fogDistance 属性规定了你的距离，即我们之前所讨论朦胧性的开始距离。距离朦胧性从这一点开始，随距离的增加变得更加朦胧，直至达到 visibleDistance，该距离之后，无任何东西。通过使用这两种属性，你可以制作一个游戏世界，在这个世界内，有逐渐阻挡距离对象的自然朦胧性，直至对象完全消失。

注意

> 你需确保 visibleDistance 的数量一直多于 fogDistance，否则，你有可能在特定环境中碰撞到客户的游戏引擎。事实上，为了安全起见，需一直确保 visibleDistance 至少大于 fogDistance50 个单位。少于该数量的单位，并不是真正的有效。

如果你不想使用天空体，这里有你可以自己设置的 SkySolidColor 属性。那么你可以使用更改地平线附近颜色的波段，在周围创建统一颜色的天空，以模拟我们看到的颜色淡化效果——看起来像我们为天空体制作的渐变色。在这种情况中，为了启用天空体，将 useSkyTextures 设置为 0 或者假值。设置 noRenderBans 为 0 或者假值，启用模拟的地平线着色，将其设置为真实值，停用着色。

你也可以阻止对天空体中的底部图片进行渲染或者设置 renderBottomTexture 为 0 或者假值，不考虑对其进行渲染。这可能补充你一个或者两个帧速率。

windVelocity 和 windEffectPrecipitation 降水属性对其自身没有影响，其与风暴效应一起使用，我们将在以后进行讨论。

三、云层

游戏天空并不随天空体而产生和消失，漂亮的背景天空很美，而且在一些设置中很重要，但却是静止的，如果你在晴朗的一天外出，环顾四周会发现带有云朵的天空看起来像你使用天空体制成的样子。

但你经常会发现在天空飘过的浮云，随风飘荡。事实上，你可能注意到云层——通常为两层，有时候甚至为三层。

低层云朵快速突然移动过你上面的视野，而上层云朵以较为缓和的速度移动，有时候甚至向不同的方向移动。这可能是中间层以不同的速度在移动，因此产生不同的视觉效果。

在 Torque 中，我们可以用 MIS 文件中的天空任务对象确定三层移动的云朵（服务器使用 MIS 文件确定游戏世界）。

云朵详述

对于每一层云朵，我们确定其高度为伪高度百分比。这可能较复杂而且很难理解。理解这个问题的第一步是了解你的玩家不论是摄影机飞行模式或者在飞行器中，都不可能接触到最低层的云层。从这个意义上讲，云层似乎有些像天空体。然而，你可以定位相对的三层云层。原因是每一云层的移动可以按照正确的比例进行计算。如果在该层高度上有常风，那么最底层云层看起来移动的速度比其他云层快，而最高层看起来比其他云层移动的速度慢。移动速度的快慢取决于云层和玩家，即观察者之间的距离。

这就是 cloudHeightPer 属性——它们定义了云朵的视觉外观，但没有确定在游戏中的实际位置。

现在另一个考虑因素为风速，在实际生活中，所有高度上的风速都是不同的。通常，高空风（距离地面最少为 1000 英尺高度的风）随着高度的上升，风速不断增加，可以达到 30000 或者 40000 英尺，或者更高。这似乎有些超自然了。

你可以使用指定的每个 cloudHeightPer［n］的 cloudSpeedn，对不同高度的云朵插入移动速度，同时游戏引擎以伪高度和该高度上的速度确定相对运动。遗憾的是，Torque 不能很好地处理风向——而这是呈现云朵均匀移动的最后一个环节。风速由适用于所有云层的 windVelocity 属性规定。在现实生活中，风向随高度反向和转向，但我们在此实现不了该功能。

使用 windVelocity 属性时，需要一些考虑。该数值表示为 *XYZ* 坐标。第三个值 *Z* 是不相关的，但 *X* 和 *Y* 用来计算两个面积中水平面上的矢量，然而矢量针对游戏世界的开端（或者中心）。如果向上看，并设想 *X* 和 *Y* 轴在此处剪贴，如图 18.13，我们可以确定风向。

如图 18.13 所示，数值"1～10"说明东南风，而"100"则表示东风。

云朵纹理

现在，你需要向引擎输入此处漂浮过的所有云朵的样子，你只需在你用

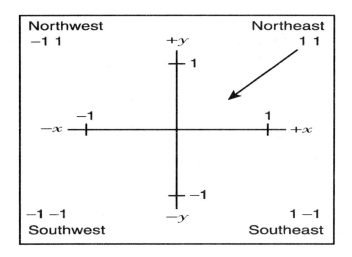

图 18. 13 风速转换

来指定天空体图片文件的同一个文件中指定该图片文件。

　　该文件的前六行表示天空体图片，如果玩家的控制脚本中启动了环境映射，则下一行表示根据你的人物而提供反射图的图片。如果你顺便访问了 \ Emaga6 \ control \ server \ players \ player. cs，并且定位 MaleAvatar 数据块，你将会发现如下一行：

emap = true;

　　当设置为真实值，在打开环境映射时，将在你的人物模型皮肤上增加反射图。这会产生较为微妙或者较强的效果，具体效果取决于反射图、你的人物皮肤以及情景照明之间的相互作用，我们通常在反射图上使用天空图片。

　　最后三行表示云朵图片文件。一行相当于一个云层，反射图后的第一行表示第一层，第二行为第二层，最后一行为第三层，像这样：

skyfront

skyright

skyback

skyleft

skytop

skybottom

day_ 0007

no_ cloud

cloud1

cloud1

这是 sky_ book. dml 的内容。注意第一云层的名字为"no_ cloud"。在这个例子中，我在第一层不需要任何的云朵，因此我创建了一个没有云朵的图片文件。

因此，你会问我们如何制作不包含云朵的云朵纹理？很高兴你这样问！现在我们开始制作一个云朵纹理。

（1）打开图像处理程序，选择新建文件制作一个新的图片。在空白图片的高度和宽度对话框中填入 256。确保高级选项设置为 RGB 颜色，X 和 Y 分辨率为 72 dpi。方框中的填充色应为透明。在该窗口将出现新的画布。

（2）将该空图片文件另存为 \ Emaga6 \ control \ data \ maps \ no_ cloud. png。

（3）然后，选择气刷工具，刷为白色，并且在新的图片周围（除边缘外）喷洒少量白色，如图 18.14。或者在边缘喷洒一些白色，但需确保你对边缘已进行了调整，这样该图片可以进行平铺。

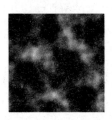

图 18.14　简单的云朵纹理

（4）将该文件保存为 \ Emaga6 \ control \ data \ maps \ mycloud. png。

（5）编辑 \ Emaga6 \ control \ data \ maps \ sky_ book. dml，这样最后三行应为：

no_ cloud

mycloud

no_ cloud

现在继续玩游戏，并查看云朵。当然你可以为其他层添加更多的云朵图片，或者你可以在其他三层中使用相同的图片。

四、水

水无处不在，不仅仅是用来喝。除了给身体提供营养之外，水是种麻烦的东西。尽管如此，它仍然是我们愿意忍受的事物。

在游戏中，水通常用于以下几种形式：水塘、河、湖以及充当需要攻克的屏障，或者在场景中增加天气和心情变化时，用作气候效果，例如雾、烟雾、雨以及能见度低的雪。

五、雾

当然，雾是另一种"很好"的天气特征。我们通常遇到一种类型的雾，即用来模糊远处的物体和地势。云层中会出现另外一种类型雾，就像云朵——除了带有雾的云外，在游戏世界中，你和你的玩家会遇到真实的云层，这取决于云层的位置。

层状雾是容积雾的有限形式。它只出现在你可以指定雾上界限和下界限的场景中。它将会出现在整个图片中不同的层面。

你可以使用这个层状雾补充移动的云朵纹理制作云朵（除了雾不会与云朵纹理出现在相同高度的情况外）。你也可以在低层河谷中制作雾。

将雾制作于水下较好，有助于减少这里的能见度。能见度减少是因为水下通常会有淤泥和其他物质，这些都阻止你看向远处。

层状体积雾位于我们较早看到的天空任务对象中。如以下形式登录：

fogVolume1　=　"500 0 100";

从左到右，三个参数分别为距离、底部和顶部。其意义如图表 18.1 所示。

现在你已知道如何编辑任务文件并且更改不同任务对象的属性，现在继续关注雾数值，并且查看它是怎样具体工作的。

Chapter 18　Making the Game World Environment

表 18.1　体积雾

参　数	说　明
distance	雾层中的可视距离。这项工作像是 fogDistance，除了 0 值在这里表示没有雾外。如果你想获得一直非常近的可视距离，则使用 1，而不是 0。
bottom	雾层底部
top	雾层顶部

六、暴风雨

Torque 有内置的可使用闪电、雨以及打雷产生暴风雨的能力。制作暴风雨非常有趣，你可以使用脚本代码手动制作暴风雨，而且这里有些能够将暴风雨状况自动化的功能。

注意

雷雨特征需要使用音效文件，我们将在下一章详细介绍音效。为此，我们需要添加合适的代码产生音效。这里只需要少量的注解——因为这足以产生雷声。关于声音方面更详细的内容，请参看第 19 章和第 20 章。

设置音效

在开始制作其他气候特征之前，我们需要在设置音效方面作一些准备。需要获得一些声音文件、图片和支持代码文件并且将其放在我们游戏的右侧，如下：

（1）在文件夹 \ 3D2E \ RESOURCES \ CH18 中，找出文件 settingsscreen. cs，并且将其复制在目录 \ Emaga6 \ control \ client \ misc \ 中。然后从 RESOURCES \ CH18 中将 settingsscreen. gui 复制到 \ Emaga6 \ control \ client \ interfaces \ 中。

（2）如果你没有命名为 \ Emaga6 \ control \ data \ sound 的文件夹，那么现在就创建一个。将以下文件从 \ 3D2E \ RESOURCES \ CH18 文件

夹复制到 \ Emaga6 \ control \ data \ sound 文件夹中。这些文件夹
如下：

thunder1. wav

thunder2. wav

thunder3. wav

thunder4. wav

buttonOver. wav

rain. wav

（3）其次，请注意，在 RESOURCES \ CH18 处复制以下文件：

lightning. dml

lightning1frame1. png

lightning1frame2. png

lightning1frame3. png

water_ splash. jpg

rain. jpg

mist. jpg

water_ splash. alpha. jpg

rain. alpha. jpg

mist. alpha. jpg

但现在这些文件位于 \ Emaga6 \ control \ data \ maps \ 文件夹中。

（4）编辑文件 \ Emaga6 \ control \ client \ Initialize. cs，并且找出以下
一行：

Exec（"./interfaces/serverscreen. gui"）;

在这行的后面，添加以下行：

Exec（"./interfaces/settingsscreen. gui"）;

（5）然后找出该行：

Exec（"./misc/serverscreen. cs"）;

之后，添加以下行：

Exec（"./misc/settingsscreen. cs"）;

（6）编辑文件 \ Emaga6 \ control \ client \ default_ profile. cs，并且在靠近
顶部的地方添加以下行：

GuiButtonProfile. soundButtonOver = "AudioButtonOver";

（7）复制文件 RESOURCES \ CH18 \ OpenAL32. dll 至目录 \ Emaga6 \ 中。

（8）找出文件 \ Emaga6 \ control \ client \ initialize. cs，并且在顶端添加这

几行：

```
$ pref :: Audio :: driver = "OpenAL";
$ pref :: Audio :: forceMaxDistanceUpdate = 0;
$ pref :: Audio :: environmentEnabled = 0;
$ pref :: Audio :: masterVolume = 1.0;
$ pref :: Audio :: channelVolume1 = 1.0;
$ pref :: Audio :: channelVolume2 = 1.0;
$ pref :: Audio :: channelVolume3 = 1.0;
$ pref :: Audio :: channelVolume4 = 1.0;
$ pref :: Audio :: channelVolume5 = 1.0;
$ pref :: Audio :: channelVolume6 = 1.0;
$ pref :: Audio :: channelVolume7 = 1.0;
$ pref :: Audio :: channelVolume8 = 1.0;
$ GuiAudioType = 1;
$ SimAudioType = 2;
$ MessageAudioType = 3;
new AudioDescription (AudioGui)
{
    volume = 1.0;
    isLooping = false;
    is3D = false;
    type = $ GuiAudioType;
};

new AudioDescription (AudioMessage)
{
    volume = 1.0;
    isLooping = false;
    is3D = false;
    type = $ MessageAudioType;
};

new AudioProfile (AudioButtonOver)
{
```

```
    filename = "~/data/sound/buttonOver. wav";
    description = "AudioGui";
        preload = true;
};
```

现在我们已完成，可以转移至风暴特定素材资料中。

（9）将以下内容输入至新建文件中，并且另存为 \ Emaga6 \ control \ server \ misc \ weather. cs。

```
datablock AudioProfile (HeavyRainSound)
{
    filename = "~/data/sound/rain. wav";
    description = AudioLooping2d;
};
datablock AudioProfile (ThunderCrash1Sound)
{
    filename = "~/data/sound/thunder1. wav";
    description = Audio2d;
};
datablock AudioProfile (ThunderCrash2Sound)
{
    filename = "~/data/sound/thunder2. wav";
    description = Audio2d;
};
datablock AudioProfile (ThunderCrash3Sound)
{
    filename = "~/data/sound/thunder3. wav";
    description = Audio2d;
};
datablock AudioProfile (ThunderCrash4Sound)
{
    filename = "~/data/sound/thunder4. wav";
    description = Audio2d;
};
datablock LightningData (LightningStorm)
{
    strikeTextures [0] = "control/data/maps/lightning1frame1. jpg";
    strikeTextures [1] = "control/data/maps/lightning1frame2. jpg";
    strikeTextures [2] = "control/data/maps/lightning1frame3. jpg";
    thunderSounds [0] = ThunderCrash1Sound;
    thunderSounds [1] = ThunderCrash2Sound;
```

```
                    thunderSounds [2] = ThunderCrash3Sound;
                    thunderSounds [3] = ThunderCrash4Sound;
            };
            datablock PrecipitationData (HeavyRain)
            {
                    dropTexture = " ~/data/maps/mist";
                    splashTexture = " ~/data/maps/water_ splash";
                    soundProfile = "HeavyRainSound";
                    dropSize = 10;
                    splashSize = 0.25;
                    splashMS = 250;
                    useTrueBillboards = true;
            };
            datablock PrecipitationData (MediumRain)
            {
                    dropTexture = " ~/data/maps/rain";
                    splashTexture = " ~/data/maps/mist";
                    soundProfile = "HeavyRainSound";
                    dropSize = 0.75;
                    splashSize = 0.25;
                    splashMS = 250;
                    useTrueBillboards = true;
            };
```

(10) 打开文件 \ Emaga6 \ control \ server \ server. cs。在称为 OnServerCre-
     ated 内容中，找出以下行：

```
Exec ( "./misc/item. cs");
```

在此行后添加以下行：

```
Exec ( "./misc/weather. cs");
```

(11) 最后，在任务文件中添加一些对象，在游戏运行时，可以下载一些
     新的风暴特点。重新找出任务文件 \ Emaga6 \ control \ data \
     maps \ book_ ch6. mis，并找出代码的最后两行，其应为如下形式：

```
};
//---OBJECT WRITE END---
```

并且在最后两行之前添加以下两个对象：

```
new Precipitation (RainStorm) {
        datablock = "HeavyRain";
        minSpeed = 10;
```

742

```
            maxSpeed = 15;
            numDrops = 800;
            boxWidth = 80;
            boxHeight = 50;
            minMass = 0.05;
            maxMass = 5;
            rotateWithCamVel = true;
            doCollision = true;
            useTurbulence = true;
            maxTurbulence = 0.1;
            turbulenceSpeed = 0.2;
      };
   new Lightning (ElectricalStorm) {
       position = "200 100 300";
       scale = "250 400 500";
       datablock = "LightningStorm";
       strikesPerMinute = "30";
       strikeWidth = "2.5";
       chanceToHitTarget = "100";
       strikeRadius = "250";
       boltStartRadius = "20";
       color = "1.000000 1.000000 1.000000 1.000000";
       fadeColor = "0.100000 0.100000 1.000000 1.000000";
       useFog = "1";
       locked = "true";
      };
```

这样就完成了，启动你的游戏，并且享受暴风雨！

暴风雨材料

降雨视觉外观是由含有子画面或者位图的特殊图片文件确定的，表示雨滴，或者雪球，或者你拥有的其他事物。降雨数据块参考这些图片文件确定降雨的其他属性。

图18.15是雨图片文件。在4×4的网格排列中有16张雨滴图片。

现在，实际纹理文件有所不同——当从文件中查看时，图18.15黑色部分显示的区域事实上是透明的。

为了创建你自己的文件，启动图像处理程序，并且将新文件设置为128正方形像素。确保高级选项设置为RGB颜色，而且X和Y分辨率都为72

图 18.15　雨滴图片

dpi。方框中的填充色应为透明的。

下一步，我们需要设置一个网格作为指导。首先，确保在查看菜单中启动了显示网格。其次，选择图片，配置网格，你将看到一个配置网格对话框，点击标签前景色右侧的颜色条，将前景色设置为暗黄色。在随后打开的拾色器中，你可以用颜色滑块进行摆弄直至得到完美的黄色阴影。

然后使用间距部分中的宽度和高度栏将网格间距的宽度和高度设置为 32 像素。最后，在外观区域设置线型为虚线。点击确认。

在新的空白图片中，你将会看到一个 4×4 的由黄色虚线制成的网格。在图片每一个网格框中绘制 16 种不同雨滴形式。应注意网格事实上不是图片的一部分。

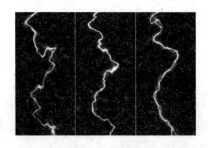

图 18.16　雷击图片

保存文件，并且将其存放在与 rain. png 文件相同的地方，并且给该文件设置唯一标识符，例如 myrain. png 或者其他。然后编辑 Emaga6 \ control \ server \ misc \ weather. cs 文件中的 PrecipitationData 数据块，这是新的雨水形式，而不是原版。

制作闪电图片过程稍微有所不同：闪电图片不会像雨水图片一样包含一个网格。每一个闪电文件只包含一个闪电子画面。你现在已经复制了三份闪电球子画面文件至 Emaga6 项目中。

lightning1 frame1. png
lightning1 frame2. png
lightning1 frame3. png

图 18. 16 是从左到右按顺序排列的图片。

制作闪电框架文件时，你需要将其制作为宽 128 像素 × 高 256 像素。在黑色背景区域绘制闪电球——除了黑色区域外的所有区域应为透明的，也就是，这些区域事实上是黑色的，并不只是为了制作图片的目的而设置这些区域，如图 18. 15 所示。

闪电

现在，看一下是什么使闪电有瞬间的效果。这里有两个非常重要的说明：一个是服务器代码中的 LightningData 数据块，另一个是属于任务文件的 Lightning 对象界定。当任务下载时，Lightning 对象界定传输至客户端的同时，数据块也传输至客户端。数据块说明了制作闪电效果和声效的方法，具体如下：

```
datablock LightningData（LightningStorm）
{
    strikeTextures［0］ = "control/data/maps/lightning1 frame1. jpg";
    strikeTextures［1］ = "control/data/maps/lightning1 frame2. jpg";
    strikeTextures［2］ = "control/data/maps/lightning1 frame3. jpg";
    thunderSounds［0］ = ThunderCrash1 Sound;
    thunderSounds［1］ = ThunderCrash2 Sound;
    thunderSounds［2］ = ThunderCrash3 Sound;
    thunderSounds［3］ = ThunderCrash4 Sound;
};
```

每次 Torque 触发一个闪电球时，会呈现三个闪电子画面中的一个。你可以制作更多的画面，如果你愿意，你可以将这些画面添加进行混音。以相同的方式，每次 Torque 触发雷声时，将随机选择一个所列的 thunderSoundn 属性。闪电球和雷声触发的方式和时间由如下闪电对象属性确定：

```
new Lightning（ElectricalStorm）{
    position = "200 100 300";
```

```
        rotation = "1 0 0 0";
        scale = "250 400 500";
        datablock = "LightningStorm";
        strikesPerMinute = "30";
        strikeWidth = "2.5";
        chanceToHitTarget = "100";
        strikeRadius = "250";
        boltStartRadius = "20";
        color = "1.000000 1.000000 1.000000 1.000000";
        fadeColor = "0.100000 0.100000 1.000000 1.000000";
        useFog = "1";
        locked = "true";
};
```

很明显，选择数据块很重要，而数据块的选择取决于数据块的属性。它有两个自明的属性：strikesPerMinute 和 chanceToHitTarget。strikeWidth 表示图片文件中，闪电球图片重叠部分所使用的比例系数。

生成一个闪电球时，圆形区域中随机选取的一个点应位于闪电球开始的地点，而另一个在不同圆形区域随机选取的点应位于闪电球击中的地点。起始区域的大小由 boltStartRadius 确定，而击中区域的大小则由 strikeRadius 确定。起始和击中中心由 position 属性确定。整个中心随着 scale 属性或大或小，rotation 属性无影响。

Color 属性确定闪电球首次出现时，所使用的色彩，在闪电球不同生命阶段，颜色值不同，直至其达到在 fadeColor 中的设定值。

useFog 属性表示是否使用天空任务对象中的 stormFogn 属性确定雾。

在图 18.17 中，你可以在游戏设置中，看见一个天空闪电球。

雨

尽管细节有所不同，你仍然可以使用制作雷声和闪电的方式制作雨。

首先，Precipitation 数据块比较小。

```
datablock PrecipitationData（HeavyRain）
{
        dropTexture = "~/data/maps/mist";
        splashTexture = "~/data/maps/mist";
        soundProfile = "HeavyRainSound";
```

图 18.17　闪电球

```
        dropSize = 10;
        splashSize = 0.25;
        splashMS = 250;
        useTrueBillboards = true;
    };
```

　　dropTexture 属性规定了用来提供雨滴子画面的图片文件，而 splashTexture 属性规定了提供飞溅子画面的文件。

　　soundProfile 属性针对音频轮廓，该音频轮廓用来确定不同环境中所使用的声音文件。

　　dropSize 和 splashSize 属性规定了雨滴降落时的大小和落地时的飞溅效果。

　　splashMS 属性规定了飞溅效果的时间长短。如果你希望雨滴画面一直朝向你，则将 use – TrueBillboards 属性设置为真值。

　　如果你对数据块进行试验，就会发现雨是由客户端生成的。其他玩家和你不会立即看到相同的雨滴——让服务器跟踪每个雨滴是非常愚蠢的行为！因此，雨水是由玩家使用的盒子生成的，而且雨水随玩家的移动而移动。从盒子顶端启用雨滴，并且在雨滴由于重力作用向下移动时进行跟踪和渲染。这些小细节可能有助于你进行试验。

　　Precipitation 对象说明如下：

```
new Precipitation（RainStorm）{
        datablock = "HeavyRain";
        minSpeed = 10;
        maxSpeed = 15;
        numDrops = 800;
        boxWidth = 80;
        boxHeight = 50;
        minMass = 0.05;
        maxMass = 5;
        rotateWithCamVel = true;
        doCollision = true;
        useTurbulence = true;
        maxTurbulence = 0.1;
        turbulenceSpeed = 0.2;
};
```

数据块属性主要针对像我们之前看到的数据块。

minSpeed 和 maxSpeed 属性说明了随机选择雨滴（各自的）最低和最高速度界限。numDrops 表示在特定时间中，多少雨滴构成了降雨区域。

boxWidth 和 boxHeight 构建了降雨区域的边界。

minMass 和 maxMass 表示雨滴量的最低和最高界限，以便能够进行飞溅相关的物理计算，当设置为真值时，rotateWithCamVel 可以使雨滴与摄像机相同的旋转速度进行旋转，使雨滴看起来像正在降落。

当设置为真值时，doCollision 确保雨滴与其遇到的形状物件进行碰撞，并且生成飞溅效果。当设置为真值时，useTurbulence 可以使雨滴下降式样形成一种混乱的特征，促使风湍流。max - Turbulence 限定了允许的湍流效应量，而 turbulenceSpeed 表示湍流效应对雨滴速度的影响。

一场完美的暴风雨

好吧，它可能不够完美，但是很整齐利索。你可以使用两种有用的对象方式逐渐移入或者移出暴风雨，而在细节上不影响与暴风雨相关的对象。

第一种是属于 Sky 对象的 stormCloud 方法。其如下：

Sky. stormCloud（flag, fade）

如果你想制作暴风云，将标号设置为1，如果你希望这些暴风云移走，将标号设置为 0。使用该方法时，你首先应在游戏启动时，立即开启 Sky.stormClouds（0,0），确保所有云不可见——你所看到的仅为天空体。

然后，当你使用自己的权杖命令产生一场暴风雨时，你可以在你的脚本的某个地方调入 Sky.stormClouds（1,60）。这样引擎会在 60 秒的时间框架内逐渐淡入云朵。当暴风雨出现后，你可以调入 Sky.stormClouds（0,60）逐渐使其消失。当然，你可以使用一个不同的渐退值，使渐退速度或长或短，由你决定。

第二个方法很好地补充了 stormCloud 方法。其称为 stormModify 并且属于 Precipitation 等级。我们制作的降雨对象称为 RainStorm，因此使用 stormModify 的方式应为：

RainStorm.stormModify（flag, fade）

其工作方式与 stormCloud 相同，但很明显适用于降雨。

将这两种方式一同使用，并且输入合适的渐退值，会产生一个很好的暴风雨效果。在控制台上手动输入命令，在你的样本游戏中尝试这两种方法。

七、水块

水块是我们通过任务文件插入游戏世界的特殊对象。以下是水块的一个实例。其属性设置可能与你遇到的特定水块的属性设置不同。

```
new WaterBlock（Water）{
            position = "－1024 －1024 0";
            rotation = "1 0 0 0";
            scale = "2048 2048 125";
            UseDepthMask = "1";
            surfaceTexture = "~/data/water/water_center";
            ShoreTexture = "~/data/water/water_edge";
            envMapOverTexture = "~/data/skies/storm_env";
            specularMaskTex = "~/data/water/water_spec";
            liquidType = "OceanWater";
            density = "1";
            viscosity = "15";
            waveMagnitude = "3";
```

```
      surfaceOpacity = "0. 2";
      envMapIntensity = "1";
      TessSurface = "50";
      TessShore = "60";
      SurfaceParallax = "1";
      FlowAngle = "220";
      FlowRate = "0. 1";
      DistortGridScale = "0. 1";
      DistortMag = "0. 1";
      DistortTime = "2";
      ShoreDepth = "14";
      DepthGradient = "1";
      MinAlpha = "0. 01";
      MaxAlpha = "0. 4";
      tile = "1";
      removeWetEdges = "0";
      specularColor = "1 0. 8 0. 46 1";
      specularPower = "10";
      locked = "true";
      params0 = "0. 32  -0. 67 0. 066 0. 5";
      textureSize = "32 32";
      Extent = "100 100 10";
      params3 = "1. 21  -0. 61 0. 13 0. 33";
      params2 = "0. 39 0. 39 0. 2 0. 133";
      floodFill = "1";
      seedPoints = "0 0 1 0 1101";
      params1 = "0. 63  -2. 41 0. 33 0. 21"; };
```

　　水块重复的方式与地形块相同，而且因为水块是平的，因此真正有用的定位信息为高度。表18.2说明了最重要的属性，同时水块的属性较多。

　　并不是所有属性都需要进行界定。如果你遗漏了一些属性，Torque只是简单地使用默认值。还有一些没有在实例中列举的其他属性。

　　如表18.2中一些地方所说明，水块纹理制作的方式实际上与云朵纹理相同。事实上，在必要时，你可以使用云朵纹理代替水块纹理!

　　关于运行中的水块，请参看图18.18。

图 18.18　游戏设置中的水

表 18.2　水块属性

属　性	说　明
surfaceTexture	具体说明通常用在水面上的纹理。
ShoreTexture	具体说明用在较浅区域的纹理。
EnvMapOverTexture	当查看流体面时，确定使用的环境映射纹理。
envMapUnderTexture	当看向流体面底部时，确定使用的环境映射纹理。
surfaceOpacity	具体说明水面的最高不透明性（0.0 > 1.0）。
envMapIntensity	具体说明所用环境映射的强度（0.0 > 1.0）。将强度值设置为 0，会跳过环境映射，略微增加性能特性。
UseDepthMask	打开和关闭深度图特征。
ShoreDepth	具体说明海岸纹理开始应用时的深度。数值越大，海岸纹理区域越大。
DepthGradient	具体说明海岸纹理插入 MinAlpha 和 MaxAlph 之间的斜率。数值 1 等于线性插值，而数值 0 > 1 等于快速淡出/缓慢淡入，数值 1 > inf 等于缓慢淡出/快速淡入（从底部至浅水处）。

751

续表

属　性	说　明
MinAlpha/MaxAlpha	具体说明海岸至深层液体所使用的阿尔法水平。MinAlpha 可以用来防止完全透明的区域。你将一直可以看到流体面下部，所以从天空对象处使用体积雾限定水下面的能见度。
TessSurface/TessShore	具体说明水面/海岸纹理水块重复的时间和纹理数。
SurfaceParallax	提供两层水面。当水面歪曲或者流动时，这将控制一个水面与另一个水面的比率。如果将其设置为 0.5，则一个水面的移动速度为另一个水面的一半。
FlowAngle/FlowRate	具体说明液体流动的方式。FlowRate 控制液体流动的快慢，而且 FlowAngle 是个极角，控制流动方向。将 FlowRate 设置为 0，可以完全停止液体流动。
DistortGridScale/ DistortMag/ DistortTime	控制液面的失真效果。这样，你可以制作更多不同的液面。使用 DistortTime 控制流速。使用 DistortMag 控制整个失真幅度。DistortGridScale 通常不需要进行调整，但可以用来调整在大水块上看起来不合适的小水块的设置。

八、地形成型

在第 12 章中，你已经了解如何使用高度图制作地形。Torque 也有内置的地形编辑器，你可以使用该编辑器手动修改地形高度图和平方属性。

使用地形刷对地形进行编辑。该刷子以圆形或者方形配置的不同选择尺寸通过鼠标光标选择地形点，如图 18.19 所示。请注意地形上绘制的所有微小空方块，这些表示刷子刷过的区域。

这个刷子可以是硬毛刷（能在刷过的表面上留下一致效果），也可以是软毛刷（朝向刷子边缘的地方，刷子的涂刷效果降低）。你可以在地形编辑设置、菜单编辑下的地形编辑器设置对话框中调整软毛刷的下降比率。在我们 Emaga6 实例游戏中并没有启用地形编辑器，该编辑器将在以后的章节中详细说明。体验地形编辑器的使用效果，我们可以使用 Torque 演示。

图 18.19 地形刷

（1）运行 Torque 演示，进入游戏后，按 F8 切换至飞行模式。

（2）飞高一点以能够获得观察周围地形的良好视野条件。

（3）按压 F11 切换至编辑器 GUI。

（4）选择窗口，地形编辑器。

（5）在地形上移动你的光标，并且注意地形上标记的地形刷。

（6）点击地形上的一些区域之后，上下拖动鼠标。你将注意到地形的变化并且使其一致。

（7）使用不同的动作进行试验，查看地形编辑器的工作方式。

（8）应时常记住保存你的工作。在任务编辑器中，选择文件进行保存。

表 18.3 说明操作菜单中可使用的地形编辑器功能。

表 18.4 说明了地形形式编辑器的功能（见图 18.20），在第 12 章中，我们使用该编辑器处理高度图。这些功能可以在地形形式编辑器的操作中下拉菜单中获取。

提示

在地形编辑器中不时地按压 Alt + L 重新设置闪电。当闪电重新设置时，光标有一会儿会卡住。这可能为了你制作新的地形变化，以便生成合适的阴影效果。

表 18.3　地形编辑器功能

功　能	说　明
Select	选择将使用刷子描绘的格点。
Adjust Selection	以整体的方式提升或者降低现在选择的格点。
Add Dirt	在刷子的中心添加"尘埃"。
Excavate	从刷子的中心清除"尘埃"。
Adjust Height	拖动刷子选择，提升或者降低刷子。
Flatten	将刷子表面界定的区域设置成平面。
Smooth	在刷子界定的区域内，弄平地形高度可变的崎岖不平区域。
Set Height	将刷子界定的地形设置为地形编辑器设置中规定的恒定高度。
Set Empty	将刷子覆盖的方块转化成地形上的孔洞。
Clear Empty	将刷子覆盖的方块制成实心的。
Paint Material	用刷子涂刷当前地形纹理材料。

表 18.4　地形形式编辑器功能

功　能	说　明
fBm Fractal	制作崎岖不平的山地。
Rigid Multifractal	制作山脊和峡谷。
Canyon Fractal	制作垂直峡谷山脊。
Sinus	制作有不同频率的重叠正弦波模式，用于制作波状丘陵地。
Bitmap	引入现有的 256×256 位图，作为高度场贴图。
Turbulence	扰乱堆栈上的其他操作。
Smoothing	平整堆栈上的其他操作。
Smooth Water	平整水。
Smooth Ridges/Valleys	平整边界边缘上现有操作。
Filter	根据曲线筛选已有操作。
Thermal Erosion	使用热蚀算法冲蚀已有操作。
Hydraulic Erosion	使用液压冲蚀算法冲蚀已有操作。
Blend	根据比例因子和数学运算符混合两种已有操作。
Terrain File	下载已有地形文件至堆栈

九、本章小结

现在，你已了解如何制作并修改你的游戏环境。游戏环境的三个主要因素为天空、云朵和水。我们分析了三种不同制做方法，每一个元素可以使用 Torque 中的工具和技术制作。

大多数情况下，当你制作游戏时，你可能使用这些技术的所有不同形式。例如，你可能很有见地的将空中云层与天空体绘制的地平线远处的云混合在一起。

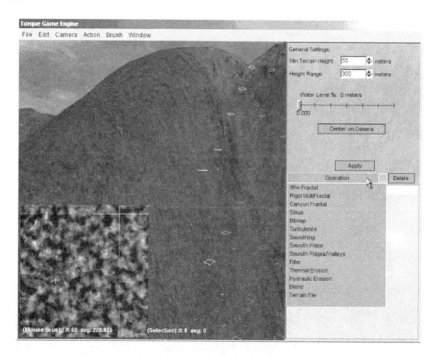

图 18.20 地形形式编辑器

我们已经了解了暴风雨中组合的天气效果，以及如何使用 TorqueScript 启动自动程序，以便能够随时间开始和停止暴风雨。

在本章中，我们介绍了雷击时的雷声这种声音形式。在下一章中，我们将更加深入地说明如何将声音添加在游戏中。

第 19 章

创建并编排音效

如我在第 1 章所提及的内容，音频艺术家为游戏创作音乐和声音。好的设计者与有创造性的音频艺术家合作，可以创作出能够增强游戏体验的音乐创作。

而且音频艺术家也需与游戏设计师密切合作，确定需要添加声效的地方以及需要的生效特征。他们通常会花费大量时间对声效源进行试验，寻找不同的方式制作需要的准确声音。访问正在工作的音频艺术家时，你可能看到他正在拍打直尺或者在麦克风前扔盒子。获取基本的声音之后，音频艺术家将使用声音编辑工具给声音添加信息、更改音调、加快声速或者放慢声速，清理不需要的噪音等等。为了增大特定特征，通常需要平衡真实声音与所需声音的效果，以符合游戏环境。

当制作游戏时，你可以在两种基本方式之间进行选择：即获取好的声音效果源和音乐源（例如：录音带库）或者制作自己的声音。当然，你也可以选择将两种方式结合起来。可以通过各种各样的途径获取录音带库，商业录音带库较完整而且制作很专业。可以通过互联网免费获取一些录音带库，但这些声音源质量在宽度、深度以及记录保真度方面有很多的差别。

在本书中，我们将采取自己动手做的方式。这种方式的主要优势在于价格，第二个优势为你可以完全掌控你的声音文件。

一、Audacity

可以使用若干工具来记录并编辑声音效果和音乐。一个非常好的开放源代码计划——不需要花钱，而且可以从 GNU 通用公共许可证中获取——这就是 Audacity。

本章节将讨论如何使用 Audacity（见图 19.1）制作游戏中使用的声音。

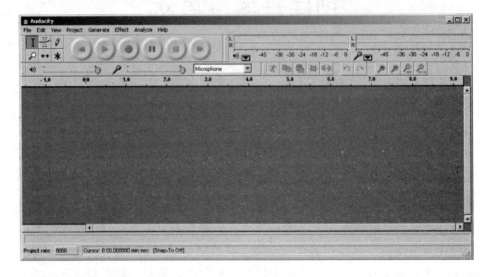

图 19.1　Audacity 主窗口

安装 Audacity

按照以下方式安装 Audacity：

（1）在 \ TOOLS \ AUDACITY 文件夹中浏览你的 CD。

（2）找到 audacity－win－1.2.4b. exe 文件，并且双击运行该文件。

（3）点击屏幕的"Next"按钮。

（4）查看不同的屏幕，对每一个屏幕进行默认选择，除非你有不进行默认选择的具体原因。

注意

你也可以在 TOOLS \ AUDACITY 文件夹中找到 Beta 测试版的 Audacity。这是最新版本，但未完全进行测试，可能不完整或者有一些风险。然而，如果你爱冒险，这个版本确实有一些新的特征需进行试验。根据你的风险能力使用该版本。

使用 Audacity

你需要确保麦克风设置正确——已连接至声卡的 MIC 或者麦克风输入端口中。当然，你无需从麦克风直接获取声音，你可以从 CD 或者其他音讯源进行记录。无论如何，你需要将声源连接至正确的输入端并且确保音频混频器已安装记录声源中的声音。如果你不知道该怎么做，请参考声卡文件。

Audacity 基本操作非常简单，即记录、简单编辑、录音重放并保存数据。

提示

如果启用 Audacity，你没有看到图 19.1 所示的所有工具栏，你可以马上解决该问题。选择编辑→首选项，然后点击接口选项卡。例如，如果你遗漏了混音器工具栏（如图 19.9 所示输出显示），确认 Enable Mixer Toolbar 复选框已复选后，就可以离开了。

记录

让我们记录一些声音：

（1）选择 Start→Programs→Audacity，启动 Audacity。你会看到如图 19.1 所示的主窗口。

（2）点击如图 19.2 所示的 Record 按钮。

图 19.2　Record 按钮

该程序正从麦克风中进行记录。你可以看到记录的过程以及记录进行过程中窗口中声音的波形，如图 19.3 所示。

(3) 对准麦克风说话，如果你不想听到自己的声音，可以制造一些噪音，例如在桌子上摔书本等。你会看到你制造的声音出现的波形。图 19.4 是你在麦克风旁的桌子上轻拍钢笔产生的波形。

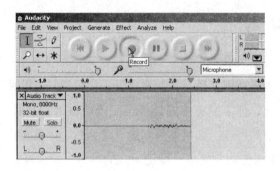

图 19.3　正在录音

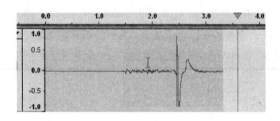

图 19.4　Audacity 中的波形

(4) 当你完成了声音的记录，点击如图 19.5 所示的 Stop 按钮。

(5) 现在点击如图 19.6 所示的 Play 按钮，你可以重放记录的声音。

现在我们将继续使用 Audacity，但首先我要指出，如果你看到了波形，但没有听到声音，查明你是否将扬声器的声音开的足够大。而且也要确定 Windows Volume Control 小程序（位于 Control Panel 中，通常位于任务栏右侧的 Windows System Tray 中）声音已开大，而且不是静音。最后检查 Audacity 中 Mixer Control 的麦克风音量，确保声音不是太低。很难说声音是否太低，因为 Windows 在其混音应用程序中记录了音量水平调控。尽力确保所有这些大约在 0 和最大值之间，现在你已准备妥当。

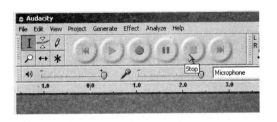

图 19.5　停止记录

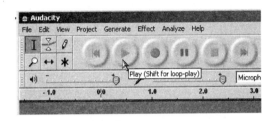

图 19.6　录音重放

简单编辑

你可能和我一样，在制作声效以及其后的另一个程序块之前，有很长的停播时间。这比较好，因为方便你进行调整，这样你可以拾起在先前遗漏的部分。

（6）将鼠标定位在你想删除的波形侧边，将其拖到另一侧。选择一个可以工作的区域（见图 19.7）。

（7）选择 Edit→Delete。选定部分将从波形处删除。

（8）如果你想删除声效另一侧不需要的波形部分，重复前两个步骤。最后结果如图 19.8 所示。

我们的程序并没有结束，仍然需要进行一些输出操作。在我们介绍输出之前，我想说明以上波形是一系列规模化的数值，是已用时间标度。图 19.8 中的实例表示最终波形只持续了四分之三秒。

导出

现在，一旦拾起遗漏的地方，你在使用之前需要以文件的形式保存这些

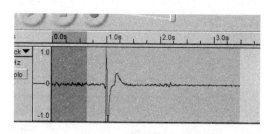

图 19.7 选择一个波形部分

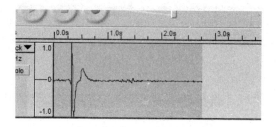

图 19.8 声效最终波形

声效。

(9) 选择 File→Export AsWAV。命名你的文件，并将其保存在现在方便使用的地方，例如桌面。

(10) 浏览桌面（或者你保存文件的地方），并且双击新创建的文件，启用你电脑 Windows 中用来播放音乐的程序，播放音乐。

这里有其他的导出选项，但我们坚持使用 WAV 格式的，因为其简单而且可以用在不同 Windows 平台中，对于其他平台，在 Linux 上可以选择 Ogg Vorbis 格式，在 Macintosh 上选择 AIFF 格式。

Audacity 参考资料

本部分包含有用的参考详细资料，帮助你使用 Audacity。

主屏幕

图 19.9 表示 Audacity 主屏幕，并且对一些主要组成部分进行了标注。本部分将对这些以及其他组成部分进行详细说明。

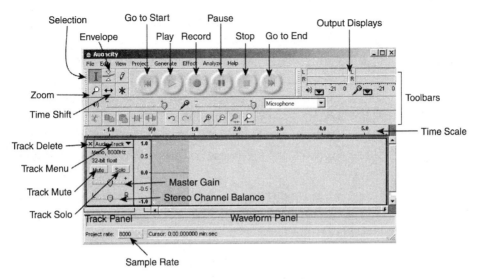

图 19.9 Audacity 主屏幕

工具栏是你选择使用工具的地方（工具栏中的工具远多于 Audacity 可获取的工具）。使用图 19.9 找出工具栏中的工具，关于其功能，请参看表 19.1。为了显示输出指示，只需将窗口扩宽一些——大约 10 像素左右。

Track Panel 含有管理特定音轨和音轨组的工具。详细资料，请参看表 19.2。

Audacity 支持四种不同的可以在单频道同时看到的音轨类型。你可以通过这四种音轨类型查看给定音频文件的波形（音频）、时间资料、MIDI 信息以及标号信息。表 19.3 描述了这 4 类音轨。

表 19.1 Toolbar 工具

工 具	说 明
Selection	选择音轨部分。点击音轨的右侧就可以设置音轨光标位置。在所需的地方点击并且拖动光标可以选择音频范围。按下 Shift 并在音频范围内拖动光标就可以选择多个音轨。在音轨光标位置上开始重放录音并且一直播放至音轨末端。如果你选择了一些音频，那么只播放选择的音频。
Time Shift	及时更改音轨之间的相对位置。选择该工具，然后点击音轨，将其拖动到左侧或者右侧。

续表

工 具	说 明
Envelope	提供快捷的音频处理工具。该工具直接出现在程序的主窗口中，这是一个创新的方式。你可以方便地控制音轨淡入和淡出方式，该工具位于主音频窗口的右侧。当你选择 Envelope 工具时，每个音频的音量包络在蓝线处增强。在每个音频的开始和末端都有控制点。移动控制点时，只需点击该控制点并且将其拖动至新的位置处。添加新的控制点时，点击没有控制点的音频处进行添加。只需将控制点拖出音频外进行移除。
Zoom	放大或者缩小音频特定部分。点击音频任意地方进行放大。右击或者转向点击可以缩小。当你选择 Zoom 工具时，拖动鼠标以突出该区域也可以放大该区域。
Play	可以使你听取当前下载的音频文件或者你刚刚记录的文件。空格键可以进行停止和开始切换。通常在当前光标位置开始进行重放。如果选择了一个音频区域，只有选择的区域播放音乐。为了播放整个文件的音乐，可以选择 Edit and Select All，然后点击 Play 按钮。特定频道上的所有音轨将自动进行混音重新播放。
Stop	中止录音重放
Record	从你的麦克风或者另一个输入设备处记录新的音轨。你可以通过选择 Edit/Preferences 配置记录选项。通常以项目默认采样速率进行记录，而该速率可以在 Quality 选项卡上进行配置。
Master Gain	通过 Audacity 控制你硬件上的音频输出量。从左向右移动滑动块可以增加音量。

表 19.2 Track Panel 工具

工 具	说 明
Track Menu	用户可以以不同的格式显示音轨。下拉菜单也有 Name 选项，用户可以通过该选项为特定音轨命名。
Track Delete	立即删除音轨，而无需撤销选项。使用该按钮时应小心。
Track Solo	将当前音轨切换至独奏模式。再次点击该模式可以使音轨退出独奏模式。当音轨为独奏模式时，音轨按钮变红。只有启用独奏按钮的音轨才能在独奏模式下播放。
Track Mute	关掉音轨而无需删除它。你可以再次点击 Mute 按钮取消音轨的静音。当音轨为静音时，其 Mute 按钮应为蓝色。

表 19.3　音轨类型

工　具	说　明
Audio	音轨包含数字采样声音。两个立体声声道由两个双声道立体声表示。每个音轨的采样速率与项目采样速率相同。
Label	标签轨可以使用注解对文件进行标记。可将注解保存至文本文件。
Time	时间轨迹可以使用时间标记对文件进行标记，以能够同步化。
MIDI	注解轨迹显示从 MIDI 文件下载的数据。它不能更改或者播放，只能查看。

表 19.4　通用采样率

频　率	应　用
8000 Hertz	标准电话
11025 Hertz	最低"话音质量"
16000 Hertz	标准"话音质量"
22050 Hertz	通用数字互动媒介
44100 Hertz	CD 音频，DAT（数字音频磁带）
48000 Hertz	数字音频品质
96000 Hertz	数字音频品质（更新的）

注意

音频采样率共同值如表 19.4 所示。

菜单

可以通过 Audacity 菜单管理文件、编辑、调整视图、管理 Audacity 项目、制造特殊效果等。该菜单也是标准的 Help 菜单。

文件菜单

图 19.10 为文件菜单，表 19.5 是对菜单的逐项说明。以省略号（三个点）结尾的菜单项将出现一个需要填写参数的对话框。

图 19.10　文件菜单

表 19.5　文件菜单

菜单选项	说　明
New	制作新的空项目窗口。
Open...	在你面前呈现一个对话框，选择要打开的文件。如果项目窗口打开并且是空的，则新文件出现在这个窗口中，否则，将打开一个新项目窗口。
Close	关闭当前项目窗口。
Save Project	以 AUP 格式保存当前 Audacity 项目文件。Audacity 项目在其他程序中不可用。Audacity 项目的音频数据未保存在 AUP 文件中，而是保存在与该项目有相同名称的目录中。
Save Project As...	以不同的名称或者不同的目录路径保存当前 Audacity 项目文件。
Recent Files...	为了便于访问，提供一个子菜单列举的、当前使用的文件。
Export As WAV...	按照标准音频文件格式导出当前 Audacity 项目，例如 WAV 或者 AIFF。在 Preferences 对话框中更改导出文件的格式。

菜单选项	说　明
Export Selection As WAV...	与 Export As WAV 相同，但只导出本项目选定部分。
Export As MP3...	以 MP3 文件导出当前 Audacity 项目。导出 MP3 文件，需要你安装一个独立的 MP3 编码器，而该编码器并未包含在 Audacity 中。
Export Selection As MP3...	与 Export As MP3 相同，但只导出本项目选定部分。
Export As Ogg Vorbis...	以 Ogg Vorbis 文件导出当前 Audacity 项目。
Export Selection As Ogg Vorbis...	与 Export As Ogg Vorbis 相同，但只导出本项目选定部分。
Export Labels...	将标签轨导出到文本文件中。
Export Multiple...	你可以同时将项目中的多个文件导出。文件可以按照音轨或者标签分开。
Page Setup...	你可以在 Audacity 中配置用于打印的音轨波形并且选择打印机。
Print...	打印主窗口，包括音轨和波形。
Exit	关闭所有项目窗口并且退出 Audacity。将提问你是否保存对项目的变更。

编辑菜单

图 19.11 为编辑菜单，表 19.6 是对菜单的逐项说明。该菜单部分包括标准 Cut、Copy 和 Paste 功能。其余部分是与 Audacity 性能具体相关的功能。

视图菜单

你可以通过视图菜单控制你在 Audacity 窗口中查看的项目以及查看这些项目的方式。图 19.12 为视图菜单，表 19.7 是对菜单的逐项说明。

项目菜单

Audacity 同样也适用你在其他地方遇到的项目概念，例如本书前面的 UltraEdit。通过使用这些项目，你可以在一个随时可以调用的类集中组织数据文件以及配置和操作参数。图 19.13 为项目菜单，表 19.8 是对菜单的逐项说明。

效果菜单

Audacity 含有许多内置效果，你也可以使用外挂效果。应用该效果时，只需选择你需要更改的部分或者所有音轨，并且从菜单中选择效果。图 19.14 为效果菜单，表 19.9 是对菜单的逐项说明。

图 19.11　编辑菜单

表 19.6　编辑菜单

菜单选项	说　明
Undo paste	撤消最后一次编辑。你可以撤销文件最后保存时的每次操作。
Redo paste	对未进行编辑的项目进行重新编辑。将保留重新编辑历史，直到你进行新的编辑。
Cut	删除选定的音频数据，并且将其移至 Clipboard。
Copy	将选定的音频数据复制到 Clipboard。
Paste	在项目选择光标的位置处插入 Clipboard 内容，更换所有选定数据。
Trim	删除除了选定波形数据外的所有数据。
Delete	删除选定数据，无需将其复制到 Clipboard。

续表

菜单选项	说　明
Silence	用静音代替选定的音频数据。
Split	将选定区域移入自身的音轨或者多个音轨中，用静音代替受影响的原始音轨部分。
Duplicate	在新的音轨中复制所有或者部分。
Select...	在子菜单中有三种选择模式： All　　　　　　选择覆盖光标的整个音频。 Start to Cursor　从音频开始向光标选择。 Cursor to End　从光标向音频端选择。
Find Zero Crossings	对选项作稍微的调整，这样在信号为 0 的点开始和停止选择，从而减少点击和弹出。
Selection Save	"记住"当前选项，可以在稍后恢复。
Selection Restore	恢复保存的选项。
Move Cursor...	在子菜单中有四种光标定位模式： to Track Start　将光标移至当前音频的起点。 to Track End　将光标移至当前音频的末端。 to Selection Start　将光标移至当前选项的起点。 to Selection End　将光标移至当前选项的末端。
Snap – To...	可以使用子菜单打开或者关闭选项快照功能。当打开该功能时，限制该选项在 1 秒的时间间隔。
Preferences...	能够调整程序许多的数值、参数以及工作模式。

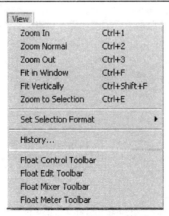

图 19.12　视图菜单

表 19.7　视图菜单

菜单选项	说　明
Zoom In	放大一部分音频资料。这样可以使你在较短时间内查看更多数据的详细信息。
Zoom Normal	将缩放系数改为 1 秒 1 英寸；这是默认的缩放系数。
Zoom Out	缩小显示，这样可以看到较大的时基，但不能获得详细信息。
Fit in Window	调整缩放系数，使整个项目与窗口完全匹配。
Fit Vertically	与 Fit in Window 相似，除了只需考虑垂直尺度外。
Zoom to Selection	与 Fit in Window 相似，除了使用当前选项，而不是窗口作为是否合适的缩放目标。
Set Selection Format	提供有许多选项时间格式的子菜单。
History...	提供以前执行的命令列表。你可以点击早期条目将项目恢复至早期状态。
Float Control Toolbar	从窗口处分离 Control 工具栏，这样你可以随意将其放在屏幕的任何地方。
Float Edit Toolbar	从窗口处分离 Edit 工具栏，这样你可以随意将其放在屏幕的任何地方。
Float Mixer Toolbar	从窗口处分离 Mixer 工具栏，这样你可以随意将其放在屏幕的任何地方。
Float Meter Toolbar	从窗口处分离 Meter 工具栏，这样你可以随意将其放在屏幕的任何地方。

图 19.13　项目菜单

表19.8　项目菜单

菜单选项	说　明
Import Audio...	将音频导入你的项目中。使用该功能可以在至少一个现有音轨的条件下，在项目中添加另一个音轨。你也可以将导入的音轨与现有音轨进行混音。
Import Labels...	导入包含代码和标注的文本文件，将其全部转化为标签轨。
Import MIDI...	将一个 MIDI 文件导入注解轨迹中。可以查看 MIDI 文件，但不能播放、编辑或者保存。
Import Raw Data...	你可以以任何非压缩格式打开文件，Audacity 将检验文件内容确定其格式。你需要聆听文件音频以确定该程序是否选择了正确的格式。你可以使用对话框功能显示，尝试控制该程序。有时候，成功的操作在开始时都有一些噪音，这是由于无法辨识的标题格式造成的。余下的数据通常可以正常播放。然后你可以删除该噪音。
Edit ID3 Tags...	打开对话框，这样你可以编辑与项目相关的 ID3 标识符。这些标识符用于 MP3 导出。
Quick Mix	将选定的音轨混合成一个或者两个音轨。请注意，如果你尝试将两个声轨混合在一起时，你可以将听起来像波普、咔嗒声和噪声的声音剪辑掉。为了避免这样做，你首先应将音轨放大系数（扩增）调整在较低水平。
New Audio Track	制作没有数据的新音轨。
New Stereo Track	制作没有数据的新立体声音轨。
New Label Track	制作没有数据的新标签轨。
New Time Track	制作没有数据的新时间轨迹。
Remove Tracks	从项目中删除选定的音轨。你只需选择需要删除的一部分音轨。
Align Tracks...	音轨方向选项的范围较广，这调整了选定的多个音轨的时间偏移，使其在彼此相关的一些特定时间内开始播放。
Align and move cursor...	与 Align Tracks 相同，除了随音轨移动光标外。你可以在不丢失相对位置的情况下，转换音轨。
Add Label At Selection	在当前选项中制作新的标签。
Add Label At Playback Position	在当前重新播放或者录音的地点制作新的标签。

许多菜单项目可以使用标准窗口加速键结合的方式激活，例如用 Ctrl + W 关闭窗口。表 19.10 列出了一些快捷键。

图 19.14　效果菜单

表 19.9　效果菜单

菜单选项	说　明
Repeat Amplify	重复最后一次效果指令。一旦使用效果指令，词语 Repeat 出现后，最后一次效果指令的名称也将出现。
Amplify...	增加或者减少一个或者一组音频量。Audacity 计算你能够将选定音频扩大的最大量，音频音量不会大到使信号切断的程度。
Bass Boost...	扩大低频率,但不影响大多数其他频率。推荐的最大增加值为 12 dB。

菜单选项	说 明
Change Pitch...	未改变节奏的条件下，改变音频音调。
Change Speed...	通过重新取样更改音频速度。较高的音频速度会产生较高的音调，反之亦然。
Change Tempo...	在不改变音调的情况下，改变音频的节拍（或者速度）。所改选项的长度也将更改。
Click Removal...	删除咔嗒声、爆音以及其他尖锐的瞬时噪声。
Compressor...	压缩动态选项范围，这样静音部分未改变时，高音部分声音更小。
Echo...	反复地重复你选择的音频，一次比一次变得柔和。每次重复之间都有固定的延时。
Equalization...	使用一个内置曲线或者自定义曲线扩大或者减小指定频率。
Fade In	线性地淡入选定音频数据。
Fade Out	线性地淡出选定音频数据。
FFT Filter	使用线性标度的曲线按照规范应用快速傅立叶变换。
Invert	倒转音频样品。
Noise Removal	清除不间断的背景噪声，例如：电风扇、磁带噪声或者嗡嗡声。但清除背景说话或者音乐并不十分有效。
Normalize	校正音轨信号的垂直偏移（DC 偏移）。
Nyquist Prompt	使用编程语言向音频传递信息。
Phaser	将相位位移信号与原始信号结合起来。
Repeat	重复选择迭代已知数。
Reverse	暂时（及时）倒转选定的音频。在应用音频效果之后，将首先听到音频末端，最后是开始。这有助于找到歌曲中的不和谐声音——很好！
Wahwah	乔治，来点哇音！使用一个移动的带通滤波器制作有名的哇音。该功能也调整了立体声声盘左右信道的相位，这样使该效果在两个扬声器之间传播。
（others）	在这点之外的菜单中获取的任何效果都是第三方提供的定制插入式效果，这些实际上不是真正标准的 Audacity 功能。

表 19.10　快捷键

菜单选项	说　明
File/New	Ctrl + N
File/Open	Ctrl + O
File/Close	Ctrl + W
File/Save Project	Ctrl + S
File/Preferences	Ctrl + P
Edit/Undo	Ctrl + Z
Edit/Redo	Ctrl + Y
Edit/Cut	Ctrl + X
Edit/Copy	Ctrl + C
Edit/Paste	Ctrl + V
Edit/Delete	Ctrl + K
Edit/Silence	Ctrl + L
Edit/Duplicate	Ctrl + D
Edit/Select All	Ctrl + A
Edit/Preferences	Ctrl + P
View/Zoom In	Ctrl + 1
View/Zoom Normal	Ctrl + 2
View/Zoom Out	Ctrl + 3
View/Fit in Window	Ctrl + F
View/Fit Vertically	Ctrl + Shift + F
Zoom to Selection	Ctrl + E
Project/Import Audio	Ctrl + I
Project/Add Label at Selection	Ctrl + B

二、OpenAL

　　Torque，连同许多其他游戏引擎都使用 OpenAL——一种开放源音频 API（应用编程接）。在本书中，我们没有直接使用 OpenAL 编程，但我们需要确保安装正确版本的 OpenAL。在按照前几章描述的 Torque 安装程序进行安装时，需要特别注意该程序。确保文件 OpenAL32.dll 在你的主根目录中。如果不在，你可以从 3D2E 文件夹中的 CD 中复制一份。如果你在 Torque 演示游戏中使用库存选项菜单，那么你需确保在此启用了 OpenAL 接口。

三、音频配置文件和数据块

Torque 使用数据块和配置文件概念帮助确定和组织游戏中使用的音频源。在前几章确立我们的 Emagan 样本游戏时，我们遇到这个概念。

基本上在 Torque 游戏中有两种方法制作声音。我们可以直接激活一个程序代码的声音（就此而言，或者是音乐），或者我们可以将声音插入游戏中的对象里，并且让 Torque Engine 代替我们间接激活和控制声音。

绝大部分时间，我们使用后者——间接方法，因为一旦在恰当的地点确定声音—效果文件与对象的关系，我们不需要再担心这个问题了。然而，第一种方法——直接激活——更加灵活。在本章剩余的部分我们将讨论这两种方法。

音频描述

音频数据块用来确定是直接还是间接激活声音。当音频数据块确定时，使用关键词 AudioDescription 进行确定。以下是音频数据块的一个实例：

```
new AudioDescription (AudioTest)
{
    volume = 1.0;
    isLooping = false;
    ls3D = false,
    type = 0;
};
```

本实例中，AudioTest 用来处理这类描述。

音量属性指这个信道的默认音量。该属性本身不可改变，但当使用音频信道时，声音可以通过脚本声明进行变更。

属性 isLooping 表示播放完后是否需要重放声音。

is3D 属性用来告知 Torque 该信道是否需要进行处理生成位置信息。

Type 属性本质上是该声音的信道。给定信道上的所有声音可以通过信道特有的脚本声明进行控制。

我们使用该数据块确定了 AudioTest 声音的性质，可以说是特征。然而，很明显，这些在事实上还不足以生成声音。我们需要包含样本波形的至少一个声音文件，而且我们需要将该文件与合适的 AudioDescription 联系起来。以下是我们编程式制作方式：

```
$ Test = alxCreateSource ("AudioTest", expandFilename ("~/data/sound/test. wav"));
```

本声明制作了一个音频对象。第一个参数为我们之前讨论的数据块；第二个参数首先调用 expandFilename 功能，该功能了解如何确定找出正确的全路径文件。返回值是处理实际音频对象（该对象由 Torque 制作）的一种方法。

我们仅按照以下程序就可以激活声音：

```
alxPlay ($ Test);
```

如你所见，我们仅需要向 alxPlay 输入对象名称，然后就会激活声音。

我们可以调整这次重新播放的音量，但我们需要在播放之前进行调整。我们按照如下方式进行调整：

```
alxListenerf (AL_ GAIN_ LINEAR, % volume);
$ Test = alxCreateSource ("AudioTest", expandFilename ("~/data/sound/test. wav"));
alxPlay ($ Test);
```

alxListenerf 功能可以设置收听者（玩家）需要的音量，并且使用线性（与对数性相对）增益（扩增）调整进行设置。在线性增益范围内，0.5 音量是 1.0 声音音量的一半；在非线性增益范围内，0.5 音量大约是 1.0 声音音量的三分之二。

注意，在数据块音量值上进行音量调整，该数据块中设置的音量为 1.0。

如果我们调用音量为 0.75 的 alxListenerf，则实际音量应为 0.75×1.0 或者 0.75——所有音量按照该方法进行计算。如果我们调用音量为 0.75 的 alxListenerf，而且数据块音量已设置为 0.5，则实际音量应为 0.75×0.5 或者 0.375。

现在对于没有位置信息要求的声音而言，alxPlay 是一种有效的音量计算方式，像 GUI 按钮蜂鸣声或者玩家搏动性头痛的声音。但如果我们将这种声音置于游戏世界将会怎样？

在这个案例中，我们需首先制作一个配置文件：

```
new AudioProfile（AudioTestProfile）
{
    filename ＝"control/data/sound/test. wav";
    description ＝"AudioTest";
};
```

请注意，现在文件名字已包含在配置文件中。第二个属性 description 指我们之前确定的数据块。然后我们按照如下方式激活声音：

```
alxPlay（AudioTestProfile, 100, 100, 100）;
```

请注意，函数调用指配置文件，而不是说明数据块。之后的三个参数确定游戏世界 3D 坐标的位置。播放的声音似乎来自于这个位置。理解以这种方法激活声音是很重要的，你必须确保声音文件中包含单通道扩声而不是立体声。而且数据块中的 is3D 属性必须设置为假值。

提示

注意你是否在客户端或者服务器上制作 AudioDescription 或者 AudioProfile。

如果在客户端，按如下方式确定：

```
new AudioDescription（AudioTest）
{
};
```

和

```
new AudioProfile（AudioTestProfile）
{
}
```

如果代码在服务器上，按如下方式确定：

```
datablock AudioDescription（AudioTest）
{
};
```

和

```
datablock AudioProfile（AudioTestProfile）
{
```

事实上，这条准则适用于所有数据块类型，因为服务器只能确定真实的数据块。

进行试验

使用 Emaga6 样本游戏进行试验。打开你的根段主文件（main. cs），在最上部添加以下几行：

```
new AudioDescription (AudioTest)
{
    volume = 1.0;
    isLooping = false;
    is3D = false;
    type = 0;
};
new AudioProfile (AudioTestProfile)
{
    filename = "control/data/sound/rain. wav";
    description = "AudioTest";
        preload = true;
};
function AudioTestA (% volume)
{
    echo ( "AudioTest volume =" @ % volume);
    alxListenerf (AL_ GAIN_ LINEAR, % volume);
    $ pref :: Audio :: masterVolume = % volume;

        $ AudioTestHandleA = alxCreateSource ( "AudioTest",
expandFilename ( "control/data/sound/rain. wav"));
    echo ( "AudioTest object =" @ $ AudioTestHandleA);
        alxPlay ( $ AudioTestHandleA);

}

function AudioTestB (% volume)
{
    echo ( "AudioTest volume =" @ % volume);
    alxListenerf (AL_ GAIN_ LINEAR, % volume);
    $ pref :: Audio :: masterVolume = % volume;
    alxPlay (AudioTestProfile, 100, 100, 100);
```

现在启动你的游戏。进入游戏之后，打开控制台窗口（使用 Tilde key 键）并键入以下内容：

AudioTestA (1.0)；

你应该能听到下雨的声音。打开音量设置，尝试使用低于 1.0 的音量值。

然后，在控制台窗口中键入以下内容：

AudioTestB (1.0)；

现在又能听到雨声，但这次的雨声似乎来自特定地点。

再次进行音量设置，尝试使用低于 1.0 的不同音量值。你也可以使用 AudioTestB（）功能调用 alxPlay（）过程中的 3D 坐标值。

四、Koob

在以下章节和随后的章节中，我们将大量使用音频特征，因此，为了平衡本章节内容，我们将花一些时间，在你的样本程序中添加更多的文件。

首先，复制 Emaga6 目录，将该复制件命名为"KOOB"或者其他名字——但文件夹名字应为 KOOB，而 Koob 为游戏的名字。

现在在 WAV 文件中记录一种或者任何声音（你也可以将 OGG 文件保存为 Ogg Vorbis 格式——Torque 和 Audacity 支持这两种文件格式）。确保文件不是立体声文件。将你新创建的声音文件复制在 \ KOOB \ control \ data \ sound，并且将其命名为"test. wav"。

然后，创建一个新的脚本文件：\ KOOB \ control \ client \ misc \ sndprofiles. cs。插入以下几行代码：

```
// Channel assignments ( channel 0 is unused in – game) .
$ GuiAudioType      = 1;
$ SimAudioType      = 2;
$ MessageAudioType  = 3;

new AudioDescription ( AudioGui)
{
  volume      = 1.0;
  isLooping   = false;
```

```
  is3D       = false;
  type       = $ GuiAudioType;
};

new AudioDescription（AudioMessage）
{
  volume     = 1.0;
  isLooping  = false;
  is3D       = false;
  type       = $ MessageAudioType;
};

new AudioProfile（AudioButtonOver）
{
  filename = "~/data/sound/buttonOver.wav";
  description = "AudioGui";
  preload = true;
};
```

这设置了一些可以在我们客户端使用的数据块和配置文件。

然后，创建新的脚本文件：\ KOOB \ control \ server \ misc \ sndpro-files.cs。注意，文件名字与你刚才创建的文件名字一致，但这次的文件有不同的路径。插入以下几行代码：

```
datablock AudioDescription（AudioDefault3d）
{
    volume = 1.0;
    isLooping = false;
    is3D = true;
    ReferenceDistance = 20.0;
    MaxDistance = 100.0;
    type       = $ SimAudioType;
};

datablock AudioDescription（AudioClose3d）
{
    volume = 1.0;
    isLooping = false;
    is3D = true;
    ReferenceDistance = 10.0;
    MaxDistance = 60.0;
    type       = $ SimAudioType;
};
```

```
datablock AudioDescription (AudioClosest3d)
{
    volume = 1.0;
    isLooping = false;
    is3D = true;
    ReferenceDistance = 5.0;
    MaxDistance = 30.0;
    type = $ SimAudioType;
};

// Looping sounds
datablock AudioDescription (AudioDefaultLooping3d)
{
    volume = 1.0;
    isLooping = true;
    is3D = true;
    ReferenceDistance = 20.0;
    MaxDistance = 100.0;
    type      = $ SimAudioType;
};

datablock AudioDescription (AudioCloseLooping3d)
{
    volume = 1.0;
    isLooping = true;
    is3D = true;
    ReferenceDistance = 10.0;
    MaxDistance = 50.0;
    type = $ SimAudioType;
};

datablock AudioDescription (AudioClosestLooping3d)
{
    volume = 1.0;
    isLooping = true;
    is3D - true;
    ReferenceDistance = 5.0;
    MaxDistance = 30.0;
    type = $ SimAudioType;
};

// Used for non - looping environmental sounds (like power on, power off)
datablock AudioDescription (Audio2D)
```

Chapter 19 Creating and Programming Sound

```
{
    volume = 1. 0;
    isLooping = false;
    is3D = false;
    type = $ SimAudioType;
};

datablock AudioDescription（AudioLooping2D）
{
    volume = 1. 0;
    isLooping = true;
    is3D = false;
    type = $ SimAudioType;
};
```

　　以上这些用来设置服务器的一些数据块——我们将在下一章使用这些数据块。在本章节中，我们介绍了这些数据块供你阅读。在实践过程中，你可以尝试各种不同的方式调入 alxPlay，并且创建一些包含这些说明的配置文件。

五、本章小结

　　在本章节中，我们开发了一个新的工具——这次是处理声音的工具。现在你已了解如何创建和导出游戏中使用的 WAV 文件，以及如何在 Torque 游戏中插入声音。而且你也了解了如何使用 TorqueScript 调整声音以及声音在 3D 游戏世界中的位置。

　　在下一章节中，我们将更加详细地介绍游戏世界中的声音效果。

第20章

游戏音效和音乐

在最后一章中，你会知道如何使用 Audacity 创建并编辑声音。此时，我们将会转到下一部分内容，使用整个游戏世界中的玩家、武器弹药、车辆和地方等发出的音效声音。

此外，我们将探讨游戏音乐问题，并且弄清楚如何使用。而本人也无法教你如何编乐——而这也远远超出本书探讨范围。然而，本人将会把某些音乐片段列入 CD 中，让你能够自由地体验我们所关注的话题。而这些音乐片段可在 RESOURCES \ CH20 \ MUSIC 中找到，其格式为 Ogg Vorbis（与 Torque 完全兼容），由三个颇有前途的游戏作曲人 Thevenin、Deffmute 和 Black Blaze 制作。他们的大多数作品及其他人的作品可在网站 http://www.download.com 的 Music→Electronic & Dance→Electronic→Game Soundtracks 链接部分免费查看。

一、玩家音效

在第一人称射击游戏中，玩家音效有"在那里"的意思，有时则会作出强调。有两类玩家音效：世界声音和客户机声音。

世界声音即服务器上产生的音效，表示游戏世界中玩家化身发出的音效。从这个意义上说，它们大多模拟实际生活中的声音：行走、说话、着火、武器、敲门等。

服务器在你所在的位置置入一个声音效果"在世界中"，然后更新所有受到影响的客户机，从而这些客户机将会发出声音（客户机玩家化身足够靠近才能听见声音），因为这个声音是经适当修改后得出的，比如因为距离或由于移向听者或远离听者的声源而形成的多普勒效应而造成的衰减。

这些声音通常称为 3D 声音。真实的声音效果并无固有的 3D 特征，但是游戏客户机会对其进行处理，其方式就是向客户机告知其 3D 位置信息。

客户机声音就是玩家化身向玩家发出的唯一声音。这些声音可能是个人噪音，比如描绘用力时大声呼吸的声音，而有些声音则表示被子弹击中或衣服的沙沙声。虽然没有什么是预设好的，但是你可能希望在某些实例中将这些声音用作世界声音，从而可暴露玩家在黑暗中的潜行位置。而所有这些则取决于游戏玩法设计。

某些声音可附到玩家身上，比如动画中框架触发的脚步声。MilkShape DTS Exporter 就支持这一功能，并应采用第 14 章中的模型创建脚步触发器。

然而，也就是说，有一种方法可让我们利用程序代码处理附着的诸如脚步声之类的声音效果，而这正是我们将在下一部分中做的，除非用衣服沙沙声予以代替。

其他声音则以一种特殊的方式在任何地点和任何时间发出。某些声音实例表示说话或嘲讽。在按住某个键时，你的玩家化身会发出某种嘲讽的声音，比如"败将！"或"哈哈，你失手啦！"。你也可使用特殊声音发出事先录制的声音命令。其声音限值则任你想象。嘿，你也可让玩家随身携带一个手提录音机并播放骚扰音乐！

当使用世界音乐时，还可在 3D 模型中用到它们，在此情况下，这一声音可在所有客户机上播放，犹如它们源自游戏世界中的某一特定位置。或在 2D 模型情况之下，服务器仍会引导客户机播放这些声音，但无位置属性。

在开始之前，需对代码稍作更改，从而可完全合并我们在第 19 章中制作的声音配置文件。打开 \ KOOB \ control \ server \ server. cs，找到函数 On-ServerCreated，然后在该函数中找到命令程序 Exec（". / misc/ camera. cs"）。

并立即在该函数上插入以下命令程序：

Exec（"./misc/sndprofiles.cs"）;

此数虽小，但可确保在服务器启动之时，我们能将第19章末创建的声音配置文件按实际情况进行加载。如果有必要，保存文件，然后运行 Koob。最后，你会听到雨声和雷声。

沙沙声

在第一个实例中，我们将会用到 serverPlay3D 函数，从而为玩家制作能够发出沙沙声的衣服。玩家每走出一步，裤子就会发出沙沙声，并且夹克臂部会与身体侧面摩擦时也会发出沙沙声。首先，应录制一些沙沙声。如愿意的话，只需一个录音便足够，但假如你录制了六个或更多不同的声音文件，尽管它们看上去相似但仍有些许不同，但可通过随机选择一个声音作为特定的脚步声，从而获得一个更为自然的声音效果。当然，应确保在 22050 赫兹水平或 11025 赫兹水平时录制声音，从而保持文件相当小，并将声音保存为 \ KOOB \ control \ data \ sound \ rustle1. wav。

在你制作好声音效果之后，需将以下代码添加到文件开始的 \ KOOB \ control \ server \ players \ player. cs 中（该命令程序之后为：exec（"~/data/models/avatars/orc/player. cs"）;）。

```
datablock AudioProfile（Rustle1）
{
  fileName = "~/data/sound/rustle1. wav";
  description = AudioClosest3d;
  preload = true;
};

function serverCmdStartRustle（% client）
{
  % client. player. schedule（200，playRustle）;
  % client. player. rustleon = true;
}
function serverCmdStopRustle（% client）
{
  % client. player. rustleon = false;
}
function Player :: playRustle（% this）
```

```
{
    if ( % this. rustleon )
    {
        serverPlay3D ( Rustle1 , % this. getTransform ( ) ) ;
        % this. schedule ( 500 , playRustle ) ;
    }
}
```

首先，有一个称作为 AudioProfile 的数据块。该数据块会告诉引擎声音效果在什么地方及使用哪个 AudioDescription。而此 AudioDescription 位于 \ KOOB \ control \ server \ misc \ sndprofiles. cs，如下所示（切勿将其输入程序中，因为我们已在第 19 章中创建了该数据块）：

```
datablock AudioDescription ( AudioClosest3d )
{
    volume = 1. 0 ;
    isLooping = false ;

    is3D = true ;
    ReferenceDistance = 5. 0 ;
    MaxDistance = 60. 0 ;
    type = $ SimAudioType ;
} ;
```

在新的代码中我们需添加的是信息处理程序，以便接收从客户机发来的信息。在此例中，我们将信息定义为 StartRustle，并且唯一参数即发送信息的客户机句柄。该处理程序将会调用一个称之为 schedule 的玩家对象方法，从而调度一个函数执行事件，以便在以后进行处理。我们也可将旗标% client. player. rustleon 设置为 true，以便作为以后参考使用。事件延迟则设置为 200 毫秒或五十分之一秒。你可根据移动速度更改此延迟值，并在指定时间调用 playRustle 函数，且假设% this. rustleon 属性设置为 true，从而执行 server-Play3D 函数。注意，在此例中，将% this 设置为调用此方法的对象句柄。例子中的对象即为玩家对象，正好与% client. player 的对象一样，并且的确如此！

serverPlay3D 会在世界空间中接受一个 AudioProfile 及多个 3D 坐标。而我们只需通过调用 getTransform，即可方便地获得这些坐标。

之后，serverPlay3D 函数内部告知所有客户机在这些世界坐标处播放声音效果。嘿，搞定啦！你已经制作了一个沙沙声。

在退出 playRustle 之前，在半秒之内再次调用 schedule 方法，以便调度另一个沙沙声。此方法会一直进行声音调度，直至告知停止为止。你可利用 stopRustle 信息使其停止，其处理程序只能将% client. player. rustleon 设置为 false，从而下次调用 playRustle 信息时，发现旗标为 false，播放声音时，不会对该事件进行重新调度。

因此，这就是让声音进行播放的本质所在，但我们仍需解决何时播放声音。当玩家奔跑时需跨出步伐才能发出声音，而在停止移动时则声音停止。

我们可轻易地利用键盘输入命令玩家移动和停止，使其成为部分自动程序。完成此操作的函数即为客户端函数，位于 \ KOOB \ control \ client \ misc \ presetkeys. cs 中。

打开文件，并找到 GoAhead 函数，如下所示：

```
function GoAhead（% val）
// -------------------------------------------------------
// running forward
// -------------------------------------------------------
{
  $ mvForwardAction = % val;
}
```

将其修改为：

```
function GoAhead（% val）
// -------------------------------------------------------
// running forward
// -------------------------------------------------------
{
  $ mvForwardAction = % val;
  if（% val）
    commandToServer（'startRustle'）;
  else
    commandToServer（'stopRustle'）;
}
```

按下该函数按键时，GoAhead 中的参数% val 为非零值，并在当释放此键时，此参数为零。

因此，当按下 GoAhead 键时，if – else 代码块会向服务器发送 startRustle 信息；而释放此键时，则发出 stopRustle 信息。GoAhead 键可于以后在同一文件中定义为 W 键。

如愿意的话，可进入 Koob 并检查发出沙沙声的衣服。

现在，假如你浏览 \ KOOB \ control \ server \ sndProfiles. cs，会看到其中的数据块，你可能会无意中发现另外一个想去尝试一下的自动程序——Audio-ClosestLooping3d 数据块。你会看到该数据块，并告诉自己，"这个数据块具有循环内置程序，从而不必反复糊弄调度事件。"并且，你可正确地进行推导。然而，此方法仍然存在问题。一旦你在某一特定位置发出声音效果时，该声音将会继续反复播放——但是是在同一位置。于此，此沙沙声将与玩家不搭拍。

如前所述，解决此类重复性玩家音效绝佳的方法就是通过模型中的触发器将其置入于玩家移动动画中。然而，这种方法实际上可极为便捷地添加重复性声音，比如发出叮咚响的盔甲，哗啦声响的弹夹，叮当声响的更改变换等。

脚步声

当你知道玩家正以半兽人的方式行走时，你很有可能会厌烦半兽人用其看上去像轻飘的翅膀进行滑翔。那么，让我们在此置入一些代码，从而能够听见玩家的脚步声。

首先，在 RESOURCES \ CH20 文件夹中找到 footstep1. ogg 文件，并将其复制到 \ KOOB \ control \ data \ sound。

接下来，使用 UltraEdit 打开 \ KOOB \ control \ server \ players \ player. cs，找到以下列命令开始的 MaleAvatar 数据块定义：

datablock PlayerData（MaleAvatar）

向下滚动到数据块末尾，在其命令程序之后为：

maxInv［CrossbowAmmo］= 20；

输入以下代码：

```
FootSoftSound          = FootLightSoftSound;
FootSoftSound          = FootLightHardSound;
FootMetalSound         = FootLightMetalSound;
FootSnowSound          = FootLightSnowSound;
```

```
FootShallowSound        = FootLightShallowSplashSound;
FootWadingSound         = FootLightWadingSound;
FootUnderwaterSound     = FootLightUnderwaterSound;
```

这些就是 PlayerData 数据块属性，并且我们将其指向不同风格脚步的 audioprofile 数据块。因此，现在我们需将这些数据块置入其中。

从而，在同一文件中输入以下命令，并将其插到为发出沙沙声的衣服输入的代码之前：

```
datablock AudioProfile（FootLightSoftSound）
{
  filename = "~/data/sound/footstep1.ogg";
  description = AudioClosest3d;
  preload = true;
};
datablock AudioProfile（FootLightHardSound）
{
  filename = "~/data/sound/footstep1.ogg";
  description = AudioClose3d;
  preload = true;
};
datablock AudioProfile（FootLightMetalSound）
{
  Filename = "~/data/sound/footstep1.ogg";
  description = AudioClose3d;
  preload = true;
};
datablock AudioProfile（FootLightSnowSound）
{
  filename = "~/data/sound/footstep1.ogg";
  description = AudioClosest3d;
  preload = true;
};
datablock AudioProfile（FootLightShallowSplashSound）
{
  filename = "~/data/sound/footstep1.ogg";
  description = AudioClose3d;
  preload = true;
};
datablock AudioProfile（FootLightWadingSound）
{
```

Chapter 20　Game Sound and Music

```
filename = " ~/data/sound/footstep1. ogg";
description = AudioClose3d;
preload = true;
};
datablock AudioProfile (FootLightUnderwaterSound)
{
filename = " ~/data/sound/footstep1. ogg";
description = AudioClosest3d;
preload = true;
};
```

保存文件，并打开 Koob。你应当能够听到奔跑的脚步声和沙沙作响的衣服声。注意，不论以何种方式奔跑，你都会听到脚步声，但往前奔跑时，只能听见沙沙声。脚步声是通过模型顺序文件中的动画触发器进行处理的。当然，你就是发出沙沙声的人，而且不应让你过久才能在侧向移动、后退及前进时发出沙沙声。

说话声

通过按下某个按键让我们的化身说些什么，即一些能够被其他玩家听见的话语。这个过程在某些方面类似于衣服发出沙沙的声音。

首先，按照你选择的抽样率录制录音。对着麦克风大声说话，例如，"你老妈穿着军靴！"或一些相当可爱的话语。将其保存为 \ KOOB \ control \ data \ sound \ insult1. wav。

然后，将以下代码添加到文件末尾的 \ KOOB \ control \ server \ players \ player. cs。

```
datablock AudioProfile (Insult1)
{
fileName = " ~/data/sound/insult1. wav";
description = AudioClose3d;
preload = true;
};
function serverCmdHurlInsult (% client)
{
serverPlay3D (Insult1 ,% client. player. getTransform ());
}
```

在此代码中，serverCmdHurlInsult 是服务器上的信息处理程序，可收到从客户机发来的私聊信息（从而使我们能够了解更多信息）。显然，其中的命令程序比发出沙沙声的衣服要少，因为我们不必将此声音效果循环播放。我们可能会发出辱骂之词，然后找个地方躲起来！现在，注意其配置程序会用到一个完全不同的 AudioDescription。此时，它正是 AudioClose3d（切勿输入此命令程序——因为它已经在 \ KOOB \ control \ server \ misc \ sndProfiles. cs 中存在）。

```
datablock AudioDescription（AudioClose3d）
{
  volume = 1.0;
  isLooping = false;

  is3D = true;
  ReferenceDistance = 10.0;
  MaxDistance = 60.0;
  type = $ SimAudioType;
};
```

使用该数据块的理由是因为该数据块定义了一个声音效果，而此声音效果在远处即可听见。ReferenceDistance 为 10 个世界单元，而这意味着此声音效果随着距离越远而变得越弱（音量变小），因此，与发出沙沙声的衣服相较而言，在更远的地方就能听见这一声音。接下来，我们需从客户机向服务器发送信息，从而能够让服务器将其告知所有其他的客户机。我们可利用一个我们称之为 Yell 的客户端函数再次进行此操作。

打开 \ KOOB \ control \ client \ misc \ presetkeys. cs，并在末尾部分添加以下函数：

```
function Yell（% val）
{
  if（% val）
    commandToServer（‘HurlInsult’）;
}
PlayerKeymap. bind（keyboard, “y”, Yell）;
```

虽然该函数可将 HurlInsult 信息发送到服务器，但只能在按住相对应的按键（% val 为非零值）时才行，而释放之后则不会发送信息。然后，我们需约定一个键，从而在按下它时便可触发整个声音事件。而这需使用

PlayerKeymap. bind，并将其指向 Yell 函数。

就这样——你有事可做了。

提示

伴随着轰隆隆的闪电声，你会很难听到自己的辱骂。假如这样的话，你只需对人物文件中的 Precipitation（RainStorm）和 Lightning（ElectricalStorm）对象指向的数据块进行重新命名。打开 \ KOOB \ control \ data \ maps \ book_ ch6. mis 并向下滚动到在文件末端，则会发现插入的两个风暴对象（在最后一章予以阐述）。在每个对象定义中，找到一个以"datablock"开始的命令程序，并在该数据块名称之前输入一个字母，例如"xLightningStorm"。任何字母均可，从而会促使引擎不会发现数据块，因此也不会创建一个风暴对象。如要恢复风暴对象，只需删除插入的这些字母即可。

防止雷声干扰的另外一种方法就是打开控制台，并输入以下命令（假设你尚未更改最后一段中所述的数据块指示器）：

ElectricalStorm. strikesperminute = 1；

此命令将会更改雷声属性，从而使雷声大约每分钟才会响一次。但是，切忌将strikeperminute 属性设置为 0！如果这样的话，将会在雷声响起时，使 thundercrashes "无穷"次运行。

应当尝试的另外一个变化就是录制多个不同的侮辱性话语并将其保存为 as insult1. wav、insult2. wav、insult3. wav 等。然后继续录制另外五个不同的侮辱性话语。

现在，再制作五个不同的 AudioProfile 文件，而这些文件的增量名以 Insult2 开始，以 Insult6 结束。每个文件均应单独指向制作好的其中六个录音之一。然后，在信息处理器内采用一段随机的数字代码，从而在 1 和 6 之间选取一个数字。

%n = getRandom（5）+ 1；

此程序将会在 0 和 5 之间选取一个整数。然后再用此数加 1，从而其结果将在 1 和 6 之间。然后，将此调用程序重新编写到 serverPlay3D，如下所示：

serverPlay3D（"Insult" @ %n，% client. player. getTransform（））；

此程序会通过在末端置入随机数字修改 AudioProfile 名称。然后，当每次骂出侮辱性话语时，不同的绰号将会以对敌人的衰退精度为方向进行确定。

这就是整个游戏家庭的快乐所在！

当我们在游戏时，你可能想听听某个奄奄一息的半兽人会说些什么（这个声音听上去有点可怕），因此在文件 \ KOOB \ control \ server \ players \ player. cs 顶端加入以下命令程序，且位于所有起初为发出沙沙声的衣服和脚步声输入的 AudioProfile 数据块之前：

```
datablock AudioProfile（DeathCrySound）
{
  fileName = "~/data/sound/orc_ death. ogg";
  description = AudioClose3d;
  preload = true;
};

datablock AudioProfile（PainCrySound）
{
  fileName = "~/data/sound/orc_ pain. ogg";
  description = AudioClose3d;
  preload = true;
};
```

并且，将以下命令程序添加到同一文件末尾：

```
function Player :: playDeathCry（%this）
{
  %this. playAudio（0, DeathCrySound）;
}

function Player :: playPain（%this）
{
  %this. playAudio（0, PainCrySound）;
}
```

切勿在此时关闭文件——因为还需对其进行修改。当在 player. cs 中时，找到函数 MaleAvatar :: onDisabled，并在函数起始部分和左大括号之后输入下列两个命令程序：

```
%obj. playDeathCry（）;
%obj. playDeathAnimation（）;
```

这就是一个包裹。保存程序。

死亡声音和痛苦声音。噢，太有趣了！嗯，如果我们想听听玩家痛苦时发出的声音，则同样需要一些声音文件。

从 RESOURCES \ CH20 中将 orc_ pain. ogg 和 orc_ death. ogg 文件复制到 \ KOOB \ control \ data \ sound。然后，继续下一步操作，并找到一个敌方半兽人将你杀死，或向你脚部地面射出爆炸十字弓弹，直至你死亡为止。

被一个半兽人摔翻在地或被弄个四脚朝天而没有一点声音，的确有点不可思议。噢，这一部分内容正巧将会在后面进行阐述……

二、武器音效

对武器音效进行研究是很有趣的。在 Torque 对武器有具体的支持，即通过利用一个称为状态机的程式结构，其基本理念在于，我们将武器操作分解为不同阶段，而这些阶段即状态，并为每一状态定义一个特定的行为组。而在各个状态内，我们并不注意先前的状态是什么样，只会关注在此状态中需做些什么。

使用此系统，我们便可轻易地对一些相当复杂的行为进行定义。在继续后面的操作之前，首先需完成一些准备工作。

安装 Mission Editor

由于我们在第 4 章便对样本游戏进行了开发，并通过各种 Emaga 变化，从而继续进入 Koob，故意忽略的一段代码就是 Mission Editor 代码。而此时我们不能再忽略它的存在。Mission Editor 代码十分常见且异常复杂。虽然我不会对其作出太多解释，但我们务必使其能够运行起来，需进行一些必要的编辑，从而使代码能够运行。

如果你还记得第 10 章中的内容，我在 Torque GUI Editor 一节中归纳出一则注意事项，即指导你对该编辑器进行设置，从而将 \ 3D2E 中的 creator 文件夹复制到 \ Emaga6，并进行一些编辑，以便使用 Emaga6。如果你之前已经进行过此更改，则我们将准备继续对 Mission Editor 进行其他准备工作；如果没有，则请回到第 10 章的 "Torque GUI Editor" 部分，并在进行其他内容之前按照开始部分备注中的说明进行操作。

接下来，我们必须对创建代码中的若干文件进行修改，从而将各种创建编辑器与样本游戏进行合并。

在文件 \ 3D2E \ creator \ editor \ editor. cs 中，找到命令程序（靠近文件底部）：

Editor. close（"PlayGui"）；

并将其更改为：

Editor. close（"PlayerInterface"）；

保存文件。

下一步，对不同文件进行同样的更改。此时，在文件 \ 3D2E \ creator \ editor \ EditorGui. cs 中进行更改——该命令程序大约位于文件四分之一处。

然后，保持 EditorGui. cs 文件为开启状态，找到 EditorGui：：onWake 函数中的命令程序（大约在该文件三分之一处）。

MoveMap. push（）；

并且将其更改为：

PlayerKeymap. push（）；

在该命令之后则是 EditorGui：：onSleep 函数，并且需进行同样的更改，找到：

MoveMap. pop（）；

并将其更改为：

PlayerKeymap. pop（）；

然后，打开文件 \ KOOB \ control \ client \ Initialize. cs，并向下滚动到名为 InitializeClient 的函数（靠近文件顶端）。在此函数之内找到命令程序：

Exec（"./interfaces/serverscreen. gui"）；

并在其后添加以下命令程序：

Exec（"./interfaces/chatbox. gui"）；
Exec（"./interfaces/messagebox. gui"）；

并且在同一函数中对该部分作出最后更改，稍微向下滚动一点，找到命令程序：

Exec（"./client. cs"）；

并在其后添加以下命令程序：

```
exec（"./misc/chatbox.cs"）;
exec（"./misc/messagebox.cs"）;
```

到此为止，以上部分就是需编辑的命令程序。

重新定义按键

设置屏幕（点击主菜单上的 Setup 按钮进入），看上去像 Torque Demo 中的选项屏幕，其所有功能性均在屏幕中，均为在第 18 章中进行的设置。除一小部分功能外，所有功能性均为重新定义按键命令绑定。

按键绑定已经在文件 \ KOOB \ control \ client \ misc \ presetkeys. cs（此模块从功能上说与 Torue Demqo 中的 \ 3D2E \ demo \ client \ scripts \ default. bind. cs 相同）中进行了预先定义（硬编码）。这就是我们如何才能确保始终存在命令绝对所需的按键绑定。但是，我们可能还会让用户对这些绑定进行重新定义，并且那正是设置屏幕中控制表的作用所在。

当更改按键绑定时，用户的按键绑定保存到 \ 3D2E \ control \ client \ config. cs。当重新启动游戏时，则会加载 config. cs module after it has loaded the presetkeys. cs 文件，从而将用户的选择覆盖预先的按键绑定。为了让游戏在实际运行时能够实现这一目标，必须打开 \ 3D2E \ control \ client \ initialize. cs，并在 InitializeClient 函数中，立即在加载 presetkeys. cs 的命令程序之下插入如下命令程序：

```
Exec（"./config.cs"）;
```

此外，你按一个与主菜单屏幕相关的按钮，其目的在于进入设置屏幕。打开 \ 3D2E \ control \ client \ interfaces \ mainmenu. gui，并找到最后的命令程序，该程序由一个闭括号/分号对}; 组成，并将以下代码置入上述命令程序之上：

```
new GuiButtonCtrl（）{
    command = "Canvas. pushDialog（SetupScreen）;";
    text = "Setup";
};
```

这就是我所说的抽象按钮控制！只有对按钮文本和需执行的指令进行指定后，所有其他属性才能从 Torque 收到默认值。这就意味着该按钮将会出现在屏幕左上角，并且该按钮大小与其他按钮不匹配。不用担心！你可使用 GUI Editor（按 F10 键调用）移动按钮并重新设置其大小等。或者，你可仔细查看 main - menu. gui 中的其他按钮控件，并使其引导你在代码中进行手动更改。

顺便说一句——我会留下按键重新定义的实际操作供读者练习。设置屏幕已具有一定引导作用，只有需重新进行按键绑定才能操作的实际按键才需进行重新定义。这里有一些提示：需将第 20 章源文件夹中的文件 remapdialog. gui 复制到 \ KOOB \ control 其中一个文件夹。此外，你还需添加一则代码程序，以确保在游戏初始化时能够加载并运行该文件。如果必要，有关指导性信息，可查看本章节或前面第 18 章中的其他内容。

弓弩音效

我们将会让你的汤姆枪发出声音效果，但是在进行此声音设计之前，要先获得半兽人弓弩的声音。在 RESOURCES \ CH20 文件夹中，将以下文件复制到 \ KOOB \ control \ data \ sound 文件夹中：

ammo_ pickup. wav

crossbow_ explosion. ogg

crossbow_ firing. ogg

crossbow_ firing_ empty. ogg

crossbow_ reload. ogg

下一步，将 RESOURCES \ CH20 \ crossbow.cs 复制到 \ KOOB \ control \ server \ weapons 文件夹。此时，会出现一个消息框问你是否要替换现有文件。点击"是"，然后运行游戏，获取一把弓弩和一些弹药，并进行多次爆炸。

两个 crossbow. cs 文件之间的区别在于新的文件包含所有我们需要的音频配置文件声明。现在，继续下一步操作，并进入游戏，然后进行一些猛烈轰击。你很清楚你正想这样尝试一下。

汤姆枪准备

要使冲锋枪声音能够运行起来，则应找到第 16 章中创建的汤姆枪模型，并将该模型（DTS 文件）以及与该模型配套的插图（PNG 文件）复制到 \ KOOB \ control \ data \ models \ weapons \ 。然后转到文件夹 \ 3D2E \ RE-SOURCES \ CH20 \ ，将 tommygun. cs 文件复制到 \ KOOB \ control \ server \ weapons \ 。

下一步，从同一资源目录将以下文件复制到 \ KOOB \ control \ data \ models \ weapons \ ：

ammo. jpg

bullethole. png

muzzleflash. png

tgammo. dts

tgprojectile. dts

tgshell. dts

现在，就声音而言，你不必去录制自己的声音，而是可在同一资源目录中复制以下这些声音文件。

ammo_ pickup. wav

dryfire. wav

shortreload. wav

tommygun. wav

weapon_ pickup. wav

weapon_ switch. wav

将这些声音文件保存到 KOOB \ control \ data \ sound \ 中。

现在，打开文件 \ KOOB \ control \ server \ server. cs，并找到位于文件开始部位的 OnServerCreated 函数。在此函数中是一个 Exec（）程序指令块。在弓弩命令程序之后，在程序指令块底部插入以下命令程序：

```
Exec（"./weapons/tommygun.cs"）;
```

该命令程序会指示引擎加载冲锋枪定义文件。

下一步，打开文件 \ KOOB \ control \ server \ players \ player. cs，并在该文件开始部分附近找到以下命令程序：

```
datablock PlayerData（MaleAvatar）
```

在数据块以该命令程序开始的末尾部分，结束数据块的闭括号（}）之前，插入以下命令程序：

```
maxInv [Tommygun] = 1;
maxInv [TommygunAmmo] = 20;
```

此命令程序表示玩家在任一特定时间可拥有或存有的物品数量。

最后，打开起初复制的文件 KOOB \ control \ server \ weapons \ tommy-gun. cs，并在该文件最顶端添加以下命令程序：

```
datablock AudioProfile（TommyGunMountSound）
{
    filename = " ~/data/sound/shortreload. wav";
    description = AudioClose3d;
    preload = true;
};

datablock AudioProfile（TommyGunReloadSound）
{
    filename = " ~/data/sound//Weapon_ pickup. wav";
    description = AudioClose3d;
```

```
    preload = true;
};

datablock AudioProfile (TommyGunFireSound)
{
  filename = "~/data/sound/tommygun. wav";
  description = AudioClose3d;
  preload = true;
};

datablock AudioProfile (TommyGunDryFireSound)
{
  filename = "~/data/sound/dryfire. wav";
  description = AudioClose3d;
  preload = true;
};

datablock AudioProfile (WeaponSwitchSound)
{
  filename = "~/data/sound/Weapon_ switch. wav";
  description = AudioClose3d;
  preload = true;
};
```

此时，将以下很长的一组数据块添加到 \ \ KOOB \ control \ server \ weapons \ tommygun. cs 末尾：

```
// ------------------------------------------------------
// TommyGun image which does all the work. Images do not normally exist in
// the world, they can only be mounted on ShapeBase objects.
datablock ShapeBaseImageData (TommyGunImage)
{
  shapeFile = "~/data/models/weapons/TommyGun. dts";
  offset = "0 0 0";
  mountPoint = 0;
  emap = true;

  className = "WeaponImage";

  item = TommyGun;
  ammo = TommyGunAmmo;
  projectile = TommyGunProjectile;
  projectileType = Projectile;
  casing = TommyGunShell;
```

```
armThread  =  "look2";

// State Data
stateName [0]                    = "Preactivate";
stateTransitionOnLoaded [0]      = "Activate";
stateTransitionOnNoAmmo [0]      = "NoAmmo";
stateName [1]                    = "Activate";
stateTransitionOnTimeout [1]     = "Ready";
```

这一新的代码首先便是定义一串音频配置文件 TommyGun MountSound、TommyGunReloadSound、TommyGunFireSound、TommyGunDryFireSound 和 WeaponSwitchSound。这些配置文件将会在每个不同的武器开火状态时用到，并在下部分新代码中进行定义。

下面部分就是 ShapeBaseImageData 数据块，此数据块对枪炮定义及如何运行进行了阐述。

首先，有一组基本属性，比如在哪里找到表示图像等之类的模型。以此为例，我曾将同一个模型用作外观视图——即其他所有人所能见到的玩家模型图形。虽然，你只能看见武器图像，但这意味着这样做是正确的，但需制作另外一个武器模型以便在该图形中用到。以后，你会明白为什么要这么做。

现在，我将 WeaponImage 命名空间作为一个母体，而 WeaponImage 命名空间会在存储系统内添设一些拾取枪炮所需的钩子。

接下来是一串指示器，告知我们使用枪炮所需的各种资源。

最后，我们遇到一串对状态机进行定义的代码。当你拾取枪炮时，Torque 引擎会将其设置为第一个状态：Preactivate.

在 Preactivate 状态时，我们只有两个变量，并且它们会告知状态机在接下来立刻该做些什么。如果枪炮加载完毕，则应切换到 Activate 状态；如果没有，则应切换到 NoAmmo 状态。如向下滚动并找到命令程序 stateName [6] = "NoAmmo" 时，则会看见其状态定义。

在 NoAmmo 状态时，有几个引擎必须遵从的指令。如果我们突然获得一些弹药，则应切换到 Reload state。如按住枪炮触发器，我们就会进入 DryFire 状态。注意，当我们在此状态下找到自己时，还有一个可供执行的函数（onNoAmmo 函数）指示器。此函数还可称之为状态处理程序。

所有其他状态均可以类似的方式运行，并且这些指令十分易于阅读和理解。本章的重要内容就是这些 stateSound 指令，这些指令告诉引擎在我们达到此状态时使用什么音频配置文件。

你刚才所看到的 TommyGunImage 数据块中的状态机定义非常易于理解，而且你可通过各种方式对其进行修改，以适应你可能想到的各种变化。

现在，在将 \ KOOB \ control \ server \ weapons \ tommygun. cs 输入并对其进行双击后，将会对其进行测试。为此，需能够在任务中置入对象。然而，这意味着可自由去任何地方，并可使用相机飞行模式，感觉就如在 Torque 演示中一样。而对象代码就在脚本之中，但是按键绑定不在，从而意味着我们必须添加按键绑定，而这正是对新的设置按钮进行测试的绝佳机会。

启动 Koob，并点击主菜单屏幕上的设置按钮，然后向下滚到控件列表底部。

双击"Toggle Camera"条目，然后在提示对"Toggle Camera"进行重新定义的小对话框弹出时，按 F6 键。下一步，以同样的方式按 F8 键为"Drop Camera at Player"进行重新定义。最后，将 F7 用作"Drop Player at Camera"。

顺便说一句："Drop Camera at Player"与进入相机模式相同。

启动 Koob 游戏，一旦你出现在游戏中时，将会用到 World Editor 在游戏世界中插入一支冲锋枪和一些弹药。

(1) 按 F8，此操作会将你的玩家设置为相机飞行模式。

(2) 按 F11，此操作将会打开 World Editor，如图 20. 1 所示。

(3) 按 F4，此操作将会打开 World EditorCreator，如图 20. 2 所示。此 Creator 窗格在视窗右下角打转。

(4) 在 Creator 窗格中，点击紧靠外形的加号，从而扩大列表。

(5) 找到武器，点击加号，并将其打开。此时会出现一个类似于图 20. 3 的树状图。

(6) 确保该图中间位置位于一个开阔区域，与你的正面距离大约为虚拟的 3 米。如需移动 World Editor 中的图像，则按住鼠标右键不放，并移动鼠标。

(7) 点击树状图中的 Tommygun，将会是冲锋枪模型。该模型很可能让人

图 20.1　World Editor

图 20.2　World EditorCreator

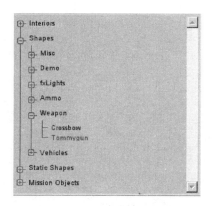

图 20.3 Creator 树状图

感觉就像嵌入地面中一样，如图 20.4，而且该模型会不停的旋转。

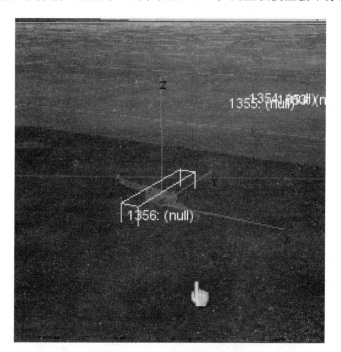

图 20.4 汤姆枪模型

（8）将光标移到垂直轴线顶端（标为 Z 轴），而该轴线从机枪模型顶端生出。而 Z 轴标签将以高亮显示，如图 20.5 所示。

Chapter 20 Game Sound and Music

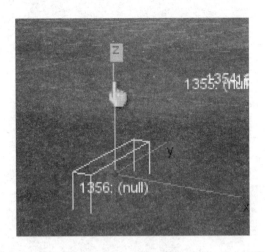

图 20.5　Z 轴标签

（9）点击垂直 Z 轴轴线，并向上拖动几个像素，直至机枪完全脱离地面，如图 20.6 所示。

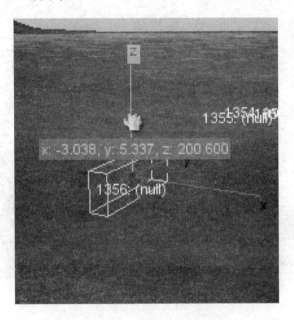

图 20.6　对汤姆枪进行重新定位

注意：这就是为什么在进入 World Editor 之前需切换到相机飞行模式的原因所在。假如你停留在正常的 FPS 视图模式，则无法抓取 Z 轴轴线并进行移动。

（10）现在，将视图稍微往侧面转动，并置入一个弹药箱重复同样操作，
如图 20.7 所示。弹药箱可在树状图中的 Shapes – Ammo – Tommygu-
nAmmo 中找到。

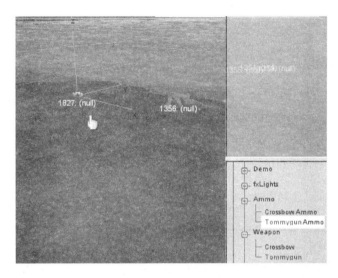

图 20.7　置入一个弹药箱

提示

应考虑置入多个弹药箱，因为汤姆枪之类的微型冲锋枪发射弹药的速度非常之快！
如果你的确想放入许多弹药箱的话，则可考虑修改玩家数据块，从而在玩家目录中会
有更多冲锋枪弹药。

现在，按 F11 退出 World Editor。假如你在相机飞行模式，则按 F6 回到玩
家角色。

好啦，现在继续运行游戏，并在越过弹药和汤姆枪上方时即可拾取弹药
和汤姆枪。注意，切勿先拾取弓弩，因为拾到之后将无法将其丢弃。此外，
在拾取机枪和弹药之后实际射击之前，稍等几秒钟。因为这几秒钟时间是依
次模拟计算机枪中的弹盒数量及拉回装填柄等。

此时，你会立即注意到机枪携带不方便。然而，继续进行射击并听听开
火顺序及尚在处理中的声音。你可能会制作另外一个模型作为机枪的安装

（携带）形式。此外，你还需调整模型动画，确保该模型将会便于携带机枪——提供的实例角色则不能进行此操作。

你可回到 tommygun. cs 文件中的 ShapeBaseImageData，仔细研究状态机和其他变量，进而弄清楚它们是如何影响到枪炮的表现。

三、车辆音效

车辆是各种声音之源。怠速转动的引擎、尖啸的轮胎、嗡嗡响的推进器——车辆所发出的必要的声音。Torque 有几个已经定义好的车辆类型，但我们只是看看轮式车辆并为轻型小汽车添加一些声音效果。

开始时，需针对以下情况录制声音效果：

- 发动机怠速转动
- 加速
- 车轮撞击
- 车轮的尖啸噪声
- 软撞击
- 硬撞击

本人在 \ 3D2E \ RESOURCES \ CH20 \ 为你提供的声音可随意使用，从而可用于替代你制作的声音，并将这些声音文件保存到 \ KOOB \ control \ data \ sound \ 。

下一步，将汽车定义模块 \ 3D2E \ RESOURCES \ CH20 \ car. cs 复制到 \ KOOB \ control \ server \ vehicles。如果该目录不存在，则可创建一个。

然后，将小汽车模型（第 9 章和第 15 章）复制到和所有图像复制到 \ KOOB \ control \ data \ models \ vehicles。如果该目录不存在，则可创建一个。务必将小汽车模型命名为 runabout. dts 及车轮模型命名为 wheel. dts。其纹理文件分别为 runabout. jpg 和 wheel. jpg，除非使用了不同的名称。

现在，打开文件 \ KOOB \ control \ server \ server. cs，在文件开始部分找到函数 OnServerCreated。在此函数中是一段 Exec（）程序指令，并在此段程序指令底部插入以下命令程序：

Exec（"./vehicles/car.cs"）;

　　此命令程序告诉游戏引擎加载汽车定义文件。最后，打开同一定义文件 \ KOOB \ control \ server \ vehicles \ car.cs，并将以下命令程序添加到该文件开始部分的数据块 TireParticleParticleData 之前。

```
datablock AudioProfile（CarSoftImpactSound）
{
  filename = "~/data/sound/vcrunch.ogg";
  description = AudioClose3d;
  preload = true;
};

datablock AudioProfile（CarHardImpactSound）
{
  filename = "~/data/sound/vcrash.ogg";
  description = AudioClose3d;
  preload = true;
};

datablock AudioProfile（CarWheelImpactSound）
{
  filename = "~/data/sound/impact.ogg";
  description = AudioClose3d;
  preload = true;
};

datablock AudioProfile（CarThrustSound）
{
  filename = "~/data/sound/caraccel.ogg";
  description = AudioDefaultLooping3d;
  preload = true;
};

datablock AudioProfile（CarEngineSound）
{
  filename = "~/data/sound/caridle.ogg";
  description = AudioClose3d;
  preload = true;
};

datablock AudioProfile（CarSquealSound）
{
```

```
filename = " ~/data/sound/squeal. ogg";
description = AudioClose3d;
preload = true;
};
```

务必用你自己录制的文件名称替代我在那些音频文件中使用的 Ogg Vorbis 文件名。

现在，将以下一段代码添加到同一文件 car. cs 中，但在此次是将其放到该文件末尾部分：

```
datablock WheeledVehicleData (DefaultCar)
{
  category = "Vehicles";
  className = "Car";
  shapeFile = " ~/data/models/vehicles/runabout. dts";
  emap = true;

  maxDamage = 1.0;
  destroyedLevel = 0.5;

  maxSteeringAngle = 0.785; // Maximum steering angle
  tireEmitter = TireEmitter; // All the tires use the same dust emitter

  // 3rd person camera settings
  cameraRoll = true;        // Roll the camera with the vehicle
  cameraMaxDist = 6;        // Far distance from vehicle
  cameraOffset = 1.5;       // Vertical offset from camera mount point
  cameraLag = 0.1;          // Velocity lag of camera
  cameraDecay = 0.75;       // Decay per sec. rate of velocity lag

  // Rigid Body
  mass = 200;
  massCenter = "0 -0.5 0";  // Center of mass for rigid body
  massBox = " 0 0 0";       // Size of box used for moment of inertia,
                            // if zero it defaults to object bounding box
  drag = 0.6;               // Drag coefficient
  bodyFriction = 0.6;
  bodyRestitution = 0.4;
  minImpactSpeed = 5;       // Impacts over this invoke the script callback
  softImpactSpeed = 5;      // Play SoftImpact Sound
  hardImpactSpeed = 15;     // Play HardImpact Sound
  integration = 4;          // Physics integration: TickSec/Rate
  collisionTol = 0.1;       // Collision distance tolerance
```

```
contactTol = 0.1;          // Contact velocity tolerance

// Engine
engineTorque = 4000;        // Engine power
engineBrake = 600;          // Braking when throttle is 0
brakeTorque = 8000;         // When brakes are applied
maxWheelSpeed = 30;         // Engine scale by current speed / max speed

// Energy
maxEnergy = 100;
jetForce = 3000;
minJetEnergy = 30;
jetEnergyDrain = 2;

// Sounds
engineSound = CarEngineSound;
jetSound = CarThrustSound;
squealSound = CarSquealSound;
softImpactSound = CarSoftImpactSound;
hardImpactSound = CarHardImpactSound;
wheelImpactSound = CarWheelImpactSound;
};
```

正如你在前面章节中所见的一样，我们会以一组对声音进行定义的音频配置文件作为开端。

在进入车辆数据块后，大多数属性在代码说明中进行解释或不言自明。而末尾部分的代码才是我们最感兴趣的。

engineSound 的属性表示车辆在怠速行进时发出的声音。只要车辆行使时就会制造出这种噪音。

jetSound 属性表示车辆加速时所用到的声音属性，其名字是早期用 Torque 制作的 Tribes 2 游戏引擎的延续。

squealSound 属性表示在某一角落手动操作车辆时，造成轮胎打滑所发出的声音。

两个撞击声音属性 softImpactSound 和 hardImpactSound 在车辆在不同速度情况下与物体发生碰撞时将会用到，而其速度分别由前文所述的 softImpactSpeed 和 hardImpactSpeed 属性进行定义。

最后，wheelImpactSound 表示车轮以比最低撞击速度稍大的速度撞击到某物体时所发出的声音，而此撞击速度由前文所述的 minImpactSpeed 数据块进行定义。

现在，我们必须更改一下玩家行为，即让玩家在走到汽车面前，并进入车内。

打开文件 \ KOOB \ control \ server \ players \ player. cs，找到一些这些命令程序：

```
{
% obj. pickup（% col）；       // otherwise, pick the item up
}
```

并在第二个括号之后插入以下命令程序：

```
% this = % col. getDataBlock（）；
if（% this. className $ = "Car"）
{
  % node = 0；// Find next available seat
  % col. mountObject（% obj, % node）；
  % obj. mVehicle = % col；
}
```

下一步，将以下代码添加到文件末尾部分：

```
function MaleAvatar :: onMount（% this, % obj, % vehicle, % node）
{
  % obj. setTransform（"0 0 0 0 1 0"）；
  % obj. setActionThread（% vehicle. getDatablock（）. mountPose [% node]）；
  if（% node = = 0）
    {
    % obj. setControlObject（% vehicle）；
    % obj. lastWeapon = % obj. getMountedImage（$ WeaponSlot）；
    % obj. unmountImage（$ WeaponSlot）；
    % db = % vehicle. getDatablock（）；
    }
}

function MaleAvatar :: onUnmount（% this, % obj, % vehicle, % node）
{
  % obj. mountImage（% obj. lastWeapon, $ WeaponSlot）；
}

function MaleAvatar :: doDismount（% this, % obj, % forced）
```

```
{
    // This function is called by the game engine when the jump trigger
    // is true while mounted

    // Position above dismount point
    %pos = getWords (%obj.getTransform (), 0, 2);
    %oldPos = %pos;

    %vec[0] = "1 1 1";
    %vec[1] = "1 1 1";
    %vec[2] = "1 1 -1";
    %vec[3] = "1 0 0";
    %vec[4] = "-1 0 0";

    %impulseVec = "0 0 0";
    %vec[0] = MatrixMulVector (%obj.getTransform (), %vec[0]);

    // Make sure the point is valid
    %pos = "0 0 0";
    %numAttempts = 5;
    %success = -1;

    for (%i = 0; %i < %numAttempts; %i++)
    {
        %pos = VectorAdd (%oldPos, VectorScale (%vec[%i], 3));
        if (%obj.checkDismountPoint (%oldPos, %pos))
        {

            %success = %i;
            %impulseVec = %vec[%i];
            break;
        }
    }
    if (%forced && %success == -1)
        %pos = %oldPos;
    %obj.unmount ();
    %obj.setControlObject (%obj);
    %obj.mountVehicle = false;

    // Position above dismount point
    %obj.setTransform (%pos);
    %obj.applyImpulse (%pos, VectorScale (%impulseVec, %obj.getDataBlock ().
mass));
}
```

此代码使我们能够进出（组装和卸装）汽车。当我们下车时，将会远离车辆，从而不会自动返回车内——而这正是所有脉冲矢量计算的作用所在。此时虽无任何声音，但可在任何时候方便地进出汽车。

现在，在 World Editor 中使用与汤姆枪中的同样步骤将汽车插入游戏世界中。你将在 Shapes/Vehicles 树状图中找到汽车。记住，如果汽车模型嵌入地面的话，则应将其拉出地面——但是切勿用力过度，否则有可能将其抛到外层空间去！

在你跑到车辆前时，将会自动进入车内坐好。使用正常的前行按键（向上箭头）加速，同时用鼠标进行左右转向，按空格键跃起。这下就知道如何操作啦！

四、环境音效

安静的游戏世界会让人感觉沉闷。使用 AudioEmitters 插入声音，会给你一种环境空间感，从而使游戏世界活跃起来。

首先，将文件 \ 3D2E \ RESOURCES \ CH20 \ loon. wav 复制到 \ KOOB \ control \ data \ sound \ 。

然后打开 \ KOOB \ control \ server \ misc \ sndpro? les. cs，并将 AudioProfile 加到文件末尾部分：

```
datablock AudioProfile (LoonSound)
{
  filename = "control/data/sound/loon. wav";
  description = AudioDefaultLooping3d;
};
```

运行游戏，并打开 World Editor，然后打开 World Editor Creator。

下一步，在树状图中找到 Mission Objects→Environment→AudioEmitter，如图 20.8 所示。当面临在什么位置置入 AudioEmitter 时，点击 AudioEmitter。

在出现的对话框中（见图 20.9），点击 Sound Profile 按钮。

从打开的列表中，选择 LoonSound Profile。

务必选中 Use profile's desc?、Looping? 和 Is 3D sound? 检查框，然后点

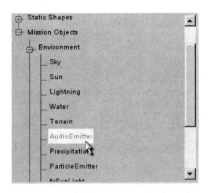

图 20.8　树状图中的 AudioEmitter

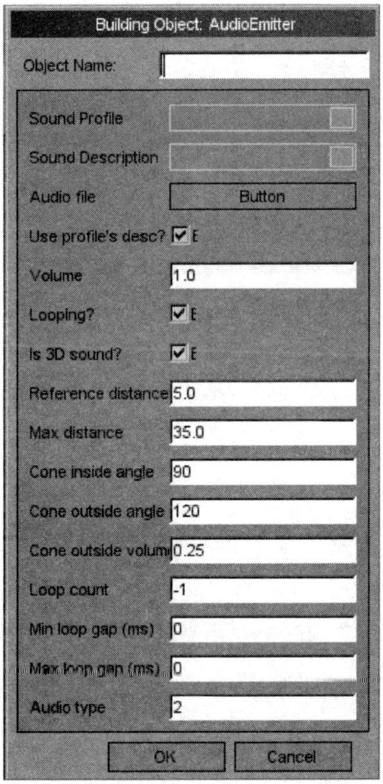

图 20.9　建立对象：AudioEmitter 对话框

击 OK。检查图 20.9，对各种设置进行核实。

将 AudioEmitter 标记置于游戏世界屏幕中心的地面上，如图 20.10 所示。

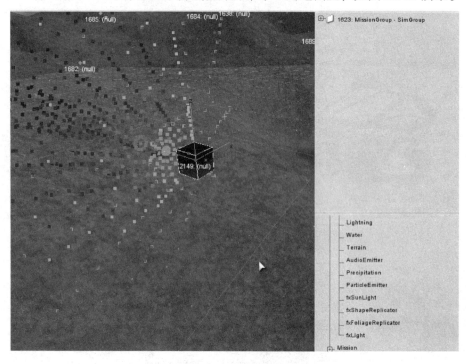

图 20.10　AudioEmitter 标记

此时，按 F11 键退出编辑器，确定你处于相机飞行模式中，并向上移动并避开你置入该标记的位置。然后，回到编辑器。此时，你会发现两个同心球，如图 20.11 所示。在此图中，内球线条为模糊的灰色，而外球线条则为黑色。在 Torque Editor 中，内球线条颜色是红色，而外球线条颜色为蓝色。

内球表示参考（最小）距离，外球则表示最大距离。外球越大，则从发射器离开时的声音衰退则越为平缓；内球越大，则声音会传的越远。

按 F3 键，切换到 World Editor Inspector，然后点击标记上的手形光标。在右下方，编辑器框内是对象属性，如图 20.12 所示。

你可使用此编辑器框对发射器的设置进行调整。点击检查器框中的按钮，扩大属性选择。改动之后，务必点击 Apply 按钮将改动应用到所选对象。

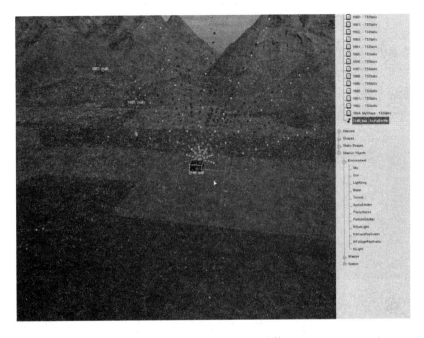

图 20. 11 AudioEmitter 球体

五、界面音效

Torque 具有一个内置机制，使用按钮时即可发出声音效果。使用 GuiDe-faultProfile 配置文件的对象有两个声音效果可供使用，它们分别是 soundButtonDown 和 soundButtonOver。

如果查看 \ KOOB \ control \ client \ default_ profiles，则会发现一个以前创建的按钮环境音效效果。在光标经过定义为使用 GuiDefaultProfile 的 GUI 按钮时，就会发出这个声音。其命令程序如下所示：

GuiButtonProfile. soundButtonOver ＝ "AudioButtonOver"；

此命令程序将其属性指向客户机 AudioProfile，而该配置文件位于 \ KOOB \ control \ client \ misc \ sndprofiles. cs。

AudioButtonOver 配置文件如下所示：

new AudioProfile（AudioButtonOver）

{

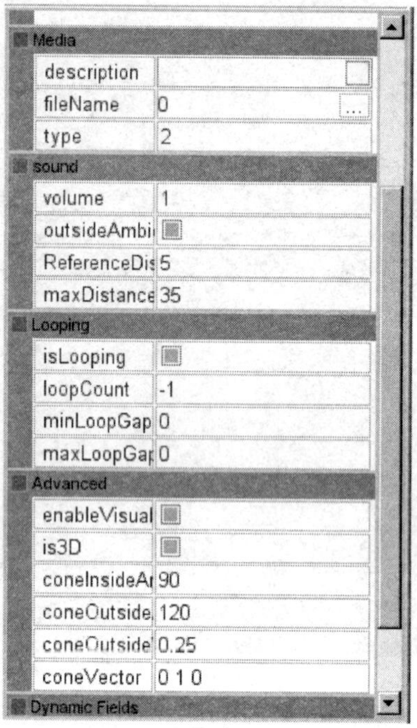

图 20.12　World Editor Inspector 框

```
filename  =  "~/data/sound/buttonOver. wav";
description  =  "AudioGui";
preload  =  true;
};
```

我们需在加载主菜单屏幕之前将客户机配置文件载入。实际上，我们也的确需在客户机项目加载之前将其载入，从而在需要之时完全就绪。为此，我们将从 \ 3D2E \ control \ main. cs 中对其进行加载，实际上也会进行客户机和服务器脚本载入。因此，打开 \ 3D2E \ control \ main. cs 并找到其命令程序：

```
Exec ( "./client/initialize. cs");
```

并直接在该命令程序置入以下命令：

```
Exec ( "./client/misc/sndprofiles. cs");
```

操作完成之后，可进入 Koob，并在各个按钮之上移动光标，从而会听见嘟嘟的响声。也可在此时进入设置屏幕，并移动周围的音量滑块，从而会听见试验声音音量变化，进而与滑块设置相匹配。

此时进行练习，将会对创建一个按键声音效果颇有用处，插入对应的音频配置文件代码，然后将 soundButtonDown 属性指向代码，而这一切操作正如我为你展示的 soundButtonOver 属性一样。

六、音乐

你可用与我在本章开始部分向你展示简单声音效果大致相似的方式对音乐进行处理。一种采用音乐颇有用处的方法就是在 GUI 中为不同的对话框或主屏幕提供一个背景音乐。当然，你也可将音乐作为 AudioEmitters 插入游戏当中，或者是将其附着于车辆或玩家。

我们将会采用一种略为便捷的方法置入一些启动音乐。首先，找到文件 \ 3D2E \ RESOURCES \ CH20 \ TWLOGO. WAV，并将其复制到 \ KOOB \ control \ data \ sound \ 。

下一步，打开文件 \ KOOB \ control \ client \ misc \ sndprofiles. cs，并将以下代码添加到文件顶端：

```
new AudioDescription（AudioMusic）
{
  volume = 0. 8;
  isLooping = false;
  is3D = false;
  type = $ MusicAudioType;
};

new AudioProfile（AudioIntroMusicProfile）
{
  filename = "~/data/sound/twlogo. wav";
  description = "AudioMusic";
  preload = true;
};
function PlayMusic（% handle）
{
  if（! alxIsPlaying（% handle））
    alxPlay（% handle）;
```

```
}

function StopMusic（）
{
  alxStopAll（）；
```

此时，打开 \ KOOB \ control \ client \ initialize. cs，并在 InitializeClient 函数中，你会发现一个以 InitCanvas 开始的命令程序。

将以下命令程序添加到该文件之后。

```
PlayMusic（AudioIntroMusicProfile）；
```

此程序会在启动游戏应用程序之后立即激活声音系统，从而启动前奏音乐播放。

此时，打开文件 \ KOOB \ control \ client \ client. cs，并插入以下命令作为 LaunchGame（）函数的首行命令程序：

```
StopMusic（）；
```

此命令程序将确保当你实际启动游戏时，如果前奏音乐仍在播放，则可将其关闭。

此时继续启动游戏并聆听音乐。

你可使用同样的方法并结合前面用到的 CommandToClient（XXXX）/clientCmdXXXX 系统，让服务器触发所有客户机或你想选择的客户机上的音乐提示程序。

七、本章小结

就这样吧！过多的音乐会让你身边的人不厌其烦的让你关闭这游戏！

现在，你已经明白如何为玩家化身、车辆和武器添加声音。而且，你还清楚在使用武器时，状态机有何用处及如何帮助你定义何时发出何种声音。

再者，你还可厉声辱骂其他玩家——这是一种非常重要的功能，以便知道如何进入游戏！

你已经知道如何在特定位置将声音添加到游戏世界中，从而让你置身于潺潺流水声和平原上的风啸声之中。

往用户界面上（比如界面屏幕上的按钮）添加声音的确合理，且并非难事，正如你所知道的那样。

　　最后，往你的游戏中添加音乐的确没有添加其他声音那么复杂，并且在某些情况下，添加音乐要比添加其他声音容易的多。而且，你已经明白如何利用 TorqueScript 控制音乐播放。

　　在下一章中，我们将会创建一个游戏世界，把前面章节中所述的所有内容合在一起。

第21章

创建游戏任务

让我们花点时间后退一步，看看我们的进展程度如何。

在本书的前几个章节中，你学过了编程的基本技巧，学过如何根据这些技巧利用现代的游戏引擎创建真实的物体。在此过程中，你学过如何使用程序编辑器——UltraEdit，学过如何利用 Torque 来还原你的创意。你会发现 Torque 有一套强大的脚本系统，可以为你做任何事情。

此后，我们又学习了美工，是从纹理和图形影像开始学起的。你学过了两个新的工具——Gimp 2 和 UVMapper，以及如何利用它们为 3D 物体贴图和创建图形用户界面（GUI）。

然后我们又学习了 3D 物体建模，使用几个新工具——MilkShape 和 QuArK，它们使用不同的技术为物体创建模型。使用 MilkShape 可以协助我们将物体从静态变为动态。

之后我们学习了一些花哨的东西，比如为天气效果创建天空体和影像（雷电和雨水）。

然后就是声音效果，记录它们并在游戏中以不同的方式进行运用。

现在，你可能会想到，所有学过的这些知识会将你引向某处。你猜对了！

一、游戏设计

好了，说明及编程到此为止。是时候检验一些高水平的事情了，比如游戏设计。

让我们从某一场景开始。

你有一个想法，可能是模糊的、不太确定的，但有大概轮廓的，或是清晰的、特定的、详细的。以此作为你的参考，开始问你自己一些问题，将它们记录下来，先不要急于回答。

需求

这里有很多问题，你可以设计游戏并考考自己：

- 游戏的基因要素或游戏风格是什么样的？
- 为什么是单玩家或多玩家游戏？
- 如果是多玩家游戏，是线上游戏还是多人分屏类型的游戏？
- 游戏的内容与现实场景的活动有关联吗？
- 游戏玩家扮演生物角色（人类、动物、外星人等）还是某种机器？
- 如果玩家不是生物或机器的话，会不会是某种高等存在物，可以控制或占据众多的游戏实体？
- 玩家最终要达到什么目的？
- 我们如何判定玩家是否成功，计分系统是怎样的？
- 作为玩家，游戏所能呈现给他的挑战是什么？
- 这些挑战是事先设计好的（由游戏开发人员事先定制好），还是随机出现的？
- 如果有游戏的背景故事（对游戏发生的场景进行描述的记事）的话，那会是什么？
- 能吸引玩家进行游戏的地方在哪里？
- 在游戏中，玩家需要掌握何种技能或技能组合才能成功？
- 需要其他何种技能才能让玩家获得成功？
- 游戏通过何种途径才能协助玩家发展这些技能？
- 游戏技能加强到何种程度才算是过度？

尽量加入更多你自己的问题。

正如你所见，这个清单里的问题很多，我们只触及到一些皮毛而已。通过回答这些问题，以及回答你所加入的问题，你可以建立一个需求清单。在这个清单中至少建立一套需求规范，这是非常重要的，这样可以使你清楚你的设计是什么样子的，以及你的完成进度是如何测量的。

软件设计是一项艰巨的任务，有数百部书籍可供参考，里面有各种各样的设计方法，这已成为一个行业。有多种不同的方法来达到你的目标——也有很多不同意见。然而所有人看似都认同的是，将需求以一种有目的的方式制定并记录下来。功能性规格、测试计划、进度安排以及类似的与你有关或无关的东西，但是你如果不知道你将要干什么就会导致进度缓慢。

某些问题会引起另外一些问题，某些答案可能需要等到你有更多信息后才能知道。即便你的问题清单大于你的答案清单，也就是说很多问题无法回答，这也是一项很重要的工作。将清单随身带着，时常看一看并更新答案。看看最终会将你指引至何处。也许你会发现自己已经偏离了最初的想法。清单可能揭露出你未曾考虑过的问题，这是非常重要的，可以让你避免将时间浪费在一些错误的方法上。

当你以自己的方式创建问题时，尽量写得笼统一些——避免过于具体，除非这些问题不可避免。

在某些时候你会想问问自己，"我使用何种技术来创建这个游戏？"不要在最初的时候问这种问题。很多时候你需要时间来获得答案，换句话说，也就是要等到你的需要变得丰富且实用之后才能问自己这种问题。

约束

我们常常不得不接受那些强制我们移动到某一特定方向的约束，或者那些阻止我们移动到其他位置的约束。

设计应能够驱动技术，而不是反方向进行。然而，在预算很紧缺的开发工作室中，这样做是无法担负得起的。有一些预算方面的约束使我们只能使用某种技术。在我们的案例中，由于本书旨在帮助人们使用最少的花费来制作游戏，使用 Torgue 游戏引擎来协助我们完成这一目标，我们也需要接受这些约束并检测其在设计方面所带来的问题。

在我们的案例中，由于我们已经知道了将要使用的技术，我们应首先检测它本身的限制并测量由此给我们带来的约束。

正如其他地方所提到的那样，Torque 专为线上多玩家第一人称视角射击类游戏而开发，这就意味着，当创建游戏引擎时需要考虑权衡实施的方法，开发者需要尽量让他们以一种高效快速的网速、第一人称 3D 透视绘图和多玩家支持的方式来进行决策。

在设计中，Torque 引擎没有提及的是它的大型多玩家支持。Torque 可以轻松地处理 64 个玩家的单会话接入，处理人数也可超过 100。实际上，接入同一服务器的玩家人数没有硬编码方面的限制。但是鉴于其设计，当超过 100 个玩家时，Torque 引擎真的只能放弃其在该方面的优势。

大型多人游戏需要有处理成千上万的玩家同时进行游戏的能力。Torque 引擎不能处理这种较高的负荷。

所以服务器负荷也是一种约束。然而 Torque 引擎处理 100 个玩家的能力要好于其他 FPS 型游戏，这些 FPS 游戏往往也不能处理上千个玩家。这是我们需要注意的地方。

我们所使用的工具可能还有其他约束。你如果能够确定需要使用某种特性，但可能需要付出昂贵费用使用 3D 建模工具来达到这一目的，有时候也不能达到自己的最初目标。所以你需要确认你想要做什么。

Koob

让我们看看我们正在制作的游戏的 Koob 需求清单。随时加入你自己的条目，但是清单中共 29 条项目是需要我们首先进行处理的。

① 第一人称和第三人称视角游戏。

② 互联网多人游戏。

③ 全球的游戏内置聊天系统。

④ 至少可以使用一种武器的能力。

⑤ 进出车辆的能力。

⑥ 驾驶车辆的能力。

⑦ 游戏场景中可以驾驶车辆的公路或路径。

⑧ 树木和其他植物。

⑨ 能源物质：生命、能量、弹药、钱币（用于加分）。

⑩ 用作藏身场所和能源物质储存地点的建筑物。

⑪ 所有的其他玩家为敌人。

⑫ 所有的点值都可在设置文件中进行配置。

⑬ 每杀死一个敌人获得 1 分。

⑭ 每毁灭一台车辆获得 3 分。

⑮ 在路径中赛跑的能力，并且每赢得一圈获得 5 分。

⑯ 只能在赛车中获得多圈竞赛的加分。

⑰ 10 圈竞赛没有时间限制。

⑱ 竞赛胜利额外获得 10 分奖励。

⑲ 屏幕记分板。

⑳ 当玩家恢复游戏时，在每局竞赛的末尾显示比分。

㉑ 每名玩家使用游戏账户开始游戏，并且需要使用密码来进行登录。

㉒ 路径必须要在地形上清晰地显示出来。

㉓ 在沿途要设置检查点，以测量进度及确保玩家处于竞赛过程中。

㉔ 当某圈中所有的检查点都完成时才算完成该圈。

㉕ 必须按照顺序完成全部的检查点。

㉖ 三种面值的钱币随机分散在贴图各处。面值为 1 分、10 分、100 分的钱币分别对应铜色、银色、金色。

㉗ 游戏时加入一些漂亮的燃烧物体来供人欣赏。

㉘ 加入可以穿越过去的瀑布。

㉙ 当完成一副贴图后，转到清单里的下一幅贴图。

所以你大概可以获悉，Koob 是一种死亡竞赛寻宝类的游戏。玩家试图获取竞赛的胜利，累积某些战利品，并且在游戏规定的时间内阻止敌对玩家取胜。

当我们从此处学习到本书的最后时，我们需要重新检查这个需求清单，以确保我们已覆盖了清单中的全部条目。

我们现在马上来检查第一条。其他几条也是可以确定的，这是因为我们选择了 Torque Engine 来创建游戏，但是我们还需要使用一些编程来完成这部分工作。

二、Torque 任务编辑器

你大概已经见过了任务编辑器——在这个地方或是在别的地方。正如你所见到的那样，任务编辑器含有多个子编辑器：场景编辑器（World Editor）、贴图编辑器（Terrain Editor）、地形编辑器（Terraform Editor）、贴图纹理编辑器（Terrain Texture Editor）以及任务区域编辑器（Mission Area Editor）。本节的主要目标是将物体放入到游戏场景中，并根据要求进行调整。这就需要用到 World Editor，它有两个组件：World Editor Creator 及其相关组件、World Editor Inspector。

在任务编辑器中，普通的移动键值可以用来控制玩家和镜头。鼠标右键用来旋转镜头或调整玩家视角。

文件菜单

在文件菜单中，可以操作磁盘和文件，如表 21.1 所示。其中包括打开、保存、导入和导出。

编辑菜单

正如当今标准的视窗应用程序一样，此处也有编辑菜单用来安放各种对象编辑命令。如表 21.2 所示，除了普通的剪切、复制和粘贴功能外，还有用于设定各种编辑器的命令。

表21.1　文件菜单命令

命　令	说　明
New Mission	新建一个空任务，贴图及天空使用默认值。
Open Mission	打开一个已有的任务进行编辑。
Save Mission	将现有任务进行存盘。
Save Mission As	将现有任务以不同的文件名进行存盘。
Import Terraform Data	从现有的贴图文件中导入贴图规则。
Import Texture Data	从现有的贴图文件中导入贴图纹理规则。
Export Terraform Bitmap	将现有的地形贴图导出为位图文件（只在地形编辑器中可用）。
Toggle Map Editor	关闭当前编辑器，回到先前的接口（通常为游戏 HUD）。
Quit	退出游戏或演示模式。

表21.2　编辑菜单

菜单项	说　明
Undo	在贴图编辑器或场景编辑器中撤销最后一次操作，并不是所有的操作都可以撤销。
Redo	恢复最后一次撤销操作。
Cut	将场景编辑器中所选定的物体剪切到剪贴板上。
Copy	将场景编辑器中所选定的物体复制到剪贴板上。
Paste	将剪贴板上的内容粘贴到任务中。
Select All	选定场景编辑器中所有的任务物体。
Select None	取消任务编辑器和贴图编辑器中的已选内容。
Relight Scene	重新计算任务的静态光线并应用。
World Editor Settings	打开场景编辑器的设定对话框。
Terrain Editor Settings	打开贴图编辑器的设定对话框。

镜头菜单

使用镜头菜单，如表21.3所示，你可以改变镜头模式，并调整镜头飞行模式的速度。

表21.3　镜头菜单

菜单项	说　明
Drop Camera At Player	将镜头移动到玩家位置，并将模式设置为镜头移动模式（镜头飞行模式）。
Drop Player At Camera	将玩家移动到镜头位置，并将模式设置为玩家移动模式（玩家模式）。
Toggle Camera	将镜头在玩家移动模式与镜头飞行移动模式之间切换。你的视角也将根据所选的模式，在玩家位置或镜头位置之间进行切换。
Slowest to Fastest	调整镜头飞行模式的移动速度。

其他菜单

场景（World）菜单在默认状态下是可用的，其中包含场景编辑器相关的功能。它的功能将会在下节的"场景编辑器（World Editor）"中进行说明。

场景编辑器

场景编辑器为3D场景提供了视图。在该视图中的物体（例如结构、内景、外形和标志）都可以用鼠标或键盘进行处理。

该视图中有三个窗口：场景编辑器树形结构、场景编辑器检验器以及场景编辑器创建器。

场景编辑器树形结构

场景编辑器树形结构视图的位置在场景编辑器检验器和场景编辑器创建

器的右上方。该树形结构显示出任务数据文件的层级关系。树形结构中所选定的物体也会在主视图中被选定。树形视图中的物体可以进行分组。

其中有一个特殊的分组，叫做即时分组（Instant Group），在树形视图中显示为灰色。树形视图中的该分组是用来存放新建的或粘贴的物品。在场景编辑器创建器中所创建的物体页会被存在此处。要想变更现有的即时分组，在树形视图中用 Alt + 鼠标选取分组。

场景编辑检验器

场景编辑器检验器可以让你检验及确定任务的特性。当你在检验模式下，选定一个物体，该物体的特性就显示在屏幕右下角的框中。在对物体的特性进行编辑完毕之后，点击应用按钮将所设置的特性应用于该物体。动态特性则可通过动态场景添加按钮分配给物体。动态场景可通过脚本语言进行操作，通常用于为某物体添加特定游戏属性。

场景编辑创建器

场景编辑器创建器在屏幕右下角显示为一个突出树形视框。视框包含了任务可创建的所有物体。从该列表中能够选择一个物体并创建一个新的任务事件，将新的物体拖拽到屏幕中央释放（使用缺省值）或者选择场景菜单中所规定的 Drop 命令，见表21.4。

表21.4 场景菜单

菜单项	说 明
Lock Selection	锁定已选定的物体，使其不能在场景编辑器视图中进行处理。
Unlock Selection	取消已锁定的选择物。
Hide Selection	隐藏已选定的物体，可以减少视觉干扰。
Show Selection	取消已隐藏的选择物。
Delete Selection	删除已选定的物体。
Camera To Selection	将镜头移至所选择的物体上。
Reset Transforms	重置所选物体的旋转和比例。

续表

菜单项	说　明
Drop Selection	将所选物体按照释放规则放入到任务中（见后文的放下选择物按钮）。如果物体已经被放下，则会进行重新拾取并放下。
Add Selection to Instant Group	将已选定的物体添加至 Sim Group，该分组在任务编辑器接口右侧的检验器视图中以亮灰色显示。
Drop at Origin	将新创建的物体放至原处。
Drop at Camera	将新创建的物体放至镜头处。
Drop at Camera w/ Rot	将新创建的物体放至镜头正对的方向。
Drop below Camera	将新创建的物体放至镜头下方。
Drop at Screen Center	将新创建的物体放全视图方向正对的位置。
Drop at Centroid	将新创建的物体放至选定物的中心。
Drop to Ground	将新创建的物体放至它们所在位置的地面上。

你可以使用鼠标，也可以使用键盘来进行编辑，如表 21.5 所示。

表 21.5　鼠标及键盘操作

操　作	说　明
鼠标点击未选定的物体反向选定	反向选定所有已选定的物体，并用鼠标单击的物体。
鼠标点击空白处	在物体周围单击 – 拖动出一个框体，选定框体中的全部物体。
Shift + 鼠标单击选择物体	回滚选择鼠标单击的物体。
鼠标拖动选择物	将已选定的物体水平移动或粘附到贴图上，取决于设定场景编辑器对话框中的 Planar Movement 复选框中的设定。
Ctrl + 鼠标单击并拖动	竖直移动选定的物体。
Alt + 鼠标单击并拖动	沿竖直轴方向旋转选定的物体。
Alt + Ctrl + 鼠标单击并拖动	在限位框中缩放选择物的比例。

Gizmos 是每个物体的三个维度数轴的视觉代表符号（见表21.6）。当你选中了一个物体，并且在该物体的场景编辑器设置对话框中选中该选项，那么这些维度的视觉效果，通过编辑菜单操作，就将会显现在你选定物体的原始出处的中心。

表21.6　Gizmo 操作

操　作	说　明
单击并拖动 Gizmo 轴	沿着选定的轴向方向移动选定物。
Alt + 单击并拖放 Gizmo 轴	沿着选定的轴旋转选定物。
Alt + Ctrl + 单击并拖放 Gizmo 轴	沿着选定的轴缩放比例。

贴图编辑器

我们使用贴图编辑器来通过鼠标操作刷手动修改贴图示高图和面积区域大小。该操作笔刷集中在鼠标光标周围的贴图点或者面积区域中的一个选项。表21.7 中描述了该笔刷菜单中可用的功能。

表21.7　贴图编辑器：笔刷菜单（Brush Menu）

菜 单 项	说　明
Box Brush	使用方形笔刷。
Circle Brush	使用圆形笔刷。
Soft Brush	对笔刷进行设置，使其在贴图边界处逐渐减弱。笔刷的颜色从红色（影响最大）变为绿色（影响最小）。设定贴图编辑器对话框的过滤视图中可以控制并调整衰减程度。
Hard Brush	对笔刷进行设置，使其在贴图上的绘图效果相同。笔刷上的颜色全部为红色。
Size 1x1 to 25x25	设定笔刷的尺寸。

我们进行堆积赃物或者在地上打洞时，使用贴图编辑器来修改贴图。参见表格21.8，里面列示了贴图编辑器中通过动作菜单可进行的操作。

表21.8　贴图编辑器：动作菜单（Action Menu）

菜单条目	说　明
Select	将笔刷在需要着色的地方移动来选取网格点。
Adjust Selection	通过上下拖动鼠标的方式来提高或降低当前选定网格点的贴图高度。
Add Dirt	在笔刷的中心添加贴图"泥土"，来装饰所影响到的贴图区域。
Excavate	在笔刷的中心移除泥土。
Adjust Height	通过拖动鼠标的方式来提高或降低笔刷标记的区域。
Flatten	设定笔刷标记区域的平面高度。
Smooth	将笔刷标记的区域变平滑——尖点变低、低点变高。
Set Height	设定笔刷标记的区域为一固定的高度——其高度通过设定贴图编辑器菜单来进行设定。
Set Empty	在笔刷覆盖的方形区域内加入一个孔。
Clear Empty	在笔刷覆盖的方形区域内填满孔。
Paint Material	利用笔刷为当前贴图纹理材料着色。

贴图地形编辑器

贴图地形编辑器使用数学分析演算来绘制地表高度（示高图）。示高的操作过程用一个类定义来确定好，其为一个操作命令清单。类定义中的操作均依赖于先前操作的结果来产生新的地表高度。类定义中的最终操作可通过应用按钮被应用于整个地域。

共有两个贴图地形编辑框，顶部的框中显示出与当前所选择操作有关的信息。底部的框中显示当前操作的类定义。两个框中间是一个下拉菜单，通过其可以创建新的操作。类定义中第一个操作总显示一般操作选项且不可删除。

表21.9对可进行的操作进行了说明。

点击Apply（应用）按钮，将当前贴图操作清单保存至贴图文件中。

表21.9 地形操作

操 作	说 明
fBm Fractal	创建崎岖山丘。
Rigid Multifractal	创建山脊和连绵的山谷。
Canyon Fractal	创建垂直的峡谷山脊。
Sinus	创建不同频率的重叠的正弦波形式，用于创建波状丘陵地
Bitmap	导入已有的 256×256 位图高度场贴图。
Turbulence	在堆积物中加入另一操作效果。
Smoothing	在堆积物中为另一操作效果进行平滑处理。
Smooth Water	将水纹进行平滑处理。
Smooth Ridges/Valleys	对现有的边界操作进行平滑处理。
Filter	根据某一曲线过滤现有的操作。
Thermal Erosion	利用热侵蚀算法对现有操作加入侵蚀效果。
Hydraulic Erosion	利用水力侵蚀算法对现有操作加入侵蚀效果。
Blend	根据某一比例因数或数学运算来对现有的两项操作进行融合。
Terrain File	在堆积物中加入一个已有的贴图文件。

贴图纹理编辑器

贴图纹理编辑器使用数学技术通过底部的贴图地形类定义将土地纹理绘制在示高图上。该编辑器在屏幕右方有三个主要接口。从上至下分别是操作检验框、材质清单、放置操作列表。

土地材质即为使用材质添加按钮添加的纹理。其可以是在清单中命名土地的辅助子项中能找到的任何纹理（本书中，同样适用于寻找任何清单中命名的贴图）。一旦材质添加但土地中，用户可以在几个放置操作中选择其一，以确定该材质将被放置于土地何处。参见表格21.10 它们都列示在其中。

点击应用按钮将当前纹理操作清单保存至土地文件中。

表 21.10　贴图纹理编辑器的填充操作

操　作	说　明
Place by Fractal	根据分形布朗运动操作来为贴图填充随机的贴图纹理。
Place by Height	根据海拔过滤器来填充纹理。
Place by Slope	根据坡度过滤器来填充纹理。
Place by Water Level	根据地形编辑器中的水位参数来填充纹理。

任务区域编辑器

任务区域编辑器决定了游戏中限制玩家活动的区域。如果我们在游戏中使用任务区域，当玩家离开某一任务区域时，通常情况下会令其收到警告或取消其资格。当然针对此功能特点你可以找到其他用途。

任务区域编辑器在屏幕右上角显示出当前任务图的俯视示高图。要产生任务项需要任务区域框以及双线显示出当前的视场。点击所显示图的任何一处，都将使当前的视场（镜头或者是播放器画面）移到任务区域中的那一位置上。

编辑任务区域，在编辑区域复选框中进行勾选。在任务区域框中将会显示出八个恢复尺寸的旋钮，可使用鼠标进行拖拽。

点击中心的按钮可以重置土地文件的数据，并且以 0 为中心，0 即为任务区域框中心位置。

镜像复制土地，可点击镜像按钮。这可以将任务区域编辑器设为镜像模式。左右箭头按钮可以调整镜像的平面角度至八个不同角度之一（两个轴平行、两个轴 45°角分开）。点击应用按钮将土地镜像复制应用到镜像平面另一侧。镜像复制任务区域是团队游戏中，双方均以同一土地开始游戏时，快速创建土地的一个有效方法。这可以防止任何一方拥有土地上的优势。一方面，你可以创建土地，而另一方面，你可以简单地将其做镜像复制。

三、创建场景

让我们开始创建游戏的场景，我们从 Koob 需求清单的㉗条和㉘条开始。我选取了从火焰和瀑布开始做起，这是因为我们还没有真正仔细看过粒子效果，在粒子效果中，我们将会接触到各种各样的在本章中提到过的话题，例如开始使用任务编辑器、场景编辑器创建器以及场景编辑器检验器。而除此之外，粒子效果真的很炫！

粒子

还记得第 18 章的雨滴么？那些便是粒子。粒子基本上就是单面的多边形，由游戏引擎大量地生成，来模拟现实场景中各种各样的现象，例如下雨、烟尘、薄雾、溅起或喷出水或泥、火焰等。粒子可以用来模拟各种各样的，稳定变化的流体或气体。即便是一大群也都可以用粒子生成。

在本章中，我所要做的就是向你展示如何使用 Torque 粒子系统来生成篝火和瀑布。

粒子由三部分内容组成：

- 粒子。我们所见到的实际物质。
- 粒子发射体。导致粒子产生的实际物质。
- 粒子发射体节点。发射体所附属的物质。

如果你在每句话的末尾都加上单词 data，并删除掉多余的空格，将会得到数据块的正式名称，可以用来定义粒子系统：

ParticleData
ParticleEmitterData
ParticleEmitterNodeData

粒子可以以两种方式存在于游戏场景中：作为独立的粒子或作为附属的粒子。独立的粒子使用上述提及的三个数据块来进行定义，而附属的粒子只需要使用 ParticleData 和 ParticleEmitterData 来进行定义。这里不需要节点，是因为我们要将粒子附属于其他的物体上来产生粒子。产生粒子的物体可以是

Chapter 21 Creating the Game Mission

玩家、武器、抛射体，以及所有的车辆。正如前文所述，Rain 是一种特殊的物体，有其固有的粒子性能。

因此对于独立的粒子发射体，则需要多加一项定义来为场景添加发射体：

ParticleEmitterNode

我们将会花费较短的时间来看看独立的粒子发射体。

篝火

要是制作一个篝火，我们需要知道两个粒子定义：一个是火焰，另一个是烟雾。我们所使用的粒子形式为独立式，因此我们需要为火焰和烟尘定义全部的三个粒子数据块。

首先，将图形文件 \ 3D2E \ RESOURCES \ CH21 \ flame. png 复制到 \ KOOB \ control \ data \ particles 中。

下一步，创建文件 \ KOOB \ control \ server \ misc \ particles. cs，并且在其中加入下列代码：

```
datablock ParticleData (Campfire)
{
    textureName        = "~/data/particles/flame";
    dragCoefficient    = 0.0;
    gravityCoefficient = -0.35;
    inheritedVelFactor = 0.00;
    lifetimeMS         = 580;
    lifetimeVarianceMS = 150;
    useInvAlpha        = false;
    spinRandomMin      = -15.0;
    spinRandomMax      = 15.0;

    colors [0]         = "0.8 0.6 0.0 0.1";
    colors [1]         = "0.8 0.65 0.0 0.1";
    colors [2]         = "0.0 0.0 0.0 0.0";

    sizes [0]          = 1.0;
    sizes [1]          = 2.0;
    sizes [2]          = 4.0;

    times [0]          = 0.1;
    times [1]          = 0.4;
    times [2]          = 1.0;
```

```
};
datablock ParticleEmitterData（CampfireEmitter）
{
    ejectionPeriodMS = 15;
    periodVarianceMS = 5;

    ejectionVelocity = 0.35;
    velocityVariance = 0.20;

    thetaMin = 0.0;
    thetaMax = 60.0;

    particles = "Campfire" TAB "Campfire";
};
datablock ParticleEmitterNodeData（CampfireEmitterNode）
{
    timeMultiple = 1;
};
```

现在，打开 \ KOOB \ control \ server \ server. cs，定位到功能项 OnServer-Created 上，在功能项末尾的结束符前（}）加入下列一代码：

```
Exec（"./misc/particles. cs"）;
```

下一步，打开你的任务文件（\ KOOB \ control \ data \ maps \ koobA. mis，或是你所起的任务文件名称，只要是与第6章所用的文件名相同即可，并且使用相同贴图文件），在文件的结束符前加入下列代码：

```
new ParticleEmitterNode（）{
    position = "13.2665 -2.0218 196.6";
    rotation = "1 0 0 0";
    scale = "1 1 1";
    dataBlock = "CampfireEmitterNode";
    emitter = "CampfireEmitter";
    velocity = "1";
};
```

好了，保存你的文件，然后运行 Koob。在你的游戏角色的产生位置，转向右侧——你应该能看到溪谷中有一小团火正在燃烧，如图 21.1 所示。

火焰正在图片的左侧十字线位置上热情地燃烧着。现在让我们增加一些烟雾效果。我们使用的方法稍有不同，我们从定义粒子和发射体开始，但是之后我们会使用场景编辑器来用更简单的方法进行操作。

Chapter 21　Creating the Game Mission

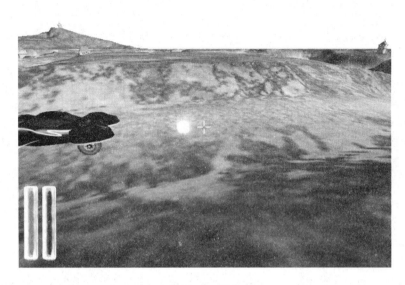

图 21.1　篝火

打开你先前所创建的文件 \ KOOB \ control \ server \ misc \ particles. cs，
加入下列代码：

```
datablock ParticleData (CampfireSmoke)
{
    textureName          = "~/data/particles/smoke";
    dragCoefficient      = 0.0;
    gravityCoefficient   = -0.15;
    inheritedVelFactor   = 0.00;
    lifetimeMS           = 4000;
    lifetimeVarianceMS   = 500;
    useInvAlpha          = false;
    spinRandomMin        = -30.0;
    spinRandomMax        = 30.0;
    colors[0]            = "0.5 0.5 0.5 0.1";
    colors[1]            = "0.6 0.6 0.6 0.1";
    colors[2]            = "0.6 0.6 0.6 0.0";
    sizes[0]             = 0.5;
    sizes[1]             = 0.75;
    sizes[2]             = 1.5;
    times[0]             = 0.0;
```

```
        times [1]        = 0.5;
        times [2]        = 1.0;
};
datablock ParticleEmitterData (CampfireSmokeEmitter)
{
        ejectionPeriodMS = 20;
        periodVarianceMS = 5;
        ejectionVelocity  = 0.25;
        velocityVariance  = 0.20;
        thetaMin         = 0.0;
        thetaMax         = 90.0;
        particles = CampfireSmoke;
};
datablock ParticleEmitterNodeData (CampfireSmokeEmitterNode)
{
        timeMultiple = 1;
};
```

提示

> 要想找出你正在加载和编辑的任务文件，打开\ KOOB \ control \ client \ client. cs，在其中的 LaunchGame 功能项中找到函数调用 CreateServer。调用中的第二条变量即为运行 Koob 时你所打开的任务文件路径。

保存你的工作，然后运行 Koob。定位到篝火上，然后采用镜头飞行模式对其进行显示（按 F8 键）。打开场景编辑器（按 F11 键），然后进入场景编辑创建器（按 F4 键）。浏览树形视框直到你设置了任务项、环境、粒子发射体。点击创建另一个粒子发射体。

你将得到创建项：粒子发射体节点对话框。使用图例作为向导，从数据集合清单中选择篝火烟雾发射体节点，然后从粒子数据清单中选择篝火烟雾发射体（见图 21.2）。

在烟雾出现之后，用光标将其移动全指定的篝火正上方位置。按 F11 键退出编辑界面，抢占更多的篝火点，让它们燃烧起来，以便烧火做饭！

正如你所看到的，粒子发射体节点在创建静止不动但却栩栩如生的节点时是有效的。使用 Torque 场景创建器，或者直接使用编辑任务文件在任务文件中添加数据集合以及发射体参数，均可将其添加到你的场景中。

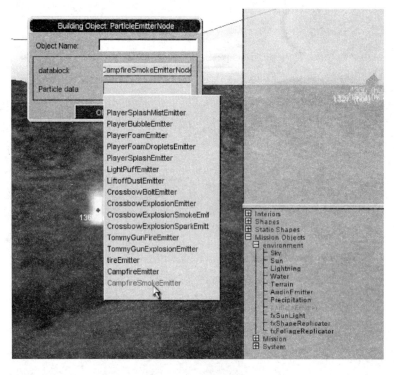

图 21.2　添加烟雾

表 21.11 描述了 ParticleEmitterNode 数据块的主要属性，其中说明了任务文件中所插入的独立粒子发射体的实际节点对象。

表 21.11　ParticleEmitterNode 的属性

属　性	说　明
velocity	用作主速度控制，可为数据块 ParticleEmitter、NodeData、ParticleData 和 ParticleEmitterData 更改设定。
datablock	ParticleEmitterNodeData 在需要的地方进行定义。
emitter	ParticleEmitterData 在需要的地方进行定义。

现在，如果你看到图 21.3 的话，你将会发现粒子中所含各种数据块之间的关系。矩形框中的项目需要以某种方式进行定义——你已学过该怎样做了。当游戏场景中需要独立的粒子时，图中以虚线框标识的项目才需进行定义。当你将粒子附属于其他物体上时，例如玩家或者车辆，只需要定义实线矩形

框中的数据块（ParticleData 和 ParticleEmitterData）。

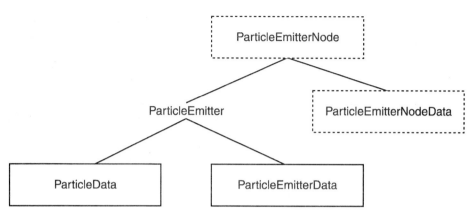

图 21.3 粒子系统元素

表 21.12 描述了 ParticleEmitterNodeData 数据块的主要属性。

在该数据块中只有一个参数：timeMultiple。你可以使用不同的设定值和名称来为这些数据块赋值。

表 21.12 ParticleEmitterNodeData 的属性

属　性	说　明
timeMultiple	取值范围为 0.01 至 100.0，可以指定粒子从节点中发射的频度。取值越小意味着两次发射的间隔时间就越小，也意味着较高的发射频度。

表 21.13 描述了 ParticleEmitterDat 数据块的主要属性，尽管我们在此处不使用该数据块。那些我们不会用到的数据块将会使用 Torque 的默认值。

表 21.14 描述了 ParticleData 数据块的主要属性。同样的是，我们在篝火中不使用该数据块，但是我们会在下一小节的瀑布中进行运用。

表 21.13 ParticleEmitterData 的属性

属　性	说　明
ejectionPeriodMS	控制粒子发射的频度，单位为毫秒（ms）。取值为 1000，等同于每一秒发射一次（最小值为 1 毫秒）。
periodVarianceMS	为发射周期加入随机值。其差异值必须小于 ejectionPeriodMS，同时也要小于 ParticleData 部分中的 lifetimeMS 的设定值。

续表

属　性	说　明
ejectionVelocity	控制粒子影像是以何种速度沿着发射方向进行移动的。必须要大于等于 0，最大为 3m/s。
velocityVariance	为 ejectionVelocity 加入随机值。其差异值必须小于 ejectionVelocity 的取值。
ejectionOffset	定义发射所发生的初始位置与发射方向的偏移量。
thetaMax，thetaMin	为 ParticleNode 对象设置沿 X 轴的旋转范围（单位为度）。thetaMin 的取值必须小于 thetaMax，并且两者的取值都必须在 0 ~ 180° 之间。粒子生成器将会在这个范围内随机取值。将这两个属性联合起来，可以想象发射体的"目标"有"多高"。
phiReferenceVel，phiVariance	设定沿 Z 轴的旋转角度。两个变量的取值必须为 0 ~ 180° 之间，phiVariance 的取值要小于 phiReferenceVel。将这两个属性联合起来，可以想象发射体的"方向"是指向哪里的。
overrideAdvances	默认值为 false。当设置为 true 时，将会在创建的同时阻止粒子的更新。可以用来清理快速移动物体所生成的粒子。
orientParticles	默认值为 false。当设置为 false 时，粒子影像将会像广告牌那样保持正对镜头。当设置为 true 时，粒子影像将会朝向发射方向。
orientOnVelocity	默认值为 false。当设置为 true 时，粒子会朝着发射方向进行显示。在一开始时，粒子会朝着屏幕，这是因为一开始的速度为 0。
particles	与 ParticleData 中所使用的数据块名称相同。可在字符串中指定多个 ParticleData 数据块，用标志字符进行区分。粒子引擎将会在清单中重复执行。
lifetimeMS	定义发射体多久发射一次粒子。不得取负值。取值 0 代表没有时间限制。如果没有指定，则默认值为 0.
lifetimeVarianceMS	为发射体的周期时间加入随机值。该值必须要小于（不能等于或大于）lifetimeMS 的取值。
useEmitterSizes	如果该数据块属于 ParticleEmitterNode 的话，则无任何意义。在其他情况下，当设置为 true 时，则使用发射体所指定的数值来代替数据块的取值。
useEmitterColors	与 useEmitterSizes 的效果相同，但仅针对颜色。

表21.14　ParticleData 的属性

属　　性	说　　明
textureName	指定 PNG 或 JPG 图像的路径和文件名称。粒子纹理使用的黑色图像区域将会被视为 Alpha（透明度）通道。PNG 图像也会使用黑色作为透明区域，但同时用实际的 alpha 通道作为备选。如果 alpha 通道指定了某一 PNG 图像，则不会使用黑色作为透明度。图像的尺寸必须为 2×2～512×512 像素之间。
useInvAlpha	使用黑色到白色之间作为透明度工作区的开关。
inheritedVelFactor	指定父对象的速度是如何继承给所发射粒子的。
constantAcceleration	为发射方向上每个粒子的指明加速率。
dragCoefficient	为发射方向上每个粒子的指明减速率。
windCoefficient	指定游戏场景中的风速向量是如何影响到所发射的粒子的。
gravityCoefficient	指定每个粒子的垂直加速率。正值代表朝着地面加速。
lifetimeMS	控制粒子影像沿着其发射方向多久显示一次。较短的生命周期有着显著的屏闪效应。默认值为 1000（1 秒），最小值为 100。
lifetimeVarianceMS	为粒子的周期加入随机值。该值必须要小于（不得等于或大于）lifetimeMS。
spinSpeed	指定图像沿着竖直轴的随机旋转速度，前提是粒子没有使用 ParticleEmitterDataorient 中的 Particles 或者 orientOnVelocity 属性来设定为广告牌模式。
spinRandomMax	为粒子影像可以随机旋转的角度设置最大值。可用的取值范围为 -10000.0 ～ +10000.0。spinRandomMax 必须要大于 spinRandomMin。
spinRandomMin	为粒子影像可以随机旋转的角度设置最校值。可用的取值范围为 -10000.0 ～ +10000.0。spinRandomMin 必须要小于 spinRandomMax。
animateTexture	当设定为 true 时，允许使用动画粒子图像纹理。
framesPerSec	指定动画帧率。
animTexName	指明含有纹理图像文件清单的 DML 文件。每个文件在动画中都为一帧。
colors [n]	为三段式的粒子发射指定颜色插值。
sizes [n]	为三段式的粒子发射指定比例插值。
times [n]	为三段式的粒子发射指定时间戳值。

Chapter 21 Creating the Game Mission

瀑布

正如所承诺的那样，我们将会创建一条瀑布。在你的 particles. cs 文件中加入下列粒子系统数据块：

```
datablock ParticleData（WFallAParticle）
{
textureName = " ~/data/particles/splash";
dragCoefficient = 0.0;
gravityCoefficient = 0.5;
windCoefficient = 1.0;
inheritedVelFactor = 2.00;
lifetimeMS = 15000;
lifetimeVarianceMS = 2500;
useInvAlpha = false;
spinRandomMin = -30.0;
spinRandomMax = 30.0;
colors [0] = "0.6 0.6 0.6 0.1";
colors [1] = "0.6 0.6 0.6 0.1";
colors [2] = "0.6 0.6 0.6 0.0";
sizes [0] = 5;
sizes [1] = 10;
sizes [2] = 15;
times [0] = 0.0;
times [1] = 0.5;
times [2] = 1.0;
};
datablock ParticleEmitterData（WFallAEmitter）
{
ejectionPeriodMS = 10;
periodVarianceMS = 5;
ejectionVelocity = 0.55;
velocityVariance = 0.30;
thetaMin = 0.0;
thetaMax = 90.0;
particles = WFallAParticle;
};
datablock ParticleEmitterNodeData（WFall1EmitterNode）
{
timeMultiple = 1;
};
```

```
//————————————————————————————————————————
datablock ParticleData（WFallBParticle）
{
textureName = " ~/data/particles/splash";
dragCoefficient = 0.0;
gravityCoefficient = -0.1; // rises slowly
inheritedVelFactor = 2.00;
lifetimeMS = 3000;
lifetimeVarianceMS = 500;
useInvAlpha = false;
spinRandomMin = -30.0;
spinRandomMax = 30.0;
colors [0] = "0.4 0.4 0.7 0.1";
colors [1] = "0.5 0.6 0.8 0.1";
colors [2] = "0.6 0.6 0.9 0.0";
sizes [0] = 10;
sizes [1] = 15;
sizes [2] = 20;
times [0] = 0.0;
times [1] = 0.5;
times [2] = 1.0;
};
datablock ParticleData（WFallCParticle）
{
textureName = " ~/data/particles/splash";
dragCoefficient = 0.0;
gravityCoefficient = -0.1; // rises slowly
inheritedVelFactor = 2.00;
lifetimeMS = 3000;
lifetimeVarianceMS = 300;
useInvAlpha = false;
spinRandomMin = -30.0;
spinRandomMax = 30.0;
colors [0] = "0.4 0.4 0.5 0.1";
colors [1] = "0.5 0.5 0.6 0.1";
colors [2] = "0.0 0.0 0.7 0.0";
sizes [0] = 5;
sizes [1] = 5;
sizes [2] = 5;
times [0] = 0.0;
times [1] = 0.5;
```

```
times [2] = 1.0;
};
datablock ParticleEmitterData (WFallBParticleEmitter)
{
ejectionPeriodMS = 15;
periodVarianceMS = 5;
ejectionVelocity = 0.25;
velocityVariance = 0.10;
thetaMin = 0.0;
thetaMax = 90.0;
particles = "WFallBParticle" TAB "WFallCParticle";
};
datablock ParticleEmitterNodeData (WFall2ParticleEmitterNode)
{
timeMultiple = 1;
};
```

保存你的工作，然后运行游戏。你想要放置瀑布的地方如图 21.4 所示，注释中说明了我想要安放瀑布的最佳位置。任何有水流经过的地方都可以。

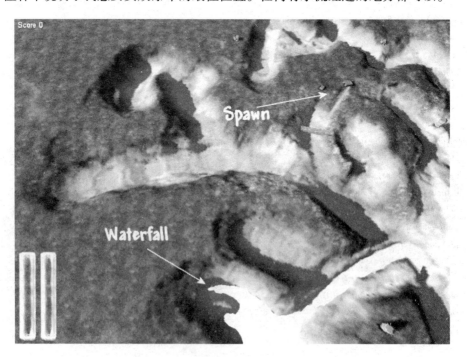

图 21.4 定位瀑布

要到达那个位置，按 F8 键进入镜头飞行模式，直接向上飞行 1 秒钟（向下看地面，然后按 w 键来上下移动）。然后在你所面对的地方旋转 180°，然后便可飞行至图中所示的位置。

一旦到达后，若要添加篝火烟雾，则可使用前一节中相同的方法。对于瀑布的顶部，使用带有 WFallAEmitter 的 WFall1ParticleEmitterNode。然后对于水面的闪光效果，使用带有 WFallBEmitter 的 WFall2ParticleEmitterNode。你应该能够看到如图 21.5 中所示的景象。

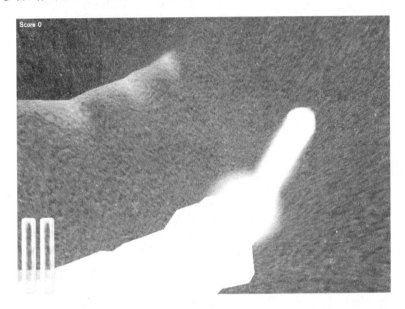

图 21.5 瀑布

你可以使用顶部的三个节点重新修饰你的瀑布（瀑布的左、右、中间），下部可能有两个节点需要修饰。当你观看瀑布时，你将会发现水流的中部与边缘的特性不同——因此需要使用三种粒子发射体。还有，当水撞击到底部的池塘时，通常有两个典型的物理现象：飞溅及喷雾。所以底部需要用到两个发射体。

地形

我创建了两块土地——trackA. ter 和 trackB. ter——以便在 Koob 中使用。

当然你可以自由创建你自己的。每块土地都有一个不同——实际上，是有点相反的模样。

trackA. ter 是一个有点幽闭恐怖的地方，大多数的活动都发生在峡谷或河床周围，正如你在图 21.6 中所见。

trackB. ter 如图 21.7 所示，为更加广阔开放的地带，操作时可见一系列的小丘陵和山脉。

图 21.6　trackA. ter

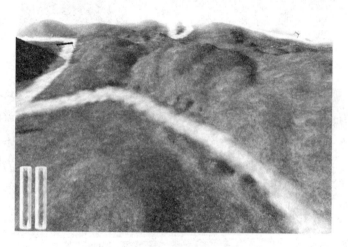

图 21.7　trackB. ter

在两种情况下，我所预置的路径，都是像我所希望的那样，不存在任何可作弊欺骗用或者可寻求到捷径，以防止那些知道捷径的人因此而获得巨大优势。实际上，我设计 trackB. ter 的时候内设了两条（也许比原路径快，也许根本快不了的）捷径。看看你们是否能够找到它们！

同时，你必须使用检查点的详细说明，会帮助你最少次数地使用捷径来作弊。

trackA. ter 地形与我们在同 Emaga6 一起使用的 Koob 早期版本中的测试地形非常相似，trackB. ter 则是全新的。如果你想要将它们查验一番，可以从路径 \ 3D2E \ RESOURCES \ CH21 \ 复制文件 trackA. mis、trackA. ter、trackB. mis 和 trackB. ter，并将它们拷贝到路径 \ KOOB \ control \ data \ maps \ directory 下。

下一步，你需要编辑文件 \ KOOB \ control \ client \ client. cs，在其中找到这样的文字：

createServer （"SinglePlayer"，"control/data/maps/koobA. mis"）；

你可以进入你想要寻找并进入的任何一个任务文件，键入其文件名——trackA. mis 或者 trackB. mis。现在，我知道这看起来似乎并不是一个便于选择任务操作的方法。我们将会在下一章中阐述这个问题。

物品和结构体

继续创建 Koob 以使用 trackB。一旦完成，复制路径 \ 3D2E \ RESOURCES \ CH21 \ STRUCTURES 下的所有的文件，并将其拷贝到路径 \ KOOB \ control \ data \ maps \ 下。如果碰到询问你是否想要覆盖现有文件的对话框，你要回答是。

现在运行游戏并且进入镜头飞行模式。你应该身处于一个大的停车场中央。

进入场景编辑创建器（按 F11 键后按 F4 键），浏览树形视框直到你找到内部、控制、数据、结构。然后找到开始结束项和检查点项，使用图 21.8 作为向导，将每项中的一个放置在游戏场景中。

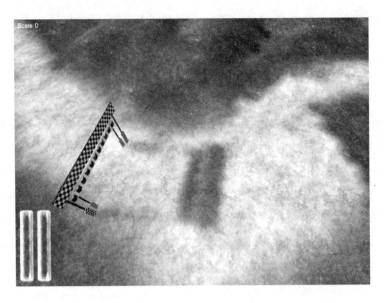

图 21.8　起点线/终点线

注释

　　当你插入新的结构时，Torque 能够为你提供比如灯光贴图改变，并在屏幕底部出现一个较长的信息框以作为提示。如果你不是在你的场景中忙着移动几十个物体，那就接着继续按下重亮场景按钮。如果你正忙着处理很多东西，则仅仅按一下隐藏按钮即可，因为按重亮场景按钮会花费你一定的时间，时间长短随你场景的复杂程度而定。

　　想要旋转某一物体，选中它，按下 Alt 键的同时拖动光标到该物体 gizmo 轴的某一维度上（X、Y 或者 Z）即可。当轴标出现时，点击并停住。然后向左或者右、上或者下拖动光标使物体围绕着所选定的轴进行旋转。

　　如果需要退回或者调整已经放置好的物体，按 F4 键进入场景编辑检验器进行选择和调整物体。切换回到场景编辑创建器继续放置其他物体。

　　移动某一物体时，对其进行选定，朝着其中一个维度轴摇摆光标，点击并拖拽其至你所选定让其移动的方位。

　　按比例扩大或缩小某一物体，如之前那样选择好维度轴，然后同时按下 Alt 键和 Ctrl 键并拖拽光标。检查点上的物体会在横向上或竖向上按比例扩大或缩小一点，如图 21.8 中的描述，以便适应该物体开始结束内部的要求。

定义路径，你可以使用很多其他的结构，比如路障（见图21.9）和方向标（见图21.10）。

图21.9 障碍

图21.10 方向标

你应在图21.11所标示的位置上放置检查点。一共会有5个检查点：一个在开始/结束线，另外四个在路径周围。

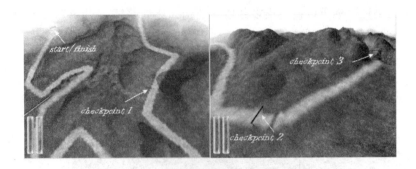

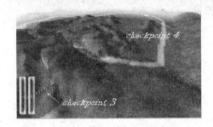

图 21.11 检查点的位置

有策略地放置路障以阻止其进入某一区域，使用方向标来帮助玩家了解路径将会通往何处。

你还应该放置一把冲锋枪以及弓弩，同时还有弹药箱在开始/结束线附近。

同时还应放置健康背包在开始/结束线附近，以及在每个检查点附近放置 HealthPatch 对象。你可以使用内部清单中的块结构来放置这些物品以提高其可见性。确保从地面下沉的高度足以使玩家越过。

同样是从内部清单中设置小屋坐落的位置，在路径周围放置几间，临近即可，也不能靠太近。确保玩家可以有路到达小屋，也许提供足够的空地更好，最好能够在它们后面藏起一部车。

在静物、控制、数据、模式、项目下的静止物体清单中选中几棵树和几块岩石。将其放置在地图周围，令其视觉效果以及所放位置符合你的策略——你想要在遇到伏击时为人们提供藏身之地（放置岩石是为了将车辆掩藏于其后，等等）。

在 trackA 上继续重复同样的步骤。在峡谷的附近有一大块平地，是你当前大量生产所用的地方（它实际上在你后面），有一座桥横跨于旁边的河流之上。这就是你应该放置开始/结束线的位置。行走的方向朝着从开始线直接穿过桥梁，并沿着它继续走下去。你可能会使用不超过 4 个检查点（除了开始/结束线的）就可以完成路程。如果你发现需要调整地形以容纳某一建筑或其他的东西，设法这样去做。

不要担心金币的放置。这是我们在下一章中编辑程序代码时所要处理的问题。

四、本章小结

在本章中事情变得有点更加繁杂了。正如你所见，设计游戏就是一个回答问题的过程。通常情况下，回答问题是比较简单的部分——提出问题有时会更难。为你的游戏创建要求的说明不仅仅是有用的，甚至是一种强制性的惯例做法。

有的东西会制约我们的设计，而我们必须在头脑中牢记这些限制。每个工程项目都会有不同的限制因素。你看到的例子之一就是你甚至不应该考虑使用 Torque 来制作大型的多人游戏。

随后我们来看看任务编辑器的细节。你可以使用其放置和排列所有要进入你游戏场景中的物体。我们还使用其对一些粒子产生的效果进行放置，以篝火和瀑布的形式为例，以及一些将会在游戏竞技中有用的构造物。

让我们再次来仔细检查一下我们的要求。我们从预备阶段项目①的核查开始。现在我们可以核查一系列其他的项目：④、⑤、⑥、⑦、⑧、⑩、㉒、㉗和㉘。我们还完成了⑨、㉓、㉔和㉕部分的检查，但是实现它们也需要进行一些编程工作。

在下一章中，我们将会更多地深入研究游戏竞技在服务器方面的事宜，例如，将玩家带入随机的地点、设置进入场景的手段，以及触发启动事件。

第22章

游戏服务器

现在，我们要么在近几章中将某些内容增加到游戏中去，要么仅仅将其纳入某些游戏要求之中，不过尚未获得程序代码支持。

在本章中，我们将主要关注于需支持其具体要求而增加的服务器代码，以及在某一代码中增加的服务器代码，从而为一种更为完整的状态带来某些理念。

一、玩家角色

很可能你已经注意到，在玩家行为或相貌中存在一些奇怪或不完整的地方，至此我们已对这些代码及美术问题进行处理。

我们将会解决这些问题。

玩家产生

就实例游戏而言，我们会使用一个固定的刷怪点。当然，有一个便捷的刷怪点系统可供我们使用。

对于该系统而言，我们首先需要的就是我们称之为标记的东西，即建立一个新的文件，将其命名为 \ koob \ control \ server \ misc \ marker.cs，并增加以下命令：

```
datablock MissionMarkerData (SpawnMarker)
{
    category = "Markers";
    shapeFile = "~/data/models/markers/sphere. dts";
};
function MissionMarkerData :: Create (% block)
{
    switch $ (% block)
    {
      case "SpawnMarker":
        % obj = new SpawnSphere ( ) {
          datablock = % block;
        };
        return (% obj);
    }
  return - 1;
}
```

　　游戏服务器中具有现在熟悉的数据块，这一程序块仅用于 MissionMarker-Data。Create 函数就 World Editor Creator 如何在游戏中制作一个新的标记进行了阐述。注意 switch $ 块的使用，虽然仅有一种情况存在——即以后作为其他标记使用。保存操作。

　　现在，将目录 \ 3D2E \ RESOURCES \ CH22 \ markers 及所有内容复制到 \ koob \ control \ data \ models \ markers。如有必要，可创建一个新的文件夹。

　　现在，打开文件 \ koob \ control \ server \ server. cs 并找到命令程序：

```
Exec ("./misc/item. cs");
```

　　并在之后增加以下条目：

```
Exec ("./misc/markers. cs");
```

　　保存文件。

　　完成以上步骤之后，启动 Koob，进入相机飞行模式，然后移至向下可见起点/终点线的位置。进入 World Editor Creator（先按 F11，然后按 F4），然后选择右下侧树状图中的 Mission Objects、System 和 SimGroup，添加一个 PlayerSpawns 组，并以对话框中的目标名进入 PlayerSpawns。将 PlayerSpawns 作为当前组，将其放入右上侧的层次结构中，然后按住 Alt 键，同时点击 PlayerSpawns。此时，PlayerSpawns 文件夹图标应当为绿色。接下来，选择右下侧树状图中的 Shapes、Markers 和 SpawnMarker，添加一个产生标记。将一个灰白色球体置于游戏中。在开始/结束区域周围大约有六个球体位置，其中几个被隐藏起来了。确保在 PlayerSpawns 组中创建所有这些球体。

保存任务并退出桌面。

现在，打开文件 \ koob \ control \ server \ server. cs 并找到 SpawnPlayer 函数。更改 createPlayer 条用程序，如下所示：

```
% this. createPlayer（SelectSpawn（））;
```

接下来，在文件结束部分添加以下方法（或在 SpawnPlayer 函数之后）：

```
function SelectSpawn（）
{
    % groupName = "MissionGroup/PlayerSpawns";
    % group = nameToID（% groupName）;

    if（% group !  =  −1）{
      % count = % group. getCount（）;
      if（% count !  = 0）{
        % index = getRandom（% count − 1）;
        % spawn = % group. getObject（% index）;
        return % spawn. getTransform（）;
      }
      else
          error（"No spawn points found in" @ % groupName）;
    }
    else
      error（"Missing spawn points group" @ % groupName）;
    return "0 0 201 1 0 0 0"; // if no spawn points then center of world
}
```

此函数将对 PlayerSpawns 组进行检查，并计算产生的标记数量。然后，此功能会任意选择其中一个产生标记并获得其变换式（包括标记的位置和旋度），然后恢复这一值。

完成这一步骤之后，可试一下游戏。注意玩家每次在不同地点是如何产生的。

车辆装配

在最近几章中，当你让玩家角色进入汽车时，你可能注意到——尤其从第三者角度——玩家处于站立姿势，其头部穿过车顶。

通过指定 mountPose 数组数值即可将此问题解决。对于每种车型而言，我们所做的就是在模型（已经创建）中创建 mountPoints。我们需在车辆模型中确定一些节点，而这些节点将作为装配点。在下一节中，我们将解决玩家模型的姿势问题，而其他内容则在以后涉及车辆的章节中予以解决。

模型

最近几章中，本人使用标准"Kork"，Torque Orc 模型作为填充器用于测试代码、地图及其他模型。然而，现在正是你使用自己模型的时候，即我们在第 14 章中创建的 Hero 模型。在该模型中，有些地方还需我们进行调整，因此制作一个 Hero 模型副本并将其添加到你的 Koob 模型目录 \ koob \ control \ data \ models \ avatars \ hero 中。如果你还没有进行此操作的话，则可创建该人物目录。将所有 Hero 模型文件（包括纹理文件）复制到该目录之下。此外，还需更改与人物模型相对应的玩家定义文件。打开 \ 3D2E \ control \ server \ players \ player. cs 并找到 PlayerData（MaleAvatar）数据块。

在该数据块中，找到：

shapeFile = " ~/data/models/avatars/orc/player. dts";

并将其更改为：

shapeFile = " ~/data/models/avatars/hero/myhero. dts";

如果之前未将"myhero"进行命名，则可使用给定的名字。

此外，注意该文件头一行文字：

exec（" ~/data/models/avatars/orc/player. cs"）;

尽管这句话中的文件名相同，即"player. cs"，但通过路径，你会发现文件完全不同，这就是动画序列装订文件，它将顺序文件与 Torque 支持的动画联系起来。如果你已创建了模型，以便使用 Torque 动画顺序，则不必作出任何改动。

如果创建了自己的动画顺序，则可更改与自身某一顺序装订文件相对应的路径。可使用标准作为模型，并且只用更改与自身顺序文件相对应的内部参考。保存自身顺序装订文件和顺序文件的最佳位置与模型文件夹应当在同一文件夹中。此外，还应将顺序文件的名字与模型外形文件的名字一致。例如，如果模型外形文件是"myhero.dts"，则应将顺序装订文件命名为"myhero.dts"。因此，为了支持自身的顺序，则应将player.cs头一行的文字更改为：

exec（"~/data/models/avatars/hero/myhero.cs"）；

并确保myhero.dts、纹理和顺序文件及myhero.cs均位于\3D2E\control\data\models\avatars\hero文件夹，当谈到人物时，可回到\3D2E\control\server\players\player.cs并将所有OrcClass改为HeroClass。很可能存在四个步骤——即在PlayerData数据块中：

className = OrcClass；

并在方法声明中出现三次，如下所示：

OrcClass∷onAdd
OrcClass∷onRemove
OrcClass∷onCollision

调节模型比例

你会发现你的玩家角色并非你需要的大小尺寸。如果出现这种情况，是很容易解决的，但应判断需要更改的尺寸。我们暂且假设人物角色需要比目前要大50%。打开MilkShape并载入模型。选择File→Export→Torque DTS Plus，从而运行DTSPlus Exporter。如果Scale框中的标度值为0.2，则将其更改为0.3（即比0.2大1.5倍或0.2的150%）。

动画

为了正确地将你的玩家角色装入车辆，需创建一个坐姿。在MilkShape的动画窗口中添加多种骨架——首先务必点击Anim按钮！

然后，选择最后一个骨架，并移动周围的关节，直至人物角色看起来与图22.1相似。

为坐姿创建一种专用材料作为顺序目录——该目录将成为单骨架顺序。将材料命名为"seq：sitting = 102 - 102"，保存作业，然后将文件导出到\koob\control\data\models\avatars\hero\directory中。"Vehicle"部分中的其他装配问题可在以后进行简要处理。

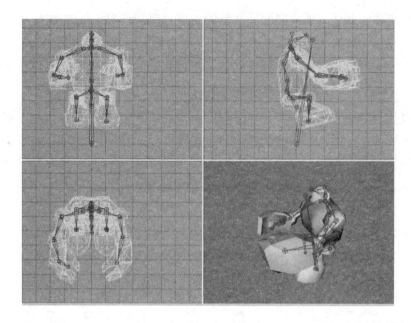

图 22.1　坐姿

服务器代码

回到第 6 章，你会知道我们是如何建立一个 Torque 游戏作为专用服务器进行运行的。当一个服务器是专用的时候，不必显示任何 Torque 能够实现的、花哨的编辑器。由于废弃的代码会浪费内存，因此我们应置入一个程序指令以检查专用服务器是否正在运行，如是的话，则可绕过 Creator 功能。

我们已经拥有变量 $ Server::Dedicated，而此变量可在 delicated 命令程序切换用于运行专用服务器程序时设置为 true，也可在小的绕开技巧中用到。打开文件 \ 3D2E \ creator \ main.cs 并找到：

Parent::onStart ( );

立即在该命令程序下插入以下命令：

if ($ Server::Dedicated)
return;

就是这样！如果 $ Server::Dedicated 证明为真实的话，则我们只能放弃 Creator'sOnStart 方法，而正巧这一方法是所有 Creator 功能得以体现的地方。

现在，我们尽量避免浪费内存，而只能考虑其他方法。

回到第20章，本人提供了一些装配和拆卸车辆的代码，正是如此，你可轻松的进出车辆并对声音进行测试，但我对此并未说明其原因。那么就让我们现在一起看看吧。

碰撞

前提是你只是在进入车辆时发生碰撞。现在，你必须明白，千万不能撞击过于猛烈，或者在你进入车辆之时伤到自己。如果你认为不应如此轻易伤到自己的话，你可编辑一个玩家数据块与之相称。仅打开 \ koob \ control \ server \ players \ player. cs，找到以"minImpactSpeed ="开始的命令程序，以及提高数值——可能大约为 15。

当你的玩家与任何物体发生碰撞时，服务器可通过与回调方法 onCollision 相对应的角色数据块类别名作出回应。

提示

任何数据块类别名可通过脚本进行设置，如下所示：

classname = classname;

以玩家为例，类别名为 HeroClass，因此其命令程序为：

classname = HeroClass;

然后，其方法可定义为：

HeroClass :: myMethod（）

{ /// code in here

}

并且，可调用为

MyAvatarObjectHandle. myMethod（）;

OnCollision 如下所示：

```
function HeroClass :: onCollision（% this,% obj,% col,% vec,% speed）
{
  % obj_ state = % obj. getState（）;
  % col_ className = % col. getClassName（）;
  % col_ dblock_ className = % col. getDataBlock（）. className;
  % colName = % col. getDataBlock（）. getName（）;
  if（% obj_ state $ = "Dead"）
```

```
        return；
    if（%col_ className $ = "Item" | | %col_ className $ = "Weapon"）
    {
        %obj. pickup（%col）；
    }

    %this = %col. getDataBlock（）；
    if（%this. className $ = "Car"）
    {
        %node = 0； // Find next available seat
        %col. mountObject（%obj，%node）；
        %obj. mVehicle = %col；
    }
}
```

在参数中，%表示这一方法所属的数据块，%obj 表示玩家在游戏中的化身对象名称，%col 则表示我们刚才撞击对象的名称，%vec 表示速度矢量，而% speed 是指玩家速度。

首先，我们应当检查我们的对象状态，因为如果对象已经死亡，则再也不用担心任何事情。我们想这么做，是因为死亡化身可能仍然滑下山坡并且撞上什么东西，直至我们决定重新产生。因此，我们需停止死亡化身拾取任何物件。

之后，检查被我们攻击过的对象类别名，并且如果该物件为一个可以拾取的东西，则将其拾取。

接下来，如果该类别为汽车，则正是开始组装车辆的地方。变量%node 表示组装节点。如%node 为 0，则对节点 0 产生兴趣。该节点是在汽车模型中创建的，并在下一节中将会说明我们将该节点放入汽车模型中（这并非难事——不过是在适当位置创建一个结合点并将其命名为 mount0）。

然后，就汽车对象实例而言，我们可启动 mountObject 引擎，并且游戏引擎会为我们处理相关具体事宜。之后，便可更新玩家实例，进而将对刚才组装的车辆所进行的操作进行保存。

如果该对象不能拾取，且不能组装，那么对其进行攻击。下一段代码根据角色速度计算出力量，并向攻击对象施加推力。因此，如果攻击一个垃圾桶，则将其打飞。

组装

现在，当你采用 mountObject 方法时，游戏引擎会回调派生玩家化身的
ShapeBase 中的方法。此方法就是 onMount，如下所示：

```
function MaleAvatar :: onMount（% this,% obj,% vehicle,% node）
{
  % obj. setTransform（ "0 0 0 0 1 0"）;
  % obj. setActionThread（% vehicle. getDatablock（）. mountPose［% node］）;
  if（% node = = 0）
  {
    % obj. setControlObject（% vehicle）;
    % obj. lastWeapon = % obj. getMountedImage（$ WeaponSlot）;
    % obj. unmountImage（$ WeaponSlot）;
  }
}
```

现在，如果你对如何通过类别名访问 onCollision 处理程序以及通过 Shape-
Base 访问 onCollision 处理程序感到困惑，则本人务必明确告诉你的是，我也
不能确定，并且这个答案也真很不明朗。这就是 Torque 的怪癖所在，但如果
你铭记在心的话，则不会出现任何问题。

onMount 方法对% obj、% vehicle 和% node 参数极为重要。我们的玩家为%
obj，并且很明显的是，我们正在组装的车辆也是% vehicle。参数% node 表示
组装节点，如前文所述。首先，代码所起到的作用是将玩家设置为处于标准
取向的无效变换，因为其他玩家对象的变幻信息将通过游戏引擎进行处理，
而该对象从属于汽车——无论车往哪里，我们的玩家就会去哪里。

接下来，调用组装姿势，同时调用 setActionThread。将用作表示 mount0
的数据块中定义的正在活动的动画顺序进行设置。动画顺序本身仅仅只是一
个框架，因此玩家只能坐在车里。然而，直至对车辆定义进行更改之后，玩
家才能坐在车里，而相关的车辆定义将在本章后部分进行阐述。

现在，如果我们正在处理 0 节点，而按惯例，该节点始终表示司机，则
我们需进行几项操作：对某些项目进行排列，从而使控制输入指向汽车，保
存与玩家携带的武器相关的信息，然后卸下玩家身上的武器。

拆卸

使用跳跃动作指定的任意键完成拆卸或卸下动作。此动作更多涉及到组装代码。首先，存在以下指令：

```
function MaleAvatar :: doDismount (% this, % obj, % forced)
{
    % pos = getWords (% obj. getTransform (), 0, 2);
    % oldPos = % pos;
    % vec [0] = "1 1 1";
    % vec [1] = "1 1 1";
    % vec [2] = "1 1 -1";
    % vec [3] = "1 0 0";
    % vec [4] = "-1 0 0";
    % impulseVec = "0 0 0";
    % vec [0] = MatrixMulVector ( % obj. getTransform (), % vec [0]);
    % pos = "0 0 0";
    % numAttempts = 5;
    % success = -1;
    for (% i = 0; % i < % numAttempts; % i + +)
    {
        % pos = VectorAdd (% oldPos, VectorScale (% vec [% i], 3));
        if (% obj. checkDismountPoint (% oldPos, % pos))
        {
            % success = % i;
            % impulseVec = % vec [% i];
            break;
        }
    }
    if (% forced && % success = = -1)
        % pos = % oldPos;
    % obj. unmount ();
    % obj. setControlObject (% obj);
    % obj. mountVehicle = false;
    % obj. setTransform (% pos);
    % obj. applyImpulse (% pos, VectorScale (% impulseVec, % obj. getDataBlock (). mass));
}
```

此处的大多数代码均将决定在把玩家角色模型从汽车内移除之后，所选择的用于置放玩家的点是否安全合理。开始时，便对方向矢量进行设置，并将该矢量用于玩家，从而提前断定新下车后的玩家的计划着陆点将在什么地方，并使用 checkDismountPoint 方法确保其位置良好。如果不好的话，则利用运算法继续移动矢量，直至找到适当位置。一旦决定其位置之后，即可调用 unMount 方法，然后返回对玩家模型进行控制，并将其置于计算位置，并轻轻推动玩家。

当调用 unMount 时，游戏引擎正在运行，然后调用回调程序 onUnmount。在此，我们需做的是恢复之前卸下的武器。

```
function MaleAvatar :: onUnmount ( % this, % obj, % vehicle, % node )
{
% obj. mountImage ( % obj. lastWeapon, $ WeaponSlot ) ;
}
```

二、车辆

我们需对轻便小汽车回顾，准备将其作为可拆卸汽车使用。增强措施不是很复杂——仅仅对其数据块进行一些修改即可。

模型

如果你还记得第 15 章中我们用两个组装节点创建的汽车，而这些组装节点就是在车辆中组装玩家模型汽车中的位置。本人在此画出图 22.2，其目的就是让读者便于直观的想象模型是什么样子。

数据块

我们需在数据块中添加一些内容。打开文件 \ koob \ control \ server \ vehicles \ car. cs，并找到数据块，如下所示：

```
datablock WheeledVehicleData ( DefaultCar )
```

在数据块末端添加以下命令：

```
mountPose [ 0 ] = "sitting";
mountPose [ 1 ] = "sitting";
```

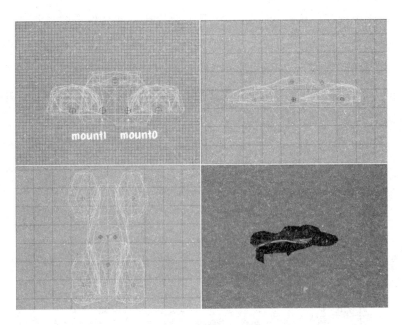

图 22.2　汽车组装节点

numMountPoints = 2;

属性相当明确——"sitting"表示模型中的顺序名称，而该模型与早期以坐姿创建的 Hero 模型相匹配，此顺序名在特殊材料中进行定义。

表 22.1 对最为重要的属性进行了阐述，以便在 WheeledVehicleData 数据块中进行调整，即使我们在所有小汽车中并未使用。

表 22.1　轮式车辆数据属性

属　性	解　释
maxDamage	表示车辆报废之前的最大损坏点数。毁坏和报废状态会算出该值百分比。
destroyedLevel	表示达到某个 MaxDamage 百分比时引擎将会调用 onDestroyed 回调程序。
disabledLevel	表示达到某个 MaxDamage 百分比时引擎将会调用 onDisabled 回调程序。
maxSteeringAngle	表示最大转向角度。
tireEmitter	表示所有轮胎上使用的灰尘发射器。

续表

属　性	解　释
cameraRoll	与车辆一并滚动相机。
cameraMaxDist	表示第三人称视角中与车辆的最远距离。
cameraOffset	表示与相机安装点的垂直偏移。
cameraLag	表示第三人称视角中的速度滞后。
cameraDecay	表示第三人称视角中的速度滞后的每秒衰变率。
mass	表示车辆质量，单位为准千克。
massCenter	表示物体空间 3D 坐标中的刚体质量中心。
massBox	表示用于惯性矩的方框大小。如果为 0，则会默认显示在物体边界框内。
drag	表示阻力系数，用于抵消加速。
bodyFriction	当身体与地面或其他物体摩擦时对"粘性"进行确定。
bodyRestitution	通过使用刚体物理特性确定维持多大的变形。
minImpactSpeed	表示引擎调用车辆 onImpact 回调程序时的速度。
softImpactSpeed	表示引擎发出车辆软撞击声音时的速度。
hardImpactSpeed	表示引擎发出车辆硬冲击声音时的速度。
integration	表示物理合成值：TickSec/Rate。高合成值会产生高合成，从而导致更为精确的模拟，但会极大的耗费 CPU 性能。
collisionTol	表示碰撞距离公差。该值越高意味着能够比较低值更快检测到碰撞。
contactTol	表示接触速度公差。在决定是否与物体产生碰撞或仅仅是接触或摩擦时所允许的风压。风压值过高意味着更为强烈的接触，而不一定将其视为碰撞。
engineTorque	表示形成加速度和更高速度的引擎动力。
engineBrake	表示当油门为 0 时，引擎产生的制动力——模仿车辆在就绪状态时导致车辆慢行下来的引擎内部"阻力"。
brakeTorque	当使用刹车时，与 EngineTorque 作用相反。
maxWheelSpeed	表示车轮最大转速，该速度会直接影响到以车轮直径和变形系数为基础的车辆的速度。车轮速度取决于引擎速度和其他因素。

属　性	解　释
maxEnergy	表示可供车辆移动所需的最大能量，能量可视为与载油量相同。
jetForce	表示其他推力——源自部落时代的延缓术语。意味着与加速度一样。
minJetEnergy	表示应用喷射推进所需的最低能量。
jetEnergyDrain	表示使用喷射吸收车辆能量的快慢。
jetSound	表示喷射或加速时发出的声音。
engineSound	表示引擎空转时播放的声音。
squealSound	表示在轮胎打滑时播放的声音。

此外，还有两个数据块对汽车行为具有很大影响：WheeledVehicleTire 和 WheeledVehicleSpring，如下所示：

```
datablock WheeledVehicleTire（DefaultCarTire）
{
    shapeFile = "~/data/models/vehicles/wheel. dts";
    staticFriction = 4;
    kineticFriction = 1. 25;
    lateralForce = 18000;
    lateralDamping = 4000;
    lateralRelaxation = 1;
    longitudinalForce = 18000;
    longitudinalDamping = 4000;
    longitudinalRelaxation = 1;
};
datablock WheeledVehicleSpring（DefaultCarSpring）
{
    // Wheel suspension properties
    length = 0. 85;         // Suspension travel
    force = 3000;           // Spring force
    damping = 600;          // Spring damping
    antiSwayForce = 3;      // Lateral anti - sway force
};
```

在 WheeledVehicleTire 数据块中，你会发现轮胎在两个方向犹如两个弹簧发生作用。它们会产生纵向和横向力，从而使车辆移动。这些扭/弹力即可将车轮角速度转换为对刚体的作用力。

三、触发事件

当需要玩家与游戏进行互动时，由于我们看见与其车辆进行碰撞，可通过对各个对象进行编程设计，利用游戏引擎进行大量处理。不能由某个对象类别进行处理的多数其他互动可利用触发器进行处理。

触发器从本质上而言是游戏中的存储单元，并且游戏引擎将会检测到玩家何时进入并离开这一空间（触发器事件）。根据检测到的事件，我们可确定将会发生什么，以及该事件何时利用事件处理程序或触发器回调程序触发事件。当与具体对象发生互动之时，可组织触发事件。

创建触发器

如果你还记得某些 Koob 规范要求我们计算所完成的圈数。我们将做的便是在开始/结束指令行附近区域添加一个触发器，从而我们可为玩家添设圈数统计器。

就知道何种对象可调用 onTrigger 的触发器，需另行添设一个以触发器实例为名的动态字段，而该触发器是使用 Mission Editor 创建的。

打开文件 \ koob \ control \ server \ server. cs，并在 onServerCreated 函数末端添加如下命令程序：

exec（"./misc/tracktriggers. cs"）；

该指令将载入定义之中。

此时，创建文件 \ koob \ control \ server \ misc \ tracktriggers. cs，并将以下代码加入其中：

```
datablock TriggerData（LapTrigger）
{
    tickPeriodMS = 100;
};

function LapTrigger∷onEnterTrigger（% this,% trigger,% obj）
```

```
    }
    if (% trigger. cp $ = "")
        echo ("Trigger checkpoint not set on "@ % trigger);
    else
        % obj. client. UpdateLap (% trigger, % obj);
    }
```

　　数据块声明包含一个属性，指定引擎多久检查并发现某个对象是否已经进入触发器区域。在此情况之下，可将其设置为一个 100 毫秒的周期，从而意味着每秒钟对触发器检查 10 次。

　　就触发器事件处理程序而言，有三种可能的方法可以使用：

onEnterTrigger, onLeaveTrigger, onTickTrigger

　　onEnterTrigger 和 onLeaveTrigger 方法含有相同的参数列。第一个参数 % this 即表示触发器数据块句柄；第二个参数 % trigger 即为触发器对象句柄；第三个参数 % obj 是进入或离开触发器的对象实例的名称。

　　在 onEnterTrigger 中，应在游戏引擎探测到某一对象已经进入触发器之时，尽快（在十分之一秒内）调用此方法。这一代码检查触发器的 cp 属性，确保对其进行设置（切勿设置为无或 ""）。如果要对 cp 属性（碰巧为检验点的识别号）进行设定，则我们可采用客户机的 UpdateLap 方法，将触发器名称和碰撞对象的名称作为参数。

　　如需知道某一对象何时离开触发器，则可以完全相同的方法使用 onLeaveTrigger。

　　onTickTrigger 方法同样如此，但不具备 % obj 属性。只要任一对象在触发区域内出现，且每当发生标记事件时（每秒 10 次），便可调用此方法。

提示

　　由于我们在下一节中将会大量使用 Mission Editor，需更改分辨率，因此我们应正确利用各种编辑器选项。启动 Koob，并在启动屏幕上点击 Setup 按钮。将分辨率更改为 800×600，或如可以的话，可设置为更高值。确保将该程序置于窗口模式中，一旦出现错误，务必利用 Alt + F4 强制关闭程序。点击 OK 并启动游戏。

　　接下来，我们需将触发器置于游戏中。我们放入五个触发器：其中有一个位于起始/结束命令程序，还有一个位于各检验点处。

进入相机飞行模式，然后移至能够俯瞰（向下看）开始/结束命令程序的位置。进入 World Editor Creator（先按住 F11，然后再按 F4），然后选择右下侧树状图中的 Mission Objects→Mission→Trigger 即可添加一个触发器。

提示

切勿忘记，当你置入一个新的触发器时，需赋予一个相应的名称。此外，还需在 New Object 对话框中的数据块弹出窗口中选择 LapTrigger 数据块。

同样，用 scale 属性设定触发器范围——切勿妨碍设置多面体数值。

一旦置入触发器后，需按其必要性旋转并将其进行定位于起始/结束标志之下，同时重新设置尺寸，使其填满该区域宽高两面。

在对话框中，将厚度设置为大约十分之一宽度，如图 22.3 所示。

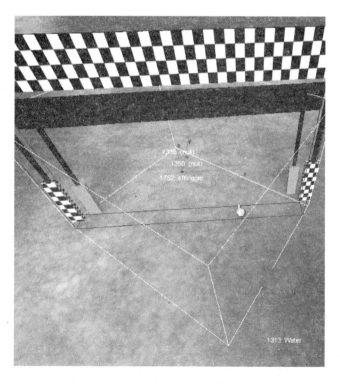

图 22.3　置入触发器

现在，切换到 World Editor（按 F3 键），将新的对象放入右上方的层级之内，并点击对象以便进行选择。在检验器框内，找到 Dynamic Fields，然后点击侧面的 Add Field 按钮（图 22.4 中箭头光标所指按钮）。这时，你会发现一条新的条目出现在 Dynamic Fields 里，其中便是名称框左侧的 "NewDynamicField" 以及数值框右侧的 "Default Value"。在名称框中输入 "cp" 并在数值框中输入 "0"。然后，点击 Apply 按钮，更改对象。我们所做的就是为对象添加一则属性，并将其命名为 "cp"，赋值为 0。我们以后可从程序代码访问此属性。下一个检验点编号为 1，之后的一点则为 2，再下一个为 3，最后一个为 4，即第五个检验点。编号会以反时针方向继续进行。

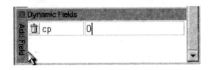

图 22.4　添加动态字段对话框

提示

如需放弃动态字段，则只用点击字段左侧的小垃圾桶。

此时，使用刚才提示的同一方法继续操作，并添加检验点。如愿意，可复制并粘贴最初的触发器对象，从而创建其他检验点——只是切记需更改相应的 cp 属性。

提示

通过复制粘贴添加的对象，其表现有点奇怪。将某一对象粘贴至游戏中时，即使可直观地从游戏图中进行选择，但仍需在右上侧框架的检验器层级内进行选择。尽管确实存在不必要的时候，但假如通过装置控制点直接对其进行控制，从而移动、旋转对象或重新设置对象尺寸。只有选择到层级内的对象时间，其更改项目才将会出现在检验器框架中。

此时，我们能够测量轨迹周围的进程。我们务必添加代码，以便使用这些触发器，并且将其作为计分系统的一部分进行处理，而这部分内容将在下一部分中予以阐述。

计分

我们需跟踪了解所取得的成绩并将这些数值传到客户机，以便进行显示。

圈数和检验点

打开文件＼koob＼control＼server＼server.cs，并将以下代码置入 Game-Connection :: CreatePlayer 方法末尾：

```
% client. lapsCompleted = 0;
% client. cpCompleted = 0;
% client. ResetCPs ( );
% client. position = 0;
% client. money = 0;
% client. deaths = 0;
% client. kills = 0;
% client. score = 0;
```

这些变量可用于跟踪各个分数。现在，可在文件末尾添加以下方法：

```
function GameConnection :: ResetCPs ( % client)
{
    for ( % i = 0; % i < $ Game :: NumberOfCheckpoints; % i + + )
      % client. cpCompleted [ % i] = false;
}
function GameConnection :: CheckProgress ( % client, % cpnumber)
{
    for ( % i = 0; % i < % cpnumber; % i + + )
    {
      if ( % client. cpCompleted [ % i] = = false)
         return false;
    }
    % client. cpCompleted - % cpnumber;
    return true;
}
function GameConnection :: UpdateLap ( % client, % trigger, % obj)
{
    if ( % trigger. cp = = 0)
    {
      if ( % client. CheckProgress ( $ Game :: NumberOfCheckpoints))
      {
```

```
            %client. ResetCPs ( );
            %client. cpCompleted [0] = true;
            %client. lapsCompleted + + ;
            %client. DoScore ( );
            if ( %client. lapsCompleted > = $Game :: NumberOfLaps)
                EndGame ( );
        }
    else
        {
        %client. cpCompleted [0] = true;
        %client. DoScore ( );
        }
    }
    else if ( %client. CheckProgress ( %trigger. cp))
        {
        %client. cpCompleted [ %trigger. cp] = true;
        %client. DoScore ( );
        }
    }
function GameConnection :: DoScore ( %client)
    {
    %scoreString =            %client. score            @
                    " Lap: " @ %client. lapsCompleted @
                    " CP: " @ %client. cpCompleted + 1 @
                    " $: " @ %client. money            @
                    " D: " @ %client. deaths           @
                    " K: " @ %client. kills;
    commandToClient ( %client, ' UpdateScore' , %scoreString);
    }
```

　　从最后一句命令开始，DoScore 方法只能使用留言系统将一含有得分的字符串发送到客户机。处理该字符串的客户代码将在第 23 章中予以阐述。

　　在这部分内容成为特定函数实质部分：UpdateLap 之前，你将会记得这正是从 onEnterTrigger 方法中调用于客户机的方法。首先，UpdateLap 检查并查明此处是否为第一个检验点，因为它本身属于特殊情况。由于我们将会开始并通过位于开始/结束命令程序的首个检验点，从而在不发生任何其他触发器事件的情况下即可将其触发。对于此等情况，可通过调用 CheckProgress 程序对其进行检查，从而查明已经通过的触发器数量。假如答案为无（即错误的返回值），则开始进行逐一排查比较，因此可在该检验点上打上已完成标记，并更新分数，以反应实际情况。

如果此处并非首个检验点，则应对所有检验点进行检查，直至该检验点在这一圈中已经完成。如果这样的话，则可在所有已经完成的检验点上打上标记，并更新其分数；否则，忽略不计。

最后，如果我们返回检验点 0，并检查所有其他检验点是否已经合格，且结果为 true，则意味着完成了一圈。因此，我们将圈增大，重新设置检验点，给已经完成的检验点打上标记，更新分数，然后排查是否结束；如果没有，则继续进行同等操作。

先前的方法 CheckProgress 可通过 UpdateLap 得以调用，并将收到的当前检验点识别号作为一个参数。然后，该识别号依次通过客户机检验点数组，并核实所有低位数检验点已设置为 true（已通过这些检验点）。如果任何一个检验点为 false，则该检验点失序，且不合理。然后，此函数返回为 false；否则，所有检验点均井然有序，函数返回为 true。

之后，首先但不失其重要性的是 ResetCPs 方法。这一简单方法只能快速通过检验点数组设置，所有条目均为 false。

此时，存在几个奇校验，并结束处理。在本文件之前部分中，server. cs 为 StartGame 函数。找到它，并在最后的代码之后添加以下命令程序：

```
$ Game :: NumberOfLaps = 10;
$ Game :: NumberOfCheckpoints = 5;
```

当然，应按本人意愿将这些数值进行调整。也可将 NumberOfLaps 设置为一个较小数字，比如 2，以便进行测试。说到测试，如果想对该程序进行测试，但必须在解决客户机代码之前进行，然后才可添加一些 echo 指令程序并在控制台窗口中查看输出结果（按住波浪字符键进行调用）。一个置入此指令程序的绝佳位置只能在 DoScore 中的 CommandToClient 调用程序之前，如下所示：

```
echo（"Score"@ % scoreString）;
```

钱币

另一要求就是将钱币随机散布于游戏世界中。

打开 \ koob \ control \ server \ server. cs，找到函数 StartGame，并在该函数末尾添加以下命令：

PlaceCoins ( );

然后，将以下函数置于 StartGame 函数之后：

```
function PlaceCoins ( )
{
% W = GetWord ( MissionArea. area, 2 );
% H = GetWord ( MissionArea. area, 3 );
% west = GetWord ( MissionArea. area, 0 );
% south = GetWord ( MissionArea. area, 1 );
  new SimSet ( CoinGroup );
  for ( % i = 0; % i < 4; % i + + )
    {
      % x = GetRandom ( % W ) + % west;
      % y = GetRandom ( % H ) + % south;
      % searchMasks = $ TypeMasks :: PlayerObjectType |
      $ TypeMasks :: InteriorObjectType |
      $ TypeMasks :: TerrainObjectType |
      $ TypeMasks :: ShapeBaseObjectType;
      % scanTarg = ContainerRayCast ( % x SPC % y SPC "500", % x SPC % y SPC " - 100",
      % searchMasks );
      if ( % scanTarg && ! ( % scanTarg. getType ( ) & $ TypeMasks :: InteriorObjectType ) )
        {
          % newpos = GetWord ( % scanTarg, 1 ) SPC GetWord ( % scanTarg, 2 ) SPC
GetWord ( % scanTarg, 3 ) + 1;
        }
      % coin = new Item ( " Gold " @ % i ) {
          position = % newpos;
          rotation = " 1 0 0 0";
          scale = " 5 5 5";
          dataBlock = " Gold";
          collideable = " 0";
          static = " 0";
          rotate = " 1";
      };
      MissionCleanup. add ( % coin );
      CoinGroup. add ( % coin );
    }
  // repeat above for silver coin
  for ( % i = 0; % i < 8; % i + + )
```

```
{
    %x = GetRandom (%W) + %west;
    %y = GetRandom (%H) + %south;
    %searchMasks = $TypeMasks::PlayerObjectType |
    $TypeMasks::InteriorObjectType | $TypeMasks::TerrainObjectType |
    $TypeMasks::ShapeBaseObjectType;
    %scanTarg = ContainerRayCast (%x SPC %y SPC "500", %x SPC %y SPC "-100",
    %searchMasks);
    if (%scanTarg && ! (%scanTarg. getType () & $TypeMasks::InteriorObjectType))
    {
        %newpos = GetWord (%scanTarg, 1) SPC GetWord (%scanTarg, 2) SPC GetWord
    (%scanTarg, 3) + 1;
    }
    %coin = new Item ("Silver" @%i) {
        position = %newpos;
        rotation = "1 0 0 0";
        scale = "5 5 5";
        dataBlock = "Silver";
        collideable = "0";
        static = "0";
        rotate = "1";
    };
    MissionCleanup. add (%coin);
    CoinGroup. add (%coin);
}
// repeat above for copper coin
for (%i = 0; %i < 32; %i++)
{
    %x = GetRandom (%W) + %west;
    %y = GetRandom (%H) + %south;
    %searchMasks = $TypeMasks::PlayerObjectType |
    $TypeMasks::InteriorObjectType | $TypeMasks::TerrainObjectType |
    $TypeMasks::ShapeBaseObjectType;
    %scanTarg = ContainerRayCast (%x SPC %y SPC "500", %x SPC %y SPC "-100",
    %searchMasks);
        if (%scanTarg && ! (%scanTarg. getType () & $TypeMasks::InteriorObjectType))
    {
        %newpos = GetWord (%scanTarg, 1) SPC GetWord (%scanTarg, 2) SPC GetWord
    (%scanTarg, 3) + 1;
    }
    %coin = new Item ("Copper" @%i) {
```

```
      position  =  % newpos;
      rotation  =  " 1 0 0 0";
      scale  =  " 5 5 5";
      dataBlock  =  " Copper";
      collideable  =  " 0";
      static  =  " 0";
      rotate  =  " 1";
   };
   MissionCleanup.  add  (% coin);
   CoinGroup.  add  (% coin);
  }
}
```

此函数首先会获取 MissionArea 的具体内容。就本游戏而言，应使用 Mission Area Editor（先按 F11 键，然后按 F5 键），从而对 MissionArea 进行扩展，以填满整个可用的地面瓷砖区域。

%H 和%W 值为 MissionArea 对话框高度和宽度。结合% west 和% south 变量形成西南角坐标。使用这些数值即可限制对编码进行随机选择。

之后，我们可建立一个搜索屏蔽。Torque Engine 中的所有对象均有一个掩码值，从而有助于识别对象类型。我们也可利用一个位元或运算合并这些掩码，以便鉴定某一不同利弊选择。

然后，我们使用随机坐标，从 500 个世界单元的高度向下进行一次搜索，直至利用 ContainerRayCast 函数进入区域为止。

当光线投射发现地形区域时，可在相应高度添加一个世界单元，然后在该区域加入随机坐标，以建立一个产生钱币的位置。然后，我们利用相应的数据块产生钱币，而该数据块可在新的 item. cs 拷贝中找到。

接下来，往 MissionCleanup 组添加一个钱币，从而 Torque 将在游戏结束时自动移除钱币。当然，假如希望以后能够存取，则可将其添加到 Coin-Group。

输入代码之后，将 \ 3D2E \ RESOURCES \ CH22 \ item. cs 复制到 \ koob \ control \ server \ misc，替换现有的 item. cs，你会发现钱币数据块位置（即钱币值指定位置）。

注意，当你将钱币添加到前文所述的代码中时，可将 static 参数设定为 0。

这就意味着，如果确实拾到钱币的话，在游戏中，在被拾到的地方是不会形成一个新的钱币的。虽然弹药武器能够实现这种情况，但我们并不希望钱币同样如此，而这正是游戏玩法设计方案。

除 item. cs 中的钱币数据块之外，你还会发现以下代码：

```
if (% user. client)
｛
    messageClient（% user. client,‘MsgItemPickup’,‘\ c0You picked up % 1’,% this. pickupName）；
    % user. client. money + = % this. value；
    % user. client. DoScore（）；
｝
```

最后两则指令程序允许玩家积累金钱值，然后服务器会告知客户机最新分数。值得注意的是，这与在那些小道上的检验点计分相似。

再者，直至客户机代码就绪后，可插入 echo 指令程序，以确认所有内容均表现正常。

死亡

想要知道死亡次数，以此进一步满足更多需要，因此可打开\ koob \ control \ server \ server. cs，找到 GameConnection∷onDeath 方法，并在末尾添加以下命令程序：

```
% this. deaths + +；
% this. DoScore（）；
```

此时应当熟悉这些命令程序。我们可通过添加一些动画延长玩家死亡，即可将以下内容添加至\ koob \ control \ server \ players \ player. cs 末尾：

```
function Player∷playDeathAnimation（% this,% deathIdx）
｛
  % this. setActionThread（"Die1"）；
  ｝
```

此时，"Die1"实际上是在前面第 14 章中为人物死亡而取的任一动画名称。如果你正使用 Torque 顺序，则很可能会使用"Death1"。实际上，有 11 个 Torque 死亡顺序，因此你可在上述函数中建立代码，以便在 11 个动画中随机选择 1 个。

正当我们彼此谩骂之时，我们已在第 20 章中谈及如何随机挑选一个数字，并将其添加到字符串中。

杀敌数

牺牲者告知射击客户机自己何时死亡，而实际上就是进行杀敌跟踪。因此，回到 GameConnection∷onDeath 并在函数末尾添加以下程序：

```
% sourceClient  =  % sourceObject ? % sourceObject. client : 0;
if ( % obj. getState ( ) $ = "Dead")
{
    if ( isObject ( % sourceClient) )
    {
        % sourceClient. incScore (1);
        if ( isObject ( % client) )
            % client. onDeath ( % sourceObject, % sourceClient, % damageType, % location);
    }
}
```

此段代码能够确定是谁射到玩家，并将这一事实告知射击者客户机对象。

现在，重要的是，须记住整个事件均发生在服务器上，并在此等情况下何时查询客户机，而实际上，我们正就客户机连接对象而非远程客户机本身进行探讨。

好啦！因此，现在就让我们进一步讨论客户机问题并满足相应需要！

四、本章小结

因此，现在我们准备将玩家模型置于游戏之中，比如玩家化身，供玩家行走用的车轮和明白玩家身在何处的道路。

我们还在游戏世界中为玩家置入一些东西，使其能够积累分数并找到一种方式阻止其他玩家积累太多分数（比如将其杀死）。

所有这些特性均建立于服务器上。在下一章节中，我们将添加一些游戏客户机能够操作的功能。

3D GAME PROGRAMMING ALL IN ONE

第23章

游戏客户机

现在，我们已经满足了大部分要求，至少是在安装启用方面。至于测试其正常运行及其完整性的问题，我将此作为练习留给你（我亲爱的读者）来完成，因为你可能想要改进或提高某些要求。

根据我的列表，仍未解决的几点要求如下：

② 网络多人游戏。

③ 所有在此游戏中玩家进行聊天。

⑪其他所有玩家都是敌人。

⑫安装文件配置的所有点值。

⑭每损坏一辆车 3 分。

⑮能围绕跑道转圈，每转一圈可得到 5 分。（部分）

⑯只有在车内按跑到转圈才可得分。

⑰ 沿跑道跑 10 圈无时间限制。

⑱赢了比赛得到 10 分奖励。

㉙一幅地图的任务完成后，转至表中的下一幅地图。

在这个表中，我将第 ⑭、⑯、⑰ 和 ⑱ 以及 ⑮ 剩余部分（共 5 分）留给你作为练习来完成。这些是根据第 22 章中所讲述的硬币得分、跑道和检查站追踪演变而来。如果你需要帮助的话，可使用 RESOURCES \ Koob 中的功能码。

其余大部分工作需要额外的客户机代码,这样可以支持最后一章中附加的服务器——我们会添加多人游戏载体、更多的客户机载体和用户界面以存取这些功能。

一、客户机界面

我们将增加代码从而使用户可以运行服务器,还可以让玩家连接至服务器。为了实现连接,我们需要为用户提供一个可以找到服务器的界面,判断哪个可以提供有趣的游戏,然后连接至该服务器。

我们需要确定的另一件事是,当用户退出服务器时,他会返回自己选择的界面,而不仅仅是像 Koob 现在这样退出。

另外,我们需要为游戏界面增加一个聊天窗口,这样玩家在玩游戏时可以输入文字,然后将信息发送给其他玩家。也许他们想交流一下玩游戏的技巧或其他东西。对,就是——技巧! 看起来他们不像是要互相嘲弄,不是吗?

在第 6 章中,你看到了包含这些界面的 ServerScreen 界面模块。在本章中,我们将研究同一话题,但是研究方式略有不同,这样做是为了表明做出不同的设计决定是多容易——当然该决定具有和前述内容一样的效果。

此外,我们需要修改一些文件,比如 MenuScreen 界面,这样可以进一步满足我们的需求。

在后面的部分中,我们会添加所需的代码使这些界面更加实用。

MenuScreen 界面

我们将对主菜单画面作出一些改动,从而为用户提供更多选择。

- 查看关于游戏和得分的信息
- 以单人游戏模式玩游戏(已经具有)
- 创建游戏
- 连接至另一服务器

打开你的 MenuScreen. gui 文件，在路径为 KOOB \ control \ client \ interfaces 中，找到下面一行：

command = "LaunchGame（）;";

这一行是对 GuiButtonCtrl 的性质进行描述。从下面这句话开始

new GuiButtonCtrl（） {

一直到大括号（}），删除全部的控制指令。

在删除控制命令的位置，输入下列内容：

```
new GuiButtonCtrl（） {
    profile = "GuiButtonProfile";
    horizSizing = "right";
    vertSizing = "top";
    position = "30 138";
    extent = "120 20";
    minExtent = "8 8";
    visible = "1";
    command = "Canvas. setContent（SoloScreen）;";
    text = "Play Solo";
    groupNum = "-1";
    buttonType = "PushButton";
        helpTag = "0";
};

new GuiButtonCtrl（） {
    profile = "GuiButtonProfile";
    horizSizing = "right";
    vertSizing = "top";
    position = "30 166";
    extent = "120 20";
    minExtent = "8 8";
    visible = "1";
    command = "Canvas. setContent（ServerScreen）;";
    text = "Find a Server";
    groupNum = "-1";
    buttonType = "PushButton";
        helpTag = "0";
};
```

Chapter 23 The Game Client

```
new GuiButtonCtrl（）{
  profile = "GuiButtonProfile";
  horizSizing = "right";
  vertSizing = "top";
  position = "30 192";
  extent = "120 20";
  minExtent = "8 8";
  visible = "1";
  command = "Canvas. setContent（HostScreen）;";
  text = "Host Game";
  groupNum = "-1";
  buttonType = "PushButton";
    helpTag = "0";
};

new GuiButtonCtrl（）{
  profile = "GuiButtonProfile";
  horizSizing = "right";
  vertSizing = "top";
  position = "30 237";
  extent = "120 20";
  minExtent = "8 8";
  visible = "1";
  command = "getHelp（）;";
  helpTag = "0";
  text = "Info";
  groupNum = "-1";
  buttonType = "PushButton";
};
```

你可以（如果你愿意）使用内置 GUI 编辑器（按下 F10）来进行这些操作。确保你设置的所有属性与所列内容相符。

记录这些控制按钮最重要的是命令属性。除了 Info 按钮外，每一个控制按钮都根据其各自功能，以一个新界面代替显示的 MenuScreen 界面。

Info 按钮采用通用码库的 getHelp 功能。它可以在主要根目录下的所有目录中进行搜索，寻找扩展名为 .hfl 的文件，然后按字母顺序列出。如果你是以数字（例如，1、2…等）给文件命名，则将按数字顺序分类。

这样就将出现如图 23.1 的主菜单。

图 23.1 MenuScreen 界面

SoloScreen 界面

图 23.2 所示的 SoloScreen 界面编制了一份任务文件列表，该表可以在控制 \ 数据目录树中的地图子目录中找到。

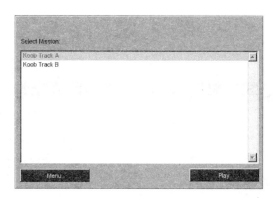

图 23.2 Soloscreen 界面

你可以从该表中选择地图和你想要完成的任务，其代码和定义可以在 So-loScreen 模块中找到。

你应该牢记即使在单人模式中玩游戏，在引擎罩的下方，客户机和服务器的 Torque 引擎仍在运行。它们仅仅是紧密连接，并没有跨网调用。

Host 界面

Host 界面的状况有些相似，你可以参见图 23.3，但是该界面提供了更多的选项：可以设定时间限制和分数限制、加图选择模式。你可以在 HostScreen 模块中找到其代码和定义。

如果设置了时间限制和分数限制，则只要满足其中一个限制，游戏就会结束。0 设置将会使各限制没有意义。序列模式可以使服务器按顺序进入表中所列的地图，一个游戏结束，另一新游戏将会载入。随机模式就是服务器随机为各游戏选择地图。通过控制变量"游戏∷长度"（$Game::Duration$）可以保存时间限制；同样，通过控制变量"游戏∷最高分数"（$Game::Max-Points$）来限制最高得分数。

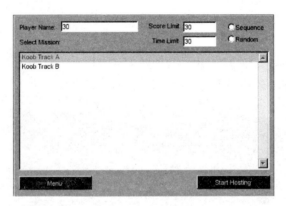

图 23.3 Host 界面

FindServer 界面

图 23.4 所示的 FindServer 界面可以使你浏览服务器。你可以在 Server-

Screen 模块中找到其代码和定义。

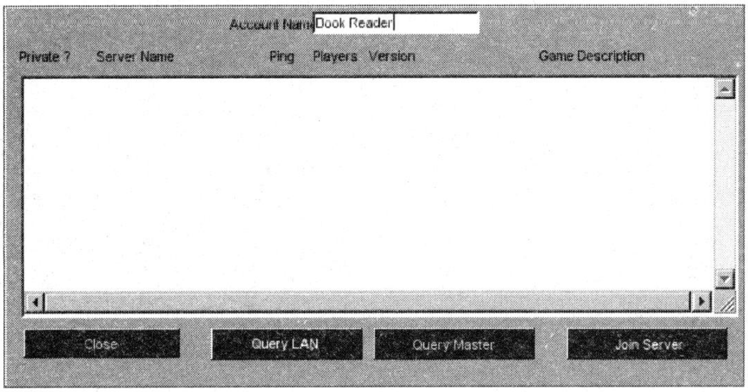

图 23.4 FindServer 界面

该界面可以搜索到在你所连接的当地局域网中运行的服务器（当然，如果你连着局域网），同时还可以通过网络连接 GarageGames 主机并且搜到你想连接的游戏。你无需使用 GarageGames 主服务器，但是必须得编写你自己需要连接的主服务器软件。通过 TorqueScript 可以执行此操作，但本书不包括该内容。在 GarageGames 用户社区中，有许多可用的主服务器资源。

ChatBox 界面

为了显示来自其他玩家的聊天信息，我们可以在主玩家界面设置一个控制程序。我们同样需要一个可以对信息进行分类的控制程序，将信息发送给其他玩家，如图 23.5 所描述。

打开文件 \ KOOB \ control \ client \ Initialize. cs，并在功能 InitializeClient 中搜索以下内容：

```
Exec（"./interfaces/chatbox. gui"）;
Exec（"./interfaces/messagebox. gui"）;
```

这些执行语句载入提供聊天界面的文件。早在第 5 章中，这些文件就已存储在界面文件夹中以供使用。

打开文件 \ KOOB \ control \ client \ misc \ presetkeys. cs，将下列绑定语句添加至文件末尾：

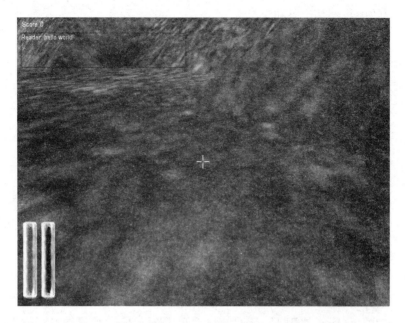

图 23.5　ChatBox 界面

```
function pageMessageBoxUp ( % val )
{
  if ( % val )
  PageUpMessageBox ( ) ;
}
function pageMessageBoxDown ( % val )
{
  if ( % val )
    PageDownMessageBox ( ) ;
}
PlayerKeymap. bind ( keyboard, "t", ToggleMessageBox ) ;
PlayerKeymap. bind ( keyboard, "PageUp", PageMessageBoxUp ) ;
PlayerKeymap. bind ( keyboard, "PageDown", PageMessageBoxDown ) ;
```

　　前两个函数是粘贴函数，通过调用底部的两个键绑定，可以使信息框中信息滚动的功能进行正确调用。我们利用这些功能识别来自引擎的键盘键松开和按下的信号。我们仅希望在按下键时进行操作，可以通过使用函数检查 % val 值实现这一点——按下按键时为非零，松开时为零。

　　然后，有一种叫做 ToggleMessageBox 的绑定，在 messagebox. cs（该文件

为前面的章节中复制的一个文件，随后我们对其进行检查）中定义。

在界面文件中，有几个概念需要引起你的注意。想要了解这几个概念，请参见包含在 chatbox.gui 中 ChatBox 界面的定义：

```
new GuiControl (MainChatBox) {
  profile = "GuiModelessDialogProfile";
  horizSizing = "width";
  vertSizing = "height";
  position = "0 0";
  extent = "640 480";
  minExtent = "8 8";
  visible = "1";
  modal = "1";
  setFirstResponder = "0";
  noCursor = true;

  new GuiNoMouseCtrl () {
    profile = "GuiDefaultProfile";
    horizSizing = "relative";
    vertSizing = "bottom";
    position = "0 0";
    extent = "400 300";
    minExtent = "8 8";
    visible = "1";

    new GuiBitmapCtrl (OuterChatFrame)
    {
      profile = "GuiDefaultProfile";
      horizSizing = "width";
      vertSizing = "bottom";
      position = "8 32";
      extent = "256 72";
      minExtent = "8 8";
      visible = "1";
      setFirstResponder = "0";
      bitmap = "./hudfill.png";

      new GuiButtonCtrl (chatPageDown)
      {
        profile = "GuiButtonProfile";
```

```
      horizSizing = "right";
      vertSizing = "bottom";
      position = "217 54";
      extent = "36 14";
      minExtent = "8 8";
      visible = "0";
      text = "Dwn";
   };

   new GuiScrollCtrl (ChatScrollFrame)
   {
      profile = "ChatBoxScrollProfile";
      horizSizing = "width";
      vertSizing = "bottom";
      position = "0 0";
      extent = "256 72";
      minExtent = "8 8";
      visible = "1";
      setFirstResponder = "0";
      willFirstRespond = "1";
      hScrollBar = "alwaysOff";
      vScrollBar = "alwaysOff";
      constantThumbHeight = "0";

      new GuiMessageVectorCtrl (ChatBox)
      {
         profile = "ChatBoxMessageProfile";
         horizSizing = "width";
         vertSizing = "height";
         position = "4 4";
         extent = "252 64";
         minExtent = "8 8";
         visible = "1";
         setFirstResponder = "0";
         lineSpacing = "0";
         lineContinuedIndex = "10";
         allowedMatches [0] = "http";
         allowedMatches [1] = "tgeserver";
         matchColor = "0 0 255 255";
         maxColorIndex = 5;
```

```
                };
              };
            };
          };
      };
```

　　可能你已经注意到，有相当多的缩进。这表明在一个对象中又包括很多对象。每一个嵌套层次都有其存在的理由。

　　MainChatBox 所在的最外级，是一个包含整个画面的通用 GuiControl 存储器，包括了与我们浏览 3D 世界的 Canvas 相同的内容。

　　这里面是一个 GuiNoMouseCtrl 控制，作用是使其中的聊天框不被鼠标光标屏蔽（如果你想要屏幕上显示光标的话）。

　　再往里是被称作 OuterChatFrame 的 GuiBitmapCtrl 控制，其具有两种有用的功能。通过它可以为你的聊天框提供一个漂亮的位图背景（如果你想的话），而且它还包括两个子对象。

　　其中一个子对象是一个图标，它的出现是告诉你，你已经向上滚动了聊天框并使其完全遮盖了对话框底部的文字。该控制指令是一个被称作 chat-PageDown 的 GuiButtonCtrl。

　　另一个控制指令是被称作 ChatScrollFrame 的 GuiScrollCtrl，提供水平滚动和垂直滚动的滚动条。

　　最后，最里面的一层是显示聊天对话框时包含文本信息的实际控制指令。该 GuiMessageVectorCtrl 支持文本的多路缓冲器，可以在底部显示新信息，向上滚动旧信息。通过文本信息缓冲器，你可以利用指令（仅限于上一页和下一页键）向上或向下滚动。

MessageBox 界面

　　如图 23.6 所示，MessageBox 界面是我们输入信息的界面。

　　当我们按下绑定的按键时，通常情况下它不在屏幕上显示，而是弹起。这个也有很多嵌套层次，但是不像 ChatBox 界面那么多。

new GuiControl（MessageBox）

3D游戏设计大全

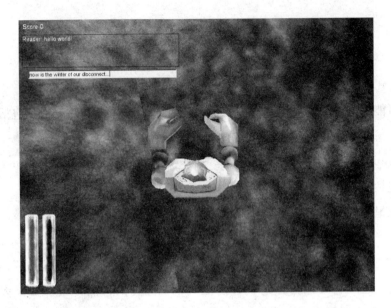

图 23.6　MessageBox 界面

```
{
   profile = "GuiDefaultProfile";
   horizSizing = "width";
   vertSizing = "height";
   position = "0 0";
   extent = "640 480";
   minExtent = "8 8";
   visible = "0";
   noCursor = true;
   new GuiControl (MessageBox__Frame)
   {
      profile = "GuiDefaultProfile";
      horizSizing = "right";
      vertSizing = "bottom";
      position = "120 375";
      extent = "400 24";
      minExtent = "8 8";
      visible = "1";
      new GuiTextCtrl (MessageBox_ Text)
      {
         profile = "GuiTextProfile";
```

892

3D GAME PROGRAMMING ALL IN ONE

```
        horizSizing  =  "right";
        vertSizing  =  "bottom";
        position  =  "6 5";
        extent  =  "10 22";
        minExtcnt  =  "8 8";
        visible  =  "1";
      };

    new GuiTextEditCtrl (MessageBox_ Edit)
     {
        profile  =  "GuiTextEditProfile";
        horizSizing  =  "right";
        vertSizing  =  "bottom";
        position  =  "0 5";
        extent  =  "10 22";
        minExtent  =  "8 8";
        visible =  "1";
        altCommand =  " $ ThisControl. eval ();"
        escapeCommand  =  "MessageBox_ Edit. onEscape ();";
        historySize  =  "5";
        maxLength  =  "120";
      };
    };
  };
```

　　这些都是我们熟悉的东西，但是请注意，外部对象 MessageBox 在最初是不可见的。使对话框弹起的代码将根据需要而使其可见和再次消失。

　　有一个名为 MessageBox_ Text 的 GuiTextCtrl 和名为 MessageBox_ Edit 的 GuiTextEditCtrl 属于同一级别。MessageBox_ Text 用于在输入的信息上方提供提示，尽管其没有在文本中定义。MessageBox_ Edit 控制是一个接收输入的信息的指令。altCommand 属性规定了按下输入键时需执行的语句，escapeCommand 属性规定了按下换码键时需要进行的操作。在下面的 "客户机代码" 章节的代码讨论中，将讨论这两个功能的处理器。

二、客户机代码

　　在这个阶段的游戏中，我将让你输入大量的程序代码，虽然你可能还没完全弄清楚怎么回事。你需要作出一些新的改动来容纳新事物，而且我们也会检查这些新东西的内容到底是什么。

MenuScreen 界面代码

打开文件 \ KOOB \ control \ client \ initialize. cs，找到函数 Initialize Client，然后用类似的语句添加下列几行内容：

```
Exec（"./misc/hostscreen.cs"）;
Exec（"./misc/soloscreen.cs"）;

Exec（"./interfaces/hostscreen.gui"）;
Exec（"./interfaces/soloscreen.gui"）;
```

就像我所保证的那样，我不会让你输入那些执行语句中提到的所有文件。你可以从 3D2E \ RESOURCES \ CH23 中复制，然后将其放在执行语句规定的子目录下的\ KOOB \ control \ client \ directory 的目录下。

这些文件基本上都是一个文件分成了两部分。实际界面定义是扩展名为 . gui 的文件，管理这些界面的代码与这些文件的前缀名称相同，但是扩展名为 . cs。

如果你返回上一个关于menuscreen. gui 的代码列表，你就能明白各个界面是从哪里调用的。HostScreen 是在 hostscreen. gui 中定义的，SoloScreen 是在soloscreen. gui 中定义的。

每个界面基本上形式相同。在 MenuScreen 界面的相关按钮的 SetContent 调用中显示对象时，针对被引擎调用的对象有一种 OnWake 程序。这种程序提供界面并在界面上填写各类数据段。

SoloScreen 界面代码

你在图 23.2 中看到的 SoloScreen 界面提供了一系列的任务文件，这样你可以从中选择一种来玩。下面列出 SoloScreen 界面的功能码（摘自soloscreen. cs）以供讨论：

```
function PlaySolo（）
```

```
{
    %id = SoloMissionList. getSelectedId ( ) ;
    %mission = getField ( SoloMissionList. getRowTextById ( %id ) , 1 ) ;
    StopMusic ( AudioIntroMusicProfile ) ;
    createServer ( "SinglePlayer" , %mission ) ;
    %conn = new GameConnection ( ServerConnection ) ;
    RootGroup. add ( ServerConnection ) ;
    %conn. setConnectArgs ( "Reader" ) ;
    %conn. connectLocal ( ) ;
}

function SoloScreen :: onWake ( )
{
    SoloMissionList. clear ( ) ;
    %i = 0 ;
    for ( %file = findFirstFile ( $ Server :: MissionFileSpec ) ;
        %file ! $ = "" ; %file = findNextFile ( $ Server :: MissionFileSpec ) )
      if ( strStr ( %file, "CVS/" ) = = -1 && strStr ( %file, "common/" ) = = -1 )
        SoloMissionList. addRow ( %i + + , getMissionDisplayName ( %file ) @ " \ t" @ %file ) ;
    SoloMissionList. sort ( 0 ) ;
    SoloMissionList. setSelectedRow ( 0 ) ;
    SoloMissionList. scrollVisible ( 0 ) ;
}

function getMissionDisplayName ( %missionFile )
{
    %file = new FileObject ( ) ;
    %MissionInfoObject = "" ;
    if ( %file. openForRead ( %missionFile ) ) {
      %inInfoBlock = false ;

      while ( !%file. isEOF ( ) ) {
        %line = %file. readLine ( ) ;
        %line = trim ( %line ) ;

        if ( %line $ = "new ScriptObject (MissionInfo) {" )
        %inInfoBlock = true ;
        else if ( %inInfoBlock && %line $ = "};" ) {
        %inInfoBlock = false ;
        %MissionInfoObject = %MissionInfoObject @ %line ;
        break ;
```

```
            }
        if ( % inInfoBlock )
            % MissionInfoObject = % MissionInfoObject @ % line @ " ";
        }

    % file. close ( );
    }
% MissionInfoObject = " % MissionInfoObject = " @ % MissionInfoObject;
eval ( % MissionInfoObject );
% file. delete ( );
if ( % MissionInfoObject. name ! $ = " " )
    return % MissionInfoObject. name;
else
    return fileBase ( % missionFile );
}
```

  onWake 程序同前几章描述的相同。这样，onWake 程序使任务列表非常明确，然后存储在根据 $ Server∷MissionFileSpec. 指示的路径找到的匹配文件中。该变量设置在文件 \ KOOB \ control \ server \ initialize. cs 的 InitializeServer 函数中，包含下列内容：

```
$ Server∷MissionFileSpec = " * / maps/ * . mis";
```

  关于在给出的代码中进行搜索的方式，你还应该了解几件事。

  首先，关于此处使用的句法的问题。由于其不严密性，所以很难译解 C 语言——而且 TorqueScript 的句法极其接近 C 语言和 C ++。你可以调用代码块的大部分语句，如 if 和 For，根据需要，你可以使用长式或短式的。

  例如，长式使用大括号

```
if ( % a = =1) { % x =5; }
```

  也可写作

```
if ( % a = =1) {
% x =5;
}
```

或

```
if ( % a = =1)
{
% x =5;
```

}

也有其他小的变化，但是我确信你已经明白。编译器不在乎代码出现哪一行，也不在乎空格（制表位、空格和回车）的数量。它只关心正确的代符和关键字位置正确，而且依照编译器的剖析规则讲得通。当然，空格是用来隔开代符和关键字的，但是对于语法分析器来说空格的多少并不重要。

但是，短式的语句并不取决于语句上下文。首先，请注意，前面的代码还可以写成

```
if ( % a = = 1 )
    % x = 5 ;
```

这表明，在前面例子里这个特定语句中的大括号是多余的。但是，

```
if ( % a = = 1 )
    % x = 5 ;
```

是对短式的有效解释——但是你想执行的条件码必须是紧跟在条件测试之后的独立语句。在这个例子中，如果满足测试，则给 % x 赋值为 5。如果未满足测试，则不会对其进行赋值。

但是，使用同样的形式

```
if ( % a = = 1 )
    % x = 5 ; % b = 6 ;
```

如果满足测试，跟原来一样给 % x 赋予值为 5，并且给 % b 赋予值为 6。但是（这是一个很大的 but），如果未满足测试，尽管未执行赋值语句，其后的语句保持不变。最后的这个代码也是这样，给 % b 赋的值永远是 6。

但是，你可能想知道为什么说这个题外话。这是因为 SoloScreen∷onWake 程序包括下列能搜到可用任务文件的语句，从而组成其列表：

```
for ( % file = findFirstFile ( $ Server ∷ MissionFileSpec ) ;
        % file ! $ = " " ; % file = findNextFile ( $ Server ∷ MissionFileSpec ) )
    if ( strStr ( % file, "CVS/" ) = = − 1 && strStr ( % file, "common/" ) = = − 1 )
        SoloMissionList. addRow ( % i + + , getMissionDisplayName ( % file ) @ " \ t" @ % file ) ;
```

你可能会曲解这些代码，即使你完全理解 C 语言或 TorqueScript 语言编程。我们所要做的就是简化代码以减少上下文导致的困惑，我们要将 findFirstFile ($ Server∷MissionFileSpec) 的全部内容更改为 fFF ( )，将 findNextFile ($ Server∷MissionFileSpec)) 的全部内容更改为 fNF ( )，最后，将 get-

MissionDisplayName（%file）的全部内容更改为 gMDN（）。现在代码看起来就是这样的（它不能编译，但是我们并不介意）：

```
for（%file = fFF（）;
        %file！$ = ""; %file = fNF（））
    if（strStr（%file, "CVS/"） = = -1 && strStr（%file, "common/"） = = -1）
        SoloMissionList. addRow（%i + +, gMDN（）@ "\t" @ %file）;
```

如果我们删除一下空格，我们就可以得到下面内容：

```
for（%file = fFF（）; %file！$ = ""; %file = fNF（））
    if（strStr（%file, "CVS/"） = = -1 && strStr（%file, "common/"） = = -1）
        SoloMissionList. addRow（%i + +, gMDN（）@ "\t" @ %file）;
```

噢，快看！代码结构非常清楚地显示出运算法则。原来的内容使代码难以理解，而且看起来像是错误的，事实却并非如此。在此，有这样几点教训值得我们吸取：

- 确保你的程序编辑器可以显示包含 150 个或更多字母的长句子（如果你有这样的句子）。
- 请注意你的函数和变量名称的长度。当你努力理解不熟悉的或很长而被遗忘的代码时，较长的描述性名称会非常有用，但是有时候它们不能帮助理解反而容易让人混淆。
- 有时候，就像把其他想要理解这些代码的人（例如，你找来帮忙修理故障的人）弄糊涂一样，你自己也会感到很困惑。

对此我会作出何种建议呢？用较短的名称吗？不，相反，要使用大括号和缩进，并把语句写成长式的，从而取消任何语境歧义。

```
for（%file = findFirstFile（$ Server :: MissionFileSpec）;
        %file！$ = ""; %file = findNextFile（$ Server :: MissionFileSpec））
{
    if（strStr（%file, "CVS/"） = = -1 && strStr（%file, "common/"） = = -1）
    {
        SoloMissionList. addRow（%i + +, getMissionDisplayName（%file）@ "\t" @ %file）;
    } // end of if
} // end of for
```

如果它们能阐明你现在的做法，你还可以作出评论。不用担心这样做会影响到专业程序员的智力。任何一个经验丰富的"老手"都会感激你所做的一切，从而可以更加快速容易地理解你的行为。尤其是如果他们正在为你进行代码复查。

说完这些题外话，我们要开始讨论有关代码的第二个问题：它可以用来做什么？

初始的 findFirstFile 使用变量来搜索第一个匹配文件的特定目录。如果你确实已经找到匹配文件，那么路径名称就会储存在 %file 变量中，然后进入一个循环。在每一个循环中，都会调用 findNextFile，在搜索范围内按顺序查找到新的文件。如果 findNextFile 没有再找到匹配文件，则将 %file 的变量设定为 NULL，然后退出循环。在循环中，我们在 %file 路径名称的内容中检查是否存在两个可能无效的目录名：CVS（用于资源码管理，不是 Torque 的一部分）和一般的目录名。如果我们找到的文件没在这两个目录的任意一个中，那么我们就视之为有效并通过 Solo – MissionList. addRow 程序将其添加到我们的任务列表中。

findFirstFile – findNextFile 结构是很有影响力的。它为你维护所找到文件的内部列表。它们出现时，你只需提取路径名称即可。

关于这部分代码说了这么多，我要指出的是，这个界面是一个基本的界面。你可能想要增加一些功能，比如在下面的 Host 界面中看到的有序或随意地图选项。

getMissionDisplayName 是一项比较大而且给人印象更深刻的工作，可以这么说，尽管我们感觉它有些神奇，但是其功能非常简单。按照指令打开文件，然后浏览文件中包含"%MissionInfoObject ＝"语句的那几行文字。然后通过那个语句创建实际的 MissionInfoObject，并且利用该对象的名称属性获取其名称并将该名称返回调用函数。这是一个非常好的检查文件的方法。而且当你意识到任务文件其实就是带不同扩展名的 TorqueScript 文件时，你会觉得它非常合理。

这种代码向你展示了使用 TorqueScript 的多种方法。其中一个映入脑海的就是可改编程序的人工智能机器人，在很少运行时间内读取用 TorqueScript 写的新说明中的内容。无需再创建你自己的机器人控制语言！

Host 界面代码

Host 界面代码与你刚才看到的 SoloScreen 代码类似。除了需要增加一些代码使玩家可以选择是依次玩图还是随机玩之外，也没有什么特别需要提及的地方。

你要为我在 HostScreen. gui 中提供的 Sequence 和 Random 按钮设定一个 onWake 代码可以检验的变量。如果变量有一个值，那就不用管它了。如果变量有不同的值，就让 onWake 程序随机选择一幅地图。引入随机性的一个非常简单的方法就是在 0 和可用地图总数量之间选择一个任意值，然后在 findNextFile 函数返回多个地图时作出拒绝。然后，你将接受返回的下一幅地图。

试一试。

FindServer 界面代码

在图 23.4 中，你已经看到了 FindServer 界面。它可以让你浏览你能连接的所有服务器。在第 5、6、7 章中，我们已经了解了 Torque 的这部分功能是如何运行的，所以在此我就不再详细陈述。在此提供从 Server − Screen. cs 中提取的 FindServer 界面的功能码，用以进行简单讨论：

```
function ServerScreen :: onWake ()
{
    MasterJoinServer. SetActive ( MasterServerList. rowCount ( ) > 0 );
}
function ServerScreen :: Query ( % this )
{
    QueryMasterServer (
        0,              // Query flags
        $ Client :: GameTypeQuery,      // gameTypes
        $ Client :: MissionTypeQuery,   // missionType
        0,              // minPlayers
        100, //         maxPlayers
        0, //           maxBots
        2, //           regionMask
```

```
      0, //      maxPing
      100, //     minCPU
      0 //        filterFlags
      );
}
function ServerScreen :: Cancel (% this)
{
    CancelServerQuery ();
}
function ServerScreen :: Join (% this)
{
    CancelServerQuery ();
    % id = MasterServerList. GetSelectedId ();
    % index = getField (MasterServerList. GetRowTextById (% id), 6);
    if (SetServerInfo (% index)) {
        % conn = new GameConnection (ServerConnection);
        % conn. SetConnectArgs ($ pref :: Player :: Name);
        % conn. SetJoinPassword ($ Client :: Password);
        % conn. Connect ($ ServerInfo :: Address);
    }
}
function ServerScreen :: Close (% this)
{
    cancelServerQuery ();
    Canvas. SetContent (MenuScreen);
}
function ServerScreen :: Update (% this)
{
    ServerQueryStatus. SetVisible (false);
    ServerServerList. Clear ();
    % sc = getServerCount ();
    for (% i = 0; % i < % sc; % i + +) {
        setServerInfo (% i);
        ServerServerList. AddRow (% i,
            ($ ServerInfo :: Password? "Yes" : "No") TAB
            $ ServerInfo :: Name TAB
            $ ServerInfo :: Ping TAB
            $ ServerInfo :: PlayerCount @ "/" @ $ ServerInfo :: MaxPlayers TAB
            $ ServerInfo :: Version TAB
```

Chapter 23 The Game Client

```
    $ ServerInfo :: GameType TAB
  % i); // ServerInfo index stored also
}
ServerServerList. Sort (0);
ServerServerList. SetSelectedRow (0);
ServerServerList. scrollVisible (0);

ServerJoinServer. SetActive (ServerServerList. rowCount ( ) > 0);
}
function onServerQueryStatus (% status, % msg, % value)
{
  if (! ServerQueryStatus. IsVisible ( ))
    ServerQueryStatus. SetVisible (true);
  switch $ (% status) {
  case "start":
    ServerJoinServer. SetActive (false);
    ServerQueryServer. SetActive (false);
    ServerStatusText. SetText (% msg);
    ServerStatusBar. SetValue (0);
    ServerServerList. Clear ( );
    case "ping":
    ServerStatusText. SetText ( "Ping Servers");
    ServerStatusBar. SetValue (% value);
  case "query":
    ServerStatusText. SetText ( "Query Servers");
    ServerStatusBar. SetValue (% value);
  case "done":
    ServerQueryServer. SetActive (true);
    ServerQueryStatus. SetVisible (false);
    ServerScreen. update ( );
  }
}
```

如果列表内的上一程序正在运行，此时 OnWake 程序将会激活列表。只要界面对象显示在屏幕上，就会开始调用。

当你点击 Query Master 按钮时，就会调用 Query 程序（将查询数据分组发送给主服务器），通知主服务器对哪种服务器感兴趣。如果主服务器返回任何信息，就存储在服务器信息列表中，然后调用 Update 函数并在屏幕上创建列表。在第 6 章中，会对这种来回的处理方式进行详细描述。

onServerQueryStatus 程序处理来自主服务器的各种响应信息，然后根据变化状态将返回的信息存储在各种列表中。

ChatBox 界面代码

打开文件 \ KOOB \ control \ client \ Initialize. cs，将下列几行内容添加至函数 InitializeClient：

```
Exec（"./misc/chatbox.cs"）；
Exec（"./misc/messagebox.cs"）；
```

注：要将上面这几行内容放在 execs presetkeys. cs 前面，这一点很重要，因为 presetkeys. cs 中将存有代码，而且这些代码要依赖于首先加载的其他两个文件。

将这两个执行语句加载至提供聊天界面的文件中。你可以从 \ 3D2E \ RESOURCES \ CH23 中进行复制，然后将其放至子目录（执行语句中规定的）的 \ KOOB \ control \ client \ directory 下的目录中。

现在让我们向你复制的其中一个文件中添加一些内容：\ KOOB \ control \ client \ chatbox. cs。打开该文件，在文件的最顶端添这两行内容：

```
new MessageVector（MsgBoxMessageVector）；
$ LastframeTarget = 0；
```

保存你的文件。

第一行提供一组动态数组，其包括聊天信息（消息矢量），第二行是一个变量，可以追踪该数组范围内的位置。

Chatbox 界面通过较复杂的路径接收文本。信息文本来源丁其中一个客户机，并被发送至服务器。服务器接收键入的信息，并将其传输至一些公共代码，该代码可处理服务器和客户机之间的聊天信息。一旦信息到达客户机公共代码，其将会被传输至称为 onChatMessage（我们在 ChatBox. cs 模块内的客户机控制代码中提供）的信息处理器。我们想要在我们的客户机控制代码中（被称为 onServerMessage）提供一个类似的处理器，其在本质上与聊天信息的

处理器相同。这两个函数看起来就是这样的:

```
function onChatMessage (% message, % voice, % pitch)
{
  if (GetWordCount (% message)) {
    ChatBox. AddLine (% message);
  }
}

function onServerMessage (% message)
{
  if (GetWordCount (% message)) {
    ChatBox. AddLine (% message);
  }
}
```

此处无需太多内容——只要使用其 Addline 程序将新文本添加至 ChatBox 对象。

Addline 程序用来完成主要任务,它看起来是这样的:

```
function ChatBox :: addLine (% this, % text)
{
  % textHeight = % this. profile. fontSize;
  if (% textHeight < = 0)
    % textHeight = 12;
  % chatScrollHeight = getWord (% this. getGroup (). getGroup (). extent, 1);
  % chatPosition = getWord (% this. extent, 1) - % chatScrollHeight + getWord (% this. position, 1);
  % linesToScroll = mFloor ((% chatPosition / % textHeight) + 0.5);
  if (% linesToScroll > 0)
    % origPosition = % this. position;
  while (! chatPageDown. isVisible () && MsgBoxMessageVector. getNumLines () && (MsgBoxMessa-
      geVector. getNumLines () > = $ pref :: frameMessageLogSize))
  {
    % tag = MsgBoxMessageVector. getLineTag (0);
    if (% tag ! = 0)
      % tag. delete ();
    MsgBoxMessageVector. popFrontLine ();
  }
  MsgBoxMessageVector. pushBackLine (% text, $ LastframeTarget);
  $ LastframeTarget = 0;
  if (% linesToScroll > 0)
```

```
{
    chatPageDown. setVisible （true）;
    % this. position  =  % origPosition;
}
else
    chatPageDown. setVisible （false）;
}
```

　　我们从获得配置文件中字体的大小开始做起。做这些是为了确定对话框在卷动时增大的高、宽间距。

　　然后我们使用 getGroup 获得该控制所属的对象组的处理方法，并且利用该处理方法得到父组的处理方法。然后我们使用该处理方法获得 extent 性能，该性能将告诉我们父组对象的高度和宽度。我们使用延伸对象内第二个值——高度——通过使用 getWord 可以得到第一个字母，实际上是第二个字母。（我们以为程序员数数通常从 0 开始，而不是 1——但不总是这样！）

　　该对象使用 position 参量保持当前输出位置，该参量可用于计算下一位置在哪并以 % chatPosition 保存。然后我们使用该计算结果计算出 % linesTo-Scroll，其可以指示文本滚动和滚动条的动作。

　　下一步，我们进入一个循环——从被称为 MsgBoxMessage Vector 的文本缓冲器中逐行提取的文本，然后将提取的文本插入 ChatBox 控制命令中。

　　最后，根据我们所处的位置是否使文本在显示屏底部消失，调整向下滚动提示的可见性。

　　当我们在此位置时，可以使聊天框出现在玩家的显示屏上。打开文件 KOOB \ control \ client \ screens. cs，并将以下几行内容添加至文件的第一个程序中，PlayerInterface∷onWake，仅可将这些内容放在 activateDirectInput 调用的下面：

```
Canvas. pushDialog （MainChatBox）;  /// * * * KCF CHAT
chatBox. attach （ChatMsgMessageVector）;  /// * * * KCF CHAT
```

　　这样就行。将聊天框连接至显示屏，然后将信息矢量连接至聊天框。

MessageBox 界面代码

MessageBox 界面可使用键盘进行输入。

客户机发送信息时，我们需要向服务器添加一个信息处理器接收已经分类的信息。虽然我们在本章节中正在处理有关客户机的问题，但是由于上下关系，这样做将比第 22 章中的方法更加实用。

打开文件 \ KOOB \ control \ server \ server. cs，并将以下函数添加至文件末尾：

```
function serverCmdTypedMessage (% client, % text)
{
  if (strlen (% text) > = $ Pref :: Server :: MaxChatLen)
  % text = getSubStr (% text, 0, $ Pref :: Server :: MaxChatLen);
  ChatMessageAll (% client, '\ c4%1 : %2', % client. name, % text);
}
```

该处理器提取输入的分类的信息，以确保信息长度适度（我们可能需要限制聊天信息，这样做是为了符合宽带要求），然后将信息发送至称为 Chat-MessageAll 的公用代码服务器函数。ChatMessageAll 函数将信息分发至游戏中记录的所有其他客户机。

下一步让我们了解代码，该代码通过 MessageBox 界面控制客户机：

```
function MessageBox :: Open (% this)
{
  % offset = 6;
  if (% this. isVisible ())
    return;
  % windowPos = "8 " @ (getWord (outerChatFrame. position, 1) + getWord (outer ChatFrame. extent, 1) + 1);
  % windowExt = getWord (OuterChatFrame. extent, 0) @ " " @ getWord (MessageBox_ Frame. extent, 1);
  % textExtent = getWord (MessageBox_ Text. extent, 0);
  % ctrlExtent = getWord (MessageBox_ Frame. extent, 0);
  Canvas. pushDialog (% this);
  MessageBox_ Frame. position = % windowPos;
  MessageBox_ Frame. extent = % windowExt;
```

```
    MessageBox_ Edit. position = setWord（MessageBox_ Edit. position, 0, % textExtent + % offset）;
    MessageBox_ Edit. extent = setWord（MessageBox_ Edit. extent, 0, % ctrlExtent - % textExtent - (2 *
% offset））;
  % this. setVisible（true）;
  deactivateKeyboard（）;
  MessageBox_ Edit. makeFirstResponder（true）;
}
function MessageBox :: Close（% this）
{
  if（!% this. isVisible（））
    return;
  Canvas. popDialog（% this）;
  % this. setVisible（false）;
  if（$ enableDirectInput）
    activateKeyboard（）;
  MessageBox_ Edit. setValue（""）;
}
function MessageBox :: ToggleState（% this）
{
  if（% this. isVisible（））
    % this. close（）;
  else
    % this. open（）;
}
function MessageBox_ Edit :: OnEscape（% this）
{
  MessageBox. close（）;
}
function MessageBox_ Edit :: Eval（% this）
{
  % text = trim（% this. getValue（））;
  if（% text ! $ = ""）
    commandToServer（'MessageSent', % text）;
  MessageBox. close（）;
}
function ToggleMessageBox（% make）
{
  if（% make）
    MessageBox. toggleState（）;
```

根据 MainChatBox 对象的属性设置，开型法可以产生局域变量的一些赋值。这就是为什么我们将聊天框放在相当于聊天显示屏的位置，在这种情况下，我们可以将聊天框放在下方并且稍微向右偏。

一旦我们完成这些操作，通过使用 Canvas. pushDialog（% this），代码将 MessageBox 控制载入 Canvas, % this 为 MessageBox 控制目标的处理码，它根据以前保存的局域变量的赋值对 MessageBox 控制目标定位。

当我们完成控制目标的定位后，代码将会使控制目标出现。

下一步，代码将停止 Canvas 对象的键盘输入并且设置 MessageBox_ Edit 子对象以控制键键入。从此点可以看出，所有键入的字都会输入 MessageBox_ Edit 子对象，直至某事物改变这样状况。

闭型法可以将控制对象从 Canvas 中清除，使控制对象再次消失，并且将键盘输入处理存储值 Canvas。

通过触发器，ToggleState 法仅仅可打开或关闭信息框。如果控制对象是打开的，则其将被关闭，反过来也是一样。

OnEscape 程序可以关闭控制对象。在 MessageBox. gui 的界面定义中，该方法被定义为命令跳转属性值。

Eval 法可以获得输入的文本，装饰目标的空白区，并且可以将文本作为 TypedMessage 信息参数发送至服务器，服务器将会处理这些文本。

最后，ToggleMessageBox 方法被绑定至 presets. cs 文件内的"t"键。MessageBox 接收到 % make 形式的非空值时，将会通过 ToggleState 方法改变当前 MessageBox 打开状态。

三、游戏循环

当一个玩家达到得分限制或时间限制时，我们所要实现的最后一个功能是——使游戏可以循环。首先，将以下函数添加至 \ KOOB \ control \ server \ server. cs 最后：

```
function cycleGame ( )
{
  if ( ! $ Game :: Cycling ) {
    $ Game :: Cycling = true;
    $ Game :: Schedule = schedule ( 0, 0, "onCycleExec" );
  }
}
function onCycleExec ( )
{
  endGame ( );
  $ Game :: Schedule = schedule ( $ Game :: EndGamePause * 1000, 0, "onCyclePauseEnd" );
}

function onCyclePauseEnd ( )
{
  $ Game :: Cycling = false;
  % search = $ Server :: MissionFileSpec;
  for ( % file = findFirstFile ( % search ); % file ! $ = "";
      % file = findNextFile ( % search ) ) {
    if ( % file $ = $ Server :: MissionFile ) {
      % file = findNextFile ( % search );
      if ( % file $ = "" )
        % file = findFirstFile ( % search );
      break;
    }
  }
  loadMission ( % file );
}
```

第一个函数 cycleGame 设置了下列所述情况出现的实际循环代码。在这种情况下，确定我们所玩的游戏不能循环时，立刻设置实际循环代码。

实际上，函数 onCycleExec 可以使游戏结束。游戏结束时，endGame 函数只能使其停止，仅此而已。

onCyclePauseEnd 函数可以设置进一步的操作。进行下一个游戏前，这个函数可以制作一幅表示胜利的画面或其他信息，并可以保留一定的时间。

为了驱使实际的 cycleGame 运行，我们需要做两件事。首先，启动游戏时，我们根据 $ Game :: Duration 安排游戏的结束。

Chapter 23　The Game Client

在 server. cs 文件中找到函数 StartGame，然后看一下这些内容：

```
if ( $ Game :: Duration )
    $ Game :: Schedule = schedule ( $ Game :: Duration * 1000, 0, "CycleGame" );
```

这会使游戏计时器运行。到期后，就会调用 CycleGame 函数。

我们要做的就是增加一些代码，来检查玩家是否超过了 $ Game :: Max-Points 极限。

定位函数 GameConnection :: DoScore ( )，然后将下面的代码添加到函数的最开头：

```
% client. score  = ( % client. lapsCompleted  * $ Game :: Laps_ Multiplier) +
                   ( % client. money   * $ Game :: Money_ Multiplier) +
                   ( % client. deaths  * $ Game :: Deaths_ Multiplier) +
                   ( % client. kills  * $ Game :: Kills_ Multiplier) ;
```

该代码将各种计分值积累成一个总体分数。现在将下列代码添加到 DoScore 函数的末尾处：

```
if ( % client. score  > = $ Game :: MaxPoints )
    cycleGame ( );
```

这样，如果任何一个玩家超过分数极限，就会引发游戏循环活动。游戏循环使游戏结束、载入新地图，然后使玩家进入下一幅新地图的游戏中。

四、最后的修改

我们要修改的最后一部分代码使我们在退出游戏之后仍留在程序中。之前，我们使用换码键退出游戏时，也就退出了程序。最后的修改将两者连在了一起。打开文件 \ KOOB \ control \ client \ misc \ presetkeys. cs，找到函数 DoExitGame ( )，然后对其进行改动：

```
function DoExitGame ( )
{
    if ( $ Server :: ServerType $ = "SinglePlayer" )
        MessageBoxYesNo ( "Exit Mission", "Exit?", "disconnect ( );", "" );
    else
        MessageBoxYesNo ( "Disconnect", "Disconnect?", "disconnect ( );", "" );
```

该函数用以检验我们是处于单人游戏还是多人游戏模式。根据是哪个模式，给出定制的退出提示。无论在什么情况下，都会调用断开函数来断开与服务器的连接。

五、本章小结

大概就是这些，希望你的手指没有累坏。你会发现有很多能让你富有活力的事物。我相信，在看过了前面这些章节后，你的头脑中会是各种各样想要做的事。在本书下一个（也是最后的）章节中，我还有几句关于这个话题的话要说。

第 24 章

游戏结束

到目前为止，你应该担任过很多职务，比如程序设计师、二维艺术家、三维模型师、音响师或关卡设计师等，这里仅列举一些重要职务。很明显，这些具有很强的专业性，因此在这本书中很难对（像这种专业的）职业做出公正的评价。

但是，如果没有上百万美元的费用，你或许也可以制作出情节丰富且功能强大的游戏。在本章中，我们将研究一些不适合作为前几章主题的事物。

Torque 引擎为我们做了大量的工作，但那仅仅是过程的开始——结局可由你决定。此外，还有其他类型的游戏引擎，既有免费的，也有价格昂贵的，但是最终结局和引擎价格之间的关系并非成线性。结局取决于你所付出的努力和你带给玩家的灵感。制作成功的游戏就是将伟大的构思转变为伟大的游戏的过程，仅用金钱是做不到这些的。

如果你要组织一个小团队并使用 Torque 引擎开发游戏，我建议你首先补充艺术家的职位——至少雇用一个专职的三维模型师。其次，雇用一个程序设计师负责你的脚本工作。最后，雇用一个人负责布置地图、制定游戏规则并管理模型和代码之间的关系。一个三人团队便产生了，其可能最接近你所期望的那种规模小、费用低的发展团队的理想规模。若有资本再添加一个团队成员，确保让他担任音响师的职务。

一、测试

为了准确测试游戏，你需要回顾你的要求并对要求进行审查。对于每项具体要求，你必须判断他人需执行哪些步骤以向你证明他们的软件符合要求。记录步骤，然后进行下一项要求的审查。务必严格要求，并敢于提出疑问。

基本测试

正规的测试方法有很多，但是测试时的基本要求是至少审查某种功能的下面两个方面：

- 程序功能（操作、界面、性能）能否按照规定的方式运行？
- 程序功能能否使其他项目不按照规定的方式运行？

对照你的测试步骤列表并运行软件，然后回答这两个问题。当然，回答第二个问题困难得多—有时你会看到某些项目不运行，可是后来才发现是其他某项功能导致你所遇到的问题。

测试结束时，你将列出所有问题，也许还会想出一些解决这些问题的方法。不要太急于修复这些 bug，首先要做的是整理好列表，然后放松一下并检查问题列表，尝试确认那些根本原因可能相同的问题。修复根本原因可能会节省大量精力和时间；否则你可能会不断地进行修复和编程，每次修复仅解决了单个问题，每次编程又会暴露另一问题。

退化

退化是由 bug 修复造成的现象，有时会出现新的 bug，有时也会暴露隐藏的 bug。一些软件工程师对将暴露隐藏的 bug 定义为退化的这一观点存在争议，但是对我而言，这是很难区分的差别。结果是相同的。

为了进行退化测试，我们需要在每个 bug 修复阶段完成后运行我们的测试，提出相同的问题并寻找答案。如果你有时间和耐心（通常两者不会过于充足），那么你应该在修复每个 bug 后进行你的退化测试。换句话说，不要将整个列表中的 bug 修改程序全部完成后再进行退化测试。如果已经出现新 bug，那么可能难以找到它们，因为新代码会非常普遍。

游戏测试

你也要召集一群游戏测试者，因为游戏中不仅有简单（或不是很简单）的 bug，还有很多其他的漏洞。你需要确保游戏能够吸引人，还要确保你在游戏中所设计的事物具有你想要的功能。如果你的游戏是复活节鸡蛋搜索，那么你要确保玩家实际上可以找到隐藏的鸡蛋。同时你可能还要确保鸡蛋不是特别容易被找到。在游戏中达到平衡是使用游戏测试者的原因。

你和你的发展团队成员进行的软件测试通常指的是第一个测试阶段。当发展团队的测试不再发现问题时，便认为第一个测试完成。然而，这并不意味着测试结束！最后你还得让参加制作游戏的人员进行测试。一旦你开始让团队外的人员测试你的游戏，那么你现在处于第二个测试阶段。如果游戏能够吸引人（它肯定能，是吧?），那么吸引人们成为第二阶段测试者应该不会有太大麻烦。但是，此时会出现一个问题（这是你想要的结果，但仍是个麻烦），许多第二阶段测试者将玩游戏而不是测试游戏。虽然使他们尽情享受是件好事，但是你要让他们作笔记并记录故障、问题和对游戏玩法的整体感受。你根据这些笔记就可以知道要修复和更改或增加的项目。

测试工具模块

你也要考虑在你的测试中使用测试工具模块。可使用程序提供输入以运行游戏的各种功能。测试软件可以将其输出记录在一个文件里，自动抓屏或记录其他所需的任何数据，这样你便可以查看结果。

例如，你可以创建一个特殊版本的客户机，它将自动运行和玩游戏，就像一个真正的玩家在玩游戏。然后你可以运行数十个这样的客户机，以模拟服务器上的客户机负载。

二、主机服务器

通过示例程序，你已经看出 Torque 有三种不同的执行模式：

- 仅客户机
- 仅服务器
- 主机服务器

根据你的需求，你可能想要建立一种可以运行三种模式的整体程序。用 Torque 当然可以实现这一点，事实上，GarageGames 创建的 Torque 样品程序默认设置中已经具有了这项功能。

但是，你可能想要创建两种或三种不同的程序分配方案：每个模式一个程序，或仅客户机使用一个程序，另外一个是单个或两个服务器模式使用一个程序。这样做有很多原因，可能最好的解释就是为了确保绝对的安全。这取决于你的商业模式（若有）。如果你打算提供所有服务器方面的托管，那么你可能只想向用户发布客户机的版本。通过不发布服务器代码，就降低了在线游戏中一些没有道德的玩家私自存取游戏进行练习从而战胜其他玩家的风险。

这种多重版本的方式也有很多隐患，最值得注意的一点就是要维护程序的两种或三种版本。这是一个很可能发生问题的潜在危险。继续进行需谨慎。

讲了这么多，其实多人游戏（玩家可以召集其他玩家共同玩一个游戏）的广泛传播是一种非常普通的形式。不仅很多游戏具有这种功能，成千上万的玩家也使用此功能。

三、专用服务器

一些游戏仅托管在专用服务器上，尤其是那些提供持久角色扮演风格特征的游戏。游戏开发人员或代表开发人员的服务公司通常操纵这些服务器。一般情况下，这些游戏提供一个虚拟环境，在这种虚拟环境下，将成百上千的玩家连接到同一个世界，通过不同的方式互相影响。除了寻求晚间娱乐的休闲玩家和游戏爱好者的能力外，这还需要良好的带宽和 CPU 代价。

在拥有电池备份系统、骨架和计算机骨架的专用服务器公司内，这些类型的"大型主机"服务器通常托管在集群服务器上。

这并不意味着你不需要向用户提供运行专用服务器的功能。在运行持久24/7 服务器的游戏爱好者群市场上，还存在许多 16 或 32 个玩家的第一人称射击游戏。提供一个专用服务器模式，可使用户在性能较差的计算机上运行服务器，而不是将其作为游戏机使用。也就是说，专用服务器是使用户利用闲置在角落集满尘土且已使用了两年的计算机的理想方法。

四、FPS 游戏想法

你可能认为所有伟大的第一人称射击游戏的构思已经被扼杀掉了。我怀疑它的真实性。有一些曾经尝试但没成功的想法，但这并不代表它们永远不会成功。或许只需要做一些调整，原本被废掉的游戏就可能被制作成一个成功的版本。应在内心谨记这一重要的理念。

立即浮现在脑海中的一个例子是西部——你知道，荒蛮的西部。好莱坞制作了大量的西部电影，但却没有类似的游戏。这是从那里走出来的人的任务，如果它正在实施中，那可能是一名像你一样的的独立开发人员。

我真的很想看到一些人以 FPS 类型制作的一种棋类游戏，这种游戏来自棋子间的个别战斗，在这里你可以使各个玩家加入到适合随他们移动的棋子战斗中。有一些需要解决的游戏问题，但是对于聪明的设计者来说是可以克服的。下面是一些需要处理的问题：

- 如果是团队游戏，谁决定行动？
- 是否每颗棋子需要具有不同的战斗风格？
- 下棋的标准规则（例如，移动规则）是否流行？
- 是否需进行小的修改？
- 是否需要看到整个棋盘？

如果稍微扩大范围，注意力不仅仅集中于 FPS 类型的 shooter 角色上，而且视线开始消失——几乎不会注意无射击的第一人称视角游戏。

对于游戏来说，火攻似乎是一个已经成熟的主题，尤其是团队游戏。你可以制造森林火灾、建筑火灾等。最大的挑战可能是火势蔓延的算法，如以下问题：

- 导致这个或那个物品燃烧的真正条件是什么？
- 烟雾如何穿过森林、建筑物等，如何对其进行渲染？
- 如何评价这个游戏？
- 游戏的真实性如何？

五、其他类型

如果现在围绕第三人称视角游戏做一些小改动，视野将再次打开。从这点来看，几乎所有你可以想到的游戏都可以进行模拟：斗牛、冲浪、橄榄球和帆板运动，仅以这些为例。

我想看到的是一种骑山地车游戏。我非常想看到一种已采用的由固定自行车输入的游戏！设想一下，埋藏在安大略湖雪下三英尺的地方时，可以在摩押的单线小径上骑山地车！那是非常酷的。事实上，我想这是一个未开发的市场：将健身房里不同种类的机器连接到正在运行游戏（可供人玩）的计算机上，将健身器械作为输入设备。健身器械制造商对此做出了一些尝试，但还可以更多——尤其在网络多人游戏领域内。

如果不是由模拟在俄勒冈小径上跑步的软件连接到计算机上的跑步机上跑步，那么使用跑步机向玩家、网络第二次世界大战火枪手提供动力输入会如何呢？事实上，尚未设计出一款可以这样使用的硬件。

六、修改并扩展 Torque

如果你与 Garage Games 公司签约，并购买了他们的 Torque 游戏引擎开发人员执照，你将获得所有的源代码和各种程序代码。

静下心来思考一下。你不仅获得了书中所描述的能力——你学到如何使用特征来制作游戏——而且还可以使用核心引擎代码，享有根据自我喜好修改的权利，这样可使你的游戏做到绝对的随心所欲！

早先我指出，Torque 并非为大型多人游戏而设计。获得源代码时，你可以做以下变动，添加失位并改进现有位，以满足你的要求。

一个超大，我是说庞大的游戏世界会是怎样的？你可以通过修改 Terrain Manager 代码以满足 paging terrain 的要求来做到这点，paging terrain 中的游戏仅承受最靠近玩家和玩家视野范围内的地形。为了管理这个大世界，你可能需要制作一种特殊世界的创建工具——一种可以用 Torque 创造的工具，或者你可能要研究 Torque Shader Engine（TSE）。TSE 不是此著作的最终产品——它仍处于 Early Adopter（EA）阶段。但是，你可以获得一个低成本的 EA 执照，从而取得具有像素着色器 3.0 支持的超大需求的 paged terrains。

如果进入 Garage Games 公司的网页（http://www.garagegames.com），并浏览各种菜单，你将发现一个庞大、活跃和繁荣的用户社区。一些用 Torque 制作的 retail game 包含在本书随附的 CD 中。在 Garage Games 公司的论坛上，你将看到这些游戏开发人员与设计和制作自己游戏的人群的连续谈话——他们中的每一个人都是和你一样的独立开发人员。

随着浏览，你将进入 Resources 发贴部分，并发现社区人员就加强 Torque Engine 核心能力提出的大量代码修改。事实上，Torque 现在所拥有的多种特征是它刚开发出来时所不具有的，它融合了用户开发人员社群的意见。

除了扩展核心能力外，修改引擎的另一个原因是将更多游戏脚本的 CPU 密集零件移至核心引擎，以提高执行速度，有时甚至是内存占用空间（游戏占用的内存空间大小）。要做到这些事情，你需要学习如何进行 C/C++ 程序设计，或者获得优秀 C/C++ 程序设计人员的帮助。

七、放手去做吧

作为一名独立的游戏开发人员，除了你自己和你的家人，你不亏欠任何人任何东西。话虽如此，可对于每一位独立游戏开发人员，都有一个重要的、有时甚至是不被认知的需求：尽情享受吧！

假定你拿起这本书，你的脑海中可能已经闪过一些想法，你可能想把它们变为现实。用工具和这本书提供的信息，你可以试验你的想法，不要害怕在浪费生命中的几年后发现此想法是行不通的。

现在你可以"浪费"几周发现这个想法行不通，然后花几周时间去对它进行修改，再花更多周去调整，几个月后以此为基础进行制作，最后可能制作出真的会飞的东西。

到此，我们就结束了我们的旅程。我希望你们和我一样开心。我认为你要带走的最重要的东西就是：相信自己！

优秀动漫游系列教材

　　本系列教材中的原创版由北京电影学院、北京大学、中央美术学院、中国人民大学、北京工商大学等高校的优秀教师执笔，从动漫游行业的实际需求出发，汇集国内最优秀的动漫游理念和教学经验，研发出一系列原创精品专业教材。引进版由日本、美国、英国、法国、德国、韩国、马来西亚等地的资深动漫游专业专家执笔，带来原汁原味的日式动漫及欧美卡通感觉。

　　本系列教材既包含动漫游创作基础理论知识，又融合了一线动漫游戏开发人员丰富的实战经验，以及市场最新的前沿技术知识，兼具严谨扎实的艺术专业性和贴近市场的实用性，以下为教材目录：

书　名	作　者
中外影视动漫名家讲坛	扶持动漫产业发展部际联席会议办公室 组织编写
中外影视导演名家讲坛	扶持动漫产业发展部际联席会议办公室 组织编写
动画设计稿	中央美术学院 晓 欧 舒 霄 等
Softimage 模型制作	中央美术学院 晓 欧 舒 霄 等
Softimage 动画短片制作	中央美术学院 晓 欧 舒 霄 等
角色动画——运用2D技术完善3D效果	[英]史蒂文·罗伯特
影视市场以案说法——影视市场法律要义及案例解析	北京电影学院 林晓霞 等
影视动画制片法务管理	上海东海职业技术学院 韩斌生
2D与3D人物情感动画制作	[美]赖斯·帕德鲁
动画设计师手册	[美]莱斯·帕德 等
Maya角色建模与动画	[美]特瑞拉·弗拉克斯曼
Flash 动画入门	[美]埃里克·葛雷布勒
二维手绘到CG动画	[美]安琪·琼斯 等
概念设计	[美]约瑟夫·康塞里克 等
动画专业入门1	郑俊皇 [韩]高庆日 [日]秋田孝宏
动画专业入门2	郑俊皇 [韩]高庆日 [日]秋田孝宏
动画制作流程实例	[法]卡里姆·特布日 等
动画故事板技巧	[马]史帝文·约那
Photoshop全掌握	[中国台湾]刘佳青 夏 娃
Illustrator平面与动画设计	[韩]崔连植 [中国台湾]陈数恩
Maya-Q版动画设计	中国台湾省岭东科大 苏英嘉 等
影视动画表演	北京电影学院 伍振国 齐小北
电视动画剧本创作	北京电影学院 葛 竞
日本动画全史	[日]山口康男
动画背景绘制基础	中国人民大学 赵 前
3D动画运动规律	北京工商大学 孙 进
影视动画制片	北京电影学院 卢 斌
交互式漫游动画——Virtools+3ds Max 虚拟技术整合	北京工商大学 罗建勤 张 明
Flash CS4 动画应用	北京工商大学 吴思淼
电子杂志设计与配色	北京工商大学 蒋永华

书　名	作　者
定格动画技巧	[美]苏珊娜·休
日本漫画创作技法——妖怪造型	[日]PLEX工作室
日本漫画创作技法——格斗动作	[日]中岛诚
日本漫画创作技法——肢体表情	[日]尾泽忠
日本漫画创作技法——色彩运用	[日]草野雄
日本漫画创作技法——神奇幻想	[日]坪田纪子
日本漫画创作技法——少女角色	[日]赤浪
日本漫画创作技法——变形金刚	[日]新田康弘
日本漫画创作技法——嘻哈文化	[日]中岛诚
日本CG角色设计——动作人物	[美]克里斯·哈特
日本CG角色设计——百变少女	[美]克里斯·哈特
欧美漫画创作技法——大魔法师	[美]克里斯·哈特
欧美漫画创作技法——动作设计	[美]克里斯·哈特
欧美漫画创作技法——角色设计	[美]克里斯·哈特
漫画创作技巧	北京电影学院 聂　峻
动漫游产业经济管理	北京电影学院 卢　斌
游戏制作人生存手册	[英]丹·爱尔兰
游戏概论	北京工商大学 卢　虹
游戏角色设计	北京工商大学 卢　虹
多媒体的声音设计	[美]约瑟夫·塞西莉亚
Maya 3D 图形与动画设计	[美]亚当·沃特金斯
乐高组建和ROBOLAB软件在工程学中的应用	[美]艾里克·王　[美]伯纳德·卡特
3D游戏设计大全	[美]肯尼斯·C·芬尼
3D 游戏画面纹理——运用Photoshop创作专业游戏画面	[英]卢克·赫恩
游戏角色设计升级版	[英]凯瑟琳·伊斯比斯特
Maya游戏设计——运用Maya和Mudbox进行游戏建模和材质设计	[英]迈克尔·英格拉夏
2011中国动画企业发展报告	中国动画协会、北京大学文化产业研究院
卡通形象创作与产业运营	北京大学 邓丽丽

如需订购或投稿，请您填写以下信息，并按下方地址与我们联系。

联系人		联系地址	
学　校		电　话	
专　业		邮　箱	

★地　　址：北京市海淀区中关村南大街16号中国科学技术出版社
★邮政编码：100081　　★电　话：（010）62103145
★邮　　箱：bonnie_deng@163.com　　milipeach@126.com

北京电影学院动画艺术研究所推荐优秀动画游系列教材

ANiMATiON
影视动画表演

张振华 乔小龙 著
杨立军 审订

中国科学技术出版社

北京电影学院动画艺术研究所推荐优秀动画游系列教材

ANiMATiON
Illustrator动画设计

[美] 张沃梅 陈霓照 编著
杨立军 审订

中国科学技术出版社

北京电影学院动画艺术研究所推荐优秀动画游系列教材

ANiMATiON
Maya–Q版动画设计

西点编著 编著
杨立军 审订

中国科学技术出版社

北京电影学院动画艺术研究所推荐优秀动画游系列教材

ANiMATiON
动画制作流程实例

[法] 卡里梅·特木尔特 编著
杨立军 审订

中国科学技术出版社

北京电影学院动画艺术研究所推荐优秀动画游系列教材

游戏制作人生存手册

GAME

[美]玛·赛贝尔 编著
卢威 黄敬 冯苍墅 译

中国科学技术出版社

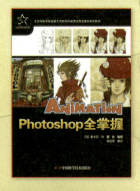

北京电影学院动画艺术研究所推荐优秀动画游系列教材

ANiMATiON
Photoshop全掌握

[美]格卡尔·许 鹰 编著
杨立军 审订

中国科学技术出版社

北京电影学院动画艺术研究所推荐优秀动画游系列教材

ANiMATiON
Flash 动画入门

[美] 埃里克·嘉蕾布勒 编著
孙哲 等译 杨立军 审订

中国科学技术出版社

北京电影学院动画艺术研究所推荐优秀动画游系列教材

ANiMATiON
动画设计师手册

[美]安则·帕维 [美]罗德·S·沃尔永科 著
陈月营 齐 银译 杨立军 审译

中国科学技术出版社

北京电影学院动画艺术研究所推荐优秀动画游系列教材

ANiMATiON
2D与3D人物情感动画制作

罗振宁 徐 杨立军 等译

中国科学技术出版社

CENGAGE
Learning

优秀动画游系列教材

3D游戏设计大全
（第二版）

GAME

[美]斯蒂芬·C·迪伦 著
李俊平 陈 刚 刘晴虹 明译

中国科学技术出版社

北京电影学院动画艺术研究所推荐优秀动画游系列教材

ANiMATiON
Flash 动画制作

关的峰 编著
杨立军 审订

中国科学技术出版社

北京电影学院动画艺术研究所推荐优秀动画游系列教材

Maya游戏设计
——Maya和Mudbox建模与贴图技术

GAME

[美]达雷恩·乔 安德烈 编著
张月楼 陈世宁 译

中国科学技术出版社

北京电影学院动画艺术研究所推荐优秀动画游系列教材

ANiMATiON
定格动画技巧

[美]巴瑞·珀夫 编著
杨立军 王 春 等译

中国科学技术出版社

北京电影学院动画艺术研究所推荐优秀动画游系列教材

ANiMATiON
3D动画运动规律

林 波 编著
杨立军 审订

中国科学技术出版社

北京电影学院中国动画研究院推荐优秀动画游系列教材

ANiMATiON
交互式漫游动画
——Virtools+3ds Max虚拟技术整合

罗德智 张 柏 编著
杨立军 审订

中国科学技术出版社